AF325463

NOUVEAU COURS

COMPLET

D'AGRICULTURE

DU XIX· SIÈCLE.

HAB—KOET.

TOME HUITIÈME.

NOMS DES AUTEURS.

MESSIEURS

THOUIN, Professeur d'Agriculture au Jardin du Roi.

TESSIER, Inspecteur-général des Établissement ruraux appartenant au Gouvernement.

HUZARD, Inspecteur-général des Écoles Vétérinaires de France.

SILVESTRE, Secrétaire de la Société royale et centrale d'Agriculture de Paris.

BOSC, Inspecteur-général des Pépinières royales et de celles du Gouvernement.

YVART, Professeur d'Agriculture et d'Économie rurale à l'École royale d'Alfort, etc.

CHASSIRON, de la Société d'Agriculture de Paris, Propriétaire-Cultivateur.

CHAPTAL, Membre de l'Institut, Propriétaire-Cultivateur, etc.

DE LACROIX, Membre de l'Institut et Propriétaire

DE PERTUIS, Membre de la Société d'Agriculture de Paris, Propriétaire-Cultivateur.

DE CANDOLLE, Professeur de Botanique et Membre de la Société d'Agriculture.

DU TOUR, Propriétaire-Cultivateur à Saint-Domingue.

DUCHESNE, Membre de la Société d'Agriculture de Versailles.

FÉBURIER, Membre de la même Société.

DE BRÉBISSON, Membre de la Société d'Agriculture et des Arts de Caen.

Composant la Société d'Agriculture de l'Institut royal de France.

Les articles signés (**R.**) sont de **ROZIER**.

OUVRAGE IMPRIMÉ PAR Mme HUZARD,

(NÉE VALLAT LA CHAPELLE).

IMPRIMERIE DE A. ÉVERAT ET Cⁱᵉ,
rue du Cadran, 16.

NOUVEAU COURS

COMPLET

D'AGRICULTURE

DU XIXME SIÈCLE,

CONTENANT LA THÉORIE ET LA PRATIQUE DE LA GRANDE ET DE LA PETITE CULTURE, L'ÉCONOMIE RURALE ET DOMESTIQUE, LA MÉDECINE VÉTÉRINAIRE, ETC.,

OU

DICTIONNAIRE RAISONNÉ ET UNIVERSEL

D'AGRICULTURE,

Ouvrage rédigé sur le plan de celui de feu l'abbé ROZIER, duquel on a conservé les articles dont la bonté a été prouvée par l'expérience;

Par les Membres

DE LA SECTION D'AGRICULTURE DE L'INSTITUT DE FRANCE, ETC.

Avec des Figures en taille-douce.

NOUVELLE ÉDITION,

revue, corrigée et augmentée.

DU FONDS DE M. DETERVILLE.

PARIS,

A LA LIBRAIRIE ENCYCLOPÉDIQUE DE RORET,

RUE HAUTEFEUILLE, 10 BIS.

1838.

NOUVEAU
COURS COMPLET
D'AGRICULTURE.

H A B

HABILLER LE PLANT. Les jardiniers et les pépiniéristes emploient cette expression. Elle signifie, dans leur langage, couper une partie des racines et de la tige du plant qu'on a levé d'un semis, ou même d'une plantation, pour le placer ailleurs. Je développerai, au mot PLANT, les motifs de cette opération, qui, quelque opposée qu'elle paraisse au but de toute plantation, se pratique cependant généralement dans les jardins et les pépinières, et a réellement un résultat utile à la réussite.

On habille ordinairement le plant avec une serpette, et pied par pied; mais, dans les grandes plantations, on procède quelquefois avec la serpe ou la hache, et par poignées. Dans ce dernier cas, les inconvéniens du retranchement des racines et des tiges se font plus sentir, et se réunissent à ceux de l'*écrasement* de l'extrémité du restant de ces racines et de ces tiges, pour peu que l'instrument ne soit pas bien coupant ou n'ait pas été convenablement dirigé. C'est sur un billot qu'on coupe le plant lorsqu'on emploie la serpe ou la hache.

Bien habiller le plant est chose qui demande de l'attention et des principes : il ne faut pas en charger le premier venu. Dans les jardins et les pépinières bien montés, c'est toujours le chef ou un de ses premiers garçons qui fait cette opération. (B.)

HABRINE. Nom vulgaire du DOLIC ONGUICULÉ.

HABITATION DES HOMMES ET DES ANIMAUX. *Voyez* CONSTRUCTIONS RURALES, et les articles auxquels ce dernier renvoie. (B.)

HABITATION DES PLANTES. Il est des plantes qui semblent s'accommoder de tous les climats, de tous les sols, de toutes les expositions ; mais c'est le plus petit nombre : la plupart ne croissent que dans des lieux circonscrits d'un seul climat. Les cultivateurs qui veulent les conserver dans des climats très-différens, doivent donc étudier leur manière d'être, leur donner des soins particuliers. Si on avait fait jadis plus d'attention à ces circonstances, bien des plantes intéressantes apportées en Europe s'y verraient encore.

C'est par la chaleur artificielle des SERRES qu'on conserve en Europe les plantes des pays intertropicaux ; c'est par le moyen des ORANGERIES qu'on y multiplie celles des climats un peu moins chauds ; c'est en plaçant contre un mur exposé au soleil celles du midi de l'Europe, qu'on peut en tirer parti pour la nourriture ou l'agrément. *Voyez* ces mots, et ceux ABRI, CHASSIS, COUCHE, BACHE.

Il est à remarquer qu'il se présente à cet égard des anomalies apparentes.

Par exemple, les plantes des Alpes, qui éprouvent rarement un degré de chaleur supérieur à 10 degrés du thermomètre de Réaumur, gèlent souvent au printemps dans les jardins de Paris ; mais c'est qu'elles sont couvertes de neige sur les montagnes où elles croissent, et qu'il n'y gèle plus lorsque la neige se fond.

Par exemple, le cyprès distique qui, en Caroline, a quelquefois 40 pieds d'eau sur ses racines, périt dans nos jardins lorsqu'il en a seulement un pied ; mais c'est parce que les eaux de la Caroline sont fort chaudes, et qu'ici elles sont froides.

Par exemple, les plantes du midi de la France, du midi de l'Amérique septentrionale, gèlent moins dans les jardins de Paris à l'exposition du nord qu'à celle du midi ; mais c'est parce qu'elles y poussent plus tard au printemps, et s'y aoûtent plus tôt en automne. *Voyez* AOUTER.

Des plantes croissent exclusivement dans l'eau, d'autres sur le bord de l'eau, d'autres dans les eaux stagnantes, d'autres dans les eaux courantes. Beaucoup préfèrent les lieux les plus arides, les rochers les moins garnis de terre ; il en est qu'on ne voit que dans les sols siliceux, d'autres que dans les sols argileux, d'autres que dans les sols calcaires. J'ai eu soin d'indiquer l'habitation de chacune de celles dont j'ai fait mention dans ce Dictionnaire, afin que les cultivateurs puissent, de suite, donner à celles dont ils reçoivent les graines, la sorte de terre, l'exposition et le degré de chaleur qui leur conviennent.

Quant à celles des pays étrangers dont la culture n'a pas encore été tentée, et sur lesquelles nous ne possédons pas de renseignemens suffisans, les amateurs éclairés se guident par l'analogie, ou prennent un terme moyen qu'ils supposent avoir moins d'inconvéniens que les extrêmes. Toujours il est prudent, dans ce cas, de tenter en même temps différens modes de culture, afin que si l'un ne convient pas, l'autre donne de l'espérance.

Voyez, pour le surplus, à l'article GÉOGRAPHIE AGRICOLE, où l'objet de celui-ci est considéré sous un point de vue général. (B.)

HACHE. Instrument de fer tranchant, qui a un manche, et dont on se sert pour couper et pour fendre le bois. On distingue la hache de bûcheron, la hache de charbonnier, la hache à main, et la petite hache ou hachette. La première est connue de tout le monde ; la seconde a un tranchant fort étendu, et qui est courbé en arc jusque vers le milieu du manche ; la troisième a un tranchant étroit : elle sert, ainsi que le coupéret ordinaire, à couper de grosses branches voisines de quelques autres qu'on veut ménager, et que le bec de la serpe endommagerait ; enfin la petite hache ou hachette n'est autre chose qu'un marteau plus ou moins gros, et dont un des bouts est plat et tranchant.

A Paris et ailleurs, on appelle MERLIN une hache uniquement destinée à fendre le bois. (D.)

HACHE-PAILLE. Machine destinée à couper la paille promptement et économiquement.

Il y a une cinquantaine d'années qu'on s'est imaginé que les chevaux, les bœufs, les moutons, etc., ne devaient pas manger la paille telle qu'elle sort de dessous le fléau, et qu'on a proposé de la couper en petits fragmens avant de la leur donner. Aussitôt les amis des nouveautés ont trouvé qu'il était trop long, et trop embarrassant de couper la paille avec un couteau ou avec des ciseaux, comme on l'avait d'abord fait, et ils ont inventé plusieurs sortes d'instrumens plus ou moins ingénieux, plus ou moins compliqués, pour arriver au même but. J'ai vu beaucoup de ces instrumens, et je les ai admirés ; mais je ne crois pas que la plupart, à raison de leur haut prix, puissent jamais être à la portée des simples cultivateurs. Je me bornerai en conséquence à décrire ici un de ceux qui m'ont paru les moins compliqués.

Cette machine consiste en deux cylindres horizontaux, parallèles et très-rapprochés, dont l'un, mû par une manivelle ou par une lanterne, fait tourner en sens contraire, par le frottement qu'il occasionne, l'autre cylindre, qui porte un grand nombre de lames d'acier circulaires, séparées par des rondelles de plomb. Le premier cylindre est de cuivre, et entaillé, dans toute sa circonférence, de manière que les lames tranchantes du second s'avancent dans les entailles de celui-là : il porte de plus sur sa surface plusieurs rangées de dents, qui entrent dans les intervalles des lames d'acier, et qui accrochent les pailles pour les faire porter sur ces lames et les faire couper par la révolution des deux cylindres. On peut presser plus ou moins l'un contre l'autre ces cylindres, au moyen de deux vis horizontales. Quatre autres vis verticales servent à serrer de même leurs axes dans les collets où ils tournent, pour éviter le jeu. Les bottes de paille se mettent dans une espèce de trémie de la même longueur, qui est placée au-dessus des deux cylindres, et le poids de ces bottes suffit pour les faire descendre à mesure que la paille est coupée et que ses brins tombent dans une auge établie sous la machine. Le cylindre de cuivre étant mis en mouvement, le frottement qui en résulte fait tourner en sens contraire l'autre cylindre qui porte les lames ; la machine entre en jeu et hache la paille.

Il est des machines qui remplissent le but plus exactement peut-être ; mais celle-ci expédie avec tant de rapidité, qu'elle mérite d'être préférée. Elle ne paraît pas d'ailleurs devoir être un objet de grande dépense. Il se trouve des hache-paille chez presque tous les marchands d'instrumens aratoires et les gros quincaillers de Paris ; on en voit plusieurs décrits dans le *Bulletin de la Société d'encouragement* et dans les *Annales d'agriculture*. A celui qui est décrit vol. xii de la seconde série de ce dernier recueil, M. Forestier, son inventeur, a joint deux cylindres qui écrasent la paille hachée ; perfectionnement auquel je ne puis qu'applaudir, car il évite les blessures que la paille hachée ordinaire cause au palais des chevaux, des bœufs ou des moutons, et donne plus de prise sur elle aux sucs digestifs de ces animaux.

Au reste, je ne crois pas qu'il soit aussi avantageux qu'on l'a prétendu de hacher la paille avant de la donner aux bestiaux. Le premier acte de la digestion est la mastication, et toutes les fois que celle-ci n'a pas lieu, la digestion est plus difficile ou plus incomplète. La nature a donné des dents aux animaux pour s'en servir, et tant qu'ils ne les ont pas perdues, il faut les laisser en faire usage. *Voyez* aux mots PAILLE et COUPE-PAILLE. (B.)

HAIE VIVE. Sans clôtures, point de parfaitement bonne agriculture, ainsi que je crois l'avoir prouvé à l'article ENCLOS (*voyez* ce mot) ; et de toutes les clôtures, la plus naturelle, la plus économique, et la plus utile sous le point de vue général, est certainement celle faite avec une haie vive.

Elle est la plus naturelle, puisqu'un buisson, sur-tout un buisson d'arbustes épineux, est un obstacle que l'homme même ne peut vaincre, à l'aide de ses instrumens, qu'avec beaucoup de fatigue et de temps, tandis qu'il peut très-rapidement renverser un mur ordinaire ou passer par-dessus, combler un fossé ou y faire un pont. Aussi les philantropes ont-ils observé que les pays entrecoupés de beaucoup de haies avaient toujours défendu leur liberté avec presque autant de succès que les pays de montagnes, parce que les armées ne pouvaient pas y développer toute leur masse à-la-fois, et avaient toujours lieu de craindre d'y être détruites en détail.

Elle est la plus économique, parce qu'elle coûte beaucoup moins à établir et beaucoup moins à entretenir que les murs, que les fossés, ainsi que l'expérience de tous les temps et de tous les lieux le prouve.

Elle est la plus utile sous le point de vue général ; car les murs, les fossés, etc., ne rapportent point de revenus propres, tandis que la tonte des haies en donne un plus ou moins fréquent, plus ou moins considérable, et que leur destruction même est sous ce rapport un avantage pour le propriétaire.

Ainsi donc partout où cela est possible, les possesseurs de fonds doivent enclore leurs champs de haies vives.

Le droit de clore semble devoir être inhérent à la propriété ou à l'usufruit des terres ; cependant il est des lois particulières à certains cantons qui le gênent : mais les progrès des lumières ou le perfectionnement des principes législatifs commencent à les faire disparaître du code rural. D'autres lois, conformes à la justice distributive, et indispensables au maintien de l'harmonie entre les citoyens, fixent par-tout les règles qui doivent être suivies dans la plantation des haies qui limitent les propriétés. Tout cultivateur doit connaître ces lois et s'y soumettre de bonne foi.

Les haies communes entre deux propriétaires voisins donnent lieu à des difficultés toujours renaissantes, et on doit, autant que possible, éviter d'en planter de telles.

Dans certains pays, il est d'usage de placer les pieds d'arbustes dans une position droite lorsque la haie est commune, et dans une position inclinée du côté de la propriété lorsqu'elle est particulière : là, il est très-important de conserver ces dispositions, car elles servent de règle à la justice en cas de contestation.

Presque toutes les espèces d'arbres et d'arbustes indigènes peuvent servir à former des haies ; mais il en est quelques-unes qui doivent être préférées aux autres, soit parce qu'elles défendent mieux, soit parce qu'elles s'accommodent plus facilement des diverses natures de terrain, soit enfin parce qu'elles s'élèvent naturellement à la hauteur convenable. Parmi elles se distingue plus particulièrement l'aubépine, ou épine blanche, *cratægus oxyacantha*, Lin. ; aussi en France, et sur-tout dans le nord de la France, est-ce elle qu'on y emploie le plus généralement.

On peut considérer une haie vive qu'on est dans l'intention de planter, sous deux points de vue particuliers, ou comme uniquement destinée à fermer le champ, et alors les arbustes épineux conviennent le mieux; ou comme devant, outre cela, former un abri, produire du bois de chauffage et même du bois de charpente, et alors les arbres non épineux sont préférables. Je dois d'autant plus insister sur ce dernier mode, que, par les haies seulement, on peut fournir la France de tout le bois nécessaire au chauffage, et par conséquent réserver les forêts aux bois de haut service ou à l'usage des grandes manufactures à feu. Il est, dit-on, prouvé par l'expérience qu'une haie d'un pied d'épaisseur à sa base et de 18 pieds de long peut fournir d'abord plus de bois qu'un taillis de même essence qui aurait 18 pieds carrés, et en outre, tous les ans, du fourrage pour les bestiaux plus que n'en donnerait la coupe de 234 pieds carrés de la meilleure prairie naturelle ou artificielle.

Je voudrais aussi recommander les haies comme le moyen le plus économique et le plus durable de former des terrasses sur les terrains en pente, dans le but de retarder la dénudation de ces terrains. *Voyez* Terrasse, Montagne, Vigne, Cafier.

Les haies, répète-t-on par-tout où la grande agriculture ne les emploie pas, nuisent aux récoltes qui les avoisinent par leur ombre, par leurs racines; elles font perdre une grande quantité de terrain, etc. Ces reproches sont fondés, mais on ne veut pas voir, 1°. qu'en les tenant basses, entre 4 et 6 pieds, par exemple, l'ombre n'est plus qu'un bien; 2°. qu'en semant en place, ou plantant avec leur pivot les arbres ou arbustes qui les composent, leurs racines ne s'étendent pas au loin; que d'ailleurs, lors même que ces désavantages existeraient, ils sont de beaucoup compensés par les résultats de l'abri et des moyens de défense qu'elles procurent.

D'ailleurs une haie tondue régulièrement deux fois par an, en hiver et en été, ne peut nuire aux productions du champ voisin ni par son ombre ni par ses racines, attendu qu'on la tient, par ce moyen, à la hauteur et à l'épaisseur convenables, et que les racines des arbres, constamment rapprochées, ne s'étendent jamais fort loin. *Voyez* Charmille, Têtard et Feuille.

Ainsi la théorie la plus saine et la pratique la plus éclairée concourent à prouver l'utilité des clôtures en général, et de celles faites en haies vives en particulier. Plantez donc des haies, propriétaires jaloux de la prospérité de votre pays ou de votre postérité, et soyez persuadés que, par cette opération, vous placez vos avances de manière à en retirer cent pour cent dans quelques années.

Lorsqu'on veut former une haie, on emploie ou la voie des semis, ou celle des plantations. La première est toujours la meilleure, parce que le plant qui en provient étant pourvu de son pivot, a plus de force et de durée, et nuit moins au sol voisin, comme je l'ai fait remarquer plus haut, et comme je l'ai démontré à l'article PIVOT ; la seconde est la plus sûre et la plus rapide. Je vais entrer dans quelques détails à l'égard de l'une et de l'autre.

Il est des graines qui demandent à être semées aussitôt qu'elles sont récoltées, sans quoi elles ne lèvent point ; et parmi elles il s'en trouve qui, malgré cette précaution, ne lèvent que la seconde année. Celles des arbres qu'on emploie le plus communément à la formation des haies sont principalement dans ce cas, telles que celles de l'aubépine et du prunelier. Il faut donc préparer la terre destinée à les recevoir dès le milieu de l'été qui précède le semis, ou garder ces graines stratifiées avec du sable dans un lieu clos et garanti des ravages des rats, etc. Comme c'est en automne ou pendant l'hiver que les travaux qui ont des remuemens de terre pour objet se font le mieux, on doit toujours choisir une de ces deux époques.

Un défoncement de 2 pieds de profondeur et de 3 ou 4 pieds de large est toujours avantageux pour le succès d'un semis ou d'une plantation de haie. Il ne faut pas, dans ce cas, lésiner pour une dépense de quelques francs de plus, parce que l'influence de cette opération se fera sentir pendant toute la durée de la haie, et que cette durée peut, dans un bon fond, s'étendre à plus d'un siècle. On fera faire ce défoncement à la pioche plutôt qu'à la bêche, et on aura soin d'extraire toutes les grosses pierres qui seront aperçues.

Lorsque la haie longe un chemin, il est presque toujours nécessaire de la séparer de ce chemin par un fossé au moins de 3 ou 4 pieds de large à son ouverture sur 2 ou 3 pieds de profondeur, même de former sur la berge du fossé, du côté intérieur, une haie sèche ou une palissade d'échalas, afin de la garantir de la dent des bestiaux pendant ses premières années, et d'indiquer aux passans l'intention du propriétaire.

Lorsque ces divers travaux seront terminés, et il faut qu'ils le soient avant le premier mars, on répandra les graines sur deux ou trois rangs, dans des rigoles éloignées de 8 à 10 pouces et de manière que chaque graine soit à 2 ou 3 pouces au plus de ses voisines ; le tout sera recouvert d'un pouce de terre ou environ, selon que cette terre sera plus ou moins légère ou compacte, sèche ou humide. *Voyez* au mot SEMIS.

Un été trop sec peut empêcher la plupart de ces graines de lever; un été trop humide peut faire pourrir le jeune plant : voilà pourquoi j'ai dit que le moyen des semis n'était pas très-sûr.

A la fin du premier été, on devra donner un léger binage à toute la portion de terrain qui aura été défoncée, et à la fin du premier hiver, il faudra lui en donner un plus profond. Ce sont les seules opérations que demande cette sorte de semis; car un sarclage à la fin du premier printemps lui est ordinairement plus nuisible qu'utile, en ce qu'il l'expose au soleil et le déchausse.

L'année suivante, on lui donnera également deux binages, et de plus un labour d'hiver, et on remplacera les pieds manquans.

La troisième année, outre ces travaux, il sera déjà bon de forcer toutes les branches poussant en avant à prendre une direction latérale, c'est-à-dire de les croiser de manière à boucher les vides, et on pincera pendant la sève la sommité des tiges qui s'élèveraient trop au-dessus des autres.

La quatrième année, si c'est une haie d'aubépine ou d'espèce d'une végétation analogue, et que le terrain ne soit pas très-mauvais, le plant aura au moins 3 pieds de haut, et on pourra déjà la tondre sur les côtés et en dessus, pour lui faire jeter plus de rameaux, et fortifier ceux qui auront une bonne direction.

A la sixième année, toute espèce de haie doit être complétement formée, et alors on peut se dispenser de lui donner des labours, quoiqu'il soit toujours utile de le faire, au moins de loin en loin. Alors il ne s'agit plus que de la tondre, ou chaque année pendant l'hiver, ou entre les deux sèves, si c'est une haie de simple défense, ou tous les trois à quatre ans, si c'est une haie destinée à produire du bois de chauffage.

L'aménagement de cette dernière sorte de haie doit varier et varie en effet. Tantôt on en coupe seulement le sommet à la hauteur de 2, 3 ou 4 pieds; tantôt on coupe un des rangs une année, et trois ans après l'autre; tantôt on coupe rez terre ou à la hauteur précitée, et sans s'astreindre à aucune époque, les tiges les plus fortes; tantôt enfin on coupe rez terre la totalité de la haie. Toutes ces méthodes ont des avantages et des inconvéniens que je n'entreprendrai pas de discuter, parce que cela me mènerait trop loin, et qu'ils se compensent les uns et les autres.

On voit en beaucoup de lieux des haies qui ont une, deux, trois toises et plus de large; on les coupe régulièrement comme des taillis. Je ne les blâme pas, à beaucoup près; mais je crois qu'il faut leur laisser le nom de *lisière* qu'elles y portent. Je ne considérerai dans cet article comme haies que celles qui ont au plus 3 ou 4 pieds de large à leur base.

Mais il faut parler de la formation des haies par voie de plantation. Ici on trouve deux modes : les plants enracinés et les boutures ; et, parmi les premiers, des plants arrachés dans les bois élevés , et des plants élevés en pépinière.

Nos pères n'employaient, pour former leurs haies, que du plant cru dans les bois; mais aujourd'hui on préfère, et avec raison, celui provenant des pépinières. En effet le premier est mal enraciné , de grandeur et d'âges différens , accoutumé à des sols de diverses natures : aussi en périt-il beaucoup la première année et même les suivantes ; aussi sa végétation est-elle irrégulière , etc. , etc.; tandis que le second, tout à-peu-près de même force, de même âge, venant du même lieu, meurt rarement, croît uniformément et avec une vigueur remarquable.

Je ne répéterai pas ce que j'ai dit à l'article Pépinière, sur la manière de semer les graines des arbres et arbustes , et de conduire leur plant pendant les premières années Il me suffira d'observer que c'est du plant de deux à trois ans qu'on doit employer à la plantation des haies , et de plus du plant qui n'ait pas été repiqué , tant à cause de l'économie, qu'à cause du pivot, qu'il est bon de lui conserver.

On peut plus facilement varier la manière de disposer les arbres d'une haie, lorsqu'on emploie du plant ou des boutures, que quand on fait usage du semis , et c'est pourquoi j'ai retardé jusqu'à présent de parler des diverses combinaisons dont elles sont susceptibles. Les plus communes de ces combinaisons sont de planter sans fossé, perpendiculairement ou obliquement sur la berge d'un fossé, des deux côtés d'un fossé; au milieu d'un fossé, obliquement sur la pente ou les pentes d'un fossé; mais en définitif cela revient toujours avec le temps à la première, c'est-à-dire à la plus simple, à la plus naturelle et à la moins coûteuse : cependant je suis loin de blâmer les autres, sur-tout la seconde, ainsi que je l'ai déjà annoncé plus haut; je crois même qu'il faut toujours, lorsque cela est possible, accompagner une haie d'un fossé extérieur.

La plantation des haies , soit avec des plants enracinés , soit avec des boutures , doit se faire en hiver, c'est-à-dire, dans le climat de Paris, depuis le commencement de décembre jusqu'à la fin de mars : plus tôt, la sève n'est pas encore arrêtée, et le plant périt, ou au moins souffre beaucoup; plus tard, elle a repris son activité, et les suites sont les mêmes. Dans les climats plus chauds il faut, par la même raison, que cette plantation soit terminée dans le courant de février. Il y a sur cela quelques variations dépendantes de la nature des arbres, qui seront indiquées à l'article de chacun de ces arbres.

Généralement on coupe, à 2 pouces au-dessus du collet des racines, le plant qu'on destine à former des haies, et on en agit dans ce cas conformément à la raison, puisque par là on détermine le développement d'un plus grand nombre de branches, en même temps qu'on laisse aux racines, lorsqu'elles n'ont pas été mutilées, une force de succion plus considérable.

C'est dans une rigole aussi profonde que la longueur des racines du plus fort plant, qu'il faut mettre ce plant, et non dans des trous faits au plantoir. Chaque pied sera espacé de 3, 4, 5 ou 6 pouces, et même plus, selon l'espèce et la nature du sol, de manière à ce que ceux d'un rang soient tous en regard avec l'intervalle de l'autre. Leurs racines doivent être bien étendues et recouvertes de terre bien meuble.

Ces haies seront ensuite conduites absolument comme celles provenant de semis, c'est-à-dire qu'on leur donnera les mêmes binages, qu'on les taillera de même, etc. ; je ne répéterai donc pas ici ce que j'ai dit plus haut à cet égard.

Je n'ai parlé que de la manière la plus commune et la plus simple de diriger la formation d'une haie pendant ses premières années ; mais il en est d'autres, dont les deux principales sont les suivantes.

A quatre ans, on rabat la haie à 6 pouces : elle donne des rejets, qu'on coupe l'année suivante à 6 pouces plus haut, et qu'on taille deux ou trois années de suite à la même hauteur, pendant l'hiver ou entre les deux sèves. Ensuite on les coupe encore 6 pouces plus haut, avec des intervalles, jusqu'à ce qu'elle soit arrivée à la hauteur désirée. Il résulte de ces tontes successives des espèces d'étages de branches qui donnent à la haie une force dont on ne se fait pas d'idée. Je n'en ai jamais vu de cette sorte que, lorsqu'elles avaient été bien conduites, je ne me sois demandé pourquoi toutes n'étaient pas ainsi formées, et j'en ai vu de diverses espèces d'arbres. Cette méthode a été critiquée : on a prétendu que les divers centres d'insertion des branches devenaient des têtes de saule, qui se cariaient et faisaient périr les pieds. Cela peut être vrai pour une haie de cent ans ; mais suis-je d'avis de laisser les tiges des arbres qui les forment subsister si long-temps ? Je dirai plus bas ce que je pense à cet égard ; j'en appelle à l'expérience.

Rozier indique une manière de fermer ces haies avec les branches d'un petit nombre d'arbres fruitiers, qui a été très-louée : je dois donc en donner une idée.

Je vais employer ses expressions.

« Placez à 6 ou 8 pieds l'un de l'autre, suivant la qualité du terrain, des poiriers, des pommiers ou des pruniers, mais tous de même espèce, dans la longueur de la haie projetée. Ces arbres ayant repris, coupez, l'année suivante, leur tronc à une petite distance de terre, et de manière qu'ils ne conservent plus que deux branches chacune. Si ces branches sont faibles, ravalez-les et ne laissez de chaque côté qu'un bon œil ou bourgeon sur chacune ; si au contraire elles sont fortes, proportionnées, bien nourries, laissez deux bourgeons. Il est certain que, dans cette seconde année, ils donneront chacun une bonne et forte branche. Je réponds que, suivant la qualité du terrain, ces branches auront sûrement 3 à 4 pieds de longueur. Voilà déjà deux années écoulées et employées à préparer l'arbre pour disposer ses branches en haie ; c'est à la troisième que commence réellement le travail.

» Suivant le climat, suivant la saison, c'est-à-dire lorsque la sève commence à monter des racines aux bourgeons, prenez les deux branches latérales, et supprimez les autres branches ; faites-leur perdre peu-à-peu et doucement leur position oblique ou presque perpendiculaire, et ramenez-les insensiblement à une position presque horizontale ; réunissez leurs extrémités ; faites-les croiser l'une sur l'autre, afin de reconnaître où sera leur point de réunion ; marquez sur leur écorce, et avec un instrument tranchant, la disposition et l'espace qu'elles doivent occuper dans les points de leur réunion ; enlevez ensuite avec cet instrument, sur chacune de ces branches et dans une égale proportion, un tiers de leur diamètre, du côté qui doit correspondre au même côté de l'autre branche ; faites que ces deux entailles s'emboîtent et se touchent exactement, et se réunissent dans tous leurs points lorsque vous les croiserez ; mais sur-tout ayez grand soin de ne pas meurtrir les écorces à l'endroit où elles doivent se toucher.

» Tout étant ainsi disposé, prenez de la mousse, de la filasse ou telle autre substance flexible ; enveloppez ces branches sur leur point commun de réunion, et avec un osier serrez assez fortement la mousse, afin que cette mousse et cette ligature subsistent pendant le reste de l'année sans se déranger ; passé ce temps, toutes deux deviennent inutiles.

» Cette greffe une fois exécutée, fichez en terre un échalas, de manière qu'il soit solidement planté et ne craigne pas d'être ballotté et agité par les vents ; et sans faire perdre aux deux branches leur direction presque horizontale, et sans déranger la greffe, assujettissez-les avec un nouvel osier contre l'échalas : il ne reste plus qu'à couper les deux sommités des branches, et à ne leur laisser qu'un œil ou deux au-dessus du point de leur réunion. La force des branches doit décider le nombre des boutons. *Voyez* cette greffe, *Pl. III*, *fig.* 4 du sixième volume, où elle est représentée par mon confrère Thouin, qui l'a appelée GREFFE-ROZIER.

» Si la vigueur de l'arbre vous a permis de laisser deux branches de chaque côté, vous ajusterez les supérieures comme les inférieures; ce qui donnera autant de greffes par approche. Tout autour de la réunion de ces greffes il se formera, pendant l'été et pendant l'automne, des protubérances : l'écorce de l'une s'identifiera avec celle de l'autre; enfin le tout s'unira avec une si grande intensité que, l'année suivante, ces branches, tourmentées par des vents ou par d'autres causes, se rompront plutôt ailleurs que dans la greffe.

» Il faut observer que si l'on serrait trop fort l'osier contre les points de réunion, les branches venant à grossir dans le cours de l'année, l'osier imprimerait des sillons dans leurs substances, et ces sillons nuiraient jusqu'à un certain point à l'ascension de la sève vers le bourgeon supérieur pendant le jour, et à la descente de cette même sève des branches aux racines pendant la nuit.

» Cependant, si l'on voit que la branche provenant du bourgeon soit emportée par la sève, et qu'elle pousse trop vigoureusement et aux dépens des bourgeons inférieurs, il convient alors de serrer la ligature : la sève se portera moins rapidement vers l'extrémité, et fortifiera les branches inférieures. On doit les ménager avec soin et ne pas les perdre de vue. Si elles sont trop multipliées, il faut en supprimer quelques-unes, afin que les restantes prennent plus de corps et de consistance, et on les laisse croître jusqu'à ce qu'elles puissent être mariées ou greffées par approche avec les branches voisines, par une opération toute semblable à la première.

» On peut, pour plus grande sûreté, et pour cette seconde ou troisième fois seulement, donner des tuteurs aux nouvelles greffes, parce que dans la suite les mères branches seront assez fortes et soutiendront bien leurs rameaux.

» Par cette ingénieuse disposition, la haie offrira un véritable contr'espalier que les bestiaux ne pourront franchir, et qui fournira une abondance de bons fruits. Cette haie, véritablement d'une seule pièce, sera taillée annuellement et ébourgeonnée comme les CONTR'ESPALIERS. » *Voyez* ce mot.

Cependant, je dois le dire, cette méthode, si séduisante en théorie, est fort peu pratiquée. Je n'ai jamais vu de haies rester ainsi long-temps disposées en losanges; toujours des gourmands faisaient dessécher les tiges greffées, et il n'y avait pas moyen d'en tirer parti pour rétablir le mal : il fallait receper la haie par le pied, et recommencer à greffer par approche les nouveaux jets qu'elle fournissait; aussi tous les essais faits ont-ils été abandonnés, et en ce moment je ne pourrais pas citer, aux environs de Paris, une seule haie de cette sorte. Je crois donc qu'il ne faut employer ce mode que dans les jardins de luxe, et réserver la greffe en approche, mais irrégulière, pour boucher les vides dans les haies rustiques ; ce à quoi elle peut être employée avec grande utilité, comme on le voit dans beaucoup de lieux, principalement dans le nord de la France et en Angleterre ; et, en cela, on ne fait qu'imiter la nature, car on trouve fréquemment de ces sortes de greffes dans les haies abandonnées à elles-mêmes.

Un point principal, qui doit fixer l'attention de tout propriétaire de haies de simple défense, c'est de les empêcher de s'étendre latéralement, soit par la prolongation des branches des arbres qui les composent, soit par les rejets qui naissent de leur pied, ou les graines qui lèvent dans leur voisinage. Il doit donc les faire tondre latéralement le plus près possible des têtes des précédentes, et, au bout d'une certaine révolution d'années, faire couper ces têtes mêmes. Cette dernière opération peut cependant beaucoup affaiblir une haie, parce que les rameaux restans n'ont ordinairement point de boutons, et par conséquent ne poussent pas toujours de nouveaux rameaux : il ne faut donc la faire qu'avec beaucoup de précautions ; peut-être même vaut-il mieux rabattre la haie rez terre que de l'entreprendre. Quant aux rejets qui naissent du pied, ou aux graines qui lèvent dans le voisinage, il n'y a que l'extirpation à la pioche qui puisse les en débarrasser ; encore cela devient-il souvent fort difficile, sur-tout si la haie a été plantée avec des arbres sans pivot, et si elle est composée de certaines espèces naturellement traçantes. Les haies de prunelier, par exemple, généralement si bonnes, ont éminemment le défaut de fournir des rejetons à plusieurs pieds de leur base, rejetons qui se multiplient d'autant plus qu'on les arrache plus souvent. Il faut supporter ce mal, et y remédier autant que possible par des soins souvent répétés.

Dans quelques cantons, on appelle *essarter* l'opération par laquelle on arrache les accrus des haies, et ce nom est assez convenable.

On doit essarter principalement les haies qui entourent les prairies, parce que, n'étant pas arrêtées par le trait de la charrue, comme dans les champs, elles s'élargiraient d'une manière contraire à l'intérêt du cultivateur.

On a beaucoup disputé pour savoir quelle hauteur on devait laisser aux haies, comme si cette hauteur ne dépendait pas du but qui les fait planter, des espèces d'arbres qui les composent, du terrain et du climat où elles se trouvent.

Les haies destinées à servir d'abri soit contre les vents, soit contre les ardeurs du soleil ou le froid glacial, celles qui sont plantées en arbres d'une grande stature, celles qui se trouvent dans un excellent sol, enfin celles qu'on destine à fournir du bois de chauffage, doivent être très-élevées, et elles ne doivent se tailler qu'au moyen de la serpe, rez terre, ou à 2, 3, 4 ou 5 pieds de hauteur, selon les convenances particulières.

Les haies dont l'objet est de défendre les propriétés des pillages des hommes et des ravages des bestiaux, peuvent être tenues seulement à 2, 3, 4 ou 5 pieds de hauteur, et être taillées tous les ans aux ciseaux ou au croissant, sur-tout lorsqu'elles sont composées d'aubépine et autres arbustes d'une végétation lente, et qu'elles se trouvent dans un mauvais sol, c'est-à-dire où leurs rejets ne pourraient être que d'un faible produit.

Comme partisan des haies propres à fournir du bois de chauffage, je mets, d'après le principe qu'elles doivent être productives par elles-mêmes, peu d'importance à régler leurs dimensions tant en largeur qu'en hauteur : je veux qu'on les coupe comme les taillis, c'est-à-dire quand le bois est *fait*, pour me servir de l'expression technique ; cependant les taillis doivent être coupés plus tôt dans les terrains maigres que dans les terrains gras (*voyez* au mot Taillis), et ici c'est le contraire, parce que les haies sont plus utiles et poussent moins vite dans la première sorte de terrain que dans la dernière. Ainsi le terme de trois ans dans les terrains frais, et de cinq dans les terrains secs, semble convenable pour la plupart des arbres et arbustes indigènes, quelque différence qu'il y ait dans la rapidité de leur croissance.

Quelques arbres et arbustes conservent des branches à leur pied lors même qu'ils s'élèvent beaucoup ; mais la plupart les perdent très-promptement. Les haies se dégarnissent donc souvent dans leur partie inférieure, et ne remplissent plus que d'une manière imparfaite leur destination. Pour remédier à ce défaut, il n'y a d'autre moyen que de les couper rez terre, c'est-à-dire de former de nouvelles tiges, qu'on conduit comme une plantation nouvelle.

Il est très-commun de voir des haies où il manque plus ou moins de pieds, et qui présentent par conséquent des ouvertures, qui diminuent leur utilité, au moins comme moyen de défense. On cherche à fermer ces ouvertures en plantant de nouveaux pieds, mais on y réussit rarement ; car ces pieds, qui trouvent une terre épuisée et des racines très-vigoureuses autour d'elles, périssent presque toujours. Ceci demande une explication et me conduit naturellement à discuter une grande question relative à la plantation des haies.

Toutes les haies que j'ai vues dans mes voyages, et qui étaient composées d'une seule espèce d'arbres d'un certain âge, douze

ans, par exemple, à un petit nombre près, placées sur d'excellens fonds, m'ont présenté, quelque soignées qu'elles fussent, des
vides ou passages plus ou moins nombreux, tandis que la plupart de celles qui l'étaient de beaucoup d'espèces différentes,
pour peu qu'elles ne fussent point entièrement abandonnées
aux dévastateurs ou aux bestiaux, m'en présentaient peu ou
point. Il n'est pas difficile de reconnaître dans ce fait, et dans
celui cité plus haut, la grande loi de la nature, qui veut que les
végétaux se substituent continuellement les uns aux autres.
(*Voyez* au mot Assolement.) Je puis donc en conclure, contre
l'autorité de célèbres agronomes, que les haies doivent être
composées de plusieurs espèces d'arbres et d'arbustes, et que
plus leur nombre sera grand et plus elles se conserveront long-
temps en bon état, et plus elles fourniront de bois à la consommation.

Mon intention, en émettant ce principe, n'est pas de proscrire
généralement les haies composées d'une seule espèce d'arbres
ou d'arbustes. Je veux seulement annoncer qu'elles ne peuvent
durer aussi long-temps ni remplir aussi complétement le but
qui les fait établir. Elles ont pour elles l'avantage du coup
d'œil, et sous ce rapport seul, elles seront toujours employées
de préférence dans les clôtures de luxe. On peut donc en former de cette sorte; mais il faut, à mesure qu'elles vieillissent,
les regarnir avec des espèces d'arbres ou d'arbustes les plus
éloignés possible de celles qui en font la masse, ne pas craindre
de substituer par conséquent des espèces sans épines aux espèces épineuses, etc. Il est des arbres et arbustes qui ne viennent bien qu'au milieu des autres et qui semblent indiquer cet
usage. Je citerai le troène, la clématite viorne, la ronce, le
rosier des haies, etc., etc. J'ai vu les haies garnies sur leurs
côtés de fragon épineux, d'ajonc, de buis, etc., et par là
devenir impénétrables aux poules et aux lapins. Voici comme
je conçois la composition d'une bonne haie rustique:

Un rang de grands arbres, tels que chênes, frênes, ormes,
bouleaux, poiriers, pommiers, pins, sapins, etc., espacés de
4, 6, 8, 10, 12, 15 et 20 pieds, entremêlés de manière que
la même espèce, ou les espèces de chaque genre, soient toujours séparées. Quelques-uns de ces arbres, à des distances fort
éloignées, c'est-à-dire de 5 à 6 toises, pourront être abandonnés et devenir des arbres de service ou des têtards.

Deux rangs (un de chaque côté), d'arbustes épineux et non
épineux, écartés de 2 pieds au moins, également très-mé-
langés, mais avec une certaine régularité et de manière que
les espèces épineuses d'un côté soient opposées aux espèces non
épineuses. Au pied de chacun de ces rangs, des sous-arbris-
seaux également épineux et non épineux, tels que ceux que j'ai

cités plus haut et d'autres encore, à 5 ou 6 pouces de distance.

Enfin l'intervalle entre les grands arbres, l'intervalle entre les rangs garni de grandes plantes vivaces, telles que les verges d'or, les asters, les angéliques, le persil des haies, l'aristoloche, l'armoise, les roseaux, l'asclépiade, la bryone, le liseron, la conyse, les épilobes, l'eupatoire, le galéga, les caille-lait, le topinambour, l'ellébore fétide, le houblon, les millepertuis, les inules, les lamiers, les gesses, le lycope, la lysimachie, la salicaire, les menthes, les fougères, la saponaire, l'hièble, les scabieuses, le taminier, les orties, les valérianes, la verveine, les sauges, les pervenches, les vesces vivaces, etc.

J'affirme qu'une pareille haie serait impénétrable, d'un grand produit et d'une longue durée. Je n'en ai point fait composer ni vu composer ainsi ; mais la nature m'en a si souvent présenté, que je ne doute point de leur parfaite réussite. Certainement, si j'étais grand propriétaire, toutes mes terres seraient ou partagées en pièces de 10 à 15 arpens par des clôtures de cette sorte.

Dans plusieurs parties de la France, on est dans l'usage de planter ou de laisser croître de grands arbres dans les haies ; dans d'autres, on est dans l'opinion que c'est une très-mauvaise méthode : les écrivains se sont également partagés sur ce point. Ce que je viens de dire annonce que je suis du nombre des partisans des grands arbres, et certes il suffit de voir le parti qu'on en tire, et être ami de la prospérité de son pays, pour penser comme moi. Sans doute les haies qui en sont trop garnies, ainsi que les terrains voisins, en souffrent, car la lumière et l'air sont nécessaires à toute bonne végétation, sur-tout si le terrain est humide et le climat froid ; mais parce qu'on fait abus d'une bonne chose, faut-il la proscrire ? Ce sont de grands arbres à 30, 40, 50 pieds de distance que je demande dans ces sortes de terrains et de climats, et ainsi espacés nuiront-ils beaucoup par leur ombre ? Dans les terrains secs et chauds, ils peuvent être rapprochés, non-seulement sans inconvénient, mais même avec avantage pour les cultures voisines.

Pour rendre les haies composées d'arbustes non épineux aussi défensables que les autres, il suffit souvent de lier les principales tiges des arbres qui les composent par un, deux ou trois rangs de perches parallèles au terrain. Ces perches, fixées aux tiges avec du fil de fer, peuvent, si elles sont de chêne ou de châtaignier, servir dix à douze ans. Quelques personnes attachent ces perches en dehors, et l'une à l'autre, avec des liens de bois (harts) ; d'autres les entrelacent avec les arbres mêmes de la haie. Ces pratiques sont bonnes pour les haies peu épaisses ; mais celle que j'ai indiquée me paraît préférable pour celles composées de cinq rangs d'arbres ou arbustes, car elle cache l'obstacle et oblige les malintentionnés d'employer plus de temps pour le détruire.

J'ai vu une haie où on avait employé la clématite viorne pour remplir le même objet d'une manière plus durable. Des pieds de cet arbuste grimpant, qui pousse des rameaux longs de plusieurs toises et très-difficiles à casser, étaient plantés de distance en distance, et tous les ans on étendait leurs pousses parallèlement au terrain en les attachant avec de l'osier aux tiges des autres arbres : une poule même n'aurait pas pu traverser cette haie, tant elle était serrée. J'avais entrepris de diposer de même celles de mon habitation dans la forêt de Montmorency ; mais mon départ pour l'Amérique a suspendu mon opération, et les haies ont été coupées pendant mon absence. Je recommande ce mode aux agriculteurs. Les haies ainsi constituées ont besoin d'une surveillance continuelle ; mais elles remplissent bien leur objet et sont extrêmement agréables à la vue lorsqu'elles sont en fleur ou en fruit.

Une bonne manière de réparer, pour l'été, les haies trop dégarnies, et en même temps de les défendre de la dent des bestiaux, c'est de semer une rangée de grains de chanvre de chaque côté, chanvre dont les pieds femelles se garnissent de rameaux et donnent une grande abondance de bonne graine.

Quoiqu'à l'article de chaque espèce d'arbre et d'arbuste j'aie considéré cet arbre ou cet arbuste sous le rapport de son utilité dans la formation des haies, je crois devoir présenter ici la nomenclature de ceux qui peuvent y entrer.

Arbres et arbustes épineux.

Aubépine. Le plus employé dans le nord de la France et un des meilleurs. Toute espèce de terrain ; ne se multiplie que de graines ; pousse lentement ; se dégarnit par le bas ; se prête extrêmement bien à la taille ; on mange ses fruits, malgré leur peu de saveur. L'azerolier, espèce du même genre qu'on cultive principalement dans le midi, lui est supérieur à tous égards.

Néflier. Rarement employé, quoique le plus excellent de tous les arbres indigènes, à raison de la ténacité et de l'entrelacement de ses branches qu'on ne peut rompre ; croît très-lentement ; s'accommode des plus mauvais terrains ; peut être taillé sans inconvénient. Ses fruits se mangent. C'est de l'espèce naturelle dont je parle ici, et non de la variété sans épines qu'on cultive dans les jardins.

Citronnier. Excellent sous tous les rapports, mais seulement propre aux pays chauds. Il jouit de tous les avantages du précédent et de plus de l'excellente odeur de ses feuilles et de la bonté de ses fruits. Se multiplie de graines, de marcottes et de boutures. Toujours vert.

Grenadier. Même qualité et presque même climat que le précédent. Se multiplie de la même manière. Très-employé en Italie. Ses fruits sont un objet de produit annuel.

Houx. Fait de très-bonnes haies, mais ne s'accommode pas d'une taille trop rigoureuse. Il aime une terre fraîche et une exposition ombragée. Toujours vert.

Poirier sauvage. Excellent, mais peu employé, probablement parce qu'il est trop difficile de le maintenir à une petite hauteur. Lorsqu'on le laisse devenir grand il donne des fruits qu'on emploie à faire de la boisson.

Pommier sauvage. Même observation que pour le poirier ; il est cependant plus facile de l'empêcher de s'élever : aussi le trouve-t-on plus fréquemment dans les haies.

Prunelier. Souvent employé dans les haies rustiques ; pousse trop droit, mais se défend bien ; se multiplie de graines et de rejetons ; trace excessivement ; se prête peu à la taille. Ses fruits servent à faire de la boisson. Il ne mérite pas le cas qu'on en fait, d'après ma manière de voir.

Nerprun purgatif. Propre aux terrains aquatiques ; garnit suffisamment ; s'accommode fort bien de la tonte ; se multiplie de graines ou de marcottes. Ses baies sont employées en médecine et dans la teinture.

Nerprun des teinturiers. Propre aux terrains les plus secs et les plus chauds. Mêmes observations que pour le précédent. S'emploie fréquemment dans les parties méridionales de la France.

Paliure. Semble le meilleur de tous les arbustes indigènes, à raison du grand nombre de ses épines et de l'entrelacement de ses rameaux ; mais je ne l'ai jamais vu former des haies continues dans les parties méridionales de l'Europe, quoiqu'on l'y emploie fréquemment. Il veut vivre en touffes isolées.

Jujubier. Ne peut être employé que dans les pays chauds. Les observations précédentes paraissent pouvoir lui convenir, si j'en juge par les écrits des botanistes, car je ne l'ai jamais vu en haie.

Ajonc. Eccellent, mais difficile à conduire. Les plus mauvais terrains sont ceux où il se plaît le mieux, pourvu qu'ils soient argileux. Quoique je l'aie vu fréquemment former seul des haies, je le crois plus propre pour être placé sur le bord de celles composées ou pour regarnir le pied des vieilles. Les bestiaux sont très-friands de ses jeunes pousses ; cependant ils ne touchent pas aux vieilles. On le multiplie de graines.

Epine-Vinette. Croît dans les terrains les plus arides et garnit assez bien. J'en ai vu de belles haies dans la ci-devant

Bourgogne ; mais je la regarde comme plus propre à regarnir les vieilles qu'à en former de nouvelles. Se multiplie par graines et par déchirement des vieux pieds. Ses fruits se mangent.

Rosier des haies. Peut difficilement former de bonnes haies; mais il est extrêmement propre à être mêlé avec d'autres arbustes et à regarnir les vides. C'est bien à tort qu'on l'en proscrit. Il s'accommode de toutes sortes de terrains et se multiplie de semences ou de rejetons.

Ronce des haies. Même observation. Elle perd ses tiges tous les deux ans, et il est bon de ne pas la laisser s'accumuler dans les haies. Ses fruits se mangent sous le nom de *mûres*.

Groseillier épineux. Forme seul de fort mauvaises haies, à raison de son peu d'élévation et de la faiblesse de ses rameaux, qui sont toujours droits; mais il est très-propre pour regarnir les clairières et le pied des vieilles haies. Ses fruits se mangent. Se multiplie par le déchirement des vieux pieds.

Genet épineux, qu'il ne faut pas confondre avec l'ajonc, ne s'élève qu'à un ou 2 pieds. Il sert à garnir le pied des vieilles haies. Demande un sol sec et argileux. Se multiplie de graines.

Bugrane épineuse. Même emploi. Demande un sol argileux et sec.

Fragon épineux. Même emploi. Demande un terrain léger et ombragé. Toujours vert. Trace beaucoup.

Asperge épineuse. Je l'ai vue garnir avec avantage, en Italie, le pied des haies placées dans des terrains très-arides et sans profondeur. Gèle dans le climat de Paris.

Salsepareille épineuse. Même observation que la précédente.

Arbres et arbustes non épineux.

Chêne. Forme d'excellentes haies rustiques, mais quelques-unes de ses espèces sont préférables à d'autres ; telles que le *chêne roure* et le *chêne des haies* pour le climat de Paris; le *chêne tauzin*, le *chêne des Apennins*, pour les climats plus chauds. J'ai vu des haies de chênes plus impénétrables que les meilleures d'épines. Je les conseillerai par-tout, attendu que cet arbre est un de ceux qui s'accommodent le mieux des diverses natures de terrain et qu'il est facile de le tenir bas ou le laisser monter en arbre. On peut indifféremment ou l'exploiter, dans ce dernier cas, pour le service de la charpente et de la marine, ou le tenir en têtard dont on coupe les poussés tous les huit à dix ans pour le chauffage.

Il n'en est pas de même des chênes verts, parce qu'ils ne peuvent souffrir la tonte; cependant le chêne kermès peut être employé à garnir le pied de celles qui vieillissent.

Le chêne ne se multiplie que de graines et doit autant que possible être semé en place.

Le hêtre fait de fort bonnes haies dans les pays froids; mais il est difficile de le faire réussir dans les plaines sablonneuses ou argileuses. Il ne se multiplie que de graines qui demandent à être semées en place. Ses graines servent à faire de l'huile.

Frêne. La disposition toujours montante de sa tige le rend peu propre à faire des haies; cependant j'en ai vu qui remplissaient très-bien leur objet, parce qu'on avait eu soin, dans leurs premières années, de disposer parallèlement au sol les branches latérales en supprimant la flèche. Malgré cela je crois qu'il faut de préférence le laisser croître en liberté au milieu des haies, pour fournir du bois de charronnage, des cercles de cuves, etc., attendu que c'est un des arbres qui jettent le moins d'ombre. Il aime un sol humide et se multiplie de graines.

Erable sycomore. Les observations précédentes lui sont en partie applicables. Son bois n'est pas si utile.

Erable commun. Forme d'excellentes haies; s'accommode de toutes espèces de terrain; se multiplie de semences.

Erable de Montpellier. Encore meilleur sous quelques rapports, parce qu'il buissonne mieux, s'élève moins et vient dans les sols les plus secs et les plus chauds. Fort employé dans les parties méridionales de la France et en Italie.

Charme. Très-employé, et avec raison, dans la composition des haies rustiques. Reste toujours garni du pied; entrelace très-fortement ses branches; souffre le ciseau au mieux et s'accomode de la plupart des terrains; se multiplie de graines.

Orme. Mêmes observations. Encore moins difficile sur le choix du terrain; mais se dégarnit un peu plus, et buissonne moins.

Micocoulier. Encore mêmes observations. Très-souvent employé dans les parties méridionales de la France. Ses jeunes branches sont très-flexibles et son bois est très-tenace. Il mérite d'être plus cultivé qu'il ne l'est.

Platane. Doit faire des haies de médiocre qualité. Il vaut mieux le planter en avenue. Se multiplie de marcottes et de boutures.

Noyer. Même observation à son égard.

Tilleul. Fait des haies assez garnies, mais de faible défense. Il lui faut un terrain un peu frais. On le multiplie de semences et de marcottes. Peu employé.

Sorbier domestique. Peu propre à former des haies, à raison de la lenteur de sa croissance. Peut être placé utilement, en arbre de ligne, dans leur milieu, parce que son bois est excellent pour les ouvrages de force, et ses fruits bons à manger. Il se multiplie de semences.

CORMIER. Les observations relatives au sorbier lui sont complétement applicables. Il en est de même de l'alisier et autres arbres du même genre.

COIGNASSIER. A les rameaux très-flexibles, très-coriaces et très-irrégulièrement disposés. Il forme de bonnes haies, mais peu défendues; demande un terrain frais. Ses fruits sont bons à manger. On doit toujours en placer quelques pieds dans les haies à cinq rangs. On le multiplie de graines, de marcottes et de boutures.

CERISIER DES BOIS. Forme de mauvaises haies, à raison de sa disposition à monter, et de son opposition à la taille. Il faut le réserver pour arbre de ligne, et le placer au milieu. Son fruit se mange, et sert à faire de l'eau-de-vie.

CERISIER A GRAPPES. A à-peu-près les mêmes défauts que le précédent, mais s'élève moins.

CERISIER MAHALEB ou BOIS DE SAINTE-LUCIE. Est au contraire propre à faire de bonnes haies, et encore plus à regarnir celles qui dépérissent. Ses branches s'entrelacent et son tronc se déforme par suite de la taille à laquelle il se prête très-aisément. Les plus mauvais terrains, sur-tout lorsqu'ils sont calcaires, lui conviennent. Il se multiplie de graines.

CHATAIGNIER. N'est pas plus propre que le *cerisier des bois* à former de bonnes haies, et par la même raison; mais comme il pousse vite, donne beaucoup de bois et de bons fruits, il est bon d'en placer quelques-uns dans les haies pour les laisser monter ou les exploiter en têtards. Il veut un sol quartzeux et une température froide. Se multiplie de semences.

BOULEAU. Peu utile dans les haies, parce que ses rameaux sont trop flexibles, qu'il tend trop à monter et à se dégarnir du bas; on peut cependant l'y placer pour le laisser monter en arbre. Se multiplie de graines.

AUNE. Même observation. On l'emploie cependant souvent pour enclore les étangs, les canaux, les endroits aquatiques. Il peut servir à regarnir les vieilles haies plantées dans les sols humides. Il se multiplie de graines, de rejetons et de marcottes. Il est très-facile de disposer ses pousses en palissade.

PEUPLIERS. Même observation. J'ai vu fréquemment des haies formées avec des *peupliers blancs*, des *peupliers gris*, des *peupliers noirs*, et même des *peupliers d'Italie*; mais on devait plutôt les appeler des palissades, puisque ce n'étaient pas leurs branches, mais leurs tiges qui servaient de défense. Se multiplient de boutures.

SAULE-BLANC. Même observation.

SAULE MARCEAU. Forme des haies assez serrées, cependant

de peu de défense. Croît dans les terrains les plus secs comme dans les marais les plus fangeux. Peut être employé à regarnir les vieilles haies. Se multiplie de racines et de marcottes. Pousse avec beaucoup de vigueur.

Saule osier. S'emploie souvent pour clôture ; mais c'est moins comme défense que pour tirer parti de ses rejetons ; d'un grand usage en agriculture, ainsi que tout le monde le sait. Se multiplie de boutures.

Prunier domestique. Forme d'assez bonnes haies, comme j'ai eu occasion de le voir ; mais elles sont de peu de défense. On doit le réserver pour regarnir. Il se multiplie de graines et de rejetons.

Amandier. S'emploie souvent pour haies dans les parties méridionales de la France ; mais quoiqu'il soit plus propre à cet usage que le *prunier*, à raison de ses nombreux rameaux, il ne peut être estimé sous ce rapport. Les plus mauvais terrains lui conviennent. Il se multiplie très-rapidement de semences, mais dure peu. Ses fruits se mangent et entrent dans le commerce. C'est presque le seul arbre dont on puisse tirer parti en forme de haie sous ce rapport ; aussi n'ai-je pas jugé à propos de distinguer les haies en *haies fruitières* et en *haies forestières*, comme quelques auteurs le veulent.

Pêcher. Est moins propre à former des haies que l'amandier, et je ne sache pas que nulle part on l'emploie à cet usage. Se multiplie de semences.

Pistachier. Dans quelques endroits des parties méridionales de l'Europe on voit des *pistachiers-térébinthes*, des *pistachiers-lentisques* et autres dans les haies, et il paraît qu'ils s'y rendent utiles ; mais la lenteur de leur croissance ne permet pas de les y employer souvent.

Cornouiller mâle. Forme des haies de médiocre qualité ; se trouve assez communément dans celles qui se sont formées naturellement. On peut principalement l'employer à regarnir. Sa multiplication a lieu par semence, rejetons et boutures. Ses racines ne meurent jamais naturellement en totalité ; ce qui le rend précieux pour borner les propriétés.

Cornouiller sanguin. Entre très-souvent dans la composition des haies naturelles, et peut très-avantageusement servir à regarnir celles qui vieillissent ; mais il est de trop peu de défense et de produit pour être employé dans celles qu'on plante. Il se multiplie de graines, de rejetons et de marcottes. Il est des cornouillers d'Amérique qui se rapprochent beaucoup de celui-ci, et qui doivent lui être préférés.

Noisetier. Très-commun dans les haies naturelles, mais d'une faible défense. Il vient rapidement, fournit beaucoup de bois, et des fruits fort agréables à manger. On doit toujours en mettre de distance en distance dans les haies rustiques à cinq rangs, et faire en sorte de lier leurs nombreuses tiges par des arbustes grimpans, ou diriger entre elles des branches d'arbustes épineux. Il se multiplie de graines et de rejetons.

ARGOUSIER. Garnit fréquemment les haies plantées sur le bord des eaux dans les parties méridionales de la France, et le fait avec avantage. Je crois qu'on ne peut trop le multiplier dans celles qui sont exposées aux efforts des torrens, parce que ses nombreuses racines retiennent la terre avec force. Il se multiplie de semences, de marcottes et de boutures.

MURIER. J'en ai vu de très-belles haies ; mais elles étaient de peu de défense. En conséquence elles ne doivent être établies que pour la nourriture des vers à soie et des troupeaux ; cependant des pieds mis dans des haies à cinq rangs, et de distance en distance, ne leur nuiront en aucune manière. On le multiplie de graines et de marcottes. Il craint les hivers rigoureux.

LAURIER. J'ai vu en Italie de fort belles haies de cet arbre ; mais je puis leur appliquer les observations précédentes, c'est-à-dire qu'elles sont de peu de défense. Il ne peut se conserver en pleine terre dans le climat de Paris sans des soins particuliers.

FIGUIER. Ne peut faire de bonnes haies ; mais dans les pays chauds il peut quelquefois servir à regarnir les vieilles, car il pousse de nombreux rejets.

LAUROSE. Même observation.

LILAS. Des haies de cet arbuste se voient aux environs de Paris et ailleurs ; mais elles sont de peu de défense si ses nombreuses tiges ne sont liées entre elles par des perches ou des plantes grimpantes. La beauté de ses fleurs le ferait placer dans celles à cinq rangs, si le désir de les cueillir ne portait pas les passans à leur dégradation. Il se multiplie de semences et de rejetons.

TROENE. Peu de haies naturelles en sont privées, et il doit de préférence être employé à regarnir toutes celles qui commencent à se dégarnir, parce qu'il réussit par-tout, et pousse vite. Ses rameaux sont si longs et si flexibles, que je devrais peut-être le placer au rang des arbustes grimpans. Ses fleurs ont une odeur agréable. Il se multiplie de semences et de marcottes.

FILARIA. Croît dans les haies des parties méridionales de l'Europe, et est d'une bonne défense ; mais il craint les gelées du climat de Paris. Il se prête fort bien à la taille. On le multiplie de semences. Ses feuilles se conservent vertes toute l'année.

ALATERNE. Croît dans les mêmes lieux, et conserve également ses feuilles; mais est moins propre à se défendre, parce que ses branches sont plus droites et moins nombreuses. Il se multiplie de même.

Bourgène. Totalement impropre à faire des haies, comme poussant trop peu de rameaux; cependant elle se voit fréquemment dans celles qui sont en terrain humide. Se multiplie de graines.

Viorne obier. L'observation précédente lui est applicable; cependant comme ses rameaux sont gros et très-écartés du tronc, elle se rend plus utile.

Viorne cotonneuse ou mancienne. Croît très-communément dans les haies, et les fortifie par le grand nombre de rejetons qu'elle pousse; cependant seule elle est une très-mauvaise défense. Il faut la placer seulement dans les haies qui se dégradent et dans celles à cinq rangs, de distance en distance.

Lyciet d'Europe. Forme seul ou presque seul des haies d'une bonne défense dans les parties méridionales de la France; il s'accommode des plus mauvais terrains. Ses rameaux sont souvent épineux à leur extrémité. On le multiplie de graines et de marcottes. Il y a d'autres lyciets étrangers qui font des haies de moindre défense, mais plus touffues. On doit les employer pour regarnir, parce qu'ils poussent abondamment des rejets. Le lyciet de la Chine est presque un arbuste grimpant, tant ses rameaux sont longs et grêles. Tous craignent un peu les gelées du climat de Paris.

Sumac des corroyeurs. Entre quelquefois dans la composition des haies naturelles des parties chaudes de l'Europe, mais il y est d'une faible utilité. Cependant quand on le conduit convenablement, il peut les fortifier, parce que ses rameaux s'écartent beaucoup du tronc. Il se multiplie de graines et de rejetons.

Sumac fustet. Se trouve dans le même cas, et encore moins important pour l'objet qui m'occupe; il garnit cependant bien en apparence, parce que ses feuilles sont nombreuses. Je l'ai rarement vu mêlé avec d'autres arbustes.

Groseilliers rouges et noirs. Se trouvent quelquefois dans les haies, qu'ils ne défendent en aucune manière. On peut cependant les faire servir à boucher les trous des vieilles haies, parce qu'ils poussent rapidement, et s'accommodent de toutes sortes de terrains.

Bagnaudier. Forme seul des haies sans défense; mais il regarnit assez bien celles qui sont vieilles, et tient sa place dans celles à cinq rangs. Il se multiplie de graines.

Fusain. Même observation. Il est commun dans les haies naturelles.

Cytise des alpes. Ne doit pas être employé seul à composer des haies, à moins qu'on ne veuille lier ses nombreuses tiges contre des perches transversales, c'est-à-dire en faire une palissade ; mais il garnit fort bien celles à cinq rangs, et on doit l'y employer. Il se multiplie de graines.

Le CYTISE A FEUILLES SESSILES, le CYTISE A FEUILLES VELUES et autres, qui croissent naturellement dans les haies des parties méridionales de la France, sont de très-petits arbustes qui servent peu à fortifier les haies.

SUREAU. Se trouve très-fréquemment dans les haies naturelles, et se plante souvent seul pour en former d'artificielles. Il vient dans tous les terrains, et se multiplie très-facilement de boutures et de graines ; ses jeunes pousses ayant peu de rameaux, ont besoin d'être palissadées contre des perches attachées à des pieux, et son tronc se dégarnissant par en bas, demande à être souvent recepé, pour lui faire former des étages de têtards, plus solides que le meilleur mur, ainsi que je l'ai reconnu plusieurs fois. Malgré ces inconvéniens, il faut toujours le placer de distance en distance dans les haies à cinq rangs, en ayant soin de l'accompagner d'arbustes épineux ou grimpans propres à être entrelacés avec ses tiges. Il pousse très-rapidement. En général, l'agriculture ne tire pas de cet arbre, auquel les bestiaux ne touchent pas, tout le parti qu'elle pourrait, relativement à l'objet de cet article.

SYRINGA. Forme des haies assez touffues en apparence, parce qu'il pousse beaucoup de rejetons, mais elles ne sont d'aucune défense. On doit l'employer à regarnir les vieilles. Il se multiplie par le déchirement des vieux pieds.

BUIS. Entre fréquemment, en certains cantons, dans la compostion des haies naturelles, et doit être employé, soit dans celles à cinq rangs, soit dans celles qui se dégradent. Il est de peu de défense réelle ; mais comme il conserve ses feuilles toute l'année, et qu'il pousse beaucoup de branches, il garnit fort bien. Son aspect d'ailleurs est agréable. On le multiplie de graines et de boutures.

MYRTE. Les mêmes observations s'appliquent à cet arbuste dont les feuilles ont une odeur et les fleurs un aspect si agréables ; mais il craint les gelées du climat de Paris. Il se multiplie de graines, de marcottes et de boutures.

TAMARIX. J'ai vu, dans les parties méridionales de la France, des haies entièrement composées de cet arbuste, qui se plaît le long des ruisseaux ; mais elles étaient palissadées sur des perches, car sans cela elles n'eussent été d'aucune défense. Sa propriété de croître dans les sols salés et de les faire devenir porpres à la végétation du blé, le rend très-précieux sur les bords de la mer. On le multiplie de boutures.

ROMARIN. Croît également dans les haies des parties chaudes

de la France, et en garnit bien le pied. Il n'est d'aucune défense.

LAVANDE. Même observation. Elle craint cependant plus
le voisinage des autres arbustes.

SAUGE. Même observation.

AIRELLE. Ne s'élève qu'à un pied ; mais comme elle aime
l'ombre et trace beaucoup, elle garnit fort utilement les vides
qui se trouvent dans les haies. Se multiplie de graines.

CORIAIRE. Reste verte une partie de l'hiver, pousse immensément de rejetons, et s'élève à 2 ou 3 pieds. Elle remplit
donc bien les vides des haies usées. Je l'ai fréquemment vue
entrer dans la composition de celles des parties méridionales
de l'Europe. Se multiplie avec la plus grande facilité par déchirement des vieux pieds.

LAURÉOLE. Reste verte toute l'année, et garnira d'autant plus
utilement les haies, quoiqu'elle ne soit d'aucune défense, et
qu'elle ne s'élève qu'à 2 ou 3 pieds, qu'elle aime l'ombre. Se
multiplie de graines.

BRUYÈRE. Plusieurs espèces pourraient être employées, mais
elles sont si difficiles à multiplier, qu'il n'y faut pas penser.

HYSSOPE. Est très-propre à garnir le pied des haies dans les
terrains secs et exposés au midi. Elle ne s'élève pas à plus de
2 pieds et n'est d'aucune défense.

Arbrisseaux grimpans.

VIGNE. Concourt souvent à fortifier les haies rustiques. J'en
ai vu qu'elle rendait absolument impénétrables ; mais il faut
pour cela diriger ses rameaux en longueur et parallèlement au
terrain.

CLÉMATITE VIORNE. Même observation. Je l'ai déjà citée
plus haut.

MORELLE GRIMPANTE. Même observation, mais ses rameaux
sont cassans ; elle se trouve souvent dans les haies naturelles,
qu'elle ne consolide que médiocrement.

LIERRE. Il n'est presque d'aucune utilité dans les haies, à
moins qu'il ne grimpe aux arbres de ligne qui s'y trouvent.

Il ne me reste plus qu'à parler des arbres résineux. Les
pins, les sapins, les mélèzes, ne souffrant pas la taille, ne
peuvent être mis qu'en ligne dans les haies. Ils y viennent fort
bien ; et comme leur bois est d'un excellent service, qu'ils
donnent peu d'ombre, on doit y en mettre beaucoup en les
espaçant convenablement.

On voit, dit-on, des haies entièrement composées d'ifs ;
mais je ne crois pas qu'il soit utile d'en planter, à raison de
la lente végétation de cet arbre. Le genevrier, qui s'y rencontre si communément dans certains cantons, n'a pas cet
inconvénient ; aussi est-il bon de l'y introduire le plus souvent

possible. On le multiplie de graines, qu'il suffit de répandre sur le bord de celles qu'on veut en peupler.

Cet article est long, mais il est important par son but ; car, je le répète, la plantation des haies sur le sol entier de la France peut doubler les produits de son agriculture et suppléer en grande partie à la perte de nos forêts.

Il est plusieurs arbres étrangers dont on commence à faire des haies. L'acacia blanc et le févier sont du nombre ; mais s'ils méritent d'être employés à cet usage, à raison de leurs épines, ils branchent peu et poussent trop vite : aussi, après en avoir beaucoup planté, a-t-on été obligé de les détruire. Je citerai encore la ketmie en arbre et le thuya de la Chine, dont j'ai vu de si belles et bonnes haies taillées en Italie.

Les pays situés entre les tropiques forment leurs haies avec des arbres propres à ce climat. A Saint-Domingue, c'est avec le CAMPÈCHE ; en Caroline avec le HOUX CASSINE. L'arbuste le plus propre à en former que je connaisse est la BUMÉLIE RÉCLINÉE. Ses branches sont recourbées vers la terre, de sorte que son pied est aussi et même plus garni que sa tête ; elles sont de plus si épineuses, qu'on ne peut les prendre à la main, et si coriaces, qu'il est impossible de les casser sans les tordre à plusieurs sens. Il est malheureux qu'elle craigne les gelées du climat de Paris. (B.)

HAIE SÈCHE. Souvent on a besoin, en agriculture, de clore ou promptement, ou momentanément, ou économiquement un terrain, et alors on emploie la sorte de haie qu'on appelle *sèche*, parce que c'est avec des branches d'arbres qu'on la compose, et que ces branches ne tardent pas à se dessécher.

Toutes espèces de branches d'arbres, pourvu qu'elles aient plus de 4 pieds de long, peuvent servir à la composition des haies sèches ; cependant celles de l'aubépine sont les meilleures, parce qu'elles réunissent une meilleure défense à une plus longue durée. Celles de prunelier viennent après, puis le chêne, le charme, etc. Les bois blancs sont les pires, à raison de leur disposition à pourrir promptement. Dans quelques pays où le bois est rare on fabrique ces haies avec de la paille ou des roseaux. *Voyez* ABRI.

Pour établir une haie sèche, on fait, à la bêche ou à la pioche, une tranchée de 6 à 8 pouces de large et d'autant de profondeur, et, au milieu, à 4, 5 ou 6 pieds les uns des autres on fiche, à coups de maillet, des pieux d'au moins 2 pouces de diamètre le plus perpendiculairement possible. Ces pieux, pour durer long-temps, doivent être de chêne ou de châtaignier. On attache à ces pieux à la hauteur d'environ 3 pieds, au moyen des branches de chêne ou de châtaignier

tordues (on les appelle des HARTS aux environs de Paris), ou
à leur défaut avec de fort osier, un rang de perches parallèle
au terrain. C'est contre cette traverse et dans la tranchée
qu'on range les branches destinées à former les haies. L'art
est de n'en mettre ni trop ni pas assez, et de les disposer de
manière à ce que leurs branches s'entrelacent régulièrement.
Lorsqu'il y a une longueur de perche ainsi garnie, on attache
une autre perche, de l'autre côté des pieux, parallèlement à
la première et à la même hauteur, puis on fait passer autour
des deux perches une ou deux harts par chaque distance de
pieux; ce qui les lie entre elles, et fixe les branches d'une
manière solide et régulière. Il ne s'agit plus alors, pour que
la haie soit terminée, que de remplir de terre la tranchée,
et d'élever cette terre de 6 à 8 pouces au-dessous du sol, ce
qu'on appelle *butter* la haie.

Pour plus de solidité, avant cette dernière opération, on
met un second rang de perches à un pied de terre, disposées
et liées comme le rang supérieur.

La durée d'une haie sèche dépend, outre l'espèce de l'arbre,
de la nature du sol et du climat, le bois et sur-tout le bois
trop jeune pourrissant plus promptement dans les terrains et
les climats humides, que dans ceux qui sont secs et chauds. Aux
environs de Paris une bonne haie sèche d'aubépine, sauf quelques réparations, doit subsister pendant cinq à six ans. Plus au
midi elle peut en durer huit à neuf.

Comme les haies sèches sont à claire-voie, elles ne sont pas
aussi utiles comme abri que les haies vives, puisque les vents
peuvent passer au travers, et qu'elles ne réfléchissent pas les
rayons du soleil; mais on peut les rendre égales à ces dernières
en semant à leur pied des haricots, des pois, des gesses, des
liserons, et autres plantes grimpantes, qui enlacent leurs tiges
avec les rameaux des branches qui la composent; mais alors
elles durent moins long-temps, à raison de l'humidité que ces
plantes apportent avec elles, ou conservent autour d'elles.

Souvent les haies sèches n'ont pour véritable objet que de
garantir une haie vive nouvellement plantée des ravages des
bestiaux. Alors on peut la faire plus légère et la garnir du
côté opposé à la haie de pieds de ronces enlevés dans les bois,
pieds qui, repoussant vigoureusement dès la première année,
deviennent une excellente défense.

Je ne m'étendrai pas davantage sur les haies sèches, parce
que je les regarde comme important bien moins à l'agriculture
que les haies vives. Je gémis même lorsque je vois des cantons,
où ces dernières réussiroient parfaitement bien, ne faire usage
que des premières, qu'on renouvelle sans cesse, au grand détriment des forêts et du temps si précieux en agriculture, et

qu'on doit tant ménager. C'est l'effet de l'ignorance ou des lois vicieuses. Un cultivateur auquel je faisais ce reproche me répondit : Mon bail n'est que de trois ans, et le bois que j'emploie en ce moment me servira de chauffage lorsque ce bail sera fini. Dans d'autres endroits on brûle les haies sèches tous les hivers pour les rétablir au printemps. C'est une bonne manière de faire sécher le bois, dit-on ; oui, mais quelle perte de main d'œuvre ! (B.)

HAGIS. Nom des petits bois plantés de main d'homme, dans les Vosges. Les HÊTRES, les CHÊNES et les SAPINS y dominent. (B.)

HÂLE. Il est prouvé, par des expériences directes et par l'observation de tous les temps et de tous les lieux, que les plantes transpirent, c'est-à-dire que, pendant le jour et même quelquefois pendant la nuit, l'eau que leurs feuilles et leur écorce avaient absorbée, ou que les racines avaient pompée dans la terre, rentre dans l'atmosphère sous forme de vapeur invisible. *Voyez* le mot TRANSPIRATION DES PLANTES.

La quantité de cette évaporation varie à chaque moment, parce qu'elle est toujours en rapport avec l'état plus ou moins sec de l'air, et que cet état ne reste jamais long-temps le même, soit par l'effet de la chaleur du soleil, soit par celui des vents. Lorsqu'elle est très-considérable, qu'on s'aperçoit de ses effets, c'est-à-dire que les feuilles et les fleurs se FANENT (*voyez* ce mot), on appelle ces effets le hâle.

C'est directement, comme je le viens de le dire, ou indirectement en desséchant le sol, que le hâle agit sur les plantes. *Voyez* ÉVAPORATION et SÉCHERESSE.

Excepté les plantes grasses et qui sont dépourvues de pores corticaux, ce sont les plus tendres qui se ressentent le plus des suites du hâle. Les arbres à feuilles coriaces, comme le chêne, le laurier, n'y sont presque pas sensibles, et voilà pourquoi presque tous ceux des pays chauds les ont telles.

Le plus souvent les effets du hâle cessent avec la cause qui l'a fait naître. Il n'est personne qui, dans les jours chauds de l'été, n'ait vu les feuilles, qui semblaient mortes à midi, reprendre toute leur fraîcheur pendant la nuit ou après une légère pluie.

Un hâle très-prolongé fait périr les plantes; trop souvent répété il nuit à leur accroissement, ainsi que le prouvent les pays secs et découverts, plus exposés que les autres à ses résultats.

Il n'est guère possible d'empêcher les effets du hâle dans la grande culture que par des abris, et cette circonstance doit fortement militer en leur faveur (*voyez* au mot ABRI et aux mots ENCLOS et HAIE); cependant les irrigations et les arrosemens à la main remplissent aussi cet objet. C'est pourquoi les jardiniers instruits et actifs ne manquent jamais d'arroser, avant ou après le lever du soleil, les légumes qui en craignent le plus les suites, sur-tout leurs semis. Il serait dangereux de le faire pendant la chaleur même, par les causes indiquées au mot Arrosement.

C'est pour s'opposer au hâle qu'on couvre les jeunes plants, qui y sont plus sensibles que les autres, pendant la grande chaleur du jour, sur-tout lorsqu'ils viennent d'être transplantés, et que leurs racines ne peuvent pas encore réparer les pertes qu'ils éprouvent par ses effets, soit avec des pots renversés, soit avec des paillassons, des branches garnies de feuilles, etc. *Voyez* Couvertures.

Le hâle se fait puissamment sentir sur les racines des arbres qu'on vient d'arracher. Il désorganise leurs suçoirs en les desséchant. Combien de millions de pieds d'arbres périssent chaque année par cette seule cause ! Il est des arbres et des plantes que quelques minutes d'exposition à un air sec suffisent pour frapper de mort. Les arbres résineux, tels que pins, sapins, etc. sont principalement dans ce cas. On doit donc, en tout temps, principalement quand le hâle existe, c'est-à-dire que l'air est desséchant, mettre le moins d'intervalle possible entre l'arrachage et le plantage des arbres et des plantes, ou, lorsque les circonstances s'y opposent, il faut mettre provisoirement le plant en jauge ou couvrir ses racines d'un peu de terre, de paillassons, etc.

C'est avec l'hygromètre qu'on peut le mieux mesurer l'intensité du hâle, mais les cultivateurs ne le connaissent pas, et peuvent fort bien s'en passer, l'aspect des plantes leur en tenant lieu.

Quelques personnes croient que le hâle n'a jamais lieu que dans la chalenr, mais c'est une erreur : souvent il est très-considérable pendant les plus fortes gelées. Il a lieu toutes les fois que l'air est sec, quelle que soit la cause qui l'a rendu tel. Ainsi les vents qui ont déposé leur eau sur des plaines arides ou au sommet de hautes chaînes de montagnes, produisent le hâle. Ces vents desséchés et desséchans varient selon les pays : pour les environs de Paris, ce sont ceux du nord-est qui ont passé sur les plaines sèches de la Champagne, et ceux de l'est, qui ont passé par-dessus les Alpes ; pour les environs de Montpellier, ce sont ceux du nord et de l'ouest.

Rarement le vent du midi est desséchant dans le climat de Paris, même dans la plus grande chaleur de l'été ; mais sur la côte d'Afrique, à Alger, par exemple ; mais en Arabie, à Damas, par exemple, il l'est à un tel point, qu'il fait en peu d'instans périr les animaux, et en peu de jours les tiges de la plupart des plantes : c'est qu'il a passé par-dessus des déserts de sables qui ont absorbé toute son humidité. On l'appelle siroco en Italie, où il se fait quelquefois sentir malgré la mer, qu'il traverse.

La terre, sur-tout la terre nouvellement labourée, comme je l'ai aussi observé plus haut, éprouve aussi les effets du hâle; lorsqu'on sème pendant qu'il dure, la graine ne lève point ou lève mal. *Voyez* SEMIS.

Les moyens de diminuer l'action du hâle sur la terre, sont de la couvrir de LITIÈRE, de FEUILLES SÈCHES, de MOUSSE, etc. *Voyez* ces mots.

Quelquefois le hâle est très-désiré par les cultivateurs, par exemple, au printemps, lorsque après des pluies longues et abondantes, ils sont pressés de faire leurs labours; en été, lors de la coupe de leurs foins, etc.

Cette influence du hâle agit fortement sur les arbres nouvellement plantés, parce que leurs racines comme leurs tiges en sont frappées, par suite de l'ameublissement de la terre autour d'elles. *Voyez* LABOUR. (B.)

HALER. Ce mot est employé, dans le département de la Haute-Saône, comme synonyme de ROULER. *Voy.* ce mot. (B.)

HALÉZIER. *Halezia*. Genre de plantes de la dodécandrie monogynie, et de la famille des ébénacées, qui renferme trois espèces, dont l'une, l'HALÉZIER TÉTRAPTÈRE, originaire de l'Amérique septentrionale, est devenue l'objet de nos cultures. C'est un petit arbre à feuilles alternes, ovales, aiguës, et à fleurs blanches, pendantes, très-nombreuses, disposées en bouquets sur le vieux bois. Son aspect est très-agréable lorsque ses fleurs sont développées, c'est-à-dire au premier printemps, ainsi que j'ai pu en juger et dans son pays natal et en Europe. On le place, dans nos jardins paysagers, au second rang des massifs, contre les murs exposés au nord. Une terre légère et humide, celle de bruyère principalement lui convient plus qu'aucune autre. Il est presque toujours nuisible de lui faire sentir le tranchant de la serpette, parce que ce sont les longues branches qui lui donnent la grâce qui lui est propre. Les gelées ne lui nuisent point. Sa multiplication a lieu par le semis de ses graines, dont il donne aujourd'hui beaucoup dans quelques jardins; par les rejetons qu'il pousse assez fréquemment; enfin par marcottes, qui prennent racine dans la même année.

Les graines se sèment au printemps, dans des terrines sur couches et sous châssis, et le plant qui en provient se repique en pleine terre l'année suivante.

Les rejetons et les marcottes se déposent pendant deux ou trois ans en pépinière, et se mettent ensuite en place. (B.)

HALLEY. Synonyme de Cornage. (B.)

HAMAMELIS, *Hamamelis*. Arbrisseau de l'Amérique septentrionale, qui croît en pleine terre dans le climat de Paris, et que l'on y cultive, à raison du développement précoce de ses fleurs, développement qui a lieu au milieu de l'hiver, long-temps avant la pousse de ses feuilles.

Cet arbrisseau, qui forme un genre dans la tétrandrie digynie et dans la famille des berbéridées, a les feuilles alternes, légèrement pétiolées, ovales, irrégulièrement dentées à leur sommet, coriaces, glabres, d'un vert foncé, larges de deux pouces et plus; ses fleurs sont jaunes et ramassées en petits paquets sessiles le long des rameaux.

J'ai vu en Caroline de grandes quantités d'hamamélis, et j'ai observé que ses fleurs avortaient fréquemment par l'effet des froids. En Europe, il ne porte presque jamais de graines par la même cause. Un terrain humide et ombragé est celui qui lui convient, et il fait mieux dans une plate-bande de terre de bruyère exposée au nord qu'ailleurs. Il se place cependant entre les buissons des jardins paysagers, et s'y soutient fort bien. Les plus fortes gelées ne lui font aucun mal lorsqu'il est parvenu à une certaine hauteur. Rarement il s'élève en Europe à plus de 3 à 4 pieds; mais en Amérique j'en ai vu des pieds de plus du double. Son aspect ressemble à celui du noisetier. On le multiplie de graines tirées d'Amérique, graines qui ne lèvent ordinairement que la seconde et même la troisième année, quoiqu'on les sème dans des terrines placées sur couche et sous châssis. Le plant se rentre dans l'orangerie pendant les deux ou trois premières années, et ensuite se met en pleine terre. On le multiplie aussi par les rejetons qu'il pousse, lorsqu'il est dans un sol favorable, et par marcottes. Ces marcottes s'enracinent dans l'année, et peuvent être levées l'hiver suivant; mais il est mieux d'attendre un an de plus, parce qu'on y gagne certitude de reprise et plus de grandeur. Une humidité faible, mais constante, étant nécessaire à la conservation de cette plante, on fera généralement bien de garnir son pied d'une couche de mousse d'un à 2 pouces d'épaisseur. (B.)

HAMPE. Lorsque les feuilles des plantes sont radicales, c'est-à-dire qu'elles partent immédiatement de la racine ou de son collet, alors on voit ordinairement s'élever de leur centre une ou plusieurs tiges dénuées de feuilles qui portent la ou les fleurs. Les botanistes ont donné à cette tige le nom de *hampe*; le pissenlit en offre un exemple. (B.)

HANCHES. Médecine vétérinaire. Les hanches, très-mal à propos confondues à la campagne avec les cuisses, sont formées par les os des iles, ou iléon, le plus considérable des os du bassin. Elles doivent être proportionnées avec les autres parties du corps du cheval. Sont-elles courtes, l'arrière-main a toujours peu de jeu; est-il raide, l'animal ne travaille que des jarrets, qui, situés perpendiculairement, relèvent sa croupe et son arrière-main, qu'il lui est comme impossible de plier. Or, nul mouvement n'est liant, s'il n'est produit par l'accord de toutes les parties combinées qui doivent être mues. Sont-elles longues, l'inconvénient qui suit cette défectuosité est très-sensible : dans tout mouvement de progression de l'animal, on s'aperçoit constamment d'une flexion plus ou moins grande non-seulement de toutes les portions articulées de l'arrière-main, mais encore des vertèbres lombaires : c'est dans la force et la souplesse de ces vertèbres que consistent principalement l'action et la beauté des mouvemens du derrière : le cheval ne peut le baisser et le plier pour amener ses pieds sous lui et près de son centre de gravité, que la courbure et la flexion des vertèbres ne soient apparentes. Or, si les hanches ont trop de longueur, il est aisé de concevoir que, vu leur étendue et le pli des vertèbres et des autres articulations, ces mêmes pieds de derrière outre-passeront à chaque pas, dans leur portée, la piste ou la foulée des pieds de devant; ils avanceront au-delà du centre de gravité même, et l'animal, relativement à ce défaut, n'étant pas dans son degré de stabilité et de force, se montrera et sera nécessairement faible.

Cette défectuosité est moindre quand le cheval a à monter des montagnes, l'élévation du terrain s'opposant au port de ses pieds trop en avant, et la facilité naturelle qu'il a à s'asseoir faisant qu'il percute aisément, et que le devant est pour lors chassé et relevé avec plus de véhémence; mais il souffre infiniment quand il s'agit de descendre, non par la peine qu'il a à plier les jarrets, mais parce qu'il est à tout moment prêt à s'acculer.

Lorsque, dans le cheval gras et en bon état, la saillie des os des iles est considérable, nous disons que le cheval a les hanches hautes, qu'il est cornu.

Nous entendons dire journellement à la campagne qu'un cheval, un bœuf, a pris un effort dans les hanches; il est aisé de revenir de cette erreur, lorsque l'on considère dans ces animaux un peu avancés en âge l'union intime des os pairs qui forment le bassin. Cette union est telle que non-seulement elle a lieu dans les os du même côté, mais encore dans ceux du côté opposé; en sorte que ces mêmes os n'en constituent, pour ainsi dire, qu'un seul : donc ils ne peuvent point se désunir; donc les hanches ne sont pas susceptibles d'effort. *Voyez* EFFORT.

Il arrive quelquefois que l'un des os des iles semble plus bas que l'autre, et que les hanches paraissent inégales : nous disons alors que le cheval est épointé, éhanché. Cet événement ne prouve pas le dérangement des os; il peut être un vice de conformation, mais le plus souvent la suite d'un coup, d'un heurt violent dans le poulain, qui aura occasionné une dépression et un affaissement dans cette partie. (R.)

HANGAR. *Voyez* ANGAR.

HANNEBANE. Nom vulgaire de la JUSQUIAME.

HANNETON, *Melolontha*. Genre d'insectes de l'ordre des coléoptères, qui renferme plus de cent cinquante espèces, toutes vivant aux dépens des racines des plantes sous l'état de larves, et aux dépens de leurs feuilles sous celui d'insectes parfaits, et par conséquent nuisant beaucoup aux cultivateurs.

Le HANNETON VULGAIRE, le plus important à connaître pour ces derniers, est couleur de rouille avec le corcelet noirâtre et velu. Il a une tache blanche triangulaire de chaque côté sur les anneaux de l'abdomen. Sa longueur est d'un pouce et son diamètre de 6 lignes.

C'est dans la terre, au fond d'un trou d'un demi-pied de profondeur que les femelles creusent avec leurs pattes antérieures, qu'elles déposent leurs œufs. Il naît de ces œufs des larves constamment recourbées, molles, blanches, avec la tête ainsi que les pattes écailleuses et brunes. Ces larves, connues des cultivateurs sous les noms de *ver blanc*, *mans*, *turc*, etc., restent quatre ans entiers en terre, c'est-à-dire que ce n'est qu'à la fin de la quatrième année qu'elles se transforment en nymphe. Ainsi pendant quatre ans, les hivers exceptés, et sur-tout pendant les deux dernières années, elles dévorent les racines des arbres et des plantes qui sont à leur portée, et qu'elles savent aller chercher souvent au loin. Dans les arbres, c'est l'écorce seule qu'elles entament; mais dans les plantes c'est la racine entière. Quoiqu'elles mangent celles de presque toutes, il en est cependant quelques-unes qu'elles préfèrent : ce sont les plus tendres et les plus succulentes. Ainsi les jardiniers ont remarqué depuis long-temps qu'elles quittaient tout pour se jeter sur les salades, et les pépiniéristes, comme je le dirai plus bas, ont saisi ce moyen pour les éloigner de leurs plantations et pour les détruire facilement. Tout jeune arbre, toute petite plante dont les racines sont endommagées par ces larves, languit ou périt. Les grands arbres, les plantes à nombreuses racines, en souffrent plus ou moins, selon le nombre des individus qui les attaquent-à-la-fois, ou le temps qu'ils y restent. Les dommages qui en résultent sont peu sensibles dans les bois, dans les champs, parce qu'ils s'exercent sur un grand nombre d'objets, et qu'on ne les suit point ; mais dans les jardins, mais dans les pépinières, ils font souvent le désespoir des cultivateurs. Telle planche de légume qui promettait beaucoup est successivement détruite par un petit nombre de ces larves; telle plantation d'arbres fruitiers manque uniquement par leur fait; telle pépinière ne produit pas de bénéfices à raison du grand nombre de plants qu'elles font annuellement périr. J'ai évalué, une année où les pépinières de Versailles étaient le plus garnies d'arbres précieux, à plus de 6000 fr. la perte que les larves de hannetons leur ont occasionnée. Il suffit d'avoir mis la main à la bêche, ou d'avoir questionné ceux qui en font habituellement usage, pour être convaincu qu'elles doivent être vouées à la destruction la plus absolue. Mais comment les détruire? La réponse à cette question est difficile; je tâcherai cependant d'y satisfaire à la fin de cet article.

Les terres légères et un peu humides sont celles qui sont les plus favorables à l'accroissement des larves des hannetons, et sont par conséquent celles où elles exercent le plus de dommage.

C'est au mois de mai, quinze jours plus tôt, quinze jours plus tard, selon le climat et la température de la saison, que les hannetons sortent de terre. Ils sont alors mous et faibles; mais un jour d'exposition à l'air leur suffit pour consolider toutes leurs parties, et pouvoir commencer leurs ravages sous leur nouvelle forme. Il est très-peu d'arbres dont les feuilles ne soient pas de leur goût. Aussi voit-on souvent les forêts et les vergers également dépouillés à la fin du printemps, au grand détriment de la croissance des arbres et de la production du fruit. L'effet de ce dépouillement des feuilles des arbres, à une époque où elles sont si nécessaires, se fait sentir pendant plusieurs années, c'est-à-dire, qu'un pommier, par exemple, ne donnera certainement pas encore de pommes l'année d'après, et peu celle d'ensuite. Ce fait s'explique par la nécessité où est l'arbre d'employer à la production de nouvelles feuilles la surabondance de sève qui devait servir à la nourriture du fruit. Chercher à les signaler comme les ennemis des cultivateurs serait ici une chose superflue, car qui n'a pas gémi en voyant certaines années les arbres, au milieu du printemps, aussi nus qu'au cœur de l'hiver? Je dis certaines années, parce qu'heureusement ce fléau n'est pas toujours redoutable au même degré. On a cru remarquer que sur quatre années il y en avait une où les hannetons étaient très-abondans; mais l'état de l'atmosphère pendant l'hiver et au printemps doit souvent déranger ces calculs. En effet, des gelées très-violentes, qui pénètrent jusqu'à la retraite des larves, doivent les faire périr, encore mieux celles qui sont tardives et qui trouvent les insectes parfaits prêts à sortir de terre. Une sécheresse très-prolongée pendant le mois de mai forme sur le sol une croûte que les insectes parfaits ne peuvent rompre, et qui les fait périr de faim. J'ai vu, une fois, des pluies froides continues pendant plusieurs jours, leur donner la diarrhée, et les faire mourir avant qu'ils se fussent accouplés. C'était une année où ils étaient surabondans : ainsi cette circonstance, au moins pour le climat de Paris, a dû changer l'ordre de leur retour.

On a remarqué que les hannetons étaient plus rares dans les pays chauds et dans les pays froids ; les climats tempérés, tels que celui de Paris, sont ceux qui leur conviennent.

Chaque hanneton ne vit guère que sept à huit jours, et l'espèce ne se montre que pendant environ un mois. Peu après que l'accouplement est terminé, le mâle meurt, et la femelle en fait de même dès qu'elle a achevé sa ponte.

Les ennemis des hannetons sont très-nombreux : parmi les quadrupèdes, les renards, les blaireaux, les hérissons, les fouines, les belettes, les rats et autres congénères ; parmi les volatils, quelques oiseaux de proie diurnes et nocturnes, les pies-grièches, l'engoulevent, les pies, les corbeaux, les dindons, les poules, etc., etc. ; parmi les insectes, les courtilières, les carabes, les fourmis, etc., etc. ; mais ils ne suffisent pas au besoin pressant qu'ont les cultivateurs d'en voir diminuer le nombre. Il faut que l'homme se réunisse à eux pour en augmenter la destruction, au moins autour de sa demeure, c'est-à-dire dans ses jardins et ses vergers. On a proposé de les faire tomber en les enfumant au moment où ils sont en repos sur les feuilles, c'est-à-dire entre neuf heures du matin et trois heures du soir, et de les écraser ; mais ce moyen est coûteux, embarrassant, et produit moins d'effet que si on battait l'arbre avec une perche, ou si on le secouait vivement : c'est à celui-là qu'il faut s'en tenir. Ainsi, un jardinier jaloux de faire son devoir, un pépiniériste vigilant, consacreront une heure tous les matins, pendant le temps où les hannetons exercent leurs ravages, pour les ramasser et brûler, ou donner aux volailles ; les écraser est mal, parce que les œufs des femelles fécondées ne l'étant pas facilement, peuvent éclore. Par ce massacre, on diminue au moins le nombre des larves qui, sans lui, auraient infesté un terrain donné ; et c'est beaucoup.

Quant aux larves, leurs moyens de destruction sont plus nombreux, mais moins certains. Le plus naturel de tous, c'est de les tuer toutes les fois que la charrue ou la bêche les amène à la surface du sol ; mais comme les labours se font généralement en hiver, et que ces larves sont alors à plus d'un pied sous terre, il faut souvent dans les jardins, et sur-tout dans les pépinières, faire exprès des labours pendant l'été pour cet objet. Je sais par expérience qu'on se débarrasse de beaucoup d'individus lorsque ces labours sont faits avec soin ; mais ils coûtent, et on doit désirer de les éviter.

Les vers blancs restant trois ans et demi en terre, comme je l'ai dit plus haut, il y en a toujours de trois âges qui exercent simultanément leurs ravages. Ceux de deux ans remontent les premiers après l'hiver, et, à raison de leur grosseur, sont les plus à redouter : c'est au moment où tous sont remontés, c'est-à-dire en mai, qu'il est le plus utile de leur faire la chasse par le moyen des labours à la bêche ; j'en ai quelquefois ainsi fait tuer plus d'un mille par jour dans les pépinières de Versailles.

Une Société d'agriculture a proposé de faire des trous d'un pied de profondeur dans la terre, trous dans lesquels les larves des hannetons tombent en faisant leurs galeries ; mais cela me paraît devoir être de peu d'effet.

Un autre moyen qui réussit généralement, ainsi que je l'ai déjà annoncé, c'est de planter des laitues ou autres salades dans les planches les plus infestées de ces larves, entre les plants des arbres dans les pépinières : elles quittent tout pour se jeter sur elles ; et comme, pour peu que les racines de ces plantes soient blessées, leurs feuilles se fanent, un jardinier peut toujours savoir où il y a une de ces larves, la chercher avec la bêche et la tuer.

Le staticé des jardins est également très-fort de leur goût, et je l'ai fait substituer aux laitues avec succès.

La suie, la chaux, la cendre, qu'on a proposé de répandre au pied des arbres pour éloigner les vers blancs, n'ont que des effets très-momentanés, qui ne compensent pas la dépense qu'entraînent l'acquisition et le transport de ces objets, qui au reste sont de bons amendemens.

Quelque actif qu'on soit, on éprouve toujours des pertes par le fait des vers blancs, il faut faire entrer ces pertes comme élémens dans les calculs de la petite agriculture, et savoir s'en consoler. Il n'y a guère que les cultivateurs d'arbres, d'arbustes ou de plantes étrangères qui ne puissent pas toujours réparer les dégâts qu'ils leur causent, parce que souvent ils n'ont qu'un pied de cette espèce, et que c'est justement à ce pied que ces larves s'attachent de préférence.

Le HANNETON MOYEN est couleur de rouille pâle, avec le corcelet velu de couleur plus foncée et une tache blanche triangulaire de chaque côté des anneaux de l'abdomen. Il est un peu plus petit que le précédent, mais du reste n'en diffère pas beaucoup ; aussi la plupart des entomologistes le regardent-ils comme une variété. On le voit souvent fort abondant, et ce généralement les années où l'autre l'est le moins. Sa larve n'est point distinguée. Il n'y a pas de doute qu'elle cause les mêmes dégâts et qu'elle a les mêmes mœurs : ainsi tout ce que j'ai dit plus haut doit lui être appliquable.

Le Hanneton solsticial est de moitié plus petit que le premier, et à-peu-près de la même couleur que le second. Son corcelet est beaucoup plus velu; il paraît deux mois plus tard, c'est-à-dire au milieu de l'été. Quelques personnes disent qu'on en trouve aussi un mois plus tôt : on le voit voler le soir souvent en si immense quantité, qu'il fatigue les promeneurs. Sa larve doit causer beaucoup de dégâts; mais elle n'est pas distinguée de celle de la première, probablement parce qu'elle n'en diffère que par la grosseur, et qu'on peut croire qu'elle est son jeune âge.

Le Hanneton équinoxial ou estival a le corcelet pâle et sans poil; ses élytres colorés, avec la suture noirâtre. Il n'a point de taches sur les côtés de l'abdomen. Il paraît peu après le précédent et est encore plus petit que lui. Les observations faites à l'occasion de ce dernier lui conviennent parfaitement.

Le Hanneton ruficorne, fort voisin du précédent, mais plus petit et ayant les antennes d'un rouge de brique : mêmes observations que ci-dessus.

Le Hanneton de la vigne est glabre, vert en dessus, cuivreux en dessous, et les bords latéraux de son corcelet sont jaunes. Il a 6 ou 7 lignes de long; il se trouve en été sur la vigne, le chêne et plusieurs autres arbres. Ses ravages aux environs de Paris sont peu considérables; mais il paraît qu'il est très-commun dans les parties méridionales de l'Europe, et qu'il y en fait de fort étendus, principalement à la vigne.

Le Hanneton horticole est d'un noir bronzé. Sa tête et son corcelet sont d'un noir métallique; ses élytres sont testacés; sa longueur ne surpasse pas 4 à 5 lignes. Il est excessivement commun aux environs de Paris, et doit y faire du dégât, soit sous l'état de larve, soit sous celui d'insecte parfait; mais sa petitesse empêche de le remarquer.

Plusieurs autres espèces, voisines de celles-ci, sont également abondantes; mais il est inutile de les mentionner particulièrement. (B.)

HANOCHE : c'est le nom que portent les fagots des branches d'un à 2 pouces de diamètre dans les environs du Mans. (B.)

HAQUET. Sorte de tombereau inventé par Perronnet et dont on fait un grand usage à Paris dans les travaux publics. Il est composé d'une caisse triangulaire à bords arqués, suspendue en équilibre sur l'essieu qui la traverse. Le plus petit effort suffit pour la relever lorsqu'elle est vide, et on la tient droite par le moyen de deux crochets fixés sur l'arrière du brancard; lorsqu'elle est pleine et arrivée à sa destination, on lève les crochets, et la caisse se décharge complétement sans que le conducteur s'en mêle, par le seul effet de sa culbute.

Il est à désirer que ce moyen de transport des terres, des petites pierres, du fumier, etc., soit plus généralement usité.

Le même nom est donné à de très-longues et de très-étroites voitures, composées de deux pièces de bois assemblées par des traverses, et dont les brancards sont mobiles sur un axe et accompagnés d'un treuil.

Ces voitures sont principalement employées au transport des tonneaux dans Paris, et remplissent fort bien cette destination, attendu que, lorsqu'on veut les charger, on renverse leur extrémité postérieure devant un des fonds du tonneau; on fait passer une double corde sur l'autre fond et sur le treuil, et en faisant agir ce dernier, on fait monter le tonneau sur le haquet sans efforts et sans secousses.

Les cultivateurs sont peu souvent dans le cas de faire usage de cette ingénieuse machine; mais elle devrait être commune dans les pays de vignobles, et elle ne s'y voit pas. (B.)

HARAN. Nom des toits à porcs dans le département des Ardennes.

HARAS. Le nom de *haras* doit être donné seulement aux établissemens dans lesquels on fait des élèves de chevaux à l'aide d'étalons et de jumens entretenus pour cet objet. On appelle improprement *haras* l'étalon et même quelquefois le baudet qui servent à la monte dans le canton, ou bien la réunion de quelques jumens que le propriétaire destine à la reproduction, en employant à cet effet soit un étalon du gouvernement, soit un étalon approuvé, soit un de ces chevaux dont on va de ferme en ferme offrir le service dans le temps de la monte.

On a beaucoup débattu la question de savoir si le gouvernement devait avoir des haras, ou s'il devait laisser ce genre de spéculation à l'industrie particulière : les dépenses considérables affectées jadis à ce service, et qui n'avaient eu presque aucun résultat pour l'amélioration et pour la multiplication de nos chevaux, ont fait pendant plusieurs années abandonner cette branche de l'économie rurale à l'industrie particulière; un examen plus approfondi des causes qui avaient nui au succès de ce genre de service, l'état misérable dans lequel sont tombées nos races les plus précieuses, et les besoins sans cesse renaissans de la guerre, de l'agriculture et du commerce, ont ramené à d'autres idées. On a reconnu que le peu de succès de nos anciens haras et les énormes dépenses qu'ils occasionnaient tenaient au mauvais emploi de ces fonds, qui pour la plupart étaient affectés à la solde d'un état-major à-peu-près inutile. Dans le système consacré par le décret du 4 juillet 1806, l'administration de ces établissemens a été montée de la manière

la plus économique, et de façon que l'entretien et la bonne
tenue du cheval fussent en première ligne. D'ailleurs, une liberté entière a été laissée à tous les particuliers qui veulent se
livrer à ce genre de spéculation, nul genre de coaction n'a été
exercé; les éleveurs de chevaux trouvent par-tout assistance
et encouragement dans les étalons répartis pour leur usage,
dans les primes décernées aux étalons, aux jumens et aux poulains distingués amenés dans les foires, dans les récompenses
données aux élèves qu'ils obtiennent de l'accouplement de leurs
jumens avec des étalons approuvés, dans les primes destinées
à ceux de ces élèves qu'ils conservent jusqu'à l'âge adulte, et
qu'ils consacrent à la reproduction; enfin, dans ces prix dé-
cernés aux courses solennelles qui ont lieu chaque année sur
plusieurs points du royaume.

L'expérience a déjà prouvé la bonté de ce système : depuis
qu'il est adopté, 6 haras et 24 dépôts d'étalons ont été organisés
et approvisionnés d'étalons distingués, achetés soit en France,
soit à l'étranger; en ce moment (octobre 1821), plus de mille
étalons du gouvernement sont répartis dans ces divers établissemens, et ils ont sailli, l'année dernière, plus de quinze
mille jumens appartenant à des particuliers; la race limousine
qui était presque détruite reprend son ancienne splendeur; nos
beaux chevaux normands, objet de l'ambition des nations voisines, et dont on pouvait à peine retrouver le type, se multiplient aujourd'hui d'une manière sensible. Les chevaux au-
vergnats, les navarrins, les camargues, retrempés par le sang
arabe, promettent à nos armées de nombreuses et excellentes
ressources; mais nous avons moins à traiter ici de ce que le
gouvernement a fait pour la restauration et la multiplication
des chevaux français, que de ce que les propriétaires peuvent faire dans leur propre intérêt pour seconder ses bonnes
intentions.

Un préjugé fondé sur des tentatives faites sans discernement
oppose encore des obstacles à la multiplication des chevaux en
France; on a souvent répété que les haras y étaient plus onéreux
que profitables aux propriétaires : cette opinion, appuyée sur
quelques essais peu fructueux en ce genre, tient à ce que ceux
qui les ont tentés ont plutôt cherché à faire de ce genre d'industrie un objet de luxe qu'une entreprise économique. Les
gens riches qui ont eu cette fantaisie mettaient, en dépenses
de bâtimens, d'employés et de régie, les fonds qu'ils auraient
dû mettre en véritable amélioration. L'élève des chevaux dirigé
d'une manière économique et conforme aux bons principes,
peut être tout aussi fructueux que l'élève des autres animaux
domestiques; il peut le devenir davantage même lorsque les
circonstances permettent au cultivateur de se livrer à l'élève

des chevaux de prix. Cette éducation est sans doute plus coûteuse, elle demande des soins plus particuliers ; mais le propriétaire y trouve bien son dédommagement, lorsqu'il vend, comme cela est assez commun en Normandie et dans le Limousin, des poulains de quatre à cinq ans 3,000 fr. et plus ; que l'éducation de ses chevaux a été suivie d'après les principes d'une sage économie, et qu'il a cherché sur-tout à établir sur des bases solides la bonne et constante réputation de son établissement. La destruction récente des beaux haras dans presque toutes les parties de l'Europe, la consommation énorme de chevaux qu'une guerre continuelle et presque générale a occasionée, et le placement d'étalons distingués sur tous les points de la France, donnent les chances les plus favorables en ce moment à tous les cultivateurs français, qui, avec les connaissances requises, voudront se livrer à cette espèce d'industrie : ils ne doivent pas oublier qu'ils ont un sol, un climat et des types très-favorables à la production des races les plus distinguées dans ce genre. Si le système adopté pour la régénération des races françaises continue, et si les propriétaires savent profiter des facilités et des encouragemens que le gouvernement leur donne à cet égard, d'ici à une dixaine d'années nous devons avoir une prééminence assurée dans ce genre ; et presque tous les états de l'Europe trouveront difficilement ailleurs que chez nous les moyens certains d'amélioration.

Il y a deux sortes de haras, les haras sauvages ou demi-sauvages, et les haras privés. Pour l'établissement des premiers, il faut de vastes forêts, des montagnes incultes, des plaines stériles, enfin une immense étendue de terres appartenant au même propriétaire : cette circonstance, qui se rencontre assez fréquemment dans quelques états de l'Europe, tels que la Hongrie et la Pologne, y rend les haras sauvages et demi-sauvages assez communs ; ils sont très-rares en France. Quelques contrées du midi, où l'usage de dépiquer les grains en les faisant fouler aux pieds des chevaux oblige à employer dans le temps du battage un grand nombre de ces animaux, dont le travail peu productif ne permet pas de les soigner et de les nourrir convenablement, offrent les seuls exemples de haras sauvages ; on ne s'y donne pas même le soin de retirer les étalons et de les conserver à l'écurie hors du temps de la monte, ce qui fournirait les moyens de les préparer à la saillie, et de choisir ceux qu'on jugerait les plus capables de bien faire la monte : aussi ces races, qui pour la plupart proviennent de sang arabe, dont elles conservent encore de légers indices, sont-elles abâtardies, et présentent-elles l'aspect le plus affligeant de dégénération.

L'établissement des haras sauvages ou demi-sauvages étant rarement praticable en France, nous ne dirons qu'un mot sur la manière dont ils sont tenus dans les pays où leur organisation est la meilleure.

Dans les haras sauvages les jumens sont disséminées dans de vastes forêts sans enceinte; elles ne prennent que la nourriture que la nature peut leur procurer. Les étalons sont lâchés dans le temps de la monte, et fécondent celles de ces jumens qu'ils rencontrent; on fait rentrer les étalons après le temps de la monte, et les productions livrées à la nature sont exposées à tous les accidens jusqu'à ce que le propriétaire veuille les préparer à entrer dans le commerce: alors il s'y prend, pour les avoir en sa possession, de la manière qui sera indiquée plus bas.

Dans les haras demi - sauvages, de grands terrains montagneux et boisés sont également abandonnés aux jumens; mais des hangars sont établis de distance en distance pour qu'elles puissent trouver de la nourriture et des abris pendant l'hiver, et des palissades s'étendent au loin pour garantir les poulains de l'attaque des loups.

Les étalons ne vivent pas pêle - mêle avec les jumens; ils sont renfermés à l'écurie. La saillie s'opère, soit à la main, soit en liberté.

Dans le temps de la monte, les jumens se rapprochent d'elles-mêmes du lieu où se trouvent les étalons: alors on les fait toutes entrer dans une enceinte, un homme monte sur un boute-en-train, reconnaît celles qui sont en chaleur, il les introduit dans un autre parc où se trouve l'étalon et où la monte s'opère en liberté. Ou bien encore on fait entrer l'étalon dans l'enceinte où sont les jumens; il saillit celle qui lui convient le mieux: dès que l'opération est terminée, on lâche un second étalon, puis un troisième, et ainsi de suite jusqu'à ce que toutes les jumens aient été couvertes.

Les chevaux des haras sauvages vivent plus long-temps que les autres, et résistent beaucoup mieux à la fatigue: d'après les calculs qui ont été faits des chevaux morts de fatigue et de misère dans les armées autrichiennes, on a trouvé que les chevaux sauvages ne périssaient que dans une proportion de neuf à vingt, comparativement avec ceux qui avaient été élevés dans l'état privé.

Pour attraper les chevaux sauvages, un homme à cheval, armé d'un lacet de crin formant un nœud coulant au moyen d'un anneau de bois, poursuit le cheval sauvage, tandis qu'un autre armé d'un fouet le devance et le force à se retourner ou à ralentir sa marche. Au moment favorable, le cavalier armé du lacet le lance par-dessus la tête du cheval, et plusieurs hommes qui se réunissent à lui, en serrant la gorge de l'animal avec le nœud coulant, lui ôtent ses forces et l'abattent; ensuite on l'attache fortement à un vieux cheval monté par un cavalier, ce cheval, familiarisé avec ce genre d'exercice, contient les mouvemens désordonnés dont le cheval sauvage est agité; on les emmène ainsi accouplés à l'écurie. La méthode de prendre les chevaux au moyen du lacet par un des pieds de derrière est plus facile; mais on sent aisément tout ce qu'elle a de dangereux, et heureusement elle est rarement mise en pratique.

Les haras privés sont plus coûteux à entretenir que les autres, les chevaux en sortent moins vigoureux et durent moins long-temps; mais dans l'état de population nombreuse de la France, le terrain étant trop précieux pour qu'on puisse dans beaucoup d'endroits en consacrer l'étendue qui serait nécessaire pour l'entretien des haras sauvages, nous devons ici nous attacher particulièrement à donner quelques détails sur les principales considérations qui doivent diriger dans l'établissement des haras privés.

Les bâtimens destinés à loger les chevaux dans les haras privés doivent être simples. Autant qu'il est possible, on doit chercher à placer les écuries sur un sol élevé et sec, les orienter à l'est, les percer d'un assez grand nombre de fenêtres pour que l'air y circule librement; leur longueur doit être proportionnée à la quantité de chevaux qui doivent les habiter : il faut compter communément un mètre et 6 décimètres pour chaque cheval s'il doit être renfermé entre des stalles, un peu moins si l'on se sert de barres. La stalle doit avoir de profondeur pour chaque cheval entre 3 et 4 mètres, suivant la taille de l'animal.

Les écrivains ne sont point d'accord sur la meilleure manière de séparer les étalons : les uns prétendent qu'en les isolant au moyen de planches fixes et exhaussées du côté de la tête ils sont plus tranquilles; d'autres pensent que cette mesure est mauvaise, parce qu'elle ôte au palefrenier les moyens d'empêcher que l'animal, s'il est méchant, ne le serre d'une manière dangereuse contre les côtés de la stalle. D'ailleurs cet isolement complet ennuie les chevaux et les rend souvent tiqueurs; étrangers les uns aux autres, ils sont aussi plus disposés à s'attaquer lorsqu'ils se rencontrent dehors. D'un autre côté, de simples barres les exposent à recevoir mutuellement des coups de pied de leurs voisins, ou à se blesser en se prenant dans les barres. Il paraît assez convenable de pratiquer des stalles mobiles en planches fixées par des cordes ou des chaînes, d'un côté au mur du râtelier, de l'autre à un poteau placé à cet effet entre chaque cheval.

Les jumens, lorsqu'elles sont prêtes à mettre bas, doivent

être placées dans des stalles de 2 mètres au moins de large et de 3 mètres et 6 décimètres de profondeur, afin qu'elles puissent se retourner facilement avec leur poulain ; leur stalle doit être fermée par une porte à hauteur d'appui. Il faut que les stalles soient encore plus spacieuses lorsqu'elles sont destinées à servir d'infirmeries, il est à désirer même qu'une petite écurie particulière puisse toujours être consacrée à cet usage. On met un seul ou deux rangs de chevaux dans les mêmes écuries : dans ce dernier cas, il faut qu'elles soient d'une largeur telle que les deux chevaux opposés ne puissent ni se donner des coups de pieds entre eux, ni en donner à l'homme qui passe derrière eux ; dans l'un et l'autre cas, les murs vis-à-vis desquels sont placées les têtes des chevaux seront garnis d'une auge en bois dans laquelle on met l'avoine et les autres graines, et d'un râtelier dont les fuseaux, distans entre eux d'un décimètre environ, tournent dans les trous qui les contiennent, afin que le fourrage qu'ils sont destinés à supporter puisse en être tiré sans peine par les chevaux. Dans les écuries à double rang, on place avec avantage les chevaux tête contre tête, c'est-à-dire qu'on établit une cloison longitudinale en planches ou en maçonnerie, contre laquelle sont fixés l'auge, le râtelier et les cloisons de séparation : cette méthode, qui nuit un peu au coup d'œil, a l'avantage de permettre de pratiquer un plus grand nombre de jours sans fatiguer la vue des chevaux, et de fournir les moyens de ranger à des crochets insérés dans les murs les harnois et autres objets de service.

Les voûtes sont préférables aux plafonds carrés dans les écuries, parce qu'elles entretiennent une température plus égale et que d'ailleurs elles craignent moins le feu. Le sol peut être pavé, carrelé en brique de champ, planchéié ou simplement battu ; ce dernier moyen, qui est le moins coûteux, est encore le meilleur lorsqu'on a de bons matériaux à sa disposition, et qu'on a soin de surveiller les réparations. Les écuries doivent être aérées, balayées et garnies de litière nouvelle chaque jour ; il est bon d'avoir à peu de distance au dehors, une ou plusieurs auges de pierre dans lesquelles on puisse faire boire les chevaux et puiser l'eau nécessaire pour les laver, lorsqu'on n'a pas à une très-grande proximité une rivière ou un abreuvoir dont on puisse facilement disposer.

Les pâturages gras et aquatiques donnent aux chevaux des jambes grosses, chargées de poils, et disposées aux engorgemens ; ils leur donnent des pieds plats et volumineux, une tête grosse, et des dispositions aux maladies des yeux. Les terrains qui conviennent le mieux à l'élève de ces animaux sont les pays secs et montueux, parsemés de vallons, et dans lesquels se trouvent des sources ou une rivière.

Bien que les chevaux puissent vivre sous presque tous les climats, néanmoins ils sont peut-être de tous les animaux domestiques ceux sur lesquels le sol, l'exposition et la température ont le plus d'influence. Les pays chauds paraissent leur convenir le mieux ; les chevaux du midi sont en général ceux qui ont le plus de qualités naturelles et de durée ; ceux du nord, qui ont le plus d'apparence et de taille, ont moins de force et de durée : aussi doit-on attendre en général l'amélioration des chevaux d'un pays de leur croisement avec des chevaux de contrées plus méridionales. Ce n'est qu'avec des soins multipliés qu'on peut parvenir à conserver les qualités des animaux qui ont servi à l'amélioration, et quelque attention qu'on ait prise à cet égard, il faut encore de temps en temps recourir au type originellement régénérateur.

Le choix des étalons et jumens, et l'art des appareillemens, sont les opérations les plus importantes pour la bonne tenue des haras, et ces opérations sont aussi celles qui présentent le plus de difficultés, et qui exigent les connaissances les plus approfondies dans le propriétaire.

Le premier mérite à rechercher dans les chevaux destinés à la reproduction, c'est leur force et leur courage, c'est la solidité de leurs membres. Si la régularité des formes pouvait s'allier aux qualités solides qu'il faut d'abord rechercher, ce serait le dernier degré de la perfection.

Il faut d'abord s'assurer que le cheval est exempt de tares, sur-tout de celles qui sont presque toujours héréditaires, telles que la cécité, les courbes, les jardons, les éparvins, les formes, l'encastelure, le tic, le cornage, etc., etc. (*Voyez* à ce sujet les articles Cheval et Cas rédhibitoires.) Il est utile de monter le cheval qu'on destine à faire un étalon, afin de s'assurer s'il a du courage, de l'adresse ou de la bonne volonté, qualités morales dont on a cru remarquer que la transmission était aussi héréditaire.

Après le sang ou l'origine du cheval, qu'il est très-nécessaire de bien connaître, on doit examiner si les os sont d'une grosseur convenablement proportionnée, si les muscles sont bien prononcés, les jarrets larges. On doit s'attacher à trouver dans l'étalon un bel œil, les salières pleines, les os de la ganache et les naseaux très-ouverts, la crinière peu épaisse, le garrot élevé, l'épaule saillante et les muscles apparens ; les reins doivent être fermes, charnus, et décrire une ligne parallèle à l'horizon, la croupe arrondie, l'avant-bras large et charnu, le boulet lisse. Les poils à cette partie annoncent une nature appauvrie. Le sabot doit être lisse, luisant, d'une couleur approchant de la pierre à fusil. Des connaisseurs distingués attachent une assez grande importance à la considération de la situation des oreilles, et à la manière dont le cheval les porte; on croit que plus les oreilles sont espacées, et plus on doit compter sur la docilité du cheval; on se méfie en général d'un cheval qui en marchant porte alternativement la pointe d'une oreille en avant et l'autre en arrière. De toutes les parties du corps, le jarret est la plus essentielle à examiner dans les chevaux destinés à la reproduction; c'est dans cette partie qu'il ne faut souffrir aucune tare, même accidentelle.

L'appareillement est la partie la plus difficile dans la tenue des haras; cette opération exige toute l'attention du connaisseur exercé. Il y a de certaines bizarreries dans ce genre d'industrie qui ne sont le partage que de quelques hommes à système, et contre lesquelles il est possible de se tenir facilement en garde, telles que celle de vouloir accoupler des jumens et des étalons de taille et de qualités très-disproportionnées, de vouloir faire couvrir des jumens de trait par des étalons fins, de mêler le sang arabe avec les jumens francomtoises, poitevines ou belges, mélange dont on n'obtient jamais que des chevaux décousus, et qui n'ont ni figure ni qualités. Mais cet art de faire passer progressivement et successivement l'amélioration, de corriger des défauts de la mère par des qualités qui ne soient pas dans une trop grande disproportion, et de parvenir de génération en génération au dernier degré de l'amélioration par une progression lente, mais sûre, est le talent que doit chercher à posséder tout propriétaire de haras, et tout employé dans la partie active de ce service public.

On ne doit point appareiller un cheval de selle avec une jument de carrosse; ces deux natures de service doivent être distinctes: les qualités essentielles de l'un diffèrent de celles qui conviennent à l'autre. Le cheval de selle doit être léger à l'avant-main, fort dans le train de derrière; l'autre a besoin de plus fortes épaules. Le désir que les marchands ont eu de se procurer des chevaux à deux fins pour les vendre plus facilement a contribué à accélérer la détérioration dont on s'est plaint dans ces dernières années, notamment en Normandie.

Quelques auteurs recommandent de multiplier les croisemens, de ne jamais donner le même étalon plusieurs années de suite à la même jument, et de ne pas allier ensemble les individus de la même famille. Ces idées de la nécessité des croisemens perpétuels et des inconvéniens de la consanguinité ne nous paraissent pas appuyées sur des faits assez positifs. La nature, l'expérience et la raison s'accordent pour ne faire considérer dans l'appareillement des chevaux, comme dans ceux des autres animaux, que les qualités des individus, et les croisemens ne sont utiles que dans le cas où l'étalon est supérieur par ses qualités personnelles et par celles de son origine à la jument qu'on veut faire produire, et que d'ailleurs les formes et les qualités de la jument et de l'étalon ont des rapports, et peuvent être améliorées dans leur race par leur rapprochement. On ne doit pas ignorer à ce sujet que les vices et les perfections des ascendans reparaissent même après plusieurs degrés dans leur progéniture.

Les propriétaires de jumens et d'étalons qui se livrent à l'élève des chevaux ne doivent pas négliger de tenir des registres exacts des noms et signalemens des animaux dont ils se servent et de ceux qui leur appartiennent, de la date des saillies, de celle des mises-bas, et des qualités des productions. Ces registres, utiles pour toutes les opérations de l'économie rurale, le sont principalement dans cette branche d'industrie, et c'est avec leur secours seulement qu'on peut marcher régulièrement et sûrement vers une amélioration constamment progressive.

Les étalons et jumens qu'on destine à la reproduction doivent être âgés au moins de quatre ans faits pour les chevaux du nord, et de cinq à six ans pour ceux du midi. Le temps de la monte dure environ trois mois ; elle doit s'ouvrir vers le milieu d'avril et durer jusqu'au mois de juillet : on peut la commencer quelques semaines plus tôt dans le midi. On doit s'arranger en général pour que la jument, lorsqu'elle vient à mettre bas, puisse trouver à paître, afin que son lait soit plus abondant et meilleur, et pour que le poulain, à l'époque de sa naissance, ne soit pas exposé aux froids rigoureux ni aux trop grandes chaleurs.

Un étalon bien constitué, si l'on veut qu'il dure long-temps, ne doit pas saillir plus d'une fois par jour, encore est-il utile de lui laisser de temps en temps un jour de repos. On ne peut pas exiger de lui plus de quatre-vingts saillies dans la saison ; ce qui suppose, à cause des repasses qu'il est obligé de faire jusqu'à trois fois pour les jumens qui n'ont pas retenu, le service complet de vingt-cinq à trente jumens. En général ce nombre doit être proportionné à l'âge et à la race de l'étalon.

Il ne faut présenter la jument à l'étalon que lorsqu'elle est en chaleur, alors elle le reçoit volontiers ; si néanmoins elle s'y refusait avec persistance, on devrait la reconduire à l'écurie, augmenter sa ration d'avoine, y joindre quelques poignées de féveroles sèches, et ensuite continuer à lui présenter le cheval tous les jours, jusqu'à ce qu'elle l'ait reçu. On représente ordinairement la jument le neuvième jour après la saillie ; son refus opiniâtre de le recevoir à cette époque est une grande probabilité qu'elle a conçu : les méthodes de jeter un seau d'eau sur la jument avant ou après la monte, et de la saigner, sont vicieuses ; elles ne peuvent que contrarier la nature, qu'il suffit toujours de laisser agir dans cette circonstance.

La monte peut se faire en liberté ou à la main. Dans le premier cas, on lâche l'étalon dans le parc où sont les jumens; il les saillit aussi souvent qu'il veut, et on retire les jumens à mesure qu'elles cessent d'être en chaleur. Cette méthode a l'inconvénient d'épuiser le cheval; et pour la monte en liberté, il vaut mieux mettre l'étalon dans un clos, et lui lâcher une à une les jumens qu'on veut lui faire couvrir. Il faut que les chevaux soient déferrés des quatre pieds pour éviter les accidens.

Dans la monte à la main on entrave la jument, on l'attache entre deux poteaux, et l'on amène l'étalon, tenu par des longes. Ils doivent être déferrés, la première des pieds de derrière, et le second des pieds de devant. Lorsque l'opération est faite et qu'il s'agit de séparer les deux animaux, il faut avoir soin de faire avancer la jument pour la faire sortir de dessous l'étalon, et ne point faire reculer celui-ci, comme cela se pratique quelquefois. Après la monte, l'étalon doit être bouchonné et remené à l'écurie; la jument doit aussi être reconduite au petit pas dans l'écurie, et y être laissée dans l'état de la plus grande tranquillité.

La cessation de la chaleur, l'amplitude du ventre, l'affaissement des muscles des fesses, qui sont les premiers symptômes de la grossesse, ne sont pas toujours infaillibles; jusqu'au sixième mois, où les mouvemens du poulain commencent à se faire apercevoir extérieurement, on ne peut s'assurer de la fécondation qu'en *fouillant la jument*, c'est-à-dire en introduisant le bras bien huilé dans son fondement, à l'effet de reconnaître au tact l'état de la matrice. La jument porte ordinairement un an, et pendant la durée de la gestation on peut continuer à exiger d'elle du travail, qu'on rend d'autant plus modéré qu'elle approche le plus du terme de la grossesse. Un travail forcé occasionne quelquefois l'avortement, que des coups reçus par l'animal, ou bien une boisson trop fraîche lorsque les jumens ont chaud, occasionnent aussi quelquefois. Lorsque dans l'avortement la jument jette son poulain sans paraître incommodée, il suffit, pour prévenir les accidens, de lui laisser quelques jours de repos, et de lui donner une bonne nourriture; mais lorsque le poulain ou les membranes extérieures qui le revêtent se présentent à l'extérieur sans pouvoir sortir, il faut les tirer doucement, et même les aller chercher jusqu'à l'orifice de la matrice, qui est quelquefois resserré. Dans ce cas et dans celui où la mort du poulain dans la matrice est assez ancienne pour qu'il ait déjà contracté un commencement de putridité, il faut appeler l'artiste vétérinaire, à moins qu'on ne soit déjà familier avec les opérations de cet art, et, dans ce cas, de plus amples informations données ici, pour un accident aussi simple, deviendraient superflues. Lorsque l'avortement a lieu à une époque avancée de la plénitude, et que la suppression trop subite du lait pourrait devenir dangereuse, il faut traire lá mère pendant quelque temps. On peut sans aucun inconvénient donner ce lait aux cochons.

Lorsque la mise bas est naturelle, et c'est toujours le cas désirable, la jument fait elle-même toutes les opérations ultérieures convenables ; il suffit de la bouchonner, de la couvrir, de lui donner quelques seaux d'eau blanche dégourdie, et ensuite de la laisser dans la plus parfaite tranquillité. La jument qui a mis bas doit être bien nourrie ; elle peut recommencer à travailler au bout de huit jours. Assez ordinairement vers cette époque on la représente à l'étalon : cette méthode, qui peut être adoptée pour les jumens communes et de peu de valeur, ne doit pas être suivie pour les jumens de race qui méritent d'être conservées avec soin. L'obligation de nourrir à la fois le poulain qu'elles portent et celui qu'elles allaitent les épuise promptement, et leurs productions s'en ressentent. Le propriétaire est dédommagé par la bonté des productions qu'il obtient, lorsqu'il donne aux mères tout le temps nécessaire pour les amener à bien, et qu'il ne les fait saillir que tous les deux ans.

Les poulains, après leur naissance, exigent quelque attention de la part du propriétaire ; il doit examiner si aucun accident ne s'oppose aux fonctions que la nature indique ordinairement elle-même, et les favoriser s'il y a lieu. Lorsque la jument ne lèche pas son petit pour le débarrasser d'une crasse visqueuse qui l'enveloppe, il peut saupoudrer le poulain avec du son ou un peu de sel ; lorsque le poulain ne cherche pas de suite à se lever et à prendre la mamelle de sa mère, il peut l'aider un peu dans ces diverses opérations. C'est par erreur que quelques particuliers croient le premier lait de la mère nuisible au poulain ; on peut se borner le plus souvent à examiner si le poulain est convenablement conformé dans toutes ses parties et laisser faire le reste à la nature. Le poulain, dès l'âge de neuf jours, commence à suivre sa mère ; à deux mois, il commence à manger quelques alimens solides, soit au pré, soit à l'écurie. Il faut, à cet effet, et pour que la poulinière soit bien nourrie à cette époque importante, lui donner du fourrage fin et délicat.

Pour le poulain élevé à l'herbe, il n'est besoin d'aucune précaution particulière ; pour celui nourri à l'écurie, il faut avoir soin de concasser l'avoine qui lui est donnée et ne pas lui laisser manger du son. Les poulains ne doivent pas séjourner sur le fumier, et il est nécessaire de les bouchonner et de les brosser très-jeunes tous les deux ou trois jours; on doit séparer les poulains dès l'époque où ils sentent des désirs; il faut alors les tenir à part ou les attacher à l'écurie, et les surveiller à l'époque de cette première contrainte, qui souvent leur cause du tourment. On doit les promener souvent, les manier, les caresser, frapper de temps en temps avec un bâton la corne de leurs pieds pour les accoutumer à se laisser ferrer, leur mettre une bride, une selle ou un harnois, suivant le genre de service auquel on les destine. On les accoutume alors au bruit des armes, du tambour, du cor; ils se font promptement à ces divers bruits lorsque les leçons sont immédiatement suivies par la distribution de l'avoine.

On doit couper de très-bonne heure les poulains mâles qui ne sont pas jugés propres à l'amélioration, ou bien les éloigner avec grand soin des jumens, lorsque, par la nature de leurs travaux futurs, ils sont destinés à rester entiers; aucune négligence n'a été plus nuisible au bon état de nos races de chevaux, que ces accouplemens prématurés et fortuits, qui ne produisent jamais que des êtres chétifs et dégradés, qui sont d'un mauvais service, et dont les vices se perpétuent ensuite dans leurs propres productions. C'est ordinairement à deux ans ou trente mois qu'il convient de châtrer les poulains; le printemps et l'automne sont les saisons les plus favorables pour pratiquer cette opération. On peut châtrer les chevaux par les billots, par la ligature, par le fer, en froissant les testicules, ou en les bistournant; la première manière est la meilleure de toutes : les deux dernières sont très-vicieuses; mais ces divers procédés étant bien connus des artistes vétérinaires, qu'il est toujours nécessaire d'appeler pour de semblables opérations, il est inutile de les détailler ici.

Ordinairement on ferre les poulains lorsqu'ils ont quatre ans accomplis : la première fois, on ne les ferre que des pieds de devant, et six mois après des pieds de derrière. La ferrure est une opération très-importante : c'est d'elle pour l'ordinaire que dépendent la bonté et les défauts des pieds; et l'on ne saurait trop s'assurer que le vétérinaire que l'on emploie à cet effet y apporte le degré de connaissances et d'attention requises.

On ne doit pas couper la queue aux étalons, et sur-tout aux jumens employées à la reproduction : lorsqu'elles sont privées de cette arme, qui les garantit des insectes dont elles sont cruellement tourmentées au pâturage, elles maigrissent rapidement, avortent quelquefois, et souvent perdent leur lait lorsqu'elles ont mis bas.

La méthode adoptée par divers propriétaires de marquer

leurs chevaux , tant pour distinguer les familles , que pour empêcher qu'on ne vende sous leur nom des productions défectueuses, est très-bonne. On peut marquer, par une incision, avec un corrosif ou avec un fer chaud ; la dernière manière est la plus sûre et la moins douloureuse pour le cheval : dans ce cas, on fait rougir et on applique sur la peau de l'animal un fer sur lequel sont gravées en relief les lettres et les figures dont la marque doit servir à faire distinguer le cheval.

Il ne suffit pas de choisir les races appropriées et de soigner les appareillemens , on doit aussi mettre une grande attention à la nourriture donnée à ces animaux; nulle considération n'a plus d'influence sur leurs qualités : nous avons vu de jeunes chevaux dont les pères et mères étaient parfaitement choisis , et qui néanmoins avaient des formes communes et manquaient de qualités , faute d'avoir reçu, dès leur jeunesse , une nourriture convenablement appropriée, et d'avoir été tenus et exercés sur un sol favorable à leur développement. C'est sur-tout dans leur jeune âge où toutes les parties se forment et s'accroissent, qu'il convient de s'attacher à faire un bon choix de la nourriture.

Le sevrage du poulain dépend toujours de l'état dans lequel il se trouve, de celui de la saison et de celui de la poulinière : c'est ordinairement au commencement de l'hiver que cette opération se pratique, déjà le poulain a commencé à pâturer en accompagnant sa mère à la prairie; mais lorsqu'il doit être tout-à-fait privé de son lait, il faut lui donner alors de l'avoine, de l'orge ou du froment concassés, de la paille hachée, du foin très-délicat ; l'emploi des féveroles est très-salutaire, celui des carottes coupées en petits morceaux est une excellente nourriture pour le poulain ; cette racine convient éminemment aux chevaux de tous les âges. En général , il faut que dans la jeunesse sur-tout la nourriture soit saine et abondante.

Lorsque le poulain s'est accoutumé à manger seul, on le sépare de sa mère, et on le tient dans une écurie particulière jusqu'au printemps, alors on met les poulains ensemble dans de bons pâturages, en leur ménageant le plus possible des abris contre les intempéries de la saison et contre l'ardeur du soleil. Au printemps de la troisième année , il faut séparer les mâles d'avec les femelles : quelques-uns éprouvent des désirs plus tôt et obligent à accélérer la séparation. A quatre ans faits, les chevaux communs ne retournent plus au pacage, ils sont entretenus à l'écurie; les chevaux de race doivent y être retenus une année plus tôt. En général , la nourriture à l'écurie augmente la force des chevaux : un poulain nourri au grain est à cinq ans ce que le poulain nourri à l'herbe est à peine à six ;

mais cette nourriture, étant plus coûteuse, ne peut convenir qu'aux chevaux d'un très-grand prix.

Lorsque la pâture est principalement consacrée à l'élève des chevaux, ce qui a lieu rarement en France, où les herbagers mettent ordinairement l'élève des bœufs au premier rang et celui des chevaux au second, alors on doit compter communément sur l'emploi d'un hectare d'herbage pour la nourriture, à la pâture, d'un cheval ou d'une jument avec son poulain. Il est utile de faire observer que la nourriture des bêtes à cornes nécessaires à entretenir l'amélioration du fonds entre dans ce calcul : dans les fonds maigres, on doit mettre deux bœufs ou trois à quatre vaches par cheval ; dans un fonds médiocre, un bœuf ou deux vaches par cheval : on peut entretenir un excellent fonds en y mettant un bœuf pour deux chevaux.

La quantité de nourriture journalière pour un cheval fait, à l'écurie, varie suivant la taille du cheval et les qualités nutritives du foin et de l'avoine ; dans la plupart des haras du gouvernement, la ration est composée de 8 litres d'avoine, 5 kilogrammes de foin et 7 kilogrammes de paille ; cette quantité peut être diminuée d'un quart de l'avoine pour les chevaux de petite taille ; elle est portée à 10 litres d'avoine, 7 kilogrammes de foin et 10 de paille pour les gros chevaux de trait ; la quantité de la nourriture pour la jument est évaluée à trois quarts de celle de l'étalon pour l'avoine seulement, celle du poulain à demi-ration.

La ration doit être augmentée d'un tiers environ pour la portion d'avoine dans le temps de la monte et quinze jours avant et après cette époque. Le bouchonnage et le brossage que nous avons conseillé de pratiquer fréquemment sur les jeunes poulains, ne suffisent plus lorsqu'ils sont entrés à l'écurie : il faut alors qu'ils soient étrillés, brossés et peignés matin et soir ; on doit leur laver les yeux, la bouche, les naseaux, les parties de la génération, et passer l'éponge humide sur toutes les autres parties du corps ; ils doivent être ensuite essuyés avec une époussette de laine, et couverts d'une couverture qui les garantisse de l'air froid en hiver et des mouches en été. Ces couvertures ne doivent pas être trop chaudes, comme cela se pratique dans quelques pays : les chevaux éprouvent alors d'une part une transpiration continuelle qui les épuise, et de l'autre ils sont exposés à des maladies graves, lorsque sortant de l'écurie couverts d'une simple selle ils sont exposées aux vents froids.

L'exercice modéré est un moyen nécessaire et indispensable même pour maintenir en santé et en bon état les étalons et jumens destinés à la propagation ; le trop long séjour à l'écurie occasionne des maladies, dont les engorgemens aux extrémi-

tés, les eaux aux jambes et les maux d'yeux sont les plus communes. Le cheval de selle sortant de l'écurie doit toujours
être conduit au pas jusqu'à ce qu'il ait fienté une ou deux fois;
ce n'est qu'en augmentant son train par degrés qu'on peut le
mettre au galop. Un cheval en bon état peut faire sans inconvénient quatre à cinq lieues pour terme moyen. Il est inutile
de remarquer que la boisson doit lui être donnée modérément
lorsqu'il est en course, et qu'il doit être pansé avec d'autant
plus de soin qu'il aura été plus échauffé lorsqu'il rentre à l'é-
curie. Les chevaux de trait doivent être excercés tous les jours
au tirage. M. Huzard, dans un chapitre de l'excellente Instruction qu'il a publiée en l'an X sur les haras, a démontré la
nécessité de faire travailler les chevaux, par les meilleurs raisonnemens et par les expériences les plus concluantes. L'opinion contraire émise par plusieurs écrivains n'avait pas peu
contribué à éloigner les propriétaires de ce genre d'industrie.
La certitude que le travail ordinaire des chevaux peut n'être
interrompu que pendant le temps de la monte pour les étalons,
et pendant celui de la mise bas pour les jumens, doit déterminer beaucoup de cultivateurs à se livrer à cette occupation,
qui n'exige d'eux alors que des sacrifices très-modérés, sacrifices qui sont récompensés au-delà par le bénéfice qu'ils retirent de leurs poulains. On ne doit pas négliger d'indiquer ici
une méthode ingénieuse pratiquée par quelques cultivateurs,
qui s'occupant de faire des élèves de chevaux, ne se servent que
de jumens pour leurs attelages. Ces jumens travaillent toute l'année, excepté à l'époque où elles mettent bas, et où elles commencent à nourrir. Ces cultivateurs achètent alors des bœufs
dont ils se servent momentanément pour leurs labours d'été
et pour leurs charrois, et ils les revendent ensuite avec avantage après en avoir tiré ce service et après les avoir engraissés. (Sil.)

HARBEC. Synonyme d'urbec. *Voyez* Attelabe. (B.)

HARICOT, *Phaseolus*. Genre de plantes de la diadelphie
décandrie et de la famille des légumineuses, qui renferme
une trentaine d'espèces naturelles aux climats intertropicaux
et la plupart annuelles, dont les fruits servent presque tous
de nourriture aux hommes et aux animaux, et dont deux se
cultivent généralement dans l'Europe tempérée.

Ce genre ne diffère de celui des Dolics (*voyez* ce mot) que
par la disposition contournée de sa carène; aussi les confond-
on généralement ensemble dans les pays où ils croissent. Toutes les espèces qui les composent ont les feuilles alternes, ternées, stipulées, à folioles articulées, et les fleurs disposées en
épis axillaires, quelquefois munies de bractées. Les unes ont
les tiges grimpantes et les autres les ont droites.

Parmi les espèces à tiges grimpantes se trouvent :

Le Haricot commun, *Phaseolus vulgaris*, Lin., dont les fleurs sont blanches ou violettes, géminées au sommet d'un pédoncule plus court que les feuilles, les bractées écartées du calice, les légumes pendans. Il est originaire des Indes orientales, et se cultive de toute ancienneté en Europe, où il fournit de nombreuses variétés, plus intéressantes les unes que les autres, et parmi lesquelles il est très-important de savoir faire un choix. J'indiquerai plus bas les principales de ces variétés, leur culture et leurs usages.

Le Haricot multiflore, vulgairement le *haricot d'Espagne*, le *haricot à fleurs écarlates*, a les grappes solitaires de la longueur des feuilles; les fleurs rouges ou blanches, géminées; les bractées collées contre le calice; les légumes pendans. On le croit originaire de l'Amérique méridionale. Il se cultive pour l'ornement et pour l'utilité, c'est-à-dire qu'on en garnit des treillages, des tonnelles, sur lesquels il produit un bel effet lorsqu'il est en fleur, et qu'on mange ses graines, qui sont très-grosses, quoique leur enveloppe soit très-coriace, et par conséquent très-difficile à digérer.

Le Haricot a grandes fleurs, *Phaseolus caracalla*, Lin., a les fleurs grandes, pourpres, odorantes; les légumes plus longs que les feuilles. Il est vivace et croît naturellement au Brésil. On le cultive, comme plante d'ornement, dans les parties méridionales de l'Europe seulement; car il fait peu d'effet dans le climat de Paris, et demande à y être rentré dans l'orangerie pendant l'hiver.

Parmi les haricots à tiges droites se trouvent :

Le Haricot nain, *Phaseolus nanus*, Lin. Il a la tige glabre; les bractées plus grandes que le calice; les légumes pendans et légèrement ridés. Il est originaire des Indes et se cultive de temps immémorial en Europe, en concurrence avec le haricot commun, dont il passe mal à propos pour une variété. On le connaît sous les noms de *haricot nain*, *haricot en touffes*, *haricot sans rames*. Il fournit beaucoup de variétés, dont les principales seront mentionnées plus bas.

Le Haricot en zigzag, *Phaseolus mungo*, Linn., a la tige en zigzag, cylindrique, velue; les légumes réunis en tête et velus. Il est originaire des Indes et se cultive, soit dans ce pays, soit en Amérique. On réduit ses semences en farine, qu'on met dans le commerce sous le nom de *sagou de Bowen*.

La marine anglaise en approvisionne ses vaisseaux. La plupart des autres espèces pourraient être traitées de même.

Le Haricot a fèves rondes, *Phaseolus spherospermus*, Linn., a les semences rondes avec l'ombilic noir. Il croît naturellement en Amérique, et s'y cultive ainsi que dans les parties méridionales de l'Europe. La forme et la saveur de son fruit le rapprochent du pois commun. C'est une très-excellente espèce, ainsi que j'ai pu fréquemment en juger.

Voyez au mot DOLIC pour les autres plantes auxquelles on donne vulgairement le nom de haricot, et qui sont de quelque usage comme aliment ou comme ornement.

Les haricots, soit grimpans, soit nains, comme toutes les plantes cultivées depuis long-temps, fournissent une grande quantité de variétés qui se perpétuent dans les jardins. La Berriays en cite plus de soixante dans son nouveau La Quintinie. J'en ai vu chez M. Gavoty de Berthe, qui s'était occupé de les rassembler dans son jardin du faubourg Saint-Antoine, près de quatre cents, et dans presque tous les pays où j'ai voyagé on m'en a fait manger que je ne connaissais pas. Il serait ici superflu de chercher à fixer les caractères distinctifs de toutes ces variétés, qui d'ailleurs changent lorsqu'on les cultive dans le même local par suite de leur fécondation réciproque. N'ayant pas pris note de ces variétés, même de quelques-unes que j'ai cultivées personnellement, telles que le haricot bleu de la Chine et le petit haricot blanc de Perse, je me contenterai de parler de celles qu'on préfère aux environs de Paris, en observant que la culture de toutes rentre dans la leur.

Les principales variétés du haricot commun ou haricot à rames sont :

Le HARICOT BLANC HATIF est blanc, allongé, à ombilic profond. Il cuit difficilement. On le cultive principalement pour manger ses gousses en vert.

Le HARICOT DE SOISSONS est blanc, très-large et très-aplati. On le mange à moitié mûr et sec ; sa gousse est fort longue et se mange en vert.

Si elle n'était très-tardive, cette variété devrait être presque exclusivement préférée, à raison de son grand produit, de l'excellence de son goût, et de la promptitude de sa cuisson. Le HARICOT DE PICARDIE ou de LIANCOURT est le même, encore plus large et plus aplati, par suite d'une meilleure culture et d'un meilleur choix dans les semences. Il est sur-tout précieux comme pouvant être digéré par les estomacs les plus délicats, à raison de la finesse de sa peau. Lorsqu'il est bien cuit, il semble ne pas différer de sa purée.

Le HARICOT BLANC COMMUN. Sa gousse est de médiocre grandeur ; son grain court, aplati, d'un blanc sale. C'est celui qu'on cultive le plus dans les départemens méridionaux. Il est connu à Bordeaux sous le nom de *mongette* ; nom qu'on applique cependant aussi assez généralement à toutes les espèces comme je m'en suis assuré sur les lieux.

Le Haricot sans parchemin est court et plat. Sa gousse est fort longue et peut se manger en vert jusqu'à ce qu'elle commence à se dessécher, parce que sa membrane intérieure n'est pas coriace comme dans les autres variétés. Il a beaucoup de rapports avec le précédent, et a sur lui l'avantage d'être hâtif. Il mérite d'être davantage cultivé qu'il ne l'est. C'est la variété dont on peut le plus utilement dessécher ou confire les gousses vertes pour l'hiver. L'ignorance de ce fait est la cause, chaque année, de la perte de bien des haricots desséchés en vert, qui se trouvent n'être plus mangeables lorsqu'on les sert sur la table deux mois plus tard.

Le Haricot prédome, prudhomme, prodemme, fève blanche, ronde, petite. C'est un *mange-tout* par excellence ; sa cosse est absolument sans parchemin, et encore bonne étant presque sèche : le grain en sec est d'une qualité estimée. Elle a une variété jaune.

Le Haricot jaune sans parchemin ou prudhomme jaune diffère du précédent par la couleur et la qualité. Il est encore plus tendre en vert.

Le Haricot pois rouge ou haricot sans parchemin rouge, est d'un grand rapport, mais mûrit fort tard. Sa gousse est courbée et fort tendre en vert. Il faut le semer de bonne heure et en bonne exposition, et lui donner de longues rames. Quelques personnes le confondent avec le haricot de Prague.

Le Haricot rognon de coq ou de Caux est blanc, cylindrique et recourbé en forme de rognon de coq ; son ombilic est allongé et enfoncé. Il est très-bon, soit à demi mûr, soit complétement sec. Ses gousses, longues et peu garnies, se mangent aussi en vert. Cette variété passe pour une des meilleures; cependant la peau de ses semences est souvent dure, ce qui les empêche de cuire facilement.

Le petit Haricot rond ou Haricot pois blanc est ovoïde, très-blanc et a l'ombilic presque saillant. Quelque petit qu'il soit, il produit beaucoup. On le mange ordinairement sec. Dans quelques endroits, on lui applique exclusivement le nom de *mongette*, que dans d'autres on donne généralement à tous les haricots. Il fournit une sous-variété encore plus petite, appelée *haricot-riz*, extrêmement délicate.

Le Haricot rouge d'Orléans ou de Chartres est d'un rouge plus ou moins foncé, presque cylindrique et aplati à ses deux bouts. Son ombilic est petit, blanc et peu enfoncé. Il n'est jamais gros. Sa fleur est rouge.

Le Haricot sans fil a les semences presque rondes, d'un rouge foncé, à ombilic petit, blanc et saillant. Il est fort bon, mais il colore désagréablement sa sauce. Ses gousses sont dépourvues de ce filament qui règne le long de la suture de presque toutes les autres variétés, et qu'on est obligé d'ôter avant de les faire cuire en vert, ce qui le rend d'autant plus précieux, qu'elles sont un manger très-délicat, et qu'on peut s'en procurer jusqu'aux gelées. Sa fleur est purpurine.

Le Haricot de Prague est ovale, rougeâtre, a la peau fine. Ses gousses sont sans parchemin et sans filamens, excellentes au goût lorsqu'on les cueille dans leur jeunesse pour les manger en vert. Il est très-productif, et peu sensible aux gelées. Il est un de ceux qu'on devrait le plus multiplier, et cependant il n'est pas commun par-tout.

Suivent les variétés les plus remarquables du haricot nain :

Le Haricot nain d'Argenson s'élève à 6 ou 8 pouces. Ses gousses sont peu nombreuses, mais assez bien fournies de grains. Il est souvent confondu avec le suivant, qu'il précède de huit à dix jours.

Le Haricot nain de Hollande s'élève à 8 à 10 pouces. Ses gousses sont nombreuses et bien fournies ; ses grains sont ovales, blancs et de fort bon goût. Il doit être cueilli jeune pour être mangé en vert.

Le Haricot nain de Laon hatif ou le Flageolet diffère peu du précédent en hauteur et en époque de maturité. Il charge beaucoup. Ses gousses sont moins larges, mais plus longues et plus tendres en vert. Son grain est allongé, d'un blanc sale, un peu dur, mais de bon goût. C'est la variété la plus cultivée aux environs de Paris, et réellement celle qui mérite le plus de l'être. Il fournit long-temps lorsqu'il vient des pluies au commencement de l'été ou qu'on l'arrose.

Le Haricot nain flagellé s'élève plus que les précédens. Ses gousses sont longues, bien garnies, et se conservent long-temps tendres en vert. Ses grains sont gris de lin, et régulièrement tachés d'un brun noirâtre du côté de l'œil. Il est très-bon en sec.

Le Haricot nain jaune sans parchemin. Ses gousses sont nombreuses, courbées et très-tendres en vert ; ses grains ovales, petits et très-savoureux. Il dégénère facilement.

Le Haricot nain ventre de biche ou suisse blanc devient assez haut et est peu sujet à dégénérer. Ses gousses sont nombreuses, bien garnies et fort tendres en vert ; ses grains assez gros, de couleur fauve, et excellens, mais ayant l'inconvénient de prendre une couleur peu agréable à la cuisson.

Le Haricot suisse rouge ou blanc flagellé de rouge. Il offre des sous-variétés sans fin, qui toutes sont d'un grand rapport et bonnes en vert et en sec.

Le Haricot suisse gris ou suisse noir varie presque autant que le précédent, et est plus sujet à dégénérer. C'est un des meilleurs pour manger et conserver en vert pendant l'hiver.

Il offre une sous-variété, le HARICOT A TOUFFE ou de BAGNO-LET, encore plus hâtif et moins sujet à filer.

Le HARICOT NAIN ROUGE charge beaucoup et est plus robuste que les autres. Il est bon en vert et en sec, et sur-tout fait d'excellentes purées.

Les haricots étant originaires des pays intertropicaux sont très-sensibles aux gelées. Il n'y a juste que le temps nécessaire, même dans le climat de Paris, entre les dernières du printemps et les premières de l'automne, pour permettre de les cultiver en pleine terre. Les variétés hâtives sont donc toujours dans le cas d'être préférées, sur-tout plus au nord. Dans les parties méridionales de la France et encore plus en Espagne et en Italie, on n'a pas de crainte semblable à avoir; aussi y cultive-t-on des variétés tardives que nous ne connaissons pas à Paris, et qui ont le mérite de rendre davantage et d'être plus savoureuses.

C'est généralement une culture extrêmement productive que celle des haricots. On calcule que, dans les bons sols et aux bonnes expositions, elle peut quelquefois procurer un revenu net de plus de 600 francs par arpent; mais dans les départemens du nord ils sont sujets à manquer, par suite de l'intempérie des saisons. Il faut donc avant de s'y livrer en grand étudier son climat, son exposition et son sol. Il faut aussi prendre des renseignemens sur leur prix commun dans le commerce; car quoique leur débit soit assuré, et qu'ils puissent se garder sans altération bien sensible pendant plusieurs années, pourvu qu'ils soient renfermés dans un endroit sec, leur valeur baisse quelquefois au point de rendre leur culture onéreuse.

Une terre fraîche, légère et cependant substantielle, et une exposition chaude, sont ce que demandent les haricots pour prospérer; ils préfèrent cependant un sol aride à un sol marécageux; la rouille les frappe souvent lorsqu'ils sont placés à l'ombre. Un SCLÉROTE a été reconnu par Palisot de Beauvois comme s'opposant, dans les années et dans les expositions humides, à la formation ou à la maturation des graines des variétés naines. Les vents violens leur sont nuisibles; cependant il leur faut beaucoup d'air. Dans les années trop sèches, leur production est peu considérable et ils sont petits et durs; dans celles qui sont trop pluvieuses, ils fournissent également peu et pourrissent sur pied. Il résulte de ces observations que c'est principalement dans les climats chauds ou au moins tempérés, dans ceux qui sont au midi de Paris, qu'il est seulement avantageux de cultiver en grand les haricots; cependant il est des lieux au nord de cette ville où ils sont l'objet de riches produits agricoles, tels que les environs de Chauny, de Liancourt, où l'on cultive, pour la consommation de la capitale, ceux connus dans le commerce sous le nom de *haricots de Soissons*.

On cultive les haricots de deux manières, en grand et dans les jardins : ces deux modes de culture sont assez différens pour qu'ils méritent d'être décrits séparément.

La culture des haricots en grand n'a généralement pour but en France que la production des semences ; mais dans tout pays où on est jaloux d'appliquer des principes raisonnables aux travaux agricoles, on la considère aussi comme moyen d'améliorer la terre, de la rendre plus propre à donner des récoltes plus abondantes en blé ou autres céréales. Je veux dire qu'il faut la faire entrer dans l'assolement des terres légères, et ce, 1°. parce que leur nature est fort différente de celle de toutes les autres plantes cultivées ; 2°. parce qu'ils exigent des labours et des binages d'été. (*Voyez* au mot Asso-lement.) Ils doivent précéder immédiatement le blé dans un bon système de ce genre.

Ainsi que je l'ai dit plus haut, les haricots exigent un sol léger et cependant substantiel, circonstances qui ne sont pas communément réunies : ainsi il faut fumer et même fumer fortement les terrains où on les place. Comme plante cultivée pour sa graine, le haricot épuise beaucoup la terre. Le fumier de vache est souvent, dans ce cas, préférable à celui de cheval, parce qu'il conserve plus long-temps son humidité, et qu'il faut de la fraîcheur à ce légume. Le blé qu'on doit mettre dans le même lieu, l'automne suivant, profitera plus de cette opération que si on l'eût exécutée pour lui seul, parce que le fumier sera plus consommé, et que les binages d'été l'auront plus également disséminé.

Dans plusieurs cantons où la jachère est encore en crédit, les propriétaires sont dans l'usage de céder gratuitement, pendant l'année de cette jachère, une portion de leur terre à de pauvres habitans, sous la seule condition qu'ils la fumeront largement et y cultiveront des haricots. Il serait à souhaiter que cet usage, qui concourt à prouver l'absurdité des jachères, fût plus général ; les propriétaires y gagneraient évidemment, et les pauvres y amélioreraient leur sort. Dans ces cantons, on ne laisse perdre aucune parcelle de fumier. Les enfans courent le long des routes ramasser les crottins de cheval, la paille éparpillée, etc. ; ils en composent des tas qui deviennent un excellent engrais. La portion de terre abandonnée est toujours labourée à la bêche ou à la houe, et par conséquent mieux préparée.

On donne ordinairement trois labours à la charrue aux terres qu'on destine à recevoir des haricots, parce qu'elles ne peuvent être trop meubles ; mais dans celles qui sont naturellement légères, deux suffisent certainement ; un en automne, l'autre à l'époque des semis.

Il y a deux manières générales de semer : par raies, ou en échiquier. Si on sème des haricots grimpans, il faut laisser d'espace en espace des sillons vides, afin de pouvoir placer les rames et cueillir les gousses. Si on sème des haricots nains, on n'y est pas obligé. En général, il vaut mieux semer clair que serré, afin de pouvoir donner les binages d'été avec plus de facilité ; d'ailleurs les pieds prennent d'autant plus de vigueur et donnent par conséquent d'autant plus de gousses, qu'ils sont plus écartés.

Le semis en échiquier est presque exclusivement employé aux environs de Paris, sur-tout pour les haricots nains ; il consiste à creuser une petite fosse avec une pioche, et à y mettre au moins six à huit semences.

Le semis en rayons se fait de deux manières : ou on laisse tomber une à une les graines le long des raies pour les recouvrir avec la herse, ou on pratique avec un plantoir des trous sur le côté de l'ados de chaque sillon pour y jeter une semence. Cette dernière méthode est peu pratiquée, à raison de sa longueur. Dans beaucoup de lieux, on sème les haricots nains à la volée ; mais il y a une si grande inégalité dans l'espacement des pieds, qu'on est obligé d'en arracher beaucoup dans les parties trop épaisses.

La distance à laquelle il convient de mettre les graines dans l'une ou l'autre méthode, varie selon les terrains ; elle doit être d'autant plus considérable, qu'ils sont plus arides et que la variété s'élève plus. Un pied doit être le *maximum* pour les semis en échiquier et 3 à 4 pouces pour les semis en rayons, et il faut laisser, de distance en distance, de petits sentiers pour pouvoir sarcler le pourtour des pieds sans les endommager et cueillir facilement les gousses. Ces sentiers ont encore l'avantage de donner plus d'air et de fournir plus de développement aux rameaux.

Il a été calculé qu'un arpent peut contenir douze mille touffes de haricots de Soissons, qui absorbent environ cent soixante-quinze livres de semence.

La profondeur varie également sans cependant être beaucoup au-dessous d'un pouce, le haricot pourrissant très-rapidement en terre lorsqu'il n'y trouve pas le degré de chaleur nécessaire à sa végétation. Cette dernière considération est de première importance ; car j'ai vu plusieurs fois de grands semis manquer uniquement, parce que le terrain ou la saison étaient trop humides, ou que la graine avait été trop enterrée.

On doit préférer la plus belle graine pour semer ; les plants sont d'autant plus beaux, qu'elle est mieux choisie, et la récolte est d'autant plus considérable, que les pieds sont plus vigoureux.

Mais à quelle époque doit-on semer? Il est impossible de répondre à cette question d'une manière positive non-seulement relativement à tous les climats, les sols et les expositions qui se trouvent en France, mais encore relativement à chaque année. En effet il est toujours avantageux de semer le plus tôt possible, et cependant il faut toujours craindre les dernières gelées du printemps. Je dirai donc : semez dès que vous jugerez n'avoir plus de gelées à essuyer, mais gardez de la semence pour réparer la perte du premier semis, si vous vous êtes trompé dans vos calculs. Un adage vulgaire veut qu'on ne fasse cette opération que lorsque le seigle est en fleur, et on peut s'y conformer en tout pays; mais cependant il est bon de hasarder quelques semis auparavant. Le commencement de mai est l'époque convenable pour le climat de Paris. Je ne parle toujours que de la culture dans les champs et en grand.

Une pluie douce est à désirer immédiatement après le semis des haricots pour activer la germination. Il y a presque toujours de l'avantage, sur-tout lorsqu'on sème en juin ou juillet, de faire tremper leur graine pendant vingt-quatre heures dans l'eau avant de la mettre en terre.

Dans les départemens méridionaux, lorsqu'on a la facilité des irrigations, on ne doit pas négliger d'en faire une dans ce cas.

Les haricots levés et hauts de 2 à 3 pouces, c'est-à-dire dans l'état où on les appelle *fil* ou *filet*, demandent de suite un binage, dans lequel on ramène la terre contre leurs racines. Ils en demandent un second lorsque les premières fleurs paroissent, et un troisième un mois plus tard. Plus on multiplie ces binages, et plus la récolte est abondante; c'est ce qui fait que cette culture est une si bonne préparation pour les semis du blé. Les labours doivent être faits avec une large pioche; mais il n'est pas nécessaire qu'ils soient profonds.

L'époque du second labour est celle où on place les rames aux variétés de l'espèce grimpante. Ces rames ont pour objet de donner un appui aux tiges et de leur permettre de jouir de toute l'influence de la lumière. Par économie, on leur donne des échalas dont les plus durables sont ceux de chêne et de châtaignier; mais des rameaux garnis de branches leur sont bien plus favorables, parce qu'ils s'y étendent plus à l'aise, et parmi ces rameaux. Les pousses de l'année précédente des vieux ormes coupés rez terre ou en têtard sont préférables, parce que leurs branches sortent de deux côtés opposés et forment l'éventail. J'ai vu des semis de haricots ainsi ramés produire moitié plus que ceux qui l'avaient été avec des rames moins régulièrement disposées, et le double de ceux qui étaient ramés avec des échalas, toutes les autres circonstances étant égales. Je suis persuadé que la culture de l'orme uniquement pour cet objet, serait un moyen de fortune pour les agriculteurs des pays où on cultive beaucoup de haricots ramés, pour les environs de Soissons, par exemple : cela tient à ce que les haricots ainsi ramés sont plus également exposés aux influences de la lumière et de l'air, trouvent un plus grand nombre de points d'appui, et s'élèvent plus haut, 8 à 10 pieds, par exemple : au reste, ces rames, qui sont d'un bois encore peu consolidé, durent au plus deux ans, tandis que les échalas peuvent servir huit ou dix et plus. Les rames, pour la facilité du travail, s'inclinent toujours du côté de l'intérieur.

Dans beaucoup de lieux on pince, c'est-à-dire qu'on retranche le sommet des haricots grimpans lorsqu'ils sont arrivés à une certaine hauteur. On prétend que cette opération fait grossir les gousses et en augmente la quantité ; il y a dans ce cas confusion de faits et, par suite, d'idées. En effet, l'expérience prouve bien que, lorsqu'en automne on empêche la sève de pousser de nouvelles branches, elle se condense dans la tige et dans les semences ; mais elle prouve aussi que, lorsqu'on l'arrête dans la force de son activité, elle se porte dans les boutons latéraux, donne naissance à beaucoup de nouvelles branches, et fait avorter les fleurs. Il en résulte que, dans le climat de Paris et plus au nord, cette opération nuit réellement aux produits lorsqu'elle est faite de trop bonne heure ; et c'est le cas le plus général. Il n'en est pas de même dans les pays chauds, parce que la sève s'y développant avec plus de vigueur, plus il y a de rameaux et plus il y a de gousses.

La maturité des haricots, sur-tout des haricots ramés, se succède pendant deux à trois mois sans interruption, de sorte qu'il y a long-temps sur le même pied des gousses mûres et des boutons prêts à fleurir.

Ce que les haricots qu'on réserve pour la graine ou pour être mangés en sec, ont le plus à craindre, ce sont les sécheresses excessives et les pluies abondantes. Les premières s'opposent à ce que les pieds parviennent à toute leur grandeur, empêchent les graines de grossir, rendent leur peau dure ; les secondes les déterminent à pousser en herbe, font avorter leurs fleurs, pourrir leurs graines ou au moins affaiblir leur saveur. Des arrosemens peuvent diminuer les inconvéniens de la sécheresse ; il n'y a pas de moyens de s'opposer d'une manière efficace à ceux des pluies. Cette considération est encore une de celles qui s'opposent à ce qu'on cultive en grand les haricots dans les pays froids, parce que les pluies de la fin de l'été et du commencement de l'automne les font souvent pourrir sur pied, avant qu'ils soient arrivés au point où ils doivent être pour jouir de toute leur qualité et pouvoir être conservés. Là donc on est obligé de cueillir une à une les gousses à mesure qu'elles se dessèchent; tandis que, dans les pays chauds, on peut attendre et on attend toujours en effet que la tige soit entièrement morte pour l'arracher : aussi se plaint-on généralement que les haricots de Soissons, par exemple, ont déjà perdu de leur goût au bout de six mois ; aussi ne sont-ils pas susceptibles d'être employés à l'approvisionnement des vaisseaux, tandis que ceux qu'on cultive aux environs de Saintes, de Bordeaux, etc., peuvent encore se manger après cinq à six ans. Je ne puis donc trop recommander au cultivateur jaloux de sa réputation de laisser le plus long-temps possible ses haricots sur pied, et de ne les écosser qu'au moment de la vente, car ils s'altèrent bien moins dans la gousse et dans la gousse encore attachée à la tige ; mais il faut pour cela que le tout soit rentré bien sec et conservé dans un lieu exempt d'humidité, et où l'air circule librement. On les suspend le plus généralement dans des greniers, sous des saillies de toit, sous des hangars, après une dessiccation préalable et complète au soleil. Ces précautions ne se prennent pas assez souvent ou assez rigoureusement; aussi combien de récoltes de perdues !

Quant aux haricots ramés, comme leurs gousses ne mûrissent pas en même temps, que les premières seraient presque toujours pourries avant l'épanouissement des dernières fleurs, on les cueille sur place, une à une lorsqu'elles sont complétement sèches; ce qu'on reconnaît à leur couleur et au bruit que font les semences qu'elles renferment.

On écosse les haricots, soit à la main, soit au moyen du fléau. Le premier de ces moyens est le meilleur, parce que les grains ne sont jamais brisés et qu'on peut trier les qualités. Le second, plus expéditif, est le seul applicable aux grandes cultures. On en vanne le résultat comme le blé, ensuite on le trie à la main.

Les tiges sèches des haricots servent à faire de la litière ou à fabriquer de la potasse. Les bestiaux les mangent rarement.

Mais est-il plus avantageux de semer en grand des haricots grimpans ou des haricots nains ? J'avoue que je ne suis pas en état de répondre à cette question. J'ai vu des lieux où les cultivateurs soutenaient l'affirmative, et d'autres où ils soutenaient la négative; cependant je crois avoir observé dans mes voyages que les haricots nains l'emportaient par le fait. Cela tenait-il à la difficulté d'avoir des rames? C'est ce que j'ai lieu de soupçonner. En général leur culture est plus facile et moins coûteuse, et ces avantages compensent leur produit, qui, dans les pays tempérés, est incontestablement moindre; de plus les haricots à rames exigent un sol plus fertile que les autres.

La culture des haricots dans les jardins est bien plus étendue que celle qui a lieu en plein champ. Il n'est point de propriétaire ou d'usufruitier habitant la campagne, qui n'en cultive pour son usage ; dans plusieurs cantons de la France, c'est presque le seul légume, avec les choux, qu'on voie autour des villages. Là, comme on peut sans grands inconvéniens semer plus tôt, soit parce que la perte de quelques poignées de semence n'est pas sensible, soit parce qu'on peut plus facilement se procurer des abris, soit parce que l'abondance des fumiers permet de donner plus d'activité au sol, soit à raison de leur plus grande production, soit enfin parce qu'on veut manger des gousses vertes autant que de semences mûres, on préfère presque généralement les haricots grimpans.

Dans les parties méridionales de la France, on sème les haricots dans les jardins, et contre des murs exposés au midi, dès la fin de février, et aux environs de Paris on ne peut penser, avant la fin de mars au plus tôt, à commencer ces semis. Lorsque le plant est levé, on le garantit pendant la nuit des gelées tardives par des paillassons, des toiles, etc. Quinze jours plus tard, on en sème de nouveau, mais dans une bonne exposition ou contre des ados ; enfin encore quinze jours, et on peut les semer par-tout et ne prendre aucune précaution subséquente contre les gelées. Les amateurs continuent ainsi d'en semer de quinze jours en quinze jours jusqu'à la fin de juillet, afin d'avoir continuellement, jusqu'aux gelées, de jeunes gousses propres à être mangées en vert.

Le choix des variétés n'est pas ici indifférent, puisque, ainsi qu'on l'a vu plus haut, il en est, soit parmi les grimpans, soit parmi les nains, qui sont beaucoup plus précoces et meilleurs que les autres.

La terre bien labourée à la bêche et amendée avec du fumier bien consommé, on sème la graine au cordeau et en rayons, soit une à une, soit en touffes de cinq à six, et on laisse un sentier de quatre en quatre ou de cinq en cinq rangs : c'est ce qu'on appelle une planche. Cette précaution de laisser des sentiers est encore ici plus nécessaire que dans la culture en grand, parce qu'on est plus fréquemment obligé de circuler autour des pieds pour cueillir les gousses vertes, dont il se fait par-tout une grande consommation pendant l'été.

Les binages doivent être aussi et même plus fréquens dans cette culture que dans la grande, parce qu'on n'y regarde pas autant aux frais. Ils ont lieu aux mêmes époques. Enfin la conduite générale doit être semblable, mais plus soignée. Des arrosemens pendant les grandes sécheresses de l'été sont extrêmement avantageux.

On cultive, aux environs de Paris et des autres grandes villes de l'Europe des haricots dans des serres, sous des châssis, sur les couches. Par ce moyen, on s'en procure toute l'année de propres à être mangés en vert; mais quelle différence de saveur entre ces avortons d'une nature forcée et les résultats de l'ordre naturel! Peu de légumes sont plus susceptibles de se ressentir de la nature des engrais, et même des matières en putréfaction qui les environnent, que les haricots verts. J'en ai souvent mangé à Paris qui sentaient le fumier, la boue des halles, la gadoue, selon la matière qu'on avait employée pour engraisser le sol où ils avaient cru, ou pour accélérer leur croissance. Ainsi ce que l'on peut attendre de mieux de ceux produits par l'art, c'est qu'ils n'aient aucun goût. Au reste, leur traitement étant le même que celui des autres primeurs, je crois pouvoir me dispenser de le détailler. *Voyez* aux mots PRIMEUR et POIS.

Les haricots verts et secs sont un aliment recherché de tous les peuples. Les premiers nourrissent peu, mais sont très-agréables au goût et se digèrent facilement. On les conserve pour pouvoir en faire usage toute l'année, par le moyen de procédés que je décrirai plus bas. On les mange cuits, en salade, en potage, à la sauce maigre ou grasse. Les seconds nourrissent beaucoup, sont très-agréables au goût, sur-tout quand ils n'ont pas été desséchés complétement, mais ils sont difficilement digérés par les estomacs délicats. C'est aux robustes habitans des campagnes et aux jeunes gens qu'ils conviennent le plus. Ils engraissent avec une prodigieuse rapidité les animaux domestiques à poil ou à plume, et améliorent singulièrement leur chair; mais leur haut prix permet rarement en Europe de les employer à cet usage. On les mange cuits, assaisonnés d'un grand nombre de manières. Comme leur peau ou enveloppe est la partie la plus indigeste, celle qui donne tant de vents, il est bon de les en dépouiller avant de de les donner aux enfans, aux femmes des villes, et en général à tous ceux dont l'estomac est faible. On y parvient, soit en les écrasant après leur cuisson complète et en faisant passer la purée qui en résulte par un crible de métal ou de terre (passoire), soit en les mettant renfler dans l'eau tiède, et en enlevant l'enveloppe lorsqu'elle s'est crevée, soit enfin en les faisant passer entre deux meules de moulin suffisamment écartées. Il est étonnant que ce dernier moyen, si simple, si économique, qui est si généralement employé en Angleterre, n'ait encore été introduit en France que dans quelques grandes villes. Quelle économie de temps et de combustible résulterait cependant de son adoption! Les haricots ainsi préparés cuisent en un quart d'heure, et peuvent être immédiatement servis sur table. Tels des nôtres ne sont pas cuits après avoir bouilli deux ou trois heures, et demandent une demi-heure de travail par plat, pour être réduits en purée. Qu'on ne dise pas qu'ils se conservent moins long-temps ainsi préparés, car de tous les légumes embarqués par la marine anglaise c'est celui qui s'altère le plus tard, pourvu qu'il soit entassé bien sain dans des barils bien fermés. On l'y connaît, comme je l'ai déjà dit, sous le nom de *sagou de Bowen*, du nom de celui qui a inventé cette préparation.

On peut introduire jusqu'à moitié de farine de haricots dans le pain de froment ; mais il vaut mieux la consommer seule qu'ainsi alliée, le manger qui en résulte étant lourd et très-susceptible de se moisir.

La bouillie faite avec la farine de haricots est un bon remède contre les cours de ventre, et s'emploie dans les cataplasmes émolliens et résolutifs.

Aucun insecte n'attaque le haricot en grain, et c'est ce qui lui donne tant d'avantages sur le pois, qui en est rarement exempt. Mais Olivier, de l'Institut, nous a appris dans les Mémoires de l'ancienne Société d'agriculture de Paris, année 1787, que la maladie qui faisait périr un si grand nombre de pieds de haricots dans les parties méridionales de la France, était due à une MITE à peine visible, qu'il a appelée *acarus phasesli*, et qui en suce la sève comme le puceron. Changer l'époque de la culture de cette plante, ou même l'interrompre pendant deux ou trois ans, sont les moyens les plus certains pour se débarrasser de cet insecte.

Lorsqu'on veut conserver des haricots verts pour la consommation de sa table pendant l'hiver, ou on les fait sécher, ou on les confit dans le vinaigre, ou dans du beurre ou de la graisse de porc. Ces trois moyens ne réussissent pas toujours, parce qu'ils sont accompagnés de circonstances qu'il n'est pas facile de saisir. En général, leur succès dépend de la variété de haricot qu'on a employée. Celles sans filets et sans parchemin sont les meilleures. Toujours il faut préférer les plus jeunes, leur ôter les deux bouts, et les mettre quelques instans dans une grande quantité d'eau bouillante. Lorsqu'on veut les sécher on les place à l'ombre sur des claies, dans un lieu bien aéré, ou on les enfile en chapelet qu'on suspend dans un appartement bien sec. Séchés au soleil ou au four, ils perdent de leurs qualités. Lorsqu'on veut les confire au vinaigre, on les noie dans une saumure.

La moisissure est ce que craignent le plus les haricots verts desséchés : ainsi il faut les tenir dans des lieux secs.

Le procédé de M. Appert, c'est-à-dire, la cuisson dans une bouteille hermétiquement fermée, plongée pendant une heure et demie dans l'eau bouillante, est certainement préférable à ceux ci-dessus. Pour cela, il faut préférer le haricot de Bagnolet qui ressemble au suisse.

Le même conserve également les haricots de Soissons, en grains, au moment qui précède leur maturité, par des procédés complétement semblables. *Voyez* sa brochure imprimée chez Patris, à Paris. (B.)

HARIDELLE. Cheval vieux, maigre et de faible service.

Presque toujours c'est par défaut de nourriture qu'on transforme un bon cheval en haridelle. On ne voit que trop de haridelles dans nos campagnes, quoiqu'il ne soit jamais économique de les employer. *Voyez* CHEVAL. (B.)

HARNOIS. Cordes, lanières de cuir, chaînes, etc., disposées de manière à rendre l'homme maître des mouvemens des CHEVAUX, des MULETS, des ANES, des BOEUFS, des VACHES, des CHIENS, etc., qu'on veut atteler à une VOITURE, à une CHARRUE, à un TRAINEAU, à un BATEAU, etc.

Les harnois varient sans fin de disposition et de matière, selon les pays, les buts qu'on se propose, les animaux pour lesquels ils sont destinés. Décrire seulement ceux dont on fait usage en France, serait une entreprise et au-dessus de mes forces et d'une étendue hors de proportion avec le plan de ce dictionnaire. J'ai donc dû me borner à quelques généralités aux articles particuliers de leurs diverses parties principales. Ainsi je renvoie, pour ce qui les concerne, aux mots BRIDE, LICOL, COLLIER, SELLE, SELLETTE, BAT, CHEVAL, BOEUF, ANE.

M. Giraut-Montbellet a inventé un nouveau harnois pour les chevaux et les bœufs, qu'il appelle *harnois-bretelle*. Deux écharpes croisées sur la poitrine, et aboutissant chacune à un trait, en sont les élémens. Ce harnois, dont on peut lire une description détaillée et voir les figures dans les Mémoires de la Société d'agriculture de la Seine, a beaucoup d'avantages sur ceux qui sont communément employés. Je ne sache cependant pas qu'il ait été adopté par aucun cultivateur, tant on tient à la routine.

La manière de harnacher les chevaux de trait au Brésil, est la plus simple de toutes celles que je connais. On place une sellette ou un coussinet sur leur dos et on l'y fixe par une sangle; puis on attache à cette sangle, à droite au cheval de gauche et à gauche au cheval de droite, une courroie qui est fixée au timon. Les animaux tirent ainsi, un peu obliquement, mais avec une agilité qui surprend ceux qui les observent pour la première fois. (B.)

HARPIN. On appelle ainsi, dans le département du Gers, une espèce de tumeur charbonneuse qui paraît sur une des jambes des bestiaux. Pour la guérir, on perce la tumeur aussitôt qu'elle se montre, et on la bassine avec du vin, dans lequel on a fait infuser des plantes aromatiques. *Voyez* Charbon. (B.)

HART. Lien fait avec une branche de deux ou trois ans, de chène, de chataignier, de coudrier, d'osier, etc.

Cette sorte de lien a plus de solidité que les autres, et il serait à désirer qu'elle fût employée par-tout, si le plus souvent elle n'était le résultat d'un délit extrèmement nuisible aux forêts. *Voyez* Lien.

Quoique les harts d'osier ne soient pas aussi solides que celles faites avec des branches des bois dont je viens de parler, et ne puissent servir qu'une fois, ce sont celles que je voudrais voir préférer, parce qu'elles remplissent, relativement au liage des céréales, le même objet que les autres, et qu'on peut se les procurer presque par-tout à peu de frais, en plantant des Oseraies. *Voyez* ce mot.

Une hart se tort au moins à ses deux extrémités, et, pour cela, on place son gros bout sous le pied et l'on contourne sa tige. Pour la fixer autour d'un objet, il suffit de faire rentrer son gros bout sous les contours de sa tige. (B.)

HATIF. En agriculture, on dit qu'une année est hâtive lorsque la végétation s'est plus tôt développée qu'à l'ordinaire. On dit qu'un terrain est hâtif lorsqu'il donne des productions anticipées, relativement aux terrains voisins. On dit qu'un fruit, qu'un légume sont hâtifs, lorsque, toutes choses égales d'ailleurs, ils mûrissent plus tôt que les autres variétés de leur espèce. Ce mot est donc synonyme de Précoce. *Voyez* ce mot.

Une année hâtive a pour cause des circonstances atmosphériques sur lesquelles il n'est pas en la puissance de l'homme d'influer. Un terrain hâtif, l'est ou par sa nature, ou par son exposition, ou par l'effet de l'art : par sa nature, car dans le sable les plantes poussent plus tôt que dans l'argile ; par son exposition, car la même plante placée au midi pousse plus tôt que celle placée au nord ; par l'art, car dans les terrains entourés d'abris factices, profondément labourés, bien garnis de fumiers, convenablement arrosés, les plantes se développent plus tôt que lorsqu'elles sont abandonnées à la nature. Il suffit même de semer du charbon en poudre, du terreau ou toute autre matière noire sur de la neige pour accélérer sa fonte, et par conséquent rendre plus hâtif le terrain qu'elle recouvre, ainsi que le pratiquent annuellement les cultivateurs des Hautes-Alpes. Tous ces faits seront expliqués dans cet ouvrage aux articles qui y ont rapport.

Quant aux variétés hâtives, elles sont toutes dues à la culture combinée avec le hasard. Ainsi un jardinier a observé un arbre dont les fruits mûrissaient naturellement plus tôt que les autres, et il l'a multiplié ; en le greffant sur un autre également hâtif. Le résultat du semis de ses graines a été une nou-velle variété encore plus hâtive, qui de même a été multipliée et a produit encore les mêmes effets. Ainsi on a aujourd'hui ce que n'avaient pas nos pères, des variétés hâtives dans toutes les espèces anciennement cultivées.

Les cultivateurs guidés par le goût des gens riches qui les payent bien, font tous leurs efforts pour anticiper leurs jouis-sances, et sans doute déterminent une plus grande accéléra-tion dans la maturité des fruits et des légumes par le seul effet de ces efforts. En général, les fruits et les légumes hâtifs sont moins savoureux que ceux qui suivent le cours régulier de la nature; mais je ne crois pas que ce soit un motif suffisant pour les proscrire. Si un raisin de la Madeleine ne vaut pas un pineau de Bourgogne, c'est toujours un raisin. D'ailleurs cette moindre saveur de certains fruits ou de certains légumes tient peut-être autant à leur nature qu'à leur propriété de mûrir de bonne heure, comme le prouvent le morillon et le muscat du Jura, qui sont excellens, et qui cependant mûrissent à Paris avant la Madeleine. (B.)

HAUSSE. On donne ce nom aux parties d'une ruche qui est composée de plusieurs pièces superposées les unes aux au-tres. *Voyez* ABEILLE.

HAUTAIN. Se dit d'une vigne accolée contre un arbre dont les branches servent à soutenir ses sarmens, et contre lesquels on les attache : le cerisier, l'érable-sycomore, sont les arbres le plus communément destinés à cet usage. On voit de sem-blables vignes dans le comté de Foix, près de Vienne, dans les environs de Grenoble. La culture et la conduite de cette vigne seront présentées dans le plus grand détail au mot VIGNE. (R.)

HAUTE FUTAIE. *Voyez* FUTAIE.

HAYE. On donne ce nom dans plusieurs lieux à la partie de la charrue qu'on nomme ailleurs l'age ou la flèche. *Voyez* CHARRUE et HAIE.

HAYETTE. Nom d'une espèce de HOULETTE ou petite bêche destinée à biner l'intérieur des haies. Elle est accompagnée de deux espèces de SERPETTES propres à couper les branches dont on juge la conservation nuisible. On trouve ce commode instrument chez M. Durand, rue de Bussy, à Paris. (B.)

HÉBINE. C'est le DOLIC ONGUICULÉ, dont on mange les graines dans le département des Landes. (B.)

HÉDINGE. Nom des DRAGEONS que poussent les pois de primeur cultivés en pleine terre aux environs de Paris, lors-qu'ils ont été gelés. Ces hédinges donnent souvent une récolte aussi avantageuse que la tige principale. (B.)

HÉLÉNIE, *Helenium*. Genre de plantes de la syngénésie superflue et de la famille des corymbifères, qui renferme une demi-douzaine de plantes vivaces, dont une se cultive assez souvent pour ornement dans les jardins.

Cette espèce, qu'on appelle l'HÉLÉNIE D'AUTOMNE, parce qu'elle fleurit fort tard, a les tiges hautes de 3 ou 4 pieds; les feuilles alternes, sessiles, lancéolées, dentées, très-glabres et longues de 3 à 4 pouces; les fleurs jaunes et disposées en vastes corymbes terminaux sur de longs pédoncules. Elle est originaire de l'Amérique septentrionale et ne craint point les hivers les plus rigoureux du climat de Paris. On la place, soit au milieu des plates-bandes des jardins français, soit entre les buissons des derniers rangs dans les jardins paysagers. Toute espèce de terre lui convient, cependant elle réussit mieux dans les sols un peu argileux et humides. Là on est souvent obligé de lui donner de forts tuteurs. On peut la multiplier de semences; mais généralement on ne le fait que par séparation ou éclats des vieux pieds, car elle pousse un si grand nombre de rejetons, qu'on est obligé chaque année d'en enlever une partie pour l'empêcher de couvrir le terrain. Cette opération se fait dans le courant de l'hiver ou au premier printemps. (B.)

HÉLIANTHE, *Helianthus*. Genre de plantes de la syngénésie frustranée et de la famille des corymbifères, qui renferme une vingtaine d'espèces, presque toutes propres à la décoration des parterres et des jardins paysagers, par la hauteur de leurs tiges et la grandeur de leurs fleurs, et parmi lesquelles deux peuvent être et sont généralement cultivées pour le profit. Ces deux derniers sont l'HÉLIANTHE ANNUEL, ou *hélianthe à grandes fleurs*, plus connu sous les noms de *soleil, fleur du soleil, tournesol,* dont il va être question, et l'HÉLIANTHE TUBÉREUX, autrement le TOPINAMBOUR, dont la culture et l'utilité seront détaillées à ce dernier mot.

L'HÉLIANTHE ANNUEL a la racine fusiforme, annuelle, la tige cylindrique, hérissée de poils, haute de 8 à 10 pieds et plus, remplie de moelle, garnie de quelques rameaux florifères à son sommet; ses feuilles sont alternes, en cœur, trinerves, hérissées de poils, longues souvent de plus d'un pied; ses fleurs sont jaunes, penchées, portées sur des pédoncules épais et souvent larges de plus de 6 pouces; ses graines, d'un pourpre noirâtre et de 3 à 4 lignes de long, sont extrêmement nombreuses, car on en a compté jusqu'à dix mille sur un seul pied.

Cette plante, originaire du Pérou, est fort sensible aux gelées, et ne se sème au printemps que lorsqu'elles ne sont plus à craindre. Elle exige un bon fonds, d'abondans engrais, et une exposition chaude pour prospérer. Plus qu'aucune autre peut-être elle effrite le terrain, c'est-à-dire l'épuise au point qu'on ne peut, malgré les engrais, en mettre plusieurs fois de suite dans le même lieu. Cette circonstance, jointe à la fureur avec laquelle tous les oiseaux granivores et même les quadrupèdes frugivores grimpans, tels que les loirs, les rats, les écureuils, etc., se jettent sur ses graines, sont sans doute la cause qui a empêché de la cultiver en grand; car elle présente des avantages dignes de considération. 1°. On tire abondamment de ses graines une huile douce aussi bonne à manger qu'à brûler, mais qui a l'inconvénient d'être en partie absorbée par l'écorce lors de son expression selon le mode ordinaire. 2°. Ces mêmes graines, dont l'amande a un goût de noisette fort agréable qui les fait rechercher par les enfans, sont une excellente nourriture pour les dindes, les poules, etc. Elles les engraissent même trop lorsqu'on ne les leur ménage pas (quoiqu'il y en ait qui les refusent obstinément). 3°. Les feuilles, soit fraîches, soit sèches, sont fort du goût des vaches, des moutons, et même des chevaux; et leur grandeur, ainsi que leur abondance, permet d'en enlever au moins la moitié en automne, sans faire sensiblement tort à la production de la graine. 4°. Les tiges, quelquefois de la grosseur du bras, peuvent être employées pour tuteurs, pour ramer les pois et les haricots, pour entretenir le feu de la cuisine, pour chauffer le four; et, en les brûlant à demi vertes dans des fosses, pour en retirer de la potasse, sel dont elles contiennent une notable quantité. Lorsqu'elles sont sèches et qu'on met le feu à la moelle par un bout, toute cette moelle se consume lentement sans que l'écorce brûle, en donnant des indices non équivoques de nitre en nature, c'est-à-dire en fusant fréquemment; ce qui fournit un excellent moyen de transporter du feu à des distances assez éloignées, et ce qui la rend supérieure à toutes les autres parties des végétaux, au MOXA même, pour faire des brûlures chirurgicales, ainsi que l'a prouvé mon estimable confrère Percy, dans un Mémoire inséré dans le 5e. volume de la nouvelle série des *Annales d'Agriculture.*

Malgré ces avantages, je le répète, on ne cultive nulle part, du moins d'une manière permanente, l'*hélianthe annuel* en rase campagne, on se contente généralement d'en placer quelques pieds dans les jardins, où ils figurent très-bien lorsqu'ils sont en fleurs, c'est-à-dire pendant tout l'été et l'automne; car dès qu'une fleur passe il s'en développe plusieurs nouvelles, graduellement plus petites. Ordinairement, dans le climat de Paris, les gelées seules arrêtent leur multiplication, et à cette époque il y a déjà long-temps que la graine des premières est mûre. Pour empêcher les pillages des oiseaux, on peut couper les têtes lorsque les graines commencent à noircir et les suspendre au grenier : l'épaisseur du pédoncule et du réceptacle leur permet d'achever leur maturité ; cependant, dans ce cas, il faut le dire, il y a diminution notable dans le produit de l'huile.

C'est généralement en place qu'il faut semer l'*hélianthe annuel* ; car lorsqu'on le transplante, il ne donne que des productions faibles et tardives. On l'appelle vulgairement *fleur du soleil*, et parce que sa fleur ressemble par sa grandeur, sa forme et son éclat à cet astre, et parce que cette même fleur se tourne toujours de son côté, de sorte qu'elle regarde l'orient le matin et l'occident le soir. Cet effet a été attribué à la dilatation du pédoncule ; mais il est probable qu'il s'y joint une autre cause que nous ne connaissons pas encore.

Comme l'*hélianthe annuel* vient très-grand, ainsi que je l'ai déjà dit, il faut le semer très-clair. Une distance de 3 pieds entre chaque tige n'est pas de trop dans un bon terrain. Dans un sol maigre et sec, il ne donne qu'une, deux ou trois fleurs, et il peut par conséquent être rapproché. Il est un mode de culture que je ne sache pas qu'on ait essayé et qui doit avoir son avantage, c'est de le semer épais après la récolte des vesces d'hiver ou des pois de primeur, et de le faucher pour fourrage au moment où il entrerait en fleur. Comme c'est la production de la graine qui rend principalement les plantes épuisantes, on pourrait ainsi multiplier le produit d'un terrain sans inconvénient pour les récoltes futures, sur-tout si on avait soin d'alterner avec des plantes de différente nature. *Voyez* Assolement.

En général, je voudrais que les cultivateurs prissent cette plante en considération un peu plus qu'ils ne l'ont fait jusqu'à présent. Il est des moyens de s'opposer aux ravages des oiseaux qu'ils connaissent aussi bien que moi, et qu'ils peuvent par conséquent employer.

Les autres espèces d'hélianthes dans le cas d'être ici citées sont :

L'Hélianthe vosacan, *Helianthus strumosus*, Lin., qui a les racines fusiformes ; les tiges très-élevées ; les feuilles opposées, ovales, lancéolées ; et les fleurs jaunes, nombreuses, de 2 à 3 pouces de diamètre. Il est vivace et originaire de l'Amérique septentrionale, où on mange ses racines, et où on en tire une fécule qui sert à faire de la bouillie aux enfans. Ses graines donnent également de l'huile bonne à manger et à brûler.

Cette plante est depuis long-temps dans nos jardins, où on l'emploie à la décoration des parterres ; mais on n'a jamais, du moins à ma connaissance, cherché à en tirer parti sous les rapports économiques. Ses tiges sont si nombreuses, elles se multiplient avec tant de facilité, et par ses graines, et par la séparation de ses racines, que je ne mets pas en doute qu'à l'exemple des Canadiens nous ne puissions la cultiver avec avantage, ne fût-ce que comme fourrage. Les hivers les plus rigoureux ne lui nuisent en rien; on pourrait la couper sans inconvénient trois fois par an, et en tirer par conséquent une quantité considérable de fanes. Ses racines, lorsqu'on l'arracherait, seraient données aux moutons, aux cochons, aux vaches, et même aux poules, après qu'on les aurait fait cuire. Je dis lorsqu'on l'arracherait, parce qu'à côté du topinambour et de la pomme de terre il n'y aurait pas d'économie à la cultiver sous ce rapport.

L'Hélianthe multiflore a les feuilles inférieures cordiformes, et les supérieures ovales, toutes rudes au toucher; ses fleurs sont jaunes, nombreuses, et larges de 2 pouces. Il est originaire de l'Amérique septentrionale, s'élève de 2 à 3 pieds, et se cultive très-fréquemment dans nos jardins, qu'il embellit pendant l'été et l'automne. Il y forme de vastes touffes dont on est obligé d'arrêter la croissance en largeur, tant ses racines ont de disposition à tracer. Les gelées les plus rigoureuses n'ont aucun effet sur lui. On peut le multiplier de graines, mais rarement on emploie ce moyen; on préfère, avec raison, de déchirer les vieux pieds, puisque par là on a des fleurs dès la même année, tandis que par les semis on n'en aurait que la troisième. Ces fleurs doublent fort facilement, aussi en voit-on rarement de simples. Les observations faites à l'occasion de l'espèce précédente s'appliquent à celle-ci, qui, quoique moins haute, peut cependant fournir un fourrage abondant. (B.)

HÉLIANTHÈME. Espèce du genre des Cistes. *Voyez* ce mot.

HÉLICE, *Helix*. Genre de coquillage de la classe des univalves, qui doit être mentionné ici, parce que les espèces qui le composent vivent aux dépens des plantes, et que plusieurs d'entre elles font un tort réel aux cultivateurs, sur-tout aux jardiniers.

Les espèces de ce genre, qu'on connaît vulgairement sous les noms d'*escargot*, de *colimaçon*, de *limaçon à coquille*, sont fort nombreuses en France. Draparnaud, dans son excellent ouvrage sur les mollusques, en désigne cinquante-huit comme s'y trouvant, et j'en connais plus d'une douzaine qui ne s'y trouvent pas décrites; mais je ne citerai que les suivantes, comme intéressant seules les cultivateurs.

L'Hélice vigneron, *Helix pomatia*, Linn. C'est le *grand escargot*, l'*escargot des vignes*. Sa coquille a ordinairement plus d'un pouce de diamètre, est perforée, fauve, avec deux ou trois bandes plus pâles, et des stries. L'animal est gris. On le trouve dans presque toute l'Europe dans les vignes, les jardins et les bois ; il fait souvent de grands dégâts dans les jardins, sur-tout dans les semis. C'est pendant la nuit ou dans les temps pluvieux qu'il exerce le plus ses ravages. Il se tient caché le jour, et sur-tout dans les temps secs et chauds, sous les grandes feuilles, dans les trous des murs, etc. Pendant l'hiver il s'enfonce en terre, ferme son ouverture avec un opercule calcaire, et passe ainsi près de six mois sans manger.

Dans certains cantons, on le recherche avec ardeur, principalement pendant l'hiver, pour le manger; dans d'autres, on l'a en horreur. Le vrai est qu'il est un mets très-nourrissant, et qu'on doit d'autant moins le repousser comme moyen de subsistance, que par là on l'empêche de se multiplier outre mesure.

L'Hélice chagriné, *Helix adspersa*, Muller, est imperforée, globuleuse, rugueuse, jaunâtre, avec des bandes brunes et le bord de l'ouverture blanc. Son animal est d'un vert pâle ; sa grandeur est de moins d'un pouce de diamètre. Il est excessivement commun dans certains jardins, où il cause de grands dégâts; aussi l'appelle-t-on *la jardinière* dans les environs de Paris. Ses mœurs sont les mêmes que celles du précédent ; mais il s'enfonce moins profondément en terre pendant l'hiver, et son opercule est cartilagineux. On le mange.

L'Hélice némoral, *Helix nemoralis*, Lin., a la coquille globuleuse, imperforée, unie, jaune, avec des bandes plus ou moins nombreuses et plus ou moins larges, ce qui l'a fait appeler *la livrée* par Geoffroy. Le bord interne de son ouverture est brun. Il est d'environ 8 lignes de diamètre. On le trouve très-abondamment dans les jardins, les bois et les champs. Quoique petit, il n'en est pas moins nuisible aux cultures. On le mange rarement.

L'Hélice des jardins ressemble beaucoup au précédent en forme et en couleur ; mais il est plus petit, et a l'intérieur de l'ouverture blanc.

L'Hélice rodostome, *Helix pisana*, Muller, est perforé, globuleux, blanc, avec des bandes brunes et des lignes ou des taches jaunes. Le bord intérieur de son ouverture est rose. On le trouve dans les parties méridionales de l'Europe, dans les champs, les jardins, les vignes, etc. Il est quelquefois excessivement commun. Quoiqu'au plus de 6 lignes de diamètre, on le mange fréquemment. J'en ai vu d'immenses quantités dans les marchés de Venise, où on le vend vivant, assaisonné d'ail, de sel et de poivre.

L'accouplement des hélices a lieu au mois de mai. Il est fort remarquable en ce qu'il est double, c'est-à-dire que tous les individus sont en même temps mâles et femelles, et se fécondent réciproquement sous ces deux rapports. Il a lieu plusieurs fois dans la même saison, et est accompagné de circonstances singulières, mais que je ne détaillerai pas, parce que cela me ferait sortir de l'objet de cet article. Quelques jours après qu'il est terminé, les hélices déposent dans la terre une douzaine d'œufs arrondis d'où sortent des petits couverts de leur test, mais si délicats, que leur apparition au soleil pendant quelques minutes suffit pour les faire périr, et qu'il n'est point d'insecte carnassier qui ne puisse s'en nourrir : aussi de cent n'en arrive-t-il pas six à l'état adulte. Il paraît qu'ils vivent un grand nombre d'années. On peut juger de leur âge en ajoutant trois ans à la somme des bourrelets qui se voient au-dessus de leur ouverture. Ordinairement, dans les gros *hélices-vignerons*, on en compte six à huit ; mais une fois j'en ai compté vingt : aussi l'individu était-il un monstre, car son diamètre était de plus de 2 pouces.

On a indiqué des milliers de moyens pour empêcher les ravages des hélices, mais le seul vraiment bon, c'est de leur faire constamment la chasse le soir, le matin et après la pluie, et de les écraser. Une année de vigilance sous ce rapport doit en débarrasser le plus grand jardin au point de ne plus s'apercevoir de leur présence. Quant aux champs et aux bois, ce moyen devient plus difficile ; mais là, leurs ennemis agissent en liberté, et suppléent à l'homme. Ces ennemis sont nombreux, et quelques-uns, tels que les renards, les blaireaux, les hérissons, les buses en font chaque jour une grande destruction. *Voyez* au mot LIMACE. (B.)

HÉLIOTROPE, *Heliotropium*. Genre de plantes de la pentandrie monogynie et de la famille des borraginées, qui renferme une trentaine d'espèces, dont deux sont dans le cas d'être citées ici, parce que l'une d'elles est extrêmement commune dans certains cantons, et que l'autre se cultive dans les jardins, à raison de l'agréable odeur de ses fleurs.

L'HÉLIOTROPE D'EUROPE est une plante annuelle ; à racine pivotante ; à tiges droites, cylindriques, velues, rameuses, souvent hautes d'un pied ; à feuilles alternes, pétiolées, ovales, entières, ridées et velues ; à fleurs blanchâtres, petites et disposées unilatéralement sur des épis terminaux, ordinairement géminés, et toujours recourbés en manière de crosse. On la trouve dans les champs sablonneux, dans les jachères, sur le revêtement des fossés, etc., quelquefois en si grande abondance, qu'il serait avantageux de l'arracher uniquement pour augmenter la masse des fumiers. Elle fleurit depuis le milieu

de l'été jusqu'à la fin de l'automne, et ses fleurs sont tournées
vers le soleil. Les bestiaux ne paraissent pas y toucher. Ses
feuilles sont amères ; elles ont joui autrefois d'une grande
réputation comme dessiccatives, antiseptiques et détersives,
comme propres sur-tout à faire disparaître les verrues, d'où
le nom d'*herbe aux verrues* qu'elle porte vulgairement. Aujourd'hui on n'en fait plus d'usage.

L'Héliotrope du Pérou est frutescente, a les feuilles alternes, pétiolées, ovales, très-ridées, très-velues, plus pâles en
dessous ; les fleurs petites, violettes, disposées en épis unilaté-
raux et recourbés. Elle est originaire du Pérou, et se cultive
très-abondamment dans nos jardins, à cause de l'odeur suave
qu'exhalent ses fleurs, odeur qu'on peut comparer à celle de
la vanille.

Dans les parties méridionales de la France, et sur-tout en
Italie, elle forme des arbrisseaux de 3 à 4 pieds de haut presque perpétuellement chargés de fleurs. Elle demande une
bonne terre substantielle. Dans le climat de Paris, il faut la
conserver en pot, ou risquer de la perdre chaque hiver ; car
elle est extrêmement sensible aux gelées. Je dis risquer, parce
que comme elle donne et plus de fleurs et de plus belles fleurs
ainsi placée, on en met souvent quelques pieds en pleine terre
dans une bonne exposition. Il est utile de renouveler ses tiges
de temps en temps, et par la même raison, c'est-à-dire parce
que les jeunes donnent des fleurs plus nombreuses et plus
belles. On peut la multiplier de graines qu'on sème dans des
terrines sur couches et sous châssis. Mais comme ce moyen est
lent, le plant qui en provient ne commençant à fleurir que la
troisième et même la quatrième année, on l'emploie peu ; on
préfère celui des rejetons, des marcottes et des boutures, qui
fournissent des pieds donnant des fleurs dès la même année.
C'est au printemps que les rejetons se séparent, que les marcottes et les boutures se font. Ces dernières peuvent être placées
en pleine terre, même dans le climat de Paris, pour être relevées et mises en pots à la fin de l'automne ; mais quand on a
des couches à châssis, il vaut mieux les mettre dans des terrines
qu'on rentre l'hiver dans l'orangerie. Pendant cette saison,
les pieds d'héliotrope du Pérou exigent fort peu d'arrosemens
et de fréquens nettoyages ; car ils sont très-sujets à moisir, et
par suite à périr : pendant l'été, au contraire, ils demandent
de fréquens et forts arrosemens. Comme ils poussent de nombreuses racines, et qu'ils effritent beaucoup la terre, il faut
leur en donner de nouvelle deux fois par an, au printemps et
en automne. Lorsqu'on veut en former des tiges, on les met
sur un brin, et on rabat tous les ans les rameaux ; mais cette
manière de les conduire, qui est plus agréable à la vue, nuit

à la production des fleurs, et ne doit être employée que dans un petit nombre de cas, tels que ceux où on veut garnir un amphithéâtre, le dessus d'un mur de terrasse, une rampe d'escalier, des croisées, etc. Dans tout état de cause, il faut placer ces pots à une exposition chaude, ou au moins abritée des vents froids, et les rentrer à l'orangerie dès les premières gelées blanches. On en met quelquefois dans les serres pour avoir des fleurs pendant l'hiver; mais les plantes s'y étiolent, et y donnent de fort petites fleurs. (B.)

HELLÉBORE, *Helleborus*. Genre de plantes de la polyandrie polygynie et de la famille des renonculacées, qui renferme sept à huit espèces, dont plusieurs servent, ou sont susceptibles de servir à la décoration des jardins, et sont d'un usage fréquent dans la médecine vétérinaire. Il ne faut pas le confondre avec l'*hellébore* ou *ellébore* des anciens, qui appartient à un autre genre aujourd'hui appelé VÉRATRE. *Voyez* ce mot.

L'HELLÉBORE FÉTIDE, ou *hellébore noir*, ou *pied de griffon*, a une racine charnue, très-fibreuse; une tige d'un à 2 pieds de haut, épaisse, rameuse à son sommet; des feuilles alternes, à sept ou neuf digitations, lancéolées, dentées, coriaces, d'un vert foncé; les fleurs vertes, rougeâtres en leur bord, nombreuses, accompagnées d'une bractée, et disposées à l'extrémité des rameaux en corymbe penché. Il croît naturellement dans les bois en terrain sec, sur les montagnes élevées, est vivace, reste vert toute l'année, et fleurit pendant l'hiver et une partie du printemps. Son odeur est très-fétide, sur-tout quand on le froisse. Sa racine est très-âcre et purge violemment par haut et par bas; on l'emploie rarement pour les hommes; mais au défaut des suivans, on en fait fréquemment usage pour les animaux.

Braconnot a reconnu que le principe âcre de cette plante s'affaiblissait par la cuisson, au point de la rendre innocente. Cette espèce, par sa propriété de rester verte toute l'année, de fleurir à une époque où les autres plantes ne sont pas encore développées, de former naturellement des touffes élégantes, et de croître à l'ombre des grands arbres, est dans le cas de servir à l'ornement des jardins paysagers; on la place sur le bord, et même dans le centre des massifs, où elle produit d'agréables effets, sur-tout pendant l'hiver. On ne doit pas cependant l'y trop prodiguer. Elle fait également fort bien sur les rochers, les murs des masures, etc. Sa multiplication a lieu par ses graines, qu'on sème, aussitôt qu'elles sont mûres, dans un sol préparé et ombragé. Le plant se laisse dans le lieu du semis pendant deux ou trois ans, et se met ensuite directement en place. Il n'est pas facile de faire reprendre les vieux pieds arrachés dans les bois, à moins qu'on ne les enlève avec la motte.

L'Hellébore à fleurs roses, *Helleborus niger*, Lin., qu'on appelle aussi *rose de Noël* : a la racine charnue et chevelue ; les feuilles toutes radicales, longuement pétiolées, toutes composées de sept à huit folioles ovales, lancéolées, dentées, d'un vert noir ; les fleurs d'un rose tendre, larges de plus de 2 pouces, solitaires ou géminées sur des hampes cylindriques, rougeâtres, hautes de 6 à 8 pouces, et accompagnées de bractées lancéolées. Il est vivace, croît naturellement sur les montagnes des parties méridionales de l'Europe, et se cultive depuis long-temps dans les jardins, à raison de la grandeur, de la beauté et de l'époque du développement de ses fleurs : c'est, dit Dumont Courset, un des bienfaits de la nature pour charmer la triste nudité de l'hiver. En effet, il commence à fleurir au milieu de cette saison, et continue jusqu'à la fin. Ses feuilles persistent toute l'année ; cependant les nouvelles ne poussent qu'après la floraison, c'est-à-dire en mars. Il ne craint point les plus rigoureuses gelées, et s'accommode assez de toutes sortes de terrains ; mais il réussit mieux dans ceux qui sont frais et ombragés. On le multiplie de graines qu'on sème comme celles du précédent, et dont le plant se conduit de même ; mais ces graines sont rares, parce que les fleurs avortent presque toutes, du moins dans le climat de Paris, à raison de l'époque de leur floraison. Le déchirement des vieux pieds en donne fort peu de nouveaux, parce qu'ils ne tracent presque point. Aussi cette plante n'est - elle pas, autour de cette ville, aussi commune qu'elle mérite de l'être. C'est en automne que cette dernière opération doit être pratiquée.

On place ordinairement l'*hellébore à fleurs roses* dans les plates-bandes nord des parterres, le long des murs des terrasses qui ont la même exposition, entre les arbustes des derniers rangs dans les jardins paysagers, contre les fabriques, les rochers, etc. On le cultive aussi très-fréquemment en pots, pour pouvoir l'introduire dans les appartemens, le placer sur les cheminées pendant l'hiver. Une belle touffe est réellement d'un superbe effet, aussi ne doit-on pas trop la dégarnir. Il faut cependant la renouveler de temps en temps, c'est-à-dire tous les trois ou quatre ans, parce que le centre pourrit et fait souvent périr le pourtour. On parvient à empêcher la mort du pied en le relevant et le partageant en trois ou quatre autres, qu'on change de place.

La racine de cette plante a une odeur virulente et une saveur âcre et amère. C'est un purgatif extrêmement violent. Son infusion déterge les ulcères. Quelques personnes prétendent que c'est le véritable hellébore des anciens, si célèbre contre la folie ; mais il paraît aujourd'hui constaté que l'hellébore noir de Théophraste et de Dioscoride est l'Hellébore oriental, encore connu sur l'Hélicon, et que l'hellébore blanc est la racine du vératre, comme je l'ai déjà annoncé plus haut.

On n'emploie guère la racine de l'hellébore à fleurs roses pour les hommes, à cause du danger de son usage, mais on en fait fréquemment usage pour les animaux domestiques. On la vend sèche chez les herboristes, et on l'ordonne ordinairement en poudre : lorsqu'on la pulvérise pour cet objet, il faut prendre des précautions, car elle excite des éternuemens qui peuvent avoir des suites funestes.

L'Hellébore a fleurs vertes, *Helleborus viridis*, Lin., a la racine vivace, pivotante, et très-garnie de fibrilles; les tiges hautes de 6 à 8 pouces, et légèrement rameuses à leur sommet; les feuilles toutes radicales, pétiolées, formées par neuf à dix digitations, lancéolées, pointues, dentées, d'un vert gai; les fleurs peu nombreuses, entièrement vertes, de 6 à 8 lignes de diamètre, accompagnées de bractées, et penchées. Il croît naturellement dans les pays montagneux de l'Europe tempérée, et fleurit à la fin de l'hiver. Ses fleurs sont bien moins agréables que celles du précédent, aussi est-ce moins pour elles qu'à raison de ses propriétés médicinales qu'on le cultive dans les jardins : ces propriétés sont les mêmes que celles des espèces que je viens de mentionner. On le place cependant quelquefois dans les jardins paysagers, uniquement pour l'agrément. Il demande la même terre, la même exposition et les mêmes soins.

L'Hellébore d'hiver a les racines vivaces, fibreuses, traçantes; les tiges simples, droites, hautes de 3 à 4 pouces, portant à leur sommet une seule feuille et une seule fleur; la feuille est arrondie et découpée en lobes simples, bifides ou trifides; la fleur est jaune, droite, sessile et large d'un pouce; elle ressemble à celle d'une renoncule des prés.

Cette plante croît dans les bois montagneux de la France, et se cultive à raison de la précocité de sa floraison, qui a lieu en février ou en mars. On la place contre les murs des terrasses, entre les buissons et sous les massifs des jardins paysagers, dont je l'ai vue couvrir la nudité avec beaucoup d'avantages, etc. Dans les parterres, il faut que sa touffe soit bien garantie du soleil pour produire quelque effet. Elle se multiplie de graines, mais plus communément par séparation des vieux pieds. Comme les tiges périssent de bonne heure, il est bon d'indiquer sa place par un piquet, afin qu'on ne bouleverse pas les racines dans les labours d'été et d'automne.

L'Hellébore livide se cultive aussi dans quelques jardins.

Il est plus grand et moins coloré que le premier, mais du reste il lui ressemble beaucoup. La Corse est sa patrie. Il fait un bel effet dans les jardins paysagers, pendant toute l'année, par la grosseur de ses touffes, et au printemps par ses nombreuses fleurs. On le multiplie presque exclusivement de graines, ses vieux pieds reprenant difficilement à la transplantation. (B.)

HÉMATOCÈLE. Engorgement des bourses des chevaux, produit par des coups.

Lorsqu'un hématocèle est récent, quelques lotions ou quelques cataplasmes émolliens suffisent pour le guérir.

Lorsque l'inflammation est considérable, qu'on peut croire qu'il y a à craindre la suppuration, on doit avoir recours à de légères scarifications. *Voyez* CHEVAL et MÉDECINE VÉTÉRINAIRE. (B.)

HÉMÉROCALLE, *Hemerocallis.* Genre de plantes de l'hexandrie monogynie, et de la famille des narcissoïdes, qui renferme une demi-douzaine d'espèces, dont deux sont depuis long-temps en possession de servir à l'ornement des jardins, ce à quoi elles sont très-propres par la grandeur, la beauté et la longue durée de leurs fleurs. Elles ressemblent beaucoup aux lis; aussi portent-elles souvent le nom de ces derniers.

La première de ces espèces est l'HÉMÉROCALLE FAUVE, vulgairement le *lis asphodèle, le lis fauve.* Elle a les racines terminées par des tubercules oblongs; des feuilles toutes radicales, étroites, carénées et longues de 2 ou 3 pieds, des tiges de la grosseur du doigt, très-rameuses et hautes de 3 à 4 pieds; des fleurs d'un rouge cuivreux ou jaunâtre, larges de 2 à 3 pouces, et disposées trois ou cinq ensemble à l'extrémité des rameaux. Elle est originaire des parties méridionales de l'Europe et de la Chine. Chacune de ses fleurs ne dure qu'un jour; mais elles sont si nombreuses et se succèdent avec tant de régularité dans le fort de l'été, qu'on ne s'en aperçoit pas. Elle réussit dans tous les sols et à toutes les expositions. On la place ordinairement au milieu des plates-bandes des jardins français, ou entre les arbustes des derniers rangs dans les jardins paysagers. Elle se multiplie fort facilement de graines, qu'on sème, immédiatement après leur maturité, dans un sol bien labouré et bien fumé; mais comme le plant qui en provient ne fleurit que la troisième ou quatrième année, ou préfère généralement arriver au même but par la séparation des vieux pieds, séparation qui s'effectue en automne, et qui donne lieu d'espérer des fleurs dès l'été suivant. Cette séparation est même nécessaire, parce que les racines s'étendent beaucoup, que leur centre est exposé à pourrir, et qu'il faut les changer de place pour obéir à la loi des assolemens.

L'Hémérocalle jaune, ou *lis jaune*, ressemble beaucoup à la précédente; mais elle est plus petite, et ses fleurs sont jaunes et exhalent une odeur fort agréable. Elle est originaire des parties orientales de l'Europe et de la Sibérie. On la cultive et on la multiplie positivement comme il a été dit plus haut à l'occasion de la précédente. Quelques personnes la tiennent en pot pour pouvoir l'introduire dans les appartemens, la placer sur les fenêtres lorsqu'elle est en fleur, afin de jouir de son odeur.

Ces deux espèces sont très-rustiques et ne craignent point les gelées. L'eau seule leur est nuisible lorsqu'elle séjourne un peu trop long-temps sur leurs racines.

L'Hémérocalle blanche, dont les fleurs sont odorantes, et l'Hémérocalle bleue, dont les fleurs ne sentent rien, originaires du Japon, se cultivent aussi dans nos jardins de la même manière que les précédentes; mais il leur faut de la terre de bruyère pour qu'elles prospèrent. (B.)

HÉMINE. Ancienne mesure des grains.

HÉMOPTYSIE. Médecine vétérinaire. L'hémoptysie, ou, comme d'autres l'écrivent, hémoptyhsie, ne signifie autre chose dans l'animal qu'une évacuation nasale du sang pulmonaire. Elle attaque plus rarement la brebis que le bœuf, le cheval et le mulet. Un de ces animaux, par exemple, qui fera un effort pour tirer ou pour soulever un corps pesant, peut déterminer le sang à s'échapper par les bronches, et à sortir hors du corps par les naseaux. On peut encore ajouter à ces causes une dépravation des humeurs qui humectent les bronches, la pléthore des vaisseaux du poumon, etc.

Dans cette maladie; l'animal tousse avec plus ou moins de force, et à chaque expiration sonore on s'aperçoit qu'il coule du nez une grande quantité de sang, que la difficulté de respirer est considérable, et que les flancs sont agités.

Le danger de cette maladie est toujours relatif à l'activité de ses symptômes : le sang, par exemple, qui s'échappe par les naseaux est-il écumeux, clair et très-abondant, la maladie peut se guérir, pourvu toutefois que la suppuration, comme il arrive assez souvent, ne succède pas à cette évacuation. La saignée à la veine jugulaire est le remède le plus prompt et le plus essentiel à mettre en usage. Quoique très-nécessaire dans le premier temps, elle ne doit pas être poussée trop loin dans la phthisie pulmonaire (*voyez* Phthisie). Il faut avoir égard à la quantité de sang évacuée par les naseaux, à l'état pléthorique de l'animal, à ses forces vitales. Les rafraîchissans, les astringens, les vulnéraires sont les remèdes dont on doit

user après la saignée : tels sont l'eau blanchie avec la farine de
riz, et la décoction de grande consoude aiguisée de deux
drachmes d'alun, sur six livres d'eau ; la décoction de plantain, de pimprenelle, de lierre terrestre, de pervenche, etc.
On peut aussi faire prendre soir et matin au bœuf et au cheval
un bol composé d'une once de cachou, incorporée dans suffisante quantité de miel. L'application de l'eau à la glace sur
les parties latérales de la poitrine peut réussir quelquefois ;
mais il est mieux de ne l'employer qu'après avoir tenté les
remèdes ci-dessus. Tenez l'animal malade dans une écurie
propre, sèche et bien aérée ; ne lui présentez ni foin, ni luzerne,
ni avoine, que l'hémoptysie ne soit parfaitement suspendue,
et ne le faites travailler que douze ou quinze jours après la
guérison. (R.)

HÉMORRHAGIE. Médecine vétérinaire. Perte de sang,
qui arrive à la suite d'une opération mal faite, ou de l'ouverture ou rupture de quelque vaisseau.

Les principaux moyens d'arrêter le sang sont au nombre de
quatre : la compression, l'application des astringens ou styp-
tiques, le cautère actuel et la ligature du vaisseau.

Lorsque le sang vient d'une plaie profonde, on doit appliquer le cautère actuel sur l'orifice du vaisseau, et le recouvrir
avec la poudre de lycoperdon ou vesse-de-loup, que l'on contiendra par un bandage convenable.

Quand une artère est superficielle, et qu'elle rampe sur un
os, le lycoperdon, l'agaric de chêne, l'amadou, et la simple
compression suffisent pour arrêter l'hémorrhagie. Il n'en est pas
de même lorsqu'il s'agit d'arrêter le sang d'une veine. Dans la
circonstance d'une varice (*voyez* Varice), la ligature est le seul
moyen à mettre en usage. Pour faire cette opération on se sert
d'une aiguille courbe, enfilée d'un fil double en carré et bien
ciré, que l'on passe un peu dans la chair, autour du vaisseau,
et que l'on ramène à soi pour en nouer les deux extrémités.
On doit observer de ne pas comprendre trop de chairs, ou de
n'en comprendre pas assez ; il faut un juste milieu. On évitera
sur-tout de ne pas prendre quelques nerfs principaux, si l'on
veut éviter les convulsions et la mort de l'animal.

Le bœuf et le cheval sont encore sujets à une hémorrhagie du
nez occasionnée par un coup ou par quelque substance âcre
et caustique, introduite dans les naseaux. Un bouvier, par
exemple, qui donnera des coups sur le nez de ses bœufs pour
les faire reculer ou pour les arrêter ; un charretier impatient
et emporté qui frappera rudement avec le manche du fouet
sur la tête de ses mules ou de ses chevaux, fera saigner du nez
ses animaux, et les mettra quelquefois dans le cas de perdre
la vie. Le sang alors coule des naseaux plus ou moins abon-

damment, suivant la violence du coup. Il coule plus facilement du nez du bœuf, les vaisseaux qui rampent sur la membrane pituitaire de cet animal étant plus délicats et plus nombreux que ceux de la membrane pituitaire du cheval et des autres solipèdes, et cette membrane étant d'ailleurs plus étendue et plus irritable.

Si l'écoulement ne se fait que goutte à goutte, et s'il est de courte durée, le traitement à faire ne consiste que dans le repos et une nourriture médiocre; mais si la violence du coup est telle qu'il y ait à craindre une inflammation de la membrane puituitaire, ou un engorgement dans le cerveau, hâtez-vous de saigner l'animal à la veine du plat de la cuisse, quand même l'hémorrhagie serait suspendue; donnez-lui de l'eau blanche pour boisson, et pour nourriture administrez quelques lavemens mucilagineux; répétez sur-tout la saignée lorsque l'hémorrhagie sera considérable; enveloppez la tête et le cou de linges imbibés d'eau froide, et sur-tout d'eau à la glace, s'il est possible de vous en procurer, que vous renouvellerez toutes les quatre minutes. Cette application est-elle sans effet, injectez dans la narine d'où sort le sang de la décoction de racine de grande consoude et de noix de galle, et continuez ce remède trois ou quatre jours après la suspension de l'hémorrhagie.

Dans l'hémorrhagie qui reconnaît pour cause le contact immédiat d'une substance âcre et caustique introduite dans le nez par le maréchal, injectez en quantité de la décoction de fleurs de mauve édulcorées avec du miel.

Mais quant à celle qui est due à un ulcère à la membrane pituitaire, employez l'injection décrite au mot CHANCRE, et consultez l'article MORVE. (R.)

HÉMORRHAGIE DE LA SÈVE. On donne ce nom à l'affluence dans les arbres de la sève vers un point, et à sa sortie par une plaie. *Voyez* SÈVE. (B.)

HÉPATIQUE. Nom spécifique d'une ANÉMONE. *Voyez* ce mot.

HÉPATIQUE, *Marchantia.* Genre de plantes de la cryptogamie et de la famille des algues, qui renferme une douzaine d'espèces, dont une est dans le cas d'être citée ici, parce qu'elle nuit quelquefois beaucoup aux semis des arbres et arbustes qui exigent l'exposition du nord, la terre de bruyère, et plus d'une année pour leur germination.

Cette espèce est l'HÉPATIQUE ÉTOILÉE, *marchantia polymorpha*, Lin., plus connue sous le nom d'*hépatique des fontaines*, parce qu'on la trouve fréquemment autour des fontaines. C'est une expansion arrondie, membraneuse, d'un vert foncé, irrégulièrement lobée en ses bords, qui s'applique exactement sur le terrain, et acquiert avec le temps quelquefois plus d'un demi-pied de diamètre.

Cette plante se multiplie avec tant de rapidité, que, lorsque le sol et l'exposition lui conviennent, elle couvre en une année une planche entière de semis, et oppose, par la ténacité de ses expansions, un obstacle invincible à la levée des graines. Un jardinier soigneux ne doit donc pas souffrir qu'elle se propage sur les planches de semis, et en général dans aucune partie de son jardin; et en conséquence il la fera sarcler deux ou trois fois l'année, sur-tout à la fin de l'hiver, en recommandant à ses ouvriers de n'en laisser aucune portion, quelque petite qu'elle soit; car cette portion suffit pour reproduire le pied et fournir, à la fin de l'été, une quantité de graines prodigieuse.

On regarde l'*hépatique étoilée* comme incisive, détersive, vulnéraire et excellente dans les maladies du foie, d'où lui est venu le nom d'hépatique : sa saveur est âcre et astringente. (B.)

HÉPATIQUE BLANCHE. On donne ce nom à la PARNASSIE.

HÉPATITE. Inflammation du FOIE dans les animaux domestiques.

Il est presque toujours impossible d'indiquer la cause de cette maladie, qu'on confond ordinairement dans les commencemens avec la FLUXION DE POITRINE. On ne la reconnaît que lorsque le tour des yeux, les lèvres, l'intérieur du nez, etc., deviennent jaunes.

Affaiblir l'animal par des saignées, par une diète sévère, des boissons amères et laxatives, sont les moyens que le vétérinaire doit employer contre l'hépatite.

Les symptômes s'aggravant, il convient de faire usage des plus puissans moyens, tels que la poudre de gentiane, d'aunée, les infusions aromatiques, etc. *Voyez* JAUNISSE. (B.)

HÉPIALE, *Hepialus*. Genre d'insectes de l'ordre des lépidoptères, fort voisin des BOMBICES (*voyez* ce mot), qui intéresse les cultivateurs, parce que les chenilles des espèces qui le composent, espèces au nombre d'environ une douzaine, vivent aux dépens des racines des plantes, et que l'une d'elles cause souvent de grands dommages à ceux qui spéculent sur le HOUBLON. *Voyez* ce mot.

Cette espèce, la seule que je mentionnerai ici, présente une différence remarquable entre le mâle et la femelle. Le premier a les ailes supérieures blanches en dessus, et la seconde les a jaunes ornées de lignes rouges. Toutes deux ont le corps jaunâtre et plus de 2 pouces de long. Sa chenille a seize pattes et le corps presque lisse. Elle vit aux dépens des racines du houblon. Elle se transforme en nymphe dans la terre, au mi-

lieu du printemps, et sort sous l'état d'insecte parfait vers la
fin de cette saison, à l'effet de quoi la chrysalide sort de terre
à moitié et reste ainsi exposée à l'air pendant plusieurs jours.

Ce sont principalement les grosses racines du houblon, celles
qui servent de pivot, que les chenilles attaquent ; ce qui fait
mourir cette plante ou au moins la fait languir. Ces chenilles
agissent positivement, comme les larves des hannetons, sur la
plupart des plantes et des arbres. On doit donc, dès qu'on
s'aperçoit qu'une tige souffre, soit au jaune de ses feuilles,
soit à leur fanage, fouiller le pied avec une bêche et rechercher la chenille, qui, ayant près de 2 pouces de long, est très-
perceptible. On doit aussi, toutes les fois qu'on laboure la
houblonnière, veiller attentivement aux chenilles qu'on amène
au jour et les écraser. Un cultivateur vigilant se promènera
fréquemment à la fin du printemps dans sa houblonnière pour
tâcher de découvrir les nymphes qui sont saillantes sur le sol,
ainsi que je l'ai dit plus haut, et les tuer. Quelques jours plus
tard, ce sera aux insectes parfaits qu'il fera la chasse : il les
trouvera le jour collés aux perches qui servent de support au
houblon, et le soir volant pour chercher à s'accoupler. Comme
leur vol est lourd, il pourra, ainsi que je l'ai expérimenté,
en prendre beaucoup avec un petit sac, attaché sur un cercle
de fer de 8 à 10 pouces de diamètre, lequel cercle sera fixé
à un manche de 2 ou 3 pieds de long. Ces moyens sont mi-
nutieux, il est vrai, difficiles peut-être à exécuter par un
simple cultivateur ; cependant il faut bien les employer faute
d'autres. Ce sont les enfans qu'on en doit charger ; une ou deux
leçons et une gratification pour chaque insecte produiront
tous les effets désirables. *Voyez* Cossus. (B.)

HEPTANDRIE. C'est le nom que Linnæus a donné à la
classe de son Système, qui renferme les plantes à sept étamines.
Voyez au mot Botanique et au mot Plante. (B.)

HERBACÉ. On dit qu'un fruit, un légume ont un goût herbacé, lorsque leur saveur peut se comparer à celle des herbes
de la famille des Graminées. *Voyez* ce mot.

Une plante herbacée est celle dont la tige n'est pas ligneuse.
Voyez au mot Plante, où la différence entre les herbes et les
arbres sera développée. (B.)

HERBAGE. Ce mot s'applique ou à un terrain réservé en
prairie pour y faire paître les bestiaux pendant toute l'année,
ou à un terrain en friche sur lequel tout propriétaire de bestiaux a droit de les envoyer. En jurisprudence, il avait encore
d'autres acceptions que le nouveau Code civil a fait disparaître.
Dans quelques endroits, il signifie aussi les légumes dont on
mange les feuilles, tels que l'oseille, l'épinard, même quelquefois toutes les plantes cultivées pour la nourriture ; car on

dit : ce jardin produit de bons herbages. *Voyez* les mots Prairie, Paturage, Légume, Jardin.

Le mot herbage est principalement employé dans les cantons où on fait de nombreux élèves en bestiaux, où on engraisse les bœufs, où on fabrique beaucoup de fromages.

Dans la ci-devant Normandie, dans la Nord-Hollande, etc., ce sont des prairies extrêmement fertiles qui fournissent une surabondance de nourriture aux chevaux, aux bœufs et aux vaches, auxquels on en abandonne successivement toutes les parties pour y pâturer jour et nuit en liberté. Presque toujours ils sont enclos de haies ou de larges fossés pleins d'eau. Aussi quelle grosseur, aussi quel embonpoint dans ces animaux ! Quelle abondance de lait donnent leurs femelles ! Plusieurs de ces herbages restent toujours en prairies. Seulement on répand de temps en temps sur leur surface du fumier bien consommé, ou mieux, de la terre végétale, pour relever leur force végétative. La plupart se mettent en culture réglée de céréales et autres articles pendant quelques années, intervalle dans lequel on les fume à outrance, et ensuite sont restitués à leur première destination. Cette dernière méthode est plus conforme aux principes et doit donner des résultats bien plus avantageux. *Voyez* aux mots Assolement et Prairie.

L'engrais à l'herbe est meilleur et plus économique en apparence que celui à l'étable ; cependant ce dernier pouvant être accéléré par les moyens indiqués à son article, il devient bien plus profitable en définitif : aussi les herbagers de la ci-devant Normandie, qui payent un énorme loyer, se plaignent-ils de la concurrence.

Les herbages marécageux ne valent rien ; mais ceux qui sont humides ou susceptibles d'être arrosés sont fort estimés. Comme les bœufs refusent l'herbe inférieure en qualité à mesure qu'ils deviennent plus gras, on la coupe pour en faire du foin qu'on appelle Rebut ou Relaisse. (*Voyez* ces mots.) On a remarqué que la fiente des bœufs ne nuisait pas aux herbages, mais bien celle des chevaux ; c'est pourquoi les propriétaires spécifient dans leurs baux la quantité de ceux qui y seront mis au pâturage. Tel de ces herbages est loué 200 fr. l'arpent en Normandie.

Heureux sont les pays où il se trouve naturellement de tels herbages ! Ils ne sont pas fréquens ces pays ; mais par-tout, avec quelques avances, des connaissances et de la persévérance, on peut, jusqu'à un certain point, n'avoir rien à leur envier, en établissant des prairies artificielles appropriées à la nature du sol, en semant force plantes annuelles à tiges ou à racines propres à la nourriture des bestiaux, etc., etc. *Voyez* aux mots Prairie, Pois, Vesce, Gesse, Sainfoin, Luzerne, Trèfle,

Rave, Carotte, Panais, Bette, Pomme de terre, Topinambour, etc.

Dans les Alpes, les Pyrénées, le Cantal, le Jura, les Vosges, etc., on appelle herbage le sommet des montagnes où il fait trop froid pour les arbres et pour toute espèce de culture, mais où, pendant les trois ou quatre mois où ces sommets sont sans neige, il pousse, fleurit et grène une incroyable quantité de plantes qui forment un excellent pâturage. Là donc on conduit sur ces sommets, pendant leur court été, de nombreux troupeaux de vaches, qui fournissent un lait presque aussi abondant et de bien meilleure qualité que celui des gras herbages précités. C'est avec ce lait qu'on fabrique ces excellens fromages appelés de Gruyère, du nom de la petite ville de Suisse qui les a d'abord mis dans le commerce; qu'on fabrique ceux du Cantal et autres qui pourraient être aussi bons si on le voulait.

Les herbages des hauts sommets ne demandent aucun soin de la part de leurs propriétaires. Au plus, est-on dans le cas de les débarrasser des pierres qui, au dégel, se sont détachées des rochers supérieurs, et c'est ce que font les gardiens de ces vaches, qui passent presque toute la saison dans ces solitudes, uniquement occupés de les surveiller, de les traire et de faire subir à leur lait les préparations qui doivent le transformer en Fromage. *Voyez* ce mot.

Quant aux portions de terrain abandonnées aux bestiaux dans les montagnes moins élevées et dans les plaines, on les appelle pâturages. Leurs différentes sortes se distinguent par des épithètes. *Voyez* aux mots Paturage, Marais, Lande, etc. (B.)

HERBE. Les agriculteurs donnent ce nom aux plantes annuelles, bisannuelles ou vivaces, dont la tige n'est point ligneuse, et plus particulièrement à celles de ces plantes qui servent à la nourriture des bestiaux, par conséquent encore plus particulièrement aux Graminées. *Voyez* ce mot.

Les herbes qui croissent naturellement dans les champs, les vignes, les jardins, et qui nuisent aux cultures par quelque cause que ce soit, sont généralement appelées *mauvaises herbes*. On cherche à les détruire par des sarclages, des binages, des labours répétés, et on ne réussit pas toujours, parce que plusieurs de ces herbes, telles que le chiendent, se multiplient avec la plus grande facilité, par le déchirement de leurs racines; que d'autres, telles que les chardons, envoient leurs graines au loin sur l'aile des vents; que d'autres, telles que la moutarde, ont des graines qui, lorsqu'elles sont profondément enfouies, peuvent se conserver plusieurs années en état de germination, et germent en effet lorsque les labours les ramènent

à la surface ; que d'autres enfin , telles que le seneçon, fruc-
tifient pendant presque toute l'année.

La qualification de mauvaise, donnée à ces herbes, est elle-
même mauvaise lorsqu'on la prend dans une acception générale ; car toutes donnent à la terre, par leur décomposition ,
des principes qui ensuite tournent au profit des objets de la
culture ; mais, malgré cela, il est de l'essence de toute bonne
culture de les détruire, car elles nuisent aux plantes cultivées ,
au moins par leur ombre, et on sait combien l'influence de
la lumière est grande sur la végétation.

Les Sarclages (*voyez* ce mot) dont on fait usage le plus communément en France sont bons pour les jardins ; mais ils doivent être évités dans la grande culture, par les causes citées
plus haut, et par la grande dépense et les grands dégâts qu'ils
occasionnent. Les agriculteurs anglais et flamands les pratiquent rarement , et cependant leurs champs sont toujours ex-
trêment *propres*, c'est le mot technique : cela tient, 1°. au soin
qu'ils prennent de ne semer que des graines de choix et bien
nettoyées ; 2°. à la perfection de leur assolement. En effet ,
l'expérience prouve que les plantes annuelles les plus communes dans les champs ne peuvent végéter dans les terres qui
ne sont pas labourées, et que les plantes vivaces de la même
catégorie sont tuées par les binages d'été, ou étouffées par des
plantes plus grandes ou plus feuillues. Ainsi, en transformant
un champ en prairie artificielle, on est sûr de faire disparaître
la plupart des premières et même quelques-unes des secondes ,
telles que le chardon des champs , telles que l'hièble, etc. ;
ainsi , en cultivant du maïs, des pommes de terre, des fèves,
des haricots et autres plantes qui demandent plusieurs binages
d'été , ou en semant de la vesce, des pois et autres plantes qui
étouffent tout ce qui veut croître sous elles, on se débarrasse
des secondes et de plusieurs des premières. Le chiendent, cette
peste de l'agriculture, disparaît dans ces deux cas pour plusieurs
années ; une bonne luzerne n'en montre pas , et une mauvaise
en est presque toujours infestée par la même cause.

Lorsqu'on veut débarrasser un terrain de ses mauvaises
herbes par le sarclage , il faut toujours le faire avant leur
floraison, afin d'être assuré qu'aucune de ces herbes n'aura
donné de graines.

On sarcle aussi les prairies pour les débarrasser des popu-
lages, des berces, des salicaires, des renoncules, des
plantains et autres plantes que les bestiaux ne mangent point,
et qui , par conséquent , nuisent à ces prairies, soit par leur
grandeur , soit par leur mauvaise qualité.

Lorsqu'on coupe très-bas les blés et autres céréales , on introduit dans les gerbes une quantité de mauvaises herbes, qu'il faut laisser se dessécher complétement à l'air si on veut éviter qu'elles portent dans les gerbes un principe de fermentation, qui altérera la paille ou même le grain.

Les blés destinés aux semis doivent être coupés haut, au risque de perdre une partie de leur paille, afin que les mauvaises herbes qui ont cru à leur pied ne portent pas leurs graines dans ces semis. On peut, lorsque ces herbes sont abondantes, les faucher une quinzaine de jours plus tard, si on ne préfère les faire paître sur place, et en tirer ainsi un fourrage dont les vaches, les bœufs et les moutons, se contentent ordinairement.

Outre l'importance de sarcler les fromens et autres céréales par les considérations ci-dessus, il en est une peu observée par les cultivateurs, c'est que, lorsque ces fromens ou autres céréales versent, les mauvaises herbes les dominent, et par l'humidité qu'elles portent sur les épis, déterminent ou la pourriture ou la germination des grains, selon l'époque où le versement a eu lieu. *Voyez* FROMENT.

Chaque espèce d'herbe demandant une nature particulière de terre, ce ne sont pas par-tout les mêmes qui infestent les champs. Le ROSEAU DES SABLES ne prospère pas dans un sol argileux, et la JACOBÉE dans un sol sablonneux. *V.* ces mots.

Comme, pour les botanistes, le mot herbe est un des synonimes de celui de PLANTE, je renverrai à ce dernier mot toutes les considérations physiologiques et botaniques qui pourraient appartenir à celui-ci. (B.)

HERBE AUX ANES. C'est l'ONAGRE.

HERBE AUX AULX. *Voyez* au mot ALLIAIRE.

HERBE AUX CHARPENTIERS. C'est l'ACHILLÉE MILLEFEUILLE et le VÉLAR COMMUN.

HERBE AUX CHATS. *Voyez* CHATAIRE.

HERBE AUX CUILLERS, ou *Cochlearia. Voyez* CRANSON.

HERBE AUX ECUS. C'est la NUMMULAIRE.

HERBE A COUTEAU. Nom de l'IVRAIE aux environs de Boulogne.

HERBE A DEUX BOUTS. C'est, aux environs de Boulogne, le FROMENT RAMPANT OU CHIENDENT.

HERBE A L'ESQUINANCIE. *Voyez* ASPÉRULE RUBÉOLE.

HERBE A ÉTERNUER. *Voyez* ACHILLÉE STERNUTATOIRE.

HERBE AUX GUEUX. C'est la CLÉMATITE.

HERBE AUX HÉMORRHOIDES. *Voyez* aux mots FICAIRE et CHARDON.

HERBE A LA HOUETTE. *Voyez* ASCLÉPIADE DE SYRIE.

HERBE A JAUNIR. C'est la GAUDE.

HERBE AU PAUVRE HOMME. C'est la GRATIOLE.

HERBE AUX PERLES. C'est le GRÉMIL.

HERBE AUX POUX. *Voyez* DAUPHINELLE STAPHISAIGRE.

HERBE AUX PUCES. Espèce de PLANTAIN.

HERBE A ROBERT. *Voyez* au mot GÉRANION.

HERBE ROUGE. *Voyez* MÉLAMPYRE DES CHAMPS.

HERBE DE SAINT-ANTOINE. C'est, dans quelques lieux, l'ÉPILOBE A ÉPI, et dans quelques autres, l'HELLÉBORE FÉTIDE.

HERBE DE SAINTE-BARBE. C'est la ROQUETTE BAR-BARÉE.

HERBE DE SAINT-ÉTIENNE. *Voyez* CIRCÉE.

HERBE DE SAINT-JEAN. Une espèce d'ARMOISE et la TOURRETTE portent ce nom. (B.)

HERBE DU SIÉGE. *Voyez* SCROPHULAIRE.

HERBE AUX VERRUES. *Voyez* HÉLIOTROPE.

HERBE AUX VERS. C'est la TANAISIE.

HERBE AUX VIPÈRES. C'est la VIPÉRINE.

HERBE A VACHE. C'est le TRÈFLE CULTIVÉ et le TRÈFLE FLEXUEUX. (B.)

HERBE DE GUINÉE. Graminée d'Afrique qu'on cultive dans les Antilles pour fourrage. C'est le PANIC TRÈS-ÉLEVÉ de Linnæus. *Voyez* ce mot.

Il paraît cependant que le même nom s'applique à plusieurs espèces du même genre. (B.)

HERBES DES MARAIS. Nom qui se donne généralement aux plantes qui croissent dans les MARAIS (*voyez* ce mot), et que les bestiaux refusent de manger comme trop dures, trop peu nutritives, trop peu savoureuses, ayant même un mauvais goût (plusieurs sont des poisons).

Ces plantes, coupées à la fin de l'été, donnent un foin abondant qu'on emploie utilement pour LITIÈRE (*voyez* ce mot), et fournissent un fumier bien meilleur que celui de paille, en ce qu'il contient beaucoup plus de CARBONNE. *Voyez* ce mot.

Les cultivateurs laissent rarement perdre ces herbes lorsqu'elles sont en grande quantité; mais ils les dédaignent généralement dans le cas contraire. Leur intérêt est cependant le même dans les deux cas. *Voyez* ENGRAIS. (B.)

HERBE D'AMOUR. Nom que quelques personnes donnent au RÉSÉDA ODORANT.

HERBE FOIREUSE. C'est, aux environs de Boulogne, le SENEÇON COMMUN. (B.)

HERBE ENDOVOISE. Aux environs de Boulogne, c'est l'ACHILLÉE MILLEFEUILLE.

HERBIER. Les botanistes nomment ainsi la collection des

plantes qu'ils dessèchent en les aplatissant entre des feuilles de papier gris.

La formation d'un herbier est nécessaire à tous ceux qui veulent se consacrer à l'étude des plantes, soit indigènes, soit exotiques, soit des unes et des autres en même temps, parce que ces plantes croissant souvent à des distances fort considérables, fleurissant à des époques très-différentes, il devient impossible de les comparer vivantes les unes avec les autres au même moment, et que leur comparaison est la principale base de la science qui les a pour objet. *Voyez* BOTANIQUE.

Tout cultivateur, pour bien remplir son objet, doit être plus ou moins instruit en botanique ; celui qui dédaigne les connaissances qu'elle donne se met nécessairement dans une situation moins avantageuse que celui qui les possède, soit pour choisir les plantes qu'il doit préférer, soit pour écarter celles qui pourraient lui nuire. Le laboureur peut se contenter d'étudier celles qui croissent dans le canton où il est fixé ; mais le jardinier, encore plus le pépiniériste, doit apprendre à connaître toutes celles qu'on cultive ou qu'on peut cultiver dans les jardins, les orangeries, les serres chaudes, c'est-à-dire la presque totalité de celles qui existent, c'est-à-dire plus de trente mille.

Un herbier, outre la facilité de la comparaison et de l'étude à toutes les époques de l'année, a encore l'avantage de suppléer au manque de mémoire : en effet, il suffit de l'ouvrir pour trouver le nom (ou les noms) oublié de la plante qu'on a sous les yeux, et pouvoir par conséquent recourir ensuite aux ouvrages qui en ont traité.

Je conseillerai donc à tous les cultivateurs de former un herbier, et c'est pour leur en indiquer les moyens que je vais entrer dans quelques détails sur les précautions à prendre pour y parvenir.

Comme les caractères des plantes sont toujours tirés des fleurs et du fruit, il faut nécessairement cueillir les plantes lorsqu'elles sont pourvues de ces deux parties, ou prendre deux *échantillons* de ces plantes (c'est le nom qu'on donne aux plantes ou portions de plantes destinées à être desséchées ou qui sont desséchées pour l'étude). Le plus souvent il vaut mieux prendre ce dernier parti, parce que plusieurs plantes ne développent tous les caractères tirés de leur fruit qu'au moment de leur maturité, et que la plupart changent d'aspect à cette époque. On les coupe après la chute de la rosée, lorsque toutes les fleurs sont épanouies, en choisissant les pieds ou portions de pieds qui sont dans leur état le plus naturel, c'est-à-dire qui ne sont ni trop chétifs, ni trop exubérans, qui n'offrent aucune lésion, ni aucune monstruosité. Lorsque la plante est petite, on l'enlève avec ses racines; lorsqu'elle est plus grande, on se contente de la tige et même d'un rameau.

Quand les plantes sont dans un jardin ou à peu de distance de la maison, on peut les apprêter sur-le-champ; mais quand on est éloigné, qu'on fait ce qu'on appelle une herborisation, c'est-à-dire une promenade de plusieurs heures consécutives, dans l'intention d'en recueillir beaucoup, il faut les mettre provisoirement, sans les entasser, dans des boîtes de fer-blanc d'un pied et demi de long, où elles se conservent fraîches pendant plusieurs jours, et ce, parce que, dès qu'elles sont fanées, elles se préparent plus difficilement et jamais aussi bien.

Les échantillons, apportés dans la chambre, sont placés chacun entre deux feuilles de papier gris non collé (le plus grand est le meilleur), avec l'attention d'étendre leurs feuilles, et sur-tout leurs fleurs, de manière que, sans trop les éloigner de leur position naturelle, on puisse juger facilement de leur forme lorsqu'elles seront desséchées. On place trois ou quatre feuilles vides sur celles qui contiennent la plante; puis on ajoute une nouvelle plante, de nouvelles feuilles de papier vides, et ainsi de suite, jusqu'à ce qu'on ait épuisé toutes les plantes, ou qu'on soit arrivé à une hauteur d'environ un pied : alors on place le tout sous une presse, ou mieux, sous une planche chargée d'une cinquantaine de livres de poids. Là, les plantes s'aplatissent, transmettent la surabondance de leur humidité au papier, et se dessèchent lentement, en conservant la plus grande partie des caractères propres à les faire reconnaître. D'abord, on ôte tous les jours les feuilles de papier vides, pour en mettre de nouvelles, c'est-à-dire de sèches; ensuite, selon les progrès de la dessiccation, tous les deux jours, tous les trois jours, toutes les semaines, etc.

A chaque plante doit être jointe une étiquette en papier blanc, contenant son nom, l'indication du lieu où elle a été trouvée, et toutes les observations qu'on juge convenables.

Il ne faut jamais mettre de plantes fraîches sur une pile de plantes en parties desséchées, parce qu'elles retardent la dessiccation complète de ces dernières. On en fait des piles séparées.

Certaines plantes se dessèchent très-rapidement, d'autres très-lentement. Il en est, comme celles appelées grasses, dont il est nécessaire d'enlever la pulpe, ou qu'on ne peut dessécher que par le moyen du feu.

Les plantes, desséchées et nommées, se rangent ensuite dans un ordre méthodique et se conservent en paquets dans un lieu sec : c'est l'herbier. Chaque année on y intercale les espèces nouvelles qu'on s'est procurées.

Deux espèces d'insectes attaquent et détruisent, sous l'état de larves, les plantes des herbiers : ce sont l'*anthrène des cabinets*, et le *ptine voleur*. On ne peut arrêter leurs ravages qu'en visitant deux ou trois fois l'an les plantes une à une , et en les tuant un à un. (B.)

HERBODELI. C'est la cuscute dans le midi de la France. (B.)

HERBOUTEI. C'est celui qui arrache les mauvaises herbes dans le département des Deux-Sèvres.

HERBUE. Terre végétale, pourvue des racines et des feuilles des plantes qui y ont cru, qu'on lève dans les pays de vignes , dans les pâturages, sur le bord des chemins, pour améliorer le sol de ces vignes.

Il y a des objections graves à faire sur la levée des herbues ; mais elles sont souvent si avantageuses qu'il n'est pas possible de s'y refuser. J'ai développé leurs avantages et leurs inconvéniens, aux mots Vigne et Lande.

Ce mot s'applique aussi, dans le département de la Haute-Marne, à des terres légères, peu profondes, peu fertiles, qui ne sont bonnes qu'à faire l'herbue, et qu'on laisse ordinairement en pâturage.

Les terres argileuses, très-humides et infertiles, s'appellent *herbue froide* dans le même département. (B.)

HÉRISSON. Quadrupède de l'ancien continent, remarquable par les épines dont toute la partie supérieure de son corps est hérissée, et par sa propriété de se mettre en boule et de se défendre par ce seul moyen des attaques de ses ennemis, hors l'homme qui est du nombre, quoiqu'il fût de son intérêt de protéger sa vie en tous temps et en tous lieux, comme je le ferai connaître plus bas.

La forme générale du hérisson est un oval de 9 à 10 pouces de long, aplati en dessous et bombé en dessus. Il a le museau pointu, les yeux petits et à fleur de tête ; les oreilles larges, les jambes courtes à doigts onguiculés ; la queue petite.

La couleur générale des hérissons est un brun mêlé de gris et de jaunâtre.

C'est au printemps que les hérissons entrent en amour, et au commencement de l'été qu'ils mettent bas leurs petits, au nombre d'une demi-douzaine , terme moyen. Ils sont généralement rares, et le paraissent encore plus, parce qu'ils ne sortent que la nuit et sont excessivement craintifs. On les trouve sur la lisière des bois, dans les haies, dans les trous des rochers, au milieu des tas de pierres, sous les racines des arbres creux. Ils ne cherchent ni à mordre ni à griffer ; leur seule défense, comme je l'ai déjà observé, est de se mettre en boule et de lâcher leur urine, qui est fétide.

Mal à propos il a été dit que les hérissons mangeaient des végétaux, sur-tout des fruits, l'observation de tous les temps constate qu'ils sont carnivores. M. le Grand de Saint-Romain vient d'assurer de nouveau dans un mémoire inséré parmi ceux de la Société d'agriculture de Versailles (année 1817), qu'ils détruisent les taupes, les rats, les mulots, les escargots, les limaces, les vers de terre, les larves de hanneton, et en général tous les insectes ; les cantharides mêmes sont pour eux un aliment. D'après cela, on doit croire qu'il est très-avantageux d'en introduire dans les jardins clos de murs, où ils se croient en liberté ; c'est ce qu'on pratique dans beaucoup de lieux, ce que je voudrais qu'on pratiquât par-tout.

La destruction des hérissons, à laquelle on ne met malheureusement point de bornes, n'a aucun motif, car leur chair est mauvaise et leur peau ne sert à rien. Je sollicite en leur faveur, à raison des services qu'ils rendent à l'agriculture, la protection des pères de famille contre leurs enfans, qui les tuent pour le seul plaisir de faire acte de puissance. (B.)

HÉRISSON. On appelle ainsi, dans le département de l'Oise, un rouleau garni de chevilles, qui sert à écraser les mottes dans les champs labourés pour être ensemencés en froment. *Voyez* Rouleau. (B.)

HERMAPHRODITE. C'est-à-dire qui réunit les deux sexes.

La majeure partie des plantes est hermaphrodite. Quelques animaux de la classe des vers le sont également.

Il n'y a pas encore eu d'exemples, quoiqu'on en ait cité des milliers, d'un hermaphroditisme complet dans les autres classes du règne animal.

Le cultivateur n'a besoin de connaître que l'hermaphroditisme des plantes, et il en sera question aux mots Fleur et Plante (B).

HERMES. Ancien nom des terres vagues ou non cultivées de mémoire d'homme. Ce mot, que je sache, n'est plus employé.

HERNIE. Médecine vétérinaire. Si les muscles du bas-ventre n'offrent pas, dans toute leur étendue, une résistance assez forte pour s'opposer aux efforts violens et continuels des intestins du cheval et du bœuf ; si l'effort des parties contenues l'emporte sur la résistance des parties contenantes, il existera extérieurement une éminence dont les parties contenues rentreront dans la capacité de l'abdomen, et à laquelle nous donnons le nom de *hernie* ou de *descente*.

Nous rangeons parmi les principes ordinaires des *hernies* les coups, les blessures qui intéressent les tégumens et les muscles du bas-ventre, un effort violent que le bœuf ou le cheval aura fait pour tirer ou porter un fardeau considérable, etc.

Les hernies ont différens noms relativement aux lieux qu'elles occupent, ainsi qu'on l'a vu ci-dessus. On sait que le péritoine tapisse toute la face interne des muscles du bas-ventre, et que cette membrane donne des prolongemens composés de ces deux tuniques ou seulement du tissu cellulaire : c'est dans ces derniers prolongemens que le péritoine, plus faible, se prête et se prolonge pour laisser passer les parties contenues hors de l'abdomen, et pour former à l'extérieur, sur l'anneau du muscle grand oblique, ou dans les bourses, ou au-dessous de l'arcade crurale, une tumeur plus ou moins considérable, que la mollesse, la chaleur et la situation font distinguer essentiellement de la tuméfaction des glandes inguinales.

Dans la hernie crurale et dans la hernie spermatique, on ne sent ni chaleur, ni pulsation, ni dureté ; au contraire, la tumeur est unie, flatueuse et élastique : l'épiploon se trouve-t-il engagé avec la portion de l'intestin déplacé, ce qu'on nomme *entéro-épiplocèle*, la tumeur est molle ; l'épiploon est-il seul renfermé dans le sac herniaire, ce qu'on appelle *épiplocèle*, la tumeur est également molle, mais sans flatuosité ni élasticité.

La violente contraction des muscles du bas-ventre et du diaphragme est la cause la plus fréquente de la hernie crurale. Elle est caractérisée par la sortie d'une partie des intestins hors du bassin, par-dessus le ligament de *Poupart*, c'est-à-dire par-dessus un ligament formé des fibres tendineuses des muscles du bas-ventre, qui s'étendent depuis les os iléons jusqu'aux os pubis.

Aussitôt que la hernie commence à paraître, faites vos efforts pour faire rentrer dans la capacité de l'abdomen les parties déplacées : pour cela, renversez le cheval sur le dos, repoussez doucement l'intestin avec les doigts, pour le déterminer à rentrer dans le sac herniaire. Si vous ne pouvez point réussir de cette manière, ouvrez les tégumens avec le bistouri, afin de faciliter la rentrée de l'intestin, et faites tout de suite un point de suture avec ligament. M. Lafosse assure avoir vu plusieurs exemples de cette hernie, et avoir pratiqué le moyen que j'indique ; mais il avoue qu'il ne lui a pas toujours réussi. On doit bien comprendre qu'il n'est utile de pratiquer cette opération que dans le cheval : le bœuf et le mouton doivent être sur-le-champ conduits à la boucherie.

La hernie ventrale, qui affecte assez fréquemment le bœuf et le cheval, provient, pour l'ordinaire, d'un coup donné au ventre par une bête à corne, ou par le bout du bâton du bouvier ; elle se manifeste sur la face extérieure de l'abdomen, par une tumeur élastique, flatueuse, circonscrite, indolente, sans chaleur et sans pulsation.

Lorsque la hernie n'est accompagnée ni d'inflammation ni d'étranglement, et qu'elle peut aisément se réduire, soutenez seulement l'intestin par le moyen d'un bandage assez fort, dont vous environnerez le ventre et le dos. M. Vitet a vu l'application de la pelote, continuée pendant quelques mois, faire disparaître une hernie ventrale commençante.

Mais si l'inflammation gagne l'intestin déplacé, après avoir éprouvé l'insuffisance de tous les remèdes analogues, pratiquez l'opération ci-dessus décrite, pour le cheval seulement, quelque incertain qu'en soit le succès, étant fondé sur ce principe qu'il vaut mieux tenter un remède douteux que de laisser périr l'animal.

Une tumeur à l'ombilic est ce que nous nommons EXOMPHALE : il est rare que les chevaux qui en sont atteints puissent être de quelque service. *Voyez* MÉDECINE VÉTÉRINAIRE, 3e. classe, 2e. section.

Les autres espèces de hernies sont rares dans les animaux. (R.)

HERPE. Sorte de CRIBLE à trémie et en plan incliné, dont on se sert dans le département des Deux-Sèvres.

HERSAGE. C'est l'emploi de la HERSE. *Voyez* ce mot.

Le but du hersage et ses principes ne diffèrent pas de ceux du RATISSAGE avec un RATEAU. *Voyez* ces mots.

On herse le plus communément seulement après qu'on a répandu la semence, et ce dans l'intention 1°. de la recouvrir ; 2°. de la disperser plus également ; 3°. de briser les mottes que le labour a laissées dans le champ ; 4°. d'unir le plus possible la surface du champ.

Mais il est des cas où on herse après le labour et après le semis, et même après la levée des semences.

Les graines, comme on peut le voir au mot SEMIS, ont besoin d'être plus ou moins enterrées, selon leur plus ou moins de grosseur, et selon la nature de la terre où on les place. Le hersage doit donc être plus ou moins profond, plus ou moins répété. Une herse de fer très-pesante et chargée de lourdes pierres est donc préférable dans quelques cas ; une herse de bois fort légère, ou même la réunion de quelques rameaux d'épine suffit donc dans quelques autres.

On herse avec un, deux ou un plus grand nombre de chevaux ou de bœufs, selon qu'on veut que le hersage soit profond, selon que la terre est compacte, chargée d'un plus grand nombre de mottes ou de mottes plus dures, etc.

Tantôt le hersage se fait dans le sens des sillons, tantôt il leur est perpendiculaire, tantôt il les coupe obliquement ; très-souvent on en fait deux qui se croisent.

Développer les cas où il est préférable de procéder de telle ou telle manière est ici superflu, puisqu'il en est question aux articles de chacune des cultures, et qu'on doit se déterminer selon l'état de la terre, celui de l'atmosphère, etc.; ce qui occasionne des variations sans fin dans le mode du hersage, non-seulement dans chaque pays, mais même dans le même pays.

Généralement on doit herser plutôt avec lenteur qu'avec rapidité; mais il est des circonstances, sur-tout lorsqu'on recouvre des graines fines et que le terrain est léger, où il ne faut pour ainsi dire que faire effleurer la terre à la herse.

Une terre trop humectée comme une terre trop desséchée sont nuisibles au succès d'un hersage : on doit donc, autant que possible, choisir sous ce rapport un temps ni trop pluvieux ni trop brûlant pour les faire.

Il est des pays où l'on sème avant le labour, et alors le hersage n'a plus pour objet que de briser les mottes et d'unir le champ. N'eût-il que ces deux avantages, il devrait toujours être pratiqué, à raison des inconvéniens qui résultent des inégalités petites ou grandes de la surface des terres ensemencées en plantes annuelles, sur-tout en céréales (*voyez* MOTTE). Que penser donc de ceux qui, dans ces pays, se dispensent de le faire ? *Voyez* SEMER SUR RAIES.

Dans les localités où l'on est dans l'usage de semer sur raies, c'est-à-dire après le dernier labour, on herse souvent deux fois ; savoir, avant et après avoir répandu la semence. C'est principalement pour détruire les mottes et égaliser la surface du sol qu'on agit ainsi ; mais on a aussi pour résultat, sur-tout quand on fait deux hersages croisés, une plus grande égalité dans l'espacement de la semence, les dents de la herse la rejetant sur les points d'intersection des petits sillons qu'elles forment.

Une très-avantageuse manière de modifier l'opération dans ce dernier cas, lorsque la nature du sol le permet, c'est de se contenter de faire le second hersage avec des branches d'épine, parce qu'alors les grains se trouvant presque tous dans les petits sillons, leurs produits offrent des lignes parallèles convenablememt espacées.

Il est deux cas où l'on doit herser après la levée des graines, principalement des graines des céréales : c'est lorsque après avoir semé trop épais, on sent le besoin d'éclaircir le plant, et alors on enfonce fortement ; ou lorsqu'il s'agit seulement d'en rechausser une partie aux dépens de l'autre. Varennes de Fenille envoya aux journaux, peu d'instans avant sa mort, une note qui prouvait, par le fait, la grande utilité de cette dernière pratique, puisque par son moyen il obtint un tiers de plus de récolte sur la moitié d'un même champ.

Quelques cultivateurs, à la tête desquels on doit placer mon collaborateur M. Yvart, se contentent de herser avec une herse de fer plus ou moins forte, plus ou moins lourde, certaines terres qui viennent de donner une récolte, pour y semer des graines de plantes annuelles destinées ou à produire une prairie momentanée, ou à être enterrées à l'époque de leur floraison, même des raves, de la spergule, etc. Cette pratique, qui doit être employée principalement à l'époque des récoltes, où le temps est le plus précieux, est très-expéditive, puisqu'en un jour on peut herser plus de terre qu'on n'en labourerait en quatre; elle est dans le cas d'être suivie par tous ceux qui veulent tirer de leurs terres tout le parti possible. *Voyez* Labour, Prairie momentanée, Récoltes enterrées, Rave, Spergule.

J'ajouterai qu'on lit dans une Instruction de M. Paters, imprimée dans le huitième volume de la seconde série des *Annales d'Agriculture*, que les cultivateurs de l'Amérique septentrionale, qui soumettent toutes leurs opérations à l'analyse la plus rigoureuse, substituent le plus qu'ils peuvent les hersages avec des herses garnies de coutres, aux labours à la charrue, parce qu'ils se font plus vite et suffisent dans un grand nombre de cas.

Dans quelques pays, on emploie une herse à dents fort rapprochées, pour ramasser le foin dans les prairies, pour arracher l'herbe, et principalement la Renouée aviculaire (*voyez* ce mot), qui croît dans le chaume, et le Chaume même (*voyez* ce mot); dans d'autres, on s'en sert pour enlever la Mousse (*voyez* ce mot) qui croît dans les prés.

HERSE. Espèce de châssis triangulaire ou carré, armé de dents de bois ou de fer assez longues, qu'on dispose horizontalement sur la surface d'un sol, et qu'on fait traîner par des chevaux ou par des bœufs, pour émietter un terrain nouvellement labouré, ou pour enterrer le grain qu'on y a semé. Cet instrument doit être considéré comme un grand râteau qui remplace avec avantage dans les grandes cultures le râteau ordinaire dont on fait usage dans les jardins.

La herse triangulaire est composée de deux bras assemblés à mi-bois vers l'une de leurs extrémités, sous un angle de soixante degrés, et écartés par trois traverses. La première traverse a deux chevilles ou dents; la seconde, quatre; la troisième, sept; et chaque bras en a six, ce qui fait en tout vingt-cinq. C'est la moins compliquée des herses, et c'est aussi la meilleure. Dans quelques endroits on fixe la corde qui la tire à l'extrémité de l'un des bras; mais alors si la corde est courte, la tête s'élève, et souvent le premier rang des chevilles touche à peine le sol; cependant il est essentiel que la

herse se promène très-horizontalement. Il vaut beaucoup
mieux fixer la corde à l'angle inférieur formé par le croisement des bras, et même y placer un anneau de fer. On ob-
jectera peut-être que cet anneau et sa boucle seront bientôt
usés par leur frottement contre la terre lorsqu'on ira ou qu'on
reviendra du hersage, parce qu'alors on est obligé de retourner
l'instrument les chevilles en l'air, afin de ne point fatiguer
inutilement les animaux de tirage. Pour éviter cet inconvénient, on peut en ce moment attacher la corde sur le milieu
de la première traverse, et tenir la corde courte. Par cette
disposition, la tête de la herse sera nécessairement relevée
de quelques pouces, et ne portera ni sur la boucle ni sur
l'anneau. D'ailleurs, touchant le sol par moins de points de
contact, il y aura moins de frottement, et les bêtes auront
moins de peine à la traîner. Enfin, la partie de l'anneau qui
pénètre dans le bois peut être retenue de l'autre côté, ou par
un écrou, ou par une broche de fer qui traverse la cheville,
et alors toutes les fois qu'on ira aux champs ou qu'on en reviendra, il suffira de retourner sens dessus dessous l'anneau et
sa boucle, et de les fixer avec l'écrou ou la goupille (1). Quelquefois on attache à l'extrémité postérieure d'un des bras de
la herse triangulaire une autre herse de la même forme,
puis une troisième à l'extrémité de celle-ci. Par ce moyen on
herse à-la-fois une plus grande surface de terrain, ce qui diminue d'autant l'opération, mais aussi fatigue davantage les
animaux.

La herse carrée ordinaire est formée de cinq bras à-peu-
près parallèles entre eux, de deux traverses formant avec ses
bras des angles droits, et d'une tête parallèle aux traverses.
Lorsque cette herse doit être traînée par des chevaux, on place
une corde et un palonnier à l'extrémité du bras extérieur qui
regarde la droite du conducteur. Si ce sont des bœufs qui doivent la tirer, on supprime le palonnier et on prolonge la corde
qu'on fixe à leur joug. Cette herse a vingt-cinq dents, cinq sur
chaque bras (2).

Souvent les herses ne sont pas assez lourdes pour écraser
les mottes de terre : alors on les charge de quelques pier-

---

(1) Les cultivateurs des départemens de l'est de la France placent deux
barres longitudinales sur le dos des herses, pour pouvoir les mener et
ramener plus facilement de l'ouvrage ; ce qui devrait être partout imité.

(Note de M. Bosc.)

(2) Il a été proposé une petite herse triangulaire à dents de fer, munie
de deux manches pour la diriger, à l'effet de biner rapidement les cultures par rangées : c'est le SCARIFICATEUR, le CULTIVATEUR de quelques auteurs.

(Note de M. Bosc.)

7 *

res, ou si le conducteur est assez adroit pour conserver son équilibre au milieu des soubresauts qu'éprouve l'instrument dans sa marche, il monte lui-même dessus et conduit ainsi ses chevaux (1).

En général toute herse doit avoir une longueur et une largeur telles, qu'elle puisse couvrir au moins une surface de 25 à 3o pieds carrés. Les dents doivent être légèrement courbées, et espacées de 5 pouces, sur autant de longueur en saillie; leur partie antérieure doit être tranchante, et pointue à sa base, et la partie postérieure ronde ou carrée. Les herses dont les dents sont en fer présentent plus de solidité et durent plus long-temps que celles qui ont des dents ou chevilles de bois.

Pour construire solidement une herse, on doit choisir du bois très-sec, sans aubier, s'il est possible, et qui ait été coupé au moins depuis deux ans. Avant d'employer ce bois, il est bon de le tenir dans un lieu naturellement sec, et qui soit exposé à un grand courant d'air. Quelque forme qu'on donne à la herse, l'assemblage des pièces doit être fait avec la plus grande précision : autrement elles ballotteront et seront bientôt divisées, séparées et brisées. Si le bois n'est pas bien sec, on aura beau faire entrer des chevilles de bois ou de fer dans les trous qui les attendent, chaque pièce prendra de la retraite, les trous s'élargiront, et les chevilles tomberont l'une après l'autre avant la fin de la journée si la chaleur a été forte. Quand ces chevilles sont en bois, celui qui sert à les faire doit aussi avoir acquis un grand degré de sécheresse. Pour assurer la solidité générale de l'instrument, il est bon d'armer les angles des assemblages avec des bandes de fer, qui s'opposeront à la retraite du bois et à la désunion des parties.

Quelquefois les cultivateurs peu aisés qui ne peuvent pas avoir de herses, ou ceux dont les herses sont momentanément brisées, y suppléent par un assemblage de fagots d'épines attachés à une pièce de bois, et chargés d'une quantité suffisante de pierres pour leur donner une pesanteur convenable. Cette espèce de herse est la plus simple de toutes et la première vraisemblablement qui ait été employée dans l'enfance de l'agriculture; elle est grossière, mais elle suffit à un terrain bien ameubli et qui a été labouré dans un temps convenable, parce qu'il s'y trouve très-peu de mottes. Aucune herse même n'unit aussi parfaitement la superficie de la terre

---

(1) Dans beaucoup de pays, on fait passer une herse retournée sur les terres nouvellement labourées, pour les unir et les plomber avant de les semer; dans d'autres endroits, comme dans la ci-devant Flandre, cette opération précède toujours celle du ROULAGE.　　(*Note de M. Bosc.*)

que celle-ci ; mais comme le frottement brise bientôt les rameaux épineux, et qu'il faut sans cesse les renouveler, on a trouvé qu'il était moins embarrassant et peut-être aussi plus économique de former des herses solides dont on peut faire usage pendant plusieurs années.

Comme tout ce qui presse sur la terre en brise les mottes, on a imaginé, pour remplacer la véritable herse, soit des rouleaux tout unis, soit armés de chevilles ou dents. Ces instrumens aplanissent le sol, mais enterrent assez mal le grain, et ne font point l'office du râteau. *Voyez* l'article BOULEAU.

Dans les pays où les charrues à avant-train et à roues sont en usage, il me semble qu'on pourrait, avec succès, faire usage de roues pour les herses, qui, par ce moyen, glisseraient plus facilement sur le terrain et donneraient moins de peine aux animaux (1). (D.)

M. Trochu a décrit et figuré (vol. II de la 2e. série des *Annales d'Agriculture*) deux herses pesantes, propres à suppléer la charrue dans un grand nombre de cas avec une immense économie de temps et de force. Je renvoie le lecteur à son intéressant mémoire.

Les houes à cheval à plusieurs socs remplissent le même but, lorsque la nature des plantes qu'on veut cultiver exige un labour un peu plus profond et une destruction plus complète des mauvaises herbes. *Voyez* HOUE A CHEVAL.

M. Outier a fait figurer, dans la Relation de son voyage en Laponie, une herse entièrement de fer, qui me paraît dans le cas d'être avantageusement employée en beaucoup de circonstances. Elle est composée d'un palonnier garni en arrière de quatre boulons de fer percés d'un trou à leur extrémité, et de dix morceaux de barre de fer de 8 à 9 pouces de longueur, percés également de trous à leur deux extrémités et armés d'une forte dent recourbée du même côté dans leur milieu. Ces morceaux de barre de fer sont assemblés en quatre rangées ; savoir, de trois, de deux, de trois, de deux, et entre eux et avec le palonier, au moyen de verges de fer qui passent par les trous indiqués. Il est évident que toutes les parties de cette herse étant mobiles dans tous les sens, elle embrassera mieux le terrain chargé de pierres, de taupinières, de mottes, etc., et par conséquent arrachera mieux la mousse des

---

(1) Cette indication a été saisie par la Société d'agriculture de Versailles, qui en a approuvé une de cette sorte, que j'ai vue, mais dont les effets sont tellement avantageux, que les cultivateurs des environs de cette ville s'empressent de se la procurer. (*Note de M. Bosc.*)

prairies, les mauvaises herbes des champs, brisera mieux les mottes sur lesquelles ses dents passeront successivement. *Voyez Pl. III, fig.* 4, du tome *VII.*

Lasteyrie, dans sa Collection de machines employées en agriculture, *pl.* 1 et 2, a figuré neuf sortes de herses, dont il est bon de connaître les avantages et les inconvéniens, au moins par l'énumération qu'il en donne. (B.)

HESPÉRIDÉES. Famille de plantes qui a le genre des ORANGERS pour type.

Outre le genre aussi appelé des citronniers, il comprend ceux OLAX, FISSILIE, XIMENIE, HEISTER, MURRAY, LIMONIER et THÉ. (B.)

HÊTRE, *Fagus.* Arbre de première grandeur, dont on trouve de vastes forêts dans presque toutes les parties de l'Europe, et qu'on ne peut trop multiplier pour l'avantage général de la société. Il présente un tronc droit recouvert d'une écorce épaisse, lisse et grisâtre; une ample tête formée par des rameaux un peu pendans; des feuilles coriaces, alternes, pétiolées, ovales, dentées, luisantes, striées obliquement, d'un vert gai, velues sur leurs nervures dans leur jeunesse, et d'environ 2 pouces de long; des fleurs mâles et des fleurs femelles sur le même pied; des fruits hérissés de pointes molles, et renfermant d'une à trois semences triangulaires, à enveloppe coriace et brune, et à amande huileuse et bonne à manger. Cet arbre forme, dans la monoécie polyandrie et dans la famille des amentacées, un genre qui se rapproche tant de celui des CHATAIGNIERS (*voyez* ce mot), que *Linnæus* et la plupart des autres botanistes l'y ont réuni.

C'est au milieu du printemps, c'est-à-dire au moment où ses feuilles se développent, que fleurit le hêtre. Ses fruits mûrissent et tombent au milieu de l'automne. Il en est quelquefois si chargé que ses branches rompent sous leur poids; mais en général, après une récolte abondante, il est ordinairement deux ou trois ans sans rien ou presque rien produire, soit parce qu'il est épuisé, soit parce que les circonstances atmosphériques qui favorisent sa fécondation se rencontrent rarement.

Le bois du hêtre est cassant et très-susceptible d'être dévoré par les insectes : aussi, quoiqu'il puisse fournir des poutres de près de 100 pieds de long, l'emploie-t-on rarement à la charpente. Il se retrait beaucoup par la dessiccation, d'un quart et plus, selon Varennes de Fenillé. La conséquence en est qu'il se fend et se tourmente beaucoup; il faut donc ne l'employer que très-sec. Il pèse vert 63 livres 4 onces par pied cube, et sec 54 livres 8 onces 3 gros. Sa couleur, lorsqu'il provient d'arbres crus en plaine, tire un peu sur le rouge; mais celui venu sur les montagnes, qui paraissent être le local le plus naturel à cet arbre, est blanchâtre. Ses fibres transverses sont très-prononcées et indiquées dans les pièces travaillées, tantôt par de petites plaques parallélogrammiques plus denses et plus luisantes, tantôt par des lignes ayant les mêmes caractères.

Un moyen très-employé en Angleterre et dans quelques cantons de l'Allemagne pour empêcher le bois du hêtre de se fendre et d'être vermoulu, c'est de le mettre tremper pendant plusieurs mois dans l'eau, parce que la plus grande partie de la matière extractive qu'il contient, et qui par sa ténacité occasionne les fentes, par sa saveur sucrée attire les insectes, se dissout. L'écorcement sur pied produit aussi les mêmes avantages. *Voyez* au mot AUBIER.

Pourquoi donc n'emploie-t-on pas ces moyens en France dans les cantons à hêtres? C'est tantôt l'effet de l'ignorance, tantôt l'effet de la paresse. O mes concitoyens! pour votre avantage particulier, comme pour la gloire nationale, redoublez donc d'efforts pour faire mieux ce que vous faites, profitez des lumières acquises par l'expérience de nos voisins, et surpassez-les enfin : vous avez tant de moyens de supériorité!

Les usages du hêtre, malgré les désavantages que je viens d'énumérer, sont plus étendus que ceux de toutes les autres espèces de bois. On en consomme immensément pour le feu, quoiqu'il se consume rapidement, parce qu'il brûle bien et chauffe beaucoup. Dans ce cas, on préfère le vert au sec : c'est pourquoi on le coupe pendant l'été dans un grand nombre d'endroits. Il fournit beaucoup de cendres abondantes en potasse; son charbon est excellent pour les forges et autres usages. Les grosses pièces s'emploient dans les constructions navales, les charpentes champêtres, dans les travaux sous l'eau, parce qu'il s'y conserve fort bien. Elles se débitent en madriers, en planches plus ou moins épaisses, avec lesquelles les menuisiers, les ébénistes fabriquent des tables communes, des parquets, des lambris, des armoires et autres meubles. Les tourneurs le recherchent pour en faire des vis, des rouleaux, des pilons, des vases de beaucoup d'espèces, des presses, des soufflets, etc. Divers autres ouvriers en font des sabots, des bâts, des jougs, des ételles pour les colliers des chevaux, des jantes de roues, des socs de charrue, des affûts de canon, des rames, etc., etc. Les layetiers et les boisseliers le réduisent en planches plus ou moins minces pour faire des seaux, des tambours, des tamis, des cribles, des hottes, des fourreaux de sabre, des étuis de diverses sortes, etc. La fabrication seule des sabots est, pour quelques parties de la France, un article de grande importance. Ces sabots sont un peu cassans, mais n'absorbent point l'eau, et il n'y a que ceux faits en noyer qui leur sont préférables. La consommation qu'on en fait dans les pays de montagnes est immense. On les travaille avec du bois coupé depuis peu de mois, c'est-à-dire presque vert, et on les fait sécher rapidement à la fumée des copeaux qui en proviennent. Je puis en parler avec connaissance de cause, car j'ai souvent, dans ma jeunesse, mis la main à ce genre d'ouvrage. Dans cette opération il s'en fend fort peu, soit par l'effet de la dilatation produite par la chaleur, soit par l'action de l'acide pyroligneux que fournissent abondamment les copeaux; car le hêtre est de tous les bois indigènes celui qui contient le plus de cet acide. Les sabots ainsi desséchés prennent une teinte brunâtre, et ne sont plus dans le cas d'être attaqués par les insectes. Ceci me rappelle que j'ai oublié de dire que, pour employer les poutres ou les solives de hêtre dans les constructions, on avait proposé d'en charbonner la surface, ce qui est en effet un excellent moyen, mais pas toujours facile à mettre en exécution.

A Saint-Etienne, on emploie le hêtre pour faire les manches de ces couteaux à 2 sous la pièce, qu'on appelle *Eustache Dubois*, du nom de leur inventeur; mais on lui donne une préparation qui le durcit considérablement, c'est-à-dire qu'on comprime chacun de ces manches dans un moule d'acier presque rouge, qui soude les fibres du bois par une espèce de demi-fusion. *Voyez* au mot Bois.

Toute espèce de terrain, pourvu qu'il ne soit pas aquatique ou trop argileux, et toute espèce d'exposition, conviennent aux hêtres; cependant ils préfèrent les sols calcaires et les coteaux exposés au midi. Ils croissent rapidement dans les bons fonds, et plus lentement dans ceux qui sont secs et graveleux. Leur bois est meilleur dans ces derniers. J'en ai vu de superbes dans des lieux où il n'y avait pas 6 pouces de terre, leurs racines s'introduisant dans les fissures des pierres et allant chercher leur nourriture au loin. Ils se couronnent beaucoup plus tard que les chênes, ce qui doit leur mériter la préférence dans les mauvais sols. Je cite la forêt de Fontainebleau comme exemple, car là on ne voit pas de hêtre de deux cents ans couronné et la plupart des chênes du même âge, crus à côté, le sont. Encore plus que les autres arbres peut-être, ils sont soumis à la loi des assolemens. Une futaie sous laquelle j'ai passé d'heureux instans dans mon enfance ayant été coupée, son local ne m'a présenté, lorsque je l'ai visité il y a quelques années, qu'un taillis de chênes. On a longuement discuté s'il était plus avantageux d'en faire des futaies ou des taillis; j'ai lu les raisons du pour et du contre, et il m'a paru qu'elles étaint basées sur des raisonnemens vagues ou sur des faits peu précisés. Il n'y a pas de doute pour moi que les principes émis par Varennes de Fenille, dans son excellent ouvrage sur l'administration forestière, lui sont applicables, c'est-à-dire qu'un propriétaire peut laisser croître, avec espérance de bénéfice, une futaie de hêtres en bon fond, mais qu'il doit exploiter en taillis tous les bois de cette essence qui sont sur un mauvais sol.

J'ai habité long-temps un pays à hêtres, et j'y ai toujours entendu dire que ces arbres devaient être conservés en futaie, parce qu'on n'emploie les jeunes brins, c'est-à-dire ceux qui ont moins de 6 pouces de diamètre, que pour brûler ou faire du charbon; mais, d'après la rareté du bois et le taux actuel de l'imposition que supportent les forêts, il est probable que les propriétaires pensent aujourd'hui différemment.

Il est très-rare qu'on fasse des plantations de hêtres en grand. On le voit moins souvent dans les jardins paysagers que la beauté de son port devrait le faire supposer, cela tient à diverses causes, dont la principale est l'incertitude de sa réussite.

En effet, d'un côté, la graine du hêtre demande à être semée aussitôt qu'elle est tombée de l'arbre, parce qu'elle se dessèche et rancit avec la plus grande facilité; de l'autre, elle est recherchée par un si grand nombre d'animaux, que, lorsqu'on la met sur-le-champ en terre, la plus grande partie est mangée pendant l'hiver. Il faut donc la conserver en jauge jusqu'au printemps; mais combien peu de propriétaires des pays de montagnes connaissent cette excellente méthode si usitée dans nos pépinières! Le plant levé craint beaucoup l'action du soleil, et périt, s'il n'est ombragé, sur-tout pendant l'été. Combien peu de personnes savent que, pour le sauver, il faut le semer avec des plantes annuelles propres à lui donner de la fraîcheur! Combien encore moins veulent faire la dépense nécessaire! Ensuite viennent les bestiaux, si avides de ses jeunes feuilles, et qui, d'un coup de dent, retardent de plusieurs années la croissance d'un pied. Je parle des semis en place, c'est-à-dire des meilleurs pour faire une futaie; car, lorsqu'on sème le hêtre dans une pépinière, on peut toujours lui trouver une exposition favorable et veiller sur lui, etc. Semons donc en pépinière, diront quelques amateurs de plantation : oui; mais le plant qui en proviendra sera si difficile à la reprise, qu'à moins de soins qu'on ne peut donner à une forêt, on en perdra la moitié. Cependant, comme il n'y a que ce moyen de réussir, il faut le tenter, et c'est pour cela que je vais indiquer la marche à suivre dans la conduite d'une pépinière de hêtres.

La graine, comme je l'ai déjà dit, se met en jauge dans une

caisse ou un tonneau défoncé qu'on laisse en plein air ou qu'on renferme sous un hangar hors de la portée des animaux rongeurs. Dans ce dernier cas, on entretient la terre légèrement humide en l'arrosant une fois par mois. Au printemps, lorsque les gelées ne sont plus à craindre, car le jeune plant y est fort sensible, on choisit dans la pépinière une place abritée du soleil du midi, soit par un mur, soit par de grands arbres; on la laboure avec soin; on y sème la graine, soit en rayons, soit à la volée, et on la recouvre d'un pouce de terre au plus. Il serait bon, si on le pouvait facilement, de mettre sur la terre une couche de mousse ou de paille, afin de conserver de l'humidité à sa surface. Le plant lève au bout d'un mois et présente d'abord de larges feuilles séminales, qui bientôt sont suivies d'une petite tige qui porte des feuilles ordinaires. On arrose ce plant, si cela devient nécessaire, dans les grandes chaleurs de l'été, et on le sarcle au besoin. Il est bon, sur-tout lorsqu'on le destine à former une forêt, de le laisser en place pendant deux ans, parce qu'il se fortifie d'autant et qu'on économise des frais. Ce n'est donc que lorsqu'il aura plus d'un pied de hauteur qu'il faudra le transplanter dans une autre partie de la pépinière à 15 ou 20 pouces de distance, ayant attention de lui conserver toutes ses racines et toutes ses branches. Cette opération peut se faire pendant tout l'hiver et le commencement du printemps. Au bout de deux autres années, ce plant aura 5 à 6 pieds de haut et sera bon à être mis en place, soit isolé, soit en avenue, soit en massif dans les jardins, soit enfin pour former des palissades et des haies. Plus tard, sa reprise serait encore plus incertaine et ne devrait même se tenter qu'avec la la motte. Quelques personnes pensent qu'il faut couper les branches inférieures des hêtres qu'on destine à devenir de grands arbres, parce qu'ils ne s'en dépouillent jamais naturellement : cela peut être vrai dans certains cas; cependant on ne doit faire cette opération qu'avec lenteur et prudence, car elle nuirait beaucoup à l'arbre si elle était exécutée inconsidérément. D'autres veulent même qu'on leur coupe la tête et qu'on taille toutes les branches en crochets. Ici je dis non, à moins que l'arbre ne soit trop fort et que ses racines n'aient été trop écourtées dans l'opération de l'arrachage, parce que l'expérience prouve que les feuilles sont encore plus nécessaires aux arbres d'une nature sèche, comme le hêtre, qu'à ceux dont le bois et l'écorce sont plus mous. Il faut sur-tout ne pas couper les branches absolument rez du tronc, mais à quelques lignes, pour éviter les chancres qui en résulteraient. En général, à toutes les époques de sa vie, le hêtre destiné à devenir grand arbre ne doit point être fatigué par la serpette, et il faut éviter le plus possible de la lui faire sentir. Il n'en est pas de même des palissades et des haies, car elles souffrent fort bien le croissant. Ce sont elles seules qui peuvent fournir leurs dépouilles annuelles ou bisannuelles aux bestiaux. Les dernières, quoique non épineuses, sont d'une bonne défense, parce que leurs branches, arrêtées dans leur croissance directe, se contournent et s'entrelacent à un point dont on ne se fait pas d'idée. Au reste ces haies sont rares, et par la même raison que le sont les plantations de bois; j'en ai cependant vu plusieurs.

Le hêtre est l'arbre qui brave le mieux les efforts des vents, il est supérieur même au chêne à cet égard. C'est donc lui qu'on doit préférer pour faire des abris à une contrée qui en manque; c'est ce que savent fort bien les habitans des plaines de la ci-devant Normandie, qui le choisissent pour garantir leurs villages des ouragans. Il produit, sur-tout lorsqu'il est isolé au milieu d'un gazon, par sa belle tige, sa vaste cime, la fraîcheur de sa verdure, l'ombre impénétrable qu'il fournit, etc., etc., de fort agréables effets dans les jardins paysagers. Dans les pays qui lui sont particulièrement affectés, c'est-à-dire les hautes montagnes, il y a souvent de ces arbres isolés remarquables par leur grandeur, sous lesquels la jeunesse des villages aime à se réunir pour jouer ou danser. Qui ne se rappelle la première églogue de Virgile! Mes paupières s'humectent en pensant à un de ces arbres planté immédiatement à la source de la Vingeanne, arbre au pied duquel je me suis souvent livré à la rêverie, sur l'écorce duquel j'ai gravé tant de noms qui me sont chers.

On cultive, dans quelques pépinières, trois monstruosités du hêtre : dans l'une, les feuilles sont sessiles et réunies en paquets très-denses sur les rameaux : on l'appelle le *hêtre crête de coq*; dans l'autre, les feuilles sont quelquefois linéaires, d'autres fois fort larges : on l'appelle le *hêtre à feuilles de saule*; dans la troisième, la tige se contourne en divers sens et définitivement se réfléchit vers la terre : on l'appelle *hêtre-parasol*. Ces monstruosités n'ont rien d'agréable : on les multiplie par la greffe en approche ou en écusson.

Il n'en est pas de même d'une variété appelée *hêtre pourpre*, si remarquable par la couleur rouge brune de son écorce et de son feuillage. Rien de plus brillant que l'effet qu'il produit dans un jardin lorsqu'il est entouré d'arbres à feuillage qui contraste fortement avec lui. Au premier printemps, il est d'un rouge clair, et lorsque le vent l'agite, il semble tout de feu; cet effet est réellement magique, et il faut l'avoir vu pour s'en faire une idée. Il commence à se multiplier dans les jardins des environs de Paris; mais cette multiplication est lente, parce qu'elle ne s'opère que par marcottes, qui sont deux ans à s'enraciner ; par la greffe par approche , assez difficile à pratiquer , et par celle à écusson à œil dormant, qui réussit rarement. Michaux fils m'a dit qu'il y en avait dans la Belgique des pieds qui portaient graines , et que ces graines le reproduisaient. Il a fourni une sous-variété dont les feuilles sont moins brunes , c'est-à-dire d'un vert cuivreux et qui est bien moins remarquable ; elle brille d'un grand éclat au soleil, mais se distingue à peine du commun à l'ombre : on la multiplie comme la précédente.

Il y a en Amérique un hêtre que tous les botanistes, excepté Aiton , ont regardé comme une variété du commun ; je l'ai observé en Caroline. Ses feuilles plus largement dentées , plus mucronées ; ses fruits plus petits et plus ronds, même la saveur de ses amandes , me déterminent à la regarder comme une espèce ; elle est au hêtre d'Europe ce que le châtaignier des montagnes de l'Amérique est au nôtre.

Les fruits du hêtre, qu'on appelle vulgairement *faînes* , sont, comme je l'ai dit , agréables au goût. Les enfans les aiment ; les cerfs, les vaches , et sur-tout les cochons , les recherchent avec une espèce de fureur. Ils engraissent très-promptement les dindons ; mais c'est sous le rapport de l'huile qu'on en peut retirer , huile aussi bonne à manger qu'à brûler et à employer dans les arts , qu'il est principalement avantageux de les envisager. Le gouvernement a fait publier sur la manière de l'extraire et de la conserver une instruction dont je ne puis mieux faire que de donner ici un extrait.

Quand on considère la quantité de faînes que fournissent certaines années les forêts de hêtres , quantité qui seule suffirait pour la consommation de la France en huile , on a lieu de se plaindre du peu d'activité qu'on met à en profiter. Il n'y a que quelques endroits où on connaisse toute l'importance qu'elle mérite, peut-être les réglemens en sont-ils la cause. En effet , dans certains cantons , il était permis à tout le monde de ramasser la faîne ; dans d'autres , cela était défendu ou limité , selon les années plus ou moins abondantes , et la gêne amène toujours le découragement. J'ignore quelle est la jurisprudence actuelle de l'administration forestière ; mais je voudrais la convaincre qu'il n'est jamais nuisible à la reproduction des forêts de ramasser les glands ou la faîne , et qu'il est toujours avantageux à la société de ne pas s'y opposer. Ce n'est pas ici le lieu de développer les motifs de mon opinion , et en conséquence , je reviens à mon objet. *Voyez* Chêne.

La faîne tombe avec sa coque lorsqu'elle est arrivée à son point de maturité. On accélère cette chute en secouant les branches de l'arbre ; mais jamais il ne faut la forcer en gaulant avec une perche, parce que, outre que cela nuit à l'arbre, les faînes tombent souvent avant leur maturité et sont moins bonnes. On les ramasse une à une, ou en balayant le dessous des arbres et en mettant le résultat de ce balayage dans des cribles ou des claies, qui d'abord ne laissent passer que les faînes et les corps plus petits qu'elles, et ensuite seulement ces derniers; puis on les vanne comme le blé pour se débarrasser de celles qui n'ont point d'amandes. Le nombre de ces dernières est souvent fort considérable; car les fleurs femelles sont sujettes à avorter. Il est même des cantons, et je puis citer les environs de Paris, où chaque année presque toutes les faînes sont vides. Cela tient sans doute à des circonstances atmosphériques déterminées par le local ou la nature du terrain; car plus au nord et plus au midi, où j'ai vu et où j'ai aidé à ramasser des faînes, cela arrive bien plus rarement.

Dans quelques endroits, on les nettoie en les séparant une à une sur une table. Ce moyen est sûr, mais lent et coûteux, sur-tout quand on en a de grandes quantités.

Les faînes, ainsi nettoyées, doivent être déposées et éparpillées dans des greniers ou des hangars bien aérés pour que leur dessiccation puisse se faire très-promptement; car l'humidité, les faisant moisir ou germer, leur est très-nuisible. Ce n'est que lorsqu'elles sont bien ressuyées qu'on peut les mettre en tas sans inconvénient, et encore ces tas doivent-ils être remués de temps en temps. L'époque la plus favorable pour en extraire l'huile est depuis le commencement de décembre jusqu'à la fin de mars. Plus tôt elle fournirait moins d'huile et une huile plus chargée de mucilage; plus tard cette huile serait moins bonne et moins susceptible de se garder, parce qu'elle aurait déjà des principes de rancidité.

En général on extrait l'huile de la faîne sans enlever son écorce; mais cette méthode a l'inconvénient d'en faire perdre environ un septième, qui est absorbé par cette écorce; de donner à celle qui coule une saveur moins douce, et d'en rendre l'épurement plus difficile. Ainsi, on fait sagement de monder cette écorce, soit en prenant les faînes une à une avec la main, soit en les faisant légèrement rôtir au four ou sur des plaques de fer chaudes, et en les frottant entre les mains, soit enfin en les faisant passer entre des meules de moulin convenablement espacées. Cette dernière méthode mérite d'être préférée sous tous les rapports. Les amandes écorcées doivent être employées sur-le-champ, parce qu'elles s'altèrent promptement; mais il est bon, au préalable, de les vanner de nouveau pour en extraire les restes de l'écorce qui auraient pu y rester, et sur-tout une pellicule qui leur est adhérente et qui est très-âcre. Les écorces ne sont plus bonnes

qu'à brûler; lorsqu'on le fait convenablement on en retire
beaucoup de potasse.

Pour obtenir l'huile, il faut réduire l'amande en pâte, soit
en la pilant dans des mortiers, soit en l'écrasant sous des
meules verticales qui tournent autour d'un axe, soit en la
plaçant dans des moulins à-peu-près semblables à ceux à
farine. Dans tous ces cas, il faut que les instrumens soient
exactement nettoyés; car la plus petite portion d'huile rance
qui s'y trouverait suffirait pour gâter toute une provision.
L'eau chaude ne suffit pas toujours pour les laver; on doit
employer une lessive caustique et y revenir à diverses reprises.
Cette opération faite, il s'agit de mettre la pâte en presse, seul
moyen pour en extraire l'huile. Une température douce et de
l'eau sont nécessaires pour en obtenir une plus grande quantité, trop de chaleur et trop d'eau l'altèrent. On met la
pâte imbibée d'eau chaude dans des sacs de grosse toile ou
de crin; ces derniers sont préférables, parce qu'ils ne boivent
point d'huile. Il faut ménager l'action de la presse pour donner le temps à l'huile de s'égoutter. Après une première pression, on pulvérise de nouveau le résidu, qu'on appelle *tourte* ou
tourteau; on y ajoute de nouvelle eau chaude, mais en moins
grande quantité, et on presse encore. On doit retirer en huile
environ un dixième du poids des amandes.

Comme je l'ai déjà dit, l'huile de faîne bien faite est,
après l'huile d'olive, la meilleure qu'on connaisse en Europe.
J'en parle avec connaissance de cause, en ayant fait usage
pendant plusieurs années. Elle a même sur cette dernière
un grand avantage, c'est de pouvoir se garder dix ans et
plus lorsqu'on la tient dans un lieu frais. Elle acquiert de
la qualité en vieillissant, au moins pendant les cinq ou six
premières années; mais pour la faire jouir de ces avantages,
il faut la débarrasser de la matière extractive mucilagineuse
qu'elle contient en abondance, c'est-à-dire l'ôter de dessus
son dépôt deux fois dans les trois premiers mois, une troisième fois cinq à six mois après, et ensuite une fois tous
les ans. De plus, il faut la tenir dans des caves bien fraîches,
soit dans des vases de bois, soit dans des vases de terre de
grès. Il faut repousser les vases de terre vernissés, parce que
l'huile en dissout la couverte et devient dangereuse. (*Voyez*
Plomb.) Cette huile, je le répète, peut suppléer presque toutes
les autres, soit dans l'économie domestique, soit dans les arts.

Les tourteaux se donnent aux cochons, aux vaches, aux
volailles, qu'ils engraissent rapidement. Ceux dans lesquels on
a laissé l'écorce contiennent quatre dixièmes de matière indi-
gestible, ce qui fait qu'on ne peut en donner autant à-la-fois
à ces animaux.

Faisons donc des vœux pour que, loin de détruire, comme on ne le fait que trop en ce moment, les forêts de hêtres, on se détermine, malgré les difficultés que cela présente, à en planter de nouvelles dans les sols et les expositions convenables. (B).

HEVÉ ou **CAOUTCHOUC**, *Hevea guianensis*, Aubl., arbre étranger, de la famille des euphorbes, qui croît dans diverses contrées de l'Amérique méridionale, et qui produit un suc résineux, dont la propriété est de devenir élastique en se desséchant. Ce suc durci est la *gomme élastique* du commerce employée à divers usages.

Le caoutchouc est un arbre très-droit, qui s'élève jusqu'à 50 ou 60 pieds. Son tronc a 2 pieds ou 2 pieds et demi de diamètre par le bas ; il est écailleux comme une pomme de pin, ne porte point de branches dans sa longueur, mais en pousse plusieurs à son sommet, qui s'étendent en tout sens. Ce sont principalement les extrémités des rameaux qui se garnissent de feuilles, lesquelles sont éparses, assez rapprochées et composées de trois folioles coriaces, ayant une forme ovale arrondie. Les fleurs naissent à côté des feuilles ; elles sont unisexuelles, monoïques et disposées en panicules, portant chacune un grand nombre de fleurs mâles et une seule fleur femelle. Ces fleurs manquent de corolle, et ont un calice à cinq dents : dans les mâles on voit cinq étamines dont les filets réunis portent des anthères ovales ; dans les femelles il n'y a point de style, mais seulement un ovaire supérieur, globuleux et conique, surmonté de trois stigmates à deux lobes. Le fruit est une capsule composée de trois coques ligneuses renfermant chacune une ou deux semences blanches et bonnes à manger.

On trouve l'hévé ou caoutchouc dans les forêts de la Guiane et du Brésil, dans celles de la province des Emeraudes au nord de Quito, et dans les plaines qui bordent la rivière des Amazones. Les naturels des pays du Emeraudes l'appellent *hevé*, que les Espagnols écrivent *iévé*, d'où lui vient le nom qui lui est donné en tête de cet article. J'ai dû lui consacrer un article, pour provoquer sa culture dans nos colonies intertropicales, à raison de l'utilité dont peut être cette résine dans nos arts.

En effet toutes les autres sont inflexibles ou inextensibles, ou du moins n'ont d'autre ressort que celui qu'ont présque tous les corps durs ; mais la résine produite par le caoutchouc, quand elle est sèche et préparée, a beaucoup d'élasticité et toute l'extensibilité du cuir. Dans sa fraîcheur, c'est-à-dire lorsqu'on la fait découler de l'arbre par incision, c'est une liqueur blanche comme du lait, qui se durcit peu-à-peu à l'air. Dans ce premier état de dessiccation, on en fait à Quito des flambeaux sans mèche, qui brûlent et éclairent très-bien, et on en enduit les toiles pour divers usages auxquels on emploie en Europe la toile cirée.

Le suc résineux du caoutchouc peut en découler en tout temps, mais la saison des pluies est la plus favorable pour le ramasser; c'est aussi celle que choisissent les Indiens. Ils commencent par laver le pied de l'arbre depuis 3 pieds au-dessus de la terre jusqu'à la hauteur de 7 à 8; ils lient ensuite ce tronc à l'endroit où ils ont commencé à le laver par en bas, avec une liane de la grosseur du petit doigt, puis ils établissent sur cette liane, qui sert de support, une couche de terre détrempée avec de l'eau, et au bas de laquelle ils placent une feuille de palmier servant de gouttière : alors ils font à l'arbre plusieurs incisions; le suc coule des plaies dans une rigole ménagée au-dessus de la feuille de palmier, et tombe dans une moitié de calebasse disposée au pied de l'arbre pour le recevoir. Lorsque l'arbre épuisé ne fournit plus de suc, les Indiens donnent à celui qu'ils ont recueilli une préparation particulière dont ils font un secret, et ils le versent ensuite dans des moules de terre destinés à cela, et dans lesquels, en se desséchant, il prend la forme du moule qui le contient.

« Lorsqu'on veut faire avec ce suc résineux, dit le docteur de Laborde, une bouteille ou tout autre vase, on applique sur le moule un enduit de suc préparé et encore liquide; on l'expose à une fumée épaisse, et quand cet enduit a pris une couleur jaune on retire la bouteille. On y met une seconde couche, qu'on traite de même, et on en ajoute jusqu'à ce qu'elle ait l'épaisseur qu'on veut lui donner. Dès que la résine est desséchée, on casse le moule en pressant la bouteille, et on y introduit de l'eau pour délayer ou détacher les morceaux du moule et les faire sortir par le goulot. Mais ce suc, ramassé à la façon des sauvages, épaissi par la seule évaporation et sans avoir été préparé à leur manière, ne devient qu'une substance qui, semblable à la cire par quelques-unes de ses propriétés, se ramollit comme elle par la chaleur, s'étend sous les doigts qui la pétrissent, et dont les fragmens peuvent être ressoudés en les chauffant. Ce même suc, au contraire, préparé par les sauvages, devient une substance élastique, insoluble à l'eau, sur laquelle une chaleur modérée n'a point d'action. C'est dans cet état qu'elle est appelée *gomme élastique*. L'eau tiède, ou une chaleur de 20 ou 30 degrés, ramollit cette matière, la rend souple, à raison de son plus ou moins d'épaisseur ; mais elle ne l'amène pas au point de pouvoir être pétrie ou moulée de nouveau. Les ouvrages faits de cette résine élastique sont sensibles à la moindre gelée, tandis que l'ardeur du soleil n'y fait aucune impression. Il serait à désirer qu'on pût dérober aux Indiens le secret de la préparation de cette résine si singulière. »

Dans le pays des Amazones, les Indiens font avec cette résine des figures grossières de fruits, d'oiseaux et d'objets de toute espèce ; ils en font des balles de paume, et des bottines d'une seule pièce qui ne prennent point l'eau. Cette chaussure est convenable dans un pays très-pluvieux et fréquemment coupé de ruisseaux. La nation des Omagnas, située au milieu du continent de l'Amérique, en construit des bouteilles en forme de poire, au goulot desquelles ils attachent une canule de bois ; en les pressant, on en fait sortir par la canule la liqueur qu'elles contiennent : par ce moyen ces sortes de bouteilles deviennent de véritables seringues. C'est ce qui a fait nommer par les Portugais de la colonie du Para l'arbre qui produit cette racine *pao de xiriaga* (*bois de seringue* ou *seringat*.)

Depuis huit ou dix ans, M. Martin, botaniste chargé de la direction du jardin de la Gabrielle à Cayenne, a fait avec succès des plantations de caoutchouc sur les bords des rivières de cette colonie. (D.)

HIEBLE. Espèce de Sureau. *Voyez* ce mot.

HILOSPERMES ou **SAPONACÉES.** Famille de plantes qui réunit sept genres, dont aucune espèce ne peut être cultivée en pleine terre dans le climat de Paris, mais dont plusieurs sont utiles aux habitans des pays intertropicaux, soit comme portant des fruits propres à leur nourriture, soit par d'autres motifs. Ces genres sont JACQUINIE, MYRSINE, ARGAN, ILLIPÉ, BARDOTTIER, CAIMITIER, SAPOTILLIER, MIMUSOPS, NATIER, LUCUMIER et MANGILLE.

C'est à cette famille qu'appartient ce fameux arbre de la vache, qui croît dans l'Amérique méridionale, et dont le suc laiteux sert à la nourriture des hommes. J'ai vu un de ses rameaux apporté par Humboldt. (B.)

HIPPOBOSQUE, *Hippobosca.* Genre d'insectes de la famille des diptères, qu'il est bon de faire connaître aux cultivateurs, parce que deux de ses espèces tourmentent, l'une les CHEVAUX, et l'autre les MOUTONS. *Voyez* ces mots.

Un corps très-aplati, à peau très-coriace, à trompe très-robuste, à pattes armées d'ongles très-crochus caractérise les espèces de ce genre, qui se rapproche des poux par quelques caractères. On les connaît sous les noms de *mouches-araignées*, de *mouches bretonnes*, de *mouches d'Espagne*, de *mouches de chien*.

L'HIPPOBOSQUE DU CHEVAL a près de 5 lignes de long ; il est varié de brun et de jaune. Il se place sur toutes les parties des chevaux dégarnies de poils, sur-tout sous la queue, et suce continuellement leur sang ; ce qui les tourmente et les affaiblit considérablement. Les cultivateurs doivent donc les rechercher pour les enlever, ce qui n'est pas toujours aisé, tant ils tiennent fort à la peau, et les tuer. Au reste, ils ne se sauvent point à l'aspect de la main qui les saisit.

L'Hippobosque de la brebis vit sur les bêtes à laine, dans les mêmes lieux que vit le précédent; il n'est pas aussi facile de le trouver, mais aussi son influence sur la santé de leur victime est moins grande. Il est rougeâtre et n'a point d'ailes. (B.)

HIPPOPHAE. Nom latin de l'argousier.

HIPREAU. Espèce de Peuplier. *Voyez* ce mot.

HIRONDELLE, *Hirundo*. Genre d'oiseaux qui renferme un grand nombre d'espèces, dont six sont propres à l'Europe, et quatre assez communes pour être connues de tout le monde.

L'utilité dont sont les hirondelles pour les cultivateurs, en mangeant les insectes qui dévorent les récoltes, les a fait regarder dans beaucoup de lieux comme des oiseaux sacrés, qui procuraient indubitablement le bonheur de la maison à laquelle elles s'attachaient. Les tuer est un sacrilége dans plusieurs cantons de la France, dans le nord de l'Europe, dans l'Amérique septentrionale, etc. Je vois avec peine que l'antique respect qu'on a pour elles diminue chaque jour, et cet article n'a d'autre but que d'inviter les cultivateurs à le maintenir par tous les moyens qui sont en leur pouvoir, sur-tout en empêchant leurs enfans d'en détruire les nids.

Toutes les hirondelles prennent leur proie au vol; rarement elles se posent pendant le jour. Toutes passent l'hiver en Afrique, arrivent et partent chaque année à-peu-près à la même époque. Toutes pondent ordinairement cinq œufs et élèvent leurs petits de mouches et autres insectes ailés. Les araignées qui se plaisent contre les murs sont aussi leur proie. Rarement elles mangent des chenilles et encore moins des insectes qui rampent sur la surface de la terre.

Les quatre espèces indiquées plus haut sont :

L'Hirondelle-Martinet, *Hirundo apus*, Lin. Elle est noire, avec la gorge blanche. C'est la plus grosse espèce ; elle fait son nid dans les trous des murailles, vole très-rapidement et très-haut, arrive la dernière et part la première.

L'Hirondelle de fenêtres, *Hirundo urbica*, Lin., est blanche avec le dessus de la tête bleuâtre, les ailes et la queue noires. Elle fait son nid avec de la terre dans les angles des fenêtres, des corniches, etc., et n'y laisse qu'un trou pour y entrer. Ce n'est que quelques jours après la suivante qu'elle arrive en France.

L'Hirondelle de cheminée, *Hirundo rustica*, Lin., a le dessus du corps d'un noir bleuâtre, la gorge rousse et le ventre blanc. Elle fait son nid dans les cheminées, sous les portes des fermes, les rebords des toits, même dans les chambres peu habitées. Ce nid est de terre et a la forme d'un quart de sphère; il est entièrement ouvert par le haut. C'est l'espèce la plus abondante, la plus familière, qui arrive la première et qui part la dernière.

L'Hirondelle de rivage, *Hirundo riparia*, Lin., a le dessus d'un brun cendré, et le dessous blanc, avec une bande d'un brun cendré sur la poitrine. C'est la plus petite des quatre. Elle arrive et part presque en même temps que le martinet. Elle fait son nid dans un trou qu'elle se creuse dans les rivages sablonneux coupés à pic, dans les sablières dont les bords ont la même disposition, de sorte qu'elle ne se trouve que dans certaines localités; mais lorsqu'un endroit lui convient elle s'y voit par milliers. (B.)

HISTOIRE NATURELLE. On donne ce nom à la science qui a pour objet l'étude de tous les animaux, de tous les végétaux et de tous les minéraux qui se trouvent sur le globe. Elle se subdivise en Zoologie ou science des animaux, en Botanique ou science des végétaux, et en Minéralogie ou science des minéraux. *Voyez* ces mots.

Des connaissances étendues en histoire naturelle semblent devoir être indispensables à tous les agriculteurs, et cependant ils en manquent généralement. Les principes sur lesquels repose cette science leur sont sur-tout complétement inconnus. A peine peuvent-ils développer leurs idées sur les objets le plus communément sous leurs yeux, sur ceux même qui sont le but de leurs travaux journaliers. Je gémis toutes les fois que je parcours les campagnes, que je cause avec leurs habitans des absurdes préjugés qui les asservissent, de l'ignorance où ils sont des moyens de prospérité qu'ils ont sous la main. Que de causes concourent à ces tristes résultats! Je pourrais développer plusieurs de ces causes, mais comme elles tiennent à des circonstances générales, cela ne servirait à rien. Il est à espérer cependant que le goût pour l'histoire naturelle, qui s'étend de plus en plus, pénétrera enfin dans les chaumières, que l'excellente instruction que reçoivent les jeunes gens dans les écoles vétérinaires accélérera ce moment. J'ai, autant que possible, cherché à concourir à ce but important, en faisant toujours marcher dans cet ouvrage les connaissances d'histoire naturelle avec les connaissances agricoles. Je les ai même fait le plus souvent précéder; car n'est-il pas absurde de parler d'un objet qu'on ne connaît pas, de s'étendre sur ses propriétés chimiques, lorsque sa forme et ses attributs physiques ne peuvent être énoncés. Sans histoire naturelle, c'est folie d'écrire sur la science agricole, puisqu'il n'est pas possible de se faire en-

8 *

tendre hors de son canton, ni plus long-temps que la langue usitée subsistera. Si les anciens eussent été plus habiles naturalistes, nous profiterions davantage aujourd'hui du fruit de leur expérience; tous les objets dont ils ont parlé nous seraient connus, ou mieux, nous saurions leur appliquer les noms qu'ils portaient alors.

Un cabinet d'histoire naturelle dans chaque département aurait sans doute beaucoup contribué à donner des connaissances à beaucoup de propriétaires aisés qui habitent ou que leurs affaires amènent dans le chef-lieu de chaque département; le bienfait des écoles centrales, qui en supposait l'établissement, donnait de grandes espérances à cet égard, mais leur suppression a été prononcée. Je n'ai donc qu'à faire des vœux, et je les fais dans la sincérité de mon cœur.

Je voudrais que les cultivateurs riches et éclairés qui habitent toute l'année ou la plus grande partie de l'année sur leurs propriétés, consacrassent le pourtour d'une pièce de leur maison pour réunir tous les objets d'histoire naturelle qu'offrent leur canton, avec leurs noms scientifiques et leurs noms vulgaires, et que ces objets y fussent rangés dans un ordre systématique propre à fixer les idées sur les avantages des méthodes. Ce serait la cause d'une bien petite dépense annuelle, dépense qui seroit d'ailleurs compensée par les jouissances qui en seraient la suite, et les avantages qu'en retireraient les enfans de la maison pour leur éducation. (B.)

HIVER. C'est la quatrième et dernière saison de l'année, celle pendant laquelle la neige couvre la terre dans les parties septentrionales de l'Europe, celle que les habitans des campagnes appellent la *morte saison*, la *mauvaise saison*. Elle est composée, dans l'almanach, des mois d'Octobre, Novembre et Décembre; mais, dans la réalité, tantôt elle n'est qu'une prolongation de l'automne, tantôt elle n'est qu'une anticipation du printemps. *Voyez* ces mots et les mots Janvier et Février, mots où se trouve détaillée la série des travaux qui se font ordinairement, dans le climat de Paris, pendant les mois qu'ils indiquent.

C'est l'hiver qui rend à la terre l'excès d'humidité qu'elle a perdu pendant l'été, et la portion d'humus soluble qui a été consommée par les plantes; et c'est en conséquence à lui qu'on doit la végétation du printemps et de l'été suivant. Il renforce et conserve les sources. Tous les pays ont leur hiver. En France il est accompagné des neiges, des glaces, des pluies, des brumes; entre les tropiques, il est indiqué par des pluies continuelles.

Un hiver froid est presque toujours plus avantageux qu'un hiver doux. L'abondance de la Neige (*voyez* ce mot) est un pronostic pour espérer une récolte avantageuse, non parce qu'elle contient des sels, comme on le croyait autrefois, mais parce qu'elle s'oppose à la dissipation de la chaleur terrestre, ainsi que des gaz renfermés entre les molécules du sol, et que la végétation continue sous elle.

Tous les labours faits pendant l'hiver, divisant les molécules de la terre, les met en contact avec l'air, favorisent la décomposition de l'humus et l'infiltration des eaux : ils sont donc avantageux ; plus ils sont profonds et mieux ils remplissent leur objet. C'est tout le contraire pour les labours d'été, c'est-à-dire qu'ils doivent être superficiels.

Dans les parties méridionales et intermédiaires de la France, on peut travailler à la terre pendant presque tout l'hiver. Sur les hautes montagnes et dans les départemens les plus septentrionaux, la neige et la gelée s'y opposent plus ou moins : là, c'est véritablement la morte saison pour les cultivateurs. Ceux qui n'ont pas des métiers restent souvent désœuvrés des mois entiers, ce qui est un grand mal pour eux et pour la société en général. Il est remarquable que certaines localités se distinguent par une grande industrie pendant cette saison, et qu'elles ne trouvent point d'imitateurs dans les localités voisines. Les environs de Genève font des montres ; les environs de Saint-Claude, des peignes et autres ouvrages en buis ; les environs de Saint-Étienne et d'Abbeville, de la quincaillerie ; un grand nombre de lieux, des étoffes de laine, des toiles et toileries, etc. Quoique ce mélange des travaux agricoles et des travaux des arts offre quelques inconvéniens, l'aisance dans laquelle il met les cultivateurs doit faire désirer qu'il s'établisse par-tout où les opérations de la culture sont dans le cas d'être suspendues pendant une partie de l'hiver. Mais si les fabriques de ce genre se multiplient, dira-t-on, le prix des objets manufacturés baissera, et par conséquent les gains deviendront extrêmement faibles. Oui, répondrai-je ; mais quelque petit que soit un gain, c'est toujours un gain, et les pères de famille ne doivent en repousser aucun. D'ailleurs cette diminution se fait insensiblement, et lorsqu'elle est arrivée à un certain point, on peut changer son genre d'industrie. Ce n'est pas de long-temps que la France aura lieu de se plaindre sous ce rapport. N'est-ce pas encore des montagnes de l'Allemagne qu'elle tire la plus forte partie de sa quincaillerie ? (B.)

HIVERNACHE. C'est du Seigle, du Froment, de l'Avoine ou de l'Orge (*voyez* ces mots), ou toutes ces graines réunies semées de bonne heure en automne pour avoir un pâturage d'hiver. Il est des pays où on ne connaît pas cette excellente pratique, quelque naturelle qu'elle paraisse. *Voyez* Prairie temporaire, Succession de culture et Assolement. (B.)

HIVERNAGE. C'est, pour quelques lieux, le Labour des champs ou des vignes avant l'hiver. On donne aussi ce nom à la Vesce dans le département du Calvados. *Voyez* ces mots et l'article précédent. (B.)

HIVERNAUX. Dans quelques endroits, on donne ce nom aux grains qu'on sème avant l'hiver, par opposition à ceux qu'on sème au printemps, et qu'alors on appelle les marsais, les Mars. *Voyez* ce dernier mot. (B.)

HIVERNES. Nom appliqué, dans le département de l'Aveyron, à des brebis que les bergers, par un usage très-ancien, ont le droit de mettre pour leur compte dans le troupeau qu'ils conduisent, et de nourrir pendant toute l'année aux dépens du propriétaire de ce troupeau. *Voyez* Bêtes a laine.

Il y a déjà long-temps qu'on a remarqué que les hivernes étaient une féconde source d'abus, c'est-à-dire que les bergers fermaient les yeux lorsque pendant l'été elles broutaient les blés et autres productions du propriétaire, et que pendant l'hiver elles avaient la plus forte part dans les distributions journalières des fourrages secs; mais il n'a pas encore été possible à ces propriétaires de faire disparaître cet usage. Peut-être sera-t-il nécessaire que l'autorité intervienne si elle veut qu'il se forme dans ce département des troupeaux de mérinos. Sans doute la loi doit laisser à tous les cultivateurs et à leurs bergers la faculté de faire tels accords qu'ils jugent à propos; mais lorsque tel accord est devenu forcé par suite de l'habitude, il n'y a plus égalité, et il faut qu'elle ramène par force aux principes de la justice distributive. Or, dans le département de l'Aveyron, on ne peut pas trouver de bergers, quelque cher qu'on les paye en argent, lorsqu'on ne veut pas leur accorder des hivernes.

Je n'entrerai pas ici dans le détail des arrangemens que l'usage a fixés à cet égard, puisqu'ils ne sont pas à citer pour modèle aux autres départemens. (B.)

HOCHET. Sorte de bêche dont on fait usage aux environs de Montpellier. Comme on ne peut appuyer le pied dessus son tranchant supérieur, qui est en biseau, on ne doit l'employer que dans les terrains légers que le seul effort du bras peut faire pénétrer à son fer. *Voyez* Bêche. (B.)

HOMMÉE. Ancienne mesure de vigne. C'est la quantité qu'un homme peut en labourer en un jour. *Voyez* Mesure.

HONGRER. Nom de la Castration dans les chevaux. *Voyez* ce mot.

HORIZONTAL. On dit qu'une feuille, qu'une branche, qu'un objet quelconque est horizontal lorsqu'il est parallèle à la terre. C'est l'opposé de vertical ou de perpendiculaire. (B.)

HORLOGE DE FLORE. Nom que Linnæus a donné au

tableau de l'époque de l'épanouissement des fleurs. *Voyez* au mot FLEUR.

HORTENSIA, *Hortensia*. Arbrisseau apporté depuis quelques années de la Chine, qui actuellement orne les jardins de tous les amateurs des environs et des grandes villes de l'Europe.

Cet arbrisseau, dont toutes les fleurs sont avortées positivement comme celles de l'OBIER STÉRILE ou *boule de neige* (*voyez* au mot OBIER), appartient évidemment, à mon avis, au genre de l'HYDRANGÉE (*voyez* ce mot), auquel Willdenow l'a rapporté, puisque l'examen de son ovaire annonce que son fruit est une capsule. Il a les feuilles opposées, pétiolées, ovales, dentées, luisantes, glabres, d'un beau vert; les fleurs plus ou moins rougeâtres, nombreuses, grandes, disposées en têtes terminales. Une de ses variétés les a bleuâtres. La plupart de ces fleurs offrent un long tube terminé par huit ou dix étamines et deux pistils avortés, entourés de cinq ou quatre grands pétales ovoïdes. Quelques-unes, ce sont celles du centre, ont un tube plus court et point de ces grands pétales.

Il n'est point rare de voir des têtes d'hortensia de 6 pouces de diamètre, et chaque tige en porte une ; aussi l'effet que produit un pied vigoureux de cet arbuste excite-t-il l'admiration générale.

On multiplie l'hortensia par boutures, par racines, ou par le déchirement des vieux pieds. Ces opérations peuvent se faire en tout temps; mais il est mieux de choisir le commencement du printemps.

Une terre très-légère, c'est-à-dire la pure terre de bruyère, une exposition ombragée et des arrosemens abondans sont indispensables aux succès de la culture de l'hortensia. Comme il craint les gelées, il faut, dans le climat de Paris, le tenir en pot pour pouvoir le rentrer dans l'orangerie pendant l'hiver. Cependant beaucoup de pieds passent l'hiver en pleine terre lorsqu'il n'est pas rigoureux.

Quoiqu'il soit possible de faire monter l'hortensia à 3 ou 4 pieds, peut-être même à plus de hauteur, il est rarement bon de le faire, parce que les têtes de fleurs diminuent de grosseur à mesure qu'elles s'élèvent. Sa vraie culture en pot, pour lui donner tout l'éclat dont il est susceptible, c'est de le couper rez terre à l'automne, et de lui laisser un, deux, trois, jusqu'à douze ou quinze rejets, selon la force du pied, à sa pousse du printemps. Moins il en a, et plus les têtes sont grosses et fortement colorées.

Pendant l'hiver l'hortensia demande peu d'arrosemens, sans quoi il pourrit. (B.)

HORTILLONS. C'est le nom que portaient autrefois, à Paris, les JARDINIERS MARAICHERS. (B.)

HOTTE. Sorte de pannier communément fait d'osier, ayant une forme irrégulière, et qu'on met sur le dos avec des bretelles pour porter diverses choses. La partie qui correspond au dos est plate et plus élevée que celle de devant ; celle-ci est bombée et arrondie, et son arrondissement diminue toujours de largeur vers le bas : c'est un peu plus de la moitié d'un cône coupé sur sa longueur, et tronqué dans sa partie la plus étroite. On fait un grand usage de la hotte à Paris et aux environs. On s'en sert aussi dans les départemens qui composaient la Lorraine, la Bourgogne et la Champagne, et dans quelques autres ; mais elle est presque inconnue dans la majeure partie de la France. La hotte pleine est propre au transport des terres, des terreaux, des gravois, des légumes, du raisin dans le temps des vendanges, etc. ; elle est sur-tout utile dans les lieux où les brouettes ne peuvent pas aller, comme pour remonter de la terre du bas d'une vigne au sommet. La hotte à claire-voie est bonne pour transporter les fumiers, les feuilles, les litières et autres matières volumineuses et légères. (D.)

Les hottes faites en douves de sapin sont très-propres au transport de la vendange. On les appelle TENDELIN dans quelques cantons.

Différentes sortes de hottes sont figurées dans le premier volume de la Collection des machines et ustensiles employés à l'agriculture, par M. de Lasteyrie. J'engage le lecteur à en prendre connaissance, car plusieurs ont des avantages particuliers. (B.)

HOUAGE. Synonyme de BINAGE. *Voyez* ce mot.

HOUATTE. Espèce de coton qui entoure les graines de l'ASCLÉPIADE DE SYRIE. *Voyez* ce mot.

HOUBLON, *Humulus*. Plante à racines vivaces, nombreuses, traçantes et très-longues ; à tiges grimpantes, minces, anguleuses et hérissées d'aspérités ; à feuilles opposées, pétiolées, dentées et rudes au toucher, le plus souvent à trois lobes et accompagnées de stipules ; à fleurs petites, vertes, disposées en grappes terminales et axillaires, qui forme seule un genre dans la dioécie pentandrie et dans la famille des urticées, et qui est l'objet d'une grande culture dans les pays au nord du climat de Paris, parce qu'on fait entrer une de ses parties dans la composition de la bière.

Le houblon croît naturellement dans les haies, sur le bord des bois, dans les pays montagneux de presque toute l'Europe. Il aime une terre légère, fraîche et substantielle ; donne dès les premiers jours du printemps des pousses d'abord droites, et qui, en s'élevant, s'entortillent autour des branches, se bifurquent et acquièrent une longueur de plusieurs toises. Il fleurit au mois de mai et amène ses fruits en maturité vers le mois de juillet. Dans quelques cantons, on mange les jeunes pousses de cette plante dans les potages ou en guise d'asperge : je leur ai trouvé un goût un peu sauvage, mais cependant supportable ; dans d'autres, on le plante dans les haies, surtout dans celles qui commencent à vieillir, pour en fermer les vides pendant l'été ; on en fait des tonnelles, des cabinets de verdure, on en garnit les murs qu'on désire cacher à la vue, etc. Il fait très-bien dans les jardins paysagers, lorsqu'il est placé convenablement, par exemple, lorsque après l'avoir fait monter sur un arbre isolé, sur un rocher élevé, au-dessus d'une fabrique, on laisse tomber en festons l'extrémité de ses branches chargées de fruits. Il ne craint pas les gelées les plus fortes ni les chaleurs les plus vives, et dure long-temps dans le même lieu. Tous les bestiaux en mangent les feuilles, et j'ai vu des vaches qui les recherchaient plus que la meilleure herbe.

On distingue trois variétés de houblon dans les pays où on cultive en grand cette plante ; savoir, le *houblon à tige rouge*, qui est bon et vient dans des sols médiocres, mais que sa couleur ne fait pas estimer ; le *blanc long* est le plus recherché, mais il exige une terre extrêmement fertile ; le *blanc court* est moins difficile sur le terrain et est aussi bon, mais il produit moins. C'est au cultivateur à faire choix de celle de ces variétés qui convient le mieux à sa localité, soit relativement à la terre, soit relativement à la vente ; car il y a parmi les brasseurs des opinions assez discordantes sur les principes qui doivent guider dans le choix du houblon.

Une terre profonde, légère en même temps substantielle, comme je l'ai dit plus haut, est la seule qui convient à la culture du houblon : voilà pourquoi on ne peut le cultiver avec avantage que dans certains cantons favorisés. Ses productions sont faibles dans les sols secs et pierreux. Il ne subsiste pas dans ceux qui sont argileux ; quoique aimant la fraîcheur, il craint les lieux aquatiques et y perd une partie de ses qualités. L'exposition lui est à-peu-près indifférente ; mais il est bon de lui donner cependant celle du levant et de le garantir des vents dominans, car tout vent permanent le fatigue beaucoup. Un entourage de haies vives élevées lui est toujours avantageux. En Angleterre, le pays de l'Europe où on le cultive aujourd'hui le mieux, on le place indifféremment dans les plaines et sur les coteaux, pourvu que la terre soit convenable ; en France et dans le reste de l'Europe, on ne le cultive qu'en plaine.

C'est dans les départemens formant notre frontière au nord qu'on cultive le plus de houblon ; il y en a aussi sur les bords

du **Rhin**, de la Meuse et dans la Seine-Inférieure ; les brasseurs de Paris emploient une partie de ce dernier. Quant au reste
de la France, on n'en voit que de loin en loin, la surabondance
des vins ne permettant pas à la bière d'y prendre faveur.

La portion de terre destinée à une plantation de houblon
doit toujours être labourée le plus profondément possible, soit
à la charrue, soit à la bêche. Un défoncement de 2 pieds et à
la pioche vaudrait cetainement mieux, mais le besoin d'écono-
miser s'y oppose souvent. On lui donne ordinairement trois
façons, et on herse après la dernière.

Comme le houblon étend autant ses racines en profondeur
qu'en largeur, qu'il a besoin d'une grande quantité de nourriture, qu'il épuise beaucoup le terrain, et qu'il fournit d'autant plus de cônes qu'il a plus de vigueur, on a été conduit à
le cultiver d'une manière différente de la plupart des autres
végétaux, et la pratique qu'on suit à son égard est d'accord
avec la théorie.

Ainsi, avant de planter le houblon, on forme des buttes d'un
pied de hauteur sur 2 de largeur, et on les dispose en quinconce, à 7 pieds et plus de distance lorsque le terrain est de
médiocre qualité, et à 5 pieds seulement lorsqu'il est excellent. En général, plus les groupes des pieds sont espacés et
plus ces pieds fournissent de fleurs et peuvent être laissés long-
temps dans la même place. Cet écartement donne de plus le
moyen, comme on le fait fréquemment en Angleterre, au rapport d'Arthur Young, de planter des pommes de terre, des
haricots, des fèves, des turneps, des choux, des carottes, etc.,
dans les intervalles, ce qui suffit pour payer la rente du sol.

C'est au sommet de ces buttes qu'on creuse des trous d'un
pied carré de large et de 2 pieds de profondeur pour y planter
le houblon, un pied à chaque angle du trou.

J'ai souvent vu des champs plantés en houblon, mais je
n'en ai point suivi la culture, ainsi je ne puis avoir d'opinion
éclairée sur les procédés auxquels elle donne lieu ; mais je ne
puis me refuser à demander pourquoi on forme une butte pour
ensuite la détruire en partie. Il me semble qu'il serait plus
conforme à la raison de planter le houblon dans des trous
d'un pied de profondeur et de le butter ensuite, soit immédiatement après l'opération, soit lorsqu'il aurait acquis une certaine grandeur.

Quoi qu'il en soit, on plante le houblon tantôt en automne,
tantôt au printemps. L'automne est la meilleure saison dans
les terrains médiocres, le printemps pour ceux où on a à
craindre les pluies de l'hiver. D'ailleurs on se procure plus facilement du plant dans cette dernière saison.

Du choix du plant dépend principalement le succès d'une

plantation. Il faut toujours préférer le plus gros, et, s'il se peut, le prendre sur les souches les plus vigoureuses d'une houblonnière située en terrain plus médiocre que celui qu'on lui destine. Ce plant doit avoir 6 à 8 pouces de long et trois ou quatre boutons au moins. Tout celui qu'on destine à une localité doit être de la même variété ; car ces variétés ayant un mode particulier de végétation, c'est-à-dire poussant et mûrissant à des époques différentes, la même culture ne leur convient pas rigoureusement. On pense bien que ce plant ne doit être pris que sur des pieds femelles, puisque c'est pour les graines qu'on le cultive ; mais cependant il serait bon de placer deux ou trois pieds de mâles dans chaque champ, car la fécondation concourt beaucoup à augmenter l'énergie des propriétés des graines. J'ai en effet acquis la preuve que celles du houblon sauvage étaient plus amères et plus grosses que celles du houblon cultivé, quoique le cône de ce dernier eût plus belle apparence.

Quelques cultivateurs placent un cinquième pied au milieu de la fosse, d'autres encore un ou deux de plus ; mais le nombre quatre paraît celui qui convient généralement le mieux.

Les racines de tous ces plants doivent être ménagées en les arrachant et en les plantant. Si quelques-unes sont mutilées, on coupera leur extrémité avec un instrument bien tranchant, pour éloigner les causes de pourriture.

Lorsque le sol n'est pas de première qualité, il est toujours bon de remplir le trou où on vient de placer les plants avec une terre préparée d'avance, et dans laquelle il entre du fumier bien consommé, et si elle est trop forte, on la mélangera avec un peu de sable.

Il faut très-peu comprimer la terre autour des plants, et les arroser immédiatement après, si le cas l'exige et qu'on le puisse facilement. Cette précaution est principalement utile dans les plantations du printemps.

Je ne dois pas oublier la recommandation de ne jamais arracher que le plant qu'on peut mettre en terre dans le cours d'une journée, et de le tenir exactement à l'abri du soleil et même des courans d'air ; car il se HALE facilement (*voyez* ce mot), et lorsqu'il l'est sa reprise est très-incertaine.

Si, comme il arrive souvent quand on plante au printemps, le plant avait déjà poussé, il ne faudrait pas enterrer l'extrémité des pousses.

Un arpent de terre contient environ mille monticules, qui, si le sol est bon et la saison favorable, fourniront chacune 10 livres de cônes secs par an.

La première année de la plantation, le houblon ne demande que des labours, ou mieux des binages, par suite desquels on recharge les monticules ; si ses pousses étaient vigoureuses, et qu'elles gênassent dans cette opération, on lierait toutes celles du même monticule en faisceau, ce qui suffirait pour les tenir droites. Quelques cultivateurs fument leurs monticules à la fin de cette année avec du terreau bien consommé, des curures d'étang, etc.; mais ce n'est que dans les mauvaises terres qui ne l'ont pas été au moment même de la plantation, qu'on doit le faire.

Vers la fin de février de la seconde année, par un beau temps, on détruit les monticules pour couper les pousses de la première année, ainsi que les rejetons, à un pouce du collet des racines, pour en changer la terre de place et pour pouvoir couper à un pouce du collet des racines toutes les productions qui se sont développées latéralement; car il est beaucoup plus avantageux d'avoir trois ou quatre tiges vigoureuses qu'une douzaine de faibles. On reconnaît ces pousses nouvelles à leur couleur plus pâle. On profite de cette opération, qui se renouvelle tous les ans, pour remplacer les pieds morts, soit au moyen de plant apporté d'ailleurs, soit en couchant les pousses qui sont les moins éloignées. Peu après le houblon sort de terre, et lorsque ses jets ont acquis un pied de haut, c'est-à-dire vers le milieu d'avril, il faut penser à échalasser.

Arthur Young observe qu'on a remarqué en Angleterre que plus ces opérations sont terminées de bonne heure, et plus on est assuré d'une bonne récolte de houblon. Il cite à cet égard des faits convaincans.

Les perches sont destinées à servir de soutien aux tiges du houblon. Leur longueur varie à raison de l'âge de la plantation et de la nature du terrain où elle se trouve. La seconde année, qui est celle dont il est question en ce moment, il n'est pas nécessaire qu'elles aient plus de 10 à 12 pieds, mais les suivantes, 20 ou 25 ne suffisent pas toujours. En général, dans un sol riche les perches ne sont jamais assez grandes; mais il ne paraît pas prouvé, quoiqu'on le croie, et que la théorie n'en repousse pas l'idée, que dans un sol pauvre de longues perches nuisent à la production des fleurs, en donnant aux tiges la facilité de s'élever plus qu'il ne conviendrait à la force de végétation des racines.

On devrait préférer les échalas de frêne, ou de châtaignier, ou de sapin, parce que ce sont ceux qui durent le plus long-temps; mais comme ceux de ces sortes de bois sont rares et très-chers, on emploie le plus communément ceux de bouleau, d'aune, de saule et de peuplier, auxquels on laisse des fourches à la partie supérieure. Leur grosseur, à la base, doit être de 6 à 7 pouces de tour au plus.

Ces perches sont aiguisées par leur gros bout, et enfoncées dans un trou formé avec un plantoir de fer au moyen du maillet.

Leur enfoncement dépend de la nature du terrain, mais doit être plutôt trop considérable que pas assez ; car celles qui sont renversées par le vent ou par le poids des tiges qu'elles portent, causent ordinairement beaucoup de désordre dans la plantation. Leur position doit toujours être légèrement inclinée en dehors de la monticule, tant pour la suspension des rameaux des tiges, suspension très-importante à aider quand on veut avoir d'abondantes et bonnes récoltes, que pour favoriser la circulation de l'air, et ne pas empêcher l'action bienfaisante des rayons du soleil. Pour remplir encore plus complétement le dernier de ces buts, on écarte davantage les perches qui sont du côté du midi. On en fixe trois ou quatre à chaque monticule, rarement moins ou plus. Il convient de placer les plus grandes et les plus grosses sur les premiers rangs, du côté de l'ouest et du sud-ouest, afin de rompre l'effort des vents, si nuisibles, comme je l'ai déjà observé, au succès d'une plantation de ce genre.

Arthur Young rapporte qu'on a commencé, il n'y a pas long-temps, en Angleterre, à cultiver le houblon en palissades, et que le succès a surpassé l'attente des cultivateurs. Pour cela on forme les monticules en rangées, écartées de 8 à 10 pieds et plus, regardant le sud-est, et les perches de 10 à 12 pieds de long sont également sur une seule ligne, une à chaque monticule. Ces perches sont liées entre elles par trois rangs d'autres perches beaucoup moins grosses, parallèles au sol : le premier rang à 5 ou 6 pieds de ce sol, le second à 8 ou 9, et le troisième tout en haut. Cette méthode est celle de la nature ; car le houblon sauvage court toujours sur les haies, ne grimpe jamais sur les chênes. Elle offre l'avantage de donner moins de prise aux vents, de présenter plus de surface au soleil, et d'occasionner moins de dépense pour l'acquisition des perches. Il serait à désirer qu'elle s'introduisît en France.

Ce n'est qu'au moment où le houblon commence à sortir de terre qu'il convient de commencer à ficher les perches, parce qu'avant on risquerait, d'un côté, de les mal placer, et, de l'autre, de blesser les jeunes pousses.

Lorsque les tiges du houblon sont parvenues à 3 pieds de hauteur, on les attache lâchement aux échalas, en les tournant avec précaution autour d'eux, suivant le cours du soleil. C'est du jonc qui s'emploie pour cette opération ; la laine est préférable comme se prêtant plus facilement à la dilatation.

Pendant le cours du mois de mai, il est nécessaire de visiter tous les huit jours les houblonnières, pour redresser et diriger convenablement les tiges qui se sont dérangées, ou qui ont poussé irrégulièrement. Lorsque la main ne peut plus atteindre à ces tiges on se sert d'un bâton, et ensuite d'une échelle double.

Dans la culture du houblon en palissades, il faut de plus avoir attention de diriger les jeunes pousses le plus également possible sur les trois rangs de perches horizontales, ce qui est très-facile au moyen des liens ci-dessus désignés. Il doit toujours y avoir, dans une houblonnière conduite par cette méthode, une ou plusieurs échelles doubles pour le service.

Au commencement de juin on donne un labour à la terre, soit à la bêche, soit à la charrue (celle appelée *cultivateur* présente des avantages), et on exhausse les monticules. Chaque mois suivant on donne encore un binage, et on élève de même les monticules. C'est pendant cet intervalle qu'on reconnaît et qu'on arrache les pieds qui ne sont pas francs, ou qui appartiennent à des variétés autres que la dominante; car, je le répète, il est très-important que la plantation entière soit de la même. C'est aussi alors qu'on pince l'extrémité des tiges pour les empêcher de s'élever davantage, et forcer la sève à se porter sur le fruit, seul but de la plantation.

Quelques cultivateurs mettent à cette opération du pincement des tiges beaucoup plus de rigueur qu'il ne convient; car si elle produit l'effet ci-dessus, elle diminue aussi la production de la sève, production à cette époque toujours proportionnelle à la quantité des feuilles. Souvent aussi ils enlèvent les feuilles inférieures des tiges pour les donner aux bestiaux.

Le houblon, dans le climat de Lille, qui est celui où on le cultive le plus en France, entre en fleur au milieu de juillet. C'est alors qu'il serait souvent utile, pour obtenir d'abondantes récoltes, de l'arroser par irrigation ou autrement, si la terre n'a pas été rafraîchie par des pluies; mais on le fait rarement, à raison de la dépense. A la fin d'août, il est ordinairement mûr. L'important pour les cultivateurs est de pouvoir veiller attentivement, à cette époque, sur leurs plantations; car, d'un côté, ses qualités s'affaiblissent par trop de maturité, et de l'autre un seul jour de vent peut faire perdre la plus grande partie du profit attendu, les graines se détachant alors avec la plus grande facilité de l'axe sur lequel elles sont implantées. C'est donc quelques jours avant leur complète maturité qu'il faut cueillir les cônes qui renferment cette graine : or, ce moment est indiqué par le changement de couleur qu'ils éprouvent, c'est-à-dire par la nuance brune qui se substitue au vert pâle qu'ils avaient offert jusque alors. A ce signe, il faut rassembler beaucoup de bras, et ne pas perdre de temps pour agir.

Les cônes les derniers formés sont sujets à la moisissure dans les années froides, et l'introduction de ces cônes dans la récolte nuit à sa vente.

Dans quelques endroits, avant de procéder à la récolte, on

prépare dans les champs, après en avoir enlevé les perches et
le houblon, une, deux ou trois aires, selon sa grandeur, en
unissant et battant la terre, afin d'avoir des espaces propres
où on puisse déposer les tiges sans les salir de terre.

Dans d'autres lieux, on a des cadres portés sur quatre pieds
et garnis de grosse toile pour le même objet. Ces cadres pouvant se transporter d'une place à l'autre, et durant nombre
d'années, sont sans contredit préférables aux aires, qui ne
remplissent qu'incomplétement leur but, et qu'il faut refaire
toutes les années.

Cela étant préparé, des ouvriers parcourent la houblonnière
et coupent avec une serpette emmanchée à un long bâton (cet
instrument s'appelle un *volant* dans quelques lieux) les sommités qui s'attachent à d'autres perches que celles autour desquelles s'entortillent leurs tiges, ensuite ils coupent toutes les
tiges à 3 ou 4 pieds au - dessus du sol. Si on les coupait rez
terre, la sève qui n'est pas encore arrêtée en ferait pousser
de nouvelles, ce qui affaiblirait les racines et diminuerait leurs
productions pour l'année suivante. Il serait même mieux de
les couper à 6 ou 8 pieds par la même raison, ou même de ne
les pas couper du tout. Alors on enlève successivement tous les
échalas avec les tiges qui les entourent, et on les porte auprès
des aires ou des cadres : là, des hommes et des femmes assises
cueillent les cônes en les tirant avec la main.

Lorsque les perches sont trop fortement fixées en terre, on a
des espèces de leviers pour les arracher au moyen d'une grosse
corde à nœuds coulans, ou avec de grandes et fortes tenailles
qu'on appuie sur un billot.

On croit qu'il ne faut couper le houblon qu'à mesure qu'on
l'épluche, parce que celui qui reste sur les tiges fanées perd
de sa qualité, ce qui est assez difficile à concevoir.

Un beau temps calme est indispensable pour la réussite
d'une cueillette de houblon. Lorsqu'il fait de la pluie, il est
sujet à moisir; lorsqu'il fait du vent, on en perd beaucoup. Il
ne faut même commencer que lorsqu'il n'y a plus de rosée et
finir à la nuit tombante, si on veut bien faire.

En l'épluchant on doit avoir la plus grande attention pour
qu'il ne s'y mêle pas des feuilles, des portions de tiges, de la
terre et autres immondices; car cela diminue sa valeur. Celui
qui est totalement roux, c'est-à-dire parvenu au dernier degré de maturité, se met à part.

Il serait avantageux au succès de la récolte du houblon
qu'il y eût, dans chaque champ, un hangar où on puisse faire
les opérations précédentes à l'abri du soleil, de la pluie et
du vent; mais quoiqu'il puisse être facilement prouvé qu'on y
gagnerait beaucoup, il paraîtra toujours difficile d'engager les

cultivateurs à en faire la dépense et à en sacrifier le terrain. Une tente établie sur quelques perches remplirait presque aussi bien cet objet et coûterait moins.

Les houblons cultivés par la méthode des palissades étant moins élevés que ceux qui grimpent jusqu'au haut des perches, se cueillent en place avec des échelles doubles, comme on cueille les cérises, les pommes, etc. , ce qui permet de choisir les cônes exactement au degré de maturité convenable, parce que rien n'oblige à cueillir en même temps, comme dans la méthode ordinaire, tous ceux d'un même pied, mûrs ou non. Cet avantage seul, quand il n'y en aurait pas tant d'autres, devrait engager tous les cultivateurs de houblon d'abandonner le mode de culture généralement adopté. Je recommande au lecteur de prendre cette réflexion en grande considération.

On n'est pas d'accord sur le point de maturité auquel il convient de cueillir le houblon ; cependant il est certain que celui cueilli trop vert a moins d'odeur et de saveur lorsqu'il est desséché, et que celui qui l'est trop est aussi dans le même cas. Le bon houblon doit avoir une odeur suave et une saveur très-amère ; sa couleur doit être d'un brun clair uniforme, et il doit perdre 2 tiers ou même 3 quarts de son poids par la dessiccation.

Aussitôt qu'il y a suffisamment de cônes de houblon d'épluchés, ou lorsque la journée est finie, on les porte à la maison dans de grands sacs à ce destinés ; mais il faut les laisser le moins long - temps possible dans ces sacs, et lorsqu'on les ôte, ne les pas entasser en grandes masses, car ils sont sujets à s'échauffer, sur-tout s'ils sont mouillés et s'il fait chaud : ils prennent alors une couleur noire et perdent toute leur odeur, ce qui diminue considérablement leur valeur. On doit donc les étendre sur de grandes toiles, ou procéder sur-le-champ à leur dessiccation.

Une houblonnière cultivée en palissade donne encore le moyen d'éviter cet inconvénient, en ce que la cueillette des cônes ne se faisant pas en masse, on n'apporte chaque soir que ce qui peut être séché pendant la nuit et le jour suivant. Aussi, je le répète, ceux des cultivateurs de houblon qui adopteront les premiers cette méthode en France en tireront des bénéfices considérables.

Pour être bonne, la dessiccation du houblon doit être prompte et complète. Nulle part en France, on n'a de fourneaux parfaitement appropriés à cet objet et en même temps économiques. Il n'en est pas de même en Angleterre, et c'est probablement à cette circonstance et aux soins qu'on apporte à la cueillette des cônes qu'est due la supériorité actuelle des houblons de ce pays ; supériorité telle qu'ils ont toujours, quoique beaucoup plus chers, la préférence sur ceux de Flandre dans les marchés du Nord. J'ai donné au mot ÉTUVE la description et la figure d'un de ces fourneaux.

Dès que le houblon est cueilli, on le fait sécher dans un fourneau construit exprès, parce que, si on le laisse en tas, il s'échauffe très-promptement, perd sa belle couleur, sa bonne odeur, et diminue de prix en conséquence. Si le fourneau est plein et qu'il reste du houblon à sécher, on l'étend clair sur un plancher, dans un lieu où il y ait un courant d'air; il y reste jusqu'à ce qu'il puisse être fournoyé. On doit faire grande attention que la dessiccation dans le four soit égale, et qu'elle n'altère ni la couleur ni l'odeur. Si, en le retirant du four, une partie n'est pas sèche, on la sépare rigoureusement. Une livre de ce houblon est susceptible de dégrader la couleur et l'odeur de cinquante livres de houblon sec.

La méthode de la dessiccation n'est pas la même par-tout. En Flandre on bâtit un fourneau de briques, de 10 pieds de largeur sur autant de longueur : l'ouverture du fourneau est pratiquée dans un de ses côtés, et le foyer est au centre, qui est de la largeur de 15 pouces sur autant de profondeur; il se termine à la distance de 2 pieds et demi de chaque extrémité du fourneau. Le foyer doit être fait sur le pavé du fourneau : 4 pieds au-dessus de la couverture du toit, on fait le lit où l'on étend le houblon que l'on veut sécher; ce lit doit être entouré d'un mur de 3 à 4 pieds de hauteur, pour y retenir le houblon. Il y a une chambre joignante au fourneau, où l'on dépose le houblon quand il est sec : on y pratique une fenêtre, qui s'ouvre du côté de l'endroit où est le lit, fenêtre par laquelle on passe avec une pelle le houblon séché, et on le fait entrer dans cette chambre, qui doit être de plain pied avec la fenêtre. On fait le lit de lattes très-unies, qui ont un pouce en carré, et on les place à un quart de pouce l'une de l'autre, afin que la chaleur puisse s'y porter librement et que le houblon ne puisse point passer à travers les interstices; une solive traverse le milieu du lit, et on y assujettit les lattes. Ce lit se remplit ensuite de houblon; on l'étend également à un pied et demi de profondeur, sans le presser, et on passe légèrement sur sa surface un râteau de bois, ensuite on allume le feu. La coutume en Flandre est de se servir d'un bois humide, qui communique une mauvaise odeur. On continue le feu jusqu'à ce que le tout soit bien sec, article essentiel; ce que l'on connaît si, en passant un bâton sur la surface, les houblons font du bruit : s'ils ne le sont pas également par-tout, il faut les éclaircir dans l'endroit du lit où ils sont les plus humides, en jetant ceux dont on les décharge dans les endroits les plus secs. Lorsque toute la fournée est bien sèche, on éteint le feu, et on pousse avec une pelle les houblons dans la chambre qui est à côté ; on balaye ensuite le fond du lit ; on regarnit le lit et on allume le feu, ainsi qu'il a été dit.

Voici la manière dont on se sert du fourneau à drèche pour sécher le houblon. On pratique une espèce d'aire, sur laquelle on l'étend à la hauteur de 6 pouces ; on le tient sur un feu fait ainsi qu'il a été dit, jusqu'à ce qu'il soit à moitié sec : on renverse alors tout le houblon, c'est-à-dire que ce qui était dessous revient dessus ; après quoi on le laisse, en continuant toujours le feu, jusqu'à ce que le tout soit également sec. En suivant cette méthode on épargne la dépense d'un fourneau. Lorsque l'on en a un à drèche, et que l'on n'a qu'une médiocre quantité de houblon à sécher, par la méthode flamande on continue le feu plus long-temps que par les autres, et on ne retourne pas les houblons ; il y a toujours une partie qui est trop desséchée ou qui ne l'est pas assez. Dans la méthode anglaise, c'est un grand inconvénient d'être obligé de retourner le houblon, opération pendant laquelle on perd beaucoup de graines. M. Hall en propose une qui remédie à ces inconvéniens, et qui est plus économique par la suite : il n'y a de plus coûteux que la construction du fourneau.

Il faut bâtir le bas d'un fourneau à drèche, et l'on fait un cadre avec des parties de planches bien unies, d'un pouce d'épaisseur, de 3 pouces de largeur, et d'une longueur proportionnée au fourneau. On les dispose en échiquier les unes dans les autres, ayant l'attention de faire la surface bien unie ; on couvre le cadre de plaques de fer-blanc bien soudées ensemble, et on y ajoute quatre rebords de planches, dont trois y sont fixées ; la quatrième doit être montée sur des gonds, pour pouvoir l'ôter quand le houblon est sec, et pour le pousser doucement sans le rompre, avec une pelle, dans la chambre voisine. Le lit étant ainsi fait on prépare son toit ou ciel, qui doit être exactement de la même longueur et largeur, et fait de planches arrangées en cadres, dont la face intérieure doit être revêtue de fer-blanc. Il faut suspendre ce ciel à plat sur une hauteur considérable du lit, mais de façon qu'on puisse le hausser ou le baisser à volonté. On pratique ensuite des échappées aux coins et aux côtés des fourneaux, pour donner un libre passage à la fumée. Tous ces soins pris, le fourneau est prêt. On verse par paniers le houblon dans le lit, et une personne l'étend doucement avec un bâton jusqu'à l'épaisseur de 8 pouces. On allume ensuite le feu, et on l'entretient égal jusqu'à ce que la grande humidité soit évaporée. On baisse alors le ciel à 10 pouces de la surface du houblon, ce qui fait comme le chapiteau d'un fourneau de réverbère, et qui par conséquent réfléchit la chaleur sur le houblon, de sorte que la couche supérieure est aussitôt sèche que l'inférieure. Lorsque toute la fournée est sèche on enlève la planche montée sur des gonds et qui ferme un des côtés du lit ; on la fait pencher par le moyen d'un appui qui la soutient ; on pousse dehors le houblon par le secours d'une planchette fixée au bout d'une perche dont on se sert avec beaucoup de légèreté. On remet ensuite cette planche sur les gonds, et l'on continue de la même manière jusqu'à ce que l'on ait séché toute la récolte.

Il faut que la chambre où l'on met le houblon qui sort du fourneau soit sèche et très-aérée. Le houblon qui est net et entier produit un très-bon bénéfice ; comme il est toujours très-cassant en sortant du fourneau, il faut le laisser dans cette chambre au moins trois semaines : pendant ce temps il devient ferme, pour peu que le temps soit tempéré ; mais si le temps est chaud et humide, il faut le couvrir avec des couvertures.

Nous ferons observer que la chambre où l'on pousse le houblon au sortir du fourneau doit être à peu près de niveau avec le plancher du lit, afin que le houblon ne tombe point de trop haut : sans cette précaution il se casserait. Il faut aussi qu'il y ait une chambre au-dessous. On fait une ouverture au milieu de la chambre supérieure qui communique avec l'inférieure ; on donne 3 pieds et demi de largeur à cette ouverture ; ensuite on prend un sac de 4 pieds de longueur, et l'on attache un cerceau à son embouchure ; on le roule tout autour, et on l'y fixe avec une ficelle. On doit choisir un cerceau assez large pour qu'il ne puisse point entrer dans l'ouverture pratiquée au milieu de la chambre.

Lorsqu'on a ainsi préparé le sac on fait passer l'autre bout opposé à celui où est le cerceau par l'ouverture ; l'autre bout est soutenu par le cerceau. Ensuite on verse une certaine quantité de houblon qu'une personne placée dans la chambre de dessous rassemble dans les coins du sac et les y arrête avec une ficelle. Ces coins ressemblent alors assez bien à des pelotes à épingles ; elles sont d'une très-grande commodité dans la suite.

Quand cela est fait, on verse le houblon dans le sac : un homme y entre pour le distribuer également et le fouler aussi vite qu'on le verse, jusqu'à ce que le sac soit rempli. On déroule alors le cerceau et l'on coud la bouche du sac, observant de faire dans les coins des pelotes, comme celles que l'on a faites dans les deux coins inférieurs. On peut alors ouvrir la vente, ou, si l'on aime mieux, attendre une occasion plus favorable, pourvu qu'on mette les sacs dans une chambre sèche. (R)

Le houblon est dans toute sa force dans sa troisième année,

et peut subsister quinze ou vingt ans dans le même lieu, si le sol est bon et si on a soin de rajeunir de temps en temps les pieds en enlevant la terre qui les entoure pour la remplacer par celle qui est dans les intervalles, et en y apportant de la nouvelle du dehors. Le mieux est cependant de la détruire lorsqu'elle est arrivée à un certain degré de vétusté, et de la replanter ailleurs, c'est-à-dire, au bout de dix à douze ans. On a écrit que le sol d'une houblonnière était tellement épuisé, qu'on ne pouvait plus y obtenir de récoltes, qu'il fallait de toute nécessité y planter des arbres ; mais c'est une erreur démentie par l'expérience. On y met toutes espèces de productions autres que le houblon, après qu'on lui a donné les façons et les engrais convenables ; la garance sur-tout y croît avec beaucoup de succès, d'après l'observation d'Arthur Young. Mais ce n'est pas en une seule année qu'on peut extirper toutes les pousses de houblon d'un terrain qui en portait : quelques précautions qu'on mette à en enlever les racines, il faut des cultures de plantes qui demandent des binages d'été, telles que celles des pommes de terre, des haricots, et ensuite des prairies artificielles. On ne doit remettre du houblon dans ce terrain qu'après cinquante ou soixante ans.

Un grand nombre de personnes croient que le houblon est une culture très-productive. La *Feuille du cultivateur* établit un calcul, duquel il résulte que son bénéfice, année moyenne, est de 480 fr. par arpent ; cependant Arthur Young révoque en doute, dans quelques endroits de ses ouvrages, ses grands avantages, fondé sur l'incertitude d'une bonne récolte, et sur l'énorme variation du prix. Je ne suis pas à portée de prendre un parti dans cette circonstance ; mais puisqu'un grand nombre de cultivateurs pratiquent cette culture, il faut croire qu'elle ne leur est pas onéreuse : d'ailleurs tous les hommes aiment à courir des chances, et il ne faut qu'une bonne année pour en faire oublier plusieurs mauvaises. Des faits cités par le même Arthur Young prouvent que cette culture ne peut être fructueuse que lorsqu'elle est faite en grand et par des agriculteurs qui peuvent y verser toutes les avances qu'elle exige.

En Angleterre, beaucoup de propriétaires de houblonnières en mettent les travaux en entreprise et y trouvent leur compte. Je n'aime point cette méthode qui subordonne la nature à un contrat ; car les positions dans lesquelles je me suis trouvé m'ont souvent donné la preuve des inconvéniens des entreprises à forfait en agriculture.

Les tiges de houblon rouies donnent une filasse avec laquelle on fait d'assez bonnes cordes ; brûlées d'une manière convenable, elles fournissent beaucoup de potasse. On emploie ses feuilles en médecine comme diurétiques et céphaliques. J'ai déjà parlé de leur usage pour la nourriture des bestiaux, et de celui des jeunes pousses pour celle de l'homme.

Le houblon est sujet à des maladies qui nuisent beaucoup au produit de sa culture: les deux principales sont le miélat et la rosée farineuse. La première est une extravasation, par les pores des feuilles et de la tige, d'une matière qui a la saveur et la consistance du miel (*voyez* au mot MIÉLAT); elle nuit, parce qu'elle épuise la plante et s'oppose à sa transpiration. La seconde est une plante parasite de la famille des champignons, probablement un ERYSIPHÉ ou un URÉDO (*voyez* ces mots). Il n'y a pas plus de remède contre elle que contre la *rouille des blés*, qui a la même cause. Il est d'observation constante parmi les cultivateurs de houblon, comme parmi ceux de blé, que les plantations dans les terres basses ou voisines des bois en sont plus affectées que celles qui sont sur des coteaux exposés au soleil. On peut en diminuer la quantité pour les années suivantes en enlevant les feuilles qui en sont infectées avant la fin du printemps, et en les brûlant.

Les insectes qui nuisent le plus au houblon sont les PUCERONS (*voyez* ce mot), qui épuisent la sève de ses jeunes pousses, et diminuent par conséquent sa force de végétation. On peut difficilement les détruire; mais on doit le tenter lorsqu'ils sont excessivement multipliés, au moyen des infusions de tabac, de feuilles de noyer, d'hièble et autres plantes à odeur forte, et encore mieux avec des eaux de lessive qu'on répand sur eux avec une pompe. Ensuite la larve ou chenille de l'HÉPIALE (*voyez* ce mot), qui mange ses racines et fait périr les pieds les plus vigoureux au moment où on s'y attend le moins. Ce sont principalement les vieilles houblonnières qui sont sujettes à ce fléau, contre lequel il n'y a d'autre moyen de destruction que de fouiller la terre du pied dont on voit les feuilles se faner, et de tuer la chenille, ou de chercher les papillons au mois de juillet, lorsqu'ils s'accouplent, pour les tuer également; mais ces travaux sont souvent sans résultats.

Quant à l'emploi du houblon dans la fabrication de la BIÈRE, *voyez* ce mot. (B.)

HOUE. Instrument de fer plus ou moins recourbé, qui sert à remuer la terre et qui varie beaucoup dans sa forme, suivant les lieux et selon les divers usages auxquels on l'applique. Il a une douille, une lame et un tranchant ou une pointe. Vers la douille il est ordinairement plus large et diminue insensiblement jusqu'à l'autre extrémité, qui est ou carrée, ou arrondie, ou triangulaire, ou quelquefois fourchue. Il est fixé par sa douille à un manche de bois, avec lequel il forme un angle aigu et qui est d'une longueur relative à l'usage de l'instrument. Ce manche, ainsi que la plupart de ceux des autres outils d'agriculture, est fait avec du pommier sauvage, du charme ou du frêne.

Il serait trop long de faire connaître, et sur-tout de décrire les nombreuses espèces de houes dont on fait usage en Europe; elles peuvent toutes se réduire à quatre ou cinq principales, qui sont, la *houe carrée*, la *houe ronde*, la *houe triangulaire*, la *houe fourchue*, et la *houe-trident*.

La première est propre aux labours superficiels des champs, des vignes et des jardins; elle est employée dans la plus grande partie de la France. C'est celle dont on se sert à Saint-Domingue dans les grandes cultures; elle y tient lieu de charrue et de bêche (1).

On fait usage de la seconde principalement pour semer les graines farineuses, et pour planter et butter des pommes de terre, des artichauts ou autres plantes.

La troisième, c'est-à-dire la houe triangulaire, est utile à employer dans les terrains graveleux et pierreux (2), et la houe fourchue, dans ceux qui abondent en pierres ou en racines traçantes. On enlève aussi les racines traçantes avec la houe-trident, sur-tout le chiendent; pour cela on enfonce cet instrument jusqu'à une certaine profondeur dans la terre, qui a déjà été labourée à la charrue et à la bêche, et on attire à soi les racines, qu'on met en tas pour les brûler.

Il y a des houes dont la forme est propre aux terrains en pente, sur lesquels l'usage d'une houe à long manche serait impraticable : telle est la houe triangulaire à main. Cette main n'est autre chose qu'une espèce de crochet en fer que tient l'ouvrier, et au moyen duquel il manie l'instrument.

Enfin il y a une petite houe appelée BINETTE OU PIOCHETTE, dont les jardiniers se servent pour serfouir des fleurs. (D.)

De toutes les houes, celle qui est la plus commode et en même temps la plus expéditive, pour les petits labours ou binages d'été, est la houe américaine : c'est pourquoi j'ai cru qu'il était bon d'en donner la figure. *Voyez Pl. I, fig. 5.*

Les Anglais ont donné le nom de houe à cheval (*horse-hoe*) à un instrument qui leur sert à biner les semis ou plantations

---

(1) La houe à large fer des environs de Paris, et à manche court, jouit d'un avantage particulier; c'est qu'en l'emmanchant en sens contraire, on le transforme en pelle, très-propre à vider la terre des tranchées dans les défoncemens. *(Note de M. Bosc.)*

(2) Cette houe est principalement favorable au binage des vignes qu'on couche tous les ans, comme celles du nord de la France, parce que sa pointe pénètre entre les ceps, qui souvent forment un réseau souterrain, sans les blesser dangereusement. *(Note de M. Bosc.)*

faites par rangées; mais ce nom ne lui convient qu'imparfaitement, car le caractère principal des houes est d'ouvrir la terre
en frappant, tandis qu'il l'ouvre à la manière de la charrue.
Le plus souvent il est composé d'un, de deux, de trois et même
d'un plus grand nombre de lames de fer et de la forme et de la
largeur d'une houe plate, parallèles à l'horizon, fixées par le
moyen d'un manche également de fer et formant un angle
plus ou moins fermé, plus ou moins ouvert, quelquefois droit,
à une, deux ou trois traverses liées entre elles et attachées ou
non à un avant-train de charrue, à une ou deux roues. On en
voit un, figuré à l'article Succession de culture de cet ouvrage.

Cet instrument ne diffère du cultivateur ou charrue a
biner que parce qu'il est plus aplati, plus faible et qu'il expédie plus d'ouvrage, et du ratissoir a cheval que parce
qu'il est composé de plusieurs fers.

En général la houe à cheval, soit simple, soit composée, est
une invention très-utile, en ce qu'elle économise prodigieusement de main d'œuvre et qu'elle fait de bon ouvrage. Il est
de l'intérêt des cultivateurs français d'en adopter l'emploi. Le
seul inconvénient qu'elle ait, c'est de ne pouvoir pas facilement
servir dans les terrains caillouteux et ceux où il y a beaucoup
de racines ou de rejets.

On lit, dans la Bibliothèque britannique, que deux cultivateurs de Suffolk avaient fait un essai comparatif du sarclage
des turneps à la houe à cheval et à la houe à main, et que
ceux sarclés à la houe à cheval avaient donné 14 tonnes et
demie par acre, tandis que ceux sarclés à la herse à main n'a-
vaient produit que 10 tonnes par acre.

Donner avec une houe à cheval un binage à une terre, quelques jours avant de la labourer, serait une très-bonne opération, en ce qu'elle ferait périr les mauvaises herbes, que trop
souvent la charrue enterre sans les détruire. *Voyez* Labour.

Il arrive souvent, dans les pays à jachères, qu'il tombe
de la pluie après un labour d'été : alors les herbes qu'on a cru
détruire par ce labour repoussent avec vigueur, et ses effets
deviennent nuls sous ce rapport. Un binage avec une houe à
cheval, munie de beaucoup de socs, donné au retour du beau
temps, remettrait les choses en état. Cet instrument serait
donc utile dans ces pays.

Quoique la houe à cheval à plusieurs socs soit peu connue
en France, beaucoup de laboureurs en sentent l'importance et
remplissent les indications qu'elle offre au moyen de la herse
à dents de fer; mais il suffit de voir marcher l'une et l'autre
ensemble, ou de considérer les résultats de leur action pour
se convaincre de la supériorité de la première.

Les *Pl.* 2 et 3 de la Collection des instrumens aratoires, publiée par Lasteyrie, offre dix-sept houes ou binettes usitées dans différens pays, et dont plusieurs sont préférables, sous quelques rapports, à celles employées le plus habituellement. J'engage les cultivateurs éclairés à les faire construire et essayer.

Voyez Pl. I, fig. 1, houe à cheval avec six petites houes triangulaires sur un seul rang et sans roues; *fig.* 2, houe à cheval, à une seule roue et à dix houes plates, disposées de manière à ce qu'elles ne laissent pas de terrain sans y passer; *fig.* 3, houe à cheval, à deux roues et à trois houes triangulaires et très-larges.

Une houe à cheval est figurée *Pl.* 28 du bel ouvrage de M. Leblanc sur les machines employées en agriculture. J'invite le lecteur à en prendre connaissance.

On peut varier sans fin et dans toutes les proportions ces sortes de charrues. (B.)

HOUE A BINER. On donne ce nom, dans quelques exploitations rurales, à une espèce de petite CHARRUE, que dans d'autres on nomme CULTIVATEUR. *Voyez* ce mot.

Je crois devoir reproduire la figure d'une houe à biner entre des rangées, mue par deux hommes, et en ce moment fort usitée en Angleterre. Elle est composée de deux trains réunis par une charnière. L'avant-train est une flèche coudée vers son milieu et fendue à une de ses extrémités pour recevoir une roue de fer, et offre une béquille à l'autre. L'arrière-train est une flèche moins coudée, vers la base duquel est une mortaise, où entre le fer de la houe, fixé au moyen d'un coin, et s'allongeant un peu au-dessous du niveau de la roue. A l'autre extrémité, on voit aussi une béquille.

Cette machine se meut au moyen de deux hommes, dont l'un traîne et l'autre pousse au moyen de la béquille. Elle remplit fort bien son objet. *Voyez Pl. III, fig.* 5 du tome VII. (B.)

HOUETTE. Petite HOUE (*voyez* ce mot). On voit plusieurs houettes figurées dans le second volume de la Collection des instrumens et machines usitées en agriculture, publiée par Lasteyrie. (B.)

HOUILLE. Substance inflammable d'un noir luisant, d'un tissu compacte, disposée à se diviser en cubes, qu'on trouve en bancs ou en filons, ou en amas dans l'intérieur de la terre, et qu'on emploie comme combustible, soit dans les foyers domestiques, soit dans les forges et autres manufactures à feu.

Cette substance, qu'on appelle aussi *charbon de terre,* n'intéresse pas directement l'agriculture; mais la grande rareté du bois doit faire désirer à tout ami de son pays, qu'à l'exemple les Anglais nous en fassions à l'avenir un plus grand usage que par le passé. D'ailleurs le résidu de sa combustion, qu'on appelle cendre, quoique ses principes soient totalement différens de ceux de la cendre de bois, résidu qui varie depuis un jusqu'à vingt et vingt-cinq pour cent, est un excellent amendement pour certaines terres. Il en est de même de sa suie. *Voyez* CENDRE et SUIE.

Il arrive très-fréquemment que la houille contient des pyrites, ce qui rend sa combustion désagréable à l'odorat, et empêche qu'on ne puisse l'employer dans beaucoup de manufactures. C'est pour cela qu'on la fait en partie brûler, qu'on la réduit en ce que les Anglais appellent *coak* et les Français *charbon désoufré*, par une opération analogue à celle en usage dans la fabrication du charbon de bois. Dans cet état, il n'a plus d'odeur; mais il a perdu un quart et même un tiers de son poids.

Lorsqu'on fait cette opération dans un fourneau disposé à cet effet, on obtient une espèce de bitume liquide fort chargé d'alcali volatil, bitume bien préférable à toute autre matière, comme l'ont prouvé par l'expérience Faujas de Saint-Fonds et autres, pour caréner les vaisseaux et imprégner les cordes dont on fait usage dans la marine.

On s'en sert aussi beaucoup aujourd'hui en Angleterre pour graisser les roues des voitures, en le mêlant avec un peu d'argile pour diminuer sa fluidité.

Quelques parties de la France sont riches en mines de charbon de terre mais très-peu sont exploitées convenablement. Ce n'est que par des travaux en grand, et qui, par conséquent, exigent des avances considérables, qu'on pourra espérer être en état de le vendre aussi bon marché que nos voisins.

La qualité des houilles varie si fort, qu'il n'y a peut-être pas deux mines qui en fournissent de parfaitement semblable. Il en est, comme je l'ai dit plus haut, qui contiennent beaucoup de pyrites, d'autres paraissent renfermer des matières animales, et exhalent en conséquence une odeur très-fétide dans la combustion. Quelques-unes sont si pures, qu'elles sont très-solides, et peuvent être travaillées comme le jayet, bitume qui en approche beaucoup. D'autres, avec toutes les apparences d'une bonne qualité, sont incombustibles.

Le principal usage de la houille en France est pour travailler le fer dans les forges des serruriers, des taillandiers et des maréchaux, etc., objet auquel elle est plus propre que le charbon de bois, parce qu'elle donne plus de chaleur, et la conserve mieux. En Angleterre, elle remplace le bois et le charbon de bois dans leur emploi domestique et dans les grandes manufactures à feu.

Il a été fait en Angleterre des expériences comparatives dont il résulte que le charbon de terre de bonne qualité, brûlant dans un fourneau et sous une chaudière convenablement disposés, peut évaporer environ huit fois son poids d'eau, tandis que le bois, dans les mêmes circonstances, n'en évapore que quatre fois son poids.

Généralement les mines de houille se trouvent au bas des montagnes de seconde formation, c'est-à-dire entre des schistes, entre des grès ou des pierres calcaires primitives, et dans les angles rentrans, dans les golfes que forment ces montagnes. Leur épaisseur et leur profondeur sont très-variables. On en connaît qui ont plusieurs toises de puissance, et d'autres qui n'ont que quelques lignes : elles sont ou à la surface du sol, ou si profondes, qu'on ne peut les atteindre. Souvent il y a un grand nombre de couches de différentes qualité et épaisseur dessus les unes des autres, séparées par des schistes, des grès, des argiles. Enfin il faudrait des volumes pour détailler toutes les circonstances qu'elles présentent; mais cela n'est pas de mon objet.

L'opinion des minéralogistes varie sur l'origine des houilles. Quelques - uns supposent qu'elles ont été formées en même temps que les pierres secondaires, et, comme elles, par une précipitation chimique. Patrin imagine qu'elles proviennent des volcans. Je suis de l'avis de ceux qui pensent qu'elles sont des dépôts des bois de l'ancien monde, c'est-à-dire du monde circonscrit aux montagnes primitives et secondaires, dépôts amoncelés dans la mer par les fleuves. Je dis par les fleuves, parce qu'on a comparé mal à propos la houille aux bois enfouis dans la terre, et simplement bituminisés. (*Voyez* Lignite.) Il suffit de savoir quelle immense quantité d'arbres sont encore aujourd'hui entraînés à la mer par les grandes rivières de l'Amérique, pour présumer la possibilité de ce fait ; et quand on a vu les nombreuses empreintes de fougères et autres plantes, toutes il est vrai appartenant aux pays chauds, qui existent entre les couches des mines de houille, on ne peut guère se refuser à le croire certain. Je sais qu'il y a beaucoup d'objections à faire contre cette idée, mais il y en a de bien plus difficiles à proposer aux partisans des deux premières. Ce n'est pas ici le lieu de discuter ce point de théorie. Je me contenterai seulement de dire que j'ai ramassé moi-même au milieu de la dernière couche de la mine de Saint-Berain, un morceau de bambou, bien caractérisé, dont la cavité était remplie de boue schisteuse, et la partie ligneuse convertie en charbon parfaitement semblable à celui de la couche même, et ayant laissé son empreinte dans cette couche. Je ne sais pas ce qu'on peut opposer aux conséquences que je tire de cette pièce, que j'ai déposée dans le cabinet de l'École des Mines. *Voyez* Tourbe.

La houille est infertile, c'est-à-dire que, quoi qu'on fasse, on ne peut faire croître des plantes dans celle qui est pure, si finement réduite en poudre qu'elle soit. On est même allé jusqu'à dire qu'elle frappait de stérilité les terrains sous lesquels elle gît par les émanations qui s'en échappent. Je ne crois pas ce fait fondé en raison; mais il est très-vrai que la houille se trouvant principalement dans des sols schisteux, sols par eux-mêmes très-peu propres à la culture, on a dû en tirer la conséquence ci-dessus. Les mines de Mont-Cenis, de Saint-Étienne et autres plus petites que j'ai visitées, sont toutes dans cette nature de pierre. Je n'ai pas eu occasion de vérifier si la surface du sol de celles qui se trouvent sous des couches calcaires est également peu fertile. Au reste, ces dernières paraissent rares.

Les cendres de la houille sont très-recherchées dans les pays où on en consomme dans les foyers domestiques ou dans les grandes manufactures, pour l'amendement des terres labourables. Ces cendres ne contiennent cependant que de la silice, de la magnésie, de la terre calcaire, un peu de fer, et quelquefois des sels vitrioliques provenant des pyrites qui ont échappé à leur complète décomposition. Aussi est-ce dans les terrains argileux, qu'on appelle froids, qu'elles conviennent le mieux. Elles produisent aussi, comme la cendre de bois et la chaux, d'excellens effets sur les prairies naturelles et artificielles. On en fait un grand usage aux environs de Saint-Étienne et en Angleterre. Il ne faut pas les confondre, comme on le fait souvent, avec les cendres provenant de la décomposition par le feu des tourbes pyriteuses des environs de Soissons et de Laon. *Voyez* au mot Tourbe.

La suie de houille, suie souvent extrêmement abondante, est aussi regardée comme un excellent amendement. Elle a de plus l'avantage de faire périr les insectes par son âcreté. On l'emploie beaucoup dans le pays de Liége, principalement dans les houblonnières, pour les purger des chenilles de l'Hé- riale. (*Voyez* ce mot.) En Angleterre, on en fait une consommation énorme pour ce seul objet. On la répand au premier printemps; plus tôt elle serait entraînée par les pluies; plus tard, elle se dessécherait, et produirait peu d'effet. C'est encore sur les terres argileuses et sur les prairies qu'il est le plus avantageux de l'employer; mais elle fait plus merveilleusement encore au pied des arbres fruitiers dans les jardins abondans en courtilières, en vers blancs et autres insectes destructeurs. Son abondance est quelquefois momentanément nuisible, comme celle de tous les engrais; mais une végétation plus vigoureuse ne tarde pas à dédommager de ce léger retard.

Les cendres de houille servent encore à consolider les mortiers, sur-tout pour les bâtisses dans l'eau : elles remplacent fort bien la pouzzolane; leur suie peut remplacer le noir de fumée dans toutes les peintures rurales. (B.)

HOULETTE. Lame mince de fer de 3 pouces de large et de 6 pouces de long, terme moyen, légèrement recourbée en gouttière à une de ses extrémités, et pourvue à l'autre d'une douille, où un crochet se trouve fixé, laquelle se place à l'extrémité d'un bâton de 7 à 8 pieds de long, et sert aux bergers à prendre, sans se baisser, une petite motte de terre, pour la jeter à leurs moutons qui s'écartent des autres, ou à leurs chiens qui refusent d'obéir à leur voix.

Les plus anciens monumens historiques parlent de la houlette. Elle est dans tout l'univers le symbole des bergers. Les poëtes l'ont fréquemment chantée. Sa forme, ses dimensions, ses accessoires varient sans fin non-seulement dans les pays étrangers, mais encore dans les diverses parties de la France. Sa qualité principale c'est d'être légère. (D.)

Un outil de jardinage qui a quelque rapport avec la houlette des bergers, porte le même nom. C'est une plaque de fer arrondie à son extrémité inférieure, creusée légèrement en gouttière dans sa longueur, et fixée vers le haut à un manche ordinairement très-court. C'est la houlette commune du jardinier. Elle sert à labourer la surface de la terre des caisses d'arbres étrangers, et à lever de jeunes plantes en mottes pour les empoter ou les mettre en place en pleine terre.

Il y a d'autres sortes de houlettes; savoir, celle en TRUELLE (*voyez* ce mot), avec un manche court et écarté du fer d'environ 4 pouces. Elle est propre à remplir les caisses de moyenne grandeur de terre préparée lors des rencaissages des arbrisseaux étrangers; celle à oignon, dont le manche est pareillement distant du fer, et qui sert à enlever soit les oignons de fleurs, soit les marcottes enracinées, soit les jeunes plantes mal venantes et dont on veut pourtant tirer parti; la houlette d'herborisation, dont la forme est triangulaire et le manche long de 2 à 4 pieds: avec celle-ci on enlève, avec leurs racines, les plantes herbacées qu'on trouve dans la campagne et qu'on veut mettre tout entières dans son herbier; enfin la houlette à double branche, qui ressemble en quelque sorte à une paire de ciseaux: elle est composée de deux lames concaves, ayant chacune un manche, et formant, par leur réunion, une espèce de vase ouvert en dessous; on enfonce les deux parties de la houlette autour de la racine, ou plante, ou oignon qu'on veut enlever, en tenant les deux manches avec les deux mains; quand on a enfoncé on tourne la houlette pour couper la terre par-tout, et on arrache la plante avec sa motte entière, comme si elle était dans un pot. (B.)

HOULQUE ou HOUQUE, *Houlcus*. Genre de plantes de la polygamie monoécie et de la famille des graminées, qui renferme plus de vingt espèces, dont quatre à cinq sous les noms de *grand millet d'Inde*, de *grand et petit mil*, de *millet d'Afrique*, sont l'objet d'une culture de première importance dans les pays intertropicaux de l'Asie, de l'Afrique et de l'Amérique, même de quelques lieux des parties méridionales de l'Europe, et deux autres, naturelles à cette dernière partie du monde, entrent avec avantage dans la composition des prairies situées en terrain sec et sablonneux.

La HOULQUE A ÉPI a les racines annuelles, les tiges cylindriques, velues, hautes de 3 à 4 pieds; les feuilles de la largeur du pouce, très-longues et velues; l'épi droit, de 2 pouces de diamètre sur 4 à 5 de long, et terminé par un bouquet de poils. Elle est originaire des Indes, et se cultive dans toutes les parties chaudes de l'Afrique et de l'Amérique. Je l'ai vue abondante en Caroline. On la connaît à Saint-Domingue sous le nom de *couscou* ou *millet à chandelle*. Les nègres du Sénégal l'estiment plus qu'aucune autre plante cultivée. Sa graine, réduite en gruau et mangée en bouillie, m'a paru en effet d'un goût extrêmement délicat. J'en possède en herbier trois ou quatre variétés fort distinctes, et j'en connais trois ou quatre fois autant. C'est la moins productive de toutes les espèces. Il ne faut pas la confondre avec le PANIS, qu'on appelle comme elle *millet* dans beaucoup d'endroits. *Voyez* PANIS.

La HOULQUE-SORGHO a les racines annuelles; les tiges glabres, hautes de 3 à 4 pieds; les fleurs d'un blanc sale ou rousses, disposées en panicule droite et lâche; les graines aplaties. Elle est originaire des grandes Indes et se cultive avec la précédente, mais plus généralement. On en voit quelques champs dans les parties méridionales de la France, et elle rivalise avec le maïs dans quelques cantons de l'Espagne et de l'Italie. C'est le *dura*, *duro* ou *douro* des Égyptiens et autres peuples voisins des côtes africaines de la Méditerranée. Comme la plus connue, les noms de *grand millet d'Inde*, de *petit mil*, de *millet d'Afrique*, lui conviennent plus spécialement. Un tiers du monde peut-être vit de ses graines. Elle offre un très-grand nombre de variétés encore peu connues, mais dont j'ai observé plusieurs dans mes voyages en Amérique, en Italie et en Espagne. Arduini a publié, sur quelques-unes de ces variétés, un mémoire accompagné de figures, dans le second volume des Mémoires de l'académie de Padoue.

La Houlque **bicolorée** a les racines annuelles; les tiges glabres, hautes de 6 à 8 pieds; les feuilles larges de plus d'un pouce; les fleurs disposées en panicule serrée, un peu recourbée, tantôt toutes d'un blanc sale, tantôt toutes d'un noir de fumée, tantôt enfin blanches et noires sur le même épi. Elle est originaire de l'Inde et se cultive avec la précédente, dont elle a été long-temps regardée comme une variété, et dont elle en est peut-être réellement une. Toutes ses parties sont plus fortes. Son grain est très-blanc, très-gros et très-bon. C'est le *gros mil* du Sénégal et l'espèce la plus productive.

La Houlque **saccharine** a les racines annuelles; les tiges glabres, hautes de 8 à 10 pieds; les feuilles glabres, larges de 2 pouces; les fleurs disposées en épi droit très-serré. Elle est originaire des Indes et se cultive encore comme les précédentes, mais elle demande un degré de chaleur plus considérable. Ses graines sont jaunâtres. C'est dans l'Inde, à ce qu'il paraît, qu'on la cultive le plus abondamment; je crois cependant l'avoir vue en Caroline et en Italie. Elle est fréquemment cultivée à Saint-Domingue sous le nom de *petit mil.*

La Houlque **penchée** a les racines annuelles; les tiges glabres, hautes de 6 à 8 pieds; les feuilles glabres, de 2 pouces de diamètre; les fleurs disposées en épi très-serré et recourbé, et les graines blanches. Elle est originaire des mêmes pays que les précédentes et se cultive de même. Il est possible qu'elle ne soit qu'une variété de la dernière, quoique la disposition de son épi et la couleur de sa graine soient différentes. Rarement ses graines parviennent à complète maturité en France.

La Houlque **d'Alep** a les racines vivaces; les tiges hautes de 2 à 3 pieds; les feuilles allongées; les fleurs disposées en panicule penchée. Elle est originaire de Syrie et d'Italie. On la cultive, au rapport de Décandolle, dans quelques parties des départemens méridionaux de la France, probablement pour son fourrage. La grosseur de ses touffes, la longueur de ses feuilles et la précocité de sa végétation, peuvent en effet la rendre précieuse sous ce rapport; mais je n'ai aucune notion particulière sur le parti qu'on en a tiré jusqu'à ce jour. Elle ne craint point les hivers du climat de Paris; sa graine doit être bonne à employer à la nourriture de la volaille et des oiseaux de volière.

Après le maïs, les différentes espèces ou variétés de houlques que je viens d'énumérer sont les graminées qui fournissent les produits les plus abondans à l'agriculture. En Egypte, le sorgho rapporte deux cent quarante pour un. Elles l'emporteraient même sur le Maïs (*voyez* ce mot) si leur grain était d'un volume aussi considérable que le sien. Le grain paraît fade à ceux qui n'y sont pas accoutumés, mais il est très-nourrissant et très-sain. C'est la principale culture en Afrique. On l'y préfère au blé même dans les cantons où ce dernier croît concurremment avec lui.

Je ne crois pas que les houlques doivent devenir l'objet de la convoitise des agriculteurs français. J'ai entendu dire à des Italiens instruits que, même chez eux, sa culture était onéreuse, à raison de l'incertitude de son succès, mais qu'ils ne pouvaient déterminer leurs fermiers à l'abandonner. C'est entre les tropiques, ou au moins dans le voisinage des tropiques, qu'il faut exclusivement s'y livrer.

La culture des houlques diffère peu de celle du maïs. Presque par-tout où elles aiment à croître, la charrue est inconnue ; aussi est-ce à la houe qu'on laboure la terre où elles doivent être semées. Un sol gras paraît être celui qui leur convient le mieux ; cependant je les ai fréquemment vues devenir fort belles dans les sables humides. On dit qu'elles effritent considérablement la terre, cependant les fumiers sont inconnus en Afrique et en Amérique ; on y supplée en alternant les cultures et en multipliant les binages d'été, binages toujours accompagnés d'un BUTAGE. *Voyez* ce mot.

En Italie, c'est au mois de mai qu'on confie à la terre les graines des houlques, après avoir fumé la terre et donné deux labours ; ordinairement on les répand à la volée, quelquefois en rayons, et toujours de manière qu'il y ait environ 2 pieds de distance entre chaque pied. Lorsque le plant a 6 à 8 pouces de haut, on lui donne un premier binage, pendant lequel on arrache les pieds trop rapprochés, pieds qu'on replante dans les endroits où il en manque. Un mois après on donne un second binage, au moyen duquel on rechausse le plus possible les pieds. On répète ce binage lorsque la plante est près d'entrer en fleur. Quelquefois on en donne un quatrième.

En Caroline, où on ne cultive qu'à la houe, où on ne fume jamais, on gratte le sable et on le rassemble en ados de 2 pieds de large sur un de haut. C'est sur ces ados qu'on place la graine de houlque. Lorsqu'elle est levée, on gratte la surface de la terre des ados pour enlever les mauvaises herbes, ensuite on gratte leurs intervalles, et on en ramène la terre au sommet de ces ados. On répète ce grattage, et de la même manière, une ou deux fois. Je dis gratter, car dans la première opération on n'approfondit pas de plus de 2 ou 3 pouces, et dans celle-ci, ainsi que dans les suivantes, de plus d'un à 2.

Lorsque la maturité de la graine approche, on arrache souvent les feuilles pour les donner aux bestiaux, qui les aiment beaucoup ; mais la grosseur et la saveur des graines en souffrent nécessairement.

Si les oiseaux n'étaient pas aussi friands des graines des houlques, on laisserait sans doute les tiges en place jusqu'à ce que toutes fussent mûres ; mais leurs ravages forcent le plus souvent, sur-tout en Caroline, de les couper ou arracher lorsqu'il n'y en a encore que la moitié ou les deux tiers arrivés à cet état. On met ces tiges en tas droits, épis contre épis ; on couvre ces derniers de feuilles ou d'herbes, et la maturité se complète.

Il est probable que la culture des houlques, au Sénégal, diffère peu de celle de la Caroline. J'ai entendu dire qu'on y faisait constamment deux récoltes par an de la grande et petite espèce, c'est-à-dire de la houlque bicolorée et de la houlque-sorgho ; ce que la grande chaleur du climat permet de croire.

En Egypte, on cultive trois des espèces ou variétés citées plus haut ; savoir, 1°. le *doura nili* (la houlque à épi) ; elle a besoin d'arrosage et se récolte soixante à quatre-vingts jours après qu'elle a été semée ; 2°. le *doura chami*, qui paraît n'être qu'une variété de la précédente, portant plusieurs épis ; 3°. le *doura seïfi* (la houlque-sorgho), ou peut-être la houlque penchée. Cette espèce est abondante dans la haute Egypte et dans les terres éloignées du Nil. Quelquefois on en fait deux récoltes dans la même année.

Lorsque la graine des houlques est complétement sèche, on peut la battre et la conserver dans un grenier comme le blé ; mais il vaut toujours mieux la laisser dans sa balle jusqu'au moment où on veut la manger ou la semer. Celle de l'espèce à épi exige sur-tout cette précaution, car elle perd facilement la supériorité de sa saveur par son exposition à l'air.

Le plus souvent on mange les graines des houlques comme le riz, c'est-à-dire cuites à l'eau ou au lait, ou au bouillon, et assaisonnées avec du sel, du piment, des aromates, etc. Quelquefois, comme en Egypte, on les fait entrer dans le pain. Les nègres du Sénégal et ceux d'Amérique les réduisent en gruau sous la meule ou le pilon, et les mangent comme le maïs sous le nom de couscou ou de moussa.

Toutes les volailles recherchent les graines des houlques ; elles les engraissent rapidement et donnent à leur chair de la fermeté et de la délicatesse. Les animaux domestiques aiment beaucoup leurs feuilles, soit vertes, soit desséchées, mais repoussent leurs tiges mûres. Ordinairement, dans les pays où l'on coupe les tiges, les racines repoussent quelques rejetons qu'on recueille exactement pour eux. Dans quelques endroits, on sème même des houlques uniquement pour les couper lorsqu'elles ont 2 pieds de haut, afin d'employer leur fane au même usage. Par-tout les panicules du sorgho, dépouillées de leurs graines, servent, après avoir été réunies cinq ou six ensemble, de balais pour nettoyer les appartemens.

La Houlque molle a les racines vivaces; les tiges hautes d'un à 2 pieds; les feuilles velues; des fleurs en panicules rapprochées, chacune avec une arrête plus longue que les valves. Elle se trouve dans les prés de presque toute l'Europe. Les bestiaux la recherchent avidement, et en conséquence les agriculteurs doivent tendre à la multiplier le plus possible.

La Houlque laineuse a les racines vivaces; les tiges hautes d'un pied; les feuilles lanugineuses; les fleurs réunies en panicule ramassée, chacune ayant une arrête plus courte que les valves. Elle croît dans toute l'Europe aux lieux sablonneux et arides, et fleurit dès le commencement du printemps. Les bestiaux, et sur-tout les moutons, en sont fort avides. On l'appelle *mouilla* dans les vallées du Roussillon. Ce serait une des plantes de sa famille dont la culture serait la plus avantageuse, si sa nature permettait de la mettre en prairies. En effet, il suffit de l'avoir observée dans un sol qui lui est propre pour juger que ses pieds, qui forment de grosses trochées, veulent être isolés. C'est pour n'avoir pas fait cette remarque que quelques cultivateurs qui l'ont semée sur parole en ont été pour leurs frais. La manière de tirer de cette plante tout le parti possible, c'est d'en cultiver quelques touffes dans un lieu défendu des bestiaux, pour en récolter la graine et la semer très-clair, à la fin de l'automne, sur un simple binage ou ratissage, dans les parties des pâturages où l'on mène les moutons au printemps qui sont les plus dégarnies d'herbe. La précocité de sa pousse fournira à ces moutons une nourriture abondante. On peut aussi s'en servir utilement pour remplir les places vides des sainfoins et des luzernes qui commencent à se détériorer. Il est surprenant qu'on n'ait pas encore pratiqué ce moyen de conserver les prairies artificielles en état constant de produit. J'ai droit d'assurer que cette plante ne subsiste pas plus de trois ou quatre ans dans la même place, parce qu'elle épuise le terrain plus que la plupart des autres graminées de sa taille. (B.)

HOUPPE. Réunion des poils qui partent d'un point, soit sur les feuilles et les tiges, soit au sommet des graines de quelques plantes. Ce mot est peu employé.

HOURDI. On appelle ainsi dans quelques lieux les planchers des greniers à foin, qui sont composés de perches ou de branches non équarries. *Voyez* Constructions rurales.

On doit repousser les hourdis, à raison des accidens auxquels ils donnent fréquemment lieu. (B.)

HOURRE. Sorte de pioche dont on se sert aux environs de

Metz pour donner la première façon à la vigne. *Voyez* Pioche et Vigne. (B.)

HOUSSIÈRE. Endroit où il ne croît que du mauvais bois, comme Genêt, Houx, Bruyère, Genevrier. *Voyez* ces mots et celui Broussaille. (B.)

HOUX, *Ilex*. Genre de plantes de la tétrandrie tétragynie et de la famille des rhamnoïdes, qui renferme une vingtaine d'espèces, dont une, propre à l'Europe, a plusieurs sortes d'utilité pour les agriculteurs, et doit être connue d'eux.

Le Houx commun, *Ilex aquifolium*, Lin., est un arbuste très-rameux, qui s'élève à 20 pieds et plus, dont l'écorce du tronc est grise, et celle des rameaux d'un vert noirâtre, dont les feuilles sont alternes, pétiolées, ovales, coriaces, persistantes, d'un beau vert, très-luisantes, à bords épineux, relevées et abaissées. Ses fleurs sont petites, blanchâtres, disposées en bouquets et presque sessiles dans les aisselles des feuilles supérieures ; ses fruits sont rouges et de 2 à 3 lignes de diamètre.

Le houx croît naturellement dans presque toute l'Europe, principalement dans les bois des pays de montagnes. Les très-fortes gelées le font quelquefois périr, sur-tout lorsqu'il a été soumis à la taille. Il fleurit au milieu du printemps, et ses fruits subsistent d'une année sur l'autre. Ses feuilles répandent, dans la chaleur, ou quand on les froisse, une odeur désagréable ; ses fruits sont douceâtres, nauséeux et purgatifs ; on doit craindre de les employer. L'écorce de sa racine est regardée comme émolliente et résolutive : on l'emploie à tanner les cuirs.

Mais ce n'est pas sous les rapports médicaux que cet arbuste est le plus important à considérer ; c'est comme propre à faire des haies, à orner les jardins, à fournir la glu, si utile pour la chasse aux petits oiseaux, et un bois d'une élasticité et d'une dureté telles qu'on n'en trouve aucune autre de même nature en Europe. *Voyez* Glu.

Le plus grand reproche qu'on puisse faire au houx lorsqu'on l'emploie à la fabrication des haies et qu'il a perdu sa flèche, c'est l'extrême lenteur de sa croissance ; mais on en est bien dédommagé par sa durée. On cite de ces haies qui ont plus de deux siècles de plantation et qui sont dans le meilleur état. Aucun homme, aucun animal domestique ne peut les traverser lorsqu'elles sont construites d'une manière convenable, c'est-à-dire lorsqu'on a semé ou planté les pieds sur deux rangs alternes, l'un par rapport à l'autre, qu'on a entrelacé leurs branches, qu'on a taillé les côtés avec prudence et arrêté le sommet à 5 à 6 pieds au moins. Quand ces haies, qui sont aussi agréables à la vue que solides, se dégarnissent du bas ou perdent quelques-uns de leurs pieds, il ne faut pas penser à les rétablir avec la même espèce d'arbuste, qui ne viendrait pas, mais, dans le premier cas, avec le fragon, et dans l'autre, avec des aubépines mêlées d'arbres verts, tels que le buis, le thuya, etc. On les forme, soit par semis, ce qui vaut mieux, parce que le pivot est toujours entier, soit de plant, non de plant arraché dans les bois, qui réussit rarement, mais de celui élevé en pépinière. *Voyez* HAIE.

La graine du houx demande à être semée aussitôt qu'elle est cueillie. Si on ne veut pas la mettre en place en automne, et si on craint que les oiseaux ne la mangent pendant l'hiver, on la déposera en jauge, c'est-à-dire en masse, dans un trou fait en terre, pour l'en tirer au printemps. Avec cette précaution, elle lève en plus grande partie la même année, tandis que si on l'avait laissée se dessécher à l'air, il eût fallu attendre le plant deux ou trois ans, ou même perdre l'espérance de le voir lever. Quoique chaque baie contienne le plus souvent quatre graines, on peut se dispenser de les écraser.

Le plant levé se sarcle deux ou trois fois par an, et est laissé se développer librement pendant les trois ou quatre premières années. Je suppose qu'il a été garanti de la dent des bestiaux par une haie sèche, faite avec des branches d'aubépine ou d'autres arbres. A cinq ans, si le terrain est bon, ce plant doit avoir au moins 3 pieds de haut, et on peut déjà arrêter avec la serpette celle de ses pousses latérales qui s'écartent trop du tronc, et même la flèche des pieds qui ne sont pas suffisamment garnis du bas. C'est alors aussi qu'il convient d'entrelacer les branches pour garnir tous les vides. Les années suivantes, on continue les mêmes opérations, jusqu'à ce que la haie ait, comme je l'ai déjà dit, 5 à 6 pieds de haut; il faut, à toutes les époques, se dispenser autant que possible d'employer le croissant et les ciseaux. La haie en est moins régulière sans doute, mais elle se conserve mieux et se répare plus aisément.

Lorsque des circonstances ne permettent pas de semer la haie en place, on fait une tranchée d'un pied de large et de 6 à 8 pouces de profondeur, et on place des deux côtés, à 6 ou à 8 pouces de distance et alternativement plein contre vide, du plant de deux ou trois ans au plus, pris dans une pépinière, et auquel on ne retranchera ni racines ni branches. Cette plantation souffrira nécessairement; on sera obligé l'année suivante de remplacer beaucoup de pieds morts, mais petit-à-petit elle se fortifiera. Du reste, on la conduira positivement comme il vient d'être dit.

Soit qu'il forme haie, soit qu'il forme buisson, soit qu'il s'élève en arbre d'une forme naturellement pyramidale, le houx fait un fort bon effet dans les bosquets pendant l'été comme pendant l'hiver. Dans cette dernière saison sur-tout, il brille et par le contraste de son vert feuillage avec la nudité des arbres environnans , et par l'éclat de ses fruits, qui ressemblent à des boules de corail : aussi les jardins paysagers s'en sont-ils emparés. Là, on le voit fréquemment figurer autour des massifs, sous l'ombre des grands arbres, ou au troisième rang des arbustes ; là, on le voit varier dans son feuillage à un point dont ne se peuvent faire d'idée ceux qui n'ont pas étudié la botanique. En effet, il n'est point d'arbre ou d'arbuste sur qui l'art du jardinier se soit exercé avec autant de succès que sur celui-ci, ou mieux qui se soit mieux prêté à changer de forme et de couleur entre ses mains. On en voit dont les fruits sont jaunes, dont les fruits sont blancs, dont les feuilles sont très-étroites et allongées, dont les feuilles sont lancéolées et également dentées, dont les feuilles sont plus ou moins hérissées d'épines sur leur surface (c'est *le hérissonne*), dont les feuilles non hérissonnées sont panachées de blanc ou de jaune, ou bordées de ces deux couleurs, à épines couleur de pourpre, à feuilles veinées de jaune et de rouge, sans épines, etc. , etc. Duhamel en compte vingt-six, et depuis lui on en a découvert d'autres. Toutes ces variétés se reproduisent par marcottes et plus fréquemment par la greffe en écusson à œil dormant, greffe qui réussit assez bien quand on la fait en temps convenable et sur des sujets de trois à quatre ans au plus.

Pour multiplier le houx dans les jardins, il faut le semer dans une terre substantielle avec les précautions indiquées pour le semis des baies. La seconde année, on transplante les plants en pépinière à 6 ou 8 pouces de distance : c'est-là qu'on les greffe. Deux ou trois ans après, on les relève pour les placer autre part à 15 ou 18 pouces, et on les y laisse jusqu'à ce qu'on les plante à demeure. Ces plants, comme je l'ai déjà observé, réussissent presque toujours à la reprise et à la greffe, tandis qu'il est rare que celui arraché dans les bois ne meure pas. Cette observation s'applique à plusieurs espèces d'arbres, mais dans aucun autre aussi positivement qu'à celui-ci.

C'est avec la seconde écorce du houx qu'on fabrique la glu dont j'ai déjà parlé et dont on se sert si avantageusement pour la chasse aux petits oiseaux : pour cela, on fait à demi pourrir cette écorce dans un vase enterré dans du fumier ; après quoi on la pile et on la lave à grande eau.

Les jeunes pousses du houx sont si flexibles et si tenaces, qu'on peut les mettre en cercle , avec la certitude de les voir se redresser naturellement avec élasticité aussitôt que la compression cesse. Aussi en fait-on un grand usage pour les manches de fouets, les baguettes de fusils, les houssines à battre les habits, etc. Le vieux bois est dur, solide, blanchâtre à la circonférence et noirâtre au centre. Il pèse, sec, d'après Varennes de Fenille, 47 livres 17 onces 2 gros par pied cube ; c'est-à-dire qu'il reste au fond de l'eau comme le buis et le gayac. Il prend un beau poli et reçoit très-bien les couleurs qu'on veut lui donner. Peu de bois sont meilleurs pour les manches des outils d'agriculture, parce qu'il ne se casse jamais. Si les gros échantillons étaient plus communs, les ébénistes et les charpentiers en feraient un grand usage, parce qu'il a toutes les qualités demandées dans ces deux arts.

La plupart des bestiaux mangent avec plaisir les feuilles de houx lorsqu'elles sont jeunes ; mais elles se défendent contre eux avec leurs redoutables épines, dès qu'elles ont pris toute leur consistance. Dans le nord de l'Angleterre, on les donne aux bêtes à laine, pendant l'hiver, après les avoir pilées dans le but de les entretenir en bon état de santé. *Voyez* MOUTON.

Tous ces avantages devraient faire multiplier le houx plus qu'on ne le fait, sur-tout devraient engager à en laisser beaucoup s'élever en arbre. Les causes qui s'y opposent le plus sont les gelées, qui font périr les jeunes jets, et les marodeurs, qui les recherchent pour les couper. Aussi est-ce dans les montagnes des parties méridionales de la France, dans les Cevennes, le Limousin, par exemple, qu'il faut aller pour voir de nombreuses haies et de gros pieds isolés de cet arbuste. Autre part, ce n'est que dans les jardins ou à de bonnes expositions qu'il peut se conserver dans toute sa beauté.

Parmi les espèces étrangères, il n'y a que le HOUX DE MAHON et le HOUX OPAQUE, dont la Caroline est le pays natal, qui puissent passer l'hiver en pleine terre dans le climat de Paris. Quelques personnes les regardent comme des variétés du précédent ; mais elles en sont distinctes. On les greffe ordinairement sur le commun, auquel ils sont inférieurs sous beaucoup de rapports.

Je dois encore citer le HOUX ÉMÉTIQUE ou le HOUX PARAGUA, *Ilex vomitoria*, Lin., qui a les feuilles ovales, dentées, très-petites ; les fleurs dioïques et les fruits rouges. On le trouve en Caroline, où, quoiqu'il ne soit épineux dans aucune de ses parties, on en fait d'excellentes haies. L'eau dans laquelle on a fait infuser ses feuilles fait vomir, et lorsque ces feuilles ont été grillées avant d'être mises dans cette eau, elles la rendent propre à troubler la tête, à produire les mêmes effets que l'opium à moyenne dose. Aussi les sauvages d'Amérique en faisaient-ils usage avant le combat pour se donner du courage, ou mieux pour s'étourdir sur le danger. (B.)

HOUX-FRELON. *Voyez* FRAGON.

HOVER. Synonyme de HOUER, c'est-à-dire LABOURER à la HOUE. (B.)

HOYA. On donne ce nom aux environs de Dunkerque au Roseau des sables qu'on emploie à fixer les Dunes. *Voyez* ces deux mots. (B.)

HOYAU. Espèce de pioche dont la lame est aplatie en biseau et le manche recourbé, ce qui facilite le travail de l'ouvrier. On se sert du hoyau aux environs de Paris et dans le nord de la France, pour le défonçage des terrains qui ne sont ni trop compactes ni trop pierreux. *Voyez* Houe et Pioche. (D.)

Dans les environs de Castelnaudary, ce nom se donne à la bêche à deux fourches, avec laquelle on défonce la terre tous les dix ou douze ans pour renouveler sa surface. (B.)

HUBERT. Nom vulgaire de l'Attelabe de la vigne. (B.)

HUILE. Liqueur grasse, onctueuse, provenant des végétaux, qui nage sur l'eau sans s'unir avec elle, qui forme des savons lorsqu'on la mêle avec des alcalis et qui s'enflamme par le contact d'un corps embrasé. *Voyez* Suif, Lard et Saindoux.

Il est des huiles concrètes qu'on appelle Beurre, Graisse, etc.; il en est de minérales, comme l'Asphalte; il en est enfin de fixes et de volatiles. *Voyez* ces mots.

On a lieu de croire que les huiles sont une combinaison d'hydrogène, de carbone et d'oxygène, parce qu'on n'en obtient en définitif, par la distillation, que de l'acide carbonique et de l'eau, cette dernière en plus grande quantité qu'il n'avait été employé d'huile.

Les huiles fixes, qu'on appelle aussi *huiles grasses*, *huiles douces*, sont celles qui ne peuvent se volatiliser sans se décomposer; elles n'ont presque pas d'odeur. Leur saveur est douce; il leur faut une haute température pour s'enflammer. L'alcool ne les dissout pas; leur pureté n'est jamais que relative. On les tire par expression des graines d'une grande quantité de plantes et de la pulpe du fruit de l'Olivier (*voyez* ce mot) : ce sont elles qui doivent principalement être considérées ici, parce qu'elles seules sont l'objet d'une grande culture et d'un grand commerce.

Les huiles volatiles sont celles qui se volatilisent à la simple température de l'atmosphère; elles sont très-odorantes, diaphanes ou colorées. Leur saveur est âcre, piquante et même corrosive. Elles s'enflamment par le simple contact d'un corps brûlant; l'alcool les dissout complétement. Leur pureté est souvent absolue : on les retire des racines, des tiges, des feuilles, des fleurs et de leurs diverses parties, de l'écorce ou de l'enveloppe des graines, mais non proprement des graines, c'est-à-dire de l'amande; on les obtient généralement par la distillation et quelquefois par expression.

Toutes les graines huileuses, outre l'huile fixe, contiennent un mucilage que quelques personnes considèrent, avec raison, comme une huile encore imparfaite, de l'amidon et le parenchyme entre les lames duquel ces diverses parties sont renfermées. Je dis avec raison, parce qu'il est de fait que les amandes des graines qui ne sont pas encore arrivées à leur complète maturité ne contiennent que du mucilage, et qu'on en retire d'autant plus d'huile, qu'elles ont été gardées plus long-temps après cette époque.

Lorsque les huiles renferment beaucoup de mucilage, il se forme souvent de l'acide acéteux qu'on reconnaît à son odeur, et qui se précipite au fond des vases. En général, il est toujours convenable d'enlever la surabondance de ce mucilage peu de jours après que l'huile est fabriquée, et de renouveler plusieurs fois cette opération dans le courant de la première année. Cependant Rozier a observé que plus ce mucilage était abondant, et moins facilement les huiles rancissaient. Il est d'ailleurs en partie la cause du goût particulier de chaque sorte d'huile. Il ne faut donc pas forcer sa précipitation pour toutes celles de ces huiles qu'on destine à l'apprêt des alimens; mais on ne peut trop en priver celles qu'on veut employer à la lampe, car il est un des plus grands obstacles à leur combustion.

L'huile adhère plus ou moins fortement au parenchyme. Il est des huiles qui l'abandonnent à la moindre pression; il en est qu'il faut rendre plus fluides par l'élévation de leur température. Presque toutes les graines ont besoin d'être réduites en farine avant ces opérations.

On ne s'était pas jusqu'à présent douté que les huiles végétales continssent du suif, c'est cependant ce que M. Braconnot a fait voir par des expériences positives. Ainsi, en soumettant ces huiles à la presse dans des feuilles de papier gris qu'il changeait plusieurs fois, il a retiré 28 pour 100 de celle d'olive, 24 pour 100 de celle d'amandes, 46 pour 100, de celle de colza. Toutes ces huiles privées de leur suif ne sont plus susceptibles de se figer par le froid, et deviennent moins propres à être employées dans la fabrication du savon.

La pesanteur des huiles grasses varie selon les espèces. Il en est de même de la faculté qu'ont la plupart de se consolider jusqu'à un certain point (de se figer) par le froid. Aux unes il suffit que la température de l'atmosphère s'abaisse jusqu'à 5 ou 6 degrés au-dessus de la congélation, aux autres il faut que cette température descende jusqu'à 10 et 12 degrés au-dessous. Celles qui se figent facilement se conservent beaucoup mieux.

La plupart des huiles grasses, en absorbant moins ou plus facilement l'oxygène de l'air, acquièrent une consistance solide ou se dessèchent en se rapprochant des résines. Celles qui jouissent de cette faculté à un degré plus élevé, telles que les huiles de lin, de noix, d'œillette, s'appellent huiles siccatives, et s'emploient de préférence dans la peinture à l'huile. On accélère encore leur dessiccation en leur faisant dissoudre, à l'aide de la chaleur, de l'oxyde de plomb demi-vitreux, c'est-à-dire de la LITHARGE, substance surchargée d'oxygène. *Voyez* ce mot.

Il ne faut pas confondre cet épaississement avec celui qu'éprouvent toutes les huiles nouvellement faites, et qui résulte de l'évaporation de l'eau interposée entre leurs molécules, mais non dissoute; c'est principalement à la faveur de leur mucilage que cette eau reste dans leur masse. Souvent elle s'y trouve en assez grande quantité pour qu'elle se sépare par le repos, et se précipite au fond des vases qui renferment l'huile.

Dans presque toutes les huiles grasses, il y a une partie qui est plus fluide, plus légère, plus odorante, plus sapide, et qui s'en sépare par le repos pour venir nager à leur surface.

Les huiles nouvellement exprimées sont troubles, parce qu'elles contiennent le mucilage et quelques portions des autres composans de l'amande. La filtration ou le repos les débarrasse de ces matières étrangères, qui, quoi qu'on dise, paraissent réellement concourir à accélérer leur décomposition; alors elles sont transparentes.

La principale altération dont sont susceptibles les huiles grasses, c'est la RANCIDITÉ (*voyez* ce mot). Dans cet état, elles jouissent en partie des propriétés des acides, et ont une odeur et une saveur particulières et désagréables. Cet effet a lieu, soit parce qu'elles absorbent l'oxygène de l'atmosphère, soit parce qu'une température élevée fait réagir ses principes les uns sur les autres. On peut donc espérer de les conserver plus long-temps bonnes, en les mettant dans des vases bien fermés, placés constamment à la plus basse température possible; toutes cependant tôt ou tard deviennent rances, quelques précautions qu'on prenne.

Il est des moyens pour rétablir jusqu'à un certain point les huiles rances; mais je n'en connais pas qui le fassent complétement. Je m'étendrai sur cet objet au mot RANCE.

Lorsqu'on ne s'inquiète pas de la rancidité de l'huile, et elle a quelques emplois dans les arts où il est bon qu'elle le soit, on peut la débarrasser du mucilage et de l'extractif qu'elle contient par plusieurs procédés.

Le premier, qu'on emploie à Gênes pour les huiles d'olives destinées à la consommation des peuples du Nord, qui aiment le goût de rance, et qui veulent peu de couleur et beaucoup de fluidité, consiste à mettre l'huile avec le double de son volume d'eau dans de vastes bassins en pierre ou en plomb qui n'ont que 5 à 6 pouces de profondeur. Ces bassins sont exposés à l'air libre et à toute la chaleur du soleil. La masse s'échauffe, le mucilage se précipite, et l'huile se décolore; mais elle est rance au suprême degré. Cette opération dure quinze jours ou trois semaines. Il est bon d'avertir que l'huile rance dissout le plomb; il est donc très-dangereux dans ce cas d'employer des vases de ce métal.

Un autre procédé plus expéditif consiste à y verser deux centièmes d'acide sulfurique concentré et d'agiter le tout jusqu'à ce qu'il se charge de flocons : alors on y ajoute deux parties d'eau, et on agite de nouveau. Au bout de plusieurs jours de repos, l'huile surnage pure et limpide, et toutes les matières étrangères sont réduites à l'état de charbon : on n'a plus qu'à décanter ou filtrer. Ce procédé, qui est dû à Thénard, étant le meilleur de tous ceux qui ont les acides ou les sels avec excès d'acide pour base, je ne parlerai pas des autres du même genre qu'on emploie et dont on fait secret.

Le troisième produit le même effet à un degré encore plus éminent, relativement du moins à l'odeur et au goût produits par la rancidité. C'est le filtrage à travers la poudre de charbon; mais ce filtrage n'est pas facile, à raison de la légèreté de l'huile. On a imaginé pour cela un appareil, qui consiste en une caisse A de fonte ou de fer-blanc, au bas de laquelle est fixé un tube recourbé B, terminé par un grand entonnoir C. On remplit la caisse de poudre de charbon, et on verse l'huile dans l'entonnoir; cette huile remonte à travers le charbon, s'y débarrasse de toutes ses impuretés, et sort claire et limpide par le robinet D. Lorsque le charbon est chargé d'impuretés, on l'ôte et on en substitue d'autre, ou on le remet après l'avoir fait rougir. *Voyez Planche* 1re., *figure* 4.

Si on fait bouillir l'huile avec du charbon pulvérisé, elle se colore. Je cite ce fait, parce que des écrivains avaient conseillé cette opération pour la clarifier.

Les huiles combinées avec les oxydes métalliques forment les onguens, d'un usage si général dans la chirurgie, quoiqu'ils n'aient réellement d'autre utilité que de mettre les plaies à l'abri du contact de l'air, condition importante pour leur plus prompte guérison; elles forment aussi des mastics par leur union avec les pierres pulvérisées.

Combinées avec les alcalis caustiques, elles constituent les savons, dont on fait un si grand usage pour nettoyer les vêtemens de toutes espèces, dégraisser les laines, débouillir les soies, etc., et à des usages médicinaux.

Plus les huiles sont rances, et plus facilement ou complétement elles se saponifient : c'est un fait reconnu par l'expérience.

En nature, on en fait une si immense consommation pour aliment, pour médicament, pour éclairer, ramollir les cuirs, peindre, etc., qu'on ne pourrait absolument pas s'en passer.

L'énumération des plantes dont la graine peut fournir de l'huile serait fastidieuse, puisque les cinq sixièmes d'entre elles sont dans ce cas. Parmi les familles naturelles, il n'y a guère que les deux premières classes, dans lesquelles sont comprises les graminées et une partie des légumineuses, qui n'en donnent pas. Les exceptions dans les autres sont si rares, qu'elles méritent à peine d'être citées; cependant j'en ai fait mention toutes les fois que l'occasion s'en est présentée. Ici, mon objet est seulement de parler des huiles des plantes qu'on cultive spécialement en France pour en obtenir.

Au premier rang, il faut placer l'huile d'olive, à raison de son excellence pour l'usage de la table, des fabriques de savon, etc.

Cette huile, la seule en Europe qui soit fournie par la pulpe d'un fruit, existe toute formée dans les interstices du parenchyme de cette pulpe un peu avant sa maturité. La peau offre de plus des utricules qui contiennent une huile essentielle. Quelques personnes pensent que c'est à la réaction de cette huile essentielle sur l'huile grasse qu'est due l'altération de cette dernière; mais leur théorie à cet égard n'est pas suffisamment appuyée par l'expérience.

Quoiqu'il soit probable que les parties mucilagineuses et autres qui se trouvent dans l'huile d'olive à la sortie du moulin, concourent à sa détérioration d'une manière plus réelle, puisque, comme je l'ai observé plus haut, elles donnent lieu à la formation de l'acide acéteux, et qu'ensuite elles se putrifient en exhalant une odeur très-fétide; cependant Rozier a cherché à prouver que leur absence accélérait la rancidité. Ses raisonnemens rendent ce dernier fait, qu'il applique à toutes les huiles en général, assez probable pour qu'on doive le regarder comme vrai, jusqu'à ce que des observations plus positives aient fixé les idées à cet égard.

J'ai fait remarquer à l'article OLIVIER (*voyez* ce mot) que, parmi les diverses variétés de cet arbre, il en était dont le fruit mûrissait un mois après celui des autres, toutes circonstances égales d'ailleurs. Il en résulte donc qu'il faudrait les cueillir et les presser séparément; mais c'est ce qu'on ne fait pas, et ce qui cause en partie la mauvaise qualité des huiles d'olives. Changer l'ordre des choses établi n'est pas facile; mais un bon citoyen n'en doit pas moins faire des vœux pour que chaque canton choisisse une, deux ou trois des variétés les plus avantageuses à sa localité, et s'y tienne.

La cause qui, au goût des habitans de Paris, rend les huiles des environs d'Aix si supérieures aux autres, c'est qu'elles sont fabriquées avec des olives qui ne sont pas encore parvenues à leur complète maturité, qu'elles ont été choisies saines, et que la fermentation n'a pas altéré leur qualité. Ces huiles, qu'on appelle *fines*, *vertes*, *qui sentent leur fruit*, ne sont point estimées des Espagnols et des Italiens, à qui il en faut qui soient rances, qui grattent fortement le gosier ; leur cherté d'ailleurs doit être plus considérable que celle des huiles qui ont été faites avec des olives parvenues à toute leur maturité, parce que celles dont elles proviennent ayant été cueillies en décembre, un peu plus tôt, un peu plus tard, selon les années et les localités, leur huile, d'après le principe émis plus haut, n'est pas encore toute formée, et que par conséquent elles en fournissent moins.

Les anciens savaient qu'il était avantageux de cueillir les olives avant leur maturité, aussi cette pratique est-elle recommandée dans les Géoponiques.

C'est à l'époque précise de la complète maturité des olives que celui qui veut avoir une récolte abondante, et cependant de bonne qualité, doit faire cueillir ses olives. Quoique la teinte de la couleur varie dans chaque variété, on peut dire en général que cette époque est bien indiquée par celle du rouge noir. A ce caractère on peut joindre celui de la consistance, qui doit être ferme et cependant molle ; plus tard elles deviennent plus noires, se rident et s'écrasent facilement. En général cependant, dans l'impossibilité de remplir toutes les conditions, il vaut mieux devancer que dépasser cette complète maturité.

Une mauvaise opération, qu'il est très-important d'éviter, et qu'on pratique cependant presque toujours, c'est de ne pas mêler les olives tombées naturellement, soit par suite de la piqûre des larves d'insectes, soit par quelques autres causes, avec celles de la récolte ; celles de ces dernières qui sont altérées doivent également être séparées. Toutes ces mauvaises olives ne sont pas perdues. Pressées séparément, elles donnent une huile inférieure qui a aussi son prix.

Lorsque les olives sont cueillies, on devrait les étendre sur des planchers dans une épaisseur de 5 à 6 pouces au plus pour leur faire perdre l'eau de végétation surabondante, et donner au mucilage, non encore converti en huile, le temps de se perfectionner, et les y laisser trois ou quatre jours au plus, en les retournant chaque jour. Au lieu de cela, dans les cantons où on raisonne le plus la pratique de la fabrication de l'huile, comme aux environs d'Aix, on les amoncelle en gros tas dans des greniers, tas où la fermentation s'établit et où la qualité de l'huile s'altère, tas auxquels on ne touche que pour les porter au moulin huit, dix, quinze jours après. C'est bien pis dans les cantons où on ne cherche pas à faire de bonne huile : on les amoncelle dans des celliers, sous des hangars,

dans des lieux fermés, sombres et humides, souvent dans des
retranchemens en maçonnerie faits exprès dans une épaisseur
de 4, 5 et 6 pieds de haut ; et on les laisse en cet état aussi et
même plus long-temps qu'il n'a été dit plus haut. Qu'arrive-
t-il ? Les olives supérieures compriment les inférieures : d'abord
il coule par le bas une eau rougeâtre, qui est celle de végétation qui n'a pas pu s'évaporer, ensuite la fermentation s'établit, et la chaleur s'élève, d'après l'expérience de Rozier,
jusqu'à 36 degrés du thermomètre de Réaumur. Les olives
s'altèrent, la moisissure s'établit, et l'huile qu'on retire est
non-seulement détestable, mais en bien moins grande quantité, quoiqu'on prétende le contraire.

Le seul avantage qu'on trouve à cette condamnable pratique,
c'est que les olives s'affaissent par suite de leur fermentation,
et que par conséquent une mesure qui en est remplie en contient plus que celle dans laquelle on en aurait mis de nouvellement cueillies : or on paye tant la mesure pour la fabrication de l'huile. Quelle misérable économie ! Mais, dit-on, la
mauvaise huile se vend autant que la bonne. Cela n'est pas
vrai. L'huile d'Aix a toujours un prix supérieur à celui de
toutes les autres.

Un grand obstacle qui existait avant la révolution ne permettait pas alors de faire des huiles fines par-tout. C'étaient
les moulins banaux, c'est-à-dire, la nécessité de porter à un
seul moulin, appartenant au seigneur, toutes les olives du
territoire. Là on était obligé d'attendre son tour et de se soumettre à la pratique du maître-ouvrier. Cet inconvénient
n'existe plus. Tout propriétaire peut avoir un moulin pour son
usage exclusif ou pour celui de ses voisins. Il est peu de communes à oliviers où il n'y en ait aujourd'hui plusieurs, qui, tra-
vaillant en concurrence, font mieux et à meilleur marché, sont
disposés à se conformer avec exactitude aux indications particulières qu'on leur donne. On peut donc cueillir ses olives
au point de maturité convenable, ne les laisser ressuyer que
le temps nécessaire, exiger la propreté, sans laquelle la meilleure huile ne peut être de garde, etc., etc.

La première opération à faire subir aux olives pour en obtenir l'huile, est de les réduire en farine, ou mieux, en pâte
dans des moulins analogues à ceux au moyen desquels on
moud le blé. On en trouvera la description au mot MOULIN.

Je fais voir au mot OLIVIER les inconvéniens qu'il y avait
à mêler l'huile de l'amande de l'olive, et encore plus celle
contenue dans le noyau, avec celle de la pulpe. Il serait donc
bon de presser d'abord cette dernière, ou du moins la plus
grande partie de cette dernière, avant de faire passer les olives

au moulin. Je ne sache pas cependant que cela se fasse nulle part. Je reviens sur cet objet.

Les inconvéniens de mêler l'huile du noyau et l'huile de l'amande avec celle de la pulpe ont été principalement développés par M. Sieuve. On a jeté quelques doutes sur la véracité de ses expériences, et je ne les ai pas répétées; mais la théorie se trouve si complétement d'accord avec elles, que je ne puis me dispenser de les rapporter et de détailler les conseils de pratique qu'il a publiés et qui sont dans les principes de la même théorie.

M. Sieuve fit cueillir 50 livres d'olives bien saines et parvenues au point de maturité, et détacha la chair des noyaux. La chair pesa 38 livres une once, et les noyaux onze livres.

La chair mise en presse fournit 10 livres 10 onces d'huile très-limpide, de couleur citrine, douce et agréable au goût.

Les noyaux furent cassés et donnèrent 3 livres 7 onces d'amandes et 7 livres 2 onces de bois.

Les amandes rendirent une livre 14 onces d'huile, presque aussi claire que celle de la pulpe, mais d'une odeur plus forte et d'une saveur plus âcre.

Le bois passé sous la meule, réduit en pâte et exposé à l'action de la presse, rendit 3 livres 14 onces d'huile (sans doute appartenant en partie à la pulpe qui y était restée adhérente), laquelle n'était pas aussi limpide que les deux premières et était d'une odeur peu agréable.

Pour connaître exactement la qualité de chacune de ces huiles et les comparer avec celle de l'huile ordinaire, M. Sieuve prit 5 bouteilles. Dans la première il mit de l'huile tirée de la pulpe; dans la seconde, de celle provenant des amandes; dans la troisième, de celle extraite du bois des noyaux; dans la quatrième, un mélange de ces trois huiles; dans la cinquième, de la bonne huile ordinaire. Il boucha exactement ces cinq bouteilles et les laissa pendant trois ans sur sa fenêtre exposées à la lumière et à toutes les vicissitudes du chaud et du froid.

Au bout de ce temps, M. Sieuve trouva que l'huile de la première bouteille n'avait changé ni de couleur ni d'odeur, qu'elle était aussi agréable au goût que lorsqu'il l'avait renfermée, et qu'elle n'avait formé aucun dépôt; que celle de la seconde n'était plus si limpide, avait acquis une couleur jaune et un goût piquant et même corrosif; que celle de la troisième était entièrement dénaturée, elle était devenue noire, épaisse et extrêmement fétide; que celle de la quatrième était trouble et noirâtre, d'une odeur forte et rance, qu'elle avait formé un dépôt considérable; que celle enfin de la cinquième était à-peu-près dans le même état que celle de la précédente.

Cette expérience prouve que c'est à l'amande et au bois du

noyau que les huiles d'olive doivent en général ce qu'elles ont de défectueux ; qu'il conviendrait donc d'extraire d'abord l'huile de la pulpe et ensuite moudre les noyaux par le procédé ordinaire pour obtenir séparément celle qu'ils contiennent. Cette augmentation de main d'œuvre serait un bien petit objet, si on prend pour point de comparaison l'augmentation de valeur qu'acquerraient les huiles, et si on employait le moulin imaginé par M. Sieuve, qui sera décrit à l'article MOULIN.

M. Sieuve a, pendant plusieurs années, fait usage de ses procédés sur le produit de sa récolte. Il a trouvé qu'ils lui donnaient 24 livres 5 onces par 300 livres d'huile d'olives au-delà de ce que la même quantité de fruit fournissait par la méthode ordinaire des moulins publics. Il a fait vendre de son huile pendant le même espace de temps à Paris, où elle était regardée comme douce, agréable au goût et d'une odeur suave. Rozier qui en a fait usage l'accusait seulement d'être grasse ; mais cela venait sans doute de ce que M. Sieuve cueillait ses olives trop tard.

J'abandonne toutes les considérations qu'on peut tirer des expériences de M. Sieuve aux méditations des propriétaires d'oliviers. On dit qu'ils ont repoussé sa pratique, j'ignore par quelle raison ; mais je n'en crois pas moins que tout ami de son pays doit faire des vœux pour son adoption en France.

Après que les olives sont moulues, il s'agit d'en extraire l'huile par le moyen du pressoir.

La forme des pressoirs varie beaucoup, et il y en a de beaucoup meilleurs que ceux qu'on emploie communément. On décrira les uns et les autres au mot PRESSOIR.

Lasteyrie, dans sa belle Collection de machines utiles à l'agriculture, a figuré deux moulins à cônes mouvans, propres à réduire les olives en pulpe pour en obtenir l'huile par la pression.

Pour soumettre la pâte d'olive à la presse, on la met dans des sacs de grosse toile claire, ou mieux, dans des sacs de SPARTE (*voyez* ce mot), sacs qu'on appelle cabas dans les parties méridionales de la France. On place ces cabas sous la presse. La première huile qui coule est appelée *huile-vierge* : elle est reçue dans des tonneaux aux trois quarts pleins d'eau.

Pour que la pressée soit bonne, il faut qu'elle se fasse lentement, afin de donner le temps à l'huile du centre des cabas de gagner la circonférence, et à celle qui est à la circonférence de s'écouler dans les tonneaux.

Cette pressée finie, on desserre les cabas, on dégrume la pâte qu'ils contiennent, soit avec la main, soit avec une espèce de bêche ou de pioche, ensuite on verse sur celle de chaque cabas une quantité donnée d'eau bouillante, et on remet le cabas en presse.

Pendant ces opérations on a bouché les robinets qui conduisaient aux tonneaux; on a enlevé toute l'huile qui avait coulé dans ces tonneaux, pour la mettre dans d'autres qui ne contiennent pas d'eau; mais comme cela se fait très-rapidement, il en reste toujours beaucoup suspendue dans l'eau ou mêlée avec le mucilage qui s'est précipité au fond; il dépend d'ailleurs beaucoup de l'ouvrier d'en laisser plus ou moins sans que cela paraisse.

Dès que les cabas commencent à être comprimés, l'eau chaude s'écoule chargée de la plus grande partie de l'huile qui était restée dans la pâte, et va tomber dans un des tonneaux. On renouvelle cette pressée avec de la nouvelle eau bouillante, et toute l'huile est censée recueillie.

Aussitôt qu'une pressée est complétement terminée, on fait écouler l'eau qui était dans les tonneaux où on a reçu l'huile, dans une vaste citerne qu'on appelle *l'enfer*, citerne percée d'un trou dans son milieu. Là l'huile suspendue dans l'eau, celle mêlée dans le mucilage, s'en séparent tant par l'effet du repos que par suite de la putréfaction et montent à la surface. Lorsque l'enfer est plein, on fait écouler la plus grande partie de l'eau par le trou du milieu; mais l'huile y reste jusqu'à la fin de la campagne, c'est-à-dire de la saison du pressurage. Dans quelques enfers, l'eau y arrive par le fond, au moyen d'un conduit recourbé, ce qui remue chaque fois la lie et favorise le dégagement de l'huile qu'elle contient sans troubler celle qui est déjà montée à la surface.

L'huile qu'on retire de l'enfer est très-mauvaise, mais elle trouve son emploi. Autrefois elle suffisait pour payer l'intérêt de la mise première en bâtimens, ustensiles, pour payer les frais d'entretien annuel et donner un bénéfice; mais aussi à combien d'inconvéniens et même de friponneries cela donnait lieu! Aujourd'hui que les propriétaires ne sont plus forcés d'aller presser leurs olives exclusivement à tel moulin, que ceux qui sont assez riches pour en avoir à eux le peuvent, les abus sont réduits à peu de chose; les pertes d'huile tiennent plus à l'ignorance et à la maladresse qu'à la mauvaise intention.

La vicieuse construction des anciens pressoirs à olive faisait qu'après les trois pressées ci-dessus mentionnées, le marc appelé vulgairement *grignon* contenait encore de l'huile en assez grande quantité pour mériter d'être pressé de nouveau. En conséquence, des particuliers industrieux avaient établi des moulins destinés à repasser ce marc. On les a appelés *moulins de recense*. Ils donnaient lieu à un bénéfice important. Aujourd'hui que les moulins et les pressoirs se sont perfectionnés, que les opérations du pressurage se font avec plus de soin et de lenteur, ils deviennent moins avantageux.

Tantôt le prix de la mouture et du pressurage se paye en argent, tantôt en huile. Une partie ou la totalité des grignons est aussi quelquefois allouée aux ouvriers, cela change de pays à pays, d'année à année. Avant la révolution on évaluait à un seizième la dépense de la fabrication de l'huile en Provence; aujourd'hui elle est moins considérable, malgré la grande augmentation du prix de la main d'œuvre.

Un des résultats de la suppression des moulins banaux, c'est qu'il sera enfin possible aux propriétaires éclairés de faire de la bonne huile autre part qu'aux environs d'Aix. En effet, avant la révolution, quelque soin qu'on prît pour cueillir ses olives au moment convenable, pour ne pas y mêler celles qui étaient piquées de vers ou altérées par quelque cause que ce fût, il suffisait qu'on les fît moudre ou exprimer après celles d'un particulier qui avait fait fermenter les siennes, qui y avait réuni celles tombées naturellement, pour que son huile, d'abord plus belle que celle de ce dernier, ne tardât pas à rancir par l'effet de son mélange avec la portion restée sur les meules et sur le pressoir. Rien de plus nécessaire qu'une propreté rigoureuse sur les moulins, les pressoirs, les ustensiles employés à la fabrication des huiles en général, et rien de plus commun qu'une dégoûtante malpropreté dans ce cas, principalement dans les fabriques d'huile d'olive. Les habitans des parties méridionales de la France auraient besoin d'aller à l'école de ceux des parties septentrionales, qui, chaque fois qu'ils finissent une pressée, ou seulement l'interrompent, lavent le pressoir et tout ce qui a servi à contenir ou transvaser l'huile à plusieurs eaux bouillantes, les frottent avec des cendres, du sable, etc. Le meilleur de tous les moyens et le plus expéditif est d'employer une lessive légèrement caustique, qui enlève les plus petites portions d'huile et les transforme en savon. L'huile rance est un véritable ferment dont fort peu détermine la rancidité dans une masse, qui serait encore, sans cela, restée saine pendant un long espace de temps; et l'huile devient d'autant plus tôt rance, qu'elle est exposée, en plus petite quantité, à l'influence du grand air.

L'huile au sortir du pressoir est trouble, d'une couleur peu agréable. Elle doit être débarrassée du mucilage surabondant, non-seulement pour la faire devenir limpide, mais pour l'empêcher de se putréfier.

Pour cela on la met dans des barriques ou dans de petites cuves à ce destinées, et bien nettoyées avec une lessive caustique, qu'on place dans un lieu dont la température soit à 15 ou 18 degrés, car la fluidité est nécessaire au succès; au bout d'une vingtaine de jours la plus grande partie du mucilage est précipitée, l'huile claire est décantée et mise dans des barriques pour y être gardée ou livrée au commerce.

Les dépôts sont ensuite réunis et portés dans un lieu constamment chaud, par exemple, dans le coin d'une cheminée, sur le cul d'un four fréquemment allumé. Là ils se condensent, lâchant encore de l'huile, qu'on sépare d'abord par la décantation et ensuite par la filtration. Cette huile sert à brûler. Le reste, mêlé avec d'autres alimens, est donné aux cochons.

C'est dans de bons tonneaux bien pleins et bien bouchés qu'on doit de préférence mettre l'huile purifiée. Ces tonneaux seront placés dans une cave ou autre lieu frais, pour que cette huile se fige promptement; car elle ne se conserve, soit relativement à sa qualité, soit relativement à sa quantité, que lorsqu'elle est *figée*.

Cet état de l'huile est un commencement de véritable congélation, dans laquelle on voit nager des cristaux, congélation qui, comme dans l'eau, est accompagnée de l'augmentation de la masse et de la précipitation des corps étrangers. Aussi toutes les fois qu'on défige de l'huile, trouve-t-on un précipité au fond du vase.

Lorsqu'on ne fabrique pas une grande quantité d'huile d'olive ou qu'on n'est pas dans l'intention de la livrer au commerce, on la dépose le plus souvent dans de grandes *jarres* en terre vernissée en dedans, ou dans des *piles* ou auges de pierre dure; dans certains lieux, c'est dans des coffres de bois doublés en plomb. Cette dernière méthode peut donner lieu à des accidens graves, l'huile fraîche dissolvant les oxides de plomb, et l'huile rance le plomb même, et toute dissolution de ce métal étant un poison. La méthode de la mettre dans des vases de terre vernissée n'est pas non plus sans inconvénient, le vernis étant généralement fait avec un oxide de plomb. On devrait fabriquer, pour cet usage, des vases dits en grès, c'est-à-dire semblables aux fontaines filtrantes employées dans l'intérieur des ménages à Paris, vases qui ne laissent pas passer l'huile comme la terre ordinaire.

En général les habitans qui récoltent de l'huile seulement pour leur usage ne se donnent pas la peine de la soutirer avant de la mettre dans leurs jarres ou leurs piles: aussi le marc, qui a tout le temps de se précipiter pendant le courant de l'hiver, de prendre tous les caractères du mucilage et par conséquent de se putréfier lorsque les chaleurs arrivent, communique la plus détestable odeur et la plus exécrable saveur à l'huile.

Une autre cause de détérioration tient au couvercle placé sur les vaisseaux, couvercle qui n'est le plus souvent qu'une planche, et qui n'intercepte en aucune manière l'action de

l'air sur la surface extérieure de l'huile. Cet air en se décomposant concourt puissamment, comme je l'ai déjà observé
plusieurs fois, à la rancidité. Il faut toujours boucher ces
vases avec le plus d'exactitude possible, luter le couvercle, et
ne le lever que de loin en loin pour tirer du vase la provision
courante. *Voyez* au mot RANCE.

Après l'huile d'olive, il faut parler de celle dite d'*œillette*,
ou d'œillet, qu'on mélange si souvent avec elle à Paris, et
qui provient de la graine de PAVOT (*voyez* ce mot). Cette huile,
à-peu-près de la même couleur, est douce et sent la noisette;
elle ne se fige pas, et ne brûle pas à la lampe : aussi est-ce principalement à ces deux propriétés qu'on la reconnaît et qu'on
juge que l'huile d'olive qu'on vend pour pure en contient;
elle se conserve pendant long-temps sans rancir, et est très-
propre à l'assaisonnement des mets, soit à chaud, soit à froid.

Comme c'est du pavot qu'on tire l'opium, on avait cru
que toutes les parties du pavot devaient avoir une qualité narcotique; en conséquence cette huile avait été proscrite dans
Paris comme dangereuse, par suite des menées de quelques
spéculateurs, qui voulaient seuls la mêler avec les huiles d'o-
live qu'on y vend : il fallut que Rozier se livrât à de nombreuses expériences, s'appuyât de l'autorité de la Faculté de
médecine, pour déterminer, en 1773, le rapport de la loi
qui défendait la vente de cette huile sans être gâtée par de
l'essence de térébenthine.

La consommation de l'huile d'œillette à Paris est très-considérable, soit comme aliment, soit pour les arts. Les réglemens de police défendent bien de la mêler avec l'huile d'olive,
encore plus de la vendre pour de l'huile d'olive; mais ils ne
sont pas exécutés. Ce n'est que dans un petit nombre de magasins qu'on peut être assuré que l'huile qu'on achète et qu'on
paye comme huile d'olive, est pure; cependant cette dernière a
une valeur triple, et même quelquefois quadruple. Les habitans pauvres qui vont acheter leur huile à mesure du besoin
sont principalement les victimes de ces friponneries, contre
lesquelles la police devrait sévir plus souvent.

La fabrication de l'huile de pavot ne diffère pas de celle de
navette, de colza et autres graines; j'y renvoie le lecteur.

L'huile de noix tient un rang distingué parmi celles dont
on fait usage en Europe pour les usages alimentaires et domestiques (*voyez* NOYER). Il est des pays où on la préfère
même à celle d'olive. Le noyer craignant le grand froid et le
grand chaud, et ne se plaisant que dans les vallées argileuses,
c'est dans les cantons de montagnes peu élevées qu'on fabrique
le plus de cette sorte d'huile, et en général elle se consomme
dans le pays. On ne transporte guère dans les grandes villes,

à Paris, par exemple, que la quantité nécessaire pour la peinture, objet auquel elle est une des plus convenables, à raison
de sa facile dessiccation et de son épaisseur.

Cette huile, tirée sans feu, a une couleur à peine sensible,
une consistance sirupeuse, une odeur agréable et une saveur
de fruit très-forte, qui ne plaît pas à tout le monde. Elle
rancit avec assez de facilité lorsqu'on ne prend pas les moyens
de la défendre de la chaleur et du contact de l'air. On la rend
claire comme de l'eau, en l'exposant à l'air dans des vases
fort larges et peu profonds avec de l'eau au fond, comme j'ai
dit qu'on le faisait à Gênes à l'égard de celle d'olive; mais
alors elle devient très-rance. C'est exclusivement dans cet
état qu'on l'emploie dans la composition des couleurs fines, destinées à composer ces chefs-d'œuvre qui sont sortis des mains
de Raphaël, du Titien, de Véronèse, de Lebrun, de David,
de Gérard, de Mesnier, de Gros, etc.

Lorsque la noix tombe de l'arbre, la quantité d'huile que
renferme son amande est beaucoup inférieure à celle qu'elle
donnera deux ou trois mois après si on la conserve dans un lieu
sec et aéré. Aussi ne procède-t-on jamais de suite à l'extraction.
Cela vient de ce que c'est le mucilage qui se transforme en huile,
et que l'action de la végétation sur lui se continue; mais si l'on
tardait trop long-temps, l'huile deviendrait rance et ne serait
plus propre qu'à brûler. Ordinairement c'est pendant les
longues soirées de l'hiver qu'on s'occupe à casser les noix.

L'émondage des noix a des charmes pour les habitans des
campagnes, parce qu'elle est un motif de réunion; presque
par-tout, le village entier concourt à l'opération dans chaque
maison. La seule attention à avoir, c'est de ne laisser aucune
parcelle du bois parmi les amandes et aucune portion d'a-
mande dans les détritus du bois. Souvent aussi, du moins
quand on veut avoir une huile distinguée par sa supériorité, on
fait un lot de celles de ces amandes qui, par leur belle couleur
fauve clair, annoncent leur bon état, et un autre de celles dont
la couleur tire sur le brun, couleur qui indique un commencement d'altération : une seule noix rance laissée dans le tas
suffit pour donner un mauvais goût à toute l'huile, ou pour
l'empêcher de se conserver.

On doit envoyer au moulin le plus tôt possible les amandes
émondées, parce qu'elles rancissent alors très-promptement,
ayant été cassées, tallées et éprouvant le contact de l'air. Ces
amandes sont écrasées sous une meule perpendiculaire, et leur
pâte mise dans un sac sous un pressoir destiné à cet objet.
Voyez au mot PRESSOIR A HUILE.

La première huile qui coule par l'effet de la pression, est

l'huile vierge dont il a déjà été parlé : c'est la meilleure. Lorsqu'elle cesse de couler on retire la pâte des sacs, on verse dessus de l'eau bouillante, ou on l'échauffe dans une bassine de cuivre ou de fer, ou mieux encore on l'interpose entre deux plaques de fer échauffées à un haut degré, et on la remet sous le pressoir. La seconde huile que la nouvelle pression fait sortir s'appelle *huile cuite, huile seconde;* elle est très-colorée, très-chargée de mucilage, son odeur devient promptement très-forte. Nulle part que je sache, on ne procède à une troisième pression, quoiqu'il reste encore un peu d'huile dans la pâte, qui alors prend le nom de *pain de trouille* dans quelques endroits. Ce pain de trouille est excellent pour la nourriture des bestiaux de toutes sortes, engraisse très-bien la volaille, sert utilement d'appât pour la pêche des poissons d'eau douce, et à l'engrais des terres.

L'huile de noix ne peut jamais être faite très en grand, les particuliers riches en noyers trouvant plus d'avantage à vendre sur pied le surplus de la récolte qui est nécessaire à leur consommation, à raison des difficultés de la garde et autres motifs. Presque par-tout on la dépose dans des cruches de terre d'une capacité moyenne, fermées avec un bouchon de bois ou de liége, et qu'on consomme les unes après les autres. Il est indispensable, pour la bonne conservation de l'huile, de la transvaser plusieurs fois; car la lie qui s'est précipitée concourrait à accélérer son altération, comme il a été dit à l'occasion de l'huile d'olive. Il faut aussi la conserver dans un lieu constamment à la même température, c'est-à-dire dans une bonne cave ; avec ces précautions, elle peut rester bonne à manger pendant deux ans, et bonne à brûler ou à peindre pendant un temps indéterminé.

L'huile de faîne ou du fruit du HÊTRE (*voyez* ce mot) peut encore être assimilée à celle d'olive, par ses qualités physiques, lorsqu'elle est bien faite et vieille. Je dis vieille, parce qu'au contraire des autres, plus on la garde et plus elle s'améliore. Elle rancit cependant à la longue. On n'en fabrique que sur la lisière des grandes forêts de hêtres, c'est-à-dire dans un petit nombre de cantons, et on en trouve rarement dans le commerce. Ses usages se bornent donc à l'assaisonnement et à la lampe. Elle est difficile à digérer pour les estomacs qui n'y sont pas accoutumés, ainsi que je l'ai éprouvé à deux reprises différentes, quoique j'en aie fait un habituel usage dans mon enfance pendant plusieurs années consécutives.

Il y a deux manières de la faire : l'une, recherchée et très-coûteuse, consiste à dépouiller les faînes de leur enveloppe, et de ne mettre que les amandes au moulin et à la presse ; dans l'autre, la plus généralement employée, on fait subir ces deux opérations à la faîne entière. Il en résulte une perte d'huile qui reste dans le tissu cellulaire de l'écorce ; mais cette perte est bien compensée par l'économie de la main d'œuvre.

Le point important, c'est de ne laisser dans la masse qu'on porte au moulin ni faînes altérées, ni faînes sans amandes ; en conséquence, il faut avant les examiner une à une. C'est ce qu'on appelle *émondage*. Voyez au mot HÊTRE.

C'est en octobre et novembre qu'on ramasse les faînes ; mais on ne les envoie au moulin qu'en janvier ou février, pour leur donner le temps de perfectionner leur huile.

On ne conserve l'huile de faîne que dans des vases de terre : elle demande à être fréquemment transvasée, car il en est peu qui déposent autant qu'elle.

Les pains qui résultent de la pressée des faînes se donnent aux cochons.

L'huile d'amande se tire des fruits de l'AMANDIER (*voyez* ce mot). C'est une de celles qui rancissent le plus facilement et le plus promptement : en conséquence on ne l'extrait des amandes qu'à mesure du besoin. On n'en fait guère usage que dans les pharmacies et les parfumeries, et c'est là qu'on la fabrique en petite quantité à-la-fois, et qu'on la garde dans des bouteilles bien bouchées. Cette huile est douce et fait peu de dépôt.

L'huile de noisette est très-rare dans le commerce (*voyez* NOISETTIER) : ce n'est que dans certains pays et certaines années qu'on en fabrique pour l'usage de la cuisine. Elle est agréable au goût, et se conserve assez bien quand elle est convenablement renfermée. La manière de l'extraire ne diffère pas de celle en usage pour l'huile de noix, à laquelle on peut l'assimiler.

Les huiles dont en France on fait le plus fréquemment usage dans les arts, outre celles dont il vient d'être question , celles de LIN, de CHENEVIS ou de la graine de CHANVRE, sont celles de COLZA ou COLZA , de NAVETTE , de MOUTARDE et de CAMELINE. Ces huiles, jointes à celle d'ŒILLETTE ou de PAVOT , s'appellent généralement HUILES DE GRAINES.

L'huile de LIN (*voyez* ce mot) est une des plus douces, des plus fluides et des plus siccatives ; elle est aussi une des plus communes, parce qu'on cultive la plante qui la fournit encore plus pour sa filasse que pour elle, et qu'on peut par conséquent la donner à un prix trois fois moindre que si on la cultivait pour elle seule. On l'emploie à la peinture, à la lampe, à la médecine, à la préparation des étoffes, etc. Elle n'est pas propre à faire du savon solide. Les Hollandais en fournissent la plus grande partie au commerce, parce que, se servant pour l'extraire, de moulins mieux construits que les nôtres, ils ont l'avantage de la quantité et de la qualité : aussi trouvent-ils moyen de nous la vendre à meilleur compte que celle de notre propre fabrique, lors même qu'ils la font avec de la graine achetée chez nous. Leur moulin sera décrit et figuré au mot MOULIN A HUILE.

L'huile de chenevis (*voyez* CHANVRE) doit être rangée dans la même catégorie que la précédente ; mais elle est moins commune dans le commerce, parce que les cultivateurs de chanvre, qui sont rarement de gros propriétaires, la gardent pour l'usage de leur table ou de leur lampe. Elle est une des plus agréables au goût quand elle est faite avec soin. Elle est excellente pour la peinture. Le savon qu'on en fabrique ne se solidifie pas.

Les huiles de COLZA, de NAVETTE, de MOUTARDE (*voyez* ces mots) étant produites par les graines de plantes de la même famille, et même fort peu différentes les unes des autres, ont des propriétés communes, et peuvent être sans inconvénient substituées les unes aux autres. Les plantes qui les produisent sont cultivées uniquement pour elles, et toujours en grand ; aussi sont-ce celles qui se trouvent le plus fréquemment dans le commerce, et qu'on emploie le plus volontiers, à raison de leur bas prix, dans les fabriques de lainages, de cuirs, etc. Les savons qu'on en fait restent mous, mais remplissent bien leur objet, ce qui fait qu'on en consomme beaucoup. Leur dessiccation est extrêmement lente, et elles passent très-rapidement à l'état rance. Il n'y a que les plus pauvres cultivateurs qui en fassent usage dans les alimens, car leur odeur et leur saveur propres ne sont point agréables ; mais elles ne partagent pas, comme on l'a dit, les qualités de leur écorce, qualités telles, dans la moutarde, qu'appliquée sur la peau, elle y fait naître des pustules remplies d'eau, y produit les résultats d'un véritable vésicatoire. On appelle cet effet *épispastique* dans le langage de la médecine.

Un des motifs qui ont fait croire que ces huiles étaient dangereuses, c'est que la manière de les extraire les rend âcres. Dans l'intention de n'en point perdre, on chauffe les secondes pressées entre deux plaques de fer ou de cuivre presque rouges ; ce qui en brûle une partie, développe l'acide dans l'autre, et accélère la décomposition du tout.

L'huile de cameline passe dans le commerce comme inférieure aux autres ; cependant elle est très-bonne pour la lampe, et quoique moins grasse qu'elles, elle peut les suppléer toutes. La plante qui la produit jouit de l'avantage de se contenter des terrains les plus médiocres, et de croître si promptement, qu'on peut l'employer pour remplacer les cultures de céréales que l'hiver a fait manquer, ou en obtenir deux récoltes dans la même année sur le même terrain. *Voyez* au mot **Ca-meline.**

Le **Cresson alénois** (*voyez* ce mot) fournit aussi une huile dont on fait fort peu d'usage en France, mais qui mérite cependant l'attention des cultivateurs pour son abondance et sa bonté.

On a proposé à différentes reprises de tirer de l'huile des graines de l'**Hélianthe annuel**, ou **Grand soleil**; mais l'écorce de ces graines est si épaisse qu'elle en absorbe la plus grande partie : cela est fâcheux, car cette huile est bonne.

L'huile des **Pepins de raisins** (*voyez* **Vigne**) se retire en grand dans les environs d'Avignon, dans quelques cantons du département du Tarn, etc.; cette huile est excellente pour les vernis, en ce qu'elle dissout parfaitement l'ambre et le copal.

Toutes ces huiles déposent considérablement, et demandent à être plusieurs fois soutirées des tonneaux où on les conserve; tonneaux qui doivent être faits de merrain plus épais que celui employé à la fabrication de ceux destinés à recevoir du vin et autres liqueurs, parce que l'huile ne fait pas autant gonfler leurs parties solides, et par conséquent laisse plus d'ouvertures pour l'infiltration. On est dans l'usage, et avec raison, de mettre une couche de plâtre sur les deux fonds, comme moyen de plus de sécurité.

TABLEAU du Poids d'un double décalitre de graines de cinq plantes oléagineuses; de la quantité d'huile qu'elles donnent; de leur produit, par arpent, dans une terre médiocre; de la quantité de graines qu'il faut semer; et du temps des semailles; par M. Mathieu de Dombasle, correspondant du Conseil d'agriculture à Nancy.

NOMS des PLANTES.	Pesanteur du double décalitre.	Produit en huile par double décalit.	Produit par arpent.	Semences par arpent.	TEMPS des SEMAILLES.
	livres.	pintes.	double déc.	livres.	
Pavot	35	6 1/2	36 à 40	3	Du 1er janvier jusq. en avril.
Moutarde blanche.	40	6 . .	36 à 40	24	Mars et avril.
Colza.	32	5 . .	36 à 40	10	Du 15 août au 15 septemb.
Cameline. . . .	30	4 1/2	30 à 36	8	Mars et avril.
Cresson alénois. .	32	4 1/2	30 à 35	10	Mars et avril.

Le commerce des huiles de graines est presque exclusivement circonscrit dans les départemens du nord de la France, ceux de l'intérieur ne cultivent que de la navette, et encore pas autant qu'il serait nécessaire pour leur propre consommation; cependant les huiles ne sont pas aussi abondantes en France que les besoins des manufactures et de l'éclairage l'exigeraient. On en tire beaucoup de l'étranger, principalement de la Hollande, et elles sont toujours à un taux élevé. Il faut, il est vrai, une bonne nature de terre pour que les plantes qui les fournissent donnent des récoltes profitables, et elles épuisent le sol plus qu'aucune autre culture; mais il est presque par-tout de bons cantons, et il ne s'agit que de savoir les cultiver.

Les débris résultant de l'expression des huiles de graines sont un si excellent engrais, qu'on les préfère au fumier même dans les environs de Lille, et qu'on les paye jusqu'à 12 francs le quintal. Ces débris, qui sont en grosses masses semblables à des pains ronds, s'appellent *tourteaux* dans le pays.

Les graines destinées à fournir de l'huile doivent être récoltées au plus haut point de maturité, et gardées quelques semaines dans un lieu sec et aéré, avant d'être envoyées au moulin, par les motifs déjà allégués pour les huiles des fruits et des noyaux. Je dis quelques semaines, parce que si on tardait plus de quatre à cinq mois, le mucilage de ces graines, d'une part, serait si sec qu'il conserverait une partie de l'huile; d'une autre part, cette huile serait rance plus qu'il ne convient.

Dans beaucoup de pays, on extrait l'huile des graines en faisant bouillir leur pâte, au préalable mise dans un sac au fond d'une grande chaudière. Il est probable que l'huile, ainsi retirée, perd une partie de la saveur qui lui est propre, et acquiert une plus grande disposition à rancir; mais il en est quelques-unes qui s'adoucissent par ce procédé, celle de ricin, par exemple; et il paraît toujours possible de le mettre avantageusement en usage pour retirer les dernières portions restant dans les tourteaux, aussi fortement pressés que possible, portions qui s'utiliseraient les premières.

Les qualités de l'huile des autres plantes qui en fournissent en France, mais qui n'y sont pas cultivées, sont moins importantes à connaître; cependant elles seront indiquées aux articles qui concernent ces plantes.

L'huile est la base de presque tous les apprêts dans les pays chauds, où le beurre et la graisse sont rares. La consommation qu'on en fait en France pour cet objet est très-considérable. Il est donc important d'avoir des huiles dépouillées de mauvais goût, de rancidité, etc.: d'ailleurs ces huiles altérées doivent être considérées comme nuisibles à la santé.

La conservation des viandes de toute espèce a fort bien lieu dans l'huile, pourvu que cette huile ne rancisse pas; aussi est-il bien à désirer que nous puissions cultiver en Europe une des plantes qui, comme le BEN, en donnent dépourvues de cette propriété.

Lorsqu'on fait chauffer l'huile d'olive, elle prend un goût âcre et acquiert en peu de jours la rancidité, qu'elle n'aurait acquise sans cela qu'au bout de plusieurs mois; mais celle qu'on emploie à faire des fritures perd cette mauvaise qualité au bout d'un certain temps, devient douce et continue de l'être tant qu'on s'en sert, pourvu qu'on ait soin de la débarrasser des parties étrangères qui s'y mêlent, et de son propre dépôt, toutes les fois qu'on l'a employée. La méthode économique dont on fait usage, dans les parties moyennes et septentrionales de la France, de conserver long-temps la même friture en la rechargeant à mesure qu'elle se consomme, est donc préférable à celle des parties méridionales, où on emploie de la nouvelle huile à chaque friture.

Les huiles de graines perdent plus difficilement leur goût fort que les huiles d'olive. Voici un moyen de les rendre promptement propres à la friture, moyen connu depuis long-temps dans les ménages.

Faites bouillir l'huile, et lorsqu'elle aura subi cette opération pendant un quart d'heure, laissez un peu refroidir, puis versez une certaine quantité de bon vinaigre : il s'élevera de grandes vapeurs, et il se précipitera du mucilage. Quand tout sera terminé, que l'huile sera éclaircie, on la transvasera dans un autre vase, et on la gardera pour l'usage. Il sera bon, de plus, de jeter une croûte de pain dans la friture avant d'y mettre les objets à frire, cette croûte attirant, dit-on, les restes d'huile éthérée, de résine et de mucilage qui s'y trouvent encore.

On a proposé de mêler de l'eau chargée de sel marin avec les huiles destinées à brûler, afin de les empêcher de fumer : ce moyen rentre dans celui indiqué pour purifier les huiles en grand, et lui est inférieur.

L'usage interne et habituel de l'huile relâche beaucoup et cause souvent des hernies; en général, elle cause des indigestions dont les suites sont graves : il faut donc n'en manger qu'avec modération. A l'extérieur, elle est lubrifiante et adoucissante, et peut s'employer sans danger imminent, pourvu que tout le corps n'en soit pas enduit, parce qu'alors, en empêchant la transpiration, elle peut faire naître des accidens. Toutes les huiles jouissent également de ces dernières propriétés lorsqu'elles sont douces; mais quand elles ont acquis de l'âcreté ou de la rancidité, elles deviennent au contraire irritantes et même caustiques : examiner leur état avant de les employer en médecine est donc toujours prudent.

L'huile pure, de quelque nature qu'elle soit, apporte une stérilité plus ou moins durable sur les terres où on la répand. Elle fait mourir toutes les plantes qu'elle recouvre, parce qu'elle s'oppose à leur transpiration et à leur inspiration en bouchant leurs pores. L'huile de poisson, qui est une espèce de graisse, comme s'altérant plus promptement, produit des effets moins désastreux.

Pour employer l'huile comme engrais, il faut la transformer en savon, en la mêlant avec un alcali ou avec la chaux ; mais cette opération est très-coûteuse et ne remplit même pas toujours son but, à raison de la difficulté de fixer les proportions. J'ai plusieurs fois légèrement arrosé des pots de fleurs avec de l'eau de savon provenant de celui, d'excellente qualité, que j'employais pour faire ma barbe : tantôt la végétation de ces fleurs y a gagné, tantôt elle y a perdu. C'était sur les pots remplis de terreau de couche que l'action de cet arrosement était plus marquée, et j'en ai conclu qu'elle était due à l'augmentation de la partie dissoluble de ce terreau (*voyez* au mot TERREAU). Quand on arrose avec excès, on cause immanquablement la mort des plantes. Ce n'est pas à raison de l'huile que contiennent les tourteaux ou marcs de graines, qu'ils agissent si utilement, c'est, comme je l'ai déjà dit, à raison de leur mucilage.

L'emploi des huiles essentielles est beaucoup plus circonscrit que celui des huiles grasses. Après les trois sortes d'essence de térébenthine qui se trouvent en certaine quantité dans le commerce pour l'usage des arts, on ne trouve plus que celle dont on se sert en médecine, dans l'art de la parfumerie et dans celui du fabricant de liqueur. Rarement ces huiles sont conservées en nature ; on les combine, pour les obtenir plus facilement, soit avec l'esprit de vin, qui les dissout toutes, soit avec des huiles grasses, principalement avec l'huile de ben, avec l'huile d'amande douce, soit avec des graisses, l'axonge, etc. Leur intérêt pour le cultivateur se réduit presque aux seuls agrémens, car on ne les tire en Europe que de plantes sauvages. *Voyez* PIN, SAPIN, MÉLÈZE, TÉRÉBENTHINE. (B.)

HUILE DE MARMOTTE. On donne ce nom, dans le département des Hautes-Alpes, à l'huile qu'on retire des amandes du PRUNIER DE BRIANÇON. Cette huile a un goût de noyau agréable et sert en pharmacie. (B.)

HUILE DE RASE. Espèce de térébenthine retirée du GALIPOT par la distillation. *Voyez* ce mot.

HUILE LAVÉE. On donne ce nom, dans la Ligurie, à l'huile qu'on retire des marcs pour la fermentation putride. *Voyez* HUILE et MOULINS DE RÉCENCE.

HUILURE. Maladie du poirier, qui est malheureusement fort fréquente à Montreuil, où on me l'a fait observer. Elle consiste dans le desséchement des boutons immédiatement avant leur développement au printemps, et à la suite de la sortie à leur base d'une petite goutte de miélat, ayant l'apparence d'une petite goutte d'huile. Je n'ai pu établir une théorie sur cette maladie, contre laquelle les cultivateurs de ce village ne connaissent d'autres remèdes que le REMPLACEMENT. (*Voyez* ce mot.) J'ai vu des arbres qui en avaient été gravement affectés et qui étaient condamnés, cesser de l'offrir, et reprendre leur vigueur les années suivantes. Serait-ce la piqûre d'un insecte qui détermine la déperdition locale de sève qui a lieu dans ce cas? J'ai examiné plusieurs boutons desséchés, sans y rien trouver qui pût appuyer la réalité de cette cause. (B.)

HUITELÉE. Ancienne mesure de superficie. *V.* MESURE.

HUMIDITÉ. On donne ce nom tantôt au résultat de l'évaporation de l'eau, tantôt à son introduction circonstancielle dans les corps, ou à son application sur leur surface : ainsi on dit que l'air est humide, qu'un linge est humide, qu'un morceau de fer est humide, etc. J'ai employé l'épithète circonstancielle, parce qu'un corps peut être très-chargé d'eau sans être appelé humide : par exemple, on ne dit pas qu'un morceau de pain, qu'un morceau de viande soient humides, quoiqu'ils contiennent beaucoup d'eau.

L'air se charge d'autant plus d'eau, qu'il est plus chaud; il dépose son eau sur les corps qui sont plus froids que lui. *Voyez* AIR.

L'action de l'humidité est extrêmement puissante sur la végétation. Tantôt elle est très-utile, même nécessaire; tantôt elle est nuisible dans tous ses degrés, selon les saisons, les localités, les espèces de végétaux et sa durée. Par exemple, au printemps, une trop forte humidité fait pourrir les germes, détermine une végétation sans consistance, qui ne produit presque pas de graines. Le même effet a lieu dans un endroit resserré, dans le fond d'un vallon, dans une bache, etc., à toutes les époques de l'année. Certaines espèces, soit parmi les plantes naturellement sèches, telles que les cistes, soit parmi les plantes naturellement aqueuses, telles que les ficoïdes, périssent lorsqu'on les entoure de trop d'humidité dans les orangeries où on les conserve; enfin presque toutes les plantes, hors celles des marais, ne supportent pas une trop longue prolongation de l'humidité sans souffrir, sans même quelquefois perdre leurs feuilles ou périr. *Voyez* EAU, VAPEUR, NUAGE, BROUILLARD, PLUIE, ARROSEMENT.

Une trop forte humidité, produite soit par la nature du sol, soit par suite de la parmanence des pluies du printemps, détermine une pousse surabondante de feuilles, qui absorbe toute la sève et nuit à la grosseur du grain, de sorte qu'il est désavantageux de semer ce grain : c'est un des cas où il faut en changer. *Voyez* Semence et Substitution de semence.

Depuis des siècles, il est reconnu que les arbres plantés dans des lieux naturellement humides étaient plus souvent frappés des gelées du printemps que les autres. La vigne surtout est malheureusement dans le cas de prouver ce fait presque tous les ans. On a même dit qu'il suffisait de l'avoir labourée la veille, pour qu'elle soit plus susceptible de leurs effets ; ce qui s'explique par l'évaporation plus grande qui est la suite de cette opération.

Il ne dépend du cultivateur de faire disparaître l'humidité qui nuit aux objets de ses soins, qu'autant que ces objets sont renfermés dans une serre, une orangerie, une bâche, sous un châssis, une cloche, etc. Pour cela, lorsque l'air est sec, il ouvre les fenêtres ou soulève les panneaux, et lorsqu'il ne l'est pas, il fait du feu dans les trois premiers de ces sortes d'abris. En général, l'humidité est le plus grand ennemi, pendant l'hiver et au printemps, des plantes renfermées dans un espace trop étroit. Ce n'est que par une surveillance de tous les instans qu'on peut empêcher certaines d'elles de moisir, et même de périr. Le moindre mal est qu'elles perdent leurs feuilles et l'extrémité de leurs rameaux. *Voyez* Serre et Orangerie.

Un temps humide, au printemps, au moment de l'épanouissement des fleurs, détermine souvent l'avortement (la coulure) de ces fleurs. Il est au contraire extrêmement favorable aux semis et aux plantations, parce qu'il assure la germination plus prompte des graines et la reprise des plants.

Une terre constamment humide, mais non aquatique, est celle qui est la plus favorable à la végétation, pour peu qu'il y ait de la chaleur. Comme l'humus a plus que les autres la faculté de conserver l'humidité, il serait sous ce seul rapport plus constamment fertile, lors même qu'il ne serait pas la terre végétale par excellence. *Voyez* Humus.

La terre des forêts qui viennent d'être coupées se dessèche au point que sa surface s'abaisse de 3 à 4 centimètres. C'est à ce desséchement qu'est dû le couronnemment de tant de Baliveaux. *Voyez* ce mot.

Le moyen le plus économique et le plus certain de conserver à un terrain naturellement trop sec l'humidité qui lui est nécessaire, c'est de le partager en petits enclos par des haies élevées, ou en y plantant des rangées parallèles de grandes plantes vivaces, telles que le topinambour, qui empêcheront d'un côté, par l'ombre qu'ils y porteront et les abris qu'ils y formeront, l'action desséchante des rayons du soleil et des vents; et, de l'autre, un degré permanent d'humidité par les émanations de leurs feuilles. *Voyez* ARIDITÉ, ENCLOS, SA-BLONNEUX, BRUYÈRE et SÉCHERESSE. (B.)

HUMUS ou TERREAU. On donne ces noms au résultat de la décomposition spontanée des animaux et des plantes, résultat si éminemment propre à de nouvelles productions végétales, qu'on est fondé à le regarder comme le principe véritablement actif de toutes les terres arables.

Chaque année, il se produit, par la destruction des racines, des tiges et des feuilles des plantes, une si grande quantité d'humus, qu'il semble qu'il devrait y en avoir une couche fort épaisse sur toute l'étendue de la surface de la terre; mais il est, d'un côté, entraîné par les pluies dans les rivières, et de là dans la mer, et, de l'autre, il est réabsorbé par les racines des plantes. Ce n'est que dans les vallées et autres lieux creux qu'on en trouve une certaine quantité amoncelée. Je dis réabsorbée, parce que les expériences modernes, entre autres celles de M. Th. de Saussure et de Braconnot ont prouvé que l'humus se dissolvait en totalité dans la potasse et la chaux, et que du terreau pris au hasard, et épuisé de toutes ses parties solubles par des lotions répétées, en acquérait de nouvelles par sa simple exposition à l'air pendant un temps plus ou moins long. *Voyez* TERREAU.

Rarement l'humus est pur, celui même qui résulte de la décomposition des fumiers renferme de la chaux, de l'argile, et de la silice. Les proportions de son mélange avec les diverses sortes de terre sont innombrables. Plus il y en a dans tel champ, et plus il est fertile. Les terres à seigle ne produisent pas du froment, parce qu'elles ne peuvent le nourrir. Leur donne-t-on une surabondance de fumier, y enterre-t-on une ou plusieurs récoltes de sarrasin, de raves, de trèfle; les assujettit-on à un assolement régulier, elles deviennent propres à en produire, comme le prouvent mille et mille faits. *V.* TERRE VÉGÉTALE.

Je ne puis m'empêcher de citer une observation nouvellement publiée par M. Sageret dans son Mémoire sur la culture du canton de Loris, mémoire imprimé dans le recueil de ceux de la Société d'agriculture de la Seine. Ayant voulu substituer une culture pleine à la culture en demi-billons, usitée dans ce canton, les laboureurs lui prédirent que son blé ne serait pas si beau que le leur, parce que la terre ne pourrait pas en nourrir le double de ce qu'ils en semaient; et en effet cela eut lieu. Cette terre, d'après l'analyse que j'en ai faite, ne contient qu'un seizième d'humus.

C'est parce qu'une récolte de froment enlève une grand partie de l'humus soluble pour la formation de son grain, que la récolte qu'on fait porter au même terrain l'année suivante est si inférieure à la première.

Les plantes qui ont petit nombre de feuilles ou de petites feuilles, et un grand nombre de graines ou de grosses graines, épuisent bien plus promptement les parties solubles de l'humus d'un champ que celles qui ont de grandes et abondantes feuilles, à qui on ne laisse pas porter de graines. C'est sur ces faits, qui prouvent que les feuilles vivent plus des principes de l'air, et les fruits des principes de la terre, qu'est fondée la théorie des Assolemens. *Voyez* ce mot.

Une propriété de l'humus, qui influe aussi beaucoup sur la germination et sur la croissance des plantes, c'est qu'il attire et conserve l'humidité mieux qu'aucune autre sorte de terre. *Voyez* Eau, Humidité, Végétation.

La Chaux (*voyez* ce mot), ayant la faculté de dissoudre l'humus, fait en peu de temps ce que les gaz atmosphériques ne font que lentement : aussi est-elle le plus puissant des Amendemens (*voyez* ce mot) ; mais employée sans mesure, elle peut rendre infertile la terre auparavant la plus chargée d'humus.

Il paraît résulter de quelques expériences d'Humboldt que l'humus absorbe beaucoup d'oxygène, qu'il enlève même ce gaz à l'eau ; mais ces expériences ne sont pas assez rigoureuses pour qu'on puisse en adopter les résultats sans restriction.

Comme le mot humus est moins connu que celui TERREAU, c'est à ce dernier que je donnerai les développemens que l'importance du sujet exige. (B.)

HUTTE AMBULANTE. Cinq à six baguettes réunies par leur petit bout, deux ou trois cerceaux de différens diamètres, dont le plus inférieur a entre 2 et 3 pieds de diamètre, formant une espèce de cône de la hauteur d'un homme, sont la carcasse de la hutte ambulante, que l'on garnit extérieurement de branches feuillues et sous laquelle se met le chasseur, qui la porte sur sa tête, l'extrémité de ses bras et son fusil restant dehors.

Il y a des huttes ambulantes qui sont assez larges pour qu'un homme puisse s'y retourner et y cacher son fusil ; mais elles ne peuvent être transportées facilement au loin.

Les cultivateurs peuvent faire utilement usage de la hutte ambulante pour se mettre à l'affût, et détruire les animaux qui nuisent à leurs cultures, pour se procurer le gibier qu'ils désirent, sur-tout les canards, les oies, les vanneaux et autres oiseaux défians qui vivent en troupes sur les eaux ou dans les plaines, et qu'on ne peut approcher facilement, parce que la prenant pour un buisson, ils ne s'en défient pas. *Voyez* Vache artificielle.

On conçoit que le chasseur doit aller très-lentement pour

que ces oiseaux ne s'aperçoivent pas du changement de lieu de la hutte. (B.)

HYACINTHE. *Voyez* JACINTHE.

HYBRIDE. On dit qu'une plante est hybride lorsqu'elle provient de la fécondation du pistil d'une espèce, par la poussière fécondante des étamines d'une autre. *Voyez* FÉCONDATION.

L'existence des hybrides ne peut pas plus être révoquée en doute que celle des mulets, à qui on doit les comparer. La dissertation de Linnæus (*Amœnitates academicæ*) et le mémoire de Koelreuter (Mémoires de l'Académie de Pétersbourg) renferment des observations et des expériences propres à convaincre les plus incrédules; mais il n'en reste pas moins vrai qu'on a regardé souvent comme hybrides, et de véritables espèces et des variétés de circonstances. Il est très-probable que les choses se passent dans le règne végétal comme dans le règne animal; car si cela était autrement, le nombre des nouvelles espèces s'augmenterait bien plus rapidement. Je n'oserais cependant pas nier les faits qui ont conduit des hommes célèbres, comme ceux que je viens de nommer et autres, à avancer que les plantes hybrides (véritablement hybrides s'entend) se multipliaient de graines depuis des siècles, et se multiplieraient de même éternellement, sans avoir vérifié le contraire pendant une longue suite d'années. Cette matière me semble devoir être reprise et suivie avec le septicisme convenable. Que sont devenus les pieds hybrides de digitales créés par Koelreuter ?

Ces mêmes digitales ou d'autres fort voisines ont été observées par Dutour de Salvart dans la Limagne d'Auvergne, mais toutes leurs graines étaient avortées.

Le sorbier hybride que Linnæus cite en exemple de possibilité des fécondations de cette sorte, me paraît fournir une preuve de la défiance avec laquelle il faut se déterminer à les reconnaître. En effet, cet arbre, qui offre sans contredit les caractères moyens entre le sorbier des oiseaux et l'alizier, ne peut plus être considéré que comme une espèce, depuis qu'on sait qu'il croît naturellement dans les Alpes comme en Laponie, et qu'il ne se reproduit pas dans nos jardins autrement que par ses graines, quoique ses prétendus père et mère s'y cultivent à côté les uns des autres et en grande abondance. *Voyez* SORBIER et ALIZIER.

M. Gallesio, dans un très-bon ouvrage sur les orangers, établit en principe, d'après des expériences qui lui sont propres, que les fleurs doubles sont toujours le produit d'une fécondation hybride. Cette idée est neuve et peut être fondée ;

mais elle a besoin d'être appuyée sur un plus grand nombre de faits. *Voyez* Fleurs doubles.

Le même auteur attribue à la même cause les variétés de fleurs et de fruits que nous possédons depuis long - temps ou qui naissent journellement sous nos yeux. Ce fait est également possible et a également besoin, pour être regardé comme constant, d'être appuyé sur un plus grand nombre d'observations. *Voyez* Variété.

Si la faculté de créer de nouvelles espèces permanentes par la fécondation existait bien réellement, et qu'il fût facile de diriger la nature selon nos intérêts, nul doute que l'agriculture n'en pût tirer un grand parti, et que l'article que je traite ne devînt fondamental.

L'analogie porte à croire que les hybrides doivent se produire, 1°. parmi les espèces du même genre; 2°. parmi les genres les plus voisins; et en effet la plupart des plantes qu'on a regardées comme telles sont dans ce cas. Il paraît en effet aussi difficile qu'un fraisier féconde une asperge, qu'un cheval féconde une vache.

On peut dire qu'il se trouve aussi des hybrides parmi les variétés jardinières, car il y a souvent beaucoup plus de différences entre elles qu'entre des espèces, et les variétés qui proviennent des mélanges de leurs poussières fécondantes tiennent presque toujours le milieu entre les deux qui y ont concouru. Les melons sont principalement dans ce cas : il en est de même des choux, des laitues, des raves, etc. Les cultivateurs jaloux de conserver leurs variétés de légumes dans l'état primitif, état qui les rendrait plus importantes à leurs yeux que les autres, doivent donc éloigner leurs pieds porte-graines de tous autres pieds; mais c'est ce à quoi ils ne font pas beaucoup d'attention. *Voyez* Variété.

Il est des espèces de géraniums qui, quoique éloignées de certaines autres, donnent avec elles des hybrides, tandis qu'elles n'en fournissent pas avec celles qui diffèrent à peine d'elles. La cause de ce fait n'est pas encore expliquée. Quoi qu'il en soit, ce genre possède déjà beaucoup d'espèces ou de variétés hybrides nées dans nos jardins, et dont l'origine est par conséquent incontestable. J'en connais quelques-unes, et Dumont Courset en cite un grand nombre. (B.)

HYDATIDE, *Hydatis*. Genre de vers intestins que les cultivateurs doivent connaître, parce que deux ou trois de ses espèces, qui vivent aux dépens des moutons et des cochons, causent souvent des mortalités parmi ces animaux. *Voyez* leurs articles.

Ce genre offre pour caractère un sac membraneux semblable à une vessie remplie de lymphe, et d'où sort un cou plus ou moins long, terminé par une tête pourvue de quatre suçoirs armés ou non de crochets. Il diffère génériquement du TÆNIA (*voyez* ce mot) non-seulement par le sac vésiculeux, mais encore par l'habitation, ces derniers ne vivant que dans les intestins, tandis que les hydatides se tiennent dans la substance même des viscères, des membranes, des muscles, de la graisse, etc. Généralement elles ne sont engagées qu'en partie; cependant il en est qui ont la tête renfermée dans le sac même, et qui vivent au milieu des muscles et de la graisse. On les a prises long-temps pour des dépôts lymphatiques; et en effet le peu de vitalité dont elles sont pourvues, vitalité qui ne se montre que par un mouvement péristaltique assez faible, et la difficulté d'observer leur tête, seule partie pourvue d'organes, a dû les faire confondre avec ces dépôts par des observateurs non prévenus.

Dans l'homme, les hydatides se rencontrent principalement sur le foie, la rate et le placenta; mais on en voit aussi quelquefois sur le sac hydropique, où elles occasionnent l'hydropisie ascite; sur le cerveau, où elles donnent lieu à une espèce de folie, et même entre les muscles. Quelques animaux y sont fort sujets. Il est rare de tuer un lièvre dans un canton marécageux, sans que son foie n'en soit couvert; mais ce sont celles qui attaquent les moutons et les cochons qui, comme je l'ai déjà dit, intéressent le plus les cultivateurs. Elles produisent dans les premiers deux terribles maladies qui en enlèvent chaque année de grandes quantités, et qui quelquefois dépeuplent des cantons entiers, c'est-à-dire le TOURNIS, occasionné par l'*hydatide cérébrale*, et la POURRITURE, occasionnée par les *hydatides vervecine* et *ovile* (*voyez* ces mots.) Elles forment dans le cochon cette maladie connue de tout temps sous le nom de LADRERIE, maladie qui rend leur lard mou et insipide, et qui les fait périr avant le temps. *Voyez* son article.

On peut être assuré qu'un mouton a des hydatides dans le cerveau, lorsqu'il tourne souvent et vivement la tête d'un même côté sans motifs apparens, lorsque, après avoir couru avec vitesse il s'arrête subitement, enfin lorsqu'il paraît comme fou. Ce n'est que depuis peu qu'on est parvenu à sauver quelques bêtes au moyen du trépan. Cette espèce vit en société dans la même cavité, et n'a pas de vésicule. J'ai trouvé jusqu'à huit cavités dans la cervelle d'un seul mouton et quatre à cinq cents hydatides dans chacune.

Les cultivateurs s'estimeraient fort heureux si la pourriture ne leur causait pas plus de dommage que le tournis ou vertigo. Cette maladie, qui est une espèce d'hydropisie, n'est malheureusement que trop commune, sur-tout dans les années pluvieuses, sur-tout parmi les moutons qui paissent dans les lieux marécageux. Ses signes sont la pâleur des yeux, la contenance peu ferme de l'animal, la facilité qu'a la laine de se détacher pour peu qu'on la tire ; la blancheur des gencives, la faiblesse toujours croissante, et enfin la mort. A l'ouverture des cadavres, on trouve le foie sans consistance, couvert d'hydatides, ainsi que le péritoine, les poumons, etc. La lividité et la mollesse affectent généralement toutes ces parties.

Il n'y a point d'autre remède à employer lorsque la maladie a fait des progrès, que de vendre au boucher les moutons qui en sont attaqués. Leur viande est moins agréable que celle des moutons sains ; mais son usage est sans inconvénient pour l'homme.

On a remarqué que les moutons qui paissent habituellement dans les lieux arides sont bien moins sujets à la pourriture, et que dans les années sèches il en meurt fort peu par cette maladie. On a remarqué, de plus, que ceux qui vivent sur le bord de la mer, où ils mangent des plantes salées, où ils boivent de l'eau salée, n'en étaient jamais attaqués. On en a conclu avec raison qu'une nourriture sèche et l'usage du sel étaient les meilleurs préservatifs contre elle. En effet tous les propriétaires de troupeaux qui ont dirigé leur conduite d'après ces données s'en sont bien trouvés. *Voyez* au mot MOUTON.

Les moutons qui, après avoir été engraissés, soit naturellement, soit artificiellement, n'ont pas été livrés au boucher, sont plus sujets à la pourriture que les autres. Il est difficile d'assigner la cause de ce fait.

Quant aux cochons, les hydatides, qui sont du nombre de celles dont la tête est renfermée dans le sac, se logent nonseulement sur et dans les viscères, mais encore entre les muscles et dans la substance du lard. J'ai vu de ces animaux où elles se touchaient presque par-tout. On appelle ces sortes de cochons *ladres*, et leur vente est défendue. On avait même créé sous le nom de jurés langueyeurs de porc des inspecteurs dont l'objet était de s'assurer, par l'inspection de la langue, à la base inférieure de laquelle les hydatides se placent volontiers, si les cochons exposés sur les marchés n'étaient point ladres. Outre ce symptôme, qui est certain, on juge encore que les cochons sont ladres lorsqu'ils sont tristes, que leurs forces diminuent, qu'ils se remuent avec peine, que la racine de leurs poils devient sanguinolente et douloureuse, etc. Les remèdes sont inutiles. Il faut que les animaux qui en sont attaqués meurent naturellement, ou soient tués. Leur chair, comme celle des moutons, est fade et sans consistance, mais nullement dangereuse pour l'homme. *Voyez* au mot LADRERIE.

J'ai observé dans le lard du dauphin une nouvelle espèce d'hydatides fort peu différente de celle-ci. (B.)

HYDRANGELLE, *Hydrangea*. Genre de plantes de la décandrie monogynie, et de la famille des saxifragées, qui renferme trois plantes légèrement frutescentes, à feuilles opposées cordiformes, et à fleurs disposées en corymbes terminaux.

L'hortensia du Japon en fera partie, si son fruit est une capsule. *Voyez* Hortensia.

L'Hydrangelle arborescente a les feuilles glabres.

L'Hydrangelle radiée a les feuilles velues et très-blanches en-dessous. C'est la plus commune.

L'Hydrangelle a feuilles de chêne a les feuilles lobées et sinuées. C'est la plus belle. Elle est encore rare.

Ces trois plantes sont originaires de l'Amérique septentrionale, et sont si voisines, que leurs variétés se confondent. Elles s'élèvent de 3 à 4 pieds. La seconde est celle qui se cultive le plus fréquemment dans les jardins. Ses fleurs sont blanches, très-nombreuses, et forment des bouquets fort agréables au milieu de l'été, c'est-à-dire, dans une saison où les autres fleurs sont rares. Toute espèce de terre lui est bonne ; mais elle croît mieux dans celle qui est légère, humide et ombragée. En effet, en Amérique, où je l'ai observée, c'est toujours sur le bord des marais qu'elle se trouve. Ses tiges gèlent quelquefois pendant l'hiver dans le climat de Paris, mais jamais ses racines. On la multiplie de semence qu'on répand dans une plate-bande de terre de bruyère au levant ou au nord, et qu'on arrose fréquemment. Le plant levé est sarclé et biné au besoin. Il se laisse deux ans en place, ayant soin de le couvrir pendant l'hiver, crainte de la gelée, après quoi il se place en pépinière dans un autre endroit, à la distance d'un pied. Au bout de deux autres années, il est bon à mettre en place.

Mais comme ce moyen est lent et que les racines de cet arbuste poussent chaque année un grand nombre de rejetons, que ses marcottes peuvent se lever dès l'automne suivant, que ses branches coupées et mises en terre prennent racine en peu de mois, on l'emploie rarement. La division des vieux pieds, qui peuvent donner chacun un grand nombre de nouveaux, suffit aux besoins du commerce, et on s'y tient ordinairement. Il faut même de temps en temps, c'est-à-dire, tous les cinq à six ans, relever ces vieux pieds, qui pourrissent par leur centre, pour les renouveler et les planter autre part, car ils épuisent beaucoup le terrain.

L'hydrangelle à fleurs radiées ne fait pas un très-bel effet dans les parterres, parce que ses tiges sont trop grandes ; mais dans les jardins paysagers elle remplit avec avantage l'intervalle des arbustes des second et troisième rangs, à l'exposition du nord. Le contraste de la couleur des deux faces de ses feuilles et leur grandeur concourent beaucoup à ses agrémens.

Toujours on la tient en touffes denses. Comme ses feuilles et ses fleurs sont d'autant plus grandes que les tiges qui les portent sont plus jeunes, il faut tous les deux ou trois ans les couper rez terre; celles qui les remplaceront seront plus nombreuses, fleuriront la même année, et seront rarement branchues. (B.)

HYDROCÈLE. MÉDECINE VÉTÉRINAIRE. Lorsqu'il y a un amas d'eau dans la tunique vaginale du testicule, nous disons que l'animal est atteint d'une hydrocèle. C'est une véritable HYDROPISIE locale (*voyez* ce mot). La tumeur est ronde, indolente; depuis le moment qu'elle commence à paraître, on ne la voit presque point diminuer. Elle augmente pour l'ordinaire peu à peu; elle devient plus étendue sans devenir transparente; quelquefois, en portant les doigts sur la partie, en la comprimant légèrement, on découvre la fluctuation de la liqueur, mais le plus souvent cette fluctuation est peu sensible.

Les causes qui donnent lieu à l'hydrocèle sont les coups, les chutes, les fortes compressions, le relâchement de la tunique vaginale, produit par un vice particulier des humeurs.

Lorsque l'hydrocèle commence à paraître, il faut débuter par l'application des résolutifs en fomentation. La tumeur paraît-elle s'accroître? Décidez-vous pour la castration, ou faites, au moyen d'un bistouri, une petite incision dans la partie la plus déclive de la tumeur, et injectez dans l'ulcère de l'eau-de-vie chaude.

On doit bien comprendre que ce traitement est insuffisant lorsque l'hydrocèle reconnaît pour cause un vice particulier des humeurs, tel que le virus de la morve, du farcin, etc. (*voyez* FARCIN, MORVE), et qu'il n'est possible alors de le guérir qu'en combattant la cause principale par les remèdes qui lui sont propres. (B.)

HYDROGÈNE, c'est-à-dire qui engendre l'eau. En effet, selon la nouvelle théorie chimique, c'est par la combinaison de l'hydrogène avec l'oxygène que se forme l'EAU. (*Voyez* ce mot.)

On ne connaît pas l'hydrogène en état d'isolement. Sa combinaison la plus simple est celle avec le calorique, d'où résulte le gaz hydrogène si léger et si éminemment inflammable.

L'action du gaz hydrogène sur les animaux, et les végétaux est fort importante à considérer. Les premiers ne peuvent vivre, les seconds ne peuvent germer au milieu de ce gaz. Il est la cause que le voisinage des marais, des eaux croupissantes, des voiries, etc., est si malsain; car là il s'en dégage perpétuellement, et d'autant plus que la chaleur est plus considérable. C'est lui qui, mêlé avec du gaz acide carbonique et de l'azote (*hydrogène carboné*), s'élève, sous la forme de bulles, des vases de ces marais, sur-tout lorsqu'on les remue, et qui cause, par son inflammation spontanée, ces feux follets qu'en voit si souvent voltiger sur leur surface, et même, à ce qu'on croit, les étoiles tombantes et les aurores boréales.

A raison de sa légèreté, ce gaz s'élève promptement dans les parties supérieures de l'atmosphère, où il concourt sans doute, en se décomposant, soit par son inflammation, soit par sa simple combinaison avec l'oxygène, à augmenter la masse de l'eau qui en tombe sous forme de pluie, de neige, de grêle, etc.

L'hydrogène sulfuré et l'hydrogène carboné sont de vrais poisons qui tuent en un instant les animaux qui les respirent, sans qu'il soit possible de les rappeler à la vie. Si l'hydrogène pur les fait périr, c'est parce qu'il ne contient point d'Oxygène. *Voyez* ce mot et le mot Asphyxie.

On a constamment observé en Bresse, au rapport de Varennes de Feuille, que les habitations situées au milieu des étangs sur des lieux élevés étaient plus malsaines que celles placées dans les lieux bas : il en est de même presque partout. On en sent la raison, d'après ce qui vient d'être observé.

Pour avoir très-pur le gaz hydrogène, il faut employer la décomposition du fer ou du zinc par l'eau et le feu. L'acide sulfurique le dégage aussi de ces deux métaux, et c'est ainsi qu'on se procure celui qui est employé à remplir les ballons ; mais on est obligé de le faire passer à travers une grande masse d'eau pour le priver des portions d'acide qu'il entraîne avec lui. Enfin on l'obtient par la distillation et la putréfaction des matières animales et végétales. Dans ce dernier cas, il tient presque toujours du soufre en dissolution, ce qu'on reconnaît à l'odeur d'œufs couvés qu'il exhale. Il prend alors le nom d'*hydrogène sulfuré* (ou gaz hépatique, parce qu'on le retire de la combinaison du soufre avec les alcalis, combinaison qu'on appelait autrefois *hépar*).

Les huiles sont formées d'hydrogène, de carbone et d'un peu d'oxygène. Dans celles qu'on appelle grasses, le carbone est en excès, c'est pourquoi elles sont moins inflammables que celles qu'on appelle volatiles (*voyez* Huile). Il en est de même des résines et des bitumes.

Combiné avec l'azote, il forme l'ammoniaque ou alcali volatil.

Enfin il est un des principes constituans des métaux ; il surabonde sur-tout dans ceux qui sont susceptibles de se brûler. Les minéraux en dégagent si fréquemment, qu'il est, dans quelques mines, un des plus grands obstacles qui s'opposent à leur exploitation.

Les plantes en état de végétation se conduisent fort différemment les unes des autres dans le gaz hydrogène pur. Les unes, celles des montagnes, des terrains secs, y meurent en peu de temps ; les autres, celles des plaines, des bois, s'y soutiennent dans un état continuel de faiblesse ; enfin les dernières, celles des marais, y végètent parfaitement bien. On voit ici, comme dans tant d'autres circonstances, la main de la nature ; on la reconnaît encore plus lorsqu'on sait que plusieurs de ces dernières plantes absorbent le gaz hydrogène et exhalent le gaz oxygène ; qu'ainsi un marais qui en est bien garni est moins dangereux que celui qui n'en contient pas. Je signale principalement aux cultivateurs le GALÉ ORDINAIRE et le GALÉ CIRIER, comme produisant cet effet à un degré éminent. *Voyez* au mot GALÉ.

Je ne m'étendrai pas davantage sur ce qui regarde l'hydrogène, car ce que j'en pourrais dire de plus serait ou inutile aux cultivateurs ou trop hypothétique. (B.)

HYDROMEL. Sorte de BOISSON. *Voyez* ce mot.

Dans les cantons où l'on recueille beaucoup de miel et où la vigne ne saurait prospérer, il est possible de suppléer à la rareté du vin par cette boisson dont on distingue plusieurs espèces : nous allons faire connaître les préparations les plus usitées. *Voyez* ABEILLE.

Hydromel simple. Il paraît qu'avant d'avoir connu l'usage des liqueurs vineuses, on a commencé par boire une eau sucrée composée à-peu-près d'une partie de miel sur douze de fluide aqueux, et que, pour corriger la fadeur de cette boisson et lui donner un peu de montant, on a eu recours à l'emploi de quelques plantes aromatiques et ensuite à la fermentation.

On délaye dans trois parties d'eau tiède une partie de miel, d'où résulte une boisson sucrée, sans qu'il soit nécessaire de la présenter au feu, attendu que cette substance, lorsqu'elle éprouve l'ébullition, se décompose, contracte un goût de brûlé désagréable et des propriétés diamétralement opposées à celles qu'elle possède naturellement.

Cet hydromel sert assez communément de tisane commune dans les hôpitaux pour les malades affectés de la poitrine ; on peut la rendre plus agréable, plus salutaire et plus susceptible d'étancher la soif quand il fait chaud, en y mêlant le suc de groseille, de framboise, et la conservant dans un lieu frais.

Mais, pour que l'hydromel perde de sa fadeur et puisse se conserver pendant un certain temps, il faut que le miel qui en fait la base change de nature ; ce qui ne peut avoir lieu que par le secours de la fermentation : cette boisson alors acquiert tous les caractères d'une liqueur vineuse, donne par la distillation de l'alcool et par l'acétification un véritable vinaigre.

Hydromel vineux. Tous les hommes semblent avoir eu une

propension décidée vers les boissons fermentées. Les sucs doux et austères des fruits n'étaient pas capables de flatter leur sensualité, peut-être aussi de satisfaire les vrais besoins de la nature; ils ont cherché à en obtenir les liqueurs piquantes, vineuses et fortes, en mettant à contribution les ressources que le climat leur offrait.

La préparation de l'hydromel vineux consiste à mettre dans une bassine de cuivre 15 kilogrammes de miel, par exemple, et 45 litres d'eau pure, à faire évaporer ce mélange, enlever les premières écumes; quand la liqueur est réduite à moitié ou environ, et qu'elle a pris assez de consistance pour qu'un œuf frais puisse la surnager, on est assuré qu'elle est suffisamment concentrée.

On se précautionne d'un baril neuf devant contenir moitié de la liqueur qu'on a intention de faire, l'autre moitié est destinée à le remplir pendant et après la fermentation; on lave ce baril avec de l'eau bouillante, puis avec une bouteille de vin blanc ou un gobelet d'eau-de-vie, afin qu'il ne conserve aucune odeur désagréable; on remplit le baril avec l'hydromel tout chaud, et on bouche légèrement la bonde avec un tuileau; on met le surplus de l'hydromel dans des bouteilles que l'on bouche avec un linge clair; on les met en réserve, afin de remplacer la portion de liqueur à mesure que la fermentation l'expulse du tonneau sous forme d'écume.

Pour exciter la fermentation, il faut que la liqueur soit exposée à une température chaude. Dans les pays du Nord, où cette boisson se prépare en grand, on met les tonneaux d'hydromel dans des étuves, où l'on entretient, jour et nuit, une chaleur de 18 à 25 degrés. La fermentation s'établit au bout de six à huit jours; elle dure environ six semaines, et cesse d'elle-même.

Dans notre climat, on se sert de deux moyens pour établir la fermentation: l'un consiste à mettre le baril au coin d'une cheminée, dans laquelle on entretient, jour et nuit, un petit feu; on met encore les barils derrière un four qui est continuellement chaud: au bout de sept à huit jours, la liqueur jette une écume épaisse et bourbeuse, qui laisse un vide qu'on a soin de remplir avec l'hydromel des bouteilles mises en réserve; aussi les phénomènes de la fermentation vineuse subsistent pendant deux ou trois mois selon la température, après quoi ils diminuent et cessent d'eux-mêmes: l'autre moyen, c'est d'exposer la liqueur au soleil brûlant de la canicule.

On peut faire l'hydromel dans tous les temps de l'année, dès qu'on se sert de l'étuve, de la cheminée ou du four; mais lorsqu'on veut le mettre au soleil, il faut le faire en juin et le laisser exposé jusqu'à ce que la fermentation s'arrête d'elle-même; ce qui arrivera au bout de trois ou quatre mois.

Quand on laisse l'hydromel au soleil pour exciter la fermentation, il faut élever le baril à un demi-pied de terre et avoir quelque attention relativement aux abeilles et autres insectes attirés par l'odeur de la liqueur. Dans la chaleur du jour, la liqueur se gonfle, et quand le baril est suffisamment plein, l'écume s'élève par la bonde et reflue des deux côtés du baril; mais lorsque le soleil est couvert, et pendant les nuits, la liqueur se condense, c'est-à-dire diminue de volume, et le baril cesse d'être plein. Dans le premier cas, les abeilles lécheront sans danger pour elles ce qui s'écoulera du baril; mais, dans le second cas, il faut boucher la bonde avec une planchette ou une calotte de plomb, quand on jugera que la liqueur est raréfiée, et qu'elle va jeter son écume.

Aussitôt que les phénomènes de la fermentation ont cessé, et que la liqueur est devenue bien vineuse, on transporte le tonneau à la cave, où on le bondonne exactement; un an après, on le met en bouteilles, que l'on bouche bien, et on les laisse debout pendant un mois, on les couche ensuite comme la bière. On veillera, pendant environ deux mois, pour voir si les bouchons ne sautent pas.

Quand on a mis les rayons des ruches sous la presse pour en retirer le miel qu'ils renferment, le marc jeté dans l'eau et exposé à la chaleur du soleil fournit une sorte de piquette d'hydromel vineux.

Hydromel vineux composé. On peut varier le goût de l'hydromel par différens mélanges et le concentrer, comme nous l'avons dit plus haut; mais quand la liqueur est rapprochée, on y met un quart ou un sixième soit de bon vin vieux, soit du jus de fraise ou d'orange, etc. On mêle le tout, on laisse bouillir la liqueur que l'on écume, et quand l'œuf nage à sa surface, on la retire pour la disposer, ainsi qu'il a été dit, à la fermentation.

Lorsque l'hydromel vineux est bien fait, et qu'on l'a conservé avec soin, c'est une espèce de vin de liqueur assez agréable; on lui trouve néanmoins pendant assez long-temps une saveur de miel qui ne plaît pas à tout le monde; mais il la perd insensiblement : il serait même possible de la faire en quelque sorte disparaître plus tôt, en y ajoutant, pendant que la liqueur est encore en fermentation dans le tonneau, de la fleur de sureau renfermée dans un nouet, ou quelques-uns des aromates indiqués par Olivier de Serres, tels que gingembre, poivre, girofle, etc. (1)

---

(1) Lorsqu'on emploie, pour fabriquer l'hydromel, du miel purifié avec du CHARBON (*voyez* ce mot), il n'offre pas la saveur dont se plaint mon collaborateur Parmentier.   (*Note de M. Bosc.*)

Avant que le sucre fût aussi commun parmi nous qu'il l'est devenu depuis la découverte du Nouveau-Monde, le miel servait de base aux sirops, et le jus des fruits à pepins de véhicule : c'est ainsi qu'a été fait le premier sirop de pommes décrit dans nos plus anciennes pharmacopées. Etendu d'une certaine quantité d'eau, le mélange donnait au bout de six mois, par la fermentation, un hydromel vineux imitant supérieurement le vin de Madère. Il y a même tout lieu de présumer que cet hydromel ainsi composé ne puisse, à cause de la facilité qu'il a, au moyen d'un arome quelconque, de contracter un goût qui approche de celui d'Espagne, paraître sur les meilleures tables revêtu du nom de vin de Madère, de Malvoisie, etc. Ces vins sont l'objet de fabrique dans certains cantons de la France ; nous y reviendrons à l'article des Vins de liqueur. (Par.)

HYDROPHOBE, HYDROPHOBIE. *Voyez* Rage.

HYDROPISIE. Médecine vétérinaire. Maladie causée par l'infiltration et le séjour de la lymphe dans une des cavités du corps ou entre les tégumens ; suite de l'affaiblissement du système musculaire, ou de l'altération des humeurs. Presque toujours elle commence circonscrite dans un seul viscère, et finit par s'étendre par tout le corps. Prise à temps, elle est très-susceptible de guérison ; mais arrivée à un certain terme, cela devient fort difficile.

On dit qu'une hydropisie est *ascite* quand l'eau est contenue dans la capacité du bas-ventre ; *anasarque* ou *leucophlegmatie*, lorsque l'humeur infiltre tout le tissu cellulaire ; *hydropisie de poitrine*, quand l'eau remplit cette cavité ; *hydrocéphale*, lorsque l'eau est ramassée dans la tête ; *hydropisie de la matrice*, des *ovaires*, des *bourses*, du *médiastin*, de la *plèvre*, du *péricarde*, lorsque ces organes sont affectés.

De l'hydropisie de poitrine. Dans celle-ci, la sérosité s'épanche dans la cavité de la poitrine. Les maladies inflammatoires des parties contenues dans cette cavité, telles que la Pleurésie, la Péripneumonie, la Courbature, la Pousse, etc., l'occasionnent (*voyez* tous ces mots). Tantôt elle se forme dans le péricarde, tantôt entre les deux lames du médiastin, et le plus souvent dans la cavité dont il s'agit.

Elle se manifeste par la difficulté de respirer ; en faisant attention aux mouvemens des côtes, on voit qu'elles se lèvent avec force. Le cheval regarde de temps en temps sa poitrine, se couche tantôt d'un côté, tantôt de l'autre, reste quelquefois constamment sur les quatre jambes, a des sueurs fréquentes, et jette par les narines une sérosité jaunâtre, un des signes certains de cette maladie.

Il est inutile que l'artiste vétérinaire entreprenne de guérir cette espèce d'hydropisie par l'usage des diurétiques, tels que le vin blanc, l'oxymel scillitique, et par les hydragogues seuls, tels que la diagrède, le jalap, etc. : ces remèdes n'auraient aucun effet. Le plus court moyen est de tenter l'évacuation des eaux contenues dans la poitrine. Pour cet effet, armez-vous d'un trocart, enfoncez-le dans la poitrine, à la partie inférieure de la huitième côte, à sa jonction avec le cartilage ; videz à-peu-près la moitié de l'eau qui y est contenue ; ensuite, sans retirer la canule, injectez à-peu-près la même quantité d'une décoction vulnéraire faite des sommités de millepertuis dans trois chopines d'eau réduites à une pinte, et à laquelle vous ajouterez du miel. Deux heures après, tirez les deux tiers de l'eau restante, et injectez encore près du tiers de la liqueur ; reposez-vous pendant deux heures : au bout de ce temps, évacuez tout ce qu'il y aura d'eau, et injectez encore environ deux pintes de la même décoction. Si, lorsque vous tirez la liqueur injectée, vous remarquez qu'il n'y en a pas la même quantité, vous devez être asuré que les vaisseaux absorbans font leurs fonctions, et qu'il y a tout lieu de compter sur la guérison.

L'hydropisie du bas-ventre ou *ascite* est un amas d'eau dans la capacité de cette partie. Le ventre est tuméfié, les flancs sont avalés, l'animal respire difficilement, la fluctuation des eaux se fait sentir lorsqu'en pressant de la main une des parties latérales du ventre, on fait frapper le côté opposé ; ces signes sont encore accompagnés du défaut d'appétit, de la diminution des forces vitales et musculaires, de la maigreur, de l'enflure des jambes, et de l'évacuation modique des urines.

Cette maladie est très-difficile à guérir, parce qu'elle reconnaît pour principes l'obstruction du foie, ou du pancréas, ou de la rate, ou du mésentère, etc.

La première indication qui se présente à remplir est d'évacuer la sérosité contenue dans le bas-ventre et dans le sang ; donnez donc fort peu à boire au bœuf et au cheval, tenez-les dans une écurie sèche ; déterminez l'humeur surabondante à prendre la route des urines, en passant sur-le-champ à l'usage des résolutifs et des diurétiques ; en conséquence, faites prendre à l'animal le suc de pariétaire à la dose de 5 à 6 onces par jour, ou la décoction de racine de chardon-roland, d'asperge et de fraisier, à laquelle vous ajouterez demi-once de sel de nitre par pinte d'eau. J'ai été témoin des effets surprenans d'un breuvage composé de suc d'oignon et d'eau-de-vie, administré à une vache atteinte d'une hydropisie de cette espèce.

Cinq ou six jours après l'emploi de ces remèdes, administrez un purgatif composé d'un gros de jalap, d'autant de diagrède, de demi-once d'aloès et de demi-once de sel de nitre, incorporés dans suffisante quantité de miel. Cet hydragogue est préférable au mercure doux et à l'euphorbe. On a observé que cette dernière substance échauffe, irrite, cause des coliques violentes, et met l'animal en danger de mourir.

Mais il arrive souvent que ces remèdes n'ont produit aucun effet sensible, quoique leur usage soit bien indiqué, que le ventre se remplisse de plus en plus d'eau, et qu'il se distende considérablement. Il reste encore pour dernière ressource la ponction, qui est une ouverture pratiquée au bas-ventre de la même manière ci-dessus décrite, avec cette différence néanmoins que la ponction avec le trocart doit être faite dans l'espace compris entre les dernières fausses côtes et les os pubis. En faisant cette opération, il faut avoir égard aux forces de l'animal, qui se trouve toujours affaibli dès que l'on évacue une trop grande quantité d'eau à la fois. Il vaut donc mieux, deux jours après, réitérer la ponction, pour évacuer le reste des eaux, en ayant l'attention, dans l'intervalle de chaque opération, d'appliquer sur la plaie de l'étoupe cardée, sèche et assujettie avec un emplâtre de poix.

De l'hydropisie des bourses. Lorsque l'eau s'épanche dans le scrotum, entre le dartos et le testicule, nous disons qu'il y a hydropisie dans cette partie.

Cette maladie étant ordinairement produite par l'enflure œdémateuse des jambes, et par toutes les causes qui donnent lieu à l'hydrocèle, nous croyons devoir renvoyer le lecteur à ce mot, quant aux signes et à la curation. *Voyez* HYDROCÈLE.

Les moutons sont sujets à une espèce d'hydropisie par épanchement, qui devient très-fréquente parmi eux lorsqu'ils paissent dans des lieux bas et humides ou couverts de rosée, ou enfin dans toutes les circonstances d'humidité. Mais cette maladie étant particulièrement connue en médecine vétérinaire sous le nom de pourriture, nous nous proposons de traiter au long de ses causes, de ses signes, et des observations à faire sur la manière de la combattre. *Voyez* POURRITURE. (R.)

HYGIÈNE VÉTÉRINAIRE. Cette partie de la médecine vérérinaire, qui comprend la connaissance des objets nécessaires à l'entretien de la santé et de la vie des animaux domestiques, est d'une importance majeure : les localités influent tellement sur leur existence qu'on peut, à la simple inspection topographique d'un pays, juger quelles espèces doivent y prospérer, ainsi que la nature des alimens et des remèdes qu'il convient de leur administrer. Il paraît démontré, par exemple, que, dans les cantons naturellement bas et humides, le régime doit toujours être tonique, échauffant; aqueux et relâchant au contraire dans ceux dont le sol est sec et élevé. En examinant d'ailleurs la manière dont leurs jambes sont conformées , on peut encore juger du site qui leur est le plus favorable. Un propriétaire qui a son domaine entre deux collines doit élever des vaches et des bœufs, préférer des brebis et des moutons quand il est placé sur un coteau et dans un endroit sec. Les plaines d'une certaine étendue sont propres à tous les genres d'animaux , parce qu'ayant un espace considérable à parcourir , ils peuvent choisir les plantes et les positions qui leur plaisent le mieux.

Une vérité dont on ne saurait trop pénétrer le fermier , c'est qu'il existe plus de moyens pour préserver les animaux des maladies, que de médicamens pour les guérir ; que la médecine vétérinaire doit chercher et puiser ses secours les plus efficaces dans les agens prophylactiques : car si les remèdes sont compliqués, leur application embarrassante , et qu'ils coûtent autant que la bête affectée, il y a tout lieu de craindre qu'effrayé des soins et des dépenses , il ne renonce à prendre la peine de la traiter.

Habitation. Le gîte destiné à mettre les animaux domestiques à l'abri des vicissitudes de l'atmosphère , et à fabriquer l'engrais , doit être le premier objet du fermier ; car ce gîte peut , par sa mauvaise construction, devenir la source de la plupart de leurs maladies. Le bétail plongé un certain temps dans un air méphitique est exposé à périr sans aucune cause de mort prochaine ou éloignée.

Cet objet vient heureusement de fixer l'attention de nos plus célèbres agronomes. Tout ce qui tient à la salubrité de la demeure et à la santé des animaux domestiques intéressa particulièrement la Société d'agriculture du département de la Seine, bien convaincue que c'est déjà la demeure que nous leur offrons qui commence à les éloigner de l'état sauvage, et qu'on doit tout faire pour qu'elle soit conforme à leur constitution physique et à leurs habitudes. Cette compagnie est la première qui ait eu la gloire de s'occuper de l'art de perfectionner les constructions rurales et d'en faire le sujet d'un concours solennel. Le prix a été décerné à M. de Perthuis, devenu depuis l'un de ses membres, collaborateur de ce Dictionnaire, et dont l'ouvrage mérite de tenir une place distinguée dans la bibliothèque des propriétaires ruraux.

A son imitation , le Bureau d'agriculture de Londres engagea aussi les Anglais à appliquer les ressources de l'architecture aux besoins de l'économie rurale. Il en est résulté un grand nombre de mémoires que ce bureau s'est empressé de réunir en un seul corps d'ouvrage, que notre collègue, M. Lasteyrie, a traduit et enrichi de notes instructives ; enfin l'Allemagne a voulu aussi payer son contingent de constructions rurales , en publiant un Traité des bâtimens propres à loger les animaux domestiques.

Cependant, il faut l'avouer, si dans quelques endroits on a mis à profit les conseils et les vues de ces nouveaux perfectionnemens proposés pour la demeure des animaux domestiques, elle est restée dans beaucoup d'autres aussi défectueuse qu'elle était il y a un siècle. L'infection qui y règne est quelquefois si frappante, qu'en y entrant on ressent de la gêne dans la respiration ; elle présente au dehors l'aspect le plus hideux ; les abords en sont obstrués de toutes parts ; les murs, couverts de poussière, d'araignées et de crevasses, semblent destinés à servir de repaire aux souris et aux insectes ; une litière peu abondante, et qu'on enlève quatre fois l'année au plus, en tapisse le sol. Faut-il s'étonner, si, couchés dans la fange et séjournant dans un foyer de putréfaction à une température très-élevée, les animaux restent constamment faibles, languissans, perpétuellement sur la voie de la dégénération, et si, sortant de cette espèce d'étuve, passant brusquement dans un air libre et froid, ils éprouvent un changement subit capable de supprimer sur-le-champ la transpiration, et d'occasionner dès-lors tous les genres de maladies qui dérivent de cette suppression ?

Quelle est donc la cause de ce dédain, de cette négligence intolérable pour l'entretien de l'habitation des bestiaux, pour le renouvellement de leur litière et pour les moyens de purifier l'air quand il est vicié ? Un intérêt mal entendu, la paresse, nos préjugés et le plus faux calcul. Plusieurs cultivateurs sont dans l'opinion que les animaux peuvent vivre impunément dans une atmosphère empoisonnée, que leurs organes ne sont pas sensiblement affectés de toutes les émanations putrides, que la malpropreté ne leur est préjudiciable sous aucun rapport, et que pour avoir de puissans engrais il faut que les litières pourrissent sous eux.

Des expériences comparatives variées et multipliées ne permettent plus de douter que les animaux indistinctement aiment à reposer dans un lieu propre et commode ; qu'ils ont une très-grande répugnance pour les mauvaises odeurs ; que même le cochon, taxé d'être le plus sale d'entre eux, exige de la propreté, si on veut qu'il prospère, qu'il engraisse. Tous, en un mot, ont des organes plus ou moins perspicaces, susceptibles de discerner la qualité des alimens et des boissons. Sans entrer dans aucun détail à cet égard, nous nous bornerons à faire remarquer qu'il est sur-tout nécessaire que la disposition intérieure de l'habitation soit réglée sur le nombre des animaux qui doivent y loger ; qu'elle ait une grandeur et une élévation telles que chaque individu puisse jouir de tout l'espace nécessaire à ses mouvemens, se coucher aisément sans blesser son voisin; qu'il ne trouve pas trop de différence de température entre l'air du dehors et celui du dedans; que les agens de la ferme qui en ont soin circulent autour des murs et puissent les examiner sur tous les points de leur surface.

Rien n'est plus utile encore que d'y pratiquer des ouvertures; et comme l'air vicié ou le gaz carbonique qui se dégage des matières putréfiées de la respiration et de la transpiration est plus lourd que l'air commun, qu'il se rassemble de préférence dans les parties basses, et préjudicie d'autant plus aux bestiaux qu'ils ne peuvent se coucher, ni dormir sans respirer cet air malfaisant, c'est donc principalement dans la région inférieure qu'il importe de pratiquer ces ouvertures sans trop les multiplier, parce qu'elles fatigueraient la vue des animaux, d'y ajouter des *vasistas* propres à balayer cet air empoisonné, car les fenêtres placées au haut ne renouvellent que le dessus de l'atmosphère, et ne changent point du tout celle du dessous et n'en effleurent que la surface. Aussi le mouton, la chèvre, le cochon et les autres petites espèces d'animaux domestiques souffrent davantage de l'air vicié que la vache et le cheval; cependant la chèvre et la brebis sont destinées par leur constitution à vivre au grand air. Le cochon, qui préfère les terrains marécageux, n'est pas aussi incommodé d'un air vicié que les précédens.

Une des fortes raisons qui devraient engager l'habitant de la campagne à établir le plus de jour et de propreté possible dans la demeure des animaux domestiques, c'est que les rats, les souris et les insectes se plaisent dans les lieux obscurs: en la tenant fermée vers le soir, on en écarte les mouches, qui désolent le bétail, et en garnissant les fenêtres d'un canevas monté sur un cadre de bois, l'air de l'intérieur peut se renouveler sans favoriser l'accès des insectes, et ce renouvellement est si précieux dans toutes les circonstances, qu'on ne peut attribuer qu'à cette seule circonstance les avantages du parcage; enfin l'air est l'aliment de la vie. Mais ce n'est pas assez que l'habitation des animaux domestiques soit spacieuse, commode et saine, il faut encore que les individus qu'on y renferme soient entretenus dans un grand état de propreté, et qu'ils ne s'infectent pas eux-mêmes, ce qu'on prévient au moyen du pansement de la main; il en sera question après que j'aurai exposé quelques vues générales sur leur nourriture.

Régime des troupeaux. C'est la partie la plus importante et la plus efficace de la médecine vétérinaire, la seule connue pour parvenir à la guérison radicale de presque toutes les maladies chroniques des animaux domestiques. Le premier article consiste à s'occuper du choix qu'on doit faire de leur nourriture, de la meilleure forme à lui donner, et de la quantité qu'il est nécessaire d'en administrer : les alimens les plus propres à leur subsistance résident parmi les végétaux, parce que tous sont herbivores ou granivores; ainsi, depuis la semence la plus sèche jusqu'à la racine la plus succulente, les différentes parties des plantes peuvent entrer dans le régime des bestiaux.

Grains. Ils sont la nourriture que les animaux aiment le mieux; les ruminans en exigent moins que le cheval, et c'est communément l'avoine à laquelle on donne la préférence; mais son enveloppe coriace et flexible, sa surface polie et luisante, sa forme allongée, mettent cette semence dans le cas de glisser en partie sous la dent des bestiaux sans avoir subi la mastication, de séjourner dans l'estomac sans y être attaquée par les sucs digestifs, et de passer dans les excrétions sans avoir par conséquent rien fourni d'alimentaire. Ces inconvéniens ont déterminé à remplacer son usage dans quelques cantons par l'orge, qui a une végétation moins chanceuse, donne un produit plus riche, plus substantiel et plus généralement utile.

Fourrage. La luzerne, le sainfoin, le trèfle, cultivés en grand, composent ce qu'on nomme vulgairement prairies artificielles, les plus avantageuses et les plus durables qui existent; elles devraient toujours former le tiers de l'exploitation, et composer, avec les plantes des prairies naturelles, en vert ou en sec, la nourriture des troupeaux. Ces plantes sont abondantes et fort recherchées d'eux, cependant déterminées non-seulement par la nature du sol et du climat, mais encore relativement aux animaux qu'on y élève; la luzerne convient mieux au cheval, le trèfle aux vaches et aux bœufs, le sainfoin aux moutons.

Mais il existe une foule d'autres plantes dont on couvre annuellement des terrains pour la nourriture exclusive des bestiaux, que l'on fauche à mesure des besoins, et qui sont cultivées isolément ou réunies dans le même champ sous des noms collectifs, il convient de faire mention de celles-ci : quant aux autres, elles se multiplient de manière à ne pouvoir plus en saisir le nombre. On est parvenu à en naturaliser quelques-unes, et à se ménager, dans les feuilles des arbres, des ressources pour le régime d'hiver.

Ce n'est qu'en réunissant tous les moyens d'accroître la subsistance des animaux, qu'on parviendra à entreprendre et à maintenir l'amélioration des troupeaux, à prévenir la rareté des fourrages dont en est menacé quelquefois, et les suites fâcheuses qu'elle entraînerait nécessairement si on attendait que la disette fût encore plus considérable, parce que l'indus-

trie aux prises avec le besoin n'est capable d'aucune recherche heureuse. Que le cultivateur se pénètre bien de cette
vérité, qu'il vaut mieux avoir trop de fourrage que pas assez
de bestiaux.

Céréales. Cette classe nombreuse de plantes a été regardée
dès la plus haute antiquité comme la nourriture la plus naturelle des bestiaux. Le froment, le seigle, l'orge, l'avoine et
le maïs coupés en vert produisent un fourrage aussi abondant
que salutaire ; mais c'est sur-tout le seigle et l'orge qui doivent
mériter la préférence comme prairies momentanées : ils croissent promptement sur les terres maigres et légères, résistent
plus qu'aucune autre plante à la sécheresse. Les bestiaux exténués par le régime de l'hiver trouvent dans ce fourrage, aux
premiers jours du printemps, un aliment savoureux, qui, administré avec circonspection, semble tout-à-coup renouveler
leur existence : c'est dans cette vue qu'on ne saurait trop multiplier les plantes hâtives propres à donner un fourrage printanier, bon à faucher avant qu'il soit possible de jouir des
prairies artificielles ordinaires.

Hivernage. Le mélange des différentes plantes légumineuses,
connues dans la plupart de nos départemens, sous les noms de
dragées et de *bisailles*, offre au moment de la floraison un excellent fourrage, sur-tout quand on y ajoute du seigle et de
l'orge, dont la tige sert de rames pour favoriser leur végétation
et foisonner davantage en herbe. *Voyez* PRAIRIE TEMPORAIRE.

Racines. Cette partie essentielle de l'organisation végétale,
d'une grande utilité pour l'homme, ne présente pas moins
d'avantage aux animaux domestiques lorsque les prairies donnent peu de foin, ou qu'on en manque. Les racines sont, après
les grains, au nombre des substances végétales les plus chargées de parties nourricières ; leur culture est propre à tous les
terrains, et elles produisent considérablement dès qu'on leur
donne les façons convenables. Etant mêlées en certaines proportions au fourrage ordinaire, elles ont l'avantage de prolonger les effets du vert toute l'année, et de conserver les
animaux dans cet état de vigueur et de santé si nécessaire pour
le renouvellement des espèces.

La culture en grand des racines potagères donne en outre
la possibilité de retirer d'une petite étendue de terrain une
masse énorme d'une nourriture succulente. C'est à elle qu'on
doit en partie une meilleure méthode dans les assolemens et la
faculté de supprimer les jachères. Plusieurs de nos départemens
en ont déjà apprécié les avantages pour commencer l'engrais
des bœufs. Quand la rave-turneps manque, c'est une sorte de
calamité pour le canton. *Turgot*, qui a honoré par tant de
vertus les fonctions d'intendant de généralité, s'informait,

quand il était à Paris, si l'année était bonne en Limousin pour la rave et la châtaigne : l'une assurait la rentrée des impôts, l'autre la tranquillité publique pour les subsistances. Combien il serait facile d'étendre la culture des racines potagères, plutôt que de s'obstiner à couvrir de vastes terrains de seigle et de sarrasin, avec lesquels on éprouve si souvent la disette ou la famine !

Si Olivier de Serres donna jadis à la luzerne le nom de *merveille du ménage*, c'est qu'il ne connaissait pas le pomme de terre, qui mérite à bien plus juste titre, parmi les racines, cette qualification. Nulle racine en effet n'est plus utile dans l'économie domestique, nulle ne semble plus appropriée à nos besoins; et dans les temps de crise elle est toujours la plus assurée de nos ressources, et de celle des bestiaux.

Je ne crains pas d'assurer que quiconque a eu le bon esprit d'essayer en grand la culture des racines potagères pour les administrer ensuite aux bestiaux pendant l'hiver, n'abandonnera jamais cette méthode, vu les nombreux avantages qu'il doit en avoir déjà recueillis. Combien les cultivateurs gagneraient à une pareille pratique, s'ils voulaient faire taire leurs préjugés et imiter les propriétaires qui leur prêchent l'exemple ! L'économie qui en résulterait pendant la moitié de l'année environ, où l'on est presque entièrement privé des pâturages, est incalculable.

Appropriation de la nourriture. Les alimens contribuent tant au maintien de la santé des animaux, qu'on ne saurait trop veiller à ce qu'ils soient toujours de bonne qualité, et donnés en quantité suffisante : mal nourris, ils manquent de forces pour fournir aux travaux; leurs membres, affaiblis par des exercices laborieux, ne se réparent pas à raison de leurs pertes; ils deviennent extrêmement sensibles aux influences de l'atmosphère et à toutes les impressions du besoin.

Malheur au propriétaire qui immole la santé de ses animaux à une parcimonie mal entendue, et ne donne pas tous ses soins pour conserver à leur nourriture les qualités spécifiques qu'elle doit avoir; si le fourrage est encore humide au moment de le serrer, il s'échauffe, fermente et devient alors pour tous une subsistance détestable. Une attention, c'est d'en régler constamment la quantité sur le nombre, la force, l'embonpoint des animaux, et de préférer la forme sous laquelle la nourriture produit le plus grand effet par rapport à la destination qu'on se propose de leur donner. Il faut bien se persuader que quatre vaches, par exemple, choisies et alimentées convenablement, rendent davantage que huit qui le seraient mal.

Pour remédier à l'inconvénient que nous avons remarqué de donner les grains secs et entiers, on pourrait en tirer un parti plus économique, en les faisant moudre préalablement sans les bluter; étant rapprochés de l'état de gruau, ils nourriraient davantage, offriraient plus de prise aux sucs digestifs et conviendraient mieux aux animaux ruinés : en leur donnant la forme panaire, on gagnerait encore sur la nourriture. M. *Chancey*, dont le nom se retrouve toujours sous ma plume quand il s'agit d'utilité publique, a adopté cette méthode pour ses mules et ses volailles. Il a remarqué que 3 livres de pain procuraient autant de profit que 4 livres de farine, et 6 livres de grains sans être écrasés. Cette opinion est conforme à celle des meilleurs médecins vétérinaires.

Une autre forme également avantageuse pour les grains et les animaux soumis à l'engrais, ce serait de les faire cuire dans l'eau et de les laisser fermenter un peu; plus volumineux alors ils ont plus de saveur, nourrissent davantage et se digèrent mieux. On sait avec quelle avidité ils se jettent sur les alimens cuits et pourvus de la chaleur; ils les préfèrent à tout ce qui est cru et à la température ordinaire.

Il paraîtrait cependant que les grains et les racines tels qu'on les recueille devraient mériter la préférence, puisque dans l'état sauvage les animaux ne les mangent pas autrement; mais il n'en est pas moins vrai de dire que la plupart sont plus commodes à employer et plus convenables pour ceux qui sont malades ou qu'on engraisse.

Les racines potagères dont la consistance est ramollie par la cuisson peuvent s'allier avec la farine, se mêler à la salive et servir de base aux boulettes propres à l'engrais; peut-être conviennent-elles moins dans cet état aux animaux à fibre molle, à tissu cellulaire lâche, parce qu'elles offrent moins de résistance et qu'elles ne sont plus susceptibles d'être triturées par la rumination.

Toutes les substances végétales ou animales qui ont subi la cuisson changent de nature, de goût et de propriétés. Les principes qui les constituent, isolés dans leur état naturel, se rapprochent, se réunissent, se combinent de manière à former un tout plus agréable, plus homogène et plus efficace; administrés dans l'état chaud, ils donnent plus d'énergie dans l'économie animale et appétent davantage les bestiaux : ainsi la dépense du combustible, et les autres soins nécessaires pour imprimer à la nourriture le caractère qu'elle doit avoir pour opérer la plénitude de ses effets, offrent de puissans dédommagemens, sur lesquels les fermiers n'ont pas encore suffisamment réfléchi. Nous les invitons à peser ces considérations : elles nous paraissent intéresser à-la-fois l'économie et le perfectionnement de l'engrais des animaux domestiques ; mais quelles que soient la forme et la nature des alimens employés à la nourriture des animaux domestiques, il faut, autant que faire se peut, qu'ils soient mélangés ; c'est sans doute un des avantages du fourrage qui résulte des prairies naturelles et artificielles. En associant les plantes les plus opposées entre elles par la qualité et les propriétés, elles se tempèrent l'une par l'autre et fournissent un bon tout ; il faut donc marier la nourriture verte et sèche, les fourrages substantiels et appétissans.

Dans beaucoup d'endroits, on a la louable habitude de faire hacher la paille avec le foin, de les mêler à parties égales et de donner ce mélange pour toute nourriture aux animaux ; il procure de la force aux chevaux de travail, et c'est autant d'avoine d'épargnée. Ce mélange est admirable pour leur entretien : ils sont moins sujets aux maladies que l'excès du foin seul procure.

Précautions dans l'emploi des alimens. Il n'y a pas d'alimens qui n'exigent des précautions avant d'en faire usage, et dont l'excès ne soit sujet à des inconvéniens plus ou moins graves ; il convient de les prévenir.

Si le foin vieux, moisi ou vasé, cause de la répugnance aux chevaux, celui qui est trop nouveau n'est pas non plus sans inconvéniens, sur-tout dans les années sèches : alors, la veille de son emploi, il faut délier la botte, la secouer pour en dissiper la poussière, et le mouiller, afin qu'il reprenne pendant la nuit de la souplesse et de l'humidité.

Les animaux retenus pendant l'hiver dans les étables sont impatiens, au retour du printemps, d'aller aux champs ; fatigués des fourrages secs, ils soupirent après le vert. Le cultivateur lui-même n'attend pas moins impatiemment cette saison pour leur administrer une nourriture plus succulente ; mais il néglige beaucoup trop les précautions qu'il faut prendre dans ce moment de crise où ils vont changer tout-à-la-fois d'air, d'exercice et de régime.

Toutes les plantes, même celles des prairies artificielles, quoique saines et recherchées par le bétail, sont suivies quelquefois des plus fàcheuses conséquences ; s'il en mange à discrétion, il en est incommodé jusqu'à périr, et souvent il ne faut que la mort d'un bœuf ou d'une vache, occasionnée par une pareille cause, pour faire regarder dans tout un canton ces plantes comme nuisibles, lorsqu'il est si important d'en propager les avantages. Il paraît donc nécessaire de les y accoutumer insensiblement, d'en donner peu à-la-fois et de le couper avec du fourrage sec moins substantiel, de retirer le barreau du râtelier afin qu'ils ne mangent pas trop.

13 *

Rien, par exemple, n'est plus dangereux que d'abandonner les animaux dans les prairies artificielles, sur-tout à une époque où, exténués de la nourriture d'hiver, ils se jettent avec avidité sur les plantes fraîches : d'abord ils foulent l'herbe aux pieds, en gâtent plus qu'ils n'en mangent, ils sont exposés ensuite à une foule d'accidens connus sous le nom de *météorisation*, de *tympanite*, de *tranchées*, de *colique venteuse*. Cette funeste propriété, commune à toutes les plantes fraîches succulentes couvertes de rosée et données par surabondance, doit, sur-tout au printemps, préjudicier à la santé des bestiaux, qui, après une longue privation, sont invités au plaisir d'en manger, et ils en abusent si on leur permet de rester trop long-temps au même endroit ; il faut donc ou les exclure des bons pâturages, ou attendre qu'ils soient presque rassasiés pour les y conduire.

L'expérience a également démontré qu'il était infiniment plus économique de faucher l'herbe, au lieu d'en faire consommer le produit sur le champ, même de ne l'administrer qu'après avoir été un peu fanée et distribuée aux animaux dans des râteliers portatifs, soit aux champs, soit à l'étable : par ce moyen, on est plus certain de la quantité qu'ils en consomment, il y en a moins de gaspillée et ils n'en sont pas incommodés. Il faut encore se donner de garde d'en rassembler à l'étable au-delà de la provision de la journée, dans la crainte qu'une bête détachée ne reste sur le tas, pour s'en être gorgée.

On ne peut changer tout-à-coup la nourriture des animaux ni les soumettre à un autre régime, en supposant même qu'il fût meilleur que celui auquel ils étaient accoutumés, sans que ce passage subit n'occasionne quelque désordre dans leur organisation ; il faut donc que la gradation en soit bien mesurée et que la quantité en soit réglée, afin d'éviter que les femelles, par exemple, ne passent à la graisse, parce qu'un excès d'embonpoint rend le part laborieux et difficile, affaiblit les organes lactifères, conduit souvent l'animal ou à la stérilité ou à ne donner qu'une postérité peu propre à faire souche.

Il est encore nécessaire d'attendre que les grains aient ressué avant de les donner aux animaux, sur-tout l'avoine, et de ne les consommer que quelques mois après leur récolte.

La prudence exige aussi de ne pas faire passer brusquement les animaux d'un pâturage maigre dans un pâturage gras, du régime sec au régime vert (*et vice versâ*), de les introduire peu-à-peu sur les pics secs et élevés lorsqu'il fait humide, et sur les fonds bas dans la saison du hâle, en évitant les endroits naturellement aquatiques, susceptibles de donner toujours aux plantes reconnues pour fournir le meilleur fourrage un caractère dur et fibreux, cassant et grossier, qui, loin de réveiller l'appétit des bestiaux, leur cause de la répugnance et de la fatigue.

Mais si la transition du fourrage vert au fourrage sec exige quelques précautions, à plus forte raison doit-on être circonspect lorsqu'on est forcé par les circonstances de donner aux bestiaux une subsistance à laquelle ils ne sont pas habitués, fût-elle même meilleure que celle dont on est privé.

Il ne faut, en un mot, commencer le nouveau régime qu'en l'associant avec l'ancien dans les proportions relatives aux ressources locales et à la saison.

Lorsque la nourriture des bestiaux consiste en fruits et en racines, leur usage peut exposer à des inconvéniens fâcheux; il arrive quelquefois qu'au lieu de se rendre directement à l'estomac, ils s'arrêtent dans un point de l'œsophage qui y conduit, causent de l'irritation, de l'inflammation et même la suffocation. Les cultivateurs éviteront toujours cet inconvénient, si, avant de les leur donner, ils ont soin de les couper : ainsi divisés, les fruits et les racines se triturent mieux dans la bouche, s'imprègnent pendant le séjour qu'ils y font de la salive, qui, comme on sait, favorise l'acte de la digestion. Le bon effet de cette nourriture est encore plus marqué, si, après les avoir fait cuire, on les administre avant qu'ils soient entièrement refroidis : nous reviendrons sur cet article au mot POMME DE TERRE.

On se trompe en croyant que les racines revêtues de leur peau et dans leur état d'intégrité, sont plus aqueuses après qu'avant leur cuisson. L'eau de végétation, au contraire, qui constitue ces parties de plantes, se réunit par l'action du calorique avec les autres principes, s'y combine et acquiert la propriété nutritive. Il en est de même des substances sèches : l'eau qu'elles absorbent pendant la cuisson devient également alimentaire; non-seulement les pommes de terre cuites ne relâchent point, mais elles conviennent mieux à tous les animaux soumis à l'engrais.

Une autre erreur, c'est de prétendre que les animaux se méprennent rarement sur les propriétés des végétaux, quoiqu'ils n'eussent pas d'autre instinct que l'organe du goût secondé par celui de l'odorat, qu'ils peuvent servir de guide dans nos départemens et indiquer à leurs habitans, par exemple, les bons et les mauvais champignons. On ne saurait être trop en garde contre l'adoption ou le choix qu'ils font de quelques alimens; car il y a des végétaux salutaires à plusieurs espèces d'entre eux et très-funestes à l'homme, *et vice versâ*. Citons-en plusieurs exemples déjà connus, afin de rendre plus circonspects ceux qui se hâtent de prononcer relativement aux pro-

priétés de certaines substances d'après les effets qu'ils produisent sur les animaux soumis aux essais.

On sait que les oiseaux becquettent certains fruits dont l'u-
sage nous serait dangereux, que les cochons dévorent impunément la jusquiame, que le persil tue le perroquet ; on dit
encore que l'amande amère est un poison pour les poules, que
l'hippopotame trouve la mort dans la semence du lupin ; enfin
tous les animaux ne semblent-ils point respecter le haricot
vert, quoique nous nous en nourrissions sans rien éprouver de
fâcheux ?

Mais si tous ces sauts, toutes ces transitions brusquées entraînent des inconvéniens qu'on peut éviter, il faut l'avouer,
l'herbe fraîche et succulente du mois de mai n'en a qu'autant
qu'on n'en dirige pas l'emploi. Elle devient extrêmement salutaire dans une foule de circonstances dont nous allons indiquer les plus essentielles.

Usage du vert. C'est la nourriture fraîche herbacée du printemps qu'on donne habituellement pendant une partie de
l'année aux animaux, ou qu'ils prennent à la pâture, ou bien
c'est un aliment médicamenteux auquel on les assujettit pas-
sagèrement pendant une ou deux saisons. M. de la Bergerie
a traité le vert sous le premier rapport, et Gilbert sous le
dernier. Il y a peu de chose à ajouter aux observations de ces
deux amis de l'agriculture et de la médecine vétérinaire.

Les jeunes chevaux, les ânes et les mules échauffés ou fatigués par un travail trop considérable, à la suite des fièvres
inflammatoires, lorsqu'ils sont dégoûtés ou qu'ils maigrissent sans cause apparente, trouvent dans le vert un véritable
remède, également efficace pendant le traitement d'une foule
de maladies chroniques ; il flatte le goût des animaux qui en
ont essayé ; il est pour eux ce que le lait, les fruits rouges,
le suc dépuré des plantes sont pour l'homme ; il entretient
pendant toute la durée de son usage le ventre libre, donne au
poil son éclat, à la peau sa souplesse, à l'individu sa gaieté ; il
rétablit, en un mot, l'insensible transpiration, de manière que
souvent un mois après ce régime ils ne sont plus reconnaissables.

Mais autant l'usage du vert est salutaire dans tous ces cas,
autant il préjudicie aux animaux vieux, et même, quel que
soit leur âge, à ceux qui sont affectés de maladies résultant du relâchement des solides et de la décomposition des
fluides ; il arrive souvent que, quoique bien indiqué, il n'a
pas de succès, parce que, ainsi que tous les remèdes, il a besoin
d'être aidé dans ses effets, et que quelquefois on a négligé certaines précautions d'où dépendait la réussite.

On fait prendre le vert sur pied à la prairie même, ou on

le donne à l'étable : dans l'un et l'autre cas, il importe d'y disposer les animaux, en ne le leur donnant qu'avec les précautions citées, d'abord mélangé avec le foin et un peu de grains; si c'est dans l'herbage même qu'ils sont mis au vert, il faut les y conduire et les rentrer pendant huit jours, en retardant tous les jours un peu jusqu'à ce qu'ils soient accoutumés à la fraîcheur des nuits : pour les vaches, il est plus sage et plus économique de leur donner le vert à l'étable pendant le premier mois, selon la cause qui en a déterminé l'usage. Comme il est essentiel qu'il renferme autant d'eau que la nature des plantes le comporte, on doit le faucher, s'il appartient à la famille des graminées, avant que l'épi soit sorti du fourreau, parce qu'alors l'herbe serait trop substantielle, trop nourrissante et provoquerait la fourbure; il faut alors la couper jeune et ne la donner qu'insensiblement par poignée pour soutenir leur appétit et prévenir leur goût.

Quelques nourrisseurs s'opiniâtrent à vouloir saigner les bestiaux avant de les mettre au vert, rien n'est plus abusif; il en est de cette pratique routinière, comme de celle de quelques-uns de nos praticiens qui sont dans l'habitude de purger constamment les malades auxquels ils ordonnent l'usage du lait, des eaux minérales et des sucs d'herbes : or, il arrive souvent que ce moyen préparatoire, loin de produire l'effet qu'on en attend, dérange les fonctions de l'estomac, et empêche qu'on ne tire un parti avantageux du régime prescrit; c'est absolument la même chose pour cette saignée de précaution. Il faudrait plutôt donner du sang à l'animal que de lui en tirer, puisqu'il s'agit de lui restituer des forces, à moins qu'il n'ait une pléthore sanguine, ou qu'il ne s'agisse d'accumuler la graisse chez le bœuf, le mouton et le cochon destinés à la boucherie : cette évacuation faite à propos peut déterminer la cachexie graisseuse.

Nous en dirons autant de l'opinion qui a introduit l'usage des préparations antimoniales pour les chevaux au vert; cet usage est parfaitement inutile, à moins que quelques maladies particulières n'en sollicitent l'emploi : lorsqu'ils paraissent dégoûtés, quelques onces de poudre de gentiane, ou d'une substance amère analogue, rétablissent l'appétit et les fonctions digestives.

Les plantes semées pour cet objet contribuent infiniment au succès du vert : c'est parmi les graminées et les légumineuses qu'il faut les choisir, en raison des animaux auxquels on les destine. L'orge qu'on sème en automne pour la faire manger au printemps en vert, est fort utile aux vaches, sur-tout aux jeunes chevaux, lorsqu'ils ont été mis trop tôt à la nourriture sèche; elle facilite singulièrement la dentition, par le relâchement et l'humidité générale qu'elle procure à toute la machine, et rend moins dangereux tous les accidens qui accompagnent et suivent la gourme, lorsque son emploi précède cette maladie; mais autant ce vert d'orge est utile dans ce cas, autant il préjudicie aux autres animaux, ainsi que l'a très-bien remarqué notre collègue Huzard dant ses Notes ajoutées à la nouvelle édition d'Olivier de Serres : cet habile vétérinaire attribue à son usage pour les chevaux un grand nombre d'inconvéniens.

Un avantage inappréciable dont jouissent les animaux tout le temps qu'ils sont au vert, c'est de respirer le grand air, d'être dans l'état de nature, de ne prendre que l'exercice qu'ils veulent, de jouir d'une grande liberté dans tous leurs mouvemens.

Mais en les remettant au régime sec, il faut observer les mêmes précautions : s'ils restaient un certain temps dans l'inaction, ils perdraient bientôt tout le fruit du vert; si on les faisait passer tout-à-coup à un travail long et fatigant, ce serait un autre inconvénient : il faut donc, dans les premiers jours qu'on fait sortir l'animal, le promener et le mettre un peu en haleine.

Pansement de la main. On peut juger que cette opération a lieu à l'embonpoint, à la vigueur et à la santé des animaux; elle est trop utile, sur-tout à l'approche du printemps, pour jamais la négliger ; elle consiste à les bouchonner, à les brosser, les étriller, afin de rétablir l'insensible transpiration, toujours supprimée dans la plupart des maladies, à les décrasser ; en faisant tomber les poils, il ouvre les pores de la peau, qui s'attendrit et se dilate.

Les remèdes doivent commencer par le pansement de la main ; c'est sur-tout lorsque les bœufs, les vaches, les chevaux, les ânes, les mulets reviennent du travail ou des champs, en moiteur, tout couverts de sueur et de poussière, qu'il est à propos de les laver, de les éponger avec de l'eau froide ou tiède, de leur frotter le cou et la tête, de les bouchonner avec de la paille, qu'on natte grossièrement, pour les débarrasser de toutes les ordures, empêcher qu'elles ne s'amassent au sabot, ne le ramollissent, et n'occasionnent quelques accidens.

Il y a des animaux, comme les cochons, dans l'habitation desquels il faut y placer un grès et des poteaux contre lesquels ils puissent se frotter et nettoyer parfaitement leur poil; il n'y en a pas dont la peau ait plus besoin de cette espèce d'étrille comme le porc, qui en cherche le secours par-tout. Il ne faut souffrir sur aucun point de leur corps des vestiges de boue, de fiente et d'urine, et ne pas oublier de leur laver la tête, les pieds, les crins, les oreilles, la bouche, et d'employer fréquemment les lotions, les frictions, avec de fortes décoctions de tabac, d'absinthe et de tanaisie, lorsque les bestiaux sont prêts à sortir de leurs habitations, afin de les garantir de l'approche des taons, des stomoxes, des cousins, etc., sur-tout des poux, qui s'attachent souvent à leur corps, s'y multiplient prodigieusement, gâtent leur peau, leur poil, leur laine, et les font maigrir à vue d'œil; éviter sur-tout de faire entrer dans ces lotions des poisons, comme l'arsenic, le sublimé corrosif et d'autres matières de ce genre, de peur qu'en se léchant ils n'en avalent, ou ne produisent sur la peau l'effet d'un caustique.

Les harnois doivent être frottés, le mors de la bride du cheval lavé chaque fois qu'il sert, afin d'ôter la fétidité qu'occasionne le séjour de la salive; il faut leur laver la bouche, la rafraîchir, et employer cette précaution pour tous les autres animaux.

Il faut se servir de l'étrille pour tous les animaux à poil; une friction sèche a le double avantage de mieux nettoyer, de ranimer et électriser la peau. C'est de cette opération, dont tous les bestiaux ont plus ou moins besoin à raison de leur constitution, que dépendent souvent le maintien ou le rétablissement de leur santé, leur disposition à s'engraisser facilement et complétement, et l'efficacité de quelques remèdes, peut-être même l'avantage dont jouissent les animaux pendant tout le temps qu'ils sont au vert. Loin de croire qu'il ne faut pas les soumettre au pansement de la main, Bourgelat recommande au contraire de bouchonner les chevaux deux fois plutôt qu'une par jour, à la rentrée de la promenade, parce que, transpirant beaucoup, ils éprouvent plus promptement, plus efficacement tous les bons effets de cette nourriture succulente. Les vaches étrillées et parfaitement nettoyées rendent beaucoup et de bon lait.

Assouplir les animaux. Après avoir donné tous les soins au développement de leurs facultés physiques, il faut profiter de l'instinct dont ils sont doués pour créer en eux des habitudes heureuses, rompre leurs inclinations dépravées, et les accoutumer insensiblement aux travaux auxquels ils sont destinés dans l'état de domesticité.

Caressés dès leur jeunesse, les animaux conservent la docilité du premier âge, si nécessaire pour les conduire en troupeaux, se prêtent infiniment davantage à ce que l'on exige d'eux lorsqu'il s'agit de les panser, de les traire, de les ferrer, de les atteler, de les conduire et de les monter; mais il ne faut jamais, sous quelque prétexte que ce soit, sur-tout quand ils sont jeunes, les brusquer par aucun mouvement d'impatience et d'humeur : sans quoi, ils deviennent hargneux, revêches, indociles, méchans. Il y a peu de chevaux rétifs chez nos voisins, parce qu'ils ne sont jamais rudoyés, qu'on y inflige même des amendes contre ceux qui les maltraitent.

Peut-être est-ce aux mauvais traitemens que l'âne éprouve lorsqu'il est encore jeune, qu'il faut attribuer les reproches qu'on est fondé à lui faire, et que si de bonne heure on avait pour cet animal plus de bienveillance, il conserverait plus de flexibilité et d'obéissance envers nous, ainsi que la docilité et la vivacité qui le caractérisent au printemps de l'âge : l'expérience a déjà fait voir que, ménagé et traité avec les mêmes égards que l'espèce du cheval, il perdrait cette raideur, cette rustique opiniâtreté qui, chez les hommes comme chez les animaux, accompagne toute éducation négligée.

En familiarisant les animaux d'avance avec nous, en les captivant, on les garantit d'une foule d'accidens. Si on a soin, par exemple, de manier quelquefois les cornes, les pieds, et même le pis des femelles pendant leur première gestation, on les accoutume insensiblement à se laisser toucher. Il s'en trouve dans le nombre tellement chatouilleuses et irritables, qu'on ne saurait les traire qu'avec les plus grandes difficultés dans les premiers temps de leur vêlage : ayant alors une surabondance de lait, il en résulte de l'enflure aux mamelles, et souvent la perte d'un trayon et même de l'organe entier.

Croisement des races. Son effet sur la santé des animaux domestiques n'est pas assez connu ; cependant, puisque nous possédons l'art de faire de toutes pièces, si je puis m'exprimer ainsi, un individu vigoureux, productif et d'une bonne constitution, pourquoi ne pas recourir plus souvent à cette combinaison admirable avec toutes les conditions requises ? C'est par ce moyen que nos voisins sont parvenus à obtenir dans l'engrais des bestiaux des résultats qui étonnent ceux qui n'ont pas réfléchi sur ces grandes ressources de la nature vivante ; c'est en employant ces moyens efficaces de restauration et de création que nous empêcherons les dégénérations d'animaux, que nous obtiendrons de nouvelles variétés que nous n'osions espérer, plutôt que d'avoir sans cesse dans les mains des médicamens dispendieux pour agir sur l'organisation, et qui, fussent-ils les spécifiques les plus renommés, valent infiniment moins que les préservatifs.

Boisson. Tout fluide dont les animaux s'abreuvent spontanément sans aucun secours étranger, est généralement désigné sous ce nom. L'eau est leur boisson ordinaire ; mais il convient qu'elle réunisse quelques conditions pour opérer constamment un bon effet : les eaux croupissantes et fangeuses des mares, quoique préférées par les bestiaux, peuvent avoir à la longue quelques inconvéniens.

Le temps et la manière d'abreuver les animaux sont des points qui intéressent essentiellement leur conservation. On ne doit jamais, quand ils sont échauffés par un violent exercice, se presser de les conduire à la rivière, ni leur faire boire une eau trop fraîche, dans la crainte qu'elle les enrhume, ou leur occasionne des coliques et des répercussions. Quand on n'a pas la liberté du choix en ce genre, on peut facilement mettre les moins bonnes en état de servir de boisson sans aucun inconvénient, en laissant exposées quelques heures à l'air celles qui sortent du puits pour prendre la température de l'atmosphère, en leur imprimant un grand mouvement pour diminuer leur fadeur, en les rendant mucilagineuses ou acides quand il fait excessivement chaud, et qu'il règne quelques maladies; car alors il faut avoir l'œil ouvert sur l'objet qui semble le plus indifférent. Il n'est question souvent que d'assaisonner l'eau par un peu d'air, ou d'acide, ou de matière extractive, pour changer sa manière d'être et ses effets. J'invite à lire l'article Abreuvoir de ce Dictionnaire, et à se pénétrer des autres précautions indiquées pour rendre constamment la boisson des animaux plus salutaire.

Eau blanche. On la prescrit de temps immémorial aux animaux malades, ou lorsqu'il s'agit de les rétablir à la suite des affections qui ont épuisé leurs forces. Sa préparation est simple : il suffit de délayer une bonne poignée de son de froment dans une mesure d'eau; mais dans les temps chauds cette boisson contracte bientôt une mauvaise odeur : il faut n'en préparer que pour une demi-journée, car elle agit comme une matière animale. C'est ce qui a déterminé la médecine humaine à interdire dans les fièvres putrides et inflammatoires l'usage des bouillons de viande, malgré leur réputation comme restaurans.

Depuis long-temps je me suis élevé contre l'usage du son de froment, tant célébré dans la médecine vétérinaire, en prouvant, par des expériences et des observations nombreuses, que, réduit à son véritable état d'écorce, il ne contient guère plus de principes nutritifs que la paille; et si l'animal a besoin d'une abstinence complète, réduit à son véritable état d'écorce, il ne fournissait aucun des principes nutritifs de la farine; qu'il fatiguait inutilement l'estomac et les autres viscères, qu'il ne se digérait point, et que, passant facilement à la putrescence, il préjudicie à la santé des animaux : aussi les cultivateurs les plus confians dans l'emploi de l'eau blanche y ajoutent-ils souvent du sel ou du vinaigre pour la préserver de la corruption.

De leur côté, les vétérinaires les plus expérimentés, après avoir suivi les effets du son comme aliment, observent que l'usage de l'eau blanche, dans laquelle entre cette écorce du froment, donne lieu à des tranchées, à des météorisations : or ils proposent, quand le son a fourni à l'eau la farine qui lui est adhérente, de décanter cette eau, ou de la passer à travers un linge ou d'un tamis de crin, et de jeter aux cochons ou aux volailles le résidu.

J'adopte cette proposition, et je pense que le cultivateur qui manque de son pour faire l'eau blanche peut se dispenser d'en aller acheter à un prix aussi cher souvent que le grain d'où il provient, et substituer à la place une poignée de l'espèce de farine qu'il a sous la main, en la délayant dans une certaine quantité d'eau, ce qui produira tous les avantages de cette boisson. Sans jamais en avoir les inconvéniens, on pourrait donner tous les jours à chaque cheval deux bottes de paille, soit pour se former de la litière, soit pour ne pas le sevrer entièrement d'alimens solides.

Eau acidulée. En ajoutant un verre de bon vinaigre à un seau d'eau, on obtient une boisson antiseptique très-rafraîchissante ; à défaut de vinaigre, on peut prendre dans la même proportion du lait de beurre, du petit-lait de fromage qu'on a laissé aigrir pendant quelques jours, ou bien encore on met une poignée de son de froment, qui, dans les temps chauds, passe promptement à l'état acescent. On passe la liqueur et on la mêle avec quatre fois son poids d'eau. On la rend nourrissante et rafraîchissante en y délayant quelques livres de levain de froment, de seigle ou d'orge, quand il n'y a pas de coliques à craindre. Les lavemens avec l'eau légèrement vinaigrée produisent aussi de très-bons effets.

Eau miellée. Elle sert aussi de boisson dans certaines maladies où il est question de donner des mucilagineux et des adoucissans ; on la prépare en mettant une dose plus ou moins forte de miel étendue dans l'eau destinée à abreuver l'animal, et se bornant à le délayer sans employer le concours du feu, que cette matière ne saurait éprouver à un certain degré sans perdre une grande partie de ses propriétés spécifiques.

Bains. Quand on est à portée d'une rivière, qu'il fait excessivement chaud, ou bien qu'il règne dans le canton ou dans le voisinage quelques maladies inflammatoires ou une grande sécheresse, il ne faut pas négliger de baigner les bestiaux. Rien ne les délasse, ne les nettoie plus promptement, ne favorise plus puissamment et mieux la transpiration que les bains. La gaieté qu'ils manifestent au sortir de l'eau prouve combien cet usage leur est salutaire, sur-tout lorsqu'ils n'y restent pas long-temps et qu'on les tient sans cesse en agitation ; mais avant de les rentrer à l'écurie ou à l'étable il convient de les bouchonner, de les essuyer et de les couvrir ensuite d'une couverture de laine.

Usage du sel. Quelque salutaire que soit la méthode d'associer le sel à la nourriture des bestiaux, on hésite encore dans quelques cantons de l'adopter. Le prix qu'il coûtait autrefois rendait économe sur son emploi ; mais quoique moins cher en ce moment, il l'est encore beaucoup trop.

Le goût que les animaux ont pour le sel est un des appâts dont le sauvage s'est servi avec avantage pour les surprendre à la chasse ; c'est à la faveur de cet appât qu'on les fait revenir des bois, qu'on s'en fait aimer et suivre. Les brebis lèchent les murs et rongent tous les corps imprégnés de sels, pour donner du ton à leurs estomacs, relever l'action des organes digestifs affaiblis, et les égayer quand elles sont trop tristes. Ses propriétés bien connues sont de développer les saveurs des substances avec lesquelles il est mêlé, d'activer la circulation du sang, de tendre la fibre, de donner du ton aux viscères, de soutenir et d'augmenter les forces vitales, que seraient dans le cas d'affaiblir l'inconvénient d'une nourriture défectueuse, ou l'influence d'une atmosphère humide. Il n'est donc pas seulement un préservatif des maladies des animaux. On en donne aux mâles avant de saillir, ou lorsque leur tempérament s'affaiblit ; c'est un assaisonnement qui fortifie leur constitution. Une vache à laquelle on administre un peu de sel donne un lait plus crémeux et un engrais plus puissant. Enfin ce besoin irrésistible est connu pour les bêtes fauves, et c'est à leur sagacité que l'on doit la découverte d'un grand nombre de fontaines salées. Rien n'est plus pitoyable à voir en Amérique, dit M. de Crèvecœur, qui attache un prix si inestimable au sel, qu'un troupeau qui en a été long-temps privé.

Méthode d'administrer le sel. Il y a trois manières de le donner aux bestiaux : 1°. en nature, 2°. mêlé avec les fourrages, 3°. dissous dans leur boisson ; mais cette dernière méthode pourrait entraîner des inconvéniens si on n'était pas extrêmement réservé sur la quantité, parce que l'animal dans la soif prendrait du sel outre mesure : il faut donc que l'eau soit simplement assaisonnée et non salée, sur-tout quand elle est par sa nature fade et lourde ; une once est suffisante pour un seau d'eau. Il est facile à tout le monde de déduire des propriétés que nous venons d'attribuer au sel, qu'il est nuisible dans les maladies inflammatoires, qu'il faut en être très-économe pour les jeunes animaux, dont déjà le sang bouillant dans les veines a une grande disposition à s'échauffer.

En suspendant le sel dans des sacs à la portée de l'animal, il peut, en léchant les sacs, y déposer nécessairement de la salive, d'autant plus abondamment que cette sécrétion est excitée par l'irritation des glandes salivaires ; celui qui succède au premier lèche avec le sel la salive de celui qui précède, et ainsi de suite : en sorte que dans le nombre de ces animaux, il peut y en avoir qui aient le germe des maladies contagieuses ou un vice dans les humeurs ; alors le mal gagne et attaque le troupeau entier.

Il convient donc de substituer à la méthode de donner le sel en masse dans les écuries et les étables celle de le mêler avec le fourrage, et au moment de le serrer, quand il est de médiocre qualité, parce qu'il sert en même temps à l'améliorer et à le conserver ; mais lorsqu'il est bon, il vaut mieux le distribuer aux bestiaux après en avoir secoué la poussière, avec la précaution de dissoudre le sel dans l'eau, et d'en asperger la surface.

Plusieurs cultivateurs suivent encore une méthode plus simple et plus économique : une personne, à l'entrée de l'étable, présente à chaque animal revenu des champs ou de l'abreuvoir vers la fin du jour, des lèches ou tranches de pain fortement saupoudrées de la quantité de sel nécessaire et proportionnée aux besoins de chaque individu. Ce mode réjouit l'animal, nettoie et purifie sa bouche pendant la mastication ; en un mot, il suffit pour prévenir les maladies dont les mauvaises digestions sont assez ordinairement la cause immédiate. Le maximum de la quantité qu'il faut en donner est à-peu-près d'une once pour chaque gros animal, et pour les autres en proportion.

Exercice. L'exercice modéré, si salutaire à tout ce qui respire, peut devenir aussi l'antidote d'une infinité de maladies ; il ne faut donc pas non plus en priver les bestiaux, sur - tout dans le premier âge ; il deviendrait même utile pour les adultes, si l'embonpoint n'était pas le but qu'on se propose pour la destination de plusieurs.

Autant le travail proportionné aux forces de l'animal facilite le libre exercice de toutes les fonctions vitales, autant l'excès affaiblit leur énergie et le rend accessible à tous les accidens, et amène une vieillesse prématurée.

Dans le nombre des précautions qu'il faut employer pour les soustraire à divers accidens, les plus essentielles sont de ne pas les faire passer trop brusquement du repos à un travail habituel, *et vice versâ.* On doit leur accorder des intervalles de repos pour se réparer des fatigues, les promener quelquefois, les bouchonner et les sécher à leur retour.

En laissant l'animal dans l'inaction, on l'expose à d'autres inconvéniens ; il perd de ses forces, sa faiblesse détermine l'obésité, il devient de plus en plus incapable de rendre des services : il faut donc le soumettre à un travail réglé sur l'âge

et les forces de chaque espèce et de chaque individu. On sait
que les ruminans dorment plus que les non ruminans, et que
ce n'est pas au repos dont jouissent les animaux, mais au vert,
qu'est due une des principales causes des avantages qu'ils en
retirent.

Des spécifiques. Ils sont peu nombreux, très-communs, il
est vrai, dans les mains des hommes audacieux et ignorans qui
les proposent journellement pour toutes les altérations de l'économie animale, sans faire attention que, pris intérieurement,
ils n'agissent que sur l'économie en général, quelquefois d'une
manière plus marquée sur un système; mais ils n'ont aucune
action directe contre les maladies qui désorganisent le tissu
des parties. Les ouvrages prodiguent en général à une infinité
de remèdes le nom de *spécifiques*, que leurs auteurs citent
comme propres à certaines maladies. Mais l'expérience prouve
que rien n'est moins certain; et en effet, quoiqu'on puisse
regarder le quinquina comme le fébrifuge le plus assuré que
la médecine ait encore découvert, l'ipécacuanha celui de la
dysenterie, l'opium un des meilleurs calmans, les cantharides
des vésicatoires très-puissans, il ne doit pas moins s'ensuivre
qu'en restreignant le mot *spécifique* à sa juste valeur, on ne
doit l'employer que pour des substances qui, dans le plus grand
nombre de cas possible, conviennent à une espèce de maladie,
sans croire pour cela que, dans toutes les circonstances, ce prétendu spécifique soit en état, plus que tout autre, de remplir
d'une manière certaine et constante les vues de celui qui le
prescrit et la véritable nature de la maladie; la disposition
particulière des malades, le moyen plus ou moins avantageux
d'administrer un remède dans telle ou telle circonstance,
l'instant de le mettre en usage, sa dose et son choix, ne sont-
ce pas autant de considérations qui doivent rendre souvent le
meilleur spécifique inutile, et quelquefois nuisible?

Le premier spécifique aux yeux d'un artiste vétérinaire doit
être l'application méthodique d'un moyen simple, d'une opération faite à propos, une saignée locale, des incisions, des
scarifications, des frictions sèches ou humides, onctueuses ou
alcooliques, des sétons à diverses parties du corps, des douches, des cautères, des bains chauds, froids, ou de vapeur; le
repos ou un exercice modéré, les masticatoires, les lavemens,
l'usage du vert, de l'eau blanche, des acides, de l'eau miellée
et du sel suffisent souvent pour sauver l'animal.

C'est à ces moyens plutôt qu'aux médicamens qu'ils admi-
nistrent en même temps, qu'on doit les succès qu'ils ont obtenus dans le traitement des maladies internes.

Que les vétérinaires qui ont une propension pour droguer
leurs malades, lisent le mémoire de Gilbert et méditent sur

les effets des médicamens dans les animaux ruminans; peut-
être est - ce en forçant les doses qu'il n'a pas eu de succès :
car il arrive souvent que les remèdes les mieux appropriés et
les plus efficaces sont sans action précisément parce que, administrés en trop grande quantité, ils produisent de l'éréthisme, comme nous voyons une surabondance d'herbe occasionner une foule d'accidens aux animaux qui la mangent avec
trop d'avidité.

Le règne végétal ne présente guère de ressource à la matière médicale vétérinaire, excepté les amers aromatiques,
tels que la gentiane; les purgatifs résineux, comme les aloès,
le jalap, etc. Que peut produire la classe de toutes ces plantes
béchiques, incisives, pour un grand animal dont la capacité
demanderait une botte entière de ces plantes pour opérer un
effet analogue à la propriété dont elle porte le nom?

Une surabondance d'herbe substantielle que les bestiaux
prennent trop goulument occasionne souvent parmi eux des
indigestions, et exige une opération qu'en général on ne doit
faire qu'après avoir essayé l'usage des bains, des douches,
de l'éther sulfurique, des alcalis fixe et volatil; car lorsque
la panse continue à se ballonner, il n'y a pas un moment à
perdre pour recourir à la ponction; et si l'expulsion de l'air
qui s'échappe par cette ouverture ne soulage pas, prolonger
l'incision avec le bistouri, retirer de l'estomac la masse d'alimens qui cause tout le mal, et faire ensuite quelques points
de suture. Cette opération n'a d'effrayant que l'apparence;
jamais elle ne manque, et il n'est pas de vacher qui ne doive
savoir la pratiquer, à cause de l'urgence qui la commande.

Des épizooties. Les animaux domestiques sont assujettis à
des maladies particulières qui appartiennent à leur organisation, et à d'autres qui les affectent indistinctement; leurs
symptômes et leurs traitemens ont été décrits à chacun des
articles qui les concernent. Nous ne nous arrêterons qu'à rappeler les moyens de les en préserver. Le plus efficace est de
garder le bétail à l'étable, et d'en interdire l'accès à tout ce
qui pourrait communiquer la contagion : c'est ainsi que des
propriétaires instruits se sont garantis des épizooties les plus
dangereuses.

Mais il est souvent plus pernicieux qu'utile de s'arrêter aux
moyens curatifs, parce qu'en cherchant à sauver quelques animaux, on s'expose à entretenir la contagion et à voir le mal
s'accroître au lieu de diminuer.

On se souvient encore des ravages affreux qu'a occasionnés
l'épizootie qui désola la France méridionale en 1774 et les
années suivantes; combien on perdit dans cette crise de bêtes
à cornes et de millions, tandis qu'on les aurait épargnés si on

eût pris la mesure salutaire de l'assommement ordonné par une loi.

Une visite dans tout le canton que ferait l'artiste vétérinaire ne serait pas sans utilité, lorsque sur-tout on aurait à craindre une épizootie ; et quand une bête lui paraîtrait affectée du mal dont on aurait à redouter les suites pour les autres bestiaux, il ne doit pas hésiter de le déclarer à l'autorité, et de réclamer conformément à la loi qu'il soit tué, sauf à déterminer le fort tenancier d'en payer la valeur au petit métayer à qui elle appartient. Il ne faut souvent que ce léger sacrifice pour mettre toute une contrée à l'abri d'un fléau dont aucun remède connu n'a pu jusqu'à présent triompher.

L'écrivain qui a le plus et le mieux réfléchi sur les précautions principales qu'il est nécessaire de mettre en usage pour se garantir du ravage affreux des épizooties est, à mon avis, Gilbert. Voici les préservatifs que ce célèbre vétérinaire indique.

Éloigner tous les animaux sains des lieux fréquentés par des animaux infectés.

Ne laisser mettre dans ses écuries et étables des animaux étrangers, sans être bien certain des lieux d'où ils viennent.

Laisser les bêtes malades dans l'étable où la maladie s'est manifestée, et en éloigner aussitôt celles qui sont saines, en faisant crépir les murs, en interdisant sévèrement l'entrée des soi-disant guérisseurs, qui peuvent porter sur eux des miasmes contagieux.

En ne faisant jamais coucher les passans ou mendians dans les étables.

En éloignant de la ferme tous chiens étrangers, et en laissant à l'attache les siens pour les empêcher d'aller au loin déterrer et manger les bêtes mortes.

En enfouissant les animaux morts, sans être dépouillés de leur peau, à 8 pieds au moins de profondeur et à des distances éloignées du passage des troupeaux, afin que les exhalaisons ne puissent répandre parmi eux la contagion.

En ne faisant jamais servir aux animaux les harnois qui ont servi à d'autres sans les avoir nettoyés.

En faisant brûler et bien consommer le fumier et la paille des écuries où ont été des animaux malades et où il en est mort.

Telles sont les précautions principales que Gilbert a indiquées, avec les exutoires qu'il considère comme préservatifs et curatifs.

En l'an 8, une maladie de ce genre s'est fait sentir à Saint-Omer et dans les environs ; elle a moissonné 7 à 800 bœufs ou vaches dans l'espace de six mois. Une foule de vachers, de cultivateurs ou distillateurs de grains ont perdu tout ce qu'ils avaient de bestiaux ; un seul distillateur de Saint-Omer en perdit vingt-huit en moins de huit jours. M. Ramoner, pharmacien de première classe des hôpitaux militaires, en avait dix-sept dans une seule étable, qu'il nourrissait avec la drèche provenant de sa distillerie (son établissement était voisin de deux vachers qui voyaient tous les jours leurs bestiaux périr) : il conserva les siens en mettant en expansion, deux fois le jour, du gaz acide muriatique oxygéné, au moyen d'un réchaud qu'il plaçait à une des extrémités de l'étable, et dont les portes et les fenêtres étaient fermées pendant une heure. Ce gaz paraissait chagriner un peu les bestiaux, ils s'agitaient et toussaient souvent ; mais à peine avait-on donné de l'air à l'étable et le gaz dissipé, qu'ils paraissaient très-gais et qu'ils mangeaient avec avidité. Ce moyen fut employé pendant quelque temps sans qu'on se soit aperçu de la moindre indisposition chez ces bestiaux : ils prirent de l'embonpoint comme dans les temps ordinaires.

Peut-être qu'un jour la médecine vétérinaire, débarrassée des obstacles qui ont jusqu'à présent entravé sa marche, et élevée au rang des sciences modernes, découvrira-t-elle d'autres spécifiques ou préservatifs que ceux que nous connaissons, pour combattre avec succès les maladies des animaux domestiques, et arrêter sur-tout ces épizooties qui ont désolé la France à différentes époques, privé plusieurs départemens de leur subsistance, et entraîné la ruine entière du bétail.

Mais il ne faut espérer cette découverte que des propriétaires aisés qui cultivent par eux-mêmes l'héritage de leurs aïeux ; c'est spécialement sur cette classe estimable qu'il faut compter pour améliorer, perfectionner et faire prospérer l'agriculture.

Gardiens des troupeaux. Ils sont trop essentiels dans une ferme où l'on entretient un certain nombre de bestiaux pour les prendre au hasard et sans essais préalables ; leur ineptie, leur négligence peuvent occasionner des pertes énormes et irréparables. Le succès des préservatifs et même des remèdes dépend absolument de leur intelligence et des soins qu'ils mettent à s'acquitter de leurs devoirs.

L'habitude d'être toujours au milieu du troupeau leur fait apercevoir au premier coup d'œil si un animal est blessé, manque d'appétit ou est triste ; ils doivent saisir avec la même justesse et la même précision l'altération des traits qui, en lui, précèdent une de ces maladies, tellement formidables qu'il peut succomber avant qu'on ait pu lui apporter du secours : il est donc de l'intérêt du fermier de choisir pour ces emplois des hommes faits, en état de sentir l'importance des ordres qu'on

leur prescrit, de les exécuter ponctuellement, et de faire
quelques sacrifices pour se les attacher.

Mais si ces intendans de troupeaux sont la plupart inhabiles
à remplir les fonctions qu'on leur a déléguées, n'en attribuons
la faute qu'à nos agriculteurs : ils les nourrissent mal, les
traitent avec mépris, et ne les occupent au retour des champs
qu'à des travaux étrangers à leur besogne ordinaire : ils perdent de vue alors les objets qui devraient occuper sans cesse
leur esprit, ce qu'ils ont à faire pour l'avantage des animaux
dont le gouvernement leur est dévolu. Si les propriétaires pouvaient connaître tout le prix des soins qu'on donne aux animaux domestiques, et se persuader que rien n'importe autant
à la perfection des résultats de l'économie rurale, ils seraient
plus difficiles qu'ils ne le sont communément dans le choix
de ceux auxquels ils en confient la garde; ils ne leur donneraient pas plus de bestiaux qu'ils ne peuvent en surveiller,
enfin ils entretiendraient parmi eux cette émulation, si nécessaire, par de légers profits que des soins assidus méritent.

O combien de propriétaires sont trompés, quand, ne voyant
rien par eux-mêmes et s'en rapportant aveuglément à leurs
agens secondaires, ils rejettent sur les animaux toutes les
pertes, toutes les dépenses, tous les accidens qu'ils occasionnent par leur inexpérience, leur négligence, leur maladresse
et leurs préjugés! L'inimitable La Fontaine l'a dit, et il faut
souvent le répéter :

Il n'est pour voir que l'œil du maître.

Ceux qui n'achètent des bestiaux que pour les engraisser et
les revendre ont peut-être moins besoin de gardiens de troupeaux expérimentés que ceux qui s'occupent de leur éducation
pour faire race ; mais le propriétaire qui met tous ses soins à
faire choix des meilleures espèces, qui a suffisamment apprécié
les dépenses qu'il en coûte pour des espèces rabougries, dont
on ne tire que peu de profit, sait combien il est important d'attacher par l'intérêt les premiers agens de sa basse-cour, n'oublie absolument rien de tout ce qui peut concourir à cette vue;
il converse familièrement avec chacun d'eux, et finit par les
persuader que le bon état du troupeau et son perfectionnement sont en partie l'ouvrage de leurs soins. Ce moyen de
communication, répété souvent, devient une espèce de guide,
une instruction pratique sur l'éducation économique des bestiaux, qui germe et produit par la suite des effets plus heureux
que tous ces almanachs qui ne contiennent souvent que des
idées puériles et superstitieuses.

Devoirs des gardiens de troupeaux. Les premières qualités
qu'on doit exiger de ces agens subalternes de la métairie,
quand il est possible de les choisir, c'est d'être robustes, pro-

pres, matineux, gais par caractère, et bons par sentiment, affectionnés à leurs bestiaux et aux intérêts du maître; il est utile sur-tout qu'ils sachent lire et écrire, afin de pouvoir tenir note, par exemple, du jour où les femelles ont été saillies et par quel étalon, pour être plus sûr du moment où elles mettront bas, et en rendre compte.

C'est souvent auprès du vacher, du berger, du garçon d'écurie et du porcher, qu'on peut, quand ils ont un peu d'expérience et ne sont pas infestés de préjugés, se flatter de trouver des connaissances pratiques qu'on rencontre rarement dans les livres, pour soigner efficacement les animaux qu'ils gouvernent; il faut les considérer comme les médecins nés des troupeaux.

Ils doivent toujours être munis des premiers secours à administrer, et autorisés à continuer leurs soins jusqu'à parfaite guérison, à moins qu'il ne s'agisse d'une opération manuelle qui exige le secours d'un instrument; mais alors il faut recommander à l'artiste vétérinaire qu'on appelle de ne rien prescrire qu'il n'ait consulté et interrogé les gardiens, qui, encore une fois, sont plus au fait que les étrangers au pays de la nature des pâturages, de l'influence des localités, des espèces de bestiaux et des moyens de succès que l'expérience et l'observation ont justifiés. C'est ainsi que souvent une garde malade expérimentée, intelligente, d'un sens droit, sert de guide au médecin ordinaire mieux que le pouls, relativement à ce qui s'est passé le jour et la nuit, quoique souvent dans ce court intervalle les symptômes soient entièrement différens.

Comme les animaux sont plus ou moins faciles à conduire en troupeaux, une précaution essentielle, avant de les sortir de leurs demeures pour aller aux champs, à la prairie, ou au parc, c'est de les faire manger amplement, pour empêcher que sur la route ils ne fassent des dégâts dans les jardins, dans les terres cultivées, qu'ils ne sautent les haies et les fossés, ne rongent les barrières, les clos, se heurtent, se serrent les uns contre les autres, se blessent et éprouvent quelques commotions capables d'occasionner l'avortement; c'est même avec l'intention de prévenir ces accidens que, dans certains endroits, on leur donne des jougs, on suspend à leur cou des triangles et que, dans d'autres, on les boucle, ou on leur met un harnois, au moyen duquel il est possible de concilier la conservation des chèvres avec celle des bois, sans renoncer au pâturage qu'elles y trouvent.

La propreté de l'habitation est encore un article de leur surveillance : une fois que les animaux en sont dehors pour aller paître ou labourer, il faut ouvrir portes et fenêtres, saisir ce moment pour la nettoyer, pour enlever la vieille litière et en substituer une nouvelle, afin que toujours ils soient mollement couchés; d'ailleurs cette litière décompose l'air par son trop long séjour dans l'étable, rend la demeure malsaine, suffocante, et occasionne une si grande chaleur, qu'elle devient sensible aux jambes et aux pieds sur cette accumulation de fumier, en sorte qu'on pourrait dire, par exemple, des moutons ainsi négligés, qu'on les élève sur couches.

Mais c'est spécialement sur les grands chemins les plus fréquentés par les animaux qu'on conduit aux boucheries des grandes villes, que ces gardiens doivent garantir les domaines de leurs maîtres de l'incursion des bestiaux, contre ces conducteurs vagabonds, qui mènent à l'aventure, le jour et la nuit, dans toutes les saisons leurs troupeaux errans dans le premier champ qui se présente, partageant la subsistance des animaux auxquels ce champ appartient, en laissant parmi eux les germes de la clavelée et des autres maladies contagieuses.

Il entre encore dans leurs devoirs d'avertir le maître, quand une femelle a mis bas, du nombre des individus qui composent la portée, et de ne pas oublier d'en séparer les mâles, parce qu'ils se jettent sur leur progéniture qu'ils dévorent, de ne dissimuler aucun des inconvéniens qui résultent de l'emploi prématuré au travail et à la multiplication de l'espèce avant l'entier développement des forces musculaires, autrement beaucoup de races s'abâtardissent; non-seulement il faut qu'ils connaissent l'âge et les temps les plus favorables pour l'accouplement, mais encore combien il faut donner de femelles à l'étalon, les soins dont il faut user avant et après le part pour empêcher qu'elles ne prennent graisse, parce qu'alors elles courent risque de périr, ou de donner une postérité peu propre à faire souche; enfin l'époque et la méthode de priver les animaux domestiques des organes de la génération et le traitement qui doit précéder et suivre cette opération, si essentielle aux moyens de les domter et de les engraisser, ne sauraient être étrangères à ces agens secondaires de la ferme.

Persuadés que l'amélioration et le bon état des troupeaux dépendent entièrement des soins de ces agens, les Sociétés d'agriculture, auxquelles on doit tant d'utiles écrits, de savantes recherches et d'honorables encouragemens, se sont occupées des moyens d'échauffer leur zèle et d'exciter leur émulation; elles désireraient qu'on pût établir parmi eux des distinctions, comme pour ceux qui cultivent la terre.

Les Sociétés d'agriculture de Toulouse et de Versailles ont fait un fonds pour être distribué en six médailles d'or, au maître-valet qui sera reconnu pour avoir demeuré dix ans de suite chez le même propriétaire sans lui avoir donné le moindre sujet de plainte; ce qui prouve qu'il est d'une probité à toute épreuve ; qu'il est soigneux de ses bestiaux, qu'il ne les maltraite point ; qu'il les conduit de manière à ce qu'ils ne nuisent pas aux cultures ; qu'il est économe de fourrages, qu'il ne néglige rien pour les conserver ; qu'il dirige avec intelligence la construction des paillers, et qu'il n'est point sujet à avoir une partie de la paille pourrie pendant l'hiver ; qu'il laboure bien et se fait remarquer par sa diligence à donner les différentes façons aux terres ; qu'il est adroit à faire écouler l'eau des champs par le moyen des saignées et des égouts ; qu'il a soin de récurer les étables, et qu'il ne laisse point brûler les fumiers par le soleil, mais les recouvre de terre après les avoir arrangés sur le tas chaque semaine au moins.

Tous ces détails supposent des connaissances préalables ; il serait facile au fermier de les procurer à ses enfans s'il pouvait se convaincre de leur utilité dans une foule de circonstances pour l'intérêt de l'exploitation : il suffirait d'en envoyer un ou deux passer une couple d'années aux écoles vétérinaires : là, ils prendraient de bonne heure des notions agricoles, contracteraient du goût pour les belles races, et sentiraient tous les avantages des prairies artificielles. De retour dans leurs foyers, et appelés à succéder à l'emploi de leur père, ils seraient plus en état de choisir, guider et surveiller les gardiens de leurs troupeaux, de mettre à profit les conseils des artistes vétérinaires, auxquels nous croyons également en devoir pour les obligations essentielles qu'ils sont appelés à remplir dans les cantons ruraux.

Des artistes vétérinaires. Quand ils n'ont pas négligé dans leurs études l'anatomie, sans laquelle le praticien n'est qu'un empirique dangereux, un misérable routinier ; qu'ils possèdent à fond les connaissances théoriques et pratiques de la maréchallerie, cette partie essentielle de leur profession, ils ne tardent pas à inspirer une juste confiance aux propriétaires ruraux dans le choix, dans l'éducation et la conservation des animaux domestiques nécessaires à l'exploitation.

Destinés à exercer la médecine vétérinaire dans les campagnes, ils doivent s'attacher particulièrement à bien connaître les maladies qui affectent le plus communément les bestiaux, à adopter pour leur pratique une méthode de traitement simple, et à réduire à un petit nombre les moyens curatifs : devenus alors nécessaires, bientôt ils seront recherchés et appelés par les propriétaires pour visiter les grands troupeaux ainsi que leurs demeures, et donner leur avis sur le blâme ou les éloges que méritent leurs gardiens.

Il serait sur-tout bien utile qu'il y eût un artiste vétérinaire par arrondissement, et qu'il entrât dans ses attributions d'inspecter les bestiaux dans les foires, dans les marchés, et qu'ils pussent aller visiter ceux qui travaillent et en rendre compte aux autorités locales.

On ne saurait assez répéter que la plupart des maladies des bestiaux sont d'une facile guérison dans leur principe, mais que, parvenues à la deuxième et troisième période, elles deviennent incurables. Ces maladies ont reçu des dénominations qui diffèrent non-seulement d'un département à un autre, mais encore de canton à canton, de village à village; mais on ne doit pas perdre de vue que la médecine vétérinaire a, ainsi que la médecine humaine, des bornes qui limitent son pouvoir; qu'il ne faut pas l'invoquer en règle sans être certain du degré où est le mal, dans la crainte de se livrer à des dépenses inutiles en voulant tenter ce qui est impossible : le seul parti qui reste à prendre, c'est le sacrifice de l'animal.

Un autre service que les artistes vétérinaires peuvent rendre aux fermiers, c'est que, vivant au milieu des campagnes, ils doivent bien faire entendre aux gardiens des troupeaux que ce n'est qu'en usant de modération envers les animaux et en ne les brutalisant jamais qu'on parvient à les empêcher d'être indociles et hargneux. Il en est sans doute dans le nombre qui ont un caractère qu'il faut réprimer par la fermeté, et leur imposer par la crainte.

C'est sur-tout dans le traitement des maladies des animaux domestiques qu'il faut beaucoup compter sur les ressources de la nature et ne pas toujours agir par soi-même ; ne jamais négliger les renseignemens qu'on peut obtenir par l'ouverture de ceux qui sont morts, pour constater l'état où se trouvent les viscères et publier les observations de pratique qu'ils auront été à portée de faire ; à conserver correspondance avec les écoles vétérinaires où ils ont reçu le premier bienfait que l'homme puisse procurer à l'homme, l'instruction : c'est un tribut de reconnaissance que leurs maîtres ont droit d'attendre d'eux.

Si ceux qui par état s'occupent de traiter les bestiaux malades étaient suffisamment pénétrés de cette considération importante, ils n'auraient pas autant de confiance dans ce qu'ils appellent leur matière médicale, dont l'expérience et le raisonnement ne démontrent que trop l'insuffisance, l'inutilité et l'abus; c'est dans l'usage régulier de tout ce qui sert à l'entretien de la vie que réside la méthode préservatrice. La précaution de séparer sur-le-champ les bestiaux quand on remarque chez eux un défaut d'appétit, de la tristesse, une prostration de forces, est déjà un remède et souvent un bon moyen de les rappeler à la santé; mais lorsqu'on présume que leurs ma-

ladies viennent de la fatigue, de la malpropreté de leur habitation, de la disette des alimens ou de leur qualité inférieure,
il faut avoir l'attention de faire cesser la cause première du mal,
parce qu'elle ne manquerait pas de préjudicier à l'efficacité des
agens curatifs que les indications rendraient nécessaires; être
en garde sur-tout de ne pas accroître les ressources médicales
par la multiplicité des remèdes, car la richesse en ce genre est
une véritable pauvreté.

Quoique la botanique médicale ait beaucoup perdu de ses
prétentions, et que le nombre des plantes applicables à la médecine vétérinaire soit très-circonscrit, l'étude de cette partie
de l'histoire naturelle n'en est pas moins nécessaire aux artistes
vétérinaires, sur-tout s'ils tournent leurs recherches vers la
connaissance des plantes qui croissent spontanément dans les
cantons qu'ils habitent; à discerner particulièrement celles
qui sont vénéneuses, pour les faire arracher pendant la floraison et en délivrer pour toujours les champs, d'avec celles qui
doivent faire le fonds de la prairie naturelle ou artificielle.

Quand on soupçonne qu'un animal a péri pour avoir mangé
une plante malfaisante, il est du devoir de l'artiste vétérinaire
appelé pour donner son avis, d'examiner si la cause de cet événement n'est pas plutôt due à la nature marécageuse du sol sur
lequel ces plantes ont végété, ou bien encore parce qu'on les
aura administrées trop fraîches, couvertes de rosée ou en surabondance. Les renoncules, contre lesquelles on se récrie
souvent, pourraient fort bien être dans ce cas. Il est rare, à
moins d'un appétit désordonné, que les bestiaux s'avisent de
toucher à une herbe évidemment nuisible, ou qui ne leur convient pas.

Les différentes plantes propres à servir de pâturages aux
bestiaux sont si nombreuses et présentent tant de variétés, qu'il
y en a même pour les sols les plus ingrats; c'est une botanique
à faire que celle des plantes fourrageuses, et c'est à celle-là
qu'il faut s'adonner.

Il appartient encore aux artistes vétérinaires de fixer le
choix du fermier sur les végétaux qui réunissent le plus de
qualités pour servir de nourriture aux animaux domestiques.
Toutes les plantes qui ont la propriété de taller, de fournir
peu de tiges élevées, garnies de feuilles larges et tendres, qui
résistent à la sécheresse et bravent la rigueur des saisons, qui
conservent long-temps leur verdure sur pied, fanent aisément;
toutes ces plantes devraient former à-peu-près la botanique
entière des prairies naturelles ou artificielles.

Dans un siècle où l'art vétérinaire jouit d'une considération
méritée, il paraît étonnant qu'on n'ait pas encore songé à réunir toutes les connaissances pratiques acquises uniquement

pour cette partie précieuse de l'économie rustique, que dans ce moment la France a un si grand intérêt de voir prospérer, d'autant mieux qu'une société de praticiens vétérinaires très-habiles publie périodiquement le résultat de l'expérience et de l'observation (précis rédigé dans la forme et le style les plus simples), rend cet ouvrage classique et élémentaire facile à composer ; ce que notre collègue Huzard a déjà fait pour les haras et en faveur des vaches laitières doit faire présumer qu'un jour il rédigera deux manuels pratiques, l'un sur les devoirs du vétérinaire dans les campagnes, et l'autre relativement aux fonctions des gardiens des troupeaux.

Que d'erreurs et de dépenses ne pourrait-on pas éviter par la composition d'un bon livre ! Long-temps j'ai désiré que quelques agronomes doués de connaissances plus étendues que n'en a communément le simple cultivateur, se réunissent pour insérer dans un traité, avec un titre capable d'exciter la curiosité, qu'il serait possible de lire en commun, les meilleures pratiques éparses çà et là, la plupart inconnues hors des cantons où elles se sont concentrées, mais rédigées dans une forme analogue aux goûts, aux facultés et à l'intelligence de leurs habitans : mon vœu allait s'accomplir au moment où Béthune-Charost, ce généreux philantrope enflammé de l'amour du bien public, a été enlevé à la France par une mort prématurée.

Un pareil ouvrage, malgré l'importance de son objet, nous manque encore : la Société d'agriculture du département de la Seine va sans doute nous le procurer. Cette compagnie, convaincue que l'instruction est le premier des encouragemens à répandre dans les campagnes, et voulant prendre pour cet objet les moyens les plus efficaces pour faire pénétrer par-tout les bonnes méthodes, les procédés nouveaux, a proposé pour sujet du concours la rédaction d'un Almanach du cultivateur, c'est-à-dire des élémens pratiques d'économie rurale qui puissent être mis fructueusement entre les mains de toutes les classes agricoles, et servir en même temps de calendrier perpétuel. (Par.)

HYGROMÈTRE. Comme la sécheresse et l'humidité de l'air ont alternativement beaucoup d'influence sur la végétation, ainsi que sur la conservation des denrées végétales et animales, il est très-utile d'en connaître la quantité. Nos sens et l'observation de quelques phénomènes physiques nous donnent bien sur l'existence d'une grande humidité de l'air des notions certaines, mais elles ne peuvent jamais être aussi précises qu'il serait à désirer dans beaucoup de cas ; c'est pourquoi il est bon que tout cultivateur ait un hygromètre, c'est-à-dire un instrument propre à la mesurer, ou au moins à l'indiquer avec certitude.

Il est plusieurs sortes d'hygromètres : toute substance susceptible d'absorber l'humidité peut en servir. Le sel de cuisine en est un ; beaucoup de parties de plantes sèches, comme la rose de Jéricho (*anastatica*), les ombelles des plantes qui s'ouvrent ou se ferment selon qu'il fait humide ou sec, en sont encore ; une corde de chanvre qui est suspendue au plancher, et qui porte un poids, s'allongeant ou se raccourcissant dans les mêmes cas, peut suffire.

Ordinairement on emploie une corde à boyau comme éprouvant plus régulièrement l'influence de l'humidité. En conséquence c'est avec une corde à boyau que sont construits ces hygromètres que construisent les habitans des bords du lac de Côme, et qu'ils colportent par toute l'Europe, c'est-à-dire ceux qui représentent un petit homme qui sort d'une porte sans parapluie lorsqu'il fait sec, et une petite femme qui sort d'une autre porte voisine avec un parapluie lorsqu'il fait humide. Le plus ou moins de l'éloignement de chacun de ces personnages de sa porte indique le plus ou moins de sécheresse et d'humidité. Il en est de même de ces capucins nouvellement imaginés, et dont la tête est découverte pendant la sécheresse et encapuchonnée pendant l'humidité.

On doit à M. Deluc le premier hygromètre comparable. C'était aussi une corde à boyau, qui, en s'allongeant par la sécheresse et se raccourcissant pendant l'humidité, indiquait leurs degrés sur une échelle disposée et graduée comme celle d'un thermomètre.

Enfin Saussure en a inventé un qui est préférable à tous les autres, en ce qu'il est plus sensible et plus comparable, mais qui a le grave inconvénient de coûter cher et de se déranger souvent : c'est celui qu'il a décrit et figuré dans son Traité de l'hygrométrie, publié à Genève en 1773, ouvrage des plus savans et que tout cultivateur instruit doit avoir dans sa bibliothèque. Il est fait avec un cheveu. Je ne détaillerai pas sa construction, comme étant trop difficile pour être entreprise par d'autres que par des mécaniciens consommés. Je me contenterai en conséquence de conseiller aux habitans des campagnes de préférer celui qui se fabrique par les marchands de baromètres du lac de Côme, comme étant de peu de dépense et suffisant à l'objet qu'ils ont en vue. (B.)

HYO-VERTEBROTOMIE. Opération qui consiste à ouvrir dans le cheval, l'âne ou le mulet, seuls animaux domestiques qui en soient pourvus, l'une ou les deux cavités situées dans le cou, et qu'on appelle poches gutturales ou poches d'Eustache, lorsque, par suite d'une maladie, principalement de la

gourme ou de la morve, elles se sont remplies d'humeur pu-
rulente, et que, par le gonflement que cela leur occasionne,
elles compriment la trachée-artère et menacent de faire périr
l'animal.

Pour la faire, on abat l'animal et on s'assure du lieu où il
faut faire l'incision, lieu qui est en avant de la première ver-
tèbre cervicale et toute la partie postérieure de la parotide.
Après quoi, à la faveur d'un pli qu'on fait former à la peau,
on pratique une incision verticale longue de 2 pouces; cela
exécuté, on fend le muscle qui recouvre la poche, muscle de
la direction duquel on s'est au préalable assuré, au moyen du
doigt, pour éviter la carotide et les nerfs qui l'accompagnent.
Une partie de la matière sort par l'ouverture, mais il en reste
qu'on ne peut évacuer que par une contre-ouverture faite au
moyen de la sonde cannelée dans la partie inférieure de la ganache, en évitant les jugulaires. On place ensuite un séton
dans la plaie.

Cette opération ne peut être faite que par un vétérinaire
exercé; elle exige quelquefois d'être précédée de celle de la
TRACHÉOTOMIE. (B.)

HYPÉRICOIDES. Famille de plantes qui ne contient que
cinq genres, et qui a pour type le plus nombreux en espèces,
celui MILLEPERTUIS, en latin, appelé *hypericum.*

Les autres de ces genres sont ceux nommés BRATHIS, HA-
RONGANE, PALAVIER et ASCYRE, lesquels sont d'une faible
importance aux yeux des cultivateurs. (B.)

HYRODELLA. C'est la CHANTERELLE dans le Limousin.
(B.)

HYSOPE, *Hyssopus.* Plante frutescente, de la didynamie
gymnospermie et de la famille des labiées; haute d'un à 2 pieds;
à tiges quadrangulaires, rameuses, cassantes; à feuilles opposées, sessiles, linéaires, entières; à fleurs violettes, disposées en épi unilatéral à l'extrémité des tiges et des rameaux,
ou mieux disposées en demi-verticilles sur des pédoncules rameux et situés dans les aisselles des feuilles supérieures.

On trouve l'hysope sauvage sur les montagnes sèches des
parties méridionales de l'Europe, et on la cultive depuis long-
temps dans les jardins, à raison de sa bonne odeur et de ses propriétés médicinales. En effet ses fleurs et ses feuilles exhalent,
sur-tout dans la chaleur et lorsqu'on les froisse, une odeur
forte et aromatique, et sa saveur est âcre et amère; ce qui la
place parmi les plantes cordiales, céphaliques, incisives, pec-
torales et détersives. On l'emploie aussi comme ornement,
soit en touffes au milieu des plates-bandes, entre les arbustes
des derniers rangs des jardins paysagers, sur les rochers, les
tertres, etc., soit en bordures. Dans ce dernier cas, on peut

la tailler comme le buis ; mais il vaut mieux simplement arrêter les tiges qui s'élèvent trop, afin de conserver aux branches latérales les moyens de donner des fleurs. Ces fleurs s'épanouissent successivement pendant le fort de l'été et fournissent aux abeilles d'abondantes provisions de miel.

Une terre légère et chaude est celle qui convient le plus à l'hysope ; elle dure peu dans celles qui sont argileuses, humides ou ombragées. On la multiplie de graines qu'on sème au printemps dans une plate-bande bien préparée et exposée au midi ou au levant. Le plant peut être repiqué la seconde année en pépinière dans une autre place également bien exposée, à 6 ou 8 pouces de distance ; deux années après, il est bon à être mis en place. Comme cette méthode est longue et que cette plante forme des touffes faciles à diviser, que ses rameaux coupés et mis en terre prennent racine en peu de mois, on préfère généralement employer ces deux derniers moyens. Il faut même, quand on veut avoir de belles touffes ou de belles bordures, l'arracher tous les trois ans pour la rajeunir. Cette opération s'exécute en automne, ou, mieux, selon quelques cultivateurs, au premier printemps. On doit, ou la changer de place, ou mettre de la nouvelle terre dans le lieu où elle était plantée. Les boutures se font au printemps, dans un lieu un peu frais, et se relèvent un an après, soit pour être mises en pépinière à 6 ou 8 pouces, soit pour être placées à demeure, selon leur force.

Cette plante fournit plusieurs variétés, dont les principales sont à fleurs plus rouges, à fleurs blanches, à feuilles velues, à feuilles de myrte, à feuilles panachées. (B.)

I.

IBÉRIDE, *Iberis.* Genre de plantes de la tétradynamie siliculeuse et de la famille des crucifères, qui renferme une vingtaine d'espèces, dont plusieurs se cultivent pour ornement dans les jardins, et dont d'autres sont si communes dans la campagne, qu'il est bon que les cultivateurs les connaissent.

L'IBÉRIDE DE PERSE, *Iberis semperflorens,* Lin., le *tharaspi* des jardiniers, est frutescente, a les feuilles éparses, spatulées, obtuses, charnues, d'un vert foncé et très-luisantes ; les fleurs blanches et disposées en corymbe terminal. Elle est originaire de la haute Asie. On la cultive dans les jardins, parce qu'elle conserve ses feuilles toute l'année et fleurit pendant l'hiver, c'est-à-dire à l'époque où peu de plantes sont en végétation ; son aspect est des plus agréables. Elle craint les gelées un peu fortes, et cela, joint à l'époque de sa floraison, fait que, dans le climat de Paris, on la tient en pots et on la rentre dans l'orangerie. Plus au midi, elle reste en pleine terre aux bonnes expositions. On la multiplie presque exclusivement de boutures, qu'on fait au printemps sur couche et sous châssis, et qui sont reprises et même souvent fleuries l'hiver suivant. On peut aussi les placer dans des pots à l'ombre, mais elles avanceront moins. C'est une terre légère et cependant substantielle qui lui convient le mieux.

L'Ibéride toujours verte a les tiges striées et en partie couchées; les feuilles éparses, linéaires, pointues, épaisses, luisantes; les fleurs blanches et disposées en corymbe terminal. Elle se rapproche beaucoup de la précédente, mais elle est moins agréable quoiqu'elle ait les fleurs plus grandes. Elle croît naturellement dans les parties méridionales de l'Europe et fleurit successivement pendant presque tout l'été. Les gelées l'affectent moins que la précédente; aussi la met-on fréquemment en pleine terre, dans les bonnes expositions, aux environs de Paris. Elle se multiplie aussi de boutures.

L'Ibéride de Gibraltar a les tiges étalées, en partie couchées; les feuilles alternes, spatulées, glabres, un peu charnues, légèrement dentées à leur sommet. Elle est toujours verte et originaire de l'Espagne méridionale. On la confond souvent avec la précédente; tout ce que j'ai dit à son sujet lui convient.

L'Ibéride de Crète, *Iberis umbellata*, Lin., a les feuilles alternes, lancéolées, pointues, glabres, souvent dentées; les fleurs rouges, violettes ou blanches, disposées en un vaste corymbe terminal. Elle est annuelle, originaire des parties méridionales de l'Europe, fleurit au milieu de l'été, et ne s'élève pas au-delà d'un pied. Ses fleurs nombreuses, et qui varient de couleur de manière à être toujours en opposition les unes avec les autres, la rendent très-propre à orner les parterres; aussi est-elle depuis long-temps en possession d'y être cultivée. On la sème en place, soit en touffes, soit en bordures avant ou après l'hiver, parce qu'elle souffre toujours la transplantation. Les semis du printemps ne donnent jamais d'aussi beaux pieds que ceux d'automne. Le plant levé s'éclaircit et se sarcle au besoin mais du reste n'exige aucun autre soin. Tout terrain, pourvu qu'il ne soit pas aquatique, lui convient; cependant elle porte un plus grand nombre de fleurs et s'élève davantage dans celui qui est substantiel quoique léger par sa nature. Ordinairement même on la sème dans des creux ou des tranchées dont le fond est garni d'un pouce ou 2 de terreau. Lorsqu'elle est en fleur, il est bon d'arracher les pieds dont la couleur domine, parce que, quoique chaque couleur puisse être fournie par des pieds de couleur différente, ils rendent plus fréquemment la leur, et que la magie du coup d'œil se produit particulièrement par l'égalité de leur mélange. Les jardiniers appellent vulgairement cette plante *gris de lin*.

L'IBÉRIDE AMÈRE a les feuilles spatulées, dentées; les fleurs blanches ou teintes d'un violet très-pâle, disposées en corymbe terminal. Elle est annuelle, croît avec une excessive abondance parmi les blés, dans les champs incultes, le long des chemins, dans les terrains secs et pierreux des parties méridionales de l'Europe, s'élève au plus à un demi-pied, et fleurit pendant tout l'été. Ses feuilles sont si amères, que les bestiaux n'y touchent pas. Quoique moins belle que la précédente, on peut la lui substituer dans les jardins et même on l'y substitue quelquefois.

L'IBÉRIDE A TIGE NUE a les feuilles radicales pinnées, la tige presque nue, et les fleurs blanches disposées en grappes terminales. Elle est annuelle et s'élève au plus à la hauteur de 2 à 3 pouces. On la trouve dans les sables les plus arides des parties moyennes de l'Europe, où elle fleurit à la fin du printemps. Elle a la saveur de la passerage cultivée (*cresson alénois*) et se mange comme elle en salade; mais elle est plus douce et par conséquent plus agréable. J'en ai souvent fait usage immédiatement après la fonte des neiges, c'est-à-dire dans une saison où les végétaux sont encore rares et où l'estomac demande souvent des antiscorbutiques. Lorsqu'elle a passé fleur, elle devient dure et ne vaut plus rien. On en trouve beaucoup dans quelques parties du bois de Boulogne près Paris. (B.)

ICAQUIER D'AMÉRIQUE, PRUNIER ICAQUE, *Chrysobalanus icaco*, Lin. Nom d'un arbrisseau qui croît sur les bords de la mer, dans les îles de Bahama, aux Antilles et dans plusieurs autres parties de l'Amérique. Il est de l'icosandrie monogynie de Linnæus et appartient à la belle famille des ROSACÉES. Sa hauteur n'excède pas 8 à 10 pieds. Sa tige se divise en plusieurs branches latérales, revêtues d'une écorce brune tachetée de blanc, et garnies de feuilles ovales, fermes, échancrées au sommet en forme de cœur et placées alternativement. Ses fleurs, qui sont petites, blanchâtres et légèrement cotonneuses, naissent en petits bouquets aux aisselles des feuilles; elles ont un calice en cloche et à cinq divisions, une corolle à cinq pétales, plusieurs étamines et un seul style placé à côté et à la base du germe. Ce germe se change en une prune appelée *icaque*, qui a la forme et la grosseur à-peu-près de celle de Damas, et qui se mange ou crue ou confite au sucre. On la vend dans les marchés du pays. Elle est communément jaunâtre, quelquefois bleue ou rouge; elle renferme une pulpe blanchâtre adhérente au noyau, et d'une saveur douce et mielleuse. Le noyau de l'icaque est sillonné dans sa longueur par trois cannelures.

Ce petit arbre ou arbrisseau se plaît dans les terres humides. On ne peut l'élever eu Europe qu'en serre chaude, où il doit rester constamment ; on le multiplie par ses graines qu'il faut faire venir de son pays natal ; on les sème au printemps dans de petits pots remplis de terre légère, et qu'on plonge dans une couche chaude de tan ; on les arrose souvent et légèrement. Au bout de cinq ou six semaines, on peut enlever les jeunes plants, les séparer et les transplanter chacun isolément dans de nouveaux pots qu'on remet dans la même couche ; ensuite on traite cette plante de la même manière et avec le même soin que la plupart de celles qui nous viennent des mêmes contrées. (D.)

ICHNEUMON, *Ichneumon*. Il ne suffit pas que les agriculteurs connaissent leurs ennemis, il faut aussi qu'ils sachent distinguer leurs amis, c'est-à-dire les ennemis de leurs ennemis, leurs auxiliaires enfin. Parmi ces derniers on peut placer au premier rang les ichneumons, qui tous déposent leur progéniture dans le corps des chenilles et des larves qui vivent dans l'intérieur des plantes et autres lieux, ainsi que dans leurs chrysalides, et en font périr par là chaque année des quantités innombrables.

On trouve des ichneumons pendant toute l'année, même en hiver ; mais c'est en été qu'il y en a le plus, parce que c'est alors que les larves dans lesquelles ils déposent leurs œufs sont les plus abondantes. Quelques-uns recherchent toutes les espèces de larves, d'autres un petit nombre, d'autres une seule. Telle chenille est attaquée en même temps par plusieurs espèces différentes ; mais jamais des individus de la même ou d'autres espèces ne placent leurs œufs dans le corps de la même chenille ou de la même larve. Il semble, quoique les traces n'en soient pas apparentes pour nous, qu'ils savent que la larve qui a déjà reçu son contingent d'œufs ne pourra pas nourrir un plus grand nombre de petits que ceux qui en naîtront.

On devrait croire qu'une chenille qui a reçu un, deux, dix, trente, cent œufs d'où naissent des larves quelquefois fort grosses, devrait périr en peu de temps ; mais la nature a voulu que ces chenilles pussent nourrir ces larves jusqu'à leur transformation en nymphes, et pour cela elle les a organisées de manière qu'elles ne se nourrissent qu'aux dépens d'une partie du corps de ces chenilles à cette époque inutile à leur vie, et que leurs mères ne déposassent dans chaque chenille que le nombre d'œufs proportionné et à la grosseur de la larve qui en naîtra, et à la grosseur de la chenille. Cette partie est le

corps graisseux, destiné principalement à sustenter la chrysalide pendant la durée de l'insecte dans cet état, comme la graisse
des marmottes et des loirs sustente ces quadrupèdes pendant
leur hibernation.

Il est des ichneumons qui ont plus de 2 pouces de long,
et d'autres qui ont à peine une ligne. Dans l'intervalle, on
trouve toutes les longueurs possibles, mais les plus gros n'ont
guère plus d'une ligne de diamètre. Ils ont beaucoup d'agilité
dans leurs mouvemens, et leurs longues antennes sur-tout
vibrent perpétuellement. On surprend quelquefois les femelles
posées sur le dos d'une chenille et y introduisant leur aiguil-
lon pour y déposer leurs œufs. C'est alors que leurs antennes
sont dans une action perpétuelle; il semble qu'elles indiquent
par là la satisfaction qu'elles ressentent de remplir le but pour
lequel elles existent. C'est encore au même signe qu'on reconnaît celles qui déposent leurs œufs dans le corps des larves
des abeilles qui se bâtissent un nid de pierres, dans celles qui
l'établissent fort avant dans la terre, dans le corps des larves
qui vivent sous les écorces des arbres, dans les galles, au milieu
de la substance des graines ou des fruits; dans des lieux enfin
où on ne les voit point, où on ne les soupçonne pas même, elles
sont également occupées de cette opération.

Les larves de quelques espèces d'ichneumons restent moins
d'un mois dans le corps des chenilles aux dépens desquelles
elles vivent, d'autres y séjournent tout un été et d'autres une
année entière, peut-être même plus. On en voit qui se transforment en chrysalide dans le corps même de la chenille,
d'autres qui en sortent auparavant pour subir autre part cette
opération. Il en est qui, après être sorties, se filent une coque
solitaire, ou commune à toute une nichée, coque de soie et
parfaitement analogue à celle de beaucoup de chenilles.

Je n'entrerai point dans le détail des mœurs de chaque espèce d'ichneumon, parce que cela me mènerait trop loin, et
serait d'une faible utilité pour les agriculteurs.

Latreille et ensuite Fabricius ont divisé ce genre en huit
ou dix autres. Ces coupures étaient nécessaires, car il contient plus de trois cents espèces, et dans ma seule collection
il y en a peut-être deux cents autres qui ne sont point encore
décrites. (B.)

ICTÈRE. *Voyez* Jaunisse.

IF, *Taxus.* Arbre toujours vert des montagnes du midi de
l'Europe, qui s'élève à 20 ou 3o pieds, dont l'écorce est
rougeâtre et se lève en écailles, dont les branches sont très-
nombreuses; les feuilles alternes, linéaires, lancéolées, aiguës,
d'un vert foncé, très-rapprochées, distiques et longues de
6 à 8 lignes; les fleurs mâles disposées en petits chatons

dans les aisselles des feuilles supérieures; et les fruits des espèces de baies rouges. Il est de la dioécie monadelphie, et de
la famille des conifères.

Au commencement du siècle dernier, l'if était le principal
ornement des jardins, aujourd'hui il y est devenu très-rare.
Méritait-il la préférence presque exclusive qu'on lui accordait?
mérite-t-il le discrédit dans lequel il est tombé? Ni l'un ni
l'autre. La verdure de l'if est certainement triste, mais elle est
permanente. Il croît avec une excessive lenteur, mais il brave
les siècles. Il en est un en Angleterre qu'on dit être planté du
temps de Jules-César.

Les seuls défauts qu'on lui puisse reprocher sont donc compensés par des qualités. Ajoutez à cela qu'il prend naturellement une forme pyramidale, qu'il se prête plus qu'aucun autre
arbre aux caprices du jardinier; c'est-à-dire qu'il supporte
la tonte la plus rigoureuse sans en souffrir aucunement. Je
cherche les motifs qui le font aujourd'hui dédaigner, et il me
semble qu'ils sont tous dans l'abus qu'on avait fait de cette
faculté. En effet, quoi de plus monotone que ces allées d'ifs
d'égale hauteur, de forme exactement semblable dont nos
pères se plaisaient à orner les environs de leurs demeures?
Quoi de plus ridicule que ces ifs taillés en girandoles, en
boules, en tours munies de leurs créneaux, en animaux, en
hommes, etc., etc., qu'on voyait si fréquemment dans leurs
jardins? On s'est dégoûté avec raison de ces formes, et par
suite on n'a plus voulu de l'arbre qu'on y assujettissait. Quoique
je blâme le goût ancien à cet égard, je ne repousse pas pour
cela l'if des parterres; mais je veux qu'il y soit moins prodigué,
qu'on ne le taille qu'à la serpette, et qu'on se rapproche de
la nature en lui conservant exclusivement la forme conique.
Il n'est point d'arbre qui ne puisse produire un effet particulier dans un jardin paysager, et certes l'if est, plus que bien
d'autres, dans ce cas. Le noir de son feuillage, la disposition
de ses branches, même ses fruits d'une couleur si brillante,
contrastent avantageusement avec les parties correspondantes
des autres arbres, lorsqu'il est placé avec intelligence. D'ailleurs ne cherche-t-on pas quelquefois des sites mélancoliques
dans ces sortes de jardins?

Ne rebutez donc plus l'if, amis de la nature; car il remplit
sa destination dans la série des êtres, et son bois, le plus beau
de tous ceux que fournissent les arbres indigènes, peut être
substitué, pour la marqueterie, à plusieurs des exotiques.

De tout temps, on a regardé les feuilles d'if comme mortelles
pour les bestiaux. On a sur cela des observations sans nombre,
ainsi on ne peut en douter; cependant les habitans de la Hesse
et du Hanovre les utilisent, dit-on, sous ce rapport pendant

l'hiver. Cette contradiction est difficile à expliquer. J'observerai seulement que Wiborg vient de constater que, mêlées avec un tiers ou un quart d'avoine, elles peuvent servir de nourriture aux chevaux. Malgré ces autorités, mon intention n'est pas de préconiser ici cet arbre sous le rapport de la nourriture des bestiaux.

Quelques personnes ont prétendu, par analogie, que les fruits de l'if doivent être également dangereux; mais beaucoup de faits et ma propre expérience prouvent qu'il n'en est rien. Leur goût est visqueux et fade, et nullement nauséabonde comme celui des feuilles.

M. A. Knigt a observé en Angletterre que les guêpes préféraient les baies de cet arbre au raisin cultivé en serre, et que sa multiplication dans le voisinage d'une serre était un bon moyen de la garantir de leurs ravages.

La couche peu épaisse de l'aubier de l'if est d'un blanc éclatant, très-dure, et son cœur, plus dur encore, est d'un beau rouge orangé; l'un et l'autre sont susceptibles du plus vif poli. Sa couleur est d'autant plus foncée qu'il est plus vieux. On peut encore augmenter cette intensité en le mettant tremper dans l'eau pendant plusieurs mois. La retraite de cette sorte de bois est inférieure à celle de tous les autres, c'est-à-dire seulement d'environ un quarante-huitième. Il pèse vert 80 livres 9 onces par pied cube, et sec 61 livres 7 onces 2 gros dans les mêmes dimensions. Ces observations sont extraites de l'excellent ouvrage de Varennes de Fenille sur les qualités comparatives des bois.

On fait avec l'if de superbes meubles en placage et d'agréables ustensiles au tour. Sa racine, et sur-tout son brouzin, fournissent des morceaux d'une beauté rare. Aussi a-t-il disparu de presque toutes les forêts comme il a disparu des jardins, les besoins du commerce augmentant dans une progression bien plus rapide que celle de sa croissance. Je n'en ai vu en Suisse, où il y en avait autrefois beaucoup, que quelques pieds rabougris; on cite cependant certaines parties du Jura, des Basses-Alpes, des Pyrénées où il s'en trouve encore, mais peu.

Outre les usages ci-dessus, le bois de l'if étant incorruptible, peut être employé avec avantage dans beaucoup de cas; aucun ne lui est à comparer pour faire des conduites d'eaux; il le dispute à tout autre pour les ouvrages de charronnage et tous ceux où il faut du liant et de la dureté. Les échalas fabriqués avec ses rameaux durent trente ans et plus.

Réparons donc nos torts; ne plantons plus autant d'ifs dans nos jardins, mais peuplons-en nos forêts. Tout terrain qui n'est pas trop argileux ou trop marécageux lui convient; cependant il fait des progrès bien plus rapides dans les bons fonds dont le sol est léger. D'un autre côté, il lui faut de l'ombre, sur-tout dans sa jeunesse; plantons-en donc, et plantons-en beaucoup dans les vallées des montagnes à l'exposition du nord. C'est là qu'il se plaît le plus, ainsi que je l'ai remarqué en Suisse. Nous ne jouirons pas du produit de ces plantations, mais nos arrière-petits-enfans commenceront à en profiter, et un véritable père de famille, un véritable citoyen, ne doit-il calculer que son intérêt personnel? Quelle sera la dépense de ces plantations? peu de chose. Quels en seront les avantages? une grande augmentation de richesse territoriale pour nos descendans.

L'if se multiplie de marcottes et de boutures, qui s'enracinent aisément. Ces dernières se font pendant l'hiver, et se placent à l'ombre dans une terre légère et substantielle. Les arbres qui proviennent des unes et des autres ne sont jamais si beaux et croissent encore plus lentement que ceux résultant des semis des graines; c'est donc ce dernier moyen qu'on doit préférer.

Les graines de l'if se sèment aussitôt qu'elles sont mûres, parce que lorsqu'on les laisse se dessécher, elles sont deux et même trois ans avant de lever. Si on ne peut pas les mettre en terre avant l'hiver, il faut donc les conserver en jauge jusqu'au printemps. Malgré ces précautions mêmes, elles ne lèvent pas toutes la même année, du moins il faut y compter, et laisser le plant dans le même lieu pendant trois ans. A cette époque, ou si on veut un an plus tard, suivant les progrès des petits ifs, on les transplantera autre part, toujours à l'ombre, à la distance de 8 à 10 pouces. Là ils seront binés deux ou trois fois par an. Trois ou quatre ans après, on les changera encore de place, et on les espacera de 20 à 30 pouces, selon les progrès qu'ils auront faits. Là ils resteront jusqu'à leur plantation définitive, qui pourra se prolonger jusqu'à douze ans. Plus tard il ne serait pas certain qu'ils réussissent à la reprise. Dans tout ce temps, il ne faut pas que la serpette les touche, et dans leurs diverses transplantations leurs racines doivent être ménagées avec le plus grand soin. C'est au printemps, lorsque la sève commence à s'émouvoir, qu'il convient de les changer de place. On dit qu'ils épuisent beaucoup le terrain, et que les arbres qu'on met après eux dans la même place ne profitent pas: je crois bien à la première partie de cette assertion; mais il me semble que la seconde s'écarte de la loi générale de la nature. Il ne s'agit que de leur substituer des espèces différentes, ce qui est facile, cet arbre étant presque le seul de sa catégorie.

Beaucoup de personnes disent que ce moyen de multiplication est trop lent et trop coûteux pour qu'on puisse l'employer en grand : je suis de leur avis, et mon intention n'est certainement pas de le proposer pour former des forêts; car je ne crois pas qu'il y en ait nulle part uniquement de cette espèce d'arbres : je conseille donc simplement d'en repeupler les forêts, les coteaux exposés au nord. Pour cela, après avoir fait passer l'hiver aux graines en jauge, on les dispersera dans les clairières des premières, à l'ombre des buissons des seconds, en les enterrant de distance en distance, au moyen d'un seul coup de pioche. Ces graines germeront, pour la plus grande partie, et fourniront des arbres avec le temps, si on a soin d'empêcher que le plant ne soit coupé dans sa jeunesse, et si on veille à ce que les bûcherons ne le brisent pas en exploitant les bois.

Je préfère semer au printemps plutôt qu'en automne, parce que les mulots, les campagnols, etc., sont extrêmement friands des graines de l'if, et qu'ils en anéantiraient une partie avant qu'elle fût germée.

On peut faire avec l'if de très-belles palissades et de très-bonnes haies; mais on a renoncé aux premières, et je n'ai jamais vu des secondes. (B.)

IGNAME, *dioscorea*, Lin. Genre de plantes exotiques à un seul cotylédon, de la famille des asperges, qui comprend dix-sept à dix-huit espèces, dont plusieurs sont mal déterminées, et dont deux ou trois seulement sont utiles par leurs racines bonnes à manger. La plus intéressante de toutes est l'IGNAME AILÉE, *dioscorea alata*, Lin., *ubium alatum*, Juss., qui croît naturellement dans les contrées placées entre les tropiques, et qu'on doit regarder comme la véritable igname alimentaire. Sa tige est quadrangulaire et munie de membranes ailées; elle rampe ou grimpe de droite à gauche. Ses feuilles sont opposées, lisses, et faites en cœur ou en fer de flèche. Ses fleurs petites et jaunâtres naissent en grappes axillaires aux aisselles des feuilles; elles sont unisexuelles et dioïques : les mâles et les femelles ont un calice semblable sans corolle; dans les fleurs mâles, on trouve six étamines, et dans les femelles un petit ovaire à trois angles, surmonté d'un même nombre de styles. Le fruit est une capsule triangulaire et à trois cellules, renfermant chacune deux semences comprimées et bordées d'une large membrane.

La racine de cet igname est tubéreuse, très-grosse, très-longue et de forme irrégulière; elle pèse quelquefois jusqu'à 30 livres. En dehors, elle est d'un brun sale; en dedans, elle est blanche ou tant soit peu violette et très-farineuse. On la mange cuite dans l'eau ou sous la cendre. De toutes les racines et substances alimentaires que produisent les Antilles, c'est, après la cassave, celle qui me paraît la plus propre à remplacer le pain ; beaucoup de personnes la préfèrent même à la cassave. Elle n'a pas beaucoup de saveur, mais elle est nourrissante et en même temps légère à l'estomac ; on n'en est jamais incommodé. C'est par cette racine coupée en morceaux, auxquels on laisse un œil, qu'on multiplie ordinairement la plante : chaque morceau produit trois ou quatre grosses racines, qu'on laisse six ou huit mois en terre. On cultive l'igname ailée en grand dans nos colonies occidentales ; elle est d'une grande ressource pour la nourriture des noirs. Elle est aussi cultivée, au rapport de Cook, dans les îles de la mer du Sud, où elle forme un des principaux articles de subsistance des habitans. En Europe, elle ne peut être élevée qu'en serre chaude, où il faut toujours la laisser, même en été. On la multiplie comme en Amérique, et elle pousse quelquefois des tiges assez longues ; mais ses racines parviennent rarement à une grosseur considérable.

Les deux autres espèces d'ignames utiles et dont on mange aussi les racines cuites, sont l'IGNAME DU JAPON, *dioscorea japonica*, Lin., qui croît près de Nagasaki, et l'IGNAME A TROIS FEUILLES, *dioscorea triphylla*, Lin., qu'on trouve aux Indes occidentales. (D.)

IMMOBILITÉ. MÉDECINE VÉTÉRINAIRE. Cette maladie est assez rare dans les animaux. Le cheval attaqué d'immobilité ne recule que très-difficilement ; si, en le faisant avancer, on l'arrête tout-à-coup, il reste sur la place où on le met ; ses jambes se croisent sous lui ou en avant, et il conserve la même position lorsqu'on lui lève la tête. On voit bien que cette maladie a quelque ressemblance avec celle qu'en médecine humaine on appelle catalepsie. *Voyez* CATALEPSIE.

M. Lafosse a observé que l'immobilité peut venir à la suite d'une longue maladie, principalement dans les chevaux qui ont échappé au mal du CERF (*voyez* ce mot.) Il a aussi observé que les chevaux mal construits, dont la croupe est avalée, fortraits, et dans ceux qui ont eu des efforts dans les reins, sont restés quelquefois immobiles. Dans ces cas, l'animal mange souvent, mais avec lenteur, et il périt insensiblement malgré les remèdes les mieux indiqués. (R.)

IMMORTELLE. On a donné ce nom à différentes plantes dont les fleurs jouissent de la faculté de se dessécher sans perdre leur forme et sans s'altérer dans leur couleur. Ces plantes sont toutes d'une nature extrêmement peu aqueuse, et ont les fleurs scarieuses.

Ainsi *l'immortelle d'Amérique* est le GNAPHALE DES JARDINS, *l'immortelle jaune* est le GNAPHALE CITRIN, *l'immortelle violette* est l'AMARANTHINE. *Voyez* tous ces mots.

Les botanistes ont réservé le nom d'IMMORTELLE proprement dite à une plante qui fait partie d'un genre de la syngénésie superflue et de la famille des corymbifères, genre que Linnæus a appelé *xeranthemum*, lequel ne contient plus que trois espèces propres aux parties méridionales de l'Europe, et qui dans les jardins se confondent avec l'IMMORTELLE COMMUNE, *xeranthemum annuum*, Lin., la seule dont je parlerai ici.

Cette plante a la tige rameuse; les feuilles alternes, sessiles, lancéolées, blanchâtres; les fleurs larges d'un pouce, violettes ou blanches, ou de ces deux couleurs à-la-fois, solitaires à l'extrémité des rameaux. Elle s'élève à environ 2 pieds, et meurt tous les ans, ainsi que son nom l'indique. Elle croît naturellement dans les lieux les plus arides des parties méridionales de l'Europe, et se cultive dans les jardins des parties septentrionales, pour ses fleurs, que l'on cueille en automne, et que l'on conserve tout l'hiver pour orner les appartemens ou faire entrer dans les bouquets de cette saison. Elle fleurit à la fin de l'été, et produit peu d'effet dans les parterres; aussi n'est-ce guère que dans les jardins des marchands de fleurs qu'on la cultive, et ce en planches, pour en avoir de grandes quantités. Il y en a une variété à fleurs doubles.

On sème la graine de cette plante en automne ou au printemps dans un terrain léger et exposé au midi; on repique le plant vers le commencement de l'été dans les plates-bandes. Les premiers jours, après cette opération, on le garantit du soleil et on l'arrose; ensuite on l'abandonne complétement à lui-même. (B.)

IMPÉRATOIRE, *Imperatoria*. Plante vivace de la pentandrie digynie et de la famille des ombellifères, d'environ 2 pieds de haut; à racine épaisse, oblongue, articulée, ridée; à tige rameuse et fistuleuse; à feuilles alternes, deux ou trois fois ternées; à folioles ovales, larges, dentées et à fleurs blanches disposées en ombelle, qui croît dans les Alpes, et qu'on cultive dans quelques jardins, soit pour l'agrément, soit pour ses propriétés médicinales.

L'IMPÉRATOIRE DES MONTAGNES, *Imperatoria ostruthium*, Lin., forme des touffes épaisses et d'un bel aspect. On peut la placer avec avantage dans les jardins paysagers, sur les premiers rangs des massifs. Tout terrain, excepté celui qui est trop aquatique, lui convient. Elle se multiplie de semence, encore mieux par déchirement des vieux pieds. C'est le seul moyen qu'on emploie, moyen qui fournit abondamment, et qui donne des pieds qui fleurissent la même année. Cette opération doit se faire en automne.

Sa racine, qu'on appelle *benjoin français*, est aromatique

et d'une saveur âcre, piquante, un peu amère. Elle passe pour stomachique, carminative, incisive, emménagogue, sudorifique et alexipharmaque. On en fait assez fréquemment usage. (B.)

IMPÉRIALE, *Imperialis*. Plante vivace, à racine bulbeuse, grosse et à moitié tuniquée; à tige simple, droite, haute de 2 ou 3 pieds, de la grosseur du pouce; à feuilles alternes, sessiles, nombreuses, linéaires, lancéolées, tendres et lisses; à fleurs grandes, striées, rouges, pendantes au nombre de 6 à 8 sous une touffe de feuilles terminales; qui est originaire de Perse, mais qu'on cultive depuis très-long-temps dans les jardins, à raison de la majesté de son port, quoiqu'elle ait l'inconvénient d'exhaler une odeur désagréable.

Cette plante faisait ci-devant partie du genre des FRITILLAIRES; mais elle en a été séparée avec raison pour en constituer un particulier.

L'IMPÉRIALE COURONNÉE fleurit au milieu du printemps. Elle varie beaucoup; savoir, à fleurs très-grandes, à fleurs rouges doubles, à fleurs orangées, à fleurs couleur de soufre, à fleurs jaunes simples, à fleurs jaunes doubles, à feuilles panachées de blanc, à feuilles panachées de jaune. On la multiplie de ses graines, qu'on sème au printemps dans des terrines sur couche et sous châssis, et plus communément par séparation des caïeux de ses racines, séparation qu'on effectue à la fin de l'automne, parce qu'elles poussent de bonne heure au printemps.

Cette plante est très-rustique. Elle ne craint point les hivers les plus rudes, et s'accommode de toute espèce de terrain; cependant celui qui lui convient le mieux est léger et frais. On la place ordinairement au milieu des plates-bandes, dans les parterres, ou contre les murs des terrasses, et dans les jardins paysagers, contre les rochers, les fabriques, sur le bord des massifs, dans les corbeilles pratiquées au milieu des gazons. Comme elle perd ses tiges vers la fin de l'été, il est bon de l'accompagner d'un piquet pour reconnaître la place de ses racines; par-tout elle se fait remarquer, sur-tout quand elle est en fleurs. Ses fruits se relèvent après leur fécondation, et ne sont pas sans grâce dans cette position. Ils ressemblent à des branches de candelabres.

Souvent la tige de l'impériale s'aplatit et s'élargit lorsqu'elle est plantée dans un sol gras ou trop fumé; c'est une monstruosité qui subsiste rarement lorsqu'on transplante les pieds qui l'offrent. (B.)

IMPLANTATION. On a donné ce nom à la plantation des arbres et des plantes, en étendant simplement leurs racines sur le sol, sans creuser la terre, et en les recouvrant simplement de terre. Il est un si petit nombre de cas où cette méthode de plantation soit nécessaire, et elle est sujette à tant d'inconvéniens qu'il est superflu d'en développer ici les principes. *Voyez* PLANTATION. (B.)

INCENDIE. Destruction par le feu des maisons, des forêts, des diverses productions de l'agriculture, etc.

Les cultivateurs, plus que les autres citoyens, sont exposés aux désastreux effets des incendies, soit parce qu'ils sont entourés de plus de substances d'une facile combustion, soit à raison des matières qu'ils emploient, et du peu de précautions qu'ils apportent dans la construction de leurs maisons, granges, écuries, dans leur disposition les unes à l'égard des autres, etc., soit par leur peu de soin à éviter les occasions, soit parce que des secours suffisans leur manquent, soit enfin parce que la malveillance peut agir contre eux avec plus de sécurité par suite de leur isolement.

Il y a déjà long-temps qu'on fait des vœux pour qu'aux baraques bâties en bois et couvertes en chaume il soit substitué des maisons construites en pierres et couvertes en tuiles; mais outre que cela devient impossible sans d'énormes dépenses, dans certaiues localités, la fortune de beaucoup de cultivateurs ne leur permet pas d'y penser, même dans celle où cela est le moins coûteux.

On trouvera au mot CONSTRUCTIONS RURALES toutes les données qui ont rapport à cet objet.

Ce n'est que trop communément qu'il arrive des incendies dans les villages; mais quand on y a vécu; quand on a vu quelle négligence on apporte à prendre des précautions propres à les prévenir, on est surpris qu'elles n'y soient pas plus fréquentes. Il semble que tous les valets ou servantes d'une ferme, à voir la manière dont ils transportent les lumières, dont ils allument et éteignent le feu, etc., conspirent contre sa destruction. (*Voyez* LANTERNE.) Le propriétaire ou le fermier, personnellement si intéressé, n'agit pas différemment des autres à cet égard. Dans ces rassemblemens qu'on appelle *veillées*, et où toute la population féminine d'un village est réunie pour teiller ou filer, on applaudit souvent à l'enfant qui jette le plus de chenevottes dans le foyer, au risque de mettre le feu à la cheminée ou au tas qui est dans la chambre. Je cite cette circonstance entre mille, parce que j'en ai souvent été témoin dans ma jeunesse, et que les événemens funestes qui en sont la suite sont très-multipliés.

Beaucoup d'incendies commencent, dans les campagnes, par un feu de cheminée, ces dernières y étant rarement construites avec la solidité convenable. Un des moyens d'empêcher ses progrès, c'est de boucher l'ouverture inférieure avec une toile, ou mieux une couverture de laine mouillée, de manière que le courant d'air soit intercepté. Un autre, beaucoup plus sûr, c'est de jeter une poignée de soufre réduit en poudre, ou de fleur de soufre, sur les charbons encore brûlans. Le gaz sulfureux qui se dégage, remplit la cheminée, s'empare de tout l'oxygène de l'air, éteint subitement la flamme. Tout cultivateur prudent doit toujours avoir chez lui quelques livres de soufre pour l'occasion ; la dépense de mise dehors est peu considérable.

L'expérience a prouvé que les bois imprégnés d'une dissolution d'alun ou d'une décoction d'ail ne prenaient point feu, c'est-à-dire se consumaient sans flamme. Tout morceau de bois qui, par sa position ou son usage, peut être exposé à être brûlé, devrait donc être imprégné d'une de ces deux substances, qui reviennent également à très-bon marché.

Je ne parlerai pas ici des moyens que l'on tire de l'eau pour éteindre les incendies, attendu que cela sort du but de cet ouvrage. J'émettrai seulement le vœu que toutes les communes aient une pompe à incendie du petit modèle, article de 5 à 600 fr. de dépense, qui, une fois faite, peut être un siècle sans se renouveler. Quel est le père de famille qui peut se refuser à payer un franc, 3 francs même, une fois dans sa vie, pour augmenter la garantie de la conservation de sa maison, et des propriétés mobilières qu'elle peut contenir ?

L'incendie des blés et autres céréales sur pied, ainsi que celui des forêts, sont ou l'effet de l'imprudence ou de la négligence des pâtres, qui allument du feu pour s'amuser ou se chauffer, ou le résultat de la malveillance. Le moyen le plus efficace pour empêcher le mal d'étendre ses ravages, c'est de couper le feu, c'est-à-dire, de lui ôter tout aliment par l'enlèvement des blés ou des bois dans une largeur proportionnée à la violence du vent qui le propage, et par le labour de la terre dans le cas où elle serait couverte d'herbes basses. Dans l'Amérique septentrionale, où tous les ans on met le feu aux herbes sèches des forêts, pour que les bestiaux puissent paître la nouvelle, on a soin d'essarter le tour de toutes les habitations, de toutes les cultures avant le premier avril, époque où se fait cette opération. Pendant la semaine qui la suit, tous les accidens sont à la charge de ceux qui n'ont pas pris les précautions nécessaires pour s'en garantir. En France, il est beaucoup de lieux, sur-tout dans les pays de landes, où cet usage a lieu ; mais où il n'est pas réglé par la loi, ce qui est sujet à de graves inconvéniens.

Sans doute la malveillance met quelquefois le feu aux granges ou greniers qui renferment les récoltes de blé, de foin ou autres, ainsi qu'aux meules qui sont élevées dans les champs, et l'imprudence cause aussi quelquefois des malheurs du même genre ; mais je dois apprendre aux cultivateurs qui ne le savent pas encore, et le nombre en est très-grand, que tout amas de paille, de foin, et autres objets de cette nature, lorsqu'il est mouillé et très-entassé, est dans le cas de s'enflammer spontanément par suite de la fermentation qui s'y établit comme dans le fumier. Cet événement arrive sur-tout fréquemment au foin, soit en grenier, soit en meule. Les cultivateurs ne peuvent donc trop veiller à ce que leurs foins soient rentrés très-secs, et ne pas craindre, quand ils ont été forcés de les mettre un peu humides en meule, de dépenser quelques journées d'ouvriers pour les changer de place, ou les botteler aussitôt que le beau temps le leur permet.

Quelques faits tendent aussi à prouver que les linges, les pailles, les foins, etc., imprégnés d'huile ou de goudron, peuvent également s'enflammer seuls.

Les tourbes desséchées, soit qu'elles soient en place, soit qu'elles soient exploitées, sont encore sujettes à s'enflammer spontanément, à raison des pyrites qu'elles contiennent. Une large tranchée est le seul moyen qu'on puisse opposer à la propagation de l'incendie dans le premier cas, et la dispersion du tas, ou d'une partie du tas, dans le second. Cette remarque doit engager tous les cultivateurs et les manufacturiers qui font usage de la tourbe de ne jamais la déposer trop près de leur maison.

Les mines de houille sont aussi dans le cas de brûler sous terre.

Le tonnerre met quelquefois le feu aux maisons, aux produits des récoltes, aux forêts, etc., des paratonnerres peuvent prévenir les incendies qui en sont la suite. *Voyez* au mot Tonnerre. (B.)

INCISION ANNULAIRE. Opération par laquelle on enlève un anneau d'écorce plus ou moins large à un branche d'arbre ou à une tige de plante, pour lui faire produire, 1°. du fruit ; 2°. plus sûrement du fruit ; 3°. du fruit en plus grande abondance ; 4°. du fruit plus beau ; 5°. du fruit d'une plus prompte maturité ; 6°. pour déterminer la production des racines dans l'opération du *bouturage* et du *marcottage* ; 7°. pour arrêter la fougue des gourmands, etc.

Les anciens ont connu les avantages de l'incision annulaire dans quelques cas, principalement pour empêcher la coulure de la Vigne, et augmenter les récoltes des Olives (*voyez* ces mots). Ils la pratiquaient soit exactement comme nous, soit en tordant ou cassant à moitié les branches, soit en mettant de grosses chevilles dans le tronc. Sans doute ils faisaient aussi usage de la ligature, qui produit les mêmes effets, et qui est plus dans la nature. Les arbustes grimpans, tels que le chèvrefeuille, en font naître souvent des exemples dans les bois.

Les procédés des anciens se sont transmis d'âge en âge dans la pratique de quelques localités très-circonscrites, mais ont été complétement oubliés ailleurs. Les ouvrages publiés sur l'agriculture au commencement du siècle dernier gardent le silence à leur égard. Ce n'est que dans ces derniers temps qu'ils ont été rappelés et appliqués.

J'ai été, pendant long-tems, enthousiasmé de l'incision annulaire, parce que j'avais été plus de cent fois témoin de ses avantages pour garantir les fleurs de la coulure et pour accélérer la maturité des fruits. Il y a cependant plus de dix ans que j'avais remarqué que les pêches, les prunes, les raisins cueillis sur des branches qui l'avaient éprouvée, étaient moins sucrés que les mêmes fruits provenant d'autres branches du même pied, mais j'attribuais cette circonstance à des causes circonstancielles. Des lettres des préfets de la Côte-d'Or et de l'Yonne, adressées au ministre de l'intérieur, sur le résultat des expériences faites en grand, à sa demande, sur les vignes de ces deux départemens, où l'incision annulaire avait été pratiquée anciennement sous le nom de *contrôlage*, m'ont ouvert les yeux. En effet, ils nous ont appris que, s'il avait été reconnu par les propriétaires de vignes, comme par les jardiniers, que cette opération empêchait la coulure de la fleur et accélérait la maturité du fruit de la vigne, les raisins cueillis sur des ceps incisés donnaient un vin faible, très-sujet à tourner, de peu de garde, etc.

Il a été observé que l'incision annulaire sur figuier a donné lieu à une nombreuse production de figues, mais qu'elles sont constamment tombées long-temps avant leur maturité.

Aujourd'hui donc je crois qu'il faut réserver l'incision annulaire pour les expériences de physiologie végétale, et pour la fabrication des marcottes.

Mais quelle que soit ma façon actuelle de voir, je dois indiquer ici la façon d'exécuter l'incision annulaire, dont la théorie a été développée au mot Bourrelet.

On enlève un anneau d'écorce à l'arbre ou à la branche qu'on veut rendre plus productive, en ayant l'attention de ne laisser aucune parcelle de liber. La largeur de cet anneau doit être d'autant plus considérable, que l'arbre ou la branche sont plus forts; elle doit être calculée rigoureusement lorsqu'on veut que la plaie soit cicatrisée avant l'hiver, de manière que sur un arbre de 4 pouces elle soit de quatre lignes; *mais cela varie selon le terrain et la saison, devant être plus grande dans un bon terrain et dans une saison chaude et pluvieuse.*

A grosseur égale, les pommiers demandent une plaie plus étroite que les poiriers, et les coignassiers encore plus.

Quelques jours après l'enlèvement de l'anneau, il sort d'entre le bois et l'écorce, en haut, une production d'abord mucilagineuse, qui se durcit ensuite (c'est le CAMBIUM, *voyez* ce mot), s'étend sur la plaie sans cependant lui adhérer, en formant un bourrelet légèrement saillant, qui croît d'abord rapidement, se ralentit ensuite, gagne la partie inférieure de l'anneau, à laquelle il se réunit lorsque la plaie n'est pas trop forte, et finit par ressembler en tout à l'écorce, dont elle ne diffère plus en effet la seconde année. Lorsque la plaie est trop large pour que ce bourrelet puisse la recouvrir, l'arbre ou la branche périt immanquablement tôt ou tard.

Si la seconde année l'arbre ou la branche qui a subi l'opération n'est pas assez chargé de boutons à fruits, on fera une nouvelle plaie annulaire, et ce jusqu'à ce qu'on soit arrivé au but ; mais il est rarement nécessaire de renouveler l'opération.

Comme on doit craindre souvent de faire la plaie trop large pour qu'elle puisse se recouvrir dans l'année, il est prudent de la faire d'abord étroite, et ensuite de l'élargir successivement par le bas, en se rappelant que l'accroissement du bourrelet est bien peu de chose après les deux premiers mois de l'opération.

Certains arbres fruitiers, des poiriers, par exemple, sur-tout lorsqu'ils sont greffés sur sauvageon ou sur franc, et qu'ils sont plantés dans un terrain gras et humide, ne donnent du fruit qu'après un nombre d'années plus ou moins considérable, toute leur force végétative se portant sur la formation des branches qui sont d'une vigueur remarquable. En faisant une incision annulaire avant la sève d'août, et en la renouvelant, si cela devient nécessaire, à celle du printemps suivant, on est sûr de mettre l'arbre à fruit douze ou quinze ans avant l'époque fixée par la nature. On sent le parti qu'on en peut tirer dans les pépinières où on cherche de nouvelles variétés de fruits.

On peut par le même moyen avancer la floraison et la fructification de tel arbre étranger qu'on désire, même de beaucoup de plantes vivaces.

Lorsque, par la position du local, la nature de l'arbre, les dispositions atmosphériques, etc., on a lieu de craindre la coulure, il suffit de faire une incision annulaire un peu avant la floraison, six à huit jours, même quelquefois moins, pour qu'elle n'ait pas lieu. C'est dans ce cas que cette opération était principalement pratiquée par les anciens, et qu'on la pratique en grand encore dans quelques cantons de la France méridionale et de l'Italie sur la vigne et l'olivier.

On a reconnu que, lorsqu'il s'agissait seulement d'accélérer la maturité des fruits par le moyen de la circoncision, on pouvait faire l'opération long-temps avant la floraison ; mais que lorsque le but était d'empêcher la coulure, il était nécessaire de l'exécuter peu avant ou même pendant la floraison. La théorie indique en effet que l'excès comme le manque de sève produit la coulure, et que, dans le premier cas, il y a une déperdition avantageuse de cette sève par la plaie.

Il a été observé, je le répète, que cette opération affaiblit aussi les graines et les rend moins propres à donner naissance à des pieds vigoureux. Il est peu de cas où on doive le faire pour mettre à fruit un arbre uniquement destiné à la reproduction : un de ces cas est quand on désire obtenir de nouvelles variétés de fruits supérieures en grosseur aux anciennes. *Voyez* VARIÉTÉ.

Un Anglais, M. Fiz-Gérald, pour éviter les inconvéniens d'une incision annulaire qui ne se recouvre pas, propose de remettre l'écorce en place aussitôt qu'elle a été enlevée, ce qui suppose que l'opération se fait pendant la sève d'août : la soudure s'opère alors immanquablement et l'effet attendu se produit.

L'incision faite sur les branches latérales des espaliers ne se cicatrise pas aussi promptement que celle faite sur les branches perpendiculaires, d'après le fait que la sève monte en plus grande abondance dans ces dernières.

Ainsi que l'a prouvé Duhamel, il n'y a production de racines dans une bouture ou marcotte qu'après la formation d'un bourrelet ; forcer la formation de ce bourrelet est donc assurer et accélérer le développement des racines. Il est donc toujours utile et souvent nécessaire de faire des incisions annulaires ou des ligatures aux branches des arbres qu'on destine à faire des boutures et des marcottes. Dans le premier cas, on opère avant la sève d'août, parce que les boutures, du moins celles en pleine terre, se font au printemps ; dans le second, au moment même du marcottage, quoiqu'il fût peut-être mieux d'opérer à la même époque.

En diminuant l'activité de la circulation de la sève, l'anellation est très-propre à régulariser la végétation des gourmands, qui font craindre la perte des branches les plus fructueuses des espaliers ou contr'espaliers. On peut donc en faire usage dans ce cas, comme le cassement, la torsion, etc.; on peut même l'employer avec plus d'avantage lorsqu'on a l'idée de faire servir par la suite ce gourmand à remplacer ces branches fructueuses.

Jusqu'ici je n'ai parlé que des branches, mais on peut aussi faire l'incision annulaire sur les troncs sans pour cela occasionner la mort de l'arbre. Il ne s'agit que de proportionner également la largeur de cette incision à la vigueur de l'arbre ; mais j'observerai que, si on calculait d'après les bases prises sur le jeune bois, on pourrait grandement se tromper, attendu que la rigidité de la fibre de l'écorce des troncs est beaucoup plus grande. Il est au reste peu de cas où l'on doive désirer faire cette opération sur les troncs.

La ligature ne supplée pas toujours l'incision annulaire, parce qu'elle n'arrête pas complétement la circulation de la sève. Il faut sur-tout ne pas l'employer lorsqu'on veut empêcher les fleurs de couler, ou se procurer de beaux fruits. Dans tous les autres cas, elle remplit aussi bien l'objet, et quelquefois même mieux. *Voyez* l'article qui la concerne ; *voyez* aussi les mots Bourrelet, Torsion des branches, Bouture et Marcotte,

On appelle marcottage par incision celui que se pratique sur les œillets, et qui consiste à couper la tige par la moitié de son diamètre (plus ou moins selon les circonstances), et ensuite à la fendre ou l'éclater en remontant, dans une longueur plus ou moins considérable. *Voyez* aux mots Marcottage et Œillet.

Beaucoup d'instrumens divers ont été proposés pour faire rapidement et convenablement l'incision annulaire, j'en citerai principalement trois : celui de M. Ducrocq, le premier inventé, décrit dans le tome LXXX des *Annales d'agriculture*, et auquel j'accorde la préférence ; celui de M. Bettinger, qui a obtenu un prix de la Société d'encouragement : ses avantages sont développés, tome VI de la nouvelle série des *Annales d'agriculture* ; enfin celui de M. Regnier, qui a obtenu l'assentiment du public, et qui se trouve par conséquent dans le commerce. (B.)

INCLINAISON DU SOL. Le plus ou moins de cette inclinaison peut avoir une grande influence sur le produit des récoltes. S'ils ne peuvent pas la changer, les cultivateurs peuvent au moins l'étudier et lui approprier leurs cultures. *Voyez* Exposition.

C'est par Nivellement qu'on reconnaît l'inclinaison du sol : en conséquence il est toujours utile qu'un cultivateur jaloux d'opérer avec certitude, fasse faire celui de sa propriété. *Voyez* ce mot et celui Arpentage.

Un terrain trop de niveau est exposé, s'il est Argileux (*voyez* ce mot), à retenir les eaux et à produire des récoltes toujours dépendantes des saisons.

Un sol très-incliné est constamment privé par les pluies de l'humus qui s'y était formé, et, à la suite des Orages, de la Terre qui le constitue. *Voyez* ces mots et ceux Montagne, Coteau, Colline, Vallée, Rivière.

Il est toujours bon de tenir en bois ou en prairies les terrains très-inclinés, pour diminur les inconvéniens ci-dessus.

Lorsqu'on veut les labourer, on doit le faire de manière à remonter la terre, au lieu d'accélérer sa descente, comme malheureusement on le pratique si souvent. *Voyez* LABOUR.

Le plus sûr moyen de cultiver sans inconvéniens un terrain très-incliné, c'est de le diviser en TERRASSES parallèles, soit par des MURS, soit par des HAIES. *Voyez* ces mots. (B.)

INCUBATION. Dès que l'œuf a été fécondé, le principe de la vitalité introduit par l'acte du mâle y dort jusqu'à ce qu'il soit éveillé par la femelle qui couve: la machine animale existe donc en entier avant l'incubation; mais il faut un agent extérieur pour la mettre en mouvement, et cet agent est la chaleur communiquée, soit naturellement, soit artificiellement, par différens intermèdes.

Les phénomènes que présente cette action d'un oiseau qui se tient sur ses œufs pour développer le germe fécondé par le mâle, ont été décrits dans tous les ouvrages des naturalistes. Les effets physiques sont maintenant bien connus; nous ne nous arrêterons qu'à ceux dont nous sommes journellement témoins dans nos basses-cours, et qui peuvent servir à guider sur cette branche de l'économie domestique, laquelle, éclairée et perfectionnée, deviendrait plus profitable aux cultivateurs et plus avantageuse aux consommateurs de tous les ordres. Les faits et les exemples que nous avons à présenter seront pris parmi les poules ordinaires, parce qu'elles sont les plus exactes à pondre, et parmi les poules d'Inde, comme les plus tenaces à couver; une grande partie des œufs que la première produit est destinée au commerce, tous ceux que la seconde fournit sont soumis à l'incubation.

Avant même d'avoir complété sa ponte, la dinde, comme beaucoup d'autres femelles, manifeste le désir de couver par des signes très-énergiques différens de ceux qui annoncent la ponte; un gloussement particulier, des attitudes et des mouvemens non équivoques; la dépouille de sa poitrine et de son ventre; ses ruses pour cacher ses œufs, sont des faits très-remarquables et très-dignes des méditations des scrutateurs de la nature.

Mais il y a des circonstances où il faut nécessairement tempérer l'ardeur trop précoce que les femelles montrent pour couver; la poule ordinaire est du nombre des femelles qui font plus d'œufs qu'elles n'ont de moyens d'en couver, et cette faculté, commune aux oiseaux sauvages, serait suspendue, si, dès qu'elle a fourni 18 à 20 œufs, il fallait les soumettre à l'incubation, ainsi qu'elle le demande; il faut en profiter pour lui retirer ses œufs, à mesure qu'ils sont déposés; alors, trompée par cette supercherie, elle continue de faire des œufs, et en voyant son nid vide, il lui semble pondre pour la première fois.

Lorsqu'il importe d'avoir à peu de frais le plus grand nombre d'œufs possible, on en vient à bout en ne laissant au pondoir aucun signe figuratif de l'œuf, en chassant la femelle du nid quand elle s'obstine à le garder sans pondre, à la plonger dans un bain d'eau fraîche, en diminuant de sa nourriture, en admettant dans son régime de l'avoine plutôt que du chenevis qui l'échauffe.

Une autre pratique adoptée dans quelques cantons de la ci-devant Flandre, plus efficace encore, et dont le succès n'est pas équivoque, pour faire perdre tout-à-coup à la femelle le désir qu'elle a de couver, de conduire ses poussins, et pour la ramener tout naturellement au besoin de pondre, c'est de la tenir sous un cuvier pendant deux jours sans boire ni manger : ainsi privée d'air, de lumière et de nourriture, elle éprouve dans cette prison une sorte de malaise ; il s'opère chez elle une révolution qui change sa manière d'être. Quand on lui rend sa liberté, elle est chancelante et comme asphyxiée, à peine se tient-elle sur ses pattes ; elle a oublié toutes ses affections : bientôt elle court à l'eau, mange ensuite, et ne semble plus occupée qu'à se remettre à pondre.

La poule ordinaire n'est pas la seule femelle de la basse-cour qui puisse fournir à une ponte soutenue et prolongée ; il est possible d'obtenir cette admirable fécondité des canes, des dindes, des oies et des pintades ; mais il convient quelquefois de l'arrêter, sans quoi elles pondraient hors le temps de la mue jusqu'à l'apparition des froids, courraient les risques de s'énerver, et il n'est pas rare de les voir s'épuiser, vieillir et mourir avant le temps : c'est ainsi que, par des procédés particuliers, on parvient à faire produire aux arbres plus de fruits qu'ils n'en donnent ordinairement ; mais plus on leur en fait rapporter, plus leur perte est certaine et prématurée.

Lorsqu'il s'agit de confier les œufs à la couveuse, on est dans l'habitude de les présenter à la lumière, pour juger s'ils sont propres à cette opération ; mais il n'y a que la chaleur de l'incubation qui puisse faire connaître si les œufs sont fécondés ou non, parce que, dans ce dernier cas, ils restent clairs, mais, dans l'autre, ils sont déjà louches quelques heures après la couvaison.

Or les œufs qui, au troisième ou quatrième jour après la période de l'incubation, n'offriraient pas à une de leurs extrémités le point qui laisse apercevoir le poussin, n'en produiraient point ; il faut se hâter de les jeter hors du nid, ainsi que les débris des coquilles, parce qu'ils répandraient une infection préjudiciable à la couvée et pourraient blesser les petits : la fermière qui n'aurait réellement en vue, dans les soins qu'elle donne à l'entretien des poules, que le produit exclusif des œufs, doit exiger de la fille de basse-cour de les lever exactement deux fois le jour, au lieu d'en laisser quelques-uns de la veille pour exciter par leur vue la femelle à pondre, parce que cette précaution est absolument inutile quand une fois la ponte est commencée, elle a même des inconvéniens. On sait qu'elles ont une propension décidée à monter successivement au pondoir ; elles se disputent à l'envi : l'une attend que l'autre ait fait son œuf pour la remplacer, et rien ne paraît les réjouir davantage que d'en voir beaucoup ; or, en supposant que douze poules se soient succédé dans le même pondoir, et que chacune, pour déposer l'œuf, ait employé à son opération une demi-heure environ, n'est-il pas vrai que le premier œuf pondu aura éprouvé une incubation de six heures environ, temps suffisant, d'après les expériences et les observations de Malpighi et de Haller, pour éveiller la vitalité du germe et déterminer un développement assez frappant pour être sensible à la lueur d'une chandelle et à l'organe du goût.

Qu'on cesse maintenant d'être étonné si les œufs frais de la même date pondus par les mêmes espèces de poules, quoique pondus à la même date et dans une même basse-cour, présentent tant de différences entre eux ; si, dans l'incubation, tous les poussins n'ont pas le même succès et la même vigueur ; enfin si, dans l'application du même procédé de conservation, il s'en trouve dans la masse qui s'altèrent plus promptement, plus fortement. L'attention de ramasser les œufs au printemps et dans l'été deux fois par jour, de ne pas les laisser trop long-temps séjourner au pondoir, sont donc en état d'exercer une certaine influence sur leur qualité et leur durée.

Il s'en faut bien que les femelles demandent toutes à couver après leur première ponte ; il en est parmi les dindes qui n'en montrent pas la moindre envie : des recherches suivies pour tâcher d'en pénétrer la cause et soulever le voile qui couvre l'essence de cette fonction créatrice, n'ont encore rien appris à cet égard de positif, et ce sera long-temps peut-être un mystère pour l'homme.

Mais pour les exciter à couver, il faut savoir sacrifier quelques œufs, les laisser un jour ou deux au pondoir, afin qu'elles aient le temps de s'échauffer, souvent les placer sur un nid rempli d'œufs, plumer le dessous du ventre en les flagellant avec une poignée d'orties, en les tenant chaudement sur un paillasson, et les placer sur un nid rempli d'œufs. Si elles le quittent encore, on les échauffe avec du chenevis ; on les enivre avec du pain trempé dans du vin et un peu d'eau-de-vie, et dans cet état d'ivresse on les place sur les œufs qu'on veut leur donner : à leur réveil, elles semblent avoir déjà pris pour eux de l'affection, elles continuent de les couver et de les soigner; enfin elles deviennent d'aussi bonnes mères que celles qui avaient montré le plus de disposition à en remplir les devoirs (1).

Mais il ne sufffit pas qu'une femelle manifeste l'envie de couver, il faut encore qu'elle réunisse certaines conditions, sans lesquelles l'incubation n'a pas de succès; il convient, par exemple, qu'elle ne prenne l'épouvante de rien, et ne soit nullement farouche; qu'elle ait une complexion forte, un naturel bien éveillé et un caractère docile; le corps large, les ailes grandes et bien garnies de plumes; que ses ongles et ses ergots ne soient ni longs ni aigus; il est bon encore qu'elle ne mange pas les œufs à mesure qu'elle les pond : dans tous ces cas, il vaut mieux s'en défaire que de lui confier l'incubation.

On pourrait songer de bonne heure à prévenir ce goût déréglé et dispendieux, et empêcher que les œufs ne deviennent la proie de leurs propres mères, en évitant de leur jeter les coquilles entières d'œufs qu'elles mangent avec avidité, et de ne leur permettre sur-tout l'usage de cette matière calcaire, à moins qu'elle ne soit déformée et ajoutée à leur manger, à l'instar de la brique pilée, pour affaiblir cette disposition qu'ont les femelles de passer à la graisse.

L'amour de la liberté, cet instinct qui ramène les femelles à leur état primitif lorsqu'elles se préparent à remplir les fonctions importantes que la nature leur a confiées, les détermine quelquefois à aller pondre et couver à l'aventure. Quand les poules se sont choisi un nid, il n'y a presque plus rien à faire; elles le quittent difficilement. Il est même prudent de ne pas les troubler, ni les contrarier dans cette opération : malheureusement la rapacité des hommes, l'appétit des bêtes fauves, environnent de beaucoup de dangers ces couvées, qui, sans ces inconvéniens, devraient être abandonnées aux soins des femelles.

---

(1) Tous ces moyens sont bons, mais sont moins faciles à mettre en pratique et moins sûrs que le suivant, sur-tout quant aux dindes. Celui-ci consiste à mettre la couveuse dans une boîte ouverte, justement de sa largeur et de sa longueur, et de 5 à 6 pouces plus haute que son corps, lorsqu'elle est accroupie; puis à attacher à son cou, avec une ficelle, une planchette plus étroite que la boîte, qui pèse sur son dos. L'inquiétude que la présence de cette planchette cause à la couveuse suffit pour la faire tenir sur ses œufs, et lui donner la sorte de fièvre qui accompagne toujours l'incubation.

Comme commissaire de la Société royale et centrale d'agriculture, j'ai suivi, pendant six mois, des expériences sur ce mode d'incubation, dont j'ai dû être très-satisfait. Une pauvre dinde fut condamnée à cinq couvaisons successives, sans repos, et à la quatrième elle était si exténuée, si maigre, que je fus obligé de demander grâce pour elle.

(*Note de M. Bosc.*)

Ce n'est pas toujours la saison et le défaut des femelles qui rendent l'incubation défavorable : l'impatience et la curiosité de la fille de basse-cour font souvent, dans ce cas, bien du mal. C'est pour vouloir ne pas laisser agir la nature qu'on l'opprime sans cesse, sous le prétexte de l'aider. Si on ne touchait pas toujours aux œufs en incubation; si on élevait les poussins sans les manier, ils ne seraient pas aussi délicats qu'on se l'imagine. J'ai eu plusieurs fois l'occasion de me fortifier dans cette opinion.

Un jour m'étant aperçu qu'une poule allait pondre à l'écart au milieu des orties, je pris garde à ce qu'elle ne fût pas troublée, mais simplement surveillée : dès qu'elle eut pondu ses œufs, elle se mit à les couver, et elle était souvent deux jours sans se rendre à l'appel pour les repas; mais aussi quand l'extrême besoin la forçait de quitter ses œufs, elle prenait une bonne ration, et chaque fois qu'elle venait manger, elle s'en donnait et finissait encore plus tôt que les autres, pour regagner son nid. La couvée vint à bien, et la poule amena, comme en triomphe, sa famille à la basse-cour, tandis que dans le même temps on avait eu une peine infinie de sauver quelques poussins provenant des poules de même espèce, dont les couvées avaient été soignées peut-être avec trop de précautions.

Il est utile que le local destiné à la couvaison soit placé dans l'endroit le plus calme et le plus retiré de la ferme, à l'abri de la lumière trop vive, des courans d'air, et sur-tout du bruit; il est contraire au succès de l'incubation.

Il faut en interdire l'entrée aux coqs, parce qu'ils sont des mâles polygames, qui viennent souvent troubler les femelles dans les respectables fonctions de la maternité. Il n'y a parmi les oiseaux de basse-cour que le pigeon qui, fidèle au lien conjugal, partage les douceurs de la paternité; on doit donc éloigner les coqs du nid pendant tout le temps que dure l'incubation, et empêcher qu'ils ne viennent la troubler.

Le même endroit peut recevoir toutes les couveuses; il suffit qu'elles aient chacune un nid assez éloigné et séparé par une cloison, afin de n'avoir aucune communication entre elles. J'ai vu quelquefois des dindes quitter leurs œufs pour aller couver avec des poules ordinaires. Il faut placer aussi devant elles à boire et à manger, et faire en sorte qu'elles ne soient pas dans le cas d'être long-temps hors du nid, sur-tout vers la fin de l'incubation.

On dispose les nids des couveuses en jetant dans les angles de leur habitation des brins de bois pour éviter l'humidité du sol, on les recouvre d'un lit de paille usée, suffisamment garnis, peu élevés et assez épais, de manière que, quoique naturellement lourdes et maladroites, elles puissent facilement monter et descendre sans casser leurs œufs. Ces nids doivent être formés par un bourrelet circulaire, composé de liens de paille entrelacés, et de 15 à 16 pouces de diamètre. Le fond se remplit d'une paille douce et froissée, sur laquelle se trouvent déposés les œufs qui, retenus par le rebord dont nous venons de parler, ne s'échappent pas aux environs du nid lorsque la couveuse fait des mouvemens pour sortir ou rentrer dans son nid ou pour retourner les œufs.

La femelle qui couve est dans un état extraordinaire ; elle boit plus qu'elle ne mange, paraît avoir tous les symptômes de la fièvre ; son œil est étincelant et sa peau brûlante ; il leur faut assez de chaleur pour élever la température des œufs au 32e. degré de Réaumur. Elle est tellement livrée à cette occupation, qu'on dirait qu'elle comprend toute l'importance de la fonction qu'elle exerce ; mais ce qu'il y a de plus remarquable, dit Buffon, c'est que l'attitude d'une couveuse, quelque gênante qu'elle paraisse, est peut-être moins une situation d'ennui, qu'un état de jouissance continuelle, d'autant plus délicieuse qu'elle est plus recueillie, tant la nature semble avoir mis d'attrait à tout ce qui a rapport à la multiplication des êtres.

Tous les jours, à la même heure, les ovipares, dans leur couvaison, paraissent retourner régulièrement leurs œufs et ramener ceux du centre à la circonférence, *et vice versâ.*

Plusieurs ménagères sont dans l'usage de saisir le moment où les femelles prennent leur nourriture et un peu d'exercice pour partager avec elles ce soin ; mais c'est à la couveuse que ce soin appartient exclusivement. Gardons-nous de toucher aux œufs jusqu'au moment où les petits sont éclos, à moins qu'ils ne se trouvent hors du nid : alors il faut les y replacer promptement et avec précaution ; sans quoi, la chaleur de l'incubation n'étant pas répandue uniformément dans toutes les parties de l'œuf, l'oiseau serait mal conformé, faible, languissant, ses membres n'acquerraient pas la même habitude de développement.

Parmi les moyens mis en œuvre pour augmenter la production des œufs sans augmenter le nombre des poules ordinaires, sans exiger plus d'embarras et de nourriture, le premier est de confier le soin de l'incubation à des femelles dont les œufs ne sont destinés qu'à servir à la reproduction de l'espèce. Ces poules, débarrassées du soin de couver et de conduire leurs petits, libres et rendues à elles-mêmes, emploieront les cinquante jours au moins que ces deux fonctions prennent sur leur ponte à faire de suite vingt à trente œufs, plus ou moins, selon le degré de force qu'elles ont pour y pourvoir.

La dinde, naturellement patiente et excellente couveuse, a souvent l'emploi de couver des œufs étrangers aux siens. L'ampleur de son corsage lui donne la faculté d'en embrasser une plus grande quantité que les poules ordinaires, de réchauffer les petits sous ses ailes. Ce moyen, pratiqué maintenant avec succès, répond en même temps à cette objection; savoir, que les femelles ne voulaient couver que leurs propres œufs, et qu'il n'y avait que ceux-là qui donnaient beaucoup d'élèves.

On sait en effet que la poule d'Inde, après avoir terminé sa ponte, peut couver les œufs de cane, d'oie et de poules ordinaires, en observant que les deux premiers étant quatre semaines à éclore, et ceux des poules trois, il faut par conséquent mettre ces derniers huit jours plus tard sous la mère, afin qu'ils éclosent à-peu-près le même jour; mais on remarque que ces mêmes œufs ne réussissent pas constamment, vu qu'étant de grosseur inégale et ayant la coque plus ou moins épaisse et dure, ils reçoivent difficilement le même degré de chaleur; d'ailleurs, les diverses affections et allures des petits troublent la tranquillité de la mère. Tout prouve qu'il vaut mieux ne lui donner qu'une seule et même espèce d'œufs.

Dans une ferme où l'on veut élever beaucoup de volaille sans embarras, comme sans frais, il y aurait un grand bénéfice d'entretenir trois à quatre poules d'Inde exprès pour couver, d'autant mieux que leur ponte, qui commence et finit de bonne heure, permettrait de leur confier les œufs de poules ordinaires, donnerait à celles-ci la faculté de faire plus d'œufs, d'où résulteraient des poussins dont l'éducation deviendrait d'autant plus facile, qu'ils seraient nés dans la saison la plus favorable à leur développement. Il est parfaitement inutile que les cultivateurs qui désirent avoir une grande quantité d'œufs et de poules, cherchent à mettre en usage un procédé plus simple et plus économique.

Un autre profit qu'on retirerait du secours de plusieurs dindes dans une ferme, c'est de pouvoir en mettre couver deux à-la-fois, afin que s'il arrive des accidens à l'une d'elles on puisse y remédier en confiant à l'autre les œufs à éclore ou éclos. D'ailleurs les petits étant de la même force, ils n'effacent pas les plus faibles. Il est plus facile, plus économique de les élever ainsi en troupes, sous la conduite d'un petit nombre de poules, que de laisser chaque famille à sa mère.

Il résulterait encore de cette pratique, entre autres avantages, celui de déterminer les femelles à couver une seconde fois des œufs de poules ordinaires, et à donner à une seule dinde la conduite des deux couvées; c'est le moyen de procurer à la moins forte du repos, et d'obtenir plus promptement d'elle une seconde ponte.

Mais lorsque, pendant l'incubation, il est arrivé des événemens à la dinde, et qu'il s'agit de glisser sous une autre couveuse, soit des œufs, soit des petits, il faut faire en sorte qu'elle ne s'en aperçoive pas, et choisir le soir pour cette intromission, afin que le lendemain les nouveaux introduits paraissent être de la famille; cette précaution suffit pour substituer d'autres œufs et enlever de dessous les couveuses ceux prêts à éclore. Les poules d'Inde acceptent et couvent les nouveaux œufs qu'on leur donne sans la moindre difficulté, pourvu qu'on ne leur en confie que la quantité qu'elles sont en état de couvrir de leurs ailes et d'échauffer de leur corps.

On prétend, à l'égard des deux couvées d'œufs de poules ordinaires que peut faire une dinde, que les femelles qui résultent de ces œufs ne sont pas aptes à couver : l'erreur vient probablement de ce qu'on aura mis à couver de jeunes poules provenant de cette couvaison; et on sait que si les poulettes pondent plus tôt elles couvent rarement bien; ce qui a donné lieu au proverbe : *Jeunes poules pour pondre, et vieilles pour couver.*

Le second moyen pour se procurer beaucoup d'œufs de poules ordinaires consiste à déterminer un certain nombre de chapons à couver, à supporter la compagnie de quelques poulets, et insensiblement à en conduire jusqu'à quarante ou cinquante.

Comme la véritable économie consiste à n'entretenir aucun animal qui ne compense sa nourriture par les services qu'il rend; pour mettre à profit le temps où le coq d'Inde se repose, j'ai essayé de le consacrer à la couvaison. Les expériences suivies que j'ai faites m'ont bien prouvé que quand on l'avait contraint, par tous les stratagèmes connus, à remplir cette fonction, il s'en acquittait de manière à mériter d'être comparé, pour l'assiduité à rester constamment sur les œufs, à la véritable mère couveuse; mais dès que les petits paraissent, leurs cris, leurs mouvemens l'effraient : il les tue ou les abandonne.

Un autre moyen de faire éclore les œufs sans les couvrir de leur mère, de développer l'embryon qu'ils renferment sans avoir besoin d'employer l'incubation, c'est d'imiter le procédé que le hasard a indiqué, et qui se réduit à choisir un local dans lequel les œufs reçoivent la même température que la femelle qui les a pondus, et pendant un temps égal à celui dont ils auraient eu besoin pour éclore sous ses ailes. Cette méthode a donné lieu à un art qui est en usage à la Chine et sur-tout en Égypte. (PAR.)

Les fours dans lesquels on fait éclore (dans ces deux pays) les œufs par milliers à-la-fois, et avec une telle certitude de succès, qu'on rend au propriétaire deux poulets pour trois œufs; ces fours ont été figurés dans plusieurs ouvrages. J'en aurais parlé au long si le climat de la France permettait d'espérer de réussir à élever les poulets éclos par leur moyen; mais toutes les tentatives faites depuis cinq à six siècles ont prouvé que ce mode d'incubation ne nous convenait pas. En effet l'histoire nous apprend qu'un duc de Florence fit venir d'Egypte un homme attaché à un de ces fours et ne put l'employer long-temps : Alphonse II, roi de Naples; Charles VIII et François Ier., rois de France, n'être pas plus heureux.

Réaumur, croyant que la difficulté de régler la chaleur du four avait été la cause du non succès des essais précédens, proposa l'emploi du fumier, et a prouvé par de nombreuses expériences que cela était possible; cependant personne n'a élevé de poulets par ce moyen.

Depuis, Chopineau substitua l'eau chaude au fumier, réussit également, et on n'a nulle part mis sa pratique en usage.

Les étuves de MM. Dubois, Bonnemain et autres, quelque bien combinées qu'elles fussent, n'ont pas offert en définitif des résultats plus avantageux.

Pourquoi ce concours de réussite et de manque d'exécution? C'est qu'il ne suffit pas d'avoir des poulets, qu'il faut les élever, et qu'en France il est impossible de le faire avec certitude sans des soins qui conduisent à des dépenses plus considérables que la valeur des poulets.

L'expérience de trois siècles doit donc faire penser que c'est seulement là où la température est constamment élevée et égale, où la main d'œuvre est à bas prix, qu'il faut penser à élever des poulets artificiellement. On doit donc se contenter en France des produits des couvaisons naturelles, couvaisons disséminées dans toute l'étendue du royaume, et assez nombreuses pour satisfaire aux besoins de la consommation. (B.)

INCULTE. On dit qu'un terrain est inculte, soit qu'il n'ait pas été labouré depuis quelques mois, quelques années, soit qu'il s'annonce comme ne l'ayant pas été depuis très-long-temps ou jamais. Ce mot est donc extrêmement vague. *Voyez* Labour, Jachère, Friche.

Il est des personnes qui croient que tout terrain inculte doit être cultivé et même cultivé en céréales, vignes, etc. : c'est une grave erreur; car il ne suffit pas de cultiver, il faut aussi cultiver avec profit. Or il est des natures de terrains, des localités où les dépenses de la culture l'emportent sur les produits; il faut donc ou les planter en bois ou les laisser en pâturage. L'adage, *Qui trop embrasse mal étreint*, s'applique parfaitement à l'agriculture, c'est-à-dire qu'il vaut mieux cultiver peu et bien, que beaucoup et mal.

Chaque espèce de plante, chaque espèce d'arbre est appropriée à une nature particulière de sol et à une exposition convenable : ainsi il n'y a pas à craindre qu'un terrain inculte soit totalement privé de pâturages ou de bois, lorsque d'ailleurs on ne met pas d'obstacle à la marche de la végétation. Ce qui rend la plupart de ces terrains si nus, c'est qu'on abuse du pâturage qu'ils offrent, que les bestiaux les parcourent sans cesse, et ne laissent point aux plantes la faculté de se reproduire par leurs graines. Or, comme ils sont, ainsi que les terrains cultivés, soumis à la loi de l'assolement, lorsque telle espèce meurt pour avoir épuisé la portion du sol où plongent ses racines, il ne se trouve pas de graines d'une autre espèce pour les remplacer. *Voyez* PATURAGE, COMMUNAUX, PARCOURS.

Mon opinion est donc que tout terrain inculte d'une certaine étendue, sur-tout lorsqu'il appartient à une commune et qu'il est en pâturage, devrait être partagé en plusieurs portions par des clôtures, pour chacune de ces portions être, au bout d'un certain nombre d'années, réservée pendant un printemps et un été, afin de donner aux plantes qui y croissent le temps de donner de la graine.

On trouvera aux mots ASSOLEMENT, ALTERNAT et SUBSTITUTION DE CULTURE, des détails propres à convaincre de l'abus de laisser les terres à blé, ou autres céréales, incultes tous les trois ou quatre ans.

On verra, aux mots LANDE, MARAIS, DÉFRICHEMENT, etc., les moyens de tirer parti de toutes les terres incultes qui méritent l'attention des cultivateurs.

Enfin, presque tous les articles de cet ouvrage donnent des notions générales ou particulières propres à guider dans ce cas. J'y renvoie le lecteur. (B.)

INDAR. Espèce de HOUE en forme de demi-ratissoire, qu'on emploie dans le département des Landes pour couper les BRUYÈRES. Il est figuré dans le premier volume de la Collection des machines et instrumens employés en agriculture, publiée par Lasteyrie. (B.)

INDIGÈNE. Animal ou plante qui se trouve naturellement dans un pays. Ainsi, parmi les quadrupèdes, le cochon est indigène à la France, parce qu'il y a des cochons sauvages (des sangliers) dans les forêts, tandis que le cheval, qui provient du plateau de la haute Tartarie, est exotique. Il en est de même du canard par rapport à la poule, du pommier par rapport au pêcher, etc.

J'ai fait voir dans un mémoire imprimé à la fin des notes

du septième livre de la nouvelle édition du *Théâtre d'agriculture,* d'Olivier de Serres, imprimé chez madame Huzard,
que c'est presque entièrement d'animaux et de végétaux exotiques que se compose notre agriculture.

Les animaux exotiques que l'homme s'est assujettis, ainsi
que les plantes exotiques qu'il cultive, ne sont pas susceptibles
de devenir indigènes, quelque nombreux et bien acclimatés
qu'ils soient. Du moins l'expérience prouve que les bœufs,
les moutons, les poules, etc., ne sont nulle part devenus sauvages; que les pêchers, les noyers, ne se propagent pas dans
les forêts sans y être plantés par la main de l'homme; que le
seigle, le froment, l'orge et l'avoine ne subsistent pas plus
de trois ans dans les champs où on les abandonne. Si on
cite des faits contraires, c'est ou par suite d'une erreur, ou
pour quelques espèces d'une multiplication extrêmement facile. Ainsi, on croit que le cerisier, que l'histoire nous apprend avoir été apporté de Cérasunte à Rome par Lucullus,
est devenu sauvage depuis cette époque dans nos bois, tandis
que celui qui s'y trouve, c'est-à-dire le merisier, est une espèce distincte et véritablement indigène. (*Voyez* au mot CE-
RISIER.) Ainsi il est certain que l'ONAGRE BISANNUEL, originaire de Virginie, est devenu commun dans beaucoup de parties méridionales de l'Europe et s'y propage tout seul; que le
PHYLOTACA DÉCANDRE est dans le même cas, la VERGEROLE
DU CANADA encore plus, etc.

Un agriculteur ne doit point ignorer quel est le pays natal
des végétaux qu'il cultive, car cette connaissance influe sur
le mode de leur culture; aussi ai-je toujours eu soin de le
noter. (B.)

INDIGESTION. MÉDECINE VÉTÉRINAIRE. Les alimens
secs ou verts, pris en trop grande quantité ou avec trop d'avidité; leur mauvaise qualité; l'usage qu'on en fait quelquefois
avant leur maturité ou sans avoir égard à leur détérioration,
et avant la fermentation; les plantes plus ou moins malfaisantes
que les animaux mangent sur les prés; celles qui sont encore
chargées de la rosée; les fourrages verts donnés à l'étable sans
précaution; le passage subit de la nourriture verte à la nourriture sèche; les dispositions particulières dans certains individus, qui font que des alimens de bonne qualité, donnés en
quantité raisonnable, leur deviennent nuisibles, sont autant
de causes qui produisent l'indigestion.

La médecine vétérinaire, dont le domaine est très-étendu
par rapport aux différentes espèces d'animaux, est privée, dans
les herbivores, des secours prompts et efficaces dont elle peut
faire un usage salutaire dans les granivores. Comme ces animaux ont rarement des indigestions, et que la facilité avec la-

quelle le vomissement s'opère chez eux, les dispense le plus souvent des secours de l'art, nous nous occuperons plus particulièrement ici des herbivores.

Parmi les animaux herbivores domestiques, il y en a qui ruminent, et d'autres qui ne ruminent pas : on les distingue en ruminans et non ruminans.

Les ruminans ont l'estomac divisé en quatre ventricules ou sacs, dont l'un, nommé la panse ou rumen, est d'un volume considérable eu égard aux trois autres, qui sont appelés le réseau ou bonnet, le feuillet et la caillette. Ces quatre ventricules ont chacun une organisation particulière, qu'il est important de connaître dans le traitement de l'indigestion, tant pour la manière d'administrer les médicamens et celle de les doser, que pour le choix de la forme solide ou liquide : ces médicamens doivent être administrés selon que c'est l'un ou l'autre des différens ventricules qui est affecté.

Le bœuf, la vache, le mouton, la brebis et la chèvre composent la classe des ruminans : les premiers sont appelés bêtes à cornes, et les seconds bêtes à laine ; et, par rapport à la forme de leur estomac, quadrigastriques (animaux à quatre estomacs).

Les non ruminans sont le cheval, l'âne, le mulet et le cochon : ces quatre espèces d'animaux ont l'estomac composé d'un seul ventricule ou sac, ce qui les a fait désigner sous le nom de monogastriques (animaux à un seul estomac). Le cochon, qui est carnivore, c'est-à-dire qui mange de tout, ne doit pas être compris parmi les herbivores, aussi n'en parlerons-nous qu'à la fin de cet article.

On divise encore les herbivores par rapport à la forme de leurs pieds ; savoir, les ruminans, en didactyles (animaux qui ont deux doigts à leurs pieds) ; et les non ruminans, en monodactyles (animaux à un seul doigt). Mais ces divisions, qui sont propres à la science vétérinaire, ne nous paraissent pas nécessaires en économie rurale : les noms de ruminans, de bêtes à cornes et de bêtes à laine sont mieux connus.

Avant de passer à l'indication des moyens propres à combattre les indigestions dans les ruminans, nous croyons qu'il est indispensable de parler des conditions de la digestion, et par conséquent de l'acte de la rumination, qui est de la plus grande importance dans ces animaux.

La rumination est l'action par laquelle les alimens solides, après avoir resté un certain temps dans la panse, remontent en forme de pelote, et sont rapportés dans la bouche, où ils n'ont d'abord été que simplement broyés à leur premier passage, pour y être, à cette seconde fois, remâchés et subir une nouvelle mastication, qui les rend propres à être digérés.

Ainsi la rumination suppose un état de santé; et, dans le cas de maladie, cet acte est diminué ou supprimé.

La rumination, et la mastication, qui en est la suite, ont lieu dans le repos et dans une sorte de silence : pour peu que ces animaux soient détournés par le moindre bruit et par ce qui peut se passer autour d'eux, la rumination cesse.

Les alimens pris en vert, soit au pré ou à l'étable, produisent également des indigestions, qui sont toujours accompagnées de plus ou moins de météorisation ou de gonflement de la panse. Ces indigestions peuvent dépendre de la nature des plantes qu'ils ont mangées, qui sont quelquefois malfaisantes par elles-mêmes, telles que les renoncules, les laiches, les glaieuls, les iris; les joncs et les roseaux, dont les feuilles sont plus ou moins tranchantes; ou de la trop grande quantité de bonnes plantes, dont ils se sont repus avec trop d'avidité, sur-tout quand elles sont mangées avant que la rosée qui les couvre en ait été dissipée.

La nourriture sèche occasionne aussi quelquefois des indigestions à ces animaux.

Il est bon d'observer ici que les indigestions sont plus fréquentes lorsqu'on fait passer subitement ces animaux de la nourriture sèche à la nourriture verte, et de même lorsque, après la nourriture verte, on les met sans précaution au régime sec.

Dans le premier cas, lorsqu'on mènera les bestiaux aux champs, on aura l'attention, pendant les premiers jours, de ne les y conduire qu'après leur avoir donné un peu à manger, pour qu'ils ne soient pas trop pressés par la faim, et de ne les y pas laisser paître trop long-temps, et, pour ainsi dire, qu'en passant, afin d'éviter qu'ils ne se gorgent de la nourriture verte, dont ils sont très-friands, sur-tout après un long séjour à l'étable, et lorsqu'ils y ont été nourris exclusivement au sec.

Si on donne le vert à l'étable, il faut avoir l'attention de ne le faire manger que douze heures après qu'il a été coupé.

Dans le second cas, lorsque les rigueurs de la saison forceront de les remettre à la nourriture sèche, il faudra leur en donner peu dans les commencemens, et le plus souvent possible leur faire boire de l'eau blanchie avec de la farine d'orge, de seigle ou autre, et donner des betteraves, des navets et des pommes de terre.

Les indigestions s'annoncent par la diminution et la cessation de la rumination, la tristesse, la sortie des yeux hors de l'orbite, par des bâillemens, des rots, de l'anxiété; la dureté ou la faiblesse du pouls, suivant les circonstances qui accompagnent l'indigestion, la difficulté de la respiration, le gonflement et la dureté du ventre, sur-tout du flanc gauche, qui paraît être soulevé (c'est ce qu'on appelle MÉTÉORISATION en vétérinaire, et en terme vulgaire ENFLURE): tels sont les symptômes les plus ordinaires des indigestions, qui sont plus ou moins intenses selon les degrés de la maladie et les diverses espèces d'animaux; l'abattement et la faiblesse étant plus marqués dans les bêtes à laine.

L'enflure ou la météorisation est le dégagement du gaz acide carbonique ou du gaz hydrogène.

Celle dans laquelle il se dégage du gaz acide carbonique est due à l'indigestion causée par l'usage des fourrages verts encore mouillés, et sur-tout du trèfle et de la luzerne;

Et celle provenant du gaz hydrogène provient de l'usage des fourrages poudreux et moisis, et au manque d'alimens liquides donnés en quantité suffisante et de bonne qualité.

On combat l'indigestion qui est accompagnée de la météorisation occasionnée par la présence du gaz acide carbonique, d'abord par la diète, qui est le remède à toutes les indigestions, et puis par les breuvages alcalins, tels que l'eau de chaux, donnée à la dose d'un litre pour les grands animaux, et d'un quart de litre pour le mouton et la chèvre; ou le savon à celle de 3 onces; un hectogramme dissous dans un litre d'eau et donné dans la même proportion, suivant la grosseur des animaux; ou, ce qui est encore plus efficace, l'alcali fluor ou ammoniac à la dose d'un gros (4 grammes) étendu dans un litre d'infusion aromatique, pour les gros animaux, et à celle de 15 à 20 gouttes dans 2 décilitres de pareille infusion pour le mouton. Quelquefois ce breuvage n'est pas suivi de l'effet désiré, alors on le réitère et on en aide l'action par les lavemens d'eau de pariétaire.

Ces moyens ne sont pas toujours suffisans : on est quelquefois obligé d'avoir recours à la ponction.

Pour faire cette opération, on se sert d'un trois-quarts (1) revêtu d'une canule; elle se pratique de la manière suivante : on plonge l'instrument dans le centre du flanc gauche, et on l'enfonce jusqu'à ce qu'il ait pénétré dans la panse, puis on tient d'une main la canule, afin de la fixer dans le trou que l'instrument a fait, et de l'autre on le retire pour donner une libre issue à l'air; la grosseur du trois-quarts doit être relative à celle de l'animal sur lequel on opère : il sera plus petit pour le mouton que pour le bœuf; cependant, dans un cas pressé, il ne faudrait pas hésiter de se servir d'un gros trois-quarts pour le mouton, si on n'en avait pas d'autre; on sait qu'en pareille circonstance la grandeur de l'ouverture ne peut nuire à

---

(1) On peut voir la description de cet instrument dans les Instructions vétérinaires, volume de 1792, et la planche qui y est jointe.

la cure. S'il arrivait que la dureté de la peau empêchât le trois-quarts de pénétrer, il faudrait l'ouvrir avec le bsitouri.

L'indigestion dans laquelle il se dégage du gaz hydrogène, et qui est compliquée de la dureté de la panse, est meutrière et beaucoup plus rapide dans ses effets que celle dont nous venons de parler; non-seulement il y a une forte météorisation et une infiltration d'air, mais encore la panse est farcie d'une quantité prodigieuse d'alimens.

Dans ce cas, la ponction est insuffisante; il faut se hâter de faire avec le bistouri une incision à deux travers de doigt au-dessus de l'endroit indiqué pour la ponction, et la prolonger environ de 4 pouces de haut en bas: par cette ouverture, on vide la panse avec une curette ou avec le bras d'une jeune personne; on en a quelquefois retiré de cette manière des quantités considérables d'alimens. On verse ensuite par cette même ouverture des infusions de plantes aromatiques, telles que celles de sauge, d'hysope, d'absinthe, de menthe, auxquelles on peut ajouter l'eau de mélisse ou le vin, à des doses relatives à la force des animaux sur lesquels on agit: les lavemens seconderont l'effet de tous ces moyens.

En retirant les alimens, il faut avoir l'attention de ne pas trop irriter les bords de l'ouverture, que l'on pansera avec des étoupes trempées dans du vin chaud.

Il nous reste à parler de l'indigestion produite par l'irritation de la panse: cette espèce d'indigestion a pour cause tous les corps étrangers qui peuvent irriter ou déchirer les parois de l'estomac. Les plantes garnies d'aspérités et dont les feuilles sont tranchantes donnent lieu à cette sorte d'indigestion, qui est caractérisée par des évacuations sanguines.

Les breuvages et les lavemens adoucissans, les huiles végétales fraîches et les boissons mucilagineuses d'eau de graine de lin, le lait même, donnés en abondance, sont les moyens à employer; mais ils ne réussissent pas toujours dans ce cas, qui est le plus souvent désespéré; on ne risque rien d'ouvrir la panse, pour en extraire, comme dans l'indigestion précédente, les alimens, et y introduire par l'ouverture les boissons indiquées.

Nous allons passer à l'indigestion dans les monogastriques, c'est-à-dire dans le cheval, l'âne et le mulet.

Chez ces animaux, l'indigestion s'annonce souvent par des coliques ou tranchées; le pouls est dur et plein; la respiration est gênée; l'animal rend fréquemment des rots; il regarde souvent son ventre; il s'agite beaucoup, et paraît se plaindre; les excrémens qu'il rend sont quelquefois secs et très-durs, d'autres fois ils sont très-liquides, et on y remarque des grains d'avoine encore entiers; enfin ils exhalent une odeur très-forte:

il y a des indigestions dans lesquelles les évacuations n'ont pas lieu.

Dans le cheval, l'âne et le mulet, qui ont l'estomac différent de celui des ruminans, ce viscère n'est pas exclusivement le siége de l'indigestion ; souvent les gros intestins (et particulièrement le colon) sont farcis d'excrémens qui sont quelquefois durs, et que les médicamens ne peuvent évacuer ni atteindre.

Quelquefois l'indigestion occasionne la paralysie de l'arrière-main ; cet accident arrive plus communément dans les chevaux qui font un usage habituel du son. Cet aliment, très-mauvais par lui-même, s'accumule et se pelotonne dans les gros intestins, au point de former des masses très-volumineuses qui, en comprimant les nerfs, donnent lieu à la paralysie.

L'indigestion cause aussi quelquefois le VERTIGE, ou *vertigo. Voyez* ce mot.

Cette maladie peut aussi, comme dans les ruminans, dépendre de l'usage des fourrages verts, et il peut y avoir dégagement de l'air contenu dans ces alimens. *Voyez* COLIQUE, ou TRANCHÉE DE VENTS.

Le traitement se composera ainsi qu'il suit : on fera prendre des infusions de camomille ou de sauge, dans lesquelles on ajoutera l'éther à la dose de 4 grammes, avec un demi-décagramme (un gros à un gros et demi), ou l'eau de mélisse à la même dose.

Le café réussit assez bien dans les indigestions ; il est fâcheux que sa cherté en interdise l'usage dans la médecine vétérinaire. M. Huzard l'a employé quelquefois avec succès, et j'ai été témoin de plusieurs indigestions guéries par ce moyen ; huit à dix tasses de café très-fort peuvent produire le meilleur effet. On donnera aussi des lavemens, mais il faut avoir la précaution de vider le rectum avec la main avant de les administrer.

On est dans l'usage de faire courir fortement et long-temps les chevaux qui sont pris d'indigestion, comme si ces courses violentes et répétées pouvaient être un remède. J'ai vu des chevaux tomber raides, et mourir à la suite de ces exercices violens, qui quelquefois compliquent la maladie de la *fourbure.* Mais de légères promenades sont toujours utiles.

Dans les indigestions qui sont de longue durée, lorsque les coliques sont moins vives et que les douleurs paraissent un peu calmées, on peut faire avaler à diverses reprises, dans le courant du jour, un opiat composé d'une demi-livre de miel, dans lequel on a mis environ 4 gros d'aloès en poudre ; il faudra continuer la diète, c'est-à-dire ne donner que la moitié de la ration ordinaire, et ne remettre à la nourriture pleine que peu-à-peu et par degrés. (Des.)

INDIGOTIER, *Indigofera*, Lin. Genre de plantes exotiques de la diadelphie décandrie de Linnæus et de la famille des légumineuses, qui comprend plus de trente espèces, parmi lesquelles il en est plusieurs dont on retire la fécule durcie et colorante, connue dans le commerce sous le nom d'indigo.

Ces espèces si utiles à la teinture sont les suivantes:

L'Indigotier franc, *Indigofera anil*, Linn., le plus répandu et le plus intéressant de tous. Il croît naturellement aux Grandes-Indes, et on le cultive avec beaucoup de succès aux Antilles et dans d'autres parties de l'Amérique. C'est un arbuste de 2 ou 3 pieds de hauteur, dont la tige est droite, déliée et garnie de menues branches qui, en s'étendant, forment comme une touffe; elles se garnissent de feuilles alternes, pétiolées, ailées avec impaire, et composées ordinairement de sept ou neuf folioles à-peu-près égales entre elles, à l'exception de la foliole terminale, qui est quelquefois plus grande. Ces feuilles sont unies, douces au toucher, et assez semblables à celles de la luzerne; mais pour la couleur, la figure, la grandeur et la disposition des folioles sur leur pétiole commun, aucune plante ne ressemble plus à l'*indigotier franc* que le *galega*, appelé en français *rue de chèvre*. Le feuillage de cet indigotier exhale une odeur douce, assez pénétrante, mais peu agréable, et qui a quelques rapports avec celle de la fécule desséchée et bien fabriquée. La saveur de sa feuille approche aussi de celle de la fécule; elle est mêlée d'une petite amertume piquante répandue dans tout le reste de la plante.

Les fleurs, d'un rouge violet très-clair et d'une odeur faible, mais assez agréable, viennent aux aisselles des feuilles, en épis toujours plus courts que les feuilles; elles ont une corolle papilionacée et un calice à cinq divisions chargé de petits poils. Elles donnent naissance à des gousses longues d'environ un pouce, qui sont raides, cassantes, arquées, ou courbées en faucille, légèrement comprimées, et bordées par la saillie latérale de leurs sutures. Chaque gousse contient cinq à six semences luisantes, très-dures, d'un jaune rembruni tirant un peu sur le vert, quelquefois sur le blanc, quand elles ne sont pas bien mûres; elles ressemblent à de petits cylindres d'une ligne de long et obtusément quadrangulaires.

Cet indigotier donne une fécule qui s'obtient aisément, et qui rend beaucoup à la teinture; mais le succès de sa plantation est fort incertain. Comme il a une tige tendre et délicate, il est exposé à tous les accidens qui résultent de la nature du terrain, des vicissitudes de l'air et des saisons, et des attaques des chenilles ou autres insectes.

L'Indigotier des Indes, *Indigofera indica*, Lin. Celui-ci a beaucoup de rapports avec le précédent. On le trouve à l'Ile-de-France, à Madagascar, au Malabar, dans les lieux incultes, pierreux ou sablonneux, où il croît naturellement. Il est cultivé dans ces pays pour sa fécule. Il s'élève à 3 pieds, et diffère de l'indigotier franc par ses fruits plus cylindriques, non courbés en faucille et à sutures moins relevées. Ses feuilles ont onze ou treize folioles ovales; ses épis de fleurs sont courts et ses gousses menues, d'un rouge brun, pendantes et longues de 15 à 18 lignes.

L'Indigotier glauque, *Indigofera glauca*, Lin. On trouve et on cultive cette espèce dans l'Arabie, en Égypte, et sur la côte de Barbarie. Sa tige est haute de 2 ou 3 pieds, droite, blanche, tantôt simple, tantôt rameuse, et revêtue d'un petit duvet; elle porte deux sortes de feuilles, les unes inférieures et ternées, les autres supérieures et composées de cinq ou sept folioles ovales, glauques et argentées sur les deux surfaces. Les fleurs de couleur purpurine ont un calice très-court et cotonneux. Les gousses sont articulées.

L'Indigotier batard. Est-ce une espèce particulière? est-ce une variété de l'une des espèces décrites ci-dessus? C'est ce que je ne saurais dire. On le cultive dans plusieurs Antilles, principalement à Saint-Domingue, où on le mêle quelquefois dans les champs avec l'indigotier franc. Il est plus élevé que ce dernier, et parviendrait jusqu'à la hauteur de 5 à 6 pieds, si on ne l'arrêtait pas avant qu'il ait acquis sa grandeur naturelle. Sa feuille est plus longue, plus étroite, moins épaisse, d'un vert plus clair, et blanchâtre en dessous : elle est rude au toucher. Ses gousses sont jaunes, plus arquées que celles de l'indigotier franc; elles contiennent des graines noires, luisantes comme de la poudre à tirer, et de la forme de petits cylindres. Quand ces graines ne sont pas entièrement mûres, leur couleur est verdâtre. L'indigotier bâtard résiste beaucoup plus aux pluies et aux insectes que le franc; il vient d'ailleurs par-tout et en tous temps. Cependant on cultive de préférence à Saint-Domingue l'indigotier franc, parce que le grain de sa fécule est plus gros et son indigo plus beau et d'une fabrication plus aisée. Le mélange des deux espèces produit un grain ferme, de bonne grosseur et d'excellente qualité.

L'Indigotier de Guatimala, qui est vraisemblablement originaire de la côte espagnole de ce nom, a beaucoup de ressemblance avec l'indigotier bâtard, auquel il se trouve souvent mêlé; on l'en distinguerait à peine sans sa graine, dont la couleur est d'un rouge brun : il est moins productif (1).

I. CULTURE DE L'INDIGOTIER.

Dans la plupart des colonies européennes de l'Amérique, principalement aux Antilles, on cultive beaucoup l'indigotier, qui est connu dans ce pays sous la dénomination simple d'*indigo*. Les grandes plantations sont exclusivement consacrées à cette culture, que l'on suit avec quelque soin, mais qui cependant est bien loin d'être portée au degré de perfection dont elle serait susceptible. Elle donne de grands profits; elle a l'avantage d'exiger peu de dépense et de bâtimens; et on peut s'y livrer dans tout établissement, grand ou petit tandis que la culture de la canne à sucre ne peut avoir lieu que sur des propriétés d'une étendue considérable. Mais les revenus que promet la plante indigofère sont toujours incertains; le planteur ne peut y compter que lorsqu'il a coupé son herbe : tant qu'elle est sur pied, elle peut être entièrement détruite en un seul jour par les chenilles. Le moment de récolter doit donc être saisi à propos, comme nous le dirons tout-à-l'heure. Il importe aussi beaucoup d'employer, pendant la croissance de la plante, et sur-tout à l'époque où elle approche de sa maturité, tous les moyens possibles pour la garantir des insectes dévastateurs ou pour diminuer au moins leurs ravages. Ils ne sont pas le seul obstacle au succès de ces sortes de plantations. Comme l'indigo est tendre et très-sensible aux différentes influences de l'atmosphère, les pluies trop continuées le pourrissent, sur-tout si l'eau n'a pas pu s'écouler facilement, et les vents brûlans le font sécher sur pied. Cette plante étant d'ailleurs peu élevée, les mauvaises herbes, qui croissent souvent plus vite qu'elle, l'étouffent, si on n'a point sarclé le terrain assez tôt. Malgré ces contrariétés, qui exercent chaque année la patience du planteur, il n'est point rebuté. L'espoir d'une récolte abondante, qui peut le dédommager des pertes antérieures, soutient son courage, et lui fait recommencer, s'il le faut, ses ensemencemens jusqu'à deux et trois fois.

---

(1) On cultive encore plusieurs autres variétés ou espèces d'indigotier, les unes supérieures, les autres inférieures, sous les rapports de la quantité des produits, de la facilité d'en extraire la fécule, de la résistance aux sécheresses, de la durée, etc. ; mais ces espèces ou variétés sont mal connues et changent souvent, à raison de ce que c'est par graines qu'elles se propagent. Chaque cultivateur doit étudier celle qui lui paraît la plus avantageuse, et s'y tenir jusqu'à ce qu'elle soit dégénérée.

Les voyageurs parlent d'un indigo vert qu'on tire de la Cochinchine, et dont on fait un commerce assez étendu; c'est une espèce particulière d'indigotier qui le produit : nous n'avons que des notions fort vagues sur ce qui le concerne.   (*Note de M. Bosc.*)

L'indigo ou indigotier réussit très-bien dans les terrains nouvellement défrichés. Le colon fonde sur-tout sa richesse et la sûreté de ses revenus sur la quantité de bois qu'il peut abattre chaque année, ou au moins tous les trois ou quatre ans ; cependant il ne néglige pas les terrains anciennement cultivés, mais il n'en attend pas le même produit. L'expérience lui a appris que cet arbuste épuise la terre, ou plutôt que cette terre perd bientôt la plus grande partie de ses sucs nourriciers, parce qu'elle est exposée nue aux ardeurs brûlantes du soleil avant l'époque des ensemencemens et dans l'intervalle d'une récolte à l'autre ; ce qui la dessèche et la réduit en poudre fine que le vent emporte. Au lieu de la couvrir et de la fumer, il se contente de laisser quelquefois pourrir les vieilles souches d'indigo sur le sol, sans s'occuper de l'amender. Rien pourtant ne serait plus facile dans un pays où les campagnes produisent en abondance toutes sortes d'herbes, et où les chevaux, les bœufs et les moutons sont toutes les nuits parqués en plein air ; leur litière serait plus que suffisante pour améliorer une terre qui se détériore chaque jour, ou pour lui rendre au moins une partie de sa première vigueur.

La plupart des indigoteries (on nomme ainsi les plantations à indigo) sont situées dans des plaines dont la terre est trop forte ou trop légère pour la canne à sucre. Dans un terrain fort, l'indigo souffre plus de la fréquence des pluies : ses feuilles sont plus larges et en apparence plus nourries, mais elles contiennent, relativement à leur volume et à leur grandeur, beaucoup moins de parties colorantes. Dans un terrain médiocrement léger, cette plante demande à être plus arrosée ; elle semble avoir moins de force, mais son herbe donne proportionnellement plus de fécule. Les terrains en pente ne sont point convenables à sa culture, par les raisons que nous avons dites tout-à-l'heure. La nudité du sol, dans ces sortes de terrains, ne donnerait pas seulement prise au vent, mais encore aux eaux pluviales, qui enlèveraient et entraîneraient plus aisément les premières couches végétales qui composent sa surface. Si cet arbuste pouvait toujours être cultivé dans des vallées assez étendues, et abritées par des montagnes qui pussent le garantir également et des vents trop forts et de la trop grande ardeur du soleil, il se trouverait dans l'exposition la plus favorable à sa nature.

§ 1. *Préparation du terrain, ensemencement, sarclage, arrosage.* Le colon, toujours pressé de jouir et de faire promptement du revenu, ne se donne pas souvent la peine de préparer convenablement le terrain qu'il destine à la culture de l'indigo. Si ce terrain est boisé ou en friche, il abat les arbres et arbustes qui le couvrent, et dont il tire un médiocre parti,

il enlève les broussailles, arrache les mauvaises herbes, fait
de tout cela plusieurs monceaux auxquels il met le feu ; et,
après avoir labouré légèrement le sol à la houe, et y avoir
passé le râteau ou *rabot*, il sème l'indigo au milieu des nombreuses souches, soit enracinées, soit déracinées dont le terrain est encore rempli. Ces souches pourrissent, il est vrai, à
la longue, ou sont enlevées peu-à-peu les années suivantes ;
mais, en attendant, celles qui ont conservé leurs racines poussent des rejetons qui embarrassent la plante, et lui dérobent
une partie des sucs nourriciers dont elle a besoin.

Lorsque le terrain est anciennement cultivé et qu'il a porté
de l'indigo dans l'année, dès que la dernière coupe a lieu on
ne s'occupe guère plus que de la fabrication ; le sol est négligé ; on ne prend point assez de soins pour le tenir constamment net des mauvaises herbes, qui, poussant en abondance
et produisant des graines, rendent les sarclaisons de l'année
suivante très-pénibles et beaucoup trop fréquentes. Ainsi les
travaux des noirs sont multipliés, parce qu'ils ne sont pas réglés
à propos : pour vouloir trop gagner on perd beaucoup. Il est
vrai que le manque de bras en est souvent la cause ; car il en
faut beaucoup pour pouvoir seconder en tout temps l'activité
de la nature dans un pays où la végétation n'est presque jamais interrompue.

Quoique l'indigo soit une plante vivace et même un arbuste,
on est assez dans l'usage de le semer tous les ans. Cependant,
lorsque la fin de la saison a été favorable, on conserve quelquefois les souches pour l'année suivante : ces souches alors
poussent des rameaux qui se couvrent de feuilles avant que
l'indigo venu de semences ait pris de la force ; elles résistent
mieux que ce dernier aux vents violens, aux pluies d'orage et
à l'ardeur brûlante du soleil, mais elles sont ordinairement
moins productives. Comme aucune plante ne souffre plus que
celle-ci du voisinage des plantes parasites, on ne doit pas se
permettre d'ensemencer avant d'avoir enlevé les vieilles souches, et avant d'avoir purgé entièrement le terrain de toutes
les mauvaises herbes. Après cette opération, on défonce le sol
à une médiocre profondeur, et on le nivelle ensuite avec le
rabot. On nomme ainsi une des pièces du fond d'un baril, à
laquelle on adapte un manche de 6 pieds de longueur ; ce rabot
fait l'office d'un râteau.

On peut en général semer l'indigo depuis le mois de novembre jusqu'au mois de mai ; mais l'époque précise de
l'ensemencement varie suivant les lieux et les saisons. Dans la
partie septentrionale de l'île Saint-Dominique, on sème communément vers le mois de novembre ou de décembre, dans le
temps des *nords* : on appelle *nords*, dans ce canton de la co-

Ionie, les pluies qui tombent alors et qui viennent de ce point de l'horizon ; elles sont douces, fines, comme tamisées, et ressemblent à nos petites pluies du mois de mai ; elles durent quelquefois trois ou quatre jours ; elles s'annoncent par divers signes auxquels le planteur ne se trompe guère. Il s'empresse aussitôt de disposer entièrement son terrain, qu'il a dû nettoyer, labourer et niveler de bonne heure, et il sème dès que la terre est humectée, ou même auparavant lorsqu'elle n'est pas trop légère. Ce travail se fait de la manière suivante :

Les nègres et les négresses, rangés sur une seule ligne et munis d'une houe, font ensemble de petites fosses de la largeur de leur houe et de 2 pouces environ de profondeur. Un coup de houe suffit pour chaque fosse. Ils marchent à reculons et de biais, allant alternativement de droite à gauche et de gauche à droite. Pendant ce temps, d'autres placés devant eux sèment à la main la graine, qui est contenue dans des moitiés de calebasse ; ils mettent, sans les compter, huit à douze graines dans chaque trou : c'est l'emploi des nègres faibles et des vieillards des deux sexes. Viennent en troisième ligne ceux qui couvrent la graine avec le rabot ou avec des balais faits exprès ; elle est, par ce moyen, semée et enterrée presqu'au même instant : elle demande à être plus ou moins recouverte, selon la nature du sol.

Dans d'autres quartiers de l'île où les nords ne sont point connus, et où la saison de l'hiver est très-sèche, on ne sème l'indigo qu'en mars et avril, époque à laquelle commencent les pluies d'orage ; car c'est toujours l'arrivée ou l'attente certaine de la pluie qui doit régler le temps de l'ensemencement, à moins qu'on n'ait la faculté d'arroser. Le colon qui jouit de cet avantage peut en quelque sorte intervertir pour lui l'ordre des saisons, et semer presqu'en même temps, pourvu qu'il combine son travail de manière que la première coupe de l'indigo ait lieu dans un des mois les plus chauds de l'année. Soit que l'arrosage se fasse par irrigation ou infiltration, il doit être ménagé et conduit avec art, afin que la plante naissante ou adulte ne soit pas forcée de recevoir ou de garder trop long-temps une humidité surabondante qui, pourrissant sa tige, la ferait infailliblement périr.

Il y a des établissemens et des circonstances où l'on est obligé de planter (semer dans le langage créole) à sec : c'est sur-tout lorsque la quantité de terre consacrée à l'indigo est considérable qu'on prend ce parti. On devance alors la pluie ; mais on ne doit jamais risquer cette façon de planter que dans les temps qui annoncent une pluie prochaine. Lorsqu'elle arrive, l'habitant a la satisfaction de voir lever la première graine dans le moment même où il peut en mettre d'autre en terre, et les

intervalles qui s'établissent ensuite entre les coupes de ces indigos semés en différens temps en rendent la récolte moins pénible. Mais aussi lorsque la sécheresse trompe ses espérances,
la graine qu'il a confiée imprudemment au sol s'échauffe, la
chaleur la raccornit, et il risque de la perdre entièrement. Il
lui reste alors la ressource de semer de nouveau.

La distance entre les petites fosses qui reçoivent la graine
d'indigo doit être de 6 à 7 pouces. Lorsque cette graine est
bien mûre, et lorsqu'une pluie convenable favorise les semis,
elle lève communément au bout de trois ou quatre jours; mais
si elle n'était point arrivée à sa parfaite maturité quand on l'a
cueillie, elle ne pousse alors que huit ou dix jours après avoir
été semée, quelquefois plus tard, et jamais tout-à-la-fois.

Dès que la plante se montre, et que la surface du terrain,
considérée horizontalement, présente à l'œil un léger tapis de
verdure, on doit s'empresser de le sarcler; et cette opération,
qui est très-importante, doit être répétée avec soin tous les
quinze ou vingt jours, jusqu'à ce que l'indigo soit assez haut
pour ombrager le sol et étouffer, au moins en partie, les autres
herbes qui vondraient repousser. Ces sarclaisons se font de la
même manière à-peu-près que celle du lin parmi nous. Chaque
nègre, penché vers la terre et muni d'une espèce de couteau
courbé en faucille, déracine et enlève les herbes parasites, en
ménageant avec la plus grande attention les racines et la jeune
tige de la plante qui fait l'objet particulier de ses soins. Plus
les sarclaisons sont fréquentes, quand elles sont faites en temps
utile, plus le cultivateur peut compter sur un produit abondant et de bonne qualité. Celui qui les néglige, ou par insou-
ciance ou faute de bras, doit s'attendre à couper moins d'indigo et à n'en retirer qu'une fécule d'une qualité inférieure;
car l'indigo qui n'a pas été soigneusement sarclé présente à la
fabrication des difficultés auxquelles on ne devait pas s'attendre d'après son apparence. Elles viennent de ce que beaucoup d'herbes étrangères à la plante indigofère ont été coupées et portées avec elle dans la cuve. Or ces herbes donnent,
par la fermentation, un jus hétérogène, lequel dérange tous
les signes de la fabrication, et empêche par son interposition
le développement et la réunion des parties essentielles et colorantes de l'indigo.

Les indigoteries qui se trouvent dans le voisinage d'une petite rivière ou de quelque ruisseau sont le plus heureusement
situées, quand toutefois le planteur a la liberté et le talent d'en
détourner les eaux à son profit. Alors sa plantation ne souffre
jamais de la sécheresse, l'indigo qu'il a semé lève également,
il croît avec rapidité; et son herbe, plus étoffée et mieux nourrie, arrive plus tôt au degré de maturité requis pour être cou-

pée. Après la coupe, les souches repoussent vigoureusement et tout de suite, de sorte que si les travaux de la saison ont été dirigés convenablement et les arrosages faits à propos, on peut gagner une coupe dans l'année ; ce qui fait beaucoup, sur-tout quand les premières ont toutes été abondantes.

Le voisinage des eaux et le libre emploi qu'on en peut faire présentent encore d'autres avantages au planteur. Il faut beau-coup d'eau pour fabriquer l'indigo. Dans la plupart des habi-tations, on se sert d'eau de puits, qui est presque toujours sau-mâtre ou crue, et ce n'est qu'à force de bras qu'on peut s'en procurer une grande quantité ; au lieu qu'un filet d'eau cou-rante qui arrive par un canal fait exprès jusqu'à l'usine des-tinée à la fabrication de l'indigo, rend cette fabrication moins pénible. D'ailleurs cette eau, en entrant dans la première cuve, a le degré de température convenable à l'objet qu'on se propose ; enfin on peut en détourner une partie pour mettre en jeu les machines à battre l'indigo, au lieu d'employer tou-jours à ce battage les bras des noirs.

§ 2. *Saisons et circonstances contraires à l'indigo ; insectes nuisibles à cette plante.* La sécheresse, les vents brûlans ou impétueux, les coups de soleil dans les intervalles des grains de pluie, les pluies trop fortes ou trop prolongées, nuisent beau-coup au succès de l'indigo ; il a sur-tout à redouter les che-nilles et plusieurs autres insectes.

La sécheresse seule fait le plus grand mal à cette plante : elle arrête ou ralentit sa croissance, et s'oppose toujours à son entier développement. Les feuilles qu'elle produit alors sont maigres et dépourvues de sucs, son fanage est rare et peu abondant ; et quand sa souche en est dépouillée, elle languit long-temps avant de pousser de nouveaux bourgeons. Aussi le colon qui n'a pas la faculté d'arroser artificiellement sa plan-tation, soupire-t-il sans cesse après les eaux du ciel, qui est trop souvent d'airain pour lui, sur-tout quand il habite les bords de la mer, où il pleut plus rarement que dans les lieux voisins des montagnes.

Les vents brûlans ajoutent encore au mal que fait la séche-resse ; et quand ils sont impétueux, ils froissent, agitent et secouent en tous sens l'indigo, de manière qu'il n'est pas un de ses rameaux, pas une de ses feuilles, pour ainsi dire, qui puissent se garantir des funestes impressions de l'air.

S'il tombe enfin de la pluie, il renaît un moment ; mais il est exposé alors à de nouveaux dangers. Lorsque après un grain de pluie il survient tout-à-coup un soleil chaud, l'indigo, imbibé d'eau, est sujet à être brûlé par les rayons du soleil : on appelle cet accident *le brûlage.* Ses rameaux s'inclinent alors contre terre, se fanent et se dessèchent. *Voyez* BRULURE.

Les pluies répétées ou trop prolongées le font croître rapidement ; mais elles abreuvent trop son feuillage, hâtent trop sa floraison, et l'on est obligé de le couper avant que ses sucs essentiels aient eu le temps de s'élaborer. Les fortes pluies, les orages violens l'affaissent et le déracinent quelquefois en emportant la terre qui chausse son pied ; mais ici le mal est souvent compensé par un avantage : ces pluies mêmes qui tombent comme par torrens, et qu'on appelle dans le pays *avalasses*, entraînent et détruisent une foule d'insectes toujours prêts à dévorer la feuille de l'indigo. Car il n'est pas, que je sache, une plante en Europe ou en Amérique qui soit, par sa nature ou peut-être par les circonstances locales, plus exposée que celle-ci aux ravages de ces animaux. Trois espèces d'insectes principalement lui font la guerre.

La première espèce ressemble à une chenille, et se nomme dans le pays *ver brûlant*. Il forme une toile qui se charge de la rosée de la nuit ; et lorsque le soleil paraît sur l'horizon, ses rayons, réunis dans ces gouttelettes, qui font l'office d'une loupe, brûlent les jeunes tiges.

Le second insecte, ennemi juré de l'indigo, est le *rouleux* : il est sur-tout fort commun dans les temps de sécheresse ; il attaque particulièrement les rejetons, ronge le pied de la plante, et en dévore les bourgeons à mesure qu'ils repoussent. Cet insecte se tient caché dans la terre pendant le jour ; il en sort la nuit et recommence ses dégâts, qui malheureusement ont lieu pendant la plus belle saison pour la récolte de l'indigo.

Lorsque cette plante, dans le cours de sa croissance, a eu le bonheur d'échapper au *ver brûlant* et au *rouleux*, souvent, à l'époque voisine de sa maturité, et quand, par la force de la végétation, elle flatte le planteur de l'espoir d'une récolte abondante et certaine, tout-à-coup, et en moins de quarante-huit heures, elle est dévorée en entier par un essaim de chenilles, qui la réduisent à l'état de squelette et font un désert du plus beau champ d'indigo.

On n'a trouvé jusqu'à présent que trois moyens pour prévenir ou arrêter, au moins en partie, le mal affreux que font ces insectes dévastateurs ; encore chacun de ces moyens est-il imparfait, et remplit-il assez faiblement l'objet qu'on se propose.

Le premier consiste à ouvrir de larges tranchées d'un champ à l'autre, pour intercepter toute communication entre la partie infectée et celle qui ne l'est pas. Ce moyen est dispendieux, il n'arrête presque point le mal ; et pendant neuf ans que j'ai cultivé l'indigotier, entouré de planteurs qui s'occupaient exclusivement de la même culture, je n'ai jamais vu qu'aucun de mes voisins se soit applaudi de l'avoir employé.

Le second moyen, qui est le plus sûr et le plus simple, c'est de couper bien vite l'indigo quand on s'aperçoit que la chenille va s'en emparer, pourvu cependant qu'il ait acquis un premier degré de maturité; car, sans cette condition, où serait l'avantage de le soustraire, à la hâte et à grands frais, à la voracité des insectes, pour le faire fermenter dans une cuve, si, après tout ce travail, il ne devait rendre aucune ou presque point de fécule colorante. A la vérité, c'est ordinairement à l'époque où l'indigo commence à être assez mûr, qu'il est attaqué par les chenilles; mais que de moissonneurs alors ne faudrait-il pas pour aller aussi vite qu'elles! Le nombre des bras est déterminé, et les chenilles sont innombrables. Voilà pourquoi on a cherché les moyens de prévenir de bonne heure leurs dégâts.

Dans cette vue, j'ai souvent employé la méthode suivante, et qui m'a toujours réussi quand le nombre des chenilles n'était pas trop considérable. J'avais en tout temps chez moi une troupe de dindons que je tenais dans un lieu fermé, mais aéré, et auxquels je faisais donner fort peu de nourriture : ces animaux sont friands de chenilles. Dès que ma plantation en était menacée, avant d'attendre qu'elles y fussent en force, j'y faisais lâcher les dindons, conduits et dirigés par de jeunes nègres : en deux ou trois jours, ils purgeaient le terrain des insectes. Je recommençais la chasse toutes les fois que les circonstances l'exigeaient. J'ai connu un habitant du Port-au-Prince qui, au lieu de dindons, employait avec plus de succès à la même chasse, une meute de cochons qu'il tenait toujours affamés exprès. Ces animaux mangeaient avec avidité les chenilles, qu'ils faisaient tomber en secouant la plante avec leur groin. Cependant ce ne sont que les chenilles d'une certaine grosseur qui sont ordinairement dévorées par les cochons ; les petites restent, sans compter celles qui éclosent chaque jour : pour détruire celles-ci les dindons valent mieux. Si ces moyens ne préviennent pas entièrement le mal, ils donnent au moins quelque répit au planteur, et lui permettent d'attendre sans risque le moment où son herbe est bonne à couper.

§ 3. *Coupe de l'indigo*. On cultive la plupart des autres plantes pour leurs fleurs ou leurs fruits ; mais dans la plante indigofère, c'est la feuille qui est l'objet de la culture et de la récolte; c'est elle qui recèle les parties colorantes qu'on doit en extraire au moyen de la fermentation. Il faut donc choisir pour la cueillir le moment précis où elle contient un plus grand nombre de ces parties : ce moment est celui où l'indigo est prêt à fleurir. Si on attendait plus tard, toute la sève se porterait à la fleur ou au fruit, la feuille perdrait de sa substance et de son moelleux ; elle se dessécherait insensiblement, et ne rendrait, à la fabrication, qu'une fécule claire et peu abondante. Aussi, dans les climats qui conviennent à l'indigo, on le coupe ordinairement deux mois ou deux mois et demi, quelquefois trois mois après qu'il a été semé. Quand c'est de l'*indigo bâtard*, il est bon de prévenir le temps où il entre en fleurs. L'*indigo franc* se coupe quand il commence à fleurir : aussi lorsqu'on les mêle, ce qui arrive quelquefois, c'est la floraison du franc, laquelle devance celle de l'autre, qui décide la coupe. Outre l'apparition de la fleur, plusieurs signes concourent à marquer le point de maturité convenable. Les feuilles ont alors une couleur vive et foncée ; elles crient et se cassent aisément quand, en les pressant un peu, on coule la main de bas en haut.

On n'est pas toujours maître de choisir pour la coupe le temps le plus convenable. Quand l'herbe est mûre, et sur-tout quand les chenilles la menacent, il faut se hâter de la récolter : on emploie à cet effet des faucilles bien tranchantes. On n'attaque la tige qu'à un pouce et demi ou 2 pouces au-dessus de la terre. Elle produit des rejetons, qui sont coupés à leur tour six ou sept semaines après, et cette seconde coupe est suivie d'une ou de plusieurs autres, jusqu'à ce que la plante dégénère, c'est-à-dire jusqu'à la fin de la seconde année dans les terres neuves et riches, et jusqu'à la fin de la première dans les terrains médiocres et usés. Après avoir séparé les rameaux de la souche, on jette le fanage sur des toiles nommées *balandras*, qui ont une forme carrée et qu'on noue par les quatre coins. C'est ainsi que l'indigo est porté en paquets près des cuves, soit sur la tête des nègres, soit dans de petites charrettes. On doit le plus qu'il est possible en hâter le transport à l'indigoterie, et ne pas trop presser et fouler l'herbe dans le *balandras*, parce que cette plante est si disposée à fermenter, que pour peu qu'on différât, la fermentation s'établirait avant que l'indigo pût être mis dans la cuve. Or un commencement de fermentation hors la cuve fait perdre beaucoup de parties colorantes et nuit à leur qualité (1).

II. FABRICATION DE L'INDIGO.

Les procédés les plus généralement suivis pour obtenir la fécule de l'indigo sont la fermentation et le battage : par la fermentation, les molécules colorantes de l'indigo sont déta-

---

(1) Les travaux de la culture de l'indigo dans nos colonies étant exécutés par des mains esclaves, reviennent à plus du double de ce qu'ils coûtent dans le Bengale : aussi, depuis que les Anglais l'ont encouragée dans ce dernier pays, les bénéfices que les propriétaires de la Martinique, de la Guadeloupe et de Cayenne en retiraient jadis sont-ils beaucoup diminués. Il y a encore d'autres causes, dont je ferai mention plus bas, qui concourent à ce triste résultat.   (*Note de M. Bosc.*)

chées de ses feuilles et suspendues dans l'eau ; le battage a pour objet de rassembler ces molécules, et d'en former un grain, qui est l'élément de la fécule. Pour ces deux opérations, il faut une usine particulière et des ustensiles que je vais faire connaître.

§ 1er. *Disposition de l'usine appelée indigoterie, cuves, ustensiles.* Chaque indigoterie est composée de trois cuves construites l'une au-dessous de l'autre et jointes ensemble ; elles sont disposées de manière que l'eau dont on remplit la première peut être écoulée par des robinets dans la seconde, de la seconde dans la troisième, et de la troisième au dehors. La plus élevée porte le nom de *trempoire* ou *pourriture*, parce que c'est dans cette cuve qu'on fait macérer et fermenter l'herbe ; la seconde s'appelle *batterie*, parce qu'après y avoir fait passer l'eau de la pourriture qui s'est chargée des parties colorantes de la plante, on bat cette eau pour en détacher le grain ; la troisième cuve ne forme qu'une sorte d'enclos nommé *reposoir*. Au bas du mur qui sépare cet enclos de la seconde cuve, est un petit bassin creusé dans le plan du reposoir au-dessus du niveau du fond de la batterie, et destiné à recevoir la fécule qui en sort. Ce petit vaisseau se nomme *bassinot* ou *diablotin* ; il est rond ou ovale, et muni d'un rebord qui empêche l'eau du fond du reposoir d'y refluer ; à son fond se trouve une fossette ronde et large comme le creux d'un chapeau, dans laquelle on puise avec un fragment de calebasse le reste de la fécule, qui y tombe naturellement lorsqu'on vide le diablotin.

Le fond de ces trois grands vaisseaux est plat, avec une pente d'environ 2 ou 3 pouces pour faciliter l'écoulement. Le premier a une bonde avec son dalot de 3 pouces de diamètre ; la bonde du second vaisseau est perpendiculaire au bassinot, et reçoit trois robinets élevés de 4 pouces les uns au-dessus des autres : les deux supérieurs servent à écouler en deux reprises l'eau qui surnage la fécule après le battage. Le troisième est destiné à l'écoulement de la fécule même déposée au fond de la batterie, au niveau duquel ce robinet doit être et même tant soit peu plus bas. Le plan du fond du troisième grand vaisseau, au lieu de bonde, a une ouverture au pied du mur, d'environ 6 pouces en carré, toujours libre, qui répond à un canal de décharge nommé la *vide*. Le diablotin et la fossette qui est à son fond n'ont besoin d'aucune issue, parce qu'on en retire toute la fécule par leur ouverture. Les bondes doivent être de bois incorruptible, équarries et placées dans la maçonnerie. Leur hauteur et leur largeur sont proportionnées à la quantité et à la largeur des trous qu'on y fait, et leur longueur se mesure sur l'épaisseur du mur.

Les habitations où l'on cultive l'indigo ont, suivant leur étendue, plusieurs usines semblables, rapprochées ou éloignées les unes des autres, pour la commodité de l'exploitation. On les place toujours dans le voisinage de quelque rivière, de quelque ruisseau ou d'un puits, et on les établit ordinairement sur une butte ou élévation naturelle ou artificielle suffisante à un écoulement qui ne soit sujet à aucun reflux.

La première cuve, ou la trempoire, doit avoir la forme d'un carré parfait ou un peu oblong; quand sa longueur est de 10 pieds, on peut lui donner 9 pieds de largeur sur 3 de profondeur. Il serait désavantageux de faire ce vaisseau trop grand, parce que la fermentation ne pourrait y être si prompte ni si égale que dans un vaisseau d'une étendue médiocre.

Dans la construction du second vaisseau, on doit observer si son fond peut être placé à 3 pieds ou 3 pieds et demi au-dessous du fond du premier, de manière que la *batterie* ait un écoulement de 6 pouces au-dessus du plan du reposoir, et que le reposoir ait une décharge convenable dans quelque fosse ou mare voisine. La batterie doit toujours être plus longue que large; on règle ses dimensions et sa capacité sur le nombre de pieds cubes d'eau que doit contenir la pourriture, lorsqu'elle est remplie d'herbe et que l'eau est à 6 pouces de ses bords. On fait en sorte que le côté le plus étroit de la batterie se trouve en face de la pourriture, à moins qu'on ne se propose de faire battre l'indigo dans plusieurs vaisseaux à-la-fois par des moulins à eau ou à mulets; ce qui nécessite une direction tout opposée. Les murs de la batterie sont ordinairement garnis d'un rebord en maçonnerie d'un pied et demi ou de 2 pieds d'élévation.

Le *reposoir* n'a pas une étendue déterminée; cependant le mur qui le sépare de la batterie sert communément de mesure à sa longueur pour ce côté-là et pour celui qui le regarde en face : 6 ou 7 pieds suffisent pour chacun des deux autres côtés. La hauteur des murs est d'environ 3 pieds et demi à 4 pieds, en comptant le fond du reposoir à 6 pouces au-dessus du dernier robinet de la batterie. On pratique à l'un des angles de cette enceinte un petit escalier pour y descendre et en sortir à volonté. On donne une profondeur de 2 pieds au *diablotin*, y compris la fossette, et une largeur de 2 pieds et demi ou un peu plus.

Le fond des cuves et tout ce qui est bâti sous œuvre doit être construit avec le plus grand soin, afin que les sources voisines ou les eaux qui proviennent de l'égout des terres n'y pénètrent pas. Quand toute la maçonnerie est bien sèche, on fait un ciment composé de chaux et de briques pilées ou passées au tout-tamis, dont on enduit exactement l'intérieur et les bords des vaisseaux. A mesure que l'ouvrage sèche, on le polit.

Lorsque dans une indigoterie on s'aperçoit de quelque fente à une cuve, on pile aussitôt des coquilles de mer; on les réduit en poudre très-fine, et en mêlant cette poudre à de la chaux vive pulvérisée, on en fait un ciment dont on bouche la fente; ce qui prévient ou arrête l'écoulement.

Si l'herbe qui trempe dans la pourriture était abandonnée à elle-même, en fermentant elle en surpasserait bientôt les bords. Pour empêcher sa trop grande dilatation, on plante vers les quatre coins extérieurs de cette cuve quatre poteaux appelés *clefs*, élevés d'un pied et demi au-dessus de la maçonnerie, et ayant chacun une longue et large mortaise dans sa partie supérieure; ces mortaises sont destinées à recevoir des barres, qui passent directement de l'une à l'autre clef par-dessus toute la largeur de la pourriture, et posent sur des étançons placés entre elles et un lit de planches ou palissades, qu'on dispose au-dessus de l'herbe pour la contenir.

Trois fourches ou courbes de bois, plantées en triangle des deux côtés de la batterie; savoir, deux d'un côté et une au milieu de l'autre bord, servent de chandelier ou d'appuis au jeu des buquets employés à battre l'eau de cette cuve : le *buquet* est un instrument composé d'un caisson sans fond, uni à un manche. Ce caisson est formé de l'assemblage de quatre morceaux de fortes planches; il ressemble à une petite crèche ou à un pétrin de boulanger dont on aurait enlevé la couverture et le fond. Chaque buquet est mu par un nègre, qui l'élève ou l'abaisse à volonté, au moyen d'un manche assujetti par une cheville entre les branches du chandelier, placé à hauteur d'appui.

Cette disposition de buquets, quoique la plus simple de toutes, est la plus dispendieuse et la plus imparfaite, parce qu'elle exige l'emploi de trois hommes, et parce qu'il est presque impossible que ces hommes mettent de l'ensemble dans leurs mouvemens; ce qui est pourtant nécessaire à l'égalité du battage. On a imaginé depuis de réunir quatre buquets en croix, fixés à une bascule, qu'un seul nègre peut faire mouvoir au moyen d'une corde attachée à l'extrémité extérieure de la bascule. Quelquefois il faut deux nègres; mais comme ils agissent à côté l'un de l'autre, et comme ils mettent en jeu le même instrument, l'effet produit alors par les buquets est uniforme. D'ailleurs ces buquets étant placés au-dessus du milieu de la batterie, vis-à-vis des points assez distans les uns des autres, en tombant dans l'eau, ils lui impriment un mouvement plus étendu, et qui se communique avec plus de promptitude et d'égalité.

On se sert aussi de moulins pour battre l'*indigo*, les uns mus par l'eau, les autres par des chevaux. Le mouvement de ces moulins se rapporte à un arbre couché sur le travers de la batterie, lequel est garni de cuillers ou de palettes, qui, en tournant, agitent l'eau. Quelques planteurs, pour éviter les frais d'un moulin, impriment à l'arbre un mouvement de rotation, par le moyen de deux manivelles fixées à ses deux extrémités. Avec un seul moulin on peut battre à-la-fois plusieurs cuves.

Comme la fécule qui a été reçue dans le *diablotin* est encore remplie de beaucoup d'eau, on la retire de ce vaisseau pour la mettre à s'égoutter dans des sacs d'une bonne toile commune, point trop serrée. Ces sacs sont ordinairement longs d'un pied à un pied et demi, carrés ou en pointes par le bas, et larges de 7 à 8 pouces en haut. On fait des œillets tout près de leur ouverture, et on y passe des cordons, par lesquels on les suspend des deux côtés aux chevilles ou crochets d'un râtelier. Quand ils ne rendent plus d'eau, on les retourne et on verse la fécule, qui est encore molle comme de la vase épaissie, dans des caisses de bois pour l'y faire sécher. Ces caisses doivent avoir environ 3 pieds de longueur, un pied et demi de largeur, et 2 pouces seulement de profondeur; on les expose sur des établis, dont une partie est en plein air, et l'autre à couvert sous un bâtiment appelé la *sécherie*.

§ 2. *Manipulation de l'indigo*. Il n'est pas indifférent d'employer dans cette manipulation toutes sortes d'eaux; elles influent beaucoup, selon leur nature, sur celle de l'indigo. Les plus convenables, quand elles ne sont ni crues ni froides, sont celles des rivières et ravines claires. Les eaux de puits chargées de sels, les eaux des mares, celles qui sont troubles, limoneuses ou corrompues par des matières étrangères ou par des insectes, altèrent la qualité de l'indigo. Celui qui a été fabriqué avec des eaux salines conserve ou attire une humidité, qui se développe toujours dès qu'il est renfermé pendant quelque temps; il est par cette raison, et malgré sa belle apparence, d'une dangereuse acquisition : il pèse ordinairement plus qu'un autre.

De la fermentation. Lorsqu'on a apporté l'herbe des champs, elle est jetée dans la pourriture, où on l'arrange et l'étend de manière qu'il n'y ait aucun vide ni aucune masse. Trente ou quarante paquets suffisent pour la cuve dont on a donné les proportions. Quand elle est chargée, on y verse ou on introduit une quantité d'eau suffisante pour la remplir jusqu'à 6 pouces des bords; on dispose ensuite les palissades, qui sont assujetties par les clefs. L'herbe doit être surmontée par l'eau de 3 ou 4 pouces; mais on a attention de ne pas trop la comprimer, afin de ne pas s'opposer au développement que la fermentation doit occasionner. Elle ne tarde pas à s'établir. Elle s'exécute de la même manière que celle du raisin dans la cuve ; mais elle est plus rapide et plus tumultueuse. On voit s'élever du fond de la pourriture, avec un certain bouillonnement, une grande quantité d'air et de grosses bulles de liqueur, qui, en s'affaissant, teignent la superficie de la cuve d'une couleur verte : cette couleur devient par degrés extrêmement vive, et se communique bientôt à toute l'eau. Lorsqu'elle est au plus haut degré d'intensité, la surface du vaisseau présente un cuivrage superbe, qui est effacé à son tour par une crême d'un violet très-foncé, quoique la masse entière de l'eau reste toujours verte ; c'est le moment où la fermentation est dans sa plus grande activité : des flots d'écume s'élèvent alors et retombent précipitamment dans la cuve. Le bouillonnement est quelquefois si violent, qu'il rompt ou soulève les palissades, et arrache les clefs qui n'ont pas été bien affermies dans la terre. Cette écume est très-spiritueuse ; si on y met le feu, il se communique rapidement à toute celle qui suit.

La fermentation dure plus ou moins, suivant les circonstances que j'ai déjà indiquées. Elle développe tous les sucs et les parties propres à former l'indigo. Lorsqu'on veut juger de la disposition de tous ces principes à une union prochaine, on sonde la cuve. L'épreuve se fait avec une tasse d'argent semblable à celle de marchand de vin, dans laquelle on verse une petite quantité d'eau en fermentation ; on la remplit au tiers ou environ. Le dedans de cette tasse doit être très-clair, puisque c'est sur ce fond qu'on doit juger de l'état de la cuve ; s'il est crasseux, il fait paraître l'eau embrouillée et différente de ce qu'elle est effectivement : de sorte qu'on s'imagine que l'indigo est trop dissous, tandis qu'il ne l'est pas même assez.

On connaît l'état dans lequel il se trouve par le mouvement de la tasse, dont l'agitation produit à-peu-près ce que le battage opérerait en pareil cas dans la seconde cuve ; c'est-à-dire que si la matière avait assez fermenté pour que les parties ayant les dispositions les plus prochaines à l'union, s'y déterminassent par le battage, il se forme également dans la tasse de petites masses ou grains plus ou moins distincts, suivant la qualité de l'herbe et le degré de la fermentation. Quand le grain est bien formé, il se précipite de lui-même au fond de la tasse, et ne laisse à l'eau qui le surnage qu'une couleur claire et dorée, à-peu-près semblable à celle de la vieille eau-de-vie de Cognac. On renouvelle cette épreuve plusieurs fois, jusqu'à ce que les mêmes indices se montrent d'une manière très-sensible.

On doit sonder la cuve en haut et en bas alternativement,

pour connaître mieux son état, et ne pas se laisser tromper par les apparences. Quelquefois l'indigo ne présente qu'un faux grain à la superficie. D'ailleurs l'herbe qui est en bas entre plus tôt en fermentation que celle du dessus, qui reste près de deux heures avant d'être couverte, et dans les temps pluvieux, où l'indigo n'a besoin que de dix ou douze heures de fermentation, le haut de la cuve change si peu qu'à peine y trouverait-on un grain qu'elle n'a pas la force d'y développer ou d'y soutenir. En général il faut une grande habitude pour bien juger du point parfait de la fermentation ; les saisons et les circonstances le font beaucoup varier. On doit y avoir égard et chercher quelquefois des indices dans la couleur du liquide, lorsque son agitation dans la tasse n'offre qu'un grain imparfait ou qui a de la peine à se former. J'ai eu à Saint-Domingue un nègre indigotier qui, avant de couler sa cuve, en goûtait toujours l'eau quatre ou cinq fois, sur-tout lorsque les signes ordinaires du degré juste de fermentation lui paraissaient faibles ou équivoques : la saveur particulière qu'il trouvait à cette eau, en était un pour lui plus sûr que tous les autres. Jamais il ne se trompait ; et lorsque mes voisins jetaient des cuves à la *vide*, mon indigotier tirait le meilleur parti de la même herbe, venue et coupée dans le même temps.

Enfin quand on reconnaît, n'importe par quels moyens, que la fermentation est assez avancée et que les atomes colorans commencent à se réunir, on saisit ce moment pour faire écouler toute l'eau qui en est chargée dans la seconde cuve ; cette eau est alors d'un vert foncé : une fermentation prolongée au-delà du terme précis ferait tomber les principes du grain dans une dissolution dont le battage ne pourrait le relever.

Du battage. L'apprêt que reçoit l'extrait dans la batterie est l'effet de l'agitation et du bouleversement qu'éprouve l'eau par la chute des buquets. Ce mouvement prolonge tous les avantages de la fermentation sans permettre à l'extrait de passer à la putridité ; il tend à réunir toutes les parties propres à la composition de l'indigo, lesquelles se rencontrent, s'accrochent et se concentrent en forme de petites masses plus ou moins grosses : c'est ce qu'on appelle le grain regardé par les indigotiers comme l'élément de la fécule. L'eau, qui paraissait d'abord verte, devient insensiblement d'un bleu très-foncé, après avoir été fortement agitée.

Pendant le cours du travail, on jette, à différentes reprises, un peu d'huile de poisson dans la batterie, pour dissiper l'écume épaisse qui s'élève sous le coup des buquets. La grosseur, la couleur et le départ plus ou moins prompt de cette écume servent encore, avec les indices tirés de la tasse, à faire juger de la qualité de l'herbe, de l'excès ou du défaut de fermentation, et à régler le battage. On doit aussi examiner l'eau : si elle est très-chargée, elle est suspecte de pourriture ; quand elle est brune dans le haut, et verte à un pouce plus bas, elle annonce le même défaut. Une cuve, au contraire, qui manque de pourriture, montre toujours une eau rousse ou d'une couleur verte tirant sur le jaune.

Le battage ne peut pas être réglé convenablement, si l'indigotier ne s'assure, en battant la cuve, du degré de fermentation en plus ou en moins qu'a subie l'eau dans la pourriture. Quand il est habile, il s'en instruit avant que le grain soit tout-à-fait formé, et alors il ménage ou pousse le battage selon l'excès ou le défaut de pourriture. L'opération doit être continuée jusqu'à ce que le grain se présente dans la tasse d'épreuve sous une forme convenable et dont on soit satisfait. Quand il s'arrondit et se concentre de manière à couler et à rouler parfaitement au fond de la tasse ; quand il se dégage bien de son eau, que cette eau paraît nette et claire, qu'elle offre la couleur que nous avons dite ; quand enfin la tasse inclinée ne laisse voir au fond aucune crasse, c'est alors le moment de cesser le battage. Le battage, poussé trop loin, entraîne la dissolution dans l'eau des parties les plus subtiles de l'indigo : il produit un effet contraire à celui qu'on en attend. Le grain qui était déjà formé ou prêt à se former se décompose ; il se divise et se perd dans l'eau qu'il rend trouble ; et cette eau ne dépose, après un long repos, qu'une fécule imparfaite, d'où résulte un indigo mollasse.

Du reposoir et du diablotin. Deux ou trois heures suffisent ordinairement au repos de la cuve quand rien ne lui manque ; mais il vaut mieux la laisser tranquille pendant quatre heures, et même plus long-temps si l'on n'est pas pressé, afin que le grain le plus léger ait le temps de se déposer.

Des trois robinets que porte la batterie, on n'ouvre d'abord que le premier, pour que l'écoulement n'occasionne aucun trouble dans la cuve. Quand toute cette première eau est épuisée, on lâche le second robinet ; l'eau qui s'en échappe doit être, ainsi que la première, d'une couleur claire et ambrée. Ces eaux tombent naturellement dans le diablotin, d'où elles s'écoulent et se perdent dans la campagne par l'ouverture pratiquée au reposoir. On doit leur donner une issue telle qu'elles ne puissent se mêler à aucune autre eau, soit de rivière, de mare ou de ruisseau, parce qu'elle la rendrait malsaine, et même dangereuse pour les animaux qui en boiraient.

Après ces deux écoulemens, il reste au fond de la batterie un sédiment d'un bleu presque noir. On écoule encore, autant qu'il est possible, le peu d'eau superflue qui peut s'y trouver, en ouvrant à demi et repoussant à propos le troisième robinet ;

enfin on lâche tout-à-fait ce robinet pour recevoir la fécule dans le diablotin, qu'on a eu soin de vider auparavant. Elle ressemble en cet état à une vase fluide; un panier placé au devant de la bonde intercepte tout ce qui lui est étranger. Au moyen d'une moitié de calebasse, on la retire du bassinet, et on la verse dans les sacs dont j'ai parlé. On laisse l'indigo s'y purger jusqu'au lendemain. Quand les sacs, qui doivent être lavés et séchés à chaque fois qu'on en fait usage, ne rendent plus d'eau, on les assemble deux à deux, en suspendant chaque lot aux mêmes chevilles. Cet assemblage le presse et achève d'en exprimer le reste de l'eau.

De la dessiccation. Lorsque la fécule s'est égouttée tout-à-fait, on la coule dans les caisses déjà décrites, qu'on expose en plein air. Elle s'y dessèche insensiblement, et, pénétrée par le soleil, elle se fend comme de la vase qui aurait quelque fermeté. On doit commencer cette opération le soir plutôt que le matin, parce qu'une chaleur trop continuelle surprend cette matière, en fait lever la superficie en écailles et la rend raboteuse; ce qui n'arrive point lorsque, après trois ou quatre heures de chaleur, elle a un intervalle de fraîcheur qui donne le temps à toute la masse de prendre une égale consistance. On passe alors la truelle par-dessus, pour en comprimer et rejoindre toutes les parties sans les bouleverser. Quelques personnes imaginent qu'en pétrissant l'indigo dans les caisses, lorsqu'il commence à sécher, cette espèce d'apprêt lui donne de la liaison : c'est une erreur, car cette liaison ne dépend uniquement que du juste degré de pourriture et de battage. Une cuve qui pêche par l'un ou par l'autre en fournit la preuve; alors l'indigo qui en provient s'écrase au moindre choc.

Aussitôt que la fécule ou pâte a acquis un degré de dessiccation convenable, on en polit la surface, et on la divise en petits carreaux, qu'on laisse exposés au soleil jusqu'à ce qu'ils se détachent sans peine de la caisse, et paraissent entièrement secs. Dans cet état, l'indigo n'est pourtant pas encore marchand : avant de le livrer, il faut qu'il ait ressué; si on l'enfutaillait auparavant, on ne trouverait, au bout de quelque temps, que des fragmens de pâte détériorée et de mauvais débit.

Pour le faire ressuer, on le met en tas dans quelque barrique recouverte de son fond désassemblé, et on l'y laisse environ trois semaines. Pendant ce temps, il éprouve une nouvelle fermentation, s'échauffe, rend de grosses gouttes d'eau, jette une vapeur désagréable, et se couvre d'une fleur fine et blanchâtre. Enfin on le découvre, et sans être exposé davantage à l'air, il sèche une seconde fois en moins de cinq à six jours. Lorsqu'il a passé par ce dernier état, il a toutes les conditions requises pour être mis dans le commerce. Mais il faut le vendre tout de suite, si l'on ne veut pas supporter le déchet auquel il est sujet dans les premiers six mois qui suivent sa fabrication, et qu'on peut évaluer à un dixième et même au-delà.

Dans quelques plantations, on le fait sécher à l'ombre dès que les carreaux quittent la caisse. Cette méthode est longue, parce qu'il s'écoule plus de six semaines avant qu'il soit en état de ressuer; mais elle est très-favorable à l'indigo, qui en acquiert plus de lustre et une nouvelle liaison : d'ailleurs il n'éprouve pas dans la suite le même déchet que celui dont la dessiccation s'achève au soleil, et il lui est supérieur en qualité. Cependant la lenteur du desséchement favorise les mouches, qui, attirées par l'odeur très-forte qu'exhale l'indigo, y déposent leurs œufs, d'où sortent des vers qui vivent à ses dépens, et altèrent la qualité de ce qu'elles laissent. Quelquefois on est obligé d'employer les fumigations dans la sécherie, pour en éloigner les mouches, sur-tout lorsque le temps est couvert et disposé à la pluie.

On garantirait l'indigo des insectes, et on préviendrait la plupart des accidens auxquels il est exposé sur les établis, si, comme dans certains endroits des Grandes-Indes, où on est dans l'usage de le pétrir et de le sécher entièrement à l'ombre, on le mettait dans des caisses de demi-pouce de haut, et si, après l'avoir séparé par carreaux, on le distribuait dans d'autres caisses séchées au soleil. Cette pratique exigerait, il est vrai, un plus grand nombre de caisses, mais elles seraient bientôt libres, parce que l'indigo sécherait beaucoup plus vite.

Dans nos colonies, on met ordinairement l'indigo dans de petites futailles pesant environ 200 livres; elles doivent être suffisamment garnies de cercles et sur-tout fermées avec soin par les deux bouts, afin que la poussière qui se détache toujours de l'indigo dans le transport ne puisse s'échapper ni entre les douves ni entre les fonds. Cette manière de l'enfermer est imparfaite et très-désavantageuse. Comme il est divisé en petits cubes, il présente beaucoup d'angles et par conséquent des vides nombreux, augmentés encore par le retrait que subissent les pierres en séchant. De là s'ensuit un mouvement qui occasionne la fracture d'une grande quantité de pierres. Les petits grains qui en proviennent ne sont pas perdus, puisqu'on est obligé de broyer l'indigo pour l'employer. Mais comme les futailles dans lesquelles on le transporte ont une forme ronde, et que, par cette raison, on ne manque pas de les rouler dans les magasins et sur les ports chaque fois qu'elles sont embarquées ou débarquées, il en résulte que la poussière d'indigo produite par le choc des cubes s'échappe entre les douves, souvent mal jointes, ou est salie par la poussière du dehors qui pénètre dans les barriques.

Les habitans de Guatimala mettent leur indigo dans des peaux de boucs. Cette méthode serait trop dispendieuse dans nos colonies, et peut-être impraticable; mais ne pourrions-nous pas diviser le nôtre en carrés très-minces et beaucoup plus grands, de 6 pouces de surface, par exemple? On rangerait aisément ces carrés l'un sur l'autre dans des caisses faites exprès, lesquelles présenteraient un arrimage beaucoup plus commode que les vaisseaux de forme cylindrique.

§ 3. *Noms et qualités des principales sortes d'indigo répandues dans le commerce.* L'indigo marchand est une substance dure, cassante, friable, de couleur bleue, violette ou cuivrée, employée par les teinturiers et pour la peinture en détrempe.

Dans la peinture en détrempe, l'indigo broyé et mêlé avec du blanc donne une belle couleur bleue; avec le jaune, il en donne une verte. Si on l'employait sans mélange, il peindrait en noirâtre. Il n'est pas propre à la peinture à l'huile, parce qu'il se décharge et perd une partie de sa force en séchant. Dans les blanchisseries, on s'en sert pour donner une couleur bleuâtre au linge. Mais son emploi le plus général est dans la teinture des étoffes de soie, de laine, de fil et de coton; mêlé sur-tout avec le vouède (1) et d'autres couleurs et intermèdes, il fournit toutes les sortes de bleu.

On distingue dans le commerce plusieurs espèces d'indigos, qui diffèrent par le grain plus ou moins fin, par la couleur plus ou moins vive ou foncée, et par la quantité de parties colorantes rassemblées sous le même volume. Ces indigos sont:

Le *Guatimala,* qui nous vient de la Nouvelle-Espagne, et dont la première qualité est connue sous le nom de *flore.* C'est le plus beau de tous les indigos. Il porte un bleu vif. Sa pierre n'a point d'écorce; elle offre à sa surface la même nuance que dans son intérieur; elle est petite, d'une texture rare, et spécifiquement plus légère que l'eau.

L'*indigo de Saint-Domingue,* dont on distingue particulièrement deux sortes, le *bleu* et le *cuivré.* Le premier est celui qui se rapproche le plus du flore, et son bleu est moins franc et tire un peu sur le marron; sa pierre est plus grosse, recouverte d'une écorce d'un bleu plus ardoisé que l'intérieur, et sa texture est un peu plus compacte; cependant il surnage ainsi que le flore. Le *cuivré* prend son nom de la couleur de cuivre rouge qu'il présente dans sa cassure; il a une écorce comme l'autre, et d'un bleu encore plus ardoisé; il est plus compacte

---

(1) *Vouède* est le nom que l'on donne, dans le commerce, aux coques ou pelotes de pastel employées par les teinturiers. *Voyez* PASTEL.

18 *

et spécifiquement plus pesant que l'eau. Entre le bleu et le cuivré on fabrique encore à Saint-Domingue deux indigos qui participent plus ou moins des qualités de ces derniers ; savoir, le *violet* et le *gorge de pigeon*. Celui-ci est ainsi nommé, parce qu'il offre à sa surface quand on le brise, un mélange de plusieurs couleurs ; son éclat approche d'un violet purpurin. Le violet est moins solide, mais il a un peu plus de consistance que le bleu ; tous deux sont supérieurs en qualité au cuivré. Enfin l'indigo *ardoisé* et le *terne picoté de blanc*, composés d'un grain sans liaison, sont regardés dans la même île comme les dernières qualités.

L'*indigo de la Caroline* vient après le cuivré de Saint-Domingue ; il est d'un bleu plus ardoisé à sa surface et intérieurement.

Les signes extérieurs auxquels on reconnaît les différentes qualités d'indigo sont donc la couleur, la texture, et la pesanteur spécifique ; mais le signe commun à tous et qui distingue cette matière de toute autre substance qu'on voudra lui substituer, est la trace ou l'impression cuivrée que laisse l'ongle en frottant sa surface.

Il vient des deux Indes d'autres espèces d'indigos moins connues, et qui portent communément les noms des lieux où ils sont fabriqués, tels que l'*indigo de Java*, l'*indigo sarquesse*, le *Jamaïque*, etc. Il en vient aussi d'Afrique, rapporté par les marchands qui font la traite des nègres. Nous allons faire connaître les différentes manières dont il est préparé dans ces divers pays, et dire un mot sur les climats qui conviennent à cette plante. Nous rechercherons ensuite s'il ne serait pas possible d'en introduire la culture dans les parties les plus méridionales de la France.

III. CLIMATS PROPRES A L'INDIGOTIER.

Méthodes particulières de culture et de fabrication suivies dans quelques pays.

On regardait autrefois en Europe l'indigo comme une espèce naturelle de pierre de l'Inde, ce qui lui fit donner le nom d'*inde*, d'*indic* ou de *pierre indique*. On n'a bien connu sa nature et sa fabrique que depuis la découverte de l'Amérique et les conquêtes des Européens dans les Indes. Cependant avant ces deux époques on en faisait en Arabie et en Egypte ; mais les habitans en cachaient avec soin l'origine ou la manipulation, ou mieux personne ne cherchait à en connaître l'origine.

L'indigotier est extrêmement varié dans ses espèces ; on le trouve dans des pays et dans des climats très-différens. Il croît naturellement entre les tropiques, et on peut le cultiver avec succès dans les contrées qui ne sont éloignées de la ligne que de 40 à 43 degrés; mais au-delà de ces limites il réussit mal et ne donne presque point de fécule, ou n'en donne qu'une imparfaite et de médiocre valeur dans le commerce. J'ai cultivé cette plante à Saint-Domingue pendant plusieurs années, et je me suis convaincu, par un grand nombre d'observations, qu'elle a besoin d'une chaleur forte et soutenue, pour élaborer dans son sein les sucs qui donnent le principe colorant. Un peu de pluie lui est nécessaire, sur-tout dans les premiers temps de sa croissance; mais quand, après cette époque, elle est souvent arrosée, ou quand on est forcé par les circonstances de couper son herbe dans un temps frais ou pluvieux, on n'en obtient que peu d'indigo. Au contraire, lorsqu'il a fait très-chaud dans les quinze ou vingt jours qui ont précédé la coupe, cette coupe est très-profitable; la fermentation est alors plus égale, le battage plus facile, la fécule plus abondante, et le grain de l'indigo plus fin et plus brillant; d'ailleurs il sèche beaucoup plus vite, et il est rendu plus tôt marchand. Ces avantages ne peuvent avoir lieu que dans des pays d'une température douce, et où la saison qui s'écoule entre deux hivers offre cinq ou six mois au moins d'une chaleur constante et à-peu-près égale.

L'Asie semble être le pays natal de l'indigotier; il croît dans plusieurs endroits des Indes. L'indigo du territoire de Bagam, d'Indona et de Corsa dans l'Indostan passe pour le meilleur.

La manière de travailler cette plante n'est pas uniforme dans l'Asie, ni quelquefois dans les fabriques d'un même canton. Parmi les diverses méthodes employées, on en remarque deux principales, dont les produits se distinguent par les noms d'*inde* et d'*indigo*. Dans la manipulation de l'*inde*, on ne fait macérer dans l'eau que les feuilles de la plante, au lieu qu'on y met toute l'herbe, à l'exception de la racine, dans la fabrication de l'*indigo*. Outre ces deux procédés fort variés dans leurs circonstances, il y en a encore un autre usité dans les Indes, qui consiste à triturer et humecter des feuilles de l'indigotier, dont on forme une pâte ou espèce de pastel qui porte aussi le nom d'*inde*.

Les habitans de Sarquesse, village à 80 lieues de Surate et proche d'Amadahat, après avoir coupé cette plante, la dépouillent de tout son feuillage, qu'ils font tremper pendant trente ou trente-cinq heures dans une certaine quantité d'eau. Après cela, pour en retirer la fécule, ils emploient, à quelques différences près, les mêmes procédés suivis dans nos colonies, et que nous devons vraisemblablement aux Indiens.

L'auteur de l'*Herbier d'Amboine* fait mention de deux

manières de préparer l'indigo, l'une pratiquée par les Chinois, l'autre en usage aux environs d'Agra.

Les Chinois prennent les tiges et les feuilles de l'herbe verte, quelquefois même les souches et la racine, et ils mettent le tout dans une cuve remplie d'eau suffisante. Après avoir laissé macérer la plante pendant vingt-quatre heures, ils jettent les tiges et les feuilles, et versent dans chaque cuve trois ou quatre mesures, nommées *gantang,* de chaux fine passée au tamis, qu'ils remuent fortement avec de gros bâtons, jusqu'à ce qu'il s'élève une écume pourprée. Cette opération étant achevée, ils laissent reposer la cuve pendant un jour entier, puis en tirent l'eau, et font sécher au soleil la substance déposée au fond. Pour en faciliter le desséchement, ils la divisent en gâteaux ou en carreaux, lesquels étant bien secs, forment un *indigo* propre à être transporté.

Voici la méthode suivie à Agra. Après les pluies du mois de juin, et lorsque l'indigotier a atteint la hauteur de 3 pieds à 3 pieds et demi, on en coupe l'herbe, qu'on met dans une tonne remplie d'eau. On la charge d'autant de poids qu'elle en peut porter; on la laisse dans cet état pendant quelques jours, jusqu'à ce que l'eau ait acquis une forte couleur bleue. Alors on fait passer cette eau chargée des parties colorantes de la plante dans une autre tonne et on l'y agite avec les mains. Quand l'écume indique qu'il convient de cesser l'agitation, on y verse un quarteron d'huile, et on couvre la tonne, jusqu'à ce que toute la partie bleue, qui en cet état ressemble à de la boue, se dépose au fond; on fait écouler l'eau, on ramasse la fécule, on l'étend sur des draps, et on la fait sécher sur un terrain sablonneux; mais pendant qu'elle conserve encore une certaine humidité, on en forme, avec la main, des boules qu'on enferme dans un endroit chaud. Cette matière bleue est alors en état d'être vendue : on l'appelle dans l'Indostan *noti,* et chez les Portugais *bariga.* Cet indigo ne tient que le second rang pour la qualité. Celui qu'on retire l'année d'après des rejetons de la plante lui est supérieur : il est nommé *tsjerri* par les Indiens, et *cabeca* par les Portugais. La troisième année, on fait encore une coupe, mais qui donne un indigo de basse qualité; il porte le nom de *sassala* ou de *pée* (1).

---

(1) Les Indiens ajoutent à la cuve d'INDIGO la farine des graines du TAOURAI ou TAVARAI, pour en favoriser la fermentation, et se trouvent fort bien de cette pratique. D'autres Indiens se contentent de faire dessécher les feuilles de l'indigotier, de les réduire en poudre, qu'ils gardent dans de grandes jarres de terre : lorsqu'ils ont besoin d'indigo, ils mettent cette poudre en infusion, successivement dans trois eaux, qu'ils mêlent ensemble et qu'ils battent. Pourquoi ne pas opérer de même dans nos colonies ? (*Note de M. Bosc.*)

Le *cabeca* est très-bleu et d'une couleur très-fine ; sa substance est tendre ; elle flotte sur l'eau ; elle produit une fumée violette lorsqu'on la met sur des charbons ardens, et laisse peu de cendres. Le *noti* ou *bariga* est d'une couleur tirant sur le rouge, lorsqu'on l'examine au soleil. Le *sassala* ou *pée* est une substance très-dure d'une couleur terne.

L'indigotier croît spontanément dans plusieurs contrées de l'Afrique. Il est si abondant sur la côte de Guinée, qu'il nuit au riz et au millet cultivés dans les champs. Quelques teinturiers qui ont essayé de l'indigo d'Afrique assurent qu'il est meilleur que celui de la Caroline ou des Indes occidentales. Qu'il soit supérieur à celui de la Caroline, cela peut être ; mais qu'il surpasse en qualité le bel indigo de nos colonies, j'en doute. Le sol et le climat de la côte d'Afrique conviennent, il est vrai, parfaitement à cette plante ; mais les noirs de ces pays ne savent pas fabriquer l'indigo comme ceux de nos îles. A Dahomé, contrée située dans l'intérieur de la Guinée, et où l'indigotier est très-commun, les naturels n'en tirent aucun parti.

Les nègres du Sénégal font de l'indigo avec une plante qu'ils appellent *gangue*. Ils arrachent avec la main la sommité des branches, les pilent jusqu'à ce qu'elles soient réduites en une pâte fine, et en composent de petits pains qu'ils font sécher à l'ombre. A Madagascar, les insulaires préparent leur indigo de la même manière. Quand ils veulent en faire une teinture, ils brisent un des pains, et mettent la poudre avec de l'eau dans des pots de terre, et la font bouillir pendant quelque temps. Ils laissent ensuite refroidir un peu cette teinture, et ils y trempent leur soie et leur coton, qui, étant retirés, deviennent d'un beau bleu foncé (1).

On cultive depuis long-temps l'indigotier en Egypte. L'indigo s'y trouve même en si grande quantité dans toutes les parties de son territoire (*Mémoire sur l'Égypte*, par Bruguière et Olivier), que son prix ordinaire n'y excède presque jamais 25 à 30 livres tournois par quintal ; il est très-inférieur à celui d'Amérique ; il a pourtant plus d'éclat, mais à poids égal, il contient moins de parties colorantes. C'est aux pro-

---

(1) Ce mode de préparer l'indigo, semblable à celui du pastel en Europe, est bien plus économique que celui décrit plus haut ; et des expériences faites par M. Giobert, rapportées dans son excellent Traité sur le pastel (Paris, 1813), constatent qu'il serait souvent plus avantageux d'introduire ses produits dans la cuve à teinture. Il n'a donc contre lui que l'encombrement plus grand auquel il donne lieu dans les magasins et dans les vaisseaux, et son poids relatif plus considérable. *Voyez* PASTEL.   (*Note de M. Bosc.*)

cédés suivis dans sa fabrication, et à l'ignorance des hommes à qui elle est confiée, qu'il faut attribuer sa médiocre qualité.

Je ne doute point que l'indigotier ne réussît également dans toutes les autres contrées qui bordent la Méditerranée, ainsi que dans les îles de l'Archipel. Il a été cultivé à Malte. Bouchard dans la *Description* de cette île, publiée en 1660, parle d'une fabrique d'indigo qui y était établie. Il croît à Malte, dit-il, une espèce de *glastim* nommé par les Espagnols *anil*, et que les Arabes et les Maltais appellent *ennir*, d'où l'on tire une teinture. Son herbe est assez tendre la première année, et sa fécule donne une pâte imparfaite et rougeâtre, trop pesante pour se soutenir sur l'eau. Cet indigo porte dans le pays le nom de *nouti* ou *mouti*. Celui de la seconde année s'appelle *cyerce* ou *ziarie*; il est violet, et flotte sur l'eau. L'indigo de la troisième année est le moins estimé; sa pâte est lourde et sa couleur terne; on le nomme *cateld*. La plante qui donne ces trois indigos, après avoir été coupée, est mise dans une citerne; on la charge de pierres, on la couvre d'eau et on la fait macérer quelques jours. Dès que l'eau paraît suffisamment chargée d'extrait colorant, on la fait écouler dans une autre citerne, au fond de laquelle en est une petite : on l'agite fortement avec des bâtons, puis on la soutire peu-à-peu; et la fécule qui reste est étendue sur des draps et exposée au soleil. Quand cette substance a pris un peu de fermeté, on en forme des boulettes ou des tablettes qu'on fait sécher sur le sable.

Le docteur Attilio Zuccagni a cultivé l'indigotier en Toscane avec assez de succès. Il a obtenu de 6 livres d'herbe fraîche 6 onces de fécule de quatre différens degrés de couleur et de bonté. Ses expériences, commencées en 1780, ont été répétées par d'autres cultivateurs de ce pays avec un succès égal. On peut en voir les détails et le résultat dans un ouvrage intitulé : *Corsa di agricultura pratica*, etc., c'est-à-dire, *Cours d'agriculture pratique*; chez Pagani, à Florence, tom. 3.

Rozier, dans son *Cours d'agriculture*, au mot *Anil*, nous apprend qu'il a aussi cultivé cet arbuste près de Lyon. En le semant, dit-il, sur couche de bonne heure, il lève facilement, fleurit, donne sa graine avant l'hiver, et cette graine, lorsque la saison est chaude, acquiert une bonne maturité. Si cette plante, ajoute-t-il, cultivée à Lyon, dans des pots, il est vrai, a bien réussi, pourquoi n'essaierait-on pas sa culture en grand dans la basse Provence, le bas Languedoc, et sur-tout en Corse, où la position géographique des lieux offre de si beaux abris?

Le vœu de Rozier pourrait d'autant mieux s'accomplir aujourd'hui, et les essais qu'il propose seraient d'autant plus faciles, que l'empire français étend ses limites jusqu'à des latitudes favorables à la culture de l'indigotier ; mais je conseillerais de faire tout de suite ces essais en grand, c'est-à-dire non dans des pots ou des serres, mais dans un champ bien exposé et bien préparé : car, en agriculture, le succès d'une plantation circonscrite dans une serre ou dans un jardin n'est pas toujours un indice sûr du succès de cette même plantation faite sur un sol d'une certaine étendue ; c'est comme en mécanique, où les petits modèles exécutent fort bien ce que souvent les grandes machines, construites d'après eux, ne sauraient exécuter. En général, dans le rapport des petits objets aux grands, il y a une foule de choses à calculer, qui, si elles échappent à l'œil de l'observateur, donnent lieu à de fausses inductions de sa part et à des assertions plus que douteuses.

Je crois inutile d'entrer dans aucun détail sur les précautions à prendre et sur les pratiques à suivre pour chercher à naturaliser l'indigotier dans les contrées australes de la France. Les cultivateurs instruits qui liront cet article y trouveront (*sect. I, culture de l'indigotier*), les principes sur lesquels ils doivent appuyer leurs essais, et ils sauront sans doute en faire une heureuse application au climat et aux circonstances locales du canton qu'ils habiteront. (**D.**)

Feu mon collaborateur Dutour, dans l'article d'ailleurs si sagement rédigé qu'on vient de lire, a oublié de parler d'une manière d'obtenir la fécule de l'indigotier bien préférable, ainsi que la théorie et la pratique le proclament, à celle en usage dans nos colonies, si sujette à donner des mécomptes, ainsi que tous les écrivains le rapportent, et ainsi que j'ai pu personnellement en juger, puisque les deux seules fois où j'ai eu en Caroline l'occasion d'étudier la fabrication de l'indigo, l'opération a manqué par l'effet du manque de maturité de la plante et de chaleur de l'atmosphère ; cette manière est celle de la décoction en usage en Égypte, dans plusieurs parties de l'Inde, à Madagascar, etc., etc. Dans ces pays, au lieu de faire pourrir les feuilles et les tiges de l'indigotier pour en obtenir la fécule, on les fait cuire ; c'est-à-dire qu'on les met, aussitôt qu'elles sont cueillies, dans de grandes chaudières à ce destinées, chaudières qu'on remplit d'eau et sous lesquelles on entretient un grand feu pendant 6 à 8 heures. Le parenchyme de ces feuilles et de ces tiges se désorganise ; la fécule se dissout dans l'eau, qu'on bat, selon les procédés ordinaires, dans la chaudière même, après en avoir ôté les restes des feuilles et des tiges, ou qu'on fait passer dans une cuve ; puis on recommence à faire bouillir des feuilles et des tiges.

Dans ce procédé, on n'a pas à craindre les effets des circonstances atmosphériques comme dans l'autre ; toute la fécule contenue dans les feuilles et dans les tiges en est retirée aussi pure qu'on peut le désirer. Il ne s'agit que d'avoir de grandes chaudières en nombre proportionné à l'étendue des cultures et de ne couper à-la-fois que la quantité d'indigotier qu'on pourra soumettre à l'ébullition dans la journée.

Du reste, la dessiccation de la fécule s'exécute comme il a été dit.

Depuis quelques années, les Anglais retirent une grande quantité de fécule bleue, aussi et plus belle que celle de l'indigotier, et qui peut être, pour tout, substituée à cette dernière, d'un arbuste du genre des LAUROSES, ou d'un genre très-voisin appelé VRIGTIE. Comme cet arbrisseau est vivace, est beaucoup plus grand, a des feuilles beaucoup plus larges et beaucoup plus épaisses que l'indigotier, il n'y a pas de doute qu'on doit trouver un immense avantage à le cultiver, d'autant plus qu'une fois planté, il n'y a plus qu'à le couper pour le mettre dans la chaudière. Cette découverte et les causes citées dans les notes que j'ai mises à cet article, me font craindre que nos colonies ne puissent bientôt plus, sans des droits énormes sur les indigos étrangers, cultiver celui qui a fait un des élémens de leur richesse pendant un si grand nombre d'années. (B.)

INDULE. Nom du GUIGNIER NAIN PRÉCOCE, à Orléans. *Voyez* CERISIER. (B.)

INFERTILITÉ. C'est le contraire de FERTILITÉ. *Voyez* ce mot.

Il est certains terrains qu'on ne peut rendre fertiles sans de telles dépenses, que ce serait folie de le tenter ; mais en général on peut dire qu'ils sont rares. La plupart de ceux qui sont abandonnés comme incapables de produire des récoltes peuvent être utilisés par des plantations ou des semis de plusieurs sortes. Dès qu'ils offrent une végétation spontanée, ils ne sont pas totalement infertiles ; car on peut, par des procédés quelconques, augmenter le nombre et la beauté des plantes qui y croissent ; et c'est une culture. Je connais très-peu de plantes dont un cultivateur éclairé ne puisse tirer parti.

Il est des causes d'infertilité momentanée, et quelques-unes d'elles tiennent à l'excès même de la fertilité : ainsi, les meilleurs engrais, les excrémens humains, les bouses de vache, la colombine, etc., en masses, rendent inapte, pendant un temps plus ou moins long, à la reproduction des végétaux, ainsi qu'il n'est personne qui n'ait été à même de le voir souvent, les lieux qui en sont couverts. Ils brûlent l'herbe, selon l'expression vulgaire (*voyez* au mot ENGRAIS) ; il en est d'autres qui tiennent à l'irrégularité des phénomènes atmosphériques. Trop de pluie pendant l'hiver, trop de sécheresse au printemps, produisent l'infertilité.

En général, l'excès, sous tous les rapports, produit la diminution ou la perte des récoltes.

Le sujet que je traite pourrait devenir le texte d'après lequel on rédigerait un volume ; mais comme ce qu'il contiendrait se trouve répandu dans les divers articles de cet ouvrage, j'y renvoie le lecteur. (B.)

INFLAMMATION. Médecine vétérinaire. C'est une chaleur contre nature du sang artériel inhérent. Le cheval, le bœuf, etc., n'en sont attaqués qu'autant que leur sang se porte avec plus de vitesse dans la partie enflammée, et que son retour au cœur se fait avec moins de vitesse par les veines ; car il est certain que dans l'inflammation la partie enflammée reçoit plus de sang qu'elle n'en transmet dans les veines, d'où il résulte que celui qu'elle retient s'accumule dans cette partie, la gonfle, l'échauffe et la rougit.

Cette accumulation se fait principalement dans les petites artères et dans le tissu cellulaire, en suintant à travers les pores de ces petites branches artérielles. La cause de cette transsudation dans les cellulosités est aisée à comprendre. Le sang étant porté avec violence dans les artères de la partie enflammée, et ne trouvant pas une sortie proportionnée aux veines, enfile les pores par lesquels la graisse et la vapeur gélatineuses se répandent naturellement dans les cellules, et suinte par ces pores, parce que la force nouvelle du sang artériel en dilate le calibre, qui, dans son état natutel, n'admettrait pas les globules de sang.

Un autre effet non moins certain de l'inflammation, c'est que tout le corps de l'animal qui en est atteint est en fièvre, ou simplement la partie enflammée : de sorte que si le mouvement du sang n'est pas accéléré dans tout le corps, on observe toujours que les artères de la partie enflammée battent plus vite et plus fort que dans l'état ordinaire.

Mais comme, parmi les parties qui forment le corps de l'animal, les unes sont internes et les autres externes, nous distinguerons l'inflammation en *interne* et en *externe*.

L'inflammation externe est celle qui a son siége tantôt dans des parties extérieures fixes et déterminées, comme l'avant-cœur, ou anticœur, sur le poitrail du cheval, le talpa ou testudo, sur le sommet de la tête de cet animal, l'ophthalmie, etc. ; tantôt dans des parties indéterminées, comme les coups de pieds, de dents, de cornes, les morsures des bêtes venimeuses, les brûlures, le claveau, l'érysipèle.

Toutes ces diverses espèces d'inflammations extérieures se manifestent de différentes manières. Ici, le sang se porte sur les vaisseaux de la conjonctive, les surcharge et les gorge : ailleurs, c'est une tumeur ronde, comme le phlegmon, ou el-

liptique, comme dans le claveau, ou aplatie, comme dans l'é-
rysipèle. Chacune de ces affections superficielles est accompagnée de chaleur, de tension, de douleur, de pulsation et de
rougeur : tels sont les symptômes qui caractérisent essentiellement l'inflammation qui affecte extérieurement l'animal ;
quoique la rougeur en soit un signe semblable, elle n'est néanmoins bien sensible que dans l'inflammation de la conjonctive
du palais, etc. ; on l'aperçoit aussi dans les moutons, à la face
supérieure et interne de leurs cuisses, ainsi que dans toutes les
parties externes du corps des animaux dont le poil est de couleur blanche, ou qui en approche, et dans tous les endroits qui
sont dénués de poil.

Le tact indique la chaleur, la tension et la pulsation. La
chaleur est d'autant plus forte, que le mouvement progressif du
sang est plus gêné, et qu'elle est plus aidée par le mouvement intestin.

La tension est l'effet de la pression contre nature du sang,
qui se porte avec impétuosité dans les vaisseaux de la partie
enflammée, et la douleur y existe tant que la force qui comprime cette partie n'est point ôtée.

Cette force vient de la fréquente pulsation des artères, et
celle-ci du déplacement de ces canaux artériels, au moyen
duquel ils sont portés, tant que cette force contre nature a
lieu, avec force vers le doigt qui leur est appliqué.

On peut d'abord mettre au rang des causes qui produisent
l'inflammation celles qui commencent par irriter la partie
qu'elles attaquent, et à opérer ensuite la stagnation du sang ;
le feu, les caustiques, les vésicatoires, la suppression de la
matière de la transpiration, les dépôts de quelque humeur
extrêmement âcre, les luxations, les fractures, etc., sont de
ce nombre.

Il est d'autres causes de l'inflammation qui peuvent se compliquer avec les précédentes ; la différence qui existe entre elles,
c'est que celles-ci commencent par la stagnation du sang, et
non par irriter la partie qu'elles affectent. Telles sont celles
qui produisent d'abord l'inhérence du sang ou l'obstruction
des vaisseaux ; mais pour que le fluide soit inhérent, ou qu'il
circule plus difficilement dans les vaisseaux de quelques parties, il faut que sa masse augmente au-delà de ce qu'ils en
peuvent contenir, ou que leur diamètre diminue.

Or, les causes qui disposent à l'augmentation du sang sont
les travaux excessifs auxquels on livre les animaux, l'augmentation des excrétions séreuses, la pléthore. La masse de
leur sang augmentera encore, eu égard à la capacité de ces
petites branches artérielles ; car si plusieurs globules sont
poussés avec trop de rapidité, et qu'ils se présentent en même

temps à l'embouchure d'un vaisseau qui n'en peut admettre qu'un seul, c'est le cas de la fièvre; et si ces globules sont trop fortement liés les uns aux autres pour que l'action des petits vaisseaux puisse les désunir, c'est le cas de l'obstruction.

Les causes qui excitent l'inflammation, en diminuant le diamètre des vaisseaux, peuvent provenir de la compression des tentes et des tampons, que des maréchaux inhabiles placent mal-à-propos dans les plaies, ou de celle qu'éprouvent les vaisseaux qui avoisinent les parties luxées ou fracturées, ou de la compression d'un sang trop abondant, qui, en distendant les vaisseaux qui les contiennent, comprime et diminue la capacité de ceux qui les touchent, à mesure qu'ils se distendent.

L'inflammation vient aussi des ligatures trop serrées. On peut citer pour exemple la manière dont les maréchaux saignent les chevaux à la jugulaire. En effet, leur routine n'a souvent d'autre issue que de faire naître une nouvelle inflammation, lors même qu'ils ont la meilleure volonté de dissiper par la saignée celle qui existe; car la plupart serrent si fortement le cou du cheval avec leur ficelle, qu'elle comprime et étrangle en même temps toutes les veines qui apportent continuellement le sang dans les troncs qui sont chargés de le verser dans le cœur. Tant que le cou du cheval est ainsi jugulé, la plus grande étendue des veines jugulaires, cervicales et vertébrales, se trouvant au-dessous de cette ligature, ne reçoivent que très-peu de sang, et peut-être point; mais si ces artistes empêchent le sang de couler dans les veines, ils doivent être bien convaincus que le cœur n'attend pas que leur opération soit finie pour faire parvenir à la tête une nouvelle quantité de ce fluide, puisqu'il le fait chaque fois qu'il se contracte, que ses contractions suivent sans interruption chacune de ses dilatations, et que ce mouvement alternatif a lieu tant que l'animal vit.

Il résulte de là que le sang qui touche la partie supérieure de leur ligature se trouve arrêté dans son trajet par cet obstacle; et jusqu'à ce qu'il soit levé, il est toujours poussé par l'abord continuel de celui qui suit, de sorte qu'à chaque pulsation les vaisseaux qui se distribuent dans toute la tête, ainsi que dans la portion de l'encolure qui est au-dessus de cette ligature, se distendent de plus en plus, à cause de la trop grande quantité de sang qu'ils reçoivent, et de son mouvement trop rapide; ce qui produit la compression du cerveau, l'inflammation des vaisseaux de la cornée, etc.

Le cheval ainsi étranglé s'abat et tombe suffoqué, avant que le maréchal inexpert lui ait ouvert la jugulaire. J'ose ajouter qu'il n'est qu'un très-petit nombre de ces artistes qui n'aient pas

été les auteurs ou les témoins d'un pareil accident : on trouvera à l'article SAIGNÉE les moyens de le prévenir.

L'inflammation se termine ordinairement par la résolution,
ou par la suppuration, ou par l'induration, ou par la gangrène.

La résolution a lieu lorsque l'inflammation se dissipe graduellement sans aucune altération sensible des vaisseaux. Le
sang suit alors ses routes accoutumées, et les vaisseaux restent
dans leur entier. Lorsque l'inflammation n'a son siége que
dans les extrémités artérielles sanguines, la seule cessation
des causes qui l'avaient déterminée suffit à cet effet; si c'est
une ligature, une compression, un corps étranger, etc., ces
causes cessant d'agir, l'inflammation se résout, pourvu que
l'obstruction ne soit pas trop forte. L'oscillation modérée des
vaisseaux rend le sang plus fluide, et son mouvement intestin,
plus développé par la stagnation, concourt aussi admirable-
ment à sa fluidité. La modération du mouvement intestin des
humeurs, une certaine souplesse dans les vaisseaux, la qualité
d'un sang ni trop épais ni trop âcre, mais suffisamment
détrempé par la sérosité, favorisent beaucoup la résolution.

L'inflammation se termine par la suppuration lorsque, le
sang arrêté et les vaisseaux obstrués, on observe un battement
très-vif et très-sensible, une douleur aiguë et beaucoup de
dureté, et que bientôt après la tumeur s'amollit, la douleur
cesse, qu'il n'y a plus aucun battement, et qu'au lieu de la tumeur inflammatoire on trouve un abcès, puisqu'une ouverture naturelle, ou pratiquée par l'art, donne issue à une humeur blanchâtre, épaisse, tenace, égale, et sans caractère
d'âcreté, que l'on appelle pus.

L'inflammation qui attaque les glandes lymphatiques produit l'obstruction du sang et celle de la lymphe, s'il n'y a que
l'obstruction sanguine de résolue : alors l'inflammation se termine par l'induration, parce que la lymphe reste accumulée
dans ses vaisseaux, où elle formera une tumeur dure, indolente, squirrheuse.

Mais si l'obstruction est très-considérable, que l'engorgement soit fort grand, que les artères soient distendues au-delà
de leur ton, et qu'elles cessent de battre, l'inflammation se
terminera par la gangrène, parce que le mouvement progressif
du sang et l'action des vaisseaux étant totalement suspendus,
la vie cessera dans la partie. La fermentation putride, déjà fort
développée dans le sang altéré qui fait la base de cette inflammation, n'ayant plus de frein qui la modère, ne tardera pas à
avoir son effet, la putréfaction totale aura lieu; la partie qui
est alors gangrenée se couvre de petites ampoules, qui sont formées par l'épiderme qui se soulève, et qui renferment une sérosité âcre, séparée du sang et de l'air dégagé par la fermenta-

tion putride. La partie qui est alors gangrenée devient brune, livide, noirâtre, perd tout sentiment, et exhale une odeur putride, cadavéreuse : c'est alors le sphacèle, dernier degré de la mortification.

Pour avoir la connaissance du diagnostic de l'inflammation, il suffit de savoir que la douleur et la chaleur fixées à une partie sont des signes qui annoncent qu'elle est enflammée. Si cette partie est interne, il survient une fièvre plus ou moins aiguë, et l'on observe un dérangement dans les fonctions propres à cette partie. Si l'inflammation est externe, on voit que la douleur et la chaleur se joignent à la rougeur et à la tumeur de la partie enflammée.

Si les causes sont externes, on peut s'en assurer par le témoignage des personnes qui soignent les animaux : ainsi l'inflammation sera occasionnée par le feu, ou par un caustique, ou par une luxation, ou par une compression, etc.; si elle n'est due à aucune de ces causes ou autres extérieures quelconques, il y a tout lieu d'assurer que l'inflammation provient d'une cause interne, telle que d'un vice de sang ou des humeurs; si elle survient à la suite d'une fièvre putride, maligne, pestilentielle, et sur-tout si l'inflammation est accompagnée d'une diminution dans les symptômes, elle est censée critique.

L'événement des différentes espèces d'inflammation dépend du siége qu'elles occupent, de leurs causes, de leur grandeur, de la vivacité de leurs symptômes, de leurs accidens, de leur espèce, de leurs terminaisons, et d'une multitude de circonstances qui peuvent le faire varier à l'infini.

Car si leur siége occupe une partie interne, et qu'elle soit considérable, elles sont plus à craindre que celles qui ont leur siége à l'extérieur; et si celles-ci se trouvaient fixées dans des parties tendineuses, aponévrotiques, glanduleuses, nerveuses, ou dans des membranes tendues, extrêmement sensibles, elles seraient plus fâcheuses que si elles occupaient quelques autres parties externes.

Celles qui proviennent d'un vice du sang sont plus difficiles à guérir, et plus dangereuses que celles qui ne tiennent leur existence que d'un dérangement local dans la partie qui en est affectée.

Celles au contraire qui sont produites par le feu, les caustiques actifs, les luxations, les fractures, etc., peuvent mettre la vie de l'animal dans le danger le plus imminent.

Ce n'est pas ordinairement leur grande étendue qui les rend plus dangereuses, c'est la vivacité de la douleur et la violence des accidens qui en peuvent résulter qui rendent le péril plus ou moins pressant, comme la fièvre, les convulsions, le délire, etc.

La constitution du sujet, son tempérament, son âge, etc. peuvent encore faire varier le pronostic de l'inflammation : dans un vieil animal, elle se termine rarement par la résolution, elle dégénère plus communément en suppuration ou en gangrène ; dans les jeunes animaux d'un tempérament vif et sanguin, les accidens sont toujours plus graves, l'inflammation est bientôt terminée en bien ou en mal.

La résolution est pour l'ordinaire la seule terminaison qui soit vraiment curative ; néanmoins il peut se présenter quelques circonstances particulières où la suppuration soit plus salutaire. Si l'une ou l'autre de ces deux terminaisons ne peut avoir lieu dans l'inflammation extérieure, alors il survient des accidens extrêmement violens qui mettent la vie de l'animal dans le plus grand danger. C'est le cas de désirer que la partie enflammée soit frappée de la gangrène, dans l'espérance que la mort de cette partie sauvera la vie à toutes les autres.

D'ailleurs, le praticien doit examiner de près les signes qui présagent la terminaison de l'inflammation. Il doit s'attendre à la résolution lorsque les signes de l'inflammation sont modérés, que la douleur est légère, lorsqu'il commence à voir une diminution graduée et insensible dans le volume et la dureté de la tumeur, et qu'il observe une humidité autour des poils qui garnissent la partie enflammée.

Si les symptômes augmentent, que la tumeur ait une pointe extrêmement dure, qu'il y sente un battement plus sensible que dans les autres parties de sa surface, il doit s'attendre à la suppuration.

Si la douleur, le volume de la tumeur et la chaleur diminuent sensiblement, et que la dureté et la résistance deviennent graduellement plus marquées, il doit conclure que cette espèce d'inflammation se transforme en squirrhe, et que cette terminaison n'a lieu que dans les parties glanduleuses.

Si au contraire l'augmentation des symptômes est fort considérable, que la tension soit excessive, que la douleur soit extrêmement vive, qu'il ne sente point de battement, que le poil se hérisse et tombe par places, que la peau se flétrisse, qu'elle devienne noirâtre, et que la douleur cesse pour ainsi dire entièrement, le praticien peut être assuré que la gangrène est déjà commencée.

Nous nous bornerons à indiquer l'usage de quelques remèdes qu'il est à propos d'employer dans le traitement des inflammations extérieures : telles sont la saignée, les émolliens anodins, narcotiques, résolutifs, suppuratifs, et antigangreneux.

1°. La saignée désemplit les vaisseaux, diminue la quanlité du sang, ce qui produit un relâchement dans le système vasculeux, et une diminution très-marquée dans la force des organes vitaux. La saignée convient donc toutes les fois que la quantité ou le mouvement du sang sont augmentés, que l'irritabilité est trop animée, que la douleur, la chaleur, la fièvre et les autres accidens pressent un peu trop vivement.

2°. Les émolliens relâchent, détendent, humectent et affaiblissent les solides ; les anodins et narcotiques ont la vertu particulière de diminuer l'irritabilité, soit qu'on les administre intérieurement, soit qu'on les applique à l'extérieur. Ces remèdes conviennent donc dans l'inflammation, lorsqu'elle est accompagnée d'une douleur extrêmement aiguë, d'une tension très-considérable, d'une contractilité excessive ; mais si les narcotiques calment tout de suite les douleurs les plus vives ; s'ils émoussent et assoupissent pour ainsi dire la sensibilité ; s'ils diminuent le mouvement des artères, et par conséquent la vie de la partie, on doit être très-circonspect en les administrant, parce qu'il n'est pas rare de voir des inflammations terminées en gangrène par l'usage mal entendu des remèdes émolliens, anodins et narcotiques.

3°. Les résolutifs peuvent opérer la résolution d'une inflammation, soit en la ramollissant, soit en la stimulant, soit en calmant les douleurs qu'elle occasionne. Ils ne conviennent néanmoins que dans les cas où les symptômes de l'inflammation ne sont pas violens, où il faut augmenter le ton des vaisseaux relâchés, et ranimer le mouvement des humeurs engourdies ; car, si on les appliquait avant que la résolution n'eût commencé à se faire, ils fortifieraient, resserreraient et crisperaient davantage les vaisseaux de la partie enflammée, et, bien loin de dissoudre l'inflammation, ils la feraient plus sûrement dégénérer en gangrène ; mais on ne doit point les employer dans l'inflammation qui dépend d'une cause interne, parce qu'ils pourraient occasionner quelque transport ou métastase dangereux.

Tous les toniques qui ont la propriété d'intercepter la transpiration accélèrent le mouvement intestin, augmentent l'engorgement, excitent dans le sang un mouvement contre nature, et un dérangement dans l'action des vaisseaux : de sorte que toutes ces causes peuvent opérer la coction et la suppuration d'une inflammation, qui, sans l'emploi de ces toniques en forme d'emplâtres, d'onguens, de cataplasmes, auraient pu se terminer par la résolution. On pourra en faire usage dans les inflammations critiques, pestilentielles, dans celles qui sont entretenues par quelques causes internes, dans les tumeurs phelgmoneuses, principalement lorsqu'elles s'élèvent

en pointe, et que les douleurs et les battemens y aboutissent
et y sont plus sensibles.

Dans les inflammations qui se terminent en gangrène, à
cause de l'excessive irritabilité, de la raideur et de la tension
trop considérables des vaisseaux, qui les empêchent de réagir
et de modérer le mouvement intestin du sang, on peut employer les antiseptiques lorsque le mouvement du sang est ra-
lenti, qu'il est accompagné d'un trop grand relâchement et
d'une espèce d'insensibilité qui font craindre la gangrène. Ces
antiseptiques doivent ranimer plus ou moins le ton, et augmenter le mouvement des vaisseaux : on peut les tirer de la
classe des résolutifs et des stimulans les plus actifs; mais si
la gangrène est déjà commencée, que la partie soit un peu ramollie, la sensibilité étant émoussée, les vaisseaux flétris et
relâchés, il est bon de les ranimer avec les spiritueux roborans,
il est même encore préférable de les scarifier.

Tous ces secours extérieurs sont insuffisans si l'inflammation provient d'une cause interne, parce que dans pareille circonstance on doit administrer les remèdes internes, suivant
que la nature du mal l'exige : s'il provient de l'épaississement, les apéritifs, les incisifs, les salins, les sudorifiques
doivent être mis en usage; si c'est de la raréfaction, les boissons acides, nitreuses; si le mal est érysipélateux, les fondans,
les eaux minérales, acidules, et les hépatiques conviennent.
Enfin il faut faire cesser l'action des causes évidentes, soit en
rappelant des excrétions supprimées, soit en remettant les
parties fracturées ou luxées, etc.

De l'inflammation interne. L'inflammation interne est caractérisée principalement par une fièvre aiguë, par des signes
plus ou moins marqués de l'inflammation, rapportés à une
partie, qui décide pour l'ordinaire l'espèce et le nom de la maladie inflammatoire.

Pour que l'inflammation soit interne, il suffit que la cause
le soit, et qu'elle agisse sur-tout intérieurement. Néanmoins,
par rapport au siége de l'inflammation, on peut établir deux
classes de maladies inflammatoires : dans les unes, l'inflammation est exanthématique; dans les autres, elle occupe une partie interne.

La première classe comprend le claveau, le charbon, etc.
On peut rapporter à la seconde l'inflammation du cerveau,
de la plèvre, des poumons, du diaphragme, de l'estomac, du
foie, des reins, etc. On divise encore l'inflammation en vraie
ou légitime, en fausse ou bâtarde : on en donnera la description dans l'article qui suit l'inflammation interne.

Toutes ces maladies inflammatoires sont communément précédées d'un état neutre, qui dure quelques jours, pendant les-

quels la maladie n'est pas encore décidée ; l'animal n'est pas encore malade, il n'est qu'indisposé. On s'aperçoit qu'il éprouve un mal-être universel ; qu'il ne meut qu'avec peine sa tête et ses extrémités ; si même on lui donne l'aliment qu'il aimait le mieux avant son indisposition, et qu'il l'accepte, il le tient dans sa bouche, ou lui donne nonchalamment quelques coups de dents ; la mastication, la déglutition, et toutes les fonctions languissent.

La maladie commence le plus souvent par le froid, qui s'empare d'abord des extrémités, et se communique dans peu à toute la surface du corps, ce qui s'annonce par un tremblement plus ou moins vif, qui est général, ou qui secoue seulement quelques parties, auquel succède la fièvre ; les temps auxquels les signes de ces diverses espèces d'inflammations commencent à se manifester sont bien différens : dans l'inflammation des poumons, la difficulté de respirer paraît dès le premier jour de la fièvre ; dans le claveau, l'inflammation pustuleuse se montre le troisième ou le quatrième jour, etc. Le caractère du pouls est proportionné à la douleur : lorsqu'elle est vive, le pouls est dur, serré, tendu ; si elle l'est moins, il est plus mou et plus souple ; il varie encore suivant le siége du mal et le temps de la maladie. Dans l'inflammation du cerveau ou de ses membranes, connue vulgairement sous le nom de *vertigo* lorsque le cheval en est atteint, et sous celui de *mal de chèvre*, si c'est un bœuf, le pouls est plus fort, plus dilaté, plus plein que dans les inflammations qui attaquent les viscères contenus dans la cavité de l'abdomen ; car alors il est plus petit, plus concentré, moins égal. Au commencement de la maladie, dans le temps de l'irritation, que la matière morbifique n'est pas encore cuite, le pouls est dur, serré, fréquent ; sur la fin, quand l'issue est ou doit être favorable, le pouls se ralentit, se développe, s'amollit, devient plus souple, et prend des modifications propres aux évacuations critiques qui sont sur le point de se faire, et qui doivent terminer la maladie.

Les terminaisons des maladies inflammatoires peuvent être les mêmes que celles des inflammations externes, mais avec cette différence qu'il n'y a jamais de résolution simple. Lorsque les maladies se terminent par cette voie, on observe que cette terminaison est précédée ou accompagnée de quelque évacuation ou dépôt critique. Ces évacuations varient dans les différentes espèces d'inflammations, suivant la partie qu'elles affectent. Si la partie qui est enflammée a des vaisseaux excrétoires, la crise s'opère plus souvent et plus heureusement par cette voie. Dans les inflammations de poitrine, la crise la plus ordinaire et la plus sûre se fait par l'expectoration, quelquefois par les urines, d'autres fois par les sueurs, sur-tout dans le cheval.

Dans l'inflammation du cerveau et des méninges, l'hémorrhagie des naseaux ou l'excrétion des matières cuites par cette même voie sont les plus convenables : celles des urines sont aussi fort bonnes.

Dans l'inflammation du foie, des reins, etc., la maladie se termine heureusement par les urines et par le dévoiement.

Les inflammations exanthémateuses ne se terminent jamais mieux que par la suppuration. Quelquefois le claveau se dessèche simplement, et ne laisse que de petites pellicules ; mais cette terminaison superficielle est communément suivie de petites fièvres lentes, qu'il est très-difficile de dissiper.

Les causes des maladies inflammatoires non-seulement disposent à l'inflammation pendant long-temps, mais il est encore souvent nécessaire qu'elles soient excitées et mises en jeu par quelque autre cause qui survienne.

Celles qui sont contagieuses et épizotiques peuvent être attribuées aux vices de l'air : la mauvaise nourriture et les travaux excessifs qu'on exige de certains animaux, peuvent favoriser cette cause, aider à cette disposition, et rendre plus funestes les impressions de ces miasmes contagieux contenus dans l'air.

La suppression des excrétions et sur-tout de la transpiration, est une cause fréquente des maladies inflammatoires ; car le passage du chaud au froid arrête, trouble la sueur et la transpiration insensible, et peut par là former la disposition inflammatoire ; mais elle n'excitera une pleurésie que dans les animaux qui y auront une disposition formée. Dans les autres, elle produira des toux, des rhumes, des catarrhes, suite fréquente et naturelle de la transpiration pulmonaire, arrêtée par le peu d'attention que les hommes ont pour les animaux et souvent pour eux-mêmes.

Nous observerons encore que, dans une constitution épizootique, les différentes espèces d'animaux ne sont pas toujours attaquées de la même maladie inflammatoire. Les chevaux seront frappés du VERTIGO (*voyez* ce mot), les bœufs de la murie, les brebis du claveau.

De sorte que, si ceux qui soignent les animaux s'aperçoivent qu'ils éprouvent un malaise, qu'ils soient gênés dans quelque partie, avant que la maladie soit déclarée, ce sera cette partie qui en sera la plus maltraitée, parce qu'il y aura une disposition antécédente, une faiblesse naturelle qui y détermine le principal effort de la maladie.

Enfin il y a tout lieu de croire que la disposition inflammatoire qui est dans le sang, poussée à un certain point, ou mise en jeu par quelque cause primitive survenue, réveille son mouvement intestin de putréfaction, augmente sa circulation, anime la contractilité des organes vitaux; que le sang ainsi enflammé et mu avec rapidité se porte avec plus d'effort sur les parties qui sont disposées, et s'y déchargera peut-être d'une partie du levain inflammatoire.

Il semble, en effet, que ces inflammations des viscères ou d'autres parties soient des espèces de dépôts solitaires, quoique inflammatoires. Ce qui prouve que les viscères, dans ces maladies, sont réellement enflammés, c'est qu'on y observe tous les signes de l'inflammation, les mêmes terminaisons, par la suppuration, l'induration et la gangrène, que dans l'inflammation externe.

La partie où se fera l'inflammation décidera le nombre et la qualité des symptômes. Ainsi l'inflammation de la substance du cerveau, connue sous le nom de *vertigo*, sera accompagnée de faiblesse extrême, de délire continuel, mais sourd, tranquille; d'abolition dans le sentiment et le mouvement, à l'exception d'une agitation involontaire des extrémités et de la tête. Tous ces symptômes dépendent de la sécrétion troublée et interceptée du fluide nerveux.

Mais si l'inflammation a son siége dans les membranes extrêmement sensibles qui enveloppent le cerveau, elle entraînera, à raison de la sensibilité, des symptômes plus aigus, un délire plus violent, etc. Si cette espèce d'inflammation attaque le cheval, on lui donne encore le nom de *vertigo*; si c'est le bœuf, celui de *mal de chèvre*. C'est ainsi que l'on confond l'inflammation des membranes du cerveau avec celle dont le cerveau est attaqué lui-même. On en fait de même pour l'inflammation des poumons et pour celle de la plèvre, etc.; car toutes les fois que le bœuf en est atteint, les Francs-Comtois disent qu'il a la murie.

Quant au diagnostic des maladies inflammatoires, il est facile de s'assurer de leur présence par ce que nous venons d'exposer, d'en distinguer les différentes espèces par les signes qui leur sont propres; on peut s'instruire des causes qui ont disposé, produit, et excité ces maladies, auprès des personnes à qui appartiennent les animaux, auprès de celles qui les ont conduits; il est même important de savoir si la maladie inflammatoire est épizootique.

Pour ce qui est de l'événement des maladies inflammatoires, il dépend des accidens qui surviennent pendant leur cours. Le dépôt qui se fait dans quelques parties n'en augmente qu'accidentellement le danger; quelquefois même il le diminue, en débarrassant le sang d'une partie du levain inflammatoire. Il y a même lieu de croire que la maladie inflammatoire serait plus dangereuse s'il n'y avait point de partie particulièrement affectée; car, dès que les inflammations extérieures sont formées, on voit que la fougue du sang se ralentit, que la violence des symptômes s'apaise; et, dans ce cas, ce serait exposer la vie de l'animal si l'on empêchait la formation de ces sortes de dépôts inflammatoires. Néanmoins, on ne doit pas se conduire de même si le dépôt se forme dans la substance du cerveau, dans celle des poumons, ou dans quelques autres parties dont les fonctions sont nécessaires à la vie de l'animal : ce serait augmenter le danger de ces maladies inflammatoires, qu'on doit s'efforcer de dissiper, en employant tous les moyens que l'art indique pour prévenir la formation du dépôt. Travailler à la résolution de l'humeur morbifique, l'évacuer par les voies les plus convenables, c'est, de toutes les terminaisons, la plus favorable; on a lieu de l'attendre, lorsque les symptômes sont assez modérés, et tous appropriés à la maladie, lorsque le quatrième ou le septième jour on voit paraître des signes de coction, que les urines se chargent d'un sédiment, que le pouls commence à se développer, que le poil est moins hérissé, la peau moins sèche et que tous les symptômes diminuent. A ces signes succèdent les signes critiques qui annoncent la dépuration du sang et l'évacuation des mauvais sucs par des couloirs appropriés; les plus sûrs et les plus nécessaires sont ceux qu'on tire des modifications du pouls.

On doit s'attendre, au contraire, à voir périr l'animal qui est attaqué d'une maladie inflammatoire, si l'on n'observe aucun relâche dans les symptômes ni le quatrième ni le cinquième jour, si le pouls conserve toujours un caractère d'irritation. L'on voit alors survenir différens phénomènes qui, par leur gravité, annoncent la mort prochaine. Ces signes varient suivant les maladies. *Voyez-les* aux mots ESQUINANCIE, MURIE, VERTIGO, etc.

Si c'est toujours un grand bien lorsque les maladies inflammatoires extérieures se terminent par la suppuration, ce n'est pas toujours un grand mal lorsque cette terminaison a lieu dans celles qui attaquent les parties internes; car si, parmi les différentes espèces de maladies épizootiques, on observe attentivement les terminaisons de la murie, on se convaincra que cette maladie inflammatoire se termine souvent dans les bœufs, dans les vaches et dans les veaux qui en sont atteints, par la suppuration, sans aucune suite fâcheuse, et qu'il arrive même quelquefois des transports salutaires, des abcès formés dans les poumons à l'extérieur.

Il est donc bien important pour le médecin vétérinaire de s'appliquer à connaître les cas où la suppuration doit terminer la murie, le vertigo, etc. Si, dès le commencement de la maladie, les symptômes sont violens, qu'ils ne diminuent que fort peu durant le temps de la coction, dont il n'aura observé que quelques légers signes, et qu'ils reparaissent avec plus d'activité ; que la fièvre se montre avec plus de force ; que le pouls, quoiqu'un peu développé, reste toujours dur ; qu'il sente une raideur considérable dans l'artère, un battement plus vif et plus répété dans la partie affectée, et que les douleurs que l'animal éprouve deviennent plus aiguës : tous ces signes bien constatés publient hautement que la maladie inflammatoire se termine par la suppuration, et le médecin vétérinaire, les ayant exactement observés, doit s'attendre à cette issue.

Tous ces symptômes disparaissent dès que l'abcès est formé : l'animal, fatigué de l'assaut qu'il a soutenu, reste lourd, pesant, et quelquefois il éprouve encore quelques frissons ; mais si, dans ces circonstances, le pouls vient indiquer un mouvement critique du côté de quelques couloirs, le pus s'évacue par les organes dont il annonce l'action, et l'animal reste le vainqueur.

L'induration est encore une terminaison qu'on observe assez fréquemment dans les bœufs qui sont attaqués de l'esquinancie ; alors l'inflammation se dissipe insensiblement, les glandes qui en étaient affectées deviennent squirrheuses. Ces animaux ne cessent pas pour cela d'être utiles à l'homme ; mais il doit s'attendre à les voir périr lorsque les maladies inflammatoires dont ils sont atteints se terminent par la gangrène.

Enfin on ne doit pas oublier que les maladies inflammatoires sont des maladies très - aiguës, qu'elles se terminent toujours avant le quatorzième jour, souvent le septième, quelquefois le quatrième, par la résolution, ou par la suppuration, ou par l'induration, ou par la gangrène.

La *curation*. Les matières qui produisent les maladies inflammatoires excitent dans le sang une fermentation qui suffit pour les briser, les atténuer, les décomposer et les évacuer ; de sorte que l'art ne fournit contre ces sortes de maladies que des remèdes qui peuvent diminuer la fièvre ou même l'augmenter s'il est nécessaire, et aider telle ou telle excrétion critique ; mais il n'y a que la fermentation qui rétablisse et purifie le sang, et qui emporte les engorgemens inflammatoires des viscères.

Ainsi, deux ou trois saignées peuvent très - bien convenir dans le temps de crudité ou d'irritation des maladies inflammatoires, pour diminuer ou calmer la violence de certains symptômes, et pour ralentir l'impétuosité trop grande des humeurs. La saignée peut donc être très - avantageuse au commencement de ces maladies, sur-tout dans des sujets pléthoriques, lorsque le pouls est oppressé, petit, enfoncé, mais ayant du corps et une certaine force : la saignée alors élève, développe le pouls, augmente la fièvre et fait manifester l'inflammation dans quelques parties ; mais les saignées trop multipliées relâchent et affaiblissent considérablement les vaisseaux, troublent et dérangent les évacuations critiques, augmentent la disposition de la partie affectée, qui ne provient vraisemblablement que d'une faiblesse, et rendent par là l'engorgement impossible à résoudre. Les lavages, les délayans doivent être mis en usage.

Il est certains cas où les purgatifs peuvent être employés dans les maladies inflammatoires avec fruit, parce qu'il est à propos de balayer les premières voies, lorsqu'elles sont infectées de mauvais sucs et qu'elles sont comme engourdies sous leur poids. D'ailleurs, par ce moyen, on prépare aux alimens et aux remèdes un chemin pur et facile, qui, sans cette précaution, passeraient dans le sang, changés, altérés et corrompus. Mais cette indication doit être bien examinée ; car les signes ordinaires de putréfaction ne sont souvent que passagers; un purgatif qui ne serait indiqué que par eux serait souvent hasardé. On connaîtrait plus sûrement si l'estomac et les intestins sont surchargés et infectés de mauvais sucs, si les humeurs se portent vers les premières voies, par les différens caractères du pouls (*voyez*) Pouls); alors on a tout à espérer d'un purgatif placé dans ce cas. Pour ne pas exciter une super-purgation, il doit être léger; le développement du pouls succédant à l'évacuation en désigne la réussite. On l'administre au commencement de la maladie inflammatoire; mais pour en prévenir les effets et en faciliter l'opération, il faut qu'il soit précédé d'une ou deux saignées. Si l'on ne purge que vers la fin de la maladie, ce n'est pas lorsque l'humeur morbifique s'échappe par les voies de l'expectoration ou de la transpiration, etc., parce que les purgatifs attirent aux intestins toutes les humeurs, les dérivent des autres couloirs, détournent principalement la matière de la transpiration, et arrêtent l'expectoration, etc. Les purgatifs ne peuvent donc favoriser les évacuations critiques que lorsqu'elles enfilent les voies des matières fécales.

Les émétiques ne détournent point la transpiration ; ils excitent une secousse générale qui est très-souvent avantageuse. Le cheval, le mulet, le bœuf, etc., ne vomissent point ; néanmoins ces purgatifs peuvent être d'une grande ressource dans les maladies inflammatoires qui attaquent les chiens.

Si la fièvre est trop faible, qu'on aperçoive une langueur, un affaissement dans la machine, il faut avoir recours aux sti-

mulans, aux cordiaux plus ou moins actifs, aux élixirs spiritueux, aromatiques, aux huiles essentielles, etc.

Dans ce cas, les vésicatoires relèvent le pouls, augmentent
sa force, sa tension, font cesser les assoupissemens, calment
souvent les délires, et aident à la décision des crises. On en
obtient de bons effets dans le vertigo, dans la murie, sur-tout
lorsqu'on les applique sur la partie affectée, dans le temps que
les vaisseaux qui s'y distribuent et le sang qu'ils contiennent
sont engourdis.

Enfin, dès que le médecin vétérinaire connaît le couloir que
la nature destine à l'excrétion critique, il doit aider la crise
par des remèdes qui la poussent dehors par ce même couloir.
Si c'est par l'expectoration, il administrera les béchiques; si
c'est par la sueur, les sudorifiques; si c'est par le dévoiement,
les purgatifs légers, etc., si la maladie inflammatoire se termine par la suppuration. *Voyez* MURIE, VERTIGO.

L'inflammation interne, ainsi que l'externe, dépendent en
général d'une obstruction qui arrête les liquides et d'un mouvement qui les pousse tantôt en avant, tantôt en arrière.
L'une et l'autre de ces conditions tendent à pervertir les humeurs, et c'est quelquefois l'une, quelquefois l'autre qui pré-
domine; ce qui fournit la division de l'inflammation en vraie
ou légitime, en fausse ou bâtarde. Dans la vraie, c'est le mouvement; dans la fausse, c'est l'arrêt ou l'obstruction qui
joue le rôle principal : la vraie s'annonce par la vigueur, l'é-
galité, la tension du pouls; on doit en affaiblir les forces par
des saignées réitérées, détendre les fibres par des humectans
et des émolliens, fondre les humeurs par les savonneux rafraîchissans.

La fausse a pour signes la vacillation, la petitesse, l'inégalité du pouls, signes qui se manifestent dès le début, ou qui
surviennent pour peu qu'on excède dans la saignée : il faut
soutenir les forces par les cordiaux, s'opposer au relâchement
ultérieur des solides, à la dissolution des fluides, par les antiseptiques fortifians.

Dans les fièvres malignes, les saignées abattent le pouls,
causent un délire dont la cause est souvent l'inflammation et
la suppuration du cerveau. La vraie inflammation cause très-
souvent un genre de pourriture qui demande l'usage des antiseptiques rafraîchissans. Elle le produit certainement lorsque
la phlogose est trop violente pour se résoudre bénignement,
ou pour se terminer par la suppuration, et ses changemens
en gangrène sont alors très-prompts; c'est pourquoi il est
essentiel d'aller au-devant du mal, de prévenir l'altération
putride dont les humeurs et les vaisseaux sont alors menacés,
par l'administration de remèdes antiseptiques rafraîchissans :

c'est le moyen de s'opposer à la corruption, de modérer l'agitation intestine des solides et des fluides, et de suspendre les funestes effets de la cause prochaine de la chaleur; en détendant les fibres, en désemplissant les vaisseaux, en macérant leur tissu, en calmant leur irritabilité, en résolvant leurs obstructions, en les délivrant de leurs embarras, ils les préservent de rupture, et rétablissent le cours des humeurs dans les tuyaux. Tels sont les effets qu'il s'agit de produire dans une partie menacée de pourriture par l'inflammation légitime. Puisque cet état de changement en gangrène n'arrive que parce que l'obstruction est si considérable qu'elle occupe tous les vaisseaux de la partie affectée, ou que ceux qui sont restés libres sont tellement comprimés par le volume des autres, que, rien ne pouvant passer par cet endroit, ses vaisseaux doivent soutenir la totalité du choc d'une circulation impétueuse, qui les rompt tous presque en même temps, et occasionne une effusion d'humeurs à demi corrompues par la chaleur que ces mouvemens font naître.

Les antiseptiques rafraîchissans sont donc indiqués lorsque l'inflammation est portée à un degré de violence qui fait craindre la gangrène de la partie affectée. Ce danger se manifeste par la chaleur ardente, par la grande tension, par la couleur pourprée, luisante, bleuâtre de la tumeur, par la vivacité de la douleur, la fréquence et l'intensité des élancemens, par la dureté, la plénitude, la grande vitesse du pouls, par l'ardeur du corps, la soif extrême, l'exaltation des urines, etc.

L'ensemble de ces symptômes exige l'usage des rafraîchissans en général; mais la diversité de leurs causes détermine les cas où il faut préférer ceux d'une espèce plutôt que ceux d'une autre; et l'habitude du médecin vétérinaire, dans cette occasion où il est nécessaire d'agir promptement et avec efficacité, consiste à savoir décider quelle est la cause principale du mal, afin de lui opposer le remède qui lui convient de préférence.

Il peut rapporter aux articles suivans les causes qui élèvent l'inflammation au degré de violence capable de briser tous les vaisseaux de la partie intéressée, et de la gangrener :

L'impétuosité de la fièvre, qui fait essuyer aux tuyaux des chocs supérieurs à leur cohésion; la rigidité des fibres, parce que, manquant de souplesse, elles ne peuvent s'allonger et sont obligées de se rompre; la compression qui, occasionnant une stagnation totale, donne lieu au mouvement spontané des humeurs et à l'érosion des vaisseaux.

L'impétuosité de la fièvre a sa cause, ou dans le sang trop abondant, trop phlogistiqué, ou dans les nerfs trop mobiles, trop vivement affectés.

La rapidité des fibres est un vice de tempérament, ou un accident produit par quelques causes étrangères, entre lesquelles le froid doit être spécialement compté.

La compression est l'effet du poids du corps chez les animaux affaiblis ou cacochymes, de l'étranglement dans les maladies externes, de quelques causes éloignées dans certains cas de médecine.

Si la cause consiste dans l'abondance du sang, la saignée est le remède essentiel, et ce serait en vain qu'on voudrait parer aux accidens par les autres rafraîchissans, pendant que la pléthore subsiste. On sait qu'elle a lieu quand l'animal malade est d'un tempérament sanguin, qu'on lui a prodigué une excellente nourriture, qu'il l'a bien digérée sans qu'on lui ait fait prendre un exercice convenable ; elle existe chez les animaux à qui on a négligé de faire des saignées auxquelles ils étaient accoutumés ; chez ceux qui ont la tête plus pesante qu'à l'ordinaire, et quelquefois accompagnée de vertige. On la connaît aussi par les lassitudes, les engourdissemens des membres ; ce qui se manifeste par la position contre nature de leurs extrémités, par la peine qu'ils ont de les fléchir et de les étendre, par la difficulté de la respiration, par la plénitude du pouls, par le gonflement des veines, par celui des caroncules lacrymales, etc.

Cependant ces derniers symptômes manquent quelquefois : il est des cas où le pouls, au lieu d'être gros, est si petit qu'on a peine à le trouver ; les veines ne paraissent point enflées, les caroncules, l'intérieur de la bouche, etc., sont plus pâles que dans l'état naturel, et néanmoins il y a pléthore : c'est même parce qu'elle est excessive que ces indices sont trompeurs ; car l'abondance du sang est si considérable, que les forces du cœur ne suffisent pas pour le chasser en entier. Les ventricules ne pouvant se vider dans les artères trop remplies, il n'y en pousse qu'une très-petite portion, laquelle ne produit qu'une dilatation imperceptible. Le pouls est donc petit, le total de la masse formant une charge trop lourde, le cœur n'a pas la force de faire parvenir le sang jusque dans les capillaires. Ainsi la circulation est comme suffoquée, et les parties qui ont naturellement de la couleur en sont absolument privées : c'est dans ce cas que la saignée développe le pouls, et donne lieu à la fièvre d'éclater tout-à-coup.

Ce cas d'une circulation suffoquée peut se rencontrer avec l'état d'une inflammation particulière très-violente, et qui dégénérerait bientôt en gangrène si l'on n'y remédiait, parce que c'est lorsque les viscères sont excédés de plénitude que les plus forts se déchargent sur les plus faibles, et y produisent l'éréthisme inflammatoire.

Comment donc savoir alors que la pléthore est la cause principale de l'affection morbifique? La manière dont on a nourri l'animal, l'embarras qu'on remarque dans sa respiration, la gêne qu'il éprouve lorsqu'il meut ses extrémités, son penchant à dormir, les rêves qui traversent son sommeil, l'absence des causes qui peuvent rendre son pouls si petit, tels que la saburre des premières voies, la vivacité d'une douleur assez aiguë pour affaiblir, des évacuations abondantes, ou une abstinence outrée qui aurait précédé; presque toutes ces circonstances, rapprochées de la dureté du pouls, quelque délié qu'il soit, et de la véhémence de l'inflammation particulière, apprennent que la disposition des veines, la modération de la chaleur générale, la petitesse, la faiblesse du pouls, sont des effets d'une circulation suffoquée, et que la bénignité de ces derniers symptômes ne s'oppose point aux saignées, qui peuvent seules prévenir le changement de l'inflammation en gangrène.

Or ce diagnostic est de la plus grande importance dans certains cas, où l'on n'a qu'un moment pour empêcher la mortification par des saignées réitérées, et où cependant l'état des choses est si équivoque, qu'un praticien peu exercé pourrait douter si le calme dans lequel il trouve son sujet n'est point l'effet de la mortification déjà commencée, mortification qu'il ne manquerait pas d'avancer par la saignée; mais en combinant tous les symptômes, en les confrontant avec ce qui a précédé la maladie, le médecin vétérinaire instruit saura toujours fixer son indication.

La pléthore n'est pas le seul cas qui demande les saignées répétées, pour obvier à la mortification dont une partie est menacée; la constitution âcre et chaude de la masse du sang, sa déterminaison trop forte vers la partie enflammée, sont d'autres circonstances qui exigent qu'on multiplie également les saignées. La dureté, l'amplitude, la vitesse du pouls, la puanteur des excrémens, l'odeur vireuse des sueurs et de l'insensible transpiration; l'état lixiviel des urines, leur fétidité, leur transparence, jointe à une couleur orangée; la chaleur de la peau, principalement de la partie affectée, sont autant de marques auxquelles on peut reconnaître cet état.

Dans celui-ci, on ouvre les veines des extrémités les plus éloignées du siége du mal, pour produire une diversion qui écarte le sang de la partie affectée, vers laquelle il se porte abondamment, et l'on s'applique particulièrement à corriger la phlogose du sang par l'usage des rafraîchissans du genre des tempérans. Ainsi, on retranche tout aliment solide à l'animal malade; on le nourrit d'eau blanchie avec le son de froment, ou avec la farine d'orge, de seigle; d'heure en heure on lui fait boire de la tisane de pissenlit, adoucie avec la réglisse, et chargée de 2 gros de nitre par pinte; les tisanes des feuilles, tiges et racines d'oseille, d'alléluia, auxquelles on ajoute le sirop de nénuphar; l'esprit de vitriol, le cristal minéral, ou la crème de tartre.

La différence des circonstances détermine quels sont, entre les rafraîchissans, ceux qu'il faut employer. Si l'animal est constipé, on s'abstient de l'usage des acides minéraux, et l'on se sert de la crème de tartre; s'il y a disposition aux sueurs, le vinaigre; les fortes infusions de fleurs de sureau doivent être préférées. S'aperçoit-on que les urines ne passent point en proportion de ce que l'animal boit, sans que cette évacuation soit suppléée par quelque autre, on ranime l'action des reins par le nitre dépuré, par son esprit, par celui de sel marin. Si le ventre est trop libre ou météorisé, le pouls très-lâche, les humeurs fort dissoutes, c'est au suc d'épine-vinette, de grenade, à l'esprit de soufre ou de vitriol, au sel d'alléluia, qu'il faut recourir.

On sait que la rigidité naturelle des fibres est la principale cause de l'inflammation. Quand la tumeur inflammatoire, qui est accompagnée des douleurs les plus aiguës, a peu d'enflure, la maigreur de l'animal, la dureté extraordinaire de son pouls, la vivacité de son humeur, aident à former ce diagnostic : ici on règle le nombre des saignées d'après l'abondance du sang dans l'état de santé; et, sans négliger les rafraîchissans dont nous venons de parler, on agit principalement par tout ce qui peut assouplir les fibres trop raides; les bains tièdes, les fomentations avec la décoction des substances farineuses, les cataplasmes savonneux, les embrocations de vinaigre modérément chaud, sont donc les principaux remèdes après la saignée.

Mais si l'ardeur est causée par le froid, la méthode de remédier à ce vice est bien différente : en effet le médecin vétérinaire qui entreprend la cure d'une extrémité menacée de gangrène par cette cause doit songer que, dans l'état d'inflexibilité où les vaisseaux sont réduits par le grand froid, ils ne pourraient, sans se briser, souffrir l'extension que la chaleur des fomentations les plus tièdes leur procurerait, en raréfiant l'air dégagé de leur liquide par la congélation et redevenu élastique, et par conséquent il ne peut rétablir la circulation dans une partie gelée qu'en la faisant passer d'un degré de froidure à un autre qui ne lui soit presque pas inférieur, et de ce second à un troisième, qui ne diffère guère davantage de son antécédent, ainsi successivement, afin que les molécules glaciales se résolvent sans grande expansion de l'air qu'elles doivent repomper; que la circulation qui doit les remettre en action recommence par des mouvemens extrêmement doux, incapables de rompre les vaisseaux raidis, et que ces mouvemens n'augmentent de force qu'à proportion que ceux-ci recouvrent leur inflexibilité, et peuvent en soutenir les chocs sans danger de rupture.

La manière de dégeler ainsi une partie consiste à tenir le corps dans une place froide, à appliquer sur la partie gelée de la neige, ou des linges trempés dans l'eau prête à geler, jusqu'à ce que la couleur livide, bleuâtre de la partie soit dissipée. On passe alors dans un lieu chaud, ayant cependant l'attention de ne pas approcher l'animal du feu ; et lorsque la partie refroidie a repris sa chaleur naturelle et sa sensibilité, ce qui est une marque du retour de la flexibilité extensible des fibres, on met l'animal dans sa place ordinaire, on le couvre, et on lui fait avaler quelques chopines d'une infusion de sassafras, ou de quelque autre diaphorétique, et l'on fomente la partie malade avec les aromates.

Dans certains animaux, le genre nerveux est d'une sensibilité si exquise, que le danger du changement de l'inflammation en gangrène dépend entièrement de la vivacité du sentiment. La connaissance qu'on a des agitations convulsives et du délire qui accompagnent l'inflammation sert à reconnaître cette cause : dans ce cas, on ne doit pas hésiter d'unir les narcotiques aux autres rafraîchissans ; car les vaisseaux étant suffisamment désemplis par les saignées, et le sang rafraîchi par les remèdes de cette classe, rien n'est plus propre à calmer les accidens que les anodins pris intérieurement et appliqués à l'extérieur. Les inflammations du cerveau, des intestins, de la vessie, les pleurésies les plus aiguës, etc., fournissent assez souvent les occasions d'employer ce genre de rafraîchissans. (R.)

INFLAMMATION DU GLOBE DE L'OEIL. Maladie très-grave qui est souvent la suite de coups, et qui se termine presque toujours par la suppuration et la perte de l'œil. On la traite par des cataplasmes émolliens, par des saignées, par la diète. *Voyez* Médecine vétérinaire. (B.)

INFUSION. C'est faire séjourner une plante ou partie d'une plante dans l'eau froide ou tiède, pour que ses parties médicamenteuses s'y dissolvent.

On donne souvent des infusions aux animaux malades, c'est pourquoi il a fallu en faire mention ici.

Les plantes ou parties de plantes restent plus ou moins longtemps dans l'eau, selon leur nature, la saison, l'objet qu'on se propose ; mais, en général, il est rare qu'on doive les y laisser plus de vingt-quatre heures.

Si les plantes restaient assez long-temps dans l'eau pour s'y décomposer, ce serait une Macération ; si on les faisait long-temps bouillir dans l'eau, ce serait une Décoction ; enfin, si au lieu d'eau on employait l'alcool, ce serait une Teinture. *Voyez* ces mots. (B.)

INGRAIN. Nom de l'épeautre dans le département de l'Indre et autres voisins. (B.)

INGRAT. Un terrain est appelé ingrat lorsque, malgré une bonne culture, il ne rapporte que de chétives récoltes. Sans doute il est beaucoup de localités que les travaux les mieux entendus ne peuvent améliorer ; mais aussi combien en est-il qui ne payent pas les soins qu'on leur donne, parce qu'on se trompe sur la nature de ces soins ? *Voyez* Culture. (B.)

INOCULATION du Claveau. *Voyez* ce dernier mot et celui Clavelisation. (B.)

INOCULATION DU GAZON. Expression employée par M. Coke, de Holkham, comté de Norfolh, en Angleterre, pour indiquer une opération qu'il pratique avec le plus grand succès, dans le but d'améliorer ses pâturages.

Pour inoculer une pièce en pâturage, on en lève tout le gazon en pièces de 6 pouces carrés, et on la laboure et herse convenablement ; après quoi, on place en quinconce le tiers des pièces de gazon à une distance égale à leur largeur, on les enfonce en terre avec la batte, puis on sème les intervalles.

M. Coke assure que ses pâturages, simplement labourés et semés, n'ont pas produit comme ceux inoculés ; il observe que c'est parce que l'herbe des gazons repousse et s'étend sur les intervalles ; mais pourquoi alors semer ces intervalles ?

La réputation agricole de M. Coke seule m'engage à faire mention de ce procédé, qui me paraît trop dispendieux pour être approuvé des cultivateurs français. (B.)

INONDATION. Masse d'eau qui couvre une étendue plus ou moins considérable de terre pendant un certain temps, quelle que soit la cause qui l'y ait amenée.

J'ai donné, au mot Débordement, qui est une inondation produite par l'augmentation des eaux d'un rivière ou par la suspension de son cours, les moyens d'abord de s'y opposer, ensuite d'en réparer les dommages. Ici, je serai donc court, car les mêmes moyens s'appliquent à toutes les sortes d'inondations.

Lorsque les pluies sont d'une longue durée ou très-abondantes, leurs eaux s'accumulent dans les terrains bas et causent des inondations partielles, qui font souvent beaucoup de tort aux cultivateurs. Des fossés d'écoulement sont le meilleur moyen à employer ; mais la grande dépense, la grande division des propriétés et certaines localités s'y opposent souvent. Dans ces cas, un puisard, une simple mare creusée dans la partie la plus basse du sol, peut en partie y suppléer. Dans certains cantons de la Hollande, où le sol est plus bas que le niveau de la mer, on est obligé de construire des moulins à vent pour faire jouer des pompes, afin de se débarrasser de ces eaux. Je ne connais aucune localité de l'ancienne France qui soit dans ce cas.

Faire un grand nombre de fossés parallèles au cours de la rivière, dans les prés sujets à inondations, est quelquefois un moyen de les exhausser rapidement, attendu que ces fossés se remplissent de vase par le repos que l'eau y acquiert; mais dans ce cas il faut que les berges de ces fossés soient couvertes d'herbe, ce qui est toujours possible.

Une inondation qui baigne le pied des arbres d'un verger s'oppose à la fécondation de leurs fleurs, et fait tomber leurs fruits déjà noués, et parce qu'elle tient leurs racines à un degré de froid nuisible à la végétation, et parce qu'elle porte trop de parties aqueuses dans leur sève.

Les eaux de la mer sont jetées quelquefois sur les rivages à une grande distance, lorsque les marées des équinoxes, les plus hautes de l'année, coïncident avec un vent violent, ayant la même direction qu'elles. Alors il y a perte complète de récoltes, parce que les plantes qui peuvent rester quelquefois un mois entier sous l'eau douce sans périr sont tuées au bout de quelques heures par l'eau salée. Les moyens précités sont encore employés dans ce cas, très-rare en France, mais fréquent en Hollande. Je dois dire en passant que les terres inondées par l'eau de la mer sont rendues infertiles pour plusieurs années, c'est-à-dire jusqu'à ce que les dernières parcelles de sel aient été entraînées dans les profondeurs de la terre par les eaux pluviales; mais qu'on peut diminuer de beaucoup ce temps en y semant des soudes, des salicornes, en y plantant des tamaris et autres plantes qui décomposent le sel marin, et donnent de la soude par leur incinération.

Aux moyens que j'ai indiqués au mot DÉBORDEMENT, pour réparer les pertes occasionnées par les inondations, j'ajouterai que celles qui, ayant lieu après la coupe des blés, auraient couvert un champ de limon, pourraient devenir un excellent moyen d'augmenter les produits de ce champ. Il ne s'agit que d'y semer des navets, dont la graine serait enterrée par un seul hersage, et qui viendraient d'autant plus beaux que le fond est plus humecté, et la chaleur de la saison plus considérable.

La commission d'agriculture, dont on n'a pu trop déplorer la suppression, a rédigé, sur les effets des inondations et sur les moyens de les prévenir et de les réparer, une très-bonne instruction, qui a été imprimée dans la Feuille du Cultivateur du 12 ventôse an 7 de la république. (B.)

INSECTE. A quoi bon les hannetons qui, sous la forme de larves, mangent les racines de nos arbres, et sous celle d'insectes parfaits dévorent leurs feuilles? A quoi bon le charançon du blé, qui infeste nos greniers; le gribouri et l'attelabe, qui coupent les bourgeons et les grappes de nos vignes; la courtilière, qui sillonne nos jardins en tous sens, et détruit nos semis, etc., etc.? Certainement je n'entreprendrai pas de répondre à ces questions; mais je donnerai le nom et je décrirai ceux d'entre les insectes dont l'homme a le plus à se plaindre, afin qu'au moyen des articles qui leur sont consacrés on puisse les détruire plus certainement; car leur destruction doit être le but de l'agriculteur. Cependant combien est agréable leur étude, prise sous un point de vue général! Combien leurs formes variées, leurs couleurs souvent si brillantes, leur organisation si incompréhensible, leurs mœurs si frappantes, leurs métamorphoses si étonnantes, etc., sont attrayantes pour l'observateur! Je m'applaudis de m'être livré dans ma jeunesse à cette étude, puisque les connaissanses qu'elle m'a fait acquérir, et la riche collection qui en a été la suite, me permettent de rédiger les articles entomologiques de cet ouvrage, avec certitude de ne pas mettre l'erreur à la place de la vérité, comme l'ont fait tant de compilateurs modernes.

J'ai établi, dans un rapport inséré t. 15 de la seconde série des Annales d'agriculture, que les agriculteurs avaient autant d'amis que d'ennemis parmi les insectes. *Voyez* Oiseau.

Quatre parties principales se remarquent dans tous les insectes, quoiqu'il y en ait quelques-uns où les trois premières sont peu distinctes, ce sont la tête, le corcelet, l'abdomen et les membres.

La tête supporte, 1°. les yeux, dont il y a quelquefois deux sortes; savoir, les yeux à réseaux ou à facettes, c'est-à-dire composés de milliers d'yeux distincts, faisant l'office de ces verres qu'on appelle multiplians; ils sont toujours latéraux, et deux, trois, quatre, six ou huit yeux simples toujours placés à la partie supérieure. Quelques insectes, comme les araignées, n'ont que de ces derniers yeux; mais ils s'éloignent des autres, au point que les entomologistes modernes en font une classe particulière. 2°. Les antennes, qui existent également dans tous les insectes, excepté les araignées, et deux ou trois genres d'aptère : ce sont des filets mobiles composés d'un grand nombre d'articulations. Leur forme et leur grandeur varient beaucoup; leur attache est toujourrs entre ou dessous les yeux à réseaux. 3°. Les organes de la bouche. Jusqu'à ces derniers temps, on avait fait peu d'attention à ces organes; mais

Tome VIII.

Fabricius, considérant que la nature des alimens fixait mieux que toute autre chose les rapports et les différences des animaux dans quelque classe que ce fût, les observa particulièrement, et les employa comme base de son célèbre Système entomologique. Aujourd'hui il n'est plus permis de ne les pas connaître. Ils consistent, dans les *coléoptères* et les *orthoptères* (*eleuterata* et *ulonata*, Fab.), 1°. en un chaperon supérieur, avancé, fixé ; 2°. en une lèvre inférieure, également avancée, mais moins saillante et mobile, entre lesquels se trouvent deux mandibules cornées, le plus souvent courbes et dentées, qui se meuvent latéralement, et qui sont plus ou moins grosses : le lucane ou cerf-volant est l'insecte d'Europe qui les a le plus saillantes ; 3°. en deux mâchoires, inférieures aux mandibules, généralement plus petites, ordinairement membraneuses, quelquefois échancrées et velues, se mouvant aussi latéralement ; enfin 4°. en quatre ou six antennulles (*palpi*, Fab.) de même contexture que les antennes, mais très-courtes et insérées, les antérieures au dos des mâchoires, et les postérieures sur la lèvre inférieure.

Voyez Hanneton, Dermeste, Anthrène, Charançon, Attelabe, Criocère, Altise, Ténébrion, Casside, Chrysomèle, Eumolpe, Gribouri, Bruche, Ptine, Cantharide, Carabe et Trogossite.

Il en est de même dans les orthoptères (*ulonata*, Fab.) ; mais là les mâchoires sont recouvertes par un organe qu'on a appelé *galea*, et dans les névroptères (*synistata*, Fab.), excepté que les mâchoires sont coudées et attachées par leur base à la lèvre inférieure. *Voyez* Grillon, Criquet, Sauterelle, Courtilière, Forficule, Blatte pour les premiers, et Lepisme pour les seconds.

Dans les hyménoptères (*piazata*, Fab.), il y a des mandibules, des mâchoires et une lèvre inférieure ; mais ces deux derniers organes s'allongent, et forment, par leur réunion, une trompe, au moyen de laquelle ces insectes sucent le miel, ou les sucs des végétaux, en même temps qu'ils déchirent les enveloppes qui les recèlent. *Voyez* aux mots Abeille, Guêpe, Cerceris, Ichneumon, Tentrède, Cynips, Diplolèbe, Fourmi.

Les névroptères (*odonata*, Fab.) ont les mâchoires cornées et deux antennnulles ; cette classe ne renferme que les hémerobes, les libellules et les genres qui en ont été séparés.

Les aptères (*mitosata*, *unogata* et *polygnata*, Fab.) ont les mâchoires cornées, onguiculées, formées par une trompe conique accompagnée d'un suçoir. *Voyez* Pou, Tique, Ricin et Ixode.

Les crustacées. Ces animaux, ainsi que les araignées, ne

font plus partie des insectes. J'ai parlé des araignées, parce qu'elles intéressent l'agriculteur; mais je passerai sous silence la plupart des genres des crustacées, qui vivent tous dans l'eau et n'influent en aucune manière sur les récoltes. *Voyez* ÉCREVISSE et ENTOMOSTATE.

Les lépidoptères (*glossata*, Fab.) offrent un grand changement dans les organes de la bouche. Chez eux, il n'y a plus de mandibules ni de mâchoires; ces dernières sont remplacées par une trompe en spirale plus ou moins longue, située entre deux antennulles velues : ces insectes vivent de miel. *Voyez* PAPILLON, BOMBYCE, HÉPIALE, NOCTUELLE, PHALÈNE, TEIGNE, GALÉRIE, PYRALE, ALUCITE.

Dans les hémiptères (*rhyngota*, Fab.), il y a une trompe articulée à sa base et susceptible de se replier sous le ventre, raide et piquante, pour pouvoir entrer dans la chair des animaux, ou dans la substance des végétaux, et sucer leurs humeurs. *Voyez* aux mots CIGALE, CERCOPE, ACANTHIE, PUNAISE, PUCERON, COCHENILLE, TRIPS.

Chez les diptères (*antiliata*, Fab.), on voit une bouche composée d'un suçoir non articulé, tantôt corné, tantôt membraneux, susceptible de rentrer en lui-même, ou de se renfermer dans une cavité supportant deux ou quatre soies, et accompagné de deux antennulles. *Voyez* MOUCHE, SYRPHE, TAON, STOMOXE, ASILE, ŒSTRE, COUSIN, CÉCIDOMYE, HIPPOBOSQUE.

Après la tête, vient le corcelet, qui lui est attaché par un petit étranglement ou une espèce de cou. Il est, ou arrondi, ou en cœur, plus ou moins allongé, aplati ou bossu dans les hyménoptères, névroptères, lépidoptères et diptères. Il porte les ailes dans sa partie supérieure et postérieure, donne attache aux pattes dans sa partie inférieure, et offre de plus quatre stigmates sur les côtés.

L'abdomen ou ventre est également attaché au corcelet, dont il semble quelquefois la continuité; mais dans le plus grand nombre des insectes, il lui est uni par un filet plus ou moins mince; cet abdomen varie infiniment dans sa forme, qui cependant représente en général un ovale plus ou moins allongé, plus ou moins aplati : il est formé d'anneaux écailleux dans le plus grand nombre, et pourvu de chaque côté de stigmates presque sur chaque anneau. Ces stigmates sont de petites ouvertures allongées qui servent à la respiration; lorsqu'on les bouche toutes, l'insecte meurt sur-le-champ.

Les ailes sont au nombre de quatre ou de deux; dans les coléoptères et même les orthoptères et les hémiptères, les deux supérieures sont coriaces, c'est-à-dire dures et très-peu flexibles : on les appelle des élytres. Ces élytres paraissent peu servir au vol, et même ils sont soudés dans plusieurs espèces;

20 *

ils recouvrent presque toujours des ailes membraneuses susceptibles de se replier dans le repos. Leur forme se rapproche ordinairement de celle de l'abdomen, à la base antérieure duquel elles sont fixées; mais elle est quelquefois différente. Une petite pièce triangulaire, appelée l'écusson, se trouve quelquefois à cette base.

Parmi les insectes qui ont quatre ailes de même nature, toutes attachées au corcelet, il en est qui les ont nervées, les hyménoptères; d'autres qui les ont réticulées, les névroptères; d'autres qui les ont recouvertes d'écailles très-petites de diverses formes et faciles à enlever, les lépidoptères.

Les diptères n'ont que deux ailes, comme l'indique leur nom, et elles sont toujours attachées au corcelet et nervées. A leur base inférieure et postérieure, on remarque un organe qu'on appelle balancier ou cueilleron. C'est un filet blanc terminé par une expansion creuse. On n'est pas bien certain de son usage.

Tous les insectes ont six pattes composées d'une cuisse, d'une jambe et d'un tarse. Ce dernier est lui-même composé de trois à cinq articulations; il sert de base à l'établissement des familles dans la méthode de Geoffroy. Ces pattes varient de formes, et ont divers appendices; savoir, des épines, des dents, des bosses, etc.

Je ne parlerai pas des parties intérieures des insectes, pour ne pas trop allonger cet article. Je renverrai ceux qui désireraient des notions à cet égard aux ouvrages de Swammerdam, de Réaumur, Degéer, Olivier, Cuvier, Latreille, etc.

Tous les insectes s'accouplent. Les organes soit mâles soit femelles, qui agissent dans ce cas sont extrêmement variés et très-dignes d'attention; mais la raison que je viens d'émettre s'oppose à ce que je les décrive.

Le résultat de l'accouplement est toujours ou presque toujours des œufs qui sont placés par la mère sur les plantes ou dans les plantes, les animaux vivans ou morts, la terre, l'eau, etc., suivant le besoin de la larve qui en devra sortir. Rarement la mère se méprend à cet égard. Le nombre d'œufs que pondent les insectes varie extrêmement; tantôt c'est un petit nombre, tantôt des milliers. L'accouplement terminé, le mâle meurt, et la femelle en fait de même après la ponte : de sorte que la plus grande partie des insectes ne vivent que quelques jours; il en est même qui ne vivent que quelques heures, quelques minutes, telles que les éphémères. Beaucoup ne mangent point pendant tout le temps de leur existence à l'état parfait, et les organes du manger ne sont même qu'indiqués dans plusieurs.

Les mâles se distinguent presque toujours assez facilement

des femelles, soit par leurs antennes, soit par les organes de la génération, soit enfin par leur taille généralement plus petite ; ils diffèrent quelquefois tant qu'on a de la peine à les reconnaître pour appartenir à la même espèce.

Il n'est point d'insectes, excepté quelques aptères, qui ne passent par deux états fort remarquables avant de devenir capables d'engendrer : ces deux états sont ceux de larve et de nymphe, ou chrysalide, ou fève. Ainsi ce n'est pas une mouche qui sort de l'œuf d'une mouche, mais une espèce de ver, qui, après avoir vécu pendant plusieurs mois sous cette forme, cesse de manger, même de se mouvoir, et prend, dans la peau du ver alors consolidée, une forme intermédiaire entre ce ver et la mouche. Au bout d'un certain nombre de jours, cette nymphe se change en mouche, et prend son essor dans l'air. Ces métamorphoses si étonnantes ont principalement été observées dans la classe des lépidoptères. Là, un BOMBICE (*voyez* ce mot et le mot VER A SOIE) dépose des œufs d'où sortent des larves qu'on appelle chenilles, qui, après avoir changé plusieurs fois de peau, filent un cocon de soie, dans lequel elles se transforment en nymphes, qui deviennent des insectes parfaitement semblables aux père et mère.

Ces transformations ont chacune une durée plus ou moins longue selon les espèces, et même selon l'état de l'atmosphère ; car la chaleur les accélère, et le froid les retarde. Elles se terminent souvent en peu de mois ; généralement il leur faut une année, et quelquefois plusieurs, témoin les hannetons. J'en parlerai avec quelques détails aux articles des insectes dont il sera fait mention dans cet ouvrage, comme nuisibles à l'agriculture.

Olivier, dans son excellent mémoire sur quelques insectes qui attaquent les céréales et nuisent beaucoup aux produits des récoltes, établit sur ce fait la nécessité d'alterner les cultures. En effet, dit-il, on sent bien que les insectes, ne se multipliant à l'infini que par la facilité de se reproduire sur le même champ et de s'y nourrir, si on fait succéder, par exemple, aux céréales la pomme de terre, la betterave, les plantes oléagineuses ou légumineuses, les larves des premières, à leur naissance, ne trouvant pas, dans ces dernières, l'aliment qui leur convient, et qu'elles auraient trouvé probablement dans le seigle et l'avoine si on avait fait succéder ces plantes au froment, doivent nécessairement périr.

Les agriculteurs, victimes des ravages que commettent les insectes sur les produits de leurs cultures, et rapportant tout à leur intérêt personnel, les frappent généralement de proscription ; cependant il en est parmi eux qui leur servent puissamment d'auxiliaires contre ceux qui leur sont nuisibles. Je citerai les ICHNEUMONS, les CYNIPS, les CERCÉRIS, les LIBELLULES, les PUNAISE.

Les préparations mercurielles, principalement l'onguent gris, sont un des moyens les plus efficaces à employer contre les insectes qui s'attachent aux enfans et aux animaux domestiques ; mais elles ne sont pas sans dangers, et il n'appartient qu'aux personnes éclairées et prudentes d'en faire usage. *Voyez* GALE.

L'énorme quantité d'insectes qui, tous les ans, laissent leur dépouille sur la terre ou dans les eaux, ne permet pas de douter de l'influence qu'ils ont, comme engrais, sur la végétation. Les hannetons, par exemple, après avoir vécu sous l'état de larves aux dépens des racines, et sous l'état d'insectes parfaits aux dépens des feuilles, meurent dès qu'ils ont rempli le but de la nature, c'est-à-dire que les mâles ont fécondé les femelles et que les femelles ont pondu, et rendent à la terre ce qu'ils lui ont pris. Comme la décomposition de leur test est plus lente que celle de leurs vaisseaux, ils améliorent le sol pendant plusieurs années. *Voyez* au mot CORNE.

Les lieux où il se trouve le plus d'insectes sont les terrains secs et chauds et les terrains humides et chauds. Les champs fertiles, les bois non marécageux en offrent peu. On confond souvent les vers avec les insectes ; cependant il est important de les distinguer. *Voyez* VERS.

Les insectes utiles se réduisent presque, en Europe, au VER A SOIE et à la CANTHARIDE. (B.)

INSILLADON. Espèce d'ARAIRE employée dans le midi pour tracer les sillons avant les labours ; elle est fort légère. (B).

INSTRUMENS D'AGRICULTURE. Malgré sa raison, qui l'élève au-dessus de tous les animaux, l'homme serait un être très-malheureux s'il était réduit à l'unique emploi de ses bras, sans le secours d'outils ou d'instrumens propres à seconder son adresse et sa force. Alors il ne pourrait ni ouvrir le sein de la terre, ni abattre les bois qui la couvrent, ni recueillir la plupart de ses productions et les convertir à son usage. Dans un état aussi misérable, il se verrait chaque jour exposé à mourir de faim. C'est donc le besoin impérieux de sa conservation qui lui a fait inventer des instrumens à l'aide desquels il pût, en tout temps, pourvoir d'une manière sûre à sa subsistance. On en trouve chez tous les peuples de la terre, même les moins civilisés. Chez ces derniers, ils sont, il est vrai, très-imparfaits et en petit nombre, mais ils suffisent à leurs besoins. Ainsi les sauvages, uniquement occupés de la chasse, ont leur arc et leurs flèches, ceux qui ne vivent que de poisson ont leurs lignes et leurs filets ; et les peuples pasteurs ont leurs outres dans lesquelles ils conservent le lait de leurs troupeaux.

L'agriculture exigeait des instrumens particuliers applicables exclusivement à cet art; ils n'ont pu être inventés que par une nation agricole. Dans le principe, ils furent sans doute grossiers, mais on les perfectionna peu-à-peu. On les fit d'abord de pierre et de bois, parce que ces matières se trouvent par-tout; le fer était caché dans les entrailles de la terre, et les instrumens en fer ne durent, par cette raison, être connus que fort tard (1). Peut-être même ne fut-ce qu'après plusieurs siècles de civilisation, que le premier peuple qui s'en servit les inventa. Cette découverte, la plus utile qui ait été faite, mais dont on ignorera toujours l'époque et les auteurs, changea nécessairement l'état des sociétés et de l'agriculture. Dès que l'homme fut en possesion du fer, dès qu'il eut appris à l'amollir par le feu et à le forger, il s'empressa d'en fabriquer des instrumens, moins imparfaits et plus durables que ceux dont il avait auparavant fait usage. Ce ne fut même qu'alors qu'il put aisément défricher le sol qu'il habitait, et en retourner ou remuer la terre à son gré, pour la rendre plus productive. Par ce nouveau travail, ses richesses s'accrurent, et avec elles son industrie, qui lui fit perfectionner de plus en plus les instrumens, soit de fer, soit de bois, qu'il avait chaque jour à la main. Le parti qu'il en tirait pour l'agriculture lui donna l'idée d'en faire pour tous les arts qui s'y rapportent. Il en varia les formes et les dimensions, il en multiplia le nombre selon ses besoins; et, avec le temps, ce nombre s'accrut tellement, que leur fabrication devint l'objet de plusieurs arts mécaniques, à chacun desquels se consacra une société particulière d'ouvriers.

Ces arts sont ceux du taillandier, du forgeron, du serrurier pour les instrumens en fer, du menuisier, du charron, du tourneur pour ceux en bois. Ainsi dans la boutique de ces hommes grossiers en apparence et que nous considérons à peine, se trouvent les choses les plus utiles au genre humain, et sans lesquelles il ne fut vraisemblablement jamais sorti de l'état sauvage; on peut même assurer qu'il y retomberait bientôt, si, par quelque catastrophe qui semble impossible, il venait à perdre un jour la connaissance et l'usage des instrumens dont il s'agit. Quelle reconnaissance ne devons-nous donc pas à ceux qui les ont inventés, et quels encouragemens ne devrions-nous pas donner aux hommes industrieux qui s'occupent de les fabriquer? Car bien que nous soyons aujourd'hui très-riches en outils de toutes espèces appliqués à l'agriculture,

____

(1) Il paraît résulter de beaucoup de considérations que les peuples agricoles se sont servis, pendant bien des siècles, d'instrumens de cuivre allié d'arsenic, qui le durcit.   (*Note de M. Bosc.*)

il reste encore beaucoup à faire pour les porter au degré de perfection dont ils seraient susceptibles. Dans plusieurs pays de l'Europe, qui est civilisée depuis si long-temps ; dans plusieurs cantons de la France, on fait encore usage d'instrumens imparfaits, qui n'atteignent qu'en partie le but qu'on se propose, sans soulager beaucoup le manœuvre qui s'en sert ou les animaux dont il s'aide pour les mettre en jeu.

Dans l'art agricole, comme dans les autres arts et comme dans toutes les entreprises de l'homme qui ont un objet utile, le point essentiel, le grand secret, est d'obtenir le résultat le plus avantageux avec le moins de dépense possible. Quelle confiance pourrait inspirer une méthode de culture nouvelle dont les produits, quoique très-brillans, ne surpasseraient jamais les frais, et ne seraient obtenus que par des moyens extraordinaires hors de la portée du commun des cultivateurs? Chacun sait qu'on peut tout faire à force de bras et d'argent; mais tout faire en agriculture serait la ruine de l'art et du cultivateur, si la dépense excédait toujours la recette; car où trouver alors des capitaux pour continuer? Il faut donc que l'agronome qui ne veut pas perdre ses fonds et ses sueurs, ait continuellement dans sa tête ou sur le papier un compte ouvert des frais que nécessitent, et des produits que peuvent lui faire espérer ses travaux, et que, d'après ce compte consulté chaque jour, il combine et dirige ses opérations de la manière la plus profitable pour lui. Le plus sûr moyen d'atteindre ce but est l'usage d'instrumens perfectionnés. Non-seulement ils ménageront ses forces et son temps, mais ils économiseront encore sa bourse; car il est clair que moins un homme aidé d'un bon instrument met de temps et de force à tel ou tel travail, plus il lui en reste pour tous les autres, et moins ce travail lui coûte. Alors un seul homme en vaut deux, en vaut trois, quelquefois cinq ou six, ou même plus. Que d'hommes et de bras ne faudrait-il pas pour préparer les terres destinées aux plantes céréales, si la CHARRUE (*voyez* ce mot) n'était pas connue!

Tout ce qui vient d'être dit prouve combien il importe aux progrès de l'agriculture que les instrumens réputés jusqu'à ce moment les meilleurs soient généralement employés. Nous nous sommes imposé la tâche de les faire connaître dans ce Dictionnaire, où nous avons décrit à leur lettre chacun de ces instrumens : ces descriptions sont le plus souvent accompagnées de figures qui les représentent. En parlant de leur structure, de leurs avantages ou de leurs défectuosités, nous avons toujours présenté quelques vues sur ce qu'il y aurait à faire pour les rendre plus parfaits et d'un usage plus général.

Il existe à Paris un vaste dépôt, entretenu aux frais du gouvernement, où se trouvent rassemblés dans l'ordre convenable tous les outils, ustensiles, machines et instrumens, que le génie industrieux de l'homme et des Européens sur-tout, a inventés jusqu'à ce jour pour les arts de toutes espèces : cet établissement porte le nom de *Conservatoire des arts et métiers*. On y voit, soit les machines ou instrumens dans leur grandeur naturelle, soit des modèles en relief, exécutés supérieurement sur différentes échelles ; il réunit principalement toutes les nouvelles découvertes faites en ce genre, dues aux progrès des sciences et aux encouragemens donnés par le gouvernement et par les sociétés savantes. Ce dépôt est ouvert au public deux fois par semaine, et les gens instruits peuvent en tout temps y aller puiser les connaissances dont ils ont besoin.

Pour faire valoir utilement son domaine ou sa ferme, il ne suffit pourtant pas d'avoir de bons instrumens aratoires, il faut encore savoir les conserver : un sage économe doit les entretenir toujours en bon état. Dans les saisons et les jours où ces instrumens reposent, il doit veiller à ce qu'ils ne restent point à l'air et au soleil, et les serrer dans un lieu où ils puissent être garantis de la rouille et de l'humidité. Lorsqu'ils ont besoin de réparation, il doit les faire faire à l'avance, et ne pas attendre pour cela l'époque où il est obligé de s'en servir ; car alors il n'est plus temps, les instrumens sont mal réparés et ne rendent pas le même service. Il serait peut-être bon aussi que tout cultivateur sût en faire lui-même quelques-uns, ceux en bois, par exemple, qui ne demandent qu'une industrie ordinaire, tels que les échelles, les râteaux, les caisses, les brouettes, tous les manches d'outils en fer, etc. Ce serait autant d'argent épargné, et il pourrait employer à ce travail une partie de ses soirées d'hiver. Il est essentiel au moins qu'il se connaisse en instrumens de toutes espèces, pour n'être pas trompé dans leur achat. Ayant l'habitude de les manier, et étant, pour ainsi dire, familiarisé avec eux, il doit savoir juger au premier coup d'œil de leur bonté, et avoir des moyens d'essais pour reconnaître ce qui leur manque.

Ce serait peut-être ici le lieu de faire connaître les diverses sortes de fer et de bois propres à tels ou tels instrumens, leurs qualités, leurs défauts, la manière de les travailler et d'en tirer le meilleur parti ; mais outre que ces détails nous meneraient trop loin, ils concernent spécialement les arts dont nous avons parlé, et qui s'occupent de la fabrication de ces instrumens. D'ailleurs on trouvera ce qu'il importe le plus de savoir sur cet objets aux articles de ce Dictionnaire où on traite de chaque instrument en particulier. *Voyez* ces articles et les articles OUTIL, USTENSILE, MACHINE. (D.)

INSTRUMENS NECESSAIRES AU PANSEMENT DES ANIMAUX. On a suffisamment fait sentir aux articles Cheval, Mulet, Ane, Boeuf, Vache et Mouton combien il était important pour conserver ces animaux en état de santé, de les panser, autant que possible, tous les jours, ou au moins plusieurs fois par semaine. Pour cette opération, on se sert d'ustensiles particuliers, qui sont l'étrille, l'époussette, la brosse, le bouchon, la brosse longue, l'éponge, le peigne et le couteau de chaleur. Ceux d'entre eux qui ont paru mériter de faire le sujet d'un article sont particulièrement décrits aux mots qui les concernent. (B.)

INULE, *Inula*. Genre de plantes de la syngénésie superflue et de la famille des corymbifères, qui renferme une quarantaine d'espèces, dont quelques-unes sont employées en médecine, et d'autres si abondantes en quelques lieux, qu'il n'est pas permis aux agriculteurs de se refuser à les connaître, parce qu'ils peuvent en tirer quelque parti sous le point de vue économique.

L'Inule aunée, *Inula helenium*, Lin., est une plante à racine vivace, grosse, charnue; à tige cannelée, velue, rameuse, haute de 3 ou 4 pieds; à feuilles alternes, lancéolées, ridées, dentées, velues, blanchâtres en dessous, et longues souvent de plus d'un pied; les radicales pétiolées, les caulinaires amplexicaules; à fleurs jaunes, quelquefois de 2 pouces de diamètre, solitaires sur de longs pédoncules sortant de l'aisselle des feuilles supérieures. Elle croît naturellement dans toute l'Europe aux lieux frais et ombragés, dans les bois humides, et fleurit au milieu de l'été. Toutes ses parties exhalent dans la chaleur, ou quand on les froisse, une odeur fort peu agréable, susceptible même d'affecter les personnes délicates. Cette odeur s'adoucit par la dessiccation.

La racine de cette plante, qu'on appelle dans les pharmacies *inula campana*, est fréquemment employée en médecine comme alexitère, stomachique, vermifuge, tonique, détersive et sur-tout résolutive. Elle est âcre et amère au goût. On en fait une conserve, un extrait et une eau distillée; on l'ordonne fraîche ou sèche, soit en décoction, soit en poudre. Elle donne par la distillation une huile concrète si solide qu'elle est sonore.

La grandeur et le beau port de cette plante la rendent propre à l'ornement des jardins paysagers, où on la place sur le bord des massifs à l'exposition du nord et dans les lieux frais. Il faut pour qu'elle produise de l'effet, qu'il y en ait plusieurs pieds à peu de distance l'un de l'autre. Une terre argileuse paraît être celle qu'elle préfère. On la cultive aussi pour l'usage de la médecine.

L'Inule des prés, *Inula dysenterica*, Lin., a les feuilles en cœur, oblongues et un peu velues ; elle est vivace et extrêmement commune dans les prés, les bois marécageux. Sa hauteur surpasse à peine un pied. Les bestiaux y touchent rarement. Son abondance devrait engager les cultivateurs à la couper au commencement de l'automne, époque où elle entre en fleur, soit pour augmenter la masse de leurs fumiers, soit pour, en la brûlant dans des fosses, en tirer de la potasse. On en fait usage en médecine comme astringente, sur-tout dans la dysenterie.

L'Inule aquatique, *Inula anglica*, Lin., a les feuilles lancéolées, velues en dessous ; elle est vivace et croît sur le bord et même dans les ruisseaux, les marais, etc. Les observations faites à l'occasion de la précédente lui sont applicables.

L'Inule pulicaire a les feuilles amplexicaules, oblongues, ondulées, velues ; les fleurs globuleuses, à demi-fleurons peu apparens, et les pédoncules opposés aux feuilles. Elle est vivace, croît sur le bord des rivières et des étangs, dans les lieux qui sont couverts d'eau pendant l'hiver. Sa hauteur surpasse rarement 5 à 6 pouces, mais elle couvre souvent exclusivement de grands espaces. Les bestiaux ne la recherchent pas. (B.)

IPECACUANHA. Nom d'une petite racine apportée de l'Amérique, qu'on emploie avec succès en médecine, et qui est fournie par différens végétaux, sur les noms et les familles desquels les naturalistes ne s'accordent pas entièrement. En général, dans toute l'Amérique méridionale, les noms d'*ipécacuanha*, *ipacacuan*, *picacuanha*, *picacuan*, *ipecaca*, *ipeca*, ne signifient autre chose qu'une racine émétique ; et les plantes que nous confondons sous le nom d'*ipécacuanha* sont tirées de diverses familles.

Cette racine est noueuse, inodore, d'une saveur âcre, nauséabonde ; elle a une écorce épaisse relativement à sa grosseur, et de couleur brune, grise ou blanche. Aussi distingue-t-on dans le commerce trois principales sortes d'ipécacuanha : le brun, fourni par un callicoque ; le gris, qu'on obtient d'un psychotre ; et le blanc ou faux ipécacuanha, provenant ou d'une violette, ou d'une euphorbe, ou d'une cynanque, ou d'une crustolle, ou d'une dorstène. Le premier nous vient du Brésil, le second du Pérou, le troisième est récolté dans diverses contrées chaudes de l'Amérique : ce dernier est consommé en grande partie dans les pays qui le produisent, et le débit qui s'en fait au dehors est beaucoup moins étendu que celui des deux autres espèces. *L'ipécacuanha* brun est le plus estimé : on en fit peu d'usage en France jusqu'en 1686 ; mais à cette époque Adrien Helvétius, médecin de Reims, l'ayant essayé, et ayant obtenu le plus heureux succès, Louis XIV l'acheta de lui pour en rendre l'usage public.

L'ipécacuanha officinal est rangé au nombre des vomitifs et des altérans. Comme vomitif, on l'emploie dans tous les cas où l'émétique est indiqué. Il ne survient après son effet ni anxiété, ni douleurs, ni diminution sensible des forces vitales et musculaires, ni mouvemens convulsifs. On le prend en poudre depuis 10 jusqu'à 35 grains, délayé dans un véhicule aqueux, ou incorporé avec un sirop convenable. Comme altérant, on le donne depuis 4 jusqu'à 10 grains : sous cette forme, il fortifie l'estomac sans l'irriter, et il est très-propre à prévenir ou à dissiper les petites indigestions insensibles, trop communes dans l'âge de retour. Il doit être alors pris à très-petites doses, pour qu'il ne cause aucune nausée, mais seulement une légère sensation du mouvement vermiculaire de l'estomac, qui suffit pour en détacher les glaires; car cette poudre ne les dissout ni ne les fond, mais les fait rendre dans leur état de viscosité. Pour ne point éprouver alors de nausées par son effet, on doit commencer par la plus petite dose, et l'augmenter peu-à-peu, s'il est nécessaire, jusqu'à ce que son action commence à être sensible. La forme des pilules ou pastilles, faites à un huitième, douzième ou seizième de grain pour chacune, est commode, en ce qu'elle donne la facilité de prendre si peu d'ipécacuanha que l'on veut à-la-fois. Les pastilles sont préférables aux pilules, parce que celles-ci peuvent, par l'ancienneté, se durcir au point de sortir de l'estomac entières et sans y agir comme on le désire. (D.)

Nulle part on ne cultive les plantes dont proviennent les diverses sortes d'ipécacuanha : c'est dans les forêts qu'on les arrache; il en est cependant quelques-unes qu'il serait possible de multiplier dans les pays chauds. (B.)

IRIDÉE. Famille de plantes qui a pour type le genre iris, et qui contient en outre ceux appelés bermudienne, ferrare, tigridie, morée, ixie, glaïeul et safran. (B.)

IRIS, *Iris.* Genre de plantes de la triandrie monogynie et de la famille des iridées, qui renferme une soixantaine d'espèces presque toutes dignes par la beauté de leurs fleurs d'être employées à la décoration des parterres et des jardins paysagers.

Tous les iris ont les feuilles en épée, c'est-à-dire lancéolées, pointues, raides, engaînées par les côtés et distiques; leurs racines sont communément charnues et traçantes, mais elles sont tubéreuses dans quelques espèces. Leurs fleurs sont très-remarquables par leur forme et leur grandeur. Ils ont un port qui leur est particulier, et qui, quoique peu élégant, plaît par son contraste avec celui de la plupart des autres plantes. Les espèces que leur beauté, leur importance, ou leur abondance font principalement remarquer sont :

L'Iris de Suze, dont la tige a 2 pieds de haut, et dont la fleur, car il n'y en a presque toujours qu'une, est très-grande, d'un brun foncé et réticulée de pourpre. Il est originaire de l'Asie mineure et se cultive dans nos jardins, à raison de la beauté de sa fleur. Une terre sèche et chaude est celle qui lui convient le mieux. Les gelées lui nuisent quelquefois dans le climat de Paris, lorsqu'on ne couvre pas ses racines pendant l'hiver. Les jardiniers l'appellent quelquefois *iris en deuil* et *iris de Calcédoine*. Il fleurit de très-bonne heure au printemps.

L'Iris de Florence ressemble beaucoup au précédent par ses feuilles et sa tige, mais il porte deux fleurs sessiles, grandes, toutes blanches et odorantes. Il croît naturellement dans l'Europe méridionale, et se cultive dans beaucoup de jardins, à raison de ses racines, qui ont une odeur de violette qui se conserve long-temps après qu'elles sont desséchées. Une exposition très-chaude lui est indispensable. On s'en sert assez souvent en médecine comme purgatif, incisif, détersif et sternutatoire. Les frelateurs de vins l'emploient aussi pour imiter ceux de Seyssel, de Saint-Perray et autres. Les parfumeurs sur-tout en font une grande consommation pour la poudre, les sachets odorans, etc. On le cultive rarement en France pour l'utilité ; cependant, dans nos départemens méridionaux, il pourrait devenir l'objet d'un produit de quelque valeur. Le commencement de l'été est l'époque de sa floraison.

L'Iris germanique a la tige haute de 3 pieds ; les fleurs au nombre de trois à six, d'un bleu foncé ou d'un pourpre clair. Il croît naturellement dans les parties orientales de l'Europe et se cultive très-communément dans les jardins, dont il fait, sous le nom vulgaire de *flambe*, l'ornement pendant les mois de mai et de juin. Toute terre lui est bonne pourvu qu'elle ne soit pas aquatique : celle qui est légère et fraîche lui convient le mieux. On le voit pousser avec vigueur et fleurir abondamment sur des rochers, des murs, où ses racines sont presque entièrement hors de terre. Les hivers les plus rigoureux n'ont aucun effet sur lui. On le met, soit dans les parterres, soit contre les murs des terrasses, soit sur les rochers, les tertres, les ruines, le bord des massifs, le milieu des gazons, etc. Dans beaucoup d'endroits, on le place sur le sommet des chaumières et des murs, pour que ses racines retiennent la terre, qui empêche l'eau de les dégrader. Par-tout il se fait remarquer par ses larges feuilles glauques qu'il conserve toute l'année, et par ses grandes fleurs éclatantes. Le seul reproche dont il soit l'objet, c'est d'être devenu trop vulgaire par suite de sa rusticité et de la facilité de sa multiplication. Sa racine est inodore, mais âcre : c'est un purgatif violent, sur-tout quand il est frais. On en peut tirer, en la râpant dans l'eau, une petite quantité de fécule susceptible d'être mangée sans inconvénient. Ses fleurs fraîches pilées fournissent à la peinture en miniature la couleur verte connue sous le nom de *vert d'iris*.

Les Iris pale, a odeur de sureau, varié et jaunatre, ne diffèrent presque de ce dernier que par la couleur de leurs fleurs. On les place quelquefois avec lui pour faire variété.

L'Iris nain a des tiges de 4 à 5 pouces, peu différentes en grandeur des feuilles; ses fleurs sont solitaires et très-saillantes hors de la spathe : il est originaire de la France méridionale et fleurit au milieu du printemps. Peu de plantes sont plus agréables lorsqu'il est en fleurs et que ses nombreuses variétés sont convenablement mélangées. On en voit à fleurs pourpres, à fleurs violet pâle et violet foncé, à fleurs rouges, à fleurs jaunâtres ou blanches dans des nuances sans nombre et difficiles à décrire. On en fait des bordures, des touffes dans les parterres; on en garnit les gazons, le bord des massifs dans les jardins paysagers. Par-tout il se fait admirer par la richesse de la décoration qu'il produit.

L'Iris des marais, *Iris pseudo-acorus*, Lin., a la tige de la hauteur des feuilles, très-rameuse, en zigzags, chaque rameau portant deux ou trois fleurs jaunes. Il croît dans les lieux aquatiques, au milieu même de l'eau, fleurit pendant l'été et est connu sous le nom vulgaire de *glaïeul des marais*. Son abondance dans certains cantons fait regretter que ses racines ne soient pas du goût des cochons, et ses feuilles recherchées des vaches et des chevaux. On n'a d'autre parti à en tirer que de couper ces dernières au milieu de l'été pour en faire de la litière ou les placer immédiatement sur le fumier. Cette plante est susceptible d'orner le bord des bassins dans les jardins paysagers, et peut servir à empêcher les dégradations des ruisseaux; car ses racines sont très-nombreuses et très-entrelacées, et lorsqu'elles se sont emparées d'un terrain, il n'est point d'averse qui puisse l'arracher en plaine : à peine les torrens des hautes montagnes pourraient-ils y parvenir. Sous ce rapport, il peut devenir très-utile à l'agriculture *V.* Alluvion.

L'Iris fétide a les feuilles d'un vert foncé; les tiges anguleuses, hautes de 2 pieds; les fleurs petites et d'un bleu obscur. Il croît dans les bois argileux de quelques parties de la France: je l'ai vu très-abondant dans quelques lieux. Ses feuilles froissées exhalent une odeur désagréable approchant de celle du gigot rôti, d'où le nom de glaïeul puant, d'iris gigot, qu'il porte vulgairement : on le cultive quelquefois pour la beauté de sa graine, qui est d'un rouge de corail, et qui subsiste dans les capsules ouvertes jusqu'au milieu de l'hiver.

L'Iris des prés, *Iris siberica*, Lin., a les feuilles linéaires; les tiges cylindriques, hautes de 4 pieds, et les fleurs de deux nuances de bleu, veinées, à leur base, de jaune et de blanc : on le trouve dans les montagnes de l'Europe orientale, et on le cultive quelquefois dans les jardins, où il forme des touffes très-épaisses et très-agréables; il fleurit en mai.

L'Iris printanier ressemble beaucoup à l'iris nain; mais ses feuilles sont linéaires, et ses fleurs exhalent une odeur suave. Il est originaire de l'Amérique septentrionale; lorsqu'il sera plus commun, il le remplacera avec avantage, surtout dans les parties méridionales de l'Europe, car il paraît qu'il craint la gelée dans le climat de Paris.

Toutes ces espèces se multiplient de graines qu'on sème aussitôt qu'elles sont mûres; savoir, les deux premières en terrines sur couche et sous châssis, et les autres dans des plates-bandes, au levant. Le plant qui en provient peut se lever la seconde année : ce moyen, qui ne fournit des fleurs que la quatrième ou cinquième année, s'emploie d'autant plus rarement, que les racines, coupées en plusieurs morceaux, fournissent de nouveaux pieds dont la floraison a lieu souvent dès la première année. Les espèces rustiques, principalement l'*iris germanique* et l'*iris nain*, donnent chaque année beaucoup plus de pousses nouvelles que le besoin du commerce ne l'exige : aussi, malgré qu'elles fassent d'autant plus d'effet, que leurs touffes sont mieux garnies, on est annuellement obligé d'en jeter une grande quantité, par suite de la nécessité d'empêcher qu'elles ne s'emparent de tout le terrain : c'est en automne ou en hiver que cette opération doit se faire.

L'Iris bulbeux, *Iris xiphium*, Lin., a les bulbes pointues; les feuilles linéaires, canaliculées, striées; les tiges hautes d'un pied; les feuilles grandes et les stigmates bifides. Il croît dans les parties méridionales de l'Europe : on le cultive dans les jardins, où il donne des variétés nombreuses dans les nuances du rouge, du bleu, du violet, du jaune, du blanc, et même où il se panache; il fleurit au milieu de l'été.

L'Iris tubéreux a les bulbes composées de deux ou trois digitations; les feuilles linéaires, tétragones, canaliculées; les tiges moins longues que les feuilles; les fleurs verdâtres et d'un pourpre noirâtre. Il est originaire du Levant : on l'appelle le *faux hermodacte*, parce que les Turcs emploient sa racine pour se purger, comme le véritable hermodacte, qui est celle d'un colchique; il craint la gelée.

L'Iris de Perse a les racines bulbeuses; les feuilles linéaires, canaliculées, droites, glauques, distiques; la fleur sessile solitaire, radicale, assez grande, blanche, bleue, jaune et violette. Il est originaire de Perse, fleurit au premier printemps, et craint les gelées du climat de Paris.

L'Iris double bulbe, *Iris sisyrinchium*, Lin, a la racine composée de deux bulbes, les feuilles linéaires, ondulées, canaliculées; la tige d'un demi-pied; les fleurs d'un violet pâle. Il croît naturellement en Portugal : on le cultive dans quelques jardins; ses bulbes peuvent se manger et même se mangent dans son pays natal.

Ces quatre dernières espèces sont plus délicates que les précédentes et plus rares dans les grands jardins; on les multiplie par leurs bulbes. Comme elles foisonnent moins, il est bon de les laisser en terre pendant quelques années, deux ou trois, par exemple; mais il faut nécessairement les relever ensuite pour les débarrasser de la surabondance de leurs bulbes et les changer de place, car elles épuisent rapidement le sol. Parmi elles, la première est la plus connue et véritablement la plus belle par ses effets, sur-tout quand ses variétés sont convenablement mélangées. (B.)

IRRÉGULIÈRE. Botanique. Toute corolle, soit monopétale ou polypétale, dont les différentes parties ne sont pas semblables, ou plutôt dont les divisions diffèrent tellement entre elles, qu'elles n'offrent point de symétrie dans leur ensemble, est irrégulière. L'aristoloche présente l'exemple d'une corolle monopétale irrégulière, et le pois, celui d'une corolle polypétale irrégulière. (R.)

IRRIGATIONS (ART DES). Agriculture et Architecture rurales. Par le mot irrigation, on entend particulièrement un arrosement à grande eau, procuré par des constructions convenables, et opéré à-la-fois sur une certaine étendue de terrain. *Voyez* Eau, Arrosement, Pluie.

La pratique des irrigations remonte à la plus haute antiquité. Les historiens citent avec complaisance les canaux, les réservoirs, les aqueducs, que les anciens souverains de l'Égypte, de la Grèce et de l'Inde, avaient fait construire à grands frais dans leurs états respectifs, tant pour procurer de l'eau aux cités les plus populeuses que pour l'arrosement des terres.

Les Romains, encore témoins de la fertilité et de la prospérité que la merveilleuse distribution des eaux répandait en Égypte et en Grèce, surent apprécier ces travaux bienfaisans; ils en étudièrent le mécanisme, et l'introduction de la pratique des irrigations en Italie y fut regardée, avec le temps, comme l'un des plus utiles trophées de leurs victoires.

Leur histoire est remplie de descriptions des canaux et des aqueducs que ce peuple conquérant a édifiés sur son territoire, en Espagne et dans les Gaules.

Le plus grand nombre de ces immenses travaux ont été détruits pendant les siècles de barbarie qui ont suivi la chute de l'empire romain ; mais la tradition des grands avantages des irrigations s'était conservée en Italie : ils étaient consignés dans les ouvrages des agronomes et des poëtes ; aussi, à la renaissance des lettres, on vit bientôt l'agriculture italienne essayer de s'emparer des sources abondantes des fleuves qui traversent son territoire, pour en distribuer les eaux sur les terres pendant la saison brûlante de ce climat, et parvenir insensiblement à un système général d'irrigation dont la perfection a été justement célébrée par tous les voyageurs agronomes.

L'Italie passe effectivement pour être le berceau de la science hydraulique moderne, et ses réglemens sur la jouissance et la distribution des eaux entre les riverains méritent d'être pris pour modèles par tous les gouvernemens.

La France, sous François Ier., s'est empressée d'imiter un exemple aussi utile à l'agriculture, et la pratique des irrigations s'y est introduite, d'abord dans ses parties méridionales, ensuite dans ses pays de montagnes, et enfin dans un assez grand nombre d'autres provinces.

La Suisse, l'Allemagne, la Hollande et l'Angleterre, n'ont pas non plus négligé un moyen aussi puissant d'augmenter la fertilité des terres. Ces différens états en ont adopté l'usage ; ils ont introduit sa pratique dans leurs colonies, et aujourd'hui toutes les parties du monde offrent des travaux d'irrigation, peut-être encore imparfaits et restreints dans un trop petit nombre de localités, mais du moins qui procurent de très-grands avantages partout où ils sont établis.

Il faut convenir cependant que les travaux modernes d'irrigation ne présentent pas généralement le caractère de grandeur et de bienfaisance générales qui distingue ceux du lac Mœris et du canal d'Alexandrie, en Égypte, ainsi que les canaux d'irrigation et de navigation de la Chine, parce que les premiers sont, pour ainsi dire, isolés et appropriés aux besoins particuliers de l'agriculture, tandis que ceux-ci embrassaient dans leurs effets et les besoins généraux de l'agriculture, et ceux de la navigation et des cités.

Quoi qu'il en soit, des exemples aussi nombreux et une opinion aussi unanime établissent suffisamment les avantages des irrigations et l'intérêt que les propriétaires trouveraient à en adopter l'usage toutes les fois que les circonstances locales pourraient le permettre.

Mais pour se livrer avec succès à leur pratique, comme à celle de toute autre partie de l'agriculture, il faut réunir les trois conditions que prescrivent (du moins à ce que je crois) les anciens géoponiques : le *vouloir*, le *pouvoir* et le *savoir*.

La première condition semble ne devoir souffrir aucune difficulté ; car l'homme est naturellement porté à désirer pour lui, ou pour sa famille, une augmentation de fortune; mais si, pour l'obtenir, il est obligé à se livrer à un travail extraordinaire et inaccoutumé, ou de faire des avances pécuniaires dont l'emploi nouveau lui laisse la moindre inquiétude sur le succès, alors il repousse toute idée d'innovation, et reste fermement dans les sentiers de sa routine ordinaire; cette force de l'habitude est l'un des principaux obstacles aux améliorations dont l'agriculture pourrait être localement susceptible, et on ne parviendra à le surmonter que par l'instruction et des exemples.

La seconde condition, le *pouvoir*, s'applique ici, et aux facultés pécuniaires du propriétaire, et aux obstacles locaux.

Sans doute, on ne peut rein faire sans capitaux disponibles; mais en irrigations, la dépense des travaux qu'elles exigent n'est généralement pas aussi grande qu'on le croit trop communément. Cette dépense s'élève rarement au-dessus des facultés ordinaires de l'homme simplement aisé, comme on le verra ci-après, et même elle se trouve quelquefois à la portée de celles du plus petit propriétaire; d'ailleurs, dans les circonstances difficiles, on peut former des associations.

A l'égard des obstacles locaux ou physiques, nous n'en reconnaissons qu'un d'absolu, celui de la dépense des travaux d'établissement, lorsqu'elle serait trop grande pour pouvoir être convenablement compensée par les augmentations de produits que les irrigations doivent procurer; l'art est parvenu à surmonter tous les autres et même à suppléer au dénuement total des sources visibles.

Mais il existe des difficultés morales qui souvent deviennent des obstacles absolus pour les irrigations : tels sont, 1°. le morcellement des propriétés; 2°. la difficulté des CLÔTURES; 3°. l'usage du PARCOURS sur toutes les terres non closes; 4°. les oppositions à la jouissance naturelle des eaux, qui sont si fréquentes dans les localités où il y a beaucoup d'usines, etc. *Voyez* ces mots.

Le gouvernement seul peut lever ces obstacles par des dispositions législatives convenables, dont on trouve de si bons modèles dans les réglemens administratifs de l'Italie, de l'Espagne, de la Toscane et du Danemarck.

Ces difficultés n'ont point échappé au zèle de MM. les rédacteurs du projet du nouveau Code rural, et les moyens de les surmonter font partie de leur travail.

La troisième condition, *le savoir*, est ici d'autant plus nécessaire, qu'elle seule peut éclairer la volonté du propriétaire, et la déterminer avec connaissance de cause. Mais elle est la plus difficile à remplir; non pas que l'étude de l'art des irri-

gations exige d'autres connaissances élémentaires que celles
que tous les propriétaires devraient acquérir pour bien administrer leurs différentes natures de biens, mais parce que,
malgré le nombre d'ouvrages, bons en eux-mêmes, que nous
possédons sur cet art, il n'en existe aucun, du moins à notre
connaissance, qui soit assez étendu et assez complet pour servir
de guide dans tous les cas et dans toutes les circonstances.

En général, chaçun de leurs auteurs s'est plutôt appliqué à
décrire les pratiques d'irrigation de sa localité, qu'à rechercher les causes générales et particulières de leurs bons effets.
Se croyant assez fort de son expérience locale, il a érigé ces
pratiques en préceptes absolus, et en les comparant ensemble,
on y trouve des contradictions décourageantes, même pour les
hommes les plus décidés à les mettre en pratique.

Aussi celle des irrigations est-elle encore concentrée,
pour ainsi dire, dans les lieux où elle est adoptée depuis long-
temps.

Pour la faire sortir de ces limites beaucoup trop étroites et
la répandre dans tous ceux où elle pourrait être avantageuse,
il faudrait donc familiariser tous les propriétaires avec les travaux d'art que les irrigations exigent, et avec les pratiques
qu'ils doivent adopter suivant les circonstances locales, c'est-à-
dire les initier dans la théorie et la pratique des irrigations.

Telle est la tâche particulière que nous nous sommes impo-
sée dans cet article, et que nous n'aurions pas osé entreprendre
sans les secours que nous ont fournis, 1°. l'Architecture hydraulique de Bélidor; 2°. l'Hydraulique de Dubuat; 3°. l'article *Irrigation* de Rozier, dont M. Bertrand paraît avoir été
le guide; 4°. les Mémoires de M. Cretté de Palluel; 5°. ceux
de M. de Chassiron; 6°. le Traité général des prairies de
M. Dourches; 7°. le Traité général de l'irrigation de William
Tatham, traduit de l'anglais; 8°. différens voyageurs.

Le sujet, traité dans son ensemble et avec ses principaux
détails, est absolument neuf, et nous n'avons pu nous dissimuler toutes les difficultés de ce travail; aussi, pour nous
déterminer à nous y livrer, avons-nous eu besoin de compter
sur l'indulgence des lecteurs.

L'art des irrigations se divise naturellement en deux parties
principales, la théorie et la pratique.

Dans la théorie de cet art nous comprenons la connaissance
des différentes propriétés et des diverses destinations des eaux,
des moyens d'en corriger les mauvaises qualités et de les employer en toutes circonstances, ainsi que des temps les plus
favorables pour leur emploi; celle des différentes espèces d'irrigations; les détails de construction de tous les travaux d'art
qu'elles exigent dans chaque cas particulier; enfin le méca-

nisme de ces différens travaux, c'est-à-dire le jeu qu'il faut donner aux eaux dans chaque espèce d'irrigation pour en obtenir l'effet le plus complet.

Et par *pratique des irrigations*, nous entendons les différentes applications que l'on peut faire de leur théorie, suivant les circonstances particulières des localités.

PREMIÈRE PARTIE. THÉORIE DES IRRIGATIONS.

SECTION PREMIÈRE. *Des eaux. Voyez* EAU. Les eaux, considérées sous le rapport des irrigations, ont des propriétés et des destinations particulières qu'il est nécessaire de connaître, afin de pouvoir en profiter suivant les circonstances locales. 1°. On sait généralement que les eaux répandues sur les terres en quantité suffisante et en saison convenable, sont pour elles un puissant amendement; mais elles ne sont pas toutes également bonnes pour les irrigations, et même il y en a dont l'usage est pernicieux à la végétation.

Les eaux trop chaudes ou trop froides, martiales, salines, schisteuses, séléniteuses, etc.; celles chargées de pierres, de graviers ou d'autres substances infertiles, doivent être rejetées des irrigations, ou ne peuvent y être employées avec avantage qu'après en avoir corrigé la mauvaise qualité.

Si elles sont trop chaudes, il faut les laisser refroidir; si elles sont trop froides, il faut les échauffer en les mettant en mouvement, ou en les recevant dans un réservoir exposé à l'ardeur du soleil et en les y faisant battre par une usine. Enfin, si elles sont chargées de substances infertiles, etc., on les forcera à les déposer dans un réservoir, et on les bonifiera en les mêlant avec des fumiers ou avec de bonnes terres.

Les meilleures eaux sont celles dans lesquelles les légumes cuisent le plus facilement, qui dissolvent bien le savon, et qui s'échauffent et se refroidissent promptement. *Voyez* SÉLÉNITE. 2°. Ces qualités fertilisantes peuvent devenir communes à toutes les eaux limpides ou troubles; mais elles se développent localement avec plus ou moins d'énergie suivant la température habituelle plus ou moins chaude du climat.

3°. Cette assertion semble prouvée d'une manière incontestable par les effets prodigieux des irrigations d'eaux limpides qu'on n'éprouve que dans les pays méridionaux. Les terres arrosées y présentent quelquefois jusqu'à quatre récoltes successives dans la même année et même plus (1), tandis que celles qui ne participent point aux bienfaits des irrigations régulières n'offrent, pour ainsi dire, que des déserts arides : c'est du

---

(1) On obtient jusqu'à quatorze coupes de luzerne dans les environs de San-Lucar en Espagne.

moins le contraste frappant que l'on observe sur les deux rives du Pô, etc.

4°. Il en résulte évidemment que les irrigations d'eaux limpides sont moins nécessaires, et que leurs effets sont moins grands sur la végétation à mesure que la température habituelle est moins chaude; car le sol, conservant plus long-temps son humidité naturelle, a moins besoin d'arrosemens, ou en exige de moins copieux, de moins fréquens et seulement pendant les grandes sécheresses de l'été, et le climat n'est plus assez chaud pour permettre l'entier développement des qualités fertilisantes des eaux.

5°. Sous la même température, les différentes natures de sol, comme les diverses espèces de végétaux, ne demandent pas des arrosemens également copieux et fréquens; car si une humidité suffisante est constamment nécessaire à la végétation, une humidité surabondante lui est essentiellement nuisible; et l'on sait que cette humidité suffisante est absolument relative et à la nature du sol et à l'espèce de ses produits.

6°. En hiver, et sous quelque climat qu'elles se trouvent placées, les terres conservent toujours assez d'humidité naturelle, et les qualités fertilisanses des eaux, ainsi que la végétation, sont neutralisées et suspendues par la rigueur de sa température; en sorte que les irrigations d'eaux limpides, qu'on leur donnerait dans cette saison, ne produiraient aucun résultat avantageux, et souvent procureraient au sol une humidité surabondante toujours préjudiciable à la végétation.

Cependant, dans quelques localités on est dans l'usage de couvrir d'eau les prairies pendant l'hiver pour les préserver de la gelée, et l'on s'y trouve bien de cette pratique; et dans d'autres, pour éviter le même accident, on s'empresse d'en retirer les eaux troubles aussitôt qu'elles commencent à s'éclaircir, afin de laisser le temps au terrain de se dessécher suffisamment avant la reprise de la gelée.

7°. En été, les irrigations lui sont généralement favorables; mais il faut savoir les proportionner à la nature du sol, à l'espèce de ses produits et à la température du climat, et les donner en temps opportun. *Voyez* le mot ARROSEMENT.

8°. Les eaux troubles participent aux propriétés fertilisantes et humectantes des eaux limpides, ainsi que nous l'avons indiqué, et en outre elles déposent sur les terres qu'elles inondent l'engrais d'alluvion dont elles sont chargées, et qui est plus ou moins fertilisant, suivant la nature des substances qu'elles voiturent ainsi de la manière la plus économique. *Voyez* ACOULIS et CANAL.

9°. Les irrigations de cette espèce ne peuvent être données que lorsque les cours d'eau viennent à déborder, et elles ne produisent de grands effets sur les terres et particulièrement

sur les prairies, que lorsque les eaux sont chargées des meilleures alluvions.

10°. L'époque des débordemens des rivières n'est pas la même
dans toutes les localités; et comme l'expérience apprend aussi
que les eaux troubles les plus fertilisantes sont celles des débordemens qui suivent immédiatement la fin des semailles,
dont l'époque est également variable, il en résulte qu'il est
impossible d'en assigner aucune pour les irrigations d'eaux
troubles, qui soit applicable à toutes les localités. *Voyez* Dé-
BORDEMENT.

11°. On ne peut point arroser les prairies de cette manière
pendant la végétation des herbes; car les dépôts en rouille-
raient infailliblement les produits, ainsi que cela arrive trop
souvent par les inondations naturelles. *Voyez* ROUILLE DES
FOINS, FOIN VASÉ.

12°. En irrigations d'eaux troubles comme dans les arrosemens d'eaux limpides, on n'est pas toujours le maître d'en
régler le volume; mais lorsque les eaux disponibles sont toujours abondantes, il faut le combiner non-seulement avec la
nature du sol, l'espèce de ses produits et la température du climat, mais encore avec la pente du terrain. Par exemple, dans
les pentes rapides, il faut ménager les eaux, empêcher les
ravins qu'elles y formeraient, si leur volume était trop considérable et leur pente trop rapide, en les amusant dans des rigoles en zigzags, et assez multipliées pour en ralentir la vitesse; tandis qu'en plaine on peut arroser à plus grande eau
sans craindre les accidens, pourvu que le sol en soit léger et
profond; car s'il était argileux et compacte, on risquerait souvent de lui procurer une humidité surabondante.

C'est à ces différentes circonstances locales que sont dues les
contradictions apparentes que nous avons trouvées dans quelques-uns des auteurs que nous avons cités, ces préférences
accordées aux irrigations d'eaux troubles ou aux arrosemens
d'eaux limpides, aux irrigations d'hiver ou aux irrigations
d'été, aux arrosemens copieux ou aux irrigations modérées;
mais en analysant les faits qui ont motivé des opinions si contradictoires, en considérant les lieux, les climats et les autres
circonstances qui les ont accompagnées, et en les comparant
avec les principes que nous venons d'établir, ces contradictions disparaissent, parce qu'elles n'en sont plus que des
conséquences particulières et relatives aux localités qu'elles
concernent.

Nous conclurons donc avec eux tous que par-tout où l'on
trouve à sa disposition des eaux en quantité suffisante, ou que
l'on peut s'en procurer artificiellement, on ne doit jamais
négliger d'en faire usage, sauf l'obstacle absolu de la grande
dépense d'établissement des travaux d'irrigation; et nous di-

rons avec M. Anderson, cité par M. W. Tatham : « Laisser
couler une goutte d'eau à la mer sans avoir été auparavant
étendue sur le sol pour le fertiliser, c'est *gaspiller* un aussi
précieux engrais. »

Sect. II. *Des différentes espèces d'irrigations.* On en distingue de deux sortes : 1°. les irrigations par *inondation*, ou
par *submersion*; 2°. celles par *infiltration*.

Leur désignation les définit suffisamment.

§ 1er. *Des irrigations par inondation.* Ces irrigations se pratiquent, suivant les lieux, ou avec des eaux limpides, ou avec
des eaux troubles. Elles sont particulièrement destinées à fertiliser les prairies naturelles et artificielles, soit en leur procurant l'engrais d'alluvion, soit en entretenant le sol dans un
état suffisant d'humidité pendant les températures sèches et
chaudes. On s'en sert aussi avec beaucoup d'avantages dans
les pays méridionaux pour fertiliser les terres en culture.

§ 2. *Des irrigations par infiltration.* Elles sont singulièrement favorables, pendant les sécheresses de l'été, à la végé-
tion des plantes dans des terrains légers et brûlans. Les eaux,
retenues à cet effet dans des canaux multipliés, communiquent
au sol leurs qualités fertilisantes, en même temps qu'elles l'entretiennent constamment dans un état suffisant d'humidité.
Cette espèce d'irrigation convient aussi particulièrement aux
marais nouvellement desséchés.

Mais, pour pouvoir la pratiquer avec succès, il faut avoir
un grand volume d'eau à sa disposition pendant l'été ; car elle
en consomme beaucoup, tant par l'effet même de l'infiltration
que par la grande évaporation de cette saison, la seule où l'on
puisse arroser de cette manière avec avantage.

Sect. III. *Détails de construction des différens travaux d'irrigation par inondation.* Nous l'avons déjà dit, c'est une erreur de croire que les travaux d'irrigation soient difficiles à
concevoir et dispendieux à exécuter dans toutes les circonstances. Il est vrai que lorsque l'on considère la perfection et
l'étendue de ceux de l'Italie, et sur-tout l'ingénieuse et équi-
table distribution des eaux entre les riverains, on ne peut
s'empêcher d'admirer la précision de ces établissemens, et
d'être peut-être effrayé de la dépense qu'ils ont occasionnée.
Mais il existe une grande différence entre ces grands travaux,
qui n'ont pu être conçus et dirigés que par les hommes de l'art
les plus expérimentés, et être entrepris que par le gouvernement ou de riches associations, et les travaux isolés d'irrigation, dont l'étendue, beaucoup plus circonscrite, peut être
aisément saisie par l'homme simplement intelligent, et dont
la dépense de construction devient quelquefois à la portée
même des plus petits propriétaires; car les travaux sont né-

cessairement relatifs an nombre et à la nature des difficultés à vaincre et à l'effet que l'on veut produire.

Quoi qu'il en soit, les irrigations artificielles exigent des travaux plus ou moins nombreux, plus ou moins compliqués, suivant les circonstances, construits dans une forme analogue à leur destination particulière, et au moyen desquels on puisse toujours, 1°. recevoir à volonté les eaux disponibles, troubles ou limpides, pour les répandre sur le terrain en temps opportun, et les refuser et les faire écouler complétement lorsque leur présence sur ce terrain serait préjudiciable à la végétation; 2°. ne jamais recevoir de dommage du cours d'eau, même dans les inondations les plus fortes.

On voit donc que tout l'art des irrigations consiste à savoir se rendre maître absolu des eaux disponibles, pour s'en servir ensuite à sa volonté et à son plus grand avantage. Nous appelons l'ensemble des travaux imaginés pour parvenir à ce but *un système complet d'irrigation.* D'après cette définition, on voit que ce système peut être, ou très-simple, ou très-composé, suivant la facilité ou la difficulté des circonstances locales. Dans celles qui sont les plus difficiles, un système complet d'irrigation est composé, 1°. des travaux relatifs à la prise d'eau ; 2°. d'un canal de *dérivation*, ou canal principal d'irrigation ; 3°. d'un certain nombre de *barrages*, ou *vannes*, ou *écluses* avec empellemens ; 4°. de *maîtresses rigoles* ou *rigoles principales d'irrigation;* 5°. de *rigoles secondaires d'irrigation ;* 6°. de *fossés* ou *rigoles de desséchement;* 7°. des différens travaux nécessaires pour préserver le terrain des dommages des cours d'eau dans leurs débordemens naturels, comme *vannes* et *fossés de décharge, digues,* etc.

§ 1er. *Des travaux relatifs à la prise d'eau.* Ces travaux, dans la forme et les dimensions de leurs parties, dépendent absolument de la position et du volume des eaux disponibles, relativement au terrain que l'on veut soumettre à des irrigations régulières, et supposent nécessairement leur préexistence naturelle ou artificielle.

Ainsi, si le cours d'eau n'est qu'un faible ruisseau favorablement placé relativement au terrain, sa prise d'eau pourra être souvent effectuée par un barrage en fascines, ou batardeau temporaire, que l'on détruit ensuite lorsque l'irrigation est terminée, et que l'on rétablit toutes les fois que l'on veut arroser son terrain.

Si c'est une petite rivière dont il s'agit de dériver les eaux, et qu'elle présente une position et une pente aussi favorable relativement au terrain, un simple barrage ne serait plus suffisant pour remplir ce but : il faut alors employer le moyen des barrages ou réversoirs en maçonnerie. Enfin, si c'est un fleuve, les travaux de dérivation deviennent plus compliqués, plus dispendieux, et leur établissement exige plus de connaissances théoriques et pratiques.

D'un autre côté, lorsque la pente des cours d'eau est nulle, il serait souvent plus économique d'en dériver les eaux à l'aide des machines hydrauliques, que d'aller chercher, en remontant leur cours, un point (souvent très-éloigné) assez élevé pour que son niveau soit suffisamment supérieur à celui des parties les plus hautes du terrain à arroser ; et lorsqu'elle est trop forte, principalement dans le voisinage des hautes montagnes, il est presque toujours plus avantageux d'opérer cette dérivation à l'aide d'une roue que par le moyen des barrages, afin d'éviter la surabondance des eaux pendant la fonte des neiges, ainsi que les ravages qu'elles exerceraient sur des terrains d'une pente aussi rapide.

Nous ne parlerons point ici de ces machines, parce que leur construction est du ressort de la mécanique ; nous en donnerons l'indication au mot POMPE, et il ne sera question que des barrages.

Ceux que l'on construit pour assurer la prise des eaux d'irrigation sont connus sous les noms de *batardeaux*, de *retenues*, de *glacis*, de *déversoirs*, de *reversoirs*, suivant les localités et les matériaux avec lesquels ils sont construits.

Nous leur conservons ici la dénomination de *reversoirs*, parce que c'est celle qui est adoptée en architecture hydraulique.

Les effets qu'ils doivent produire sont, 1°. d'élever constamment les eaux supérieures à un niveau suffisant pour les forcer à s'écouler dans le canal de dérivation creusé pour les recevoir, mais sans exposer le terrain environnant à être submergé par cet exhaussement de leur niveau naturel ; 2°. de favoriser ensuite l'écoulement du trop-plein ou de l'excédant de ces eaux dans leur lit inférieur.

Pour remplir ces conditions d'une manière durable, il est nécessaire que les reversoirs soient construits avec une solidité convenable, et que toutes leurs parties soient disposées de manière à pouvoir résister, 1°. au soc et à la pression des plus grandes eaux supérieures ; 2°. à la chute de leur trop-plein dans leur lit inférieur ; 3°. aux dégradations qu'elles font ordinairement en avant, en arrière et dans les côtés du déversoir.

Sa forme est surbordonnée à sa destination principale, qui est la dérivation du cours d'eau. Mais cette dérivation peut avoir lieu seulement d'un seul côté du cours d'eau, ou quelquefois sur les deux côtés à-la-fois, et la forme du reversoir ne peut plus être la même dans l'un ou l'autre cas.

Dans le premier, on en trace la ligne antérieure obliquement à la direction du cours d'eau, et faisant avec elle un angle plus ou moins obtus, suivant la direction qu'on aura pu déterminer pour le canal de dérivation. Mais plus cet angle sera obtus, moins, suivant la loi des fluides, les eaux supérieures peseront sur le reversoir, et moins conséquemment il sera nécessaire de lui donner d'épaisseur pour résister à leur pression.

Dans le second cas, on est dans l'usage de tracer le reversoir en ligne droite perpendiculaire à la direction du cours d'eau ; mais il vaudrait mieux donner à sa partie antérieure la forme d'un chevron brisé, afin de lui procurer en partie les avantages attachés à la position oblique du premier tracé sur le cours d'eau.

D'ailleurs, quelle que soit la forme d'un reversoir, sa construction exige les mêmes soins et la même solidité relative.

On commence par le tracer, dans la forme choisie, au point du cours d'eau que l'on aura déterminé pour son emplacement.

Ses dimensions seront proportionnées au volume des eaux qu'il doit supporter, et à l'élévation qu'il faudra lui donner pour lui faire remplir complétement sa destination, sans cependant exposer, par sa construction, les terrains supérieurs à être submergés. C'est pourquoi, lorsque les cours d'eau n'ont pas une pente suffisante pour éviter naturellement cet inconvénient, on choisit de préférence un ressaut pour y placer le reversoir.

Un reversoir est ordinairement composé, 1°. de la partie antérieure, ou reversoir proprement dit, c'est-à-dire du massif de maçonnerie qui est exposé au choc et à la pression des eaux supérieures, et qui en élève le niveau à la hauteur nécessaire. Mais, comme nous l'avons déjà observé, cet effet principal du reversoir doit être produit sans que les terrains environnans puissent en être submergés, et cet inconvénient ne pourra pas arriver lorsque sa hauteur sera fixée à 25 centimètres environ en contre-bas du niveau des berges de la rivière où le reversoir se trouve placé ; 2°. de deux *empatemens* construits de chaque côté du reversoir en prolongement de son tracé, sur une longueur de 2 ou 3 mètres dans les berges, suivant le degré de consistance du terrain : ces empatemens sont destinés à préserver le reversoir des affouillemens latéraux des eaux supérieures : à cet effet, leur tête est élevée suffisamment au-dessus du niveau du couronnement du reversoir, pour ne pouvoir jamais être submergée par les hautes eaux d'inondation ; 3°. d'un glacis ou contrefort évasé qui contrebutte le reversoir dans toute sa longueur. On donne le plus souvent à ce glacis la forme d'un plan très-incliné, afin que les eaux surabondantes supérieures, en se rendant par là dans leur lit inférieur, n'y occasionnent pas des affouillemens préjudiciables par une chute trop brusque; et pour éviter ceux des terres latérales au glacis pendant le passage des eaux, on y construit deux petits murs de soutènement élevés d'environ 33 centimètres au-dessus de la pente du glacis.

Quelquefois, au lieu d'un contrefort en glacis, et lorsque l'on veut que le reversoir serve en même temps de vanne de décharge, on le construit de la manière que nous indiquerons ci-après pour les vannes ou écluses de décharge. Cette dernière forme est particulièrement convenable dans les cours d'eau qui n'ont qu'une pente insensible. Les différentes parties du reversoir doivent former un seul et même massif de maçonnerie en ciment solidement fondé à la même profondeur, et convenablement empaté dans le terrain des berges.

Le reversoir proprement dit, recevant tout le poids des grandes eaux, doit être couronné avec des pierres de taille dures, de la meilleure qualité et des plus grandes dimensions que l'on pourra trouver. Ces pierres seront contenues dans les extrémités du reversoir par le poids de la maçonnerie des têtes de ses empatemens, et liées ensemble par des crampons de fer solidement scellés.

Le parement du glacis, si l'on en fait un, sera établi avec des pierres plates, les plus longues de queue qu'il sera possible, posées de bout et bien arrasées conformément au plan incliné. Elles seront contenues dans la partie inférieure du glacis par un rang de grosses pierres de taille dures, et de la même manière que celles du couronnement du reversoir; et pour éviter leur dérangement, ainsi que les affouillemens inférieurs, on garnira cette partie de piquets solidement enfoncés dans le lit de la rivière, et entremêlés de grosses pierres; ou, mieux encore, on pavera solidement cette partie sur une certaine longueur.

Dans le cas où la localité ne pourrait point fournir de pierres de taille dures de dimensions suffisantes, il faudra y suppléer par un bâtis de charpente, assemblé en forme de grillage à larges cases, dont les pièces extrêmes formeraient le couronnement du reversoir et la terminaison du plan du glacis.

§ 2. *Des canaux de dérivation.* Un canal de dérivation, ou canal principal d'irrigation, est destiné à recevoir les eaux détournées ou dérivées d'un cours d'eau par la construction d'un reversoir, ou élevées à l'aide d'une machine hydraulique, et à les conduire sur les parties les plus élevées d'un terrain pour les répandre ensuite sur tous les points de sa surface. *Voyez* CANAL.

Le tracé de ce canal est donc naturellement jalonné par la position de ces points les plus élevés du terrain à inonder, sauf la modération qu'il faut lui donner, depuis sa prise d'eau jusqu'à son issue, pour procurer à ses eaux une pente suffisante et uniforme.

Lorsqu'on est le maître de la régler, cette pente ne doit être ni trop forte ni trop faible, mais seulement analogue au volume des eaux disponibles et au degré de consistance des terres. Trop forte, les eaux y prendraient trop de rapidité et pourraient raviner le canal; et trop faible, elles n'y joueraient pas avec assez de facilité et pourraient quelquefois y rester en stagnation. La pente la plus avantageuse paraît être dans les limites de 2 à 4 millimètres par mètre (une à 2 lignes par toise), parce que c'est celle qui, suivant les circonstances, donne aux eaux la vitesse la plus approchante de celle de *régime*. *Voyez* le mot DESSÉCHEMENT.

Mais cette pente du canal de dérivation est presque toujours subordonnée à la pente générale du terrain à arroser, laquelle est elle-même ordinairement semblable à celle du cours d'eau disponible; alors on est obligé de la prendre telle qu'elle existe, sauf à employer les ressources de l'art pour empêcher les inconvéniens qu'elle pourrait avoir.

Les dimensions du canal, c'est-à-dire celles de sa section, seront proportionnées au volume des eaux qu'il doit recevoir. Ses bords seront établis en talus d'autant moins rapides, que le terrain aura moins de consistance. Dans ceux de consistance moyenne, ces talus devront avoir au moins un mètre et demi d'évasement pour un mètre de profondeur. Les terres du déblai seront jetées du côté du sol à inonder, en y laissant un franc-bord, si cela est nécessaire pour se conserver la facilité de rélargir au besoin le canal.

Si, dans le développement d'un canal de long cours, on rencontrait des gorges dont la différence de niveau fît obstacle à sa continuation, ou pût interrompre l'uniformité de sa pente, il ne faudrait pas se laisser arrêter par cet obstacle, avant d'avoir examiné les moyens de le surmonter et calculé la dépense de leur exécution. Car cette dépense, tout effrayante qu'elle serait, prise isolément, pourra souvent devenir presque nulle étant répartie sur une grande étendue de terrain; dans ce cas, l'art indique plusieurs moyens de lever la difficulté. On construit une chaussée en terres assez consistantes pour pouvoir établir sur son sommet la continuation du canal dans sa pente uniforme, et l'on ménage au-dessous une passe de dimensions suffisantes pour l'écoulement le plus prompt et le plus complet des plus grandes eaux du vallon; ou bien on établit cette continuation, partie en chaussée dans les côtes de ce vallon, et le milieu en aqueduc, comme on en voit des exemples dans les mémoires envoyés à la Société d'agriculture de Paris pour le concours sur la pratique des irrigations.

§ 3. *Des vannes d'irrigation.* Elles ne sont autre chose que des barrages temporaires établis à demeure sur le canal de dérivation, pour élever le niveau de ses eaux et les forcer à se répandre par des ouvertures pratiquées dans la berge et à travers les terres du déblai, ou quelquefois à se déborder au-dessus lorsque la pente particulière du terrain est presque nulle.

Ces barrages sont appelés temporaires, parce qu'ils ne peuvent exister sans inconvénient lorsque le terrain n'a plus besoin d'irrigation; et c'est pour éviter la peine et même la dépense de les établir et de les détruire continuellement, qu'on les construit à demeure sur le canal, mais dans une forme convenable pour avoir un empellement qui, étant baissé ou étant levé, arrête les eaux supérieures ou les laisse écouler à volonté. C'est alors que ces barrages prennent le nom de *vannes d'irrigation.*

Leur construction est très-simple et consiste, 1°. en deux *empatemens* extrêmes, de deux tiers de mètre à un mètre de longueur, sur une épaisseur de 66 centimètres à un mètre, assis sur une fondation commune avec le radier de la vanne ou écluse. Ce radier, en maçonnerie de chaux et ciment comme les empatemens, est arrasé au niveau du fond du canal, et il est terminé par les paremens intérieurs de ces empatemens. On donne au radier à-peu-près la même longueur que la largeur du canal; et lorsqu'elle excède un demi-mètre ou deux tiers de mètre (largeur la plus commode pour la manœuvre des empellemens), on partage cette longueur en autant de divisions qu'elle peut contenir de fois un demi-mètre, ou deux tiers de mètre, plus l'épaisseur des petites piles intermédiaires, en bois de charpente ou en pierres de taille dures, qui sont nécessaires pour le jeu de pelles; 2°. en un petit nombre suffisant de pelles qui puissent jouer avec aisance dans les rainures verticales pratiquées à cet effet dans les paremens des empatemens et dans les flancs des piles intermédiaires; les pelles, dans la largeur que nous venons de prescrire, ne sont autre chose que des bouts de planches de chêne, ou d'autre bois dur, assemblées les unes avec les autres et clouées solidement sur un manche de même bois, de 8 à 11 centimètres d'équarrissage et de longueur suffisante pour la facilité de leur manœuvre; 3°. en un chapeau, ou pièce de bois de charpente de 16 à 18 centimètres de grosseur, posé en travers du canal sur l'arrasement supérieur des empatemens dans lesquels il est scellé, et qu'il couronne et lie ensemble. Cette pièce est percée sur sa face supérieure et aux points correspondans, d'autant de mortaises à jour que la vanne doit contenir de pelles. C'est dans ces mortaises que l'on introduit les queues des pelles, qui doivent toujours être assez longues pour en dépasser la face supérieure d'un tiers ou d'un demi-mètre lorsque ces pelles sont baissées, et qu'on les maintient aux différentes hauteurs nécessaires au jeu des eaux, à l'aide de chevilles de fer servant en même temps de clefs qui traversent à-la-fois le chapeau et la queue des piles.

La hauteur des empatemens des vannes d'irrigation est subordonnée au jeu des pelles ; c'est-à-dire qu'il faut que le chapeau de ces vannes soit suffisamment élevé au-dessus du canal, pour que, les pelles étant levées, elles ne puissent pas tremper dans les eaux. Ainsi cette hauteur ne peut être déterminée qu'après avoir reconnu celle qu'il faut donner aux pelles.

Celle-ci est relative au degré d'élévation de la berge du canal de dérivation aux points de position des vannes ; car il faut éviter soigneusement, dans ces différentes constructions, de causer aucun dommage aux propriétés riveraines, afin de n'être point contrarié ni exposé à des demandes d'indemnité.

Ici, on peut fixer sans aucun inconvénient la hauteur des pelles relativement à celle même des berges aux points de position, parce qu'on ne baisse les pelles que pour pratiquer une irrigation, et qu'alors on n'a point à craindre d'inondation sur les terres riveraines du canal.

Il résulte de tous ces détails, que les dimensions des différentes parties d'une vanne d'irrigation sont, pour ainsi dire, données par celles du canal de dérivation.

Mais si la construction ne présente aucune difficulté, il n'en est pas de même lorsqu'il faut en déterminer le point de position sur le canal de dérivation. Cette opération est très-délicate, et plus le terrain a de pente, plus elle demande de précision, afin de n'être pas exposé ou à des dépenses superflues, ou à n'obtenir que des irrigations incomplètes, alternatives toujours fâcheuses. Nous y reviendrons lorsque nous aurons achevé de faire connaître les détails des autres parties du système d'irrigation.

Lorsque les matériaux sont localement rares, ou trop chers pour cette construction de vannes, ou que le terrain ne présente pas assez de consistance pour en établir solidement la fondation, on les remplace par des *écluses à poutrelles*, dont on a donné la description au mot DESSÉCHEMENT.

§ 4. *Des rigoles principales d'irrigation.* Elles sont destinées, comme on vient de le dire, à conduire les eaux du canal de dérivation, arrêtées et exhaussées au-dessus de leur niveau naturel par chaque vanne d'irrigation, sur les points les plus élevés du terrain qui lui correspond, et qui forme sa *division*.

Ces rigoles principales ne sont pas toujours une partie essentielle d'un système complet d'irrigation.

Dans les pays de montagnes, où les pentes sont très-rapides, et où il serait dangereux d'arroser à grande eau, ainsi que nous l'avons déjà fait observer, le canal de dérivation sert en même temps de rigole principale et même de rigoles secondaires, parce que celles-ci, malgré la divergence des directions qu'on est obligé de leur donner pour éviter les inconvéniens d'une pente trop rapide, ne sont véritablement que les prolongemens du canal de dérivation. Également, lorsque la pente du terrain est insensible ou presque nulle, le système peut se passer de rigole principale d'irrigation, parce qu'alors on peut arroser le terrain à grande eau et sans craindre de le raviner, à l'aide d'ouvertures temporaires pratiquées à chaque fois pour l'irrigation à travers la relevée des terres du canal de dérivation.

Ce n'est donc que dans les pentes intermédiaires que l'établissement des rigoles principales d'irrigation devient indispensable, tant pour mettre le terrain à arroser toujours à l'abri de la surabondance des eaux du canal, que pour se ménager la facilité de régler le volume des eaux d'irrigation suivant la saison et les autres circonstances.

Alors le tracé de ces rigoles est indiqué par la pente générale et celle particulière du terrain à inonder, et ensuite subordonné à la vitesse convenable qu'il faut procurer aux eaux d'irrigation, dont les limites sont à-peu-près les mêmes que celles que nous avons données pour la vitesse des eaux dans les canaux de dérivation.

Il résulte de cette combinaison que les rigoles principales doivent faire, avec la direction du canal, un angle plus ou moins ouvert, suivant que la pente générale du terrain est moins ou plus forte. Cependant si la pente particulière, c'est-à-dire celle de la section du terrain, supposée perpendiculaire à la direction du cours d'eau dans son lit naturel, a de la rapidité, il peut arriver que, malgré celle de la pente générale, la direction de la rigole devienne parallèle à celle du canal de dérivation.

De ces différentes directions, la dernière est toujours la plus avantageuse; car alors la rigole se trouvant placée, comme le canal, sur les parties les plus élevées de la division, aucun point de sa surface ne peut être privé des avantages de l'irrigation, tandis que, dans toute autre direction de la rigole, les parties sont d'autant plus étendues, qu'elle s'écarte davantage de ce parallélisme, et que, pour obvier à cet inconvénient, on est obligé de multiplier les vannes d'irrigation.

On est dans l'usage de donner la forme d'une cunette, ou petit fossé de 33 à 50 centimètres de largeur, sur une profondeur relative, aux rigoles principales d'irrigation, et cette forme nous paraît présenter plusieurs inconvéniens : 1°. la place qu'elles occupent sur le terrain est perdue pour la récolte, non pas qu'il n'y croisse point d'herbe, mais parce qu'il est impossible de la faucher ou de la brouter complétement ; 2°. les taupes s'emparent de ces fossés immédiatement après que les eaux en ont été ôtées; et s'il y a le moindre intervalle entre chaque irrigation, ce qui arrive presque toujours, on est obligé de les curer avant chaque arrosement, parce qu'étant obstrués par les taupinières, les eaux y seraient arrêtées et ne parviendraient pas à leur destination. Nous nous sommes très-bien trouvés de les évaser beaucoup en arrondissant leur fond, et, dans certains cas, de leur donner la forme d'un chevron brisé.

Quelle que soit la forme de ces rigoles, il est nécessaire d'en diminuer la largeur à mesure qu'elles s'éloignent de la prise d'eau, afin que les eaux, en diminuant progressivement de volume, puissent y conserver la même vitesse.

Les rigoles principales ont leur prise d'eau sur le canal de dérivation, immédiatement au-dessus de leur vanne correspondante d'irrigation. L'entrée des eaux y est ordinairement fermée avec des gazons pendant tout le temps que le terrain n'a pas besoin d'être arrosé ; mais il vaut mieux garnir cette entrée d'une petite vanne, composée d'un châssis en bois et d'une pelle, que l'on manœuvre de la même manière que celles des vannes d'irrigation. La traverse inférieure du châssis sert de radier à cette petite vanne, et empêche les dégradations des eaux.

§ 5. *Des rigoles secondaires d'irrigation.* Elles servent à distribuer les eaux de la rigole principale sur tous les points de sa division, au moyen de saignées que l'on y pratique à cet effet.

Lorsque le volume des eaux est grand, et que le terrain a une pente suffisante, M. Bertrand pense que les saignées sont inutiles.

Les rigoles secondaires sont embranchées sur la rigole principale, dont elles forment les ramifications, et font avec elles des angles plus ou moins ouverts, suivant la pente particulière du terrain; et on les y multiplie autant qu'il est nécessaire pour compléter l'irrigation de chaque division. Leur espacement est ordinairement de 10 à 14 mètres dans les terres légères, et de 14 à 17 mètres dans les autres natures de terrain. Quant à leur longueur, elle ne doit pas être considérable; et d'autant moindre que la pente du terrain sera plus douce.

Le tracé des rigoles secondaires se fait en suivant les mêmes règles que pour celui des rigoles principales; c'est-à-dire qu'il est subordonné à la pente qu'il faut donner aux eaux introduites dans ces rigoles, afin que leur vitesse n'y devienne pas assez grande pour retenir les alluvions qu'elles doivent déposer sur le terrain, ou pour la raviner; mais qu'elle y soit suffisante, suivant leur volume, pour pouvoir parvenir jusqu'à leurs extrémités.

D'ailleurs leur forme et la diminution progressive de leur capacité, à mesure que les rigoles s'éloignent de leur prise d'eau, seront observées comme dans la construction des rigoles principales, sauf les dimensions des rigoles secondaires, qui doivent être plus petites, parce que le volume d'eau qu'elles reçoivent est moins considérable.

§ 6. *Des fossés ou rigoles de desséchement ou de décharge.* Ces rigoles ont pour objet de faire écouler dans le lit naturel du cours d'eau les eaux d'irrigation ou d'inondation qui seraient accumulées dans les bas-fonds d'une prairie, ou dans les noues d'un terrain, et qui, sans cette précaution, y resteraient en stagnation, et pourraient quelquefois en rendre le sol marécageux.

D'après leur destination, il est nécessaire de les tracer dans la ligne de plus grande pente du terrain; et si cependant cette direction donnait aux eaux une pente assez rapide pour le raviner, il faudrait la modérer en donnant aux rigoles un plus grand développement.

Leur forme est la même que celle des autres rigoles, il faut seulement en proportionner les dimensions au volume des eaux dont elles doivent procurer l'écoulement.

Ces rigoles sont spécialement en usage dans les irrigations des terrains qui n'ont qu'une pente insensible. M. Will. Tatham rapporte, dans son ouvrage, la description de semblables irrigations, donnée par M. Wright, dans lesquelles ces rigoles jouent un rôle principal. Le terrain à inonder est disposé en planches plus ou moins bombées et bien planes dans leurs pentes latérales. Le sommet de ces planches est dirigé perpendiculairement sur le canal de dérivation ou d'irrigation, et sur le fossé de décharge qui lui est parallèle.

Le système d'irrigation est ensuite complété par des rigoles d'irrigation placées sur les sommités de ces planches, et qui ont leur prise d'eau sur le canal supérieur, et par des rigoles de desséchement ou d'écoulement ouvertes dans les noues de ces planches, et qui ont leur issue dans le canal inférieur. Le terrain est probablement assez léger pour que les eaux, introduites en quantité convenable dans les rigoles d'irrigation, humectent et fertilisent suffisamment les glacis des planches;

l'excédant des eaux retombe dans les rigoles de desséchement et s'écoule ensuite dans le canal de décharge inférieur.

§ 7. *Des travaux nécessaires pour préserver les terrains soumis à des irrigations régulières, de la surabondance des eaux inférieures ou supérieures, lorsqu'elles pourraient être nuisibles à la végétation.* Les travaux différens que nous venons de décrire peuvent être regardés comme étant strictement suffisans pour établir des irrigations régulières ; mais il est des circonstances où l'on ne serait pas encore maître absolu des eaux, et où conséquemment ce système d'irrigation ne serait pas encore complet.

Par exemple, si ce cours d'eau est sujet à des crues d'eaux extraordinaires, telles que, malgré la largeur du reversoir, elles introduisent dans le canal de dérivation un plus grand volume d'eau qu'il ne peut en contenir, il débordera nécessairement dans ces fâcheuses circonstances. La surabondance des eaux dégradera sa relevée, comblera les rigoles d'irrigation, et si ce malheur arrivait pendant la végétation des herbes, leur rouille serait l'effet inévitable de ces avaries.

D'un autre côté, si ces eaux ne sont pas suffisamment encaissées dans leur lit naturel, et que des pluies abondantes de l'été les en fassent sortir, la prairie aura également à souffrir de ces inondations.

Dans ces cas, le système d'irrigation ne sera complet qu'après être parvenu à garantir le terrain de ces inconvéniens attachés à sa position entre deux cours d'eau.

Pour la préserver des inondations supérieures, on construit sur le cours du canal de dérivation, à des distances convenables, et de préférence vis-à-vis des coudes du lit inférieur du cours d'eau qui s'en rapprochent davantage, des *vannes*, ou *écluses de décharge*, garnies d'empellement comme dans les vannes d'irrigation, dont on lève toutes les pelles pendant les inondations, ou lorsque l'on a besoin de mettre le canal à sec. Dans les eaux moyennes, ces vannes servent aussi à maintenir celles du canal au même niveau ; la hauteur des pelles est fixée de manière à remplir ce but, et le trop plein de ce canal s'épanche par-dessus les pelles, tombe dans le fossé de décharge creusé au-dessous pour le recevoir, d'où les eaux s'écoulent ensuite dans le lit naturel du cours d'eau.

Les vannes de décharge sont composées de deux *épaulemens* ou empatemens placés sur la rive du canal de dérivation, et faisant un même massif de maçonnerie en ciment, 1°. avec la fondation du radier de ces vannes, qu'il est nécessaire d'élever au niveau du fond du canal de dérivation; 2°. avec celle du *glacis*, ou plutôt du pavé inférieur, et établi à un ou deux décimètres au plus au-dessus du fond du fossé de décharge, et destiné à recevoir le choc de la lame d'eau du trop plein du canal; 3°. et avec la fondation et la nette maçonnerie des *bajoyers*, qui servent à contrebutter les empatemens, à soutenir les terres et à les préserver des affouillemens latéraux.

Les paremens intérieurs de ces empatemens sont construits de la même manière que ceux des vannes d'irrigation. Leur hauteur est également déterminée pour la commodité du jeu des pelles; mais elles ne jouent pas ici dans les rainures des empatemens, c'est dans celles pratiquées dans les montans en bois de leurs châssis, dont les extrêmes sont noyés dans la maçonnerie des empatemens. Les dimensions de ces vannes sont ordinairement un peu plus fortes que celles des vannes d'irrigation, afin qu'elles puissent résister plus sûrement à la pression des plus grandes eaux.

On pourrait quelquefois éviter la dépense de construction de ces vannes, en établissant au reversoir une écluse de décharge; et on n'en a aucun besoin, lorsque l'eau est introduite dans le canal de dérivation à l'aide d'une machine hydraulique dont on puisse à volonté interrompre le mouvement.

Quant à la garantie des inondations des eaux inférieures, nous y sommes parvenus en employant en petit les moyens pratiqués dans les grands desséchemens pour contenir les eaux extérieures, et dont notre confrère M. de Chassiron a si bien décrit les détails de construction. *Voyez* le mot DESSÉCHEMENT.

Ils consistent à élever avec le sol même, sur le terrain que l'on veut préserver de ces inondations, des digues à-peu-près parallèles au lit du cours d'eau, en évitant toutefois de multiplier les angles de leur tracé.

On les établit à une distance de ses bords, qui ne doit jamais être moindre que la moitié de la largeur du lit de ce cours d'eau; et lorsque l'on veut en élever à-la-fois des deux côtés de ce lit, il faut que les francs-bords soient toujours assez larges pour que les digues puissent contenir les eaux des plus grandes inondations.

Avec des terres de consistance moyenne il suffira de donner aux sommets de ces digues une épaisseur égale à leur élévation au-dessus du niveau du terrain, et cette élévation doit surpasser un peu le niveau connu localement des plus fortes inondations; on leur donne ordinairement 33 centimètres, et jusqu'à un demi-mètre de hauteur de plus que le niveau, tant pour éviter que les digues ne puissent être jamais submergées, que pour prévenir les effets des tassemens des terres de remblai. Leurs talus intérieurs et extérieurs seront déterminés d'après le degré de consistance des terres, mais toujours beaucoup plus adoucis à l'extérieur qu'à l'intérieur, afin d'amortir davantage la pression des grandes eaux.

22 *

D'ailleurs, si les terres d'une digue étaient tellement légères que, malgré un talus très-adouci, elles ne pussent pas résister à l'action des eaux, alors il faudrait la consolider par les moyens qui sont employés sur la Durance, et qui sont indiqués au mot Desséchement.

La construction de ces digues sera peu dispendieuse le long des cours d'eaux d'un petit volume, et, le plus souvent, une digue d'un mètre à un mètre et demi de hauteur suffira pour garantir les terres riveraines des dommages des inondations d'été.

Mais si cette construction est avantageuse et très-efficace pour garantir les prairies des inondations d'été, elle présente aussi l'inconvénient d'arrêter, dans certains cas, et d'intercepter l'écoulement des eaux intérieures. Pour lever cet obstacle, on pratique à travers les digues des passes en maçonnerie ou en blindage, par lesquelles les eaux intérieures, de pluie ou d'irrigation, s'écoulent dans le lit du cours d'eau lorsque les eaux extérieures y sont rentrées ; et afin d'éviter que les dernières puissent jamais pénétrer dans l'intérieur du terrain, on garnit extérieurement ces passes de petites portes appelées en Normandie *portes à clapets*, qui se ferment naturellement lorsque les eaux débordent, et qui s'ouvrent d'elles-mêmes ensuite lorsqu'elles sont rentrées dans leur lit.

Le jeu alternatif des clapets est dû à la position horizontale de leur axe, dont les tourillons sont placés dans la partie supérieure des montans de leur châssis, et à celle du plan de ces châssis qui est inclinée dans un sens contraire à celui du talus de la digue.

En effet, le clapet, dans sa position naturelle ou verticale, laisse la passe suffisamment entr'ouverte pour permettre l'écoulement des eaux intérieures, et son ouverture est encore agrandie par la pression qu'elles exercent sur la partie inférieure du clapet ; mais lorsque les eaux extérieures débordent et qu'elles parviennent au-dessus du niveau du seuil de son châssis, la pression des eaux extérieures fait naturellement entrer le clapet dans sa feuillure, contre laquelle elle le maintient. De ce moment il n'y a plus aucune communication entre le terrain renfermé par la digue et les eaux extérieures, et plus l'inondation a d'intensité, et mieux cette communication est fermée.

Lorsque les eaux extérieures rentrent dans leur lit, le clapet, n'étant plus soumis à leur pression, reprend sa position verticale, et les eaux intérieures, accumulées pendant l'inondation dans les contre-fossés des digues, ou dans les fossés de décharge ou de desséchement, peuvent alors s'écouler sans obstacle.

Lorsque ces digues ont été bien construites, et que leurs

talus se couvrent d'herbes, leur entretien est presque nul. Il faut seulement avoir l'attention de nettoyer exactement les châssis des clapets immédiatement après chaque inondation, afin que rien ne s'oppose à leur jeu.

Actuellement que nous avons fait connaître la destination et les détails de construction des différens travaux qui peuvent composer un système complet d'irrigation, nous allons exposer, le plus succinctement possible, la méthode qu'il faut suivre pour déterminer aussi exactement que la pratique peut le désirer, 1°. le nombre des vannes du canal de dérivation; 2°. celui des rigoles principales et secondaires d'irrigation, ainsi que leur direction.

Lorsque le volume d'eau disponible est très-petit, on peut, sans inconvénient, employer la routine des ouvriers pour régler la direction et la pente des rigoles d'irrigation. Ils établissent à vue de nez un barrage à demeure, ou simplement temporaire; ils ouvrent la prise d'eau de la rigole, et creusent cette rigole dans la direction qu'ils lui ont choisie, suivant le mouvement de l'eau qu'ils y introduisent.

Par ce moyen, ils sont assurés que l'eau parviendra à l'extrémité de la rigole, mais ils ne savent pas avec quelle vitesse. Cela est indifférent pour un petit volume d'eau, comme nous venons de le dire, parce qu'avec une vitesse même trop grande, son cours ne peut occasionner aucun dégât, et que d'ailleurs, dans la circonstance, on ne peut arroser qu'une très-petite étendue de terrain.

Si nous supposons maintenant un volume d'eau plus considérable, ces tâtonnemens ne sont plus admissibles; car non-seulement il faut que le nombre des vannes d'irrigation du canal ne soit ni plus grand ni plus petit qu'il ne doit être, mais il est encore très-essentiel, ainsi que nous l'avons dit, que la vitesse des eaux dans les rigoles ne devienne ni trop forte ni trop faible.

Ce n'est donc qu'à l'aide d'un plan exact de nivellement des lieux que l'on peut résoudre les différens problèmes. *Voyez* les mots Arpentage et Nivellement.

Supposons donc une grande prairie déjà pourvue d'un canal de dérivation des eaux de la rivière dont elle est riveraine, et qu'à l'aide du plan de nivellement on connaisse la forme et les différences de niveau de ses principaux points. Supposons encore que la pente de ce canal, ou celle générale du terrain, soit assez favorable pour que le cours de l'eau dans les rigoles principales d'irrigation, puisse être dans un sens contraire au courant du canal de dérivation (ce qui est toujours plus avantageux que lorsqu'elle est dans le même sens, parce qu'alors on est le maître d'en augmenter ou d'en diminuer la vitesse selon le volume d'eau disponible, tandis que celle des eaux dans le canal de dérivation, étant la même que celle de la pente générale du terrain, il n'est pas toujours possible de la modérer.)

Cela posé, voici comment on détermine rigoureusement le point de position de la première vanne sur le canal de dérivation.

Il faut d'abord examiner sur le plan la côte de niveau du point de la prairie où doit aboutir la première rigole principale d'irrigation, et ce point devra être peu éloigné de la prise d'eau et au-dessous de cette partie du canal de dérivation.

Maintenant, pour que les eaux du canal, élevées au niveau de la partie supérieure des pelles de la première vanne, puissent arriver jusqu'à ce point, il faut nécessairement qu'il y ait pente naturelle dans la première rigole d'irrigation ; c'est-à-dire que le niveau de l'eau, à sa prise d'eau, soit un peu plus élevé que celui du point où elle doit aboutir, et de la quantité strictement nécessaire pour procurer aux eaux de cette rigole la vitesse requise et convenable. Ce n'est donc pas à tous les points du canal, dont le niveau serait supérieur à celui de l'extrémité de la rigole, que l'on pourrait placer indifféremment la première vanne, mais seulement à celui qui procurera aux eaux de cette rigole une pente de 2 à 4 millimètres au plus par mètre, limites établies par cette vitesse.

En cherchant donc sur le plan les côtes du niveau des différens points du canal qui peuvent remplir ce but, et en les combinant avec la longueur développée que la rigole aura dans ces diverses hypothèses, on parviendra à trouver rigoureusement celui que l'on veut déterminer.

Par la même méthode, on déterminera facilement les points de position des autres vannes d'irrigation, les directions de la prise d'eau des canaux de dérivation, et celles des rigoles principales et secondaires d'irrigation.

Ceux qui voudraient avoir encore plus de détails sur ces différentes constructions peuvent consulter notre mémoire sur l'amélioration des prairies naturelles, tome VIII de ceux de la Société d'agriculture de Paris.

Par les détails que nous venons de donner sur les différens travaux d'un système complet d'irrigation, on voit que la dépense de construction de ceux de la prise d'eau est souvent la plus importante, et absolument indépendante de l'étendue du terrain à arroser, tandis que celle des autres travaux est presque toujours proportionnée à cette étendue. Il s'ensuit que plus le terrain a de superficie, et moins la dépense de ses travaux d'irrigation est considérable, toutes choses étant égales d'ailleurs.

Section IV. *Jeux des irrigations par inondation*. Le système complet d'irrigation étant établi comme nous venons de l'indiquer, voyons maintenant comment il faut en faire usage.

Par la disposition de ses différentes parties, on sent qu'il est impossible d'arroser à-la-fois toutes les divisions d'une grande prairie, mais seulement toutes les parties de chaque division, c'est-à-dire de la superficie comprise entre chaque vanne d'irrigation, ou qui y correspond.

A cet effet on débouche d'abord l'entrée des eaux de la rigole principale d'irrigation, ou l'on en hausse la petite pelle; on débouche également les entrées des différentes rigoles secondaires qui y correspondent, et l'on baisse les pelles de la vanne d'irrigation. Alors l'eau du canal de dérivation, étant arrêtée et exhaussée par les pelles de cette vanne, s'écoule naturellement dans la rigole principale, et se distribue, par les rigoles secondaires, sur tous les points de la division.

Pendant cette irrigation, on doit examiner avec soin si elle remplit bien son but, c'est-à-dire si, dans le cas d'une irrigation d'eaux troubles, elles déposent également sur tous les points de la division les engrais dont elles sont chargées; et, dans celui d'une irrigation d'eaux limpides, si toutes les parties de la division sont également humectées; enfin s'il y a des défauts dans quelques parties du système, afin de les rectifier pendant l'irrigation même, ou immédiatement après qu'elle sera terminée.

Après l'irrigation, on lève les pelles de la vanne d'irrigation, on baisse celle de l'entrée de la rigole principale, et l'on procède ensuite de la même manière et successivement à l'arrosement des autres divisions de la prairie. Nous avons dit, en parlant des eaux troubles, que les meilleures pour les irrigations étaient celles que l'on obtenait immédiatement après la fin des semailles; les différentes irrigations d'eaux troubles, que l'on donne aux prairies pendant la stagnation de la végétation des herbes, ne sont donc pas toutes également fertilisantes. Cette différence de qualité existe aussi pendant la durée de chaque inondation naturelle; car les eaux sont plus troubles, ou, ce qui est la même chose, plus chargées d'alluvions pendant la crue de l'inondation, que lorsque son intensité commence à diminuer; et nous avons constamment observé que les parties de prairie qui avaient été arrosées pendant le premier état de l'inondation étaient plus chargées de limon que celles que l'on avait fait baigner pendant le second.

On parviendra facilement à corriger ces inégalités dans la bonté des irrigations d'eaux troubles, en commençant chaque nouvel arrosement par la division de la prairie que l'on aura remarquée avoir été la moins engraissée par les irrigations précédentes.

Quant aux irrigations d'eaux limpides, on les pratique de la même manière que celles d'eaux troubles; mais comme on ne peut les donner qu'en été, ou pendant les températures chaudes, il faut en user avec beaucoup de discrétion, et selon la nature du sol et la température du climat; car des arrosemens trop copieux, ou donnés à contre-temps, seraient nuisibles à la végétation. D'ailleurs, pendant cette saison, les eaux sont très-fermentescibles, et tendent promptement à la putréfaction; on le reconnaît à une écume blanche qui le manifeste; aussitôt qu'on l'aperçoit, il faut se hâter de retirer l'eau, parce qu'elle ferait périr infailliblement la racine des herbes.

Section V. *Des travaux d'irrigation par infiltration.* Les agronomes ne paraissent pas d'accord sur la meilleure manière de construire ces travaux; les uns, par la considération de la grande intensité de l'évaporation pendant l'été, et de la perte souvent assez grande du terrain occupé par les fossés principaux et secondaires, conseilllent d'établir ces fossés à ciel couvert; et les autres, par des motifs d'une aussi grande importance, veulent que les irrigations se fassent par-tout à ciel ouvert, excepté les lacunes nécessaires pour les communications.

Nous partageons avec M. de Chassiron l'opinion de ces derniers. En effet, 1°. la grande évaporation des eaux pendant l'été peut être une considération majeure dans les localités où l'eau est rare; mais comme l'irrigation par infiltration est particulièrement favorable à la végétation des marais nouvellement desséchés, et que, dans les travaux de desséchement, on a dû se ménager dans les parties supérieures un volume d'eau suffisant pour alimenter les irrigations, cette considération devient nulle ou presque nulle; 2°. la perte du terrain occupé par les fossés d'irrigation est réelle : mais il faut la réduire à sa juste valeur, et sur-tout calculer si cette perte n'est pas effectivement inférieure à celle produite par le peu d'effet que produiront les irrigations à ciel couvert, et par les inconvéniens attachés à cette pratique; car d'abord les eaux renfermées dans les canaux souterrains ne profiteront point des influences de l'atmosphère, et sur-tout de la chaleur si nécessaire pour développer leurs qualités fertilisantes; en second lieu, la construction de ces canaux sera beaucoup plus coûteuse que celle des fossés à ciel ouvert; en troisième lieu, les dégradations intérieures des fossés couverts ne seront aperçues que par l'interruption du mouvement des eaux manifestée par des inondations préjudiciables, et dont on ne pourra reconnaître la cause qu'après avoir entièrement découvert les fossés, et sacrifié conséquemment les productions que l'on aurait confiées à leur couverture ; enfin l'entretien de ces canaux couverts exige des attentions et des soins continus dont les cultivateurs ordinaires sont rarement susceptibles. Quoi qu'il en soit, ces travaux ne sont ni compliqués ni d'une exécution difficile. Ils consistent, 1°. dans un fossé ou canal de dérivation supérieur ; 2°. dans un fossé de décharge inférieur ; 3°. dans un nombre de petits fossés principaux ou secondaires d'irrigation, multipliés autant qu'il est nécessaire pour l'arrosement complet du terrain, dont chaque fossé principal a sa prise d'eau particulière sur le canal de dérivation, qu'il peut recevoir ou refuser à l'aide d'une petite vanne avec empellement, et qu'il évacue ensuite à volonté dans le fossé de décharge, au moyen d'une autre petite vanne également avec empellement. *Voyez* DESSÉCHEMENT et FOSSÉ.

L'art de ces irrigations consiste, comme celui des autres espèces d'irrigation, à se rendre maître absolu des eaux, et à arroser en temps opportun.

SECONDE PARTIE. APPLICATION DU SYSTÈME COMPLET D'IRRIGATION A QUELQUES CAS PARTICULIERS, OU PRATIQUE GÉNÉRALE DES IRRIGATIONS.

Après avoir initié les propriétaires dans la théorie et les usages des irrigations, il ne nous reste plus qu'à leur indiquer les applications qu'ils peuvent en faire dans différentes circonstances locales pour l'amélioration de leurs prairies.

Ces prairies peuvent n'avoir aucune source visible à leur proximité, ou ne présenter qu'un petit volume d'eau disponible pour des irrigations, ou être traversées par des ruisseaux ou des rivières non navigables, ou enfin être riveraines de rivières navigables. Nous allons examiner quelle peut être la conduite de leur propriétaire dans ces différentes circonstances.

SECTION Ire. *Arrosement des prairies privées de sources visibles.*

On sent que, dans une position aussi défavorable, ces prairies ne peuvent être soumises à des irrigations régulières ; mais il est toujours possible, et à peu de frais, de leur procurer des arrosemens accidentels, lorsque l'on est propriétaire des pentes qui les dominent, ou lorsque l'on peut s'arranger à l'amiable avec les propriétaires de ces pentes pour construire les rigoles destinées à réunir leurs eaux pluviales dans leurs parties supérieures.

Ces rigoles sont simples et de la construction la moins dispendieuse ; la seule attention qu'il faut avoir en les traçant, c'est de leur procurer une pente assez douce pour que les eaux n'y prennent pas une trop grande vitesse; nous en avons déjà fixé les limites.

Les eaux pluviales, ainsi dirigées sur la partie la plus élevée de la prairie, y seront réunies dans un réservoir de dimensions capables de les contenir toutes, ou au moins en quantité suffisante pour l'irrigation du pré, et sans cependant que leur accumulation puisse nuire à autrui. Ce réservoir pourra être construit simplement en terre, si les terres sont assez consistantes pour ne permettre aucune infiltration, et la chaussée de retenue sera revêtue intérieurement en pierres sèches comme celle des étangs, et sauf la maçonnerie de la vanne d'irrigation et des vannes de décharge, qui doivent être en ciment. *Voyez* ETANG, RÉSERVOIR, MARE, CITERNE.

Il y aura deux issues, dont l'une, ouverte seulement pendant le temps de l'irrigation, servira à introduire les eaux dans la prairie, et l'autre, fermée pendant l'irrigation, sera ouverte pour l'écoulement des eaux du réservoir lorsque les irrigations seront terminées.

Pour compléter ensuite le système d'irrigation de la prairie, il suffira d'y établir des rigoles principales et secondaires en quantité suffisante.

Si l'étendue de cette prairie permettait de supporter de plus grands frais d'amélioration, ou si son irrigation exigeait un volume d'eau plus considérable, il serait très-avantageux de pouvoir l'obtenir par des travaux convenables, et la position de ces prairies en offre presque toujours la possibilité, car elles sont ordinairement dominées par des hauteurs plus ou moins éloignées.

Dans ce cas, l'art enseigne plusieurs moyens d'augmenter le volume des eaux disponibles. Le premier est de pratiquer dans les gorges de ces hauteurs des réservoirs capables de retenir le plus grand volume possible d'eaux pluviales dont on pourrait faire usage, non-seulement dans les irrigations d'eaux troubles, mais encore pour des irrigations d'eaux limpides.

Le second consiste à creuser des puits artésiens dans les mêmes gorges, qui mettraient à découvert les sources cachées qu'elles peuvent contenir.

Le troisième, de creuser sur les hauteurs dominantes des puits ordinaires à la manière des Espagnols, avec un noria ou toute autre machine hydraulique pour en élever les eaux.

Enfin le quatrième est cette construction ingénieuse de plusieurs puits creusés dans les hauteurs ou dans les gorges des montagnes dominantes des Kerises, que notre collègue Olivier a rencontrés fréquemment dans la Perse, et qui y favorisent si puissamment la végétation.

Voyez, pour la construction de ces différens puits, le mot **Puits**.

La seule difficulté de ces établissemens réside dans la dépense de leur construction, et elle ne devient absolue, ainsi que nous l'avons déjà remarqué, que lorsqu'elle ne peut pas être suffisamment compensée par une augmentation proportionnelle dans les produits.

Section II. *Travaux d'irrigation d'une prairie située sur un petit ruisseau.* La faiblesse d'un cours d'eau ne peut jamais être un obstacle suffisant pour négliger d'en employer les eaux à des irrigations, d'abord à cause des grands avantages qu'elles procurent, et ensuite parce qu'il est facile d'en augmenter le volume, soit par les moyens que nous avons indiqués dans la section précédente, soit en réunissant en un seul et même lit les sources visibles éparses dans les pentes supérieures, après en avoir creusé le fond pour les rendre plus abondantes. Les eaux une fois mises en évidence et réunies en un volume suffisant seront ensuite dirigées et distribuées sur le terrain que l'on veut soumettre à des irrigations régulières, par des travaux semblables et analogues à ceux du système complet d'irrigation.

Section III. *Travaux d'irrigation d'une prairie traversée par une rivière non navigable.* C'est sur une prairie de cette espèce que nous avons établi notre système complet d'irrigation ; il est donc inutile de donner ici une nouvelle indication de ces différens travaux.

Section IV. *Travaux d'irrigation d'une prairie riveraine d'une rivière navigable.* Il existe un préjugé funeste à l'amélioration de ces prairies, très-nombreuses en France. Presque tous les propriétaires sont persuadés qu'étant obligés de laisser un passage ou chemin de halage pour le service de la navigation, il est impossible d'enclore ces prairies et de les soumettre à des irrigations régulières. Le défaut d'irrigation empêche l'augmentation de leurs produits, et celui de clôture les assujettit au parcours commun après la récolte de la première herbe ; et dans cet état elles ne rendent pas à beaucoup près tout ce qu'elles pourraient produire si elles étaient affranchies de ces fâcheuses servitudes.

Il est vrai que les chemins de halage sont absolument nécessaires à la navigation des rivières ; mais leur largeur a des limites naturelles prévues par les lois, et déterminées par les besoins de la navigation sur chaque rivière, lorsqu'elle y est en pleine activité. Cette pleine activité s'entend du moment que les eaux remplissent complétement son lit sans débordement, car lorsque les eaux débordent, la navigation est nécessairement interrompue.

La largeur des chemins de halage étant ainsi fixée, rien n'empêche alors les propriétaires des prairies riveraines d'en enclore le surplus, et de se soustraire ainsi à la servitude onéreuse du parcours.

Quant à leur irrigation, il faut convenir que les travaux qu'elle exigerait seraient beaucoup plus dispendieux que ceux d'irrigation des prairies situées sur les bords des rivières non navigables, à cause de la dépense de la prise d'eau du canal de dérivation, qui augmente en proportion du volume des eaux disponibles, et des ponts qu'il faudrait construire pour le service de la navigation : aussi, dans beaucoup de circonstances, l'étendue de cette dépense serait un obstacle absolu à l'irrigation du terrain.

Mais s'il n'est pas toujours possible de le soumettre à des irrigations régulières, il est au moins facile de le fertiliser par des irrigations accidentelles que les inondations d'hiver pourraient procurer lorsqu'elles sont chargées d'alluvions de bonne qualité, ou de les préserver des dégâts que ces inondations leur occasionnent toujours lorsque les eaux charient des substances infertiles, ou qu'elles courent sur le terrain avec trop de vitesse, et en même temps de le garantir des inondations d'été.

Un exemple choisi dans la position la plus défavorable va faire comprendre notre idée. Soit une rivière navigable qui, lorsqu'elle vient à déborder, prend un cours rapide sur la prairie voisine, dont elle a creusé le terrain, dans lequel elle a formé une noue.

Pour préserver la prairie des accidens attachés à sa position, et en même temps pour lui procurer des irrigations accidentelles de bonne qualité, il faut d'abord empêcher les eaux de la rivière d'y pénétrer par sa partie supérieure ; en second lieu, créer les moyens de pouvoir y introduire les eaux pendant l'hiver, et de les y faire arriver sans vitesse, afin, d'un côté, qu'elles ne soient plus chargées de pierres ou autres substances infertiles que leur grande rapidité leur permettait d'entraîner avec elles, et de l'autre qu'elles y déposent le limon qu'elles ont pu retenir encore ; enfin garantir la prairie des inondations de l'été.

Pour y parvenir, nous contruisons d'abord à la naissance de la prairie, et en arrière des limites du chemin de halage, une digue de dimensions assez fortes pour résister au choc et à la pression des eaux supérieures. Pour augmenter encore davantage la force de résistance de cette digue, nous lui donnons une direction oblique avec celle du courant de la rivière ; l'effet de cette disposition sera de détourner la direction de ce courant, et, suivant les lois du mouvement des fluides, de le réfléchir sur le bord opposé sous un angle égal à celui d'incidence.

2°. Nous prolongeons cette digue parallèlement aux berges de la rivière, et toujours en arrière des limites du chemin de halage, jusqu'à la fin de la prairie, tant pour en former la clôture que pour lui ôter toute espèce de communication avec les eaux descendantes de l'inondation.

3°. Enfin, nous fermons la partie inférieure de la prairie par une digue transversale, appuyée d'un côté à la fin de la digue latérale, et de l'autre au coteau qui la termine dans cette partie, et nous y établissons une ou plusieurs vannes avec empellemens, pour recevoir ou refuser les eaux d'inondation, qui ne peuvent alors s'y introduire qu'en remontant leur cours naturel, et un nombre suffisant de passes à clapets pour assurer l'écoulement des eaux intérieures lorsque les eaux extérieures rentrent dans leur lit. Ces différens travaux, aux dimensions près, sont absolument les mêmes que ceux que nous avons déjà décrits dans la première partie de cet article, et leur construction exige la même solidité relative ainsi que les mêmes précautions.

SECTION V. *Manière économique de niveler les terrains soumis à des irrigations régulières.* L'expérience prouve que plus les terrains que l'on veut arroser sont planes, ou d'une pente uniforme, plus les travaux et l'usage des irrigations deviennent faciles et économiques. Sous ce rapport, le remblai des bas-fonds des prairies est aussi pour elles un accessoire utile des travaux d'irrigation.

Mais les mouvemens de terre sont généralement si dispendieux, que l'on craint de les entreprendre. Dans cette circonstance, nous faisons usage d'un moyen très-simple, et dont la dépense n'excède pas les bornes que l'on doit se prescrire en améliorations rurales; mais il exige de la persévérance et une localité favorable. Voici en quoi il consiste.

Il faut d'abord avoir à sa disposition un cours d'eau quelconque, régulier ou accidentel, qui soit à un niveau supérieur aux bas-fonds que l'on veut remblayer; et dans toutes les prairies soumises à un système d'irrigation, cette circonstance locale existe toujours.

Soit donc un bas-fond à remblayer au niveau du terrain environnant de la prairie où il était placé. A cet effet on établit une rigole momentanée, tirée du canal supérieur et dirigée sur la naissance du bas-fond dans la ligne de plus grande pente. A la fonte des neiges ou pendant les inondations, on barre ce canal immédiatement au-dessous de la prise d'eau de la rigole, et on y introduit les eaux bourbeuses du moment. Ces eaux arrivent bientôt dans le bas-fond, où elles sont subitement arrêtées par un *rouettis* ou clayonnage, que l'on place à cet effet à l'embouchure ou partie inférieure de ce bas-fond, et qui en ferme l'issue ; elles y déposent les terres dont elles étaient chargées et en exhaussent ainsi le sol. On répète cette opération jusqu'à ce que le remblai soit achevé, et on la termine par un aplanissement à bras d'homme.

Si l'on avait de bonnes terres disponibles à la proximité du cours d'eau, on accélérerait beaucoup l'effet du remblai en les faisant jeter dans le canal, et ses eaux les transporteraient ensuite dans le bas-fond de la manière la plus économique. Ce moyen, que nous n'avions vu consigné dans aucun ouvrage, nous avait été suggéré par la pratique des irrigations d'eaux troubles, et il était naturel de penser qu'une idée aussi simple avait dû se présenter à l'esprit de beaucoup d'autres irrigateurs. Nous n'avons donc point été étonnés de trouver, dans le Traité général d'irrigation de M. William Tatham, le parti avantageux que quelques Anglais ont su tirer de cette propriété des eaux troubles pour changer la nature des sols les plus stériles ; et comme il existe en France des localités où il serait très-avantageux d'imiter les procédés anglais, nous allons en faire l'objet d'un article particulier.

Section VI. *De l'inondation appelée* warping. Cette espèce d'inondation n'est autre chose qu'une application en grand du moyen économique que nous venons d'indiquer pour remblayer les bas-fonds des prairies ; et pour en accélérer les effets sur les plages stériles de la mer, des Anglais ont eu la hardiesse heureuse d'y employer les eaux bourbeuses des grandes marées.

Ils donnent le nom de *warping* à cette espèce d'inondation, et celui de *warper* à l'action du *warping*. On appelle le résultat de cette inondation, lorsqu'elle s'exécute avec des eaux douces, dessèchement par acoulis. *Voyez* Canal et Elévation du sol.

« Cette opération, par laquelle on crée le sol, est, dit-on, très-moderne, et divers comtés en Angleterre en réclament la découverte. Le *remenbrancer*, ou calendrier du fermier, en attribue la pratique originelle au comté de Lincoln, tandis que d'autres en attribuent la priorité à celui d'Yorck ; mais tous paraissent tomber d'accord que, malgré la dépense qu'elle exige d'abord, il est peu de cas où l'argent puisse être employé plus avantageusement, et que le *warp* procure la plus riche espèce de sol. »

La méthode recommandée par le lord Hawke dans son ouvrage intitulé : *Agricultural survey of York shere*, consiste à faire une digue ou levée en terre contre la rivière dans laquelle le flux de la mer remonte le long du terrain que l'on veut warper ; on donne à cette digue un talus des deux côtés d'environ 3 pieds pour chaque pied de hauteur perpendiculaire. La hauteur et la largeur des sommets sont ordinairement réglées par la force du flux et la profondeur de l'eau.

L'objet est de commander à la terre et à l'eau à volonté. Les ouvertures ou écluses pratiquées dans la levée sont en plus grand ou en plus petit nombre, selon l'étendue du terrain qu'il s'agit d'inonder et suivant les idées du propriétaire. Mais, en général, il n'y a que deux écluses : l'une, appelée *porte d'inondation* (FLOOD-GATE), destinée à admettre l'eau ; et l'autre, *porte de décharge* (CLOUGH), qui la laisse sortir. Ces deux portes, suivant le lord Hawke, suffisent pour 10 ou 15 acres (environ 15 arpens de 20 pieds pour perche).

Quand les grandes marées commencent, c'est-à-dire à la nouvelle et à la pleine lune, l'écluse d'inondation est ouverte pour admettre l'eau, celle de décharge ayant été préalablement fermée par le poids des eaux de la marée montante. Lorsque ensuite la marée redescend, l'eau précédemment admise par l'écluse d'inondation ouvre celle de décharge, et passe lentement, mais complétement, parce que les écluses de décharge ont été construites de manière que l'eau puisse s'écouler entièrement entre le flux de la marée admise et le flux suivant. On doit donner une attention particulière à ce point.

Les portes d'inondation sont établies à une hauteur telle que la grande marée seule puisse entrer lorsqu'elles sont ouvertes ; leurs radiers doivent donc être placés au-dessus du niveau des marées ordinaires.

Le terrain warpé doit être mis en cultures labourées pendant six ans au moins après l'inondation. Celui qui est converti ensuite et continué en herbages ne peut plus être warpé, car les sels que renferme le limon feraient infailliblement périr les herbes. Excepté ce cas, il faut warper de nouveau le terrain tout les sept ou huit ans ; on le laisse en friche l'année seulement qu'il a été warpé. Si l'on veut avoir de plus grands détails sur les avantages du warping, on les trouvera dans l'ouvrage de M. Tatham.

Conclusion. Les avantages que l'agriculture retirerait de la pratique des irrigations sont incontestables, et ils seront localement plus ou moins grands, suivant la proportion qui se trouvera entre la dépense d'établissement et l'augmentation des produits qu'elle doit opérer. Par-tout on peut se procurer des irrigations temporaires ou régulières. Les travaux d'établissement sont généralement simples, et leur dépense de construction est d'autant moindre relativement, que le terrain à arroser présente une plus grande superficie : en sorte que, dans les cas les plus difficiles, et qui conséquemment exigeraient les dépenses d'établissement les plus considérables, il serait encore possible de les faire rentrer dans une proportion aussi avantageuse que dans les circonstances les plus favorables, en faisant embrasser au système d'irrigation une étendue suffisante de terrain, lorsque le volume des eaux pourrait le permettre. On y parviendrait par l'association des propriétaires intéressés, organisée d'une manière convenable à la localité et sur le modèle de celles de l'Italie, tant pour l'exécution des travaux que pour la répartition des eaux ainsi que des dépenses de construction et d'entretien.

Une idée plus grande encore, dont l'exécution ferait participer tout le territoire de l'empire aux bienfaits des irrigations, vivifierait toutes les branches de son industrie, et élèverait sa prospérité au plus haut degré, ce serait de profiter de toutes les sources des ruisseaux, des rivières, des fleuves qui y sont si multipliés, pour établir un système général de navigation et d'irrigation qui puisse satisfaire à-la-fois à tous les besoins des hommes, de l'agriculture, du commerce, des manufactures et des arts, comme cela existait en Egypte, et comme on le voit encore dans le vaste empire de la Chine. (DE PER.)

Voici un court supplément à l'excellent article qu'on vient de lire.

Si les irrigations bien combinées sont avantageuses, elles sont nuisibles lorsqu'elles sont trop longues ou trop multipliées : 1°. en ce qu'elles entraînent dans les couches inférieures de la terre ou dans les champs placés plus bas, le terreau ou humus solide qui constitue la fertilité. Aussi dans les champs arrosés doit-on répandre une plus grande quantité d'engrais, ou les assujettir à un ASSOLEMENT à plus long retour. *Voyez* ce mot.

2°. En ce qu'elles rendent d'abord le fourrage trop aqueux et par conséquent moins nourrissant, et qu'avec le temps elles finissent par substituer aux bonnes plantes de ces prairies des JONCS, des LAICHES, des SCIRPES, des CHOINS et autres plantes aquatiques très-peu du goût des bestiaux, et très-peu propres à les tenir en état de vigueur.

Les irrigations des Vosges sont célèbres, et elles méritent généralement leur célébrité, par l'intelligence avec laquelle elles ont été établies; mais leurs résultats sont devenus désastreux, ainsi que j'ai eu occasion de m'en assurer en 1821, année où j'ai voyagé pendant un mois dans les vallées de ces montagnes, par l'exagération de leur emploi, exagération qui a changé d'excellens prés hauts en très-mauvais prés bas (*voyez* PRÉ). En effet, l'observation des plantes qui y croissent aujourd'hui m'a prouvé que celles des MARAIS y dominaient. *Voyez* ce mot.

Un moyen souvent très-facile de suppléer aux irrigations

des courans ou des ruisseaux, c'est de diriger les eaux pluviales qui descendent des hauteurs vers la prairie qu'on veut arroser, et de les y retenir dans des fossés peu profonds disposés convenablement, et d'où l'eau pénètre par infiltration sous la couche de terre végétale.

Les irrigations faites au milieu du jour causent quelquefois la mort aux feuilles dans les pays chauds, aussi convient-il de les commencer avant le lever du soleil ou vers son coucher. *Voyez* ECHAUDER.

Souvent, dans les montagnes, les eaux ne sont pas propres aux irrigations, soit parce qu'elles tiennent en suspension de la MAGNÉSIE (*voyez* ce mot), qui porte l'infertilité par-tout où elle se dépose, soit parce qu'elles proviennent de la fonte des glaciers, et qu'elles ne sont pourvues ni du degré de température ni de la quantité d'air qui sont nécessaires à leur action sur les plantes.

Arroser quelques jours avant la coupe des foins favorise cette opération en attendrissant la base des chaumes, et arroser immédiatement après, comme on le fait si souvent, est quelquefois nuisible, parce que l'eau entre dans les chaumes et pourrit le collet de leurs racines.

Lors des irrigations des prés des montagnes par les eaux de source, on remarque que plus la pente est rapide, plus la nouvelle herbe est précoce. Ce fait s'explique par la chaleur que l'eau de ces sources transmet à la terre, et ce d'autant plus qu'il y a moins de temps qu'elle est sortie, et qu'elle se renouvelle plus vite.

A une très-petite distance des sources, l'herbe reste verte pendant une partie de l'hiver par la même raison. *Voyez* FONTAINE.

On doit ménager le plus possible la pente et la profondeur dans les cours d'eau des irrigations, pour pouvoir arroser une plus grande étendue de terrain, et faire plus aisément déborder l'eau au moyen d'une simple motte de gazon, même d'une pierre.

Il est très-expéditif de faire les rigoles pour les arrosemens dans les prés avec le coupe-gazon tournant, et enlever ensuite le gazon avec la bêche. *Voyez* RIGOLE et COUPÉ-GAZON.

Dans les prairies basses, traversées par une rivière ou un canal, il se pratique souvent des irrigations par imbibition ; c'est à-dire que par un barrage on fait élever l'eau assez pour qu'elle l'infiltre dans la couche de terre végétale, mais pas assez pour qu'elle déborde.

Les soixante-dix volumes de la première série des *Annales d'Agriculture* renferment plusieurs mémoires de grande importance sur les irrigations. Les volumes 2, 3, 5, 6, 7, 9,

14 et 15 de la seconde série en offrent encore dont les derniers sont accompagnés de planches.

Lasteyrie aussi a donné plusieurs exemples d'irrigations et de machines propres à les exécuter, dans le 2e. volume de son ouvrage intitulé *Collection des machines et instrumens employés dans l'Agriculture.*

L'important travail de M. Jaubert de Passa sur les cours d'eau des Pyrénées-Orientales, imprimé par les soins de la Société royale et centrale d'agriculture en 1821, chez Madame Huzard, libraire, rue de l'Éperon, à Paris, est indispensable à consulter par tous ceux qui veulent prendre une idée positive des avantages que procurent les canaux d'arrosage dans les pays chauds, et des moyens de les construire avec économie et solidité. (B.)

IRRITABILITÉ. Quelques plantes ou parties de plantes donnent des signes apparens de sensibilité, c'est-à-dire sont susceptibles de se mouvoir, les unes par suite de l'acte même de la végétation, les autres par l'effet d'une force étrangère : ce sont ces mouvemens qu'on a appelés irritabilité.

Il est un petit nombre de plantes généralement connues comme prouvant l'irritabilité, telles sont l'ACACIE SENSITIVE, le SAINFOIN GIRANT, la DIONÉE GOBE-MOUCHE, les ASCLÉPIADES, les CYNANQUES, etc.; mais il en est un si grand nombre d'autres qui en donnent des signes, qu'il est permis d'en conclure que cette faculté appartient à tout le règne végétal comme à tout le règne animal. Ainsi Desfontaines a fait voir que presque toutes les étamines offrent des mouvemens propres au moment de la fécondation, et que plusieurs peuvent être excitées à en donner avant et après cette époque ; ainsi on doit à Brugman, Coulon, Th. de Saussure, Julio et autres, des expériences qui constatent que les vaisseaux des plantes sont susceptibles de contraction, et qu'on peut anéantir leur irritabilité au moyen de plusieurs des agens physiques ou chimiques qui l'anéantissent dans les animaux.

M. Guersent, auquel on doit un très-intéressant essai sur les propriétés vitales dans les végétaux, observe, avec beaucoup de justesse, que toutes les parties du végétal ne jouissent pas d'une sensibilité et d'une contractibilité organiques égales. Les boutons et les bourgeons, comme plus jeunes, reçoivent les premiers l'impression qui excite la propriété absorbante de leurs organes. L'impression de ce même stimulant, étant communiquée aux parties environnantes, produit de proche en proche le même effet jusqu'aux grands tubes séveux, et produit l'ascension de la Sève. *Voyez* ce mot.

Van Marum a remarqué qu'après avoir fait subir la commotion électrique à des tiges d'EUPHORBE, à des branches de FI-

GUIER et autres plantes laiteuses, il n'y avait plus d'écoulement naturel de suc propre par les plaies, mais qu'on en faisait cependant encore sortir en les comprimant fortement autour de ces plaies : cette expérience prouve évidemment que l'électricité n'avait fait que détruire la faculté contractile dont jouissent les vaisseaux qui contiennent les sucs propres. *Voyez* SÈVE et SUC PROPRE.

Comme cette matière est plus curieuse qu'utile, et que les agriculteurs ne sont pas dans le cas de mettre un grand intérêt aux développemens dont elle est susceptible, je me contenterai de l'énoncé ci-dessus, et je renverrai aux ouvrages de Sennebier, Lamarck, Desfontaines, Décandolle et autres botanistes physiologistes qui s'en sont occupés. (B.)

IRUSCLE. Nom de l'EUPHORBE CHARACIAS dans le département des Pyrénées-Orientales. (B.)

ISAIRE, *Isaria*. Genre de champignon qui se rapproche des RHIZOCTONES par ses effets sur les plantes; il offre pour caractères des filamens simples ou rameux, cylindriques ou terminés en massue, recouverts d'une poussière farineuse adhérente aux filamens des plus menus.

Ce genre renferme plusieurs espèces dont les unes croissent sous les écorces, les autres sur les feuilles, les autres sur les racines; une de ces dernières cause souvent la mort des arbres, ainsi que j'en ai acquis souvent la preuve : il n'y a d'autre moyen d'empêcher ses ravages que d'isoler les pieds qui en sont attaqués, par une tranchée circulaire très-profonde et dont la terre est rejetée en dedans. *Voyez* aux mots BLANC DES RACINES, POMMIER et SAFRAN. (B.)

ITALIE. Sorte de pêche. *Voyez* PÊCHER.

ITÉE, *Itea*. Arbrisseau de 3 ou 4 pieds de haut, de la pentandrie monogynie et de la famille des rhodoracées, à feuilles alternes, dentelées, glabres; à fleurs blanches, disposées en épis terminaux, accompagnés de bractées ; qui croît dans les lieux humides des parties méridionales de l'Amérique septentrionale, et qu'on cultive fréquemment dans les jardins des environs de Paris, où il figure fort bien. Il demande une terre légère, celle de bruyère, par exemple, et une exposition ombragée : on le place, soit contre les murs, au nord, soit dans l'intervalle des arbustes des derniers rangs des massifs, soit sur le bord des eaux, etc. Presque toujours on lui laisse sa forme naturelle, qui est celle d'un buisson; car toute autre est moins agréable. Ses longs épis de fleurs, qui s'épanouissent successivement pendant le fort de l'été, étant d'autant plus nombreux, qu'il y a plus de tiges, les hivers les plus rudes ne lui font aucun tort : on le multiplie de rejetons qu'il pousse abondamment, ou de marcottes qu'on forme facilement lorsque les pieds sont vigoureux. On relève les uns et les autres en hiver, pour les placer en pépinière ou à demeure ; la voie du semis serait beaucoup plus longue.

Il y a un autre itée, celui qui fournit le genre cyrille de Linnæus, que l'Héritier a appelé ITÉE DE CAROLINE, en opposition à celui-ci, qu'on appelle ITÉE DE VIRGINIE : c'est un arbuste de 15 pieds de haut, qui croît sur le bord des eaux, dont les fleurs sont disposées en grappes axillaires réunies en bouquets, et longues de 3 à 4 pouces ; ces grappes sont ordinairement si nombreuses, qu'on ne voit point les feuilles. Comme il est rare et toujours détérioré dans nos jardins, je n'en ai point parlé sous le nom de cyrille que lui ont conservé la plupart des botanistes ; mais je devais l'indiquer ici. (B.)

IVETTE. Nom vulgaire de deux espèces de BUGLE. *Voyez* ce mot.

IVRAIE, *Lolium*. Genre de plantes de la triandrie monogynie et de la famille des graminées, qui renferme une demi-douzaine d'espèces, dont deux sont fort célèbres en agriculture, l'une par le tort qu'elle cause aux moissons, l'autre par l'utilité dont elle est dans les pâturages, et les avantages qu'elle offre pour former des prairies artificielles ou des gazons dans les jardins.

L'IVRAIE ANNUELLE, ou *l'ivraie proprement dite*, est celle dont les cultivateurs ont à se plaindre. Ses racines sont fibreuses et annuelles ; ses tiges hautes de 15 pouces ; ses feuilles linéaires et engaînantes ; ses fleurs barbues et quelquefois nombreuses. On la trouve souvent, avec une excessive abondance, dans les seigles, les fromens, les orges et les avoines, qu'elle infeste de deux manières, c'est-à-dire en épuisant le terrain et en fournissant une graine dont l'usage est dangereux pour l'homme et les animaux. Cette graine, qu'on appelle aussi *zizanie*, cause non-seulement l'ivresse, comme l'indique son nom, mais encore l'assoupissement, les vertiges, les nausées, le vomissement, les faiblesses, l'engourdissement des membres, des mouvemens convulsifs, et enfin la mort, si on en a beaucoup mangé ; souvent elle a causé des épidémies et des épizooties dont on cherchait bien loin le motif. On a fait des recherches chimiques pour reconnaître la cause de ces effets ; mais on a seulement appris qu'elle tenait à l'eau de végétation, puisqu'ils sont d'autant plus graves, que cette graine est moins mûre, et Parmentier assure qu'en la faisant dessécher au four, on rend son action presque nulle. Les remèdes à employer par ceux qui en ont mangé sont, d'abord le vomissement pour débarrasser l'estomac, ensuite le vinaigre très-affaibli par l'eau, pour calmer l'irritation de ce viscère. Au reste, pour peu qu'on ait de l'habitude, on distingue à la première bouchée, même à l'inspection, le pain qui contient de l'ivraie : il est âcre et amer; son odeur est nauséabonde, et sa couleur noirâtre. Il est encore en France des cantons, surtout dans les pays de montagnes, où les cultivateurs ne purgent pas leurs grains d'ivraie, par un principe d'économie aussi absurde que coupable, et mangent par conséquent toujours du pain qui en contient. J'ai cru remarquer, dans un de ces cantons (la haute Bourgogne), que l'habitude leur rendait l'usage de ce pain moins dangereux; car ces cultivateurs paraissaient bien portans, tandis qu'un seul déjeûner pris chez un d'eux me troubla la tête et m'affaiblit pendant plusieurs jours : au reste, ils ont soin de ne manger leur pain que lorsqu'il est très-rassis. Je cite cette observation, pour prévenir les objections des gens qui ne jugent jamais que d'après une circonstance, et qui (comme j'en ai vu) pourraient soutenir que cette plante n'est pas nuisible.

Les anciens se plaignaient beaucoup plus de l'ivraie qu'on ne le fait en ce moment. Cela tient-il à la chaleur du climat de l'Italie et de la Grèce ou au défaut de perfection de leurs instrumens de nettoyage des grains, ou aux vices de leur agriculture? Je l'ignore; mais peut-être suis-je autorisé à croire que ces trois causes y concouraient simultanément. En effet, nous savons que l'ivraie est moins dangereuse en Suède qu'en France, et que les habitans des montagnes de l'intérieur de la France ne sont pas assez riches pour se procurer d'autres instrumens nettoyans que le van et le simple crible, ni assez éclairés pour employer les grands moyens de faire disparaître les mauvaises herbes des champs, moyens qu'on connaît dans les plaines, sur-tout dans les lieux où la culture par assolemens est pratiquée. *Voyez* Assolement.

Si de toutes les plantes croissant dans les blés, l'ivraie est la plus dangereuse (elle agit non-seulement sur l'homme, mais sur les bestiaux et les volailles, lorsqu'on leur en donne de force, car les animaux n'en mangent pas volontairement), elle est aussi la plus facile à extirper, soit du grain, soit des champs. *Voyez* au mot Froment les manières de la séparer du blé, manières si certaines qu'on n'en voit jamais dans celui qui est mis dans le commerce. Ici donc je ne parlerai que de ceux qui ont pour but de l'empêcher de se reproduire.

Le premier moyen qui se présente à l'esprit est d'arracher l'ivraie avant qu'elle soit mûre, et ce moyen on l'emploie encore quelquefois dans les montagnes dont j'ai parlé plus haut; mais il est long, mais il est coûteux, mais il est destructif des récoltes, mais il est sur-tout insuffisant, car il échappe toujours beaucoup de pieds qui obligent de recommencer la même opération l'année suivante. Le second est de ne semer que du froment parfaitement exempt des graines de cette plante; mais comme l'ivraie mûrit en même temps que lui, il s'en sème toujours avant, ou par suite même de la récolte, autant qu'il en faut pour rendre cette mesure inutile lorsqu'elle est employée seule : il faut donc lui en adjoindre une autre, et cette autre est la rotation des assolemens pratiqués en Flandre, en Angleterre et dans tous les lieux où les principes de la bonne agriculture sont connus. Ainsi l'ivraie, étant une plante annuelle et une plante de terres labourées, ne repoussera pas dans un champ qu'on aura mis en trèfle ou en luzerne, sera étouffée avant sa fleuraison dans un champ qu'on aura semé en vesce ou en pois gris, sera arrachée par suite des binages qu'exigent les pommes de terre, les haricots, le maïs, etc., qu'on aura fait succéder au froment. Voilà de grands et efficaces procédés pour, en deux ou trois ans au plus, faire disparaître pour toujours l'ivraie d'une ferme, d'un canton entier. Pourquoi donc ne les emploie-t-on pas par-tout? Parce que l'ignorance et les préjugés règnent encore dans le monde et dominent même sur l'intérêt personnel, ce puissant mobile des hommes.

Une des causes qui propagent l'ivraie dans quelques fermes où on fait annuellement des dépenses pour l'extirper par le sarclage et le criblage, cause peu aperçue, quoique journellement sous les yeux du maître, c'est l'habitude de donner aux poules les déchets des vannages et des criblages. Ces poules mangent la plupart des graines de ces déchets, mais ne touchent pas à celles de l'ivraie, que l'instinct leur indique comme nuisibles, et elles sont ensuite portées dans les champs avec les fumiers, les terres de la cour, etc. Il faudrait donc ne donner ces épluchures aux volailles que dans un endroit où les restes puissent être balayés, ou mis au feu, ou dans des baquets d'où il soit facile de les enlever pour leur donner la même destination. Mais comment persuader à la plupart des femmes de campagne que cette légère attention peut éviter beaucoup de dépenses et assurer un plus haut prix aux produits des récoltes?

L'Ivraie multiflore de Lamarck, qui a 3 pieds de haut et douze à dix-huit fleurs dans chaque épillet, n'est qu'une variété par excès de nourriture, ainsi que je m'en suis assuré par l'observation.

Ivraie vivace, *ray grass* des Anglais, a les racines vivaces, traçantes; les tiges hautes d'un pied, et les fleurs sans barbes. Elle croît naturellement dans toute l'Europe, et fleurit au milieu du printemps. C'est peut-être la graminée la plus commune; car, excepté les marais et les terrains très-arides, on la trouve par-tout. Elle foisonne beaucoup, pousse de très-bonne heure au printemps, et le pâturage qu'elle fournit est très-fort du goût des bestiaux, sur-tout des moutons et des chevaux : aussi les Anglais en font-ils fréquemment des prairies artificielles.

Arthur Young observe, dans ses Annales d'agriculture, que cette plante épuise la terre, et est une des plus mauvaises préparations pour semer le blé. Cela n'est pas difficile à croire, puisqu'elle appartient à la même famille que ce dernier, c'est-à-dire à celle des graminées. (*Voyez* au mot ASSOLEMENT.) Il ne faut donc jamais semer des céréales dans un champ qui vient d'en porter, mais les remplacer par des pois, des vesces, des pommes de terre, des carottes, des betteraves et autres plantes de nature fort différente, et ce pendant deux ou trois ans.

On accuse le ray grass d'être dur lorsqu'il est sec; mais on peut diminuer cet inconvénient en le fauchant de bonne heure, c'est-à-dire avant sa fleuraison, ou, comme font quelques agriculteurs, en le mêlant avec d'autres fourrages.

Les Anglais regardent cette plante comme éminemment propre à l'engrais des bœufs, et ils terminent, par son moyen, celui de ceux chez qui il est retardé par une cause quelconque. Souvent ils le sèment par moitié avec le trèfle, et alors il donne, après que la majeure partie du trèfle a disparu, c'est-à-dire la seconde année, un pâturage fort productif et fort avantageux. Rarement dans le comté de Norfolk le laisse-t-on subsister plus de trois ans.

Les avantages qu'a cette plante dans la composition des prairies, outre celui que j'ai cité plus haut, est de bien garnir le terrain, d'être peu sensible aux variations de l'atmosphère et de durer long-temps.

Ces dernières qualités seules feraient rechercher le ray grass pour la formation des gazons dans les jardins; mais il en a de plus deux autres extrêmement précieuses dans ce cas, c'est qu'il gagne à être foulé aux pieds, et qu'il présente, pendant toute l'année, une verdure uniforme et très-foncée. C'est donc en ray grass que l'on doit semer, et c'est en ray grass qu'on sème en effet toutes les allées, toutes les bordures de parterres, toutes les pelouses des jardins qui ne sont pas en terrain trop sablonneux et trop sec. On trouvera au mot GAZON les indications nécessaires pour semer cette plante et l'entretenir en bon état.

Mais, diront quelques propriétaires de jardins, nous avons acheté du ray grass, venu d'Angleterre même, et il y a tout au plus douze ans; nous avons fait tondre, rouler et même arroser chaque année le gazon qu'il a produit, et malgré tous nos soins et nos dépenses, il se dégarnit, il laisse prendre le dessus au CHIENDENT, au BROME DISTIQUE, à l'ORGE DES MURS, etc., etc. : c'est donc une plante peu propre à remplir nos vues. Non, leur répondrai-je, il n'y a pas de plante préférable au **ray grass** pour votre objet ; mais cette plante, comme toutes les autres, est soumise à la loi générale de la mort et de l'alternat. Lorsqu'elle a végété pendant un certain nombre d'années, plus ou moins, suivant la bonne ou mauvaise qualité du sol, dans un lieu donné, elle périt ; les graines qu'on répand pour la remplacer lèvent ; mais le plant qui en provient meurt bientôt, parce qu'il trouve un terrain épuisé. Il cède sa place à une autre plante de nature différente, qui la cédera à son tour. Les engrais peuvent retarder ce moment, mais ne l'empêchent pas d'arriver : dans ce cas, il faut labourer la terre profondément, et faire un nouveau semis, qui réussira, parce que les racines du ray grass s'enfonçant peu, on ramène à la surface une terre nouvelle. Cependant je préférerais mettre en place, soit du trèfle, soit de la luzerne, soit du sainfoin, pour revenir au ray grass lorsque la terre serait fatiguée de porter une de ces plantes ; mais comme ces plantes ne font pas des gazons, il est des propriétaires qui aimeraient mieux faire apporter de la terre à très-grands frais pour remettre les lieux dans le même état, et je ne m'y opposerais pas : car il appartient quelquefois à la fortune de la nature. *Voyez* ASSOLEMENT et GAZON.

Les gazons de ray grass se sèment ou immédiatement après la récolte de la graine, c'est-à-dire à la fin de l'été, ou au printemps. Ces deux saisons ont leurs avantages et leurs inconvéniens. Je conseille l'automne dans les lieux secs et peu fréquentés, et le printemps dans ceux qui sont frais et exposés à être piétinés par les promeneurs ; il est superflu de développer mes motifs, car ils sont très-faciles à juger. Il faut que la terre soit bien préparée par des labours, fumée, si cela est nécessaire, et bien nivelée avec le râteau, même avec le cylindre. Le gazon qui en provient doit être tondu une fois la première année, en automne, et deux ou trois fois les années suivantes, toujours avant sa fleuraison. Des arrosemens lui sont quelquefois utiles pendant les chaleurs de l'été, lorsque le terrain n'est pas naturellement frais. (B.)

IXODE, *Ixodes*. Genre d'insectes aptères, établi par Latreille, pour séparer des MITTES (*Acarus*, Lin.) plusieurs espèces qui s'en éloignent par leurs caractères.

Ce genre, qui a été appelé TIQUE, intéresse les cultivateurs, parce que quelques-unes des espèces qui le composent vivent aux dépens des animaux domestiques, et qu'elles leur nuisent souvent beaucoup. Tous sont si avides de sang et enfoncent leur trompe si avant dans la peau, qu'il est presque toujours difficile de les arracher. De petits et plats qu'ils étaient en s'y fixant, ils deviennent souvent monstrueux et globuleux. Il n'est pas d'habitans de la campagne qui n'aient eu souvent occasion de se plaindre de leurs piqûres, qui n'aient remarqué combien ils fatiguaient leurs chiens, leurs vaches, leurs chevaux, etc.; c'est sur-tout dans des cantons boisés qu'ils sont communs. J'en ai eu quelquefois le corps parsemé pour m'être reposé à l'ombre. J'ai vu des animaux en être si couverts qu'ils en maigrissaient à vue d'œil. Quelquefois, quand ils sont bien gorgés de sang, ou qu'ils sentent le besoin de propager leur espèce, les ixodes se détachent d'eux-mêmes et se laissent tomber; mais ces deux cas n'arrivent pas toujours. Ils ont la vie très-dure, et leur peau est si coriace qu'il faut des instrumens très-tranchans pour pouvoir les entamer. Leur propagation est si considérable, que Kalm rapporte avoir vu une femelle pondre sous ses yeux plus de mille œufs, et qu'elle ne s'en tint pas à ce nombre. Les moyens de les détruire sur les hommes et les animaux ne sont pas faciles à mettre à exécution. En général, on emploie la recherche et la main, ce qui, pour l'homme même qui peut indiquer où ils piquent, est souvent sans succès; car il y en a qui sont si petits et qui s'enfoncent si fort dans la peau qu'ils sont invisibles à l'œil nu. Les décoctions amères, c'est-à-dire toutes celles qu'on emploie contre les poux, réussissent quelquefois; mais il n'y a de véritablement sûrs que les préparations mercurielles, qui, outre qu'elles ne sont pas sans danger lorsque des mains inhabiles les appliquent, sont trop coûteuses pour être employées sur les animaux de la taille des bœufs ou des chevaux, mais auxquelles on est cependant obligé d'avoir recours, lorsque ce mal est parvenu à son dernier période, et menace de faire mourir l'animal : cas rare en France, mais fort commun dans les pays chauds, où les ixodes sont beaucoup plus communs, comme j'ai pu en acquérir la preuve pendant mon séjour en Amérique.

L'Ixode ricin, *Acarus ricinus*, Lin., a le corps d'un rouge de sang très-foncé, le corcelet plus foncé : c'est celui qu'on trouve le plus communément sur les bœufs, les chiens et autres animaux domestiques. Il a moins de 2 lignes de long lorsqu'il est vide; mais lorsqu'il est gorgé de sang il est du double plus grand. Il attaque aussi l'homme.

L'Ixode reduve, *Acarus reduvius*, Lin., a le corps grisâtre, avec une tache brune en devant; il se trouve sur les mêmes animaux. Il est deux fois plus grand que le précédent. On le voit quelquefois sur l'homme.

L'Ixode sanguisuge est noir, avec l'abdomen ferrugineux. Il vit sur les animaux et sur l'homme. Il est moins commun que les précédens aux environs de Paris.

L'Ixode américain est rougeâtre, avec l'écusson, les genoux et les pieds blancs. Il est très-commun sur les bœufs et les chevaux dans l'Amérique septentrionale, où je l'ai observé, et où il ne respectait pas ma peau.

L'Ixode sanguin est rouge et si petit qu'on peut rarement le voir sans s'armer d'une loupe. Il se trouve dans les bois montagneux, et cause à ceux qui s'y reposent des démangeaisons d'autant plus insupportables, qu'on ne sait à quoi les attribuer quand on n'est pas prévenu. J'en ai souvent ressenti les pénibles atteintes. (B.)

IZARI. C'est la garance sauvage au dire de M. Fourcade, consul de France à Sébastonopole.

J.

JABLÉ. C'est la partie du tonneau qui saille au-delà des fonds, et qui supporte la rainure dans laquelle les douves de ce fond sont fixées.

Le jable étant exposé à beaucoup d'accidens, il faut lui laisser toute l'épaisseur du merrain, et une longueur de 18 ligues au moins ; on l'évide un peu en dedans sur son bord. *Voyez* Tonneau et Douve. (B.)

JACÉE, *Jacea*. Plante vivace, à racine épaisse et fibreuse ; à tige anguleuse, cannelée, remplie de moelle, rameuse, haute de 2 pieds ; à feuilles alternes, sinuées, dentées, velues, les radicales pétiolées, les caulinaires sessiles ; à fleurs de près d'un pouce de diamètre, purpurines et solitaires à l'extrémité des rameaux ; qui faisait partie du genre des centaurées de Linnæus, mais qui aujourd'hui en forme, avec plusieurs autres, un particulier dans la syngénésie frustranée, et dans la famille des cynarocéphales.

La Jacée des prés, *Centaurea jacea*, Lin., la seule importante à connaître, croît abondamment dans toute l'Europe dans les prés secs, dans les bois peu fourrés, le long des chemins, enfin par-tout, excepté les marais et les sables les plus arides. Elle s'élève d'un pied et demi et fleurit depuis le milieu du printemps jusqu'à la fin de l'été. Tous les bestiaux la mangent, soit verte, soit fraîche, et on ne doit pas être inquiet, par conséquent, lorsqu'on la voit en petite quantité dans les foins ; mais lorsqu'elle s'y trouve en surabondance, comme cela arrive quelquefois, il faut la détruire, car elle est dure et tient beaucoup de place. Cette surabondance indique que le sol est fatigué de porter des graminées, véritables plantes fourrageuses des prairies naturelles, et qu'il demande à être labouré.

La grandeur de la jacée la rend presque une plante d'ornement, et elle peut en conséquence se placer avec avantage dans les jardins paysagers. Elle varie par la couleur de sa fleur, qui est quelquefois bleuâtre, rougeâtre ou blanche ; sa tige et ses feuilles donnent une couleur jaunâtre à la teinture, et sa racine, qui est astringente et nauséabonde, passe pour vulnéraire et détersive. (B.)

JACHÈRE.

PREMIÈRE PARTIE.

I. — *Définition du mot* JACHÈRE.

Le mot *jachère*, d'après son étymologie présumable du mot latin *jacere*, se reposer, ainsi que d'après l'idée qu'on attache à son acception ordinaire, indique l'état de repos, ou plutôt de non produit, auquel le cultivateur condamne quelquefois la terre, à des époques périodiques plus ou moins rapprochées, et pendant un laps de temps plus ou moins long, contre le vœu bien évident de la nature.

Ainsi, lorsqu'on dit qu'un champ est en jachère, on cherche à désigner, par cette expression, le prétendu repos qu'on suppose si gratuitement nécessaire pour réparer ce qu'on appelle très-improprement *l'épuisement des forces de la terre*; et l'on ne désigne réellement par là que l'état d'improduction résultant du non-ensemencement dans lequel on la laisse pendant trop long-temps, sous différens prétextes.

Le champ réduit à cet état reçoit fréquemment aussi la dénomination simple de jachère; et, dans ce cas, l'on dit *une jachère*, pour désigner un champ soumis à ce mode particulier, c'est-à-dire non ensemencé.

On substitue encore au mot jachère, en divers cantons de la France, ceux de VERSAINE, GUERET, VARET, SOMBRE, NOVALE, VERCHÈRE, LANDE, GACÈRE, FRICHE, GAUSSÈDE, COTIVE, TERRE A SOLEIL, COMPOT, CHAUMAGE, COUTURE, SOMMART, etc., auxquels on attache ou la même signification, ou au moins une idée équivalente, et l'on emploie quelquefois aussi celui de *culture*, qui désigne celle que la terre reçoit dans l'année qui est consacrée à cet usage.

II. *Examen de l'idée de* REPOS, *qu'on attache à la jachère.*

Avant de passer à l'examen de l'origine et du but réel ou supposé, ainsi que l'utilité ou de l'inutilité de la jachère, de ses avantages et de ses inconvéniens, examinons d'abord si l'idée du REPOS, qu'on y attache, est applicable à la terre arable, c'est-à-dire au sol cultivé; si cette terre a réellement des forces susceptibles d'épuisement; et si, comme on l'a prétendu et comme on le prétend encore quelquefois, elle peut vieillir, s'user, se lasser, se fatiguer, s'affaiblir.

Prenons-la telle qu'elle se présente à nous dès qu'elle sort de l'état de nature, c'est-à-dire immédiatement après avoir été couverte, de temps immémorial, de prairies naturelles, de forêts, ou de toute autre végétation spontanée et vigoureuse.

Quelle que puisse être d'ailleurs la composition intrinsèque du sol, susceptible comme l'on sait, ainsi que le climat et plusieurs autres circonstances accidentelles, d'une infinité de modifications plus ou moins avantageuses ou désavantageuses à la culture, on convient universellement que la terre est généralement pourvue d'une grande fécondité, lorsqu'elle passe de cet état naturel à la culture; et cependant elle a pu fournir, pendant des siècles, à d'abondantes productions, sans interruption, et sur-tout sans aucun secours étranger. Or, en nous arrêtant à ce seul fait incontestable et très-commun, nous avons déjà la preuve évidente qu'elle ne se lasse ni ne se fatigue, qu'elle ne vieillit pas, qu'elle ne s'use pas, et qu'en continuant de produire, elle n'épuise pas enfin ce qu'on appelle improprement *ses forces*.

Si nous voyons ensuite sa fécondité disparaître insensiblement; cette fâcheuse circonstance, dont nous ne sommes que trop souvent les témoins, quand nous n'en sommes pas les auteurs, ne peut donc être attribuée qu'à quelque cause accidentelle, entièrement étrangère à la terre proprement dite, qui ne doit être considérée ici que comme le réceptacle passif d'une partie des substances propres à alimenter les végétaux; et le cultivateur qui observe cet effet, doit en chercher la véritable source dans le traitement irréfléchi auquel elle a été soumise.

Suivons-la maintenant dans les divers procédés de culture auxquels elle peut être exposée, et nous y découvrirons cette cause d'altération de la précieuse fécondité que nous y avions d'abord reconnue.

A cet état de virginité dans lequel nous avons pris la terre, elle était abondamment pourvue d'*humus* ou sol fertile, résultant du détritus annuel et successif des plantes et des animaux qui la couvraient depuis long-temps; et, par une suite nécessaire, elle abondait en carbone, qu'on sait être l'un des principaux alimens du règne végétal. Ce terreau, si utile à la reproduction dont il est la base essentielle; ce terreau, susceptible de dissolution, d'évaporation et d'infiltration, susceptible par conséquent d'entrer en grande partie dans l'organisation végétale; de s'altérer ou de disparaître, par une cause et d'une manière quelconque; va bientôt diminuer progressivement de quantité et de qualité, par l'effet inévitable des opérations aratoires, répétées souvent à contre-temps et à contre-sens, et d'une végétation forcée, long-temps prolongée, dont tous les produits seront entièrement enlevés au sol, chaque année. Cet effet sera encore d'autant plus prompt et plus sensible, que l'humus, dans son état de dissolution, aura été plus exposé à l'évaporation, à l'infiltration ou à son absorption par des végétaux qui auront plus emprunté de la terre que de l'atmosphère.

Il y aura donc alors non pas épuisement de forces proprement dites, qu'on ne peut supposer à ce réceptacle passif que nous appelons *terre matrice*, ou dépôt des substances végétales et animales, mais bien épuisement, c'est-à-dire soustraction, ou au moins altération d'une ou de plusieurs substances essentielles à la végétation, et qu'il deviendra indispensable de restituer au sol, proportionnellement à l'altération ou à la diminution qu'il aura éprouvée, afin de pouvoir le rendre à son état primitif de fécondité.

Ainsi, nous voyons que toute idée de fatigue, de lassitude, d'épuisement des forces, de vieillesse, de repos, et toute autre idée équivalente, appliquées à la terre, sont entièrement vides de sens, et aussi dénuées de fondement que si on les appliquait à une masse inerte de pierres, de sables, et d'autres matières analogues, qui forment le noyau ou la base ordinaire de toute terre cultivable. La jachère n'est donc pas dans la nature, et l'on n'a jamais vu la terre se dépouiller elle-même de toute espèce de végétation pour se reposer. Elle ne peut donc réellement s'épuiser que comme un des réservoirs de l'aliment des végétaux, ce qu'il faut tâcher de prévenir autant que possible, ou bien réparer promptement; et c'est là évidemment un des principaux buts auxquel doit tendre toute bonne culture.

III. — *Origine de la jachère.*

Voyons à présent quelle a pu être l'origine de la jachère proprement dite, qui laisse la terre, pendant une ou plusieurs années, sans ensemencement artificiel.

A une époque heureusement déjà loin de nous, la disproportion existante entre l'étendue des terres en culture et les divers moyens indispensables pour les exploiter d'une manière profitable, jointe au peu d'étendue des connaissances agricoles, au petit nombre de végétaux soumis à une culture régulière, à l'absence de rotations proprès à ameublir, nettoyer et fertiliser le sol, tout-à-la-fois, donna probablement naissance avec plusieurs autres causes accessoires, à cet état de non-valeur désigné communément sous le nom de *jachère*.

Ne pouvant suffire à tous les besoins qu'exigeait une grande étendue de terre, le cultivateur dut nécessairement se trouver forcé de condamner alternativement à cet état d'improduction une portion plus ou moins restreinte de son exploitation rurale. Alors, comme aujourd'hui, cette quantité varia dans la proportion de la multiplicité et de la force des obstacles qui s'opposaient à la culture. La qualité du sol sur-tout, ainsi que les convenances locales, déterminèrent souvent et l'étendue des jachères et leur durée.

Dans plusieurs contrées peu fertiles, ou peu pourvues des moyens de réparer les déperditions de la terre, quoiqu'elle y soit naturellement féconde, une seule année de récolte devint le signal d'une année de non-produit. Dans d'autres, plus favorisées par la qualité du sol, plusieurs récoltes consécutives de céréales précédèrent cette année de rémission. Le plus souvent, le retour de la jachère devint triennal, et suivit immédiatement la culture successive du froment et de l'avoine, les deux grains le plus généralement cultivés presque par-tout en France, comme dans une grande partie de l'Europe septentrionale : quelquefois cet état d'improduction, au lieu d'être borné à une seule année, devint un véritable état d'abandon prolongé et souvent indéterminé. Ainsi, après avoir entièrement épuisé un canton, on abandonna à la nature le soin de réparer les torts d'une culture plus avide que raisonnée ; et cette pratique, qui est aussi celle des sauvages et de tous les peuples nomades, déshonore encore aujourd'hui les contrées qui sont le moins avancées vers l'instruction, la civilisation et la population.

IV. *Moyens vicieux employés anciennement pour se soustraire à la jachère, et conséquences fâcheuses qui en résultèrent.*

A mesure que les besoins s'accrurent avec la population, il devint aussi naturel de chercher à restreindre l'étendue des terres ainsi délaissées temporairement, qu'il l'avait été d'abord d'abandonner celles que l'on ne pouvait cultiver fructueusement. Mais le remède devint souvent pire que le mal, parce que s'occupant plus de satisfaire les besoins du moment que de préparer la terre pour ceux de l'avenir, on erra long-temps sur l'adoption des meilleurs moyens d'assurer un produit constant, et l'on voulut toujours exiger, sans intermédiaire, les récoltes de grains qu'il eût fallu sagement intercaler avec d'autres.

Des non-succès qui furent le résultat nécessaire des tentatives réitérées sans un assolement convenable, sur divers points et à diverses époques, on tira la conséquence irréfléchie que la terre avait besoin de se reposer à des intervalles déterminés, quoique le spectacle majestueux et concluant de la végétation prolongée dont la nature restait seule chargée, donnât en tout temps un démenti formel à cette opinion erronée. Enfin, en partant du faux principe d'une lassitude supposée aussi gratuitement, on décora la jachère de la fausse dénomination de *repos de la terre.*

Comme une erreur de nom occasionne souvent une erreur de chose, cette dénomination impropre devint le prétexte dont on se servit toujours depuis pour autoriser cette pratique, consacrée par un long usage, et dont la véritable origine se perdait dans la nuit du temps.

Dans quelques endroits, la jachère paraît être, aussi, la suite d'une tradition pieuse et d'un préjugé religieux, d'après un passage du Lévitique, où il est dit que *la septième année sera le sabbat de la terre, et l'année du repos du Seigneur;* tandis qu'à côté on entretient constamment, sans ce moyen, la fécondité du sol, par des labours convenables, des engrais suffisans, et sur-tout par des assolemens raisonnés, et par le nettoiement et l'ameublissement qui en sont les conséquences nécessaires.

Enfin, elle se trouva consacrée plus rigoureusement encore, en un grand nombre d'endroits, par la teneur même des baux, dont les clauses impératives la prescrivirent comme une règle de culture indispensable pour prévenir l'épuisement de la terre. Ajoutons que la courte durée de ces mêmes baux, en s'opposant très-efficacement à toute espèce d'amélioration permanente, occasionne trop souvent des détériorations aussi réelles que le mal qu'on cherche à éviter est illusoire, et le bien qu'on voudrait opérer incomplet et incertain, tant qu'on se bornera à de semblables moyens, qui vont directement contre le but qu'on se propose.

En partant de la supposition gratuite que la terre épuisait, par ses productions, *les forces* qu'on lui attribuait, dans l'acception rigoureuse de cette expression, il était naturel de supposer qu'elle avait besoin de repos, comme un animal fatigué par le poids d'un fardeau, ou par un effort quelconque, a réellement besoin d'inaction pour réparer l'abattement qu'il éprouve, afin de pouvoir se rétablir dans son état primitif.

Cependant, l'observation toujours facile à faire que la terre qui s'était conservée nette, et à laquelle on restituait par les engrais l'équivalent de ce qu'elle avait perdu, ne diminuait en rien de sa fécondité, devait indiquer à l'observateur attentif, impartial et non prévenu défavorablement, qu'elle n'avait pas besoin de repos, et qu'elle diminuait ses productions, bien moins par l'effet d'une prostration de forces, que par celui d'une déperdition réelle de substances essentielles à l'organisation et à la prospérité de nouveaux produits, substances qu'il fallait nécessairement lui rendre, lorsqu'on n'avait pu les lui conserver.

L'agriculteur clairvoyant devait remarquer, aussi, que la terre qu'il fatiguait de labours, souvent inutiles, toujours dispendieux et quelquefois nuisibles, se couvrait ordinairement, lorsqu'elle était abandonnée à elle-même, d'une végétation spontanée qui décidait la question de l'inutilité de la jachère, en annonçant, d'une manière non équivoque, la faculté de donner des productions en rapport avec sa nature, son état et nos besoins.

Mais, indépendamment de l'effet inévitable que produit toujours sur l'esprit du vulgaire une opinion ancienne, transmise d'âge en âge et admise de confiance, jusqu'à ce qu'on s'avise de la soumettre au raisonnement; les causes que nous avons énoncées, jointes à l'ignorance des véritables principes d'assolement, durent retarder long-temps l'époque qui s'approche où la terre ne sera plus condamnée périodiquement à un état ruineux d'improduction.

En vain le spectacle florissant des forêts et des prairies semées par la main libérale de la nature, et entretenues par elle dans un état permanent de prospérité pendant des siècles, lorsqu'elles sont à l'abri des outrages qu'elles reçoivent trop souvent de la main des hommes, proclamait que ce prétendu repos était une chimère, et indiquait assez qu'en imitant la nature, dont la loi constante fait si sagement servir la décomposition des êtres à la prospérité d'autres êtres, on obtiendrait les mêmes résultats; la puissance tyrannique et presque irrésistible de l'habitude fascina les yeux, et empêcha de voir qu'au lieu de repos, c'était d'engrais, d'ameublissement, de nettoiement et de variété dans les cultures, que la terre avait essentiellement besoin pour réparer ses pertes, ou plutôt pour les prévenir.

En vain la vigueur des végétaux qui croissaient spontanément sur les terres délaissées; en vain la succession non interrompue des récoltes en divers genres, dont s'enrichissaient nos jardins, servaient de démonstration rigoureuse à ces importantes vérités; cette fausse dénomination de *repos* eut sur l'esprit de la plupart des cultivateurs un pouvoir magique, qui séduisit même plusieurs hommes d'ailleurs très-éclairés.

Depuis long - temps des amis ardens de l'agriculture, des observateurs attentifs, s'indignaient de voir presque généralement le tiers, et quelquefois même la moitié de territoires fertiles, ou susceptibles de le devenir par un traitement convenable, condamnés à la nullité, sans en devenir souvent plus propres aux productions futures. Ils avaient consigné leurs vœux stériles pour un meilleur ordre de choses, dans plusieurs écrits bien louables, sans doute; mais c'était aux yeux sur-tout qu'il fallait parler pour arriver à l'esprit, c'étaient des faits authentiques et décisifs qu'il fallait placer à côté des principes; parce que tôt ou tard ces moyens de conviction doivent triompher inévitablement de l'incrédulité, et que s'ils ne déchirent pas sur-le-champ le bandeau de l'erreur, ils ont au moins le précieux avantage de le faire disparaître insensiblement et sans retour, comme sans secousse.

D'ailleurs, les moyens indiqués jusqu'alors n'étaient pas toujours avoués par l'expérience, qui en était cependant la

véritable pierre de touche. Le plus grand obstacle à combattre
consistait dans l'erreur, trop générale encore et très-séduisante
à la vérité, qui porte à croire que, pour obtenir constamment
d'abondantes récoltes de grains, il faut de toute nécessité en
ensemencer itérativement de vastes étendues de terrain, chaque année; comme si la qualité du sol, résultant d'une préparation convenable, ne compensait pas, et au-delà, le défaut de
quantité; et comme si des terres incomplétement préparées,
et par cela même hors d'état de fournir des produits avantageux, pouvaient jamais donner de belles moissons.

Il s'agissait bien moins d'obtenir une série consécutive de
produits en grains, que de suivre une rotation de récoltes
telles qu'en variant les cultures, en les intercalant convenablement, en faisant succéder aux végétaux reconnus pour être
les plus épuisans par leur organisation, par leur mode de végétation, et par le traitement auquel ils sont soumis, ceux
qui sont au contraire reconnus propres à améliorer le sol par
leur nature peu épuisante, par les procédés de culture qu'ils
exigent, ou par leurs débris, ou enfin par leur consommation
sur le champ même, on pût l'entretenir, d'une manière permanente et assurée, dans cet état de netteté, d'ameublissement et de fécondité qui le rend propre à répondre d'une manière indéfinie à l'appel du cultivateur éclairé.

Il s'agissait donc de cultiver convenablement et concurem-
ment avec les céréales, ou avec d'autres plantes aussi épuisantes, les prairies artificielles, les plantes à tubercules, ou à
racines volumineuses et très-nourrissantes, et sur-tout un
grand nombre d'espèces et de variétés, annuelles, bisannuelles
ou vivaces, tirées de la nombreuse et utile famille des légumineuses, qui en fournissant, sans emprunter beaucoup de la
terre, d'amples moyens d'élever et d'entretenir de nombreux
troupeaux, augmentent nécessairement la masse des engrais,
et, par une conséquence inévitable, celle des grains qui en
font une si forte consommation.

Par ces moyens simples et beaucoup moins dispendieux que
ne l'est l'improductive et ruineuse jachère, l'industrieux cultivateur prévient infailliblement l'état fâcheux d'infécondité
ou de malpropreté qui le force à recourir à ce palliatif d'un
mal qui va toujours croissant; et il possède en tous temps
d'amples moyens de réparer entièrement les pertes que la terre
peut faire. Déjà un nombre considérable d'exemples frappans,
pris sur divers points de la France et ailleurs, dans des situa-
tions très-variées, et que nous avons consignés dans notre
travail sur les assolemens les plus convenables à notre position, ainsi que dans la notice historique qui le précède, ont
démontré que tout le secret est là, et que plus on paraît s'é-

loiger de la culture des grains, plus on s'en rapproche réellement. Nous avons acquis maintenant la preuve bien décisive que les cantons où la jachère est encore en honneur, sont généralement ceux où la culture des prairies artificielles, des racines nourrissantes, des plantes légumineuses, et l'emploi de tous les moyens améliorans et préparatoires, sont ou inconnus ou inusités, ou beaucoup trop rares, ou introduits enfin dans un cercle de culture vicieux, comme nous le démontrerons tout-à-l'heure ; mais bientôt nous devons espérer d'arriver successivement à l'abandon de la jachère *absolue*, sur la majeure partie du territoire français, parce qu'un grand nombre de cultivateurs, aussi zélés qu'instruits, osant braver tous les obstacles que leur opposent la routine et les préjugés, donnent à leurs voisins d'utiles exemples que ceux-ci ne pourront manquer d'imiter.

Passons à l'examen des différens moyens les plus ordinaires d'observer la jachère.

V. — *Exposé des diverses manières d'observer la jachère.*

La jachère est absolue et complète, ou seulement relative et incomplète.

La jachère est absolue et complète, lorsque la terre arable ne reçoit aucune espèce d'ensemencement artificiel, pendant toute la durée d'une ou de plusieurs années rurales.

La jachère est relative et incomplète, lorsque la même terre ne reste sans ensemencement que pendant une partie plus ou moins considérable de l'année, suivant les circonstances.

On peut aussi considérer la jachère absolue comme annuelle, bisannuelle, et pérenne.

La jachère absolue est annuelle, lorsque après une ou plusieurs récoltes épuisantes et consécutives, on laisse la terre sans l'ensemencer, une année entière, pendant laquelle elle est soumise à diverses opérations aratoires destinées à la préparer pour la récolte subséquente.

Elle est bisannuelle, lorsque, faute d'engrais, on la laisse entièrement inculte et sans ensemencement, pour en retirer un simple pâturage, pendant l'année qui suit immédiatement la dernière récolte épuisante, et que, dans le courant de la seconde seulement, elle reçoit les préparations nécessaires pour la récolte qu'on se propose d'obtenir à la troisième année.

Enfin elle est pérenne et d'une durée indéterminée, lorsque après une série prolongée de récoltes épuisantes, lesquelles ont diminué chaque année de quantité et de qualité, et n'ont laissé aucun moyen de réparer les pertes par de nouveaux engrais, on l'abandonne entièrement à la nature, qui, en la couvrant de végétaux, répare, après un intervalle plus ou moins long, le mal qu'une culture imparfaitement combinée avait occasionné.

Arrêtons-nous un instant sur les motifs déterminans, et sur les inconvéniens ou les avantages des différentes manières que nous reconnaissons d'observer la jachère.

Lorsque la jachère absolue, annuelle, est alternée avec la culture, d'année en année, elle suppose ordinairement le défaut de temps, d'instruction, d'animaux, d'engrais, de bras, ou d'autres moyens indispensables pour la cultiver convenablement. Elle annonce l'absence de toute espèce de prairies artificielles, et un assolement qu'il serait facile de corriger avec quelques-unes de ces prairies, ou avec toute autre culture intercalaire équivalente et améliorante, laquelle en nettoyant et en ameublissant tout-à-la-fois la terre, la préparerait pour la récolte suivante, d'une manière plus productive et moins coûteuse, comme nous le verrons en traitant spécialement cet objet plus loin.

Cette jachère, que nous avons trouvée plus répandue dans quelques cantons méridionaux qu'ailleurs, a le grave inconvénient de doubler le prix de location imputable à chaque année, en diminuant les produits, qui sont complétement nuls d'année en année, et qui pourraient au moins consister dans quelque pâturage artificiel précoce, lequel indemniserait des frais de culture, sans nuire aux produits futurs, en prenant toutes les précautions convenables; ou bien dans un engrais végétal qui améliorerait bien mieux la terre que ne peut jamais le faire un entier abandon.

Lorsque la jachère absolue, annuelle, est observée à la troisième année, après deux autres de culture, elle suppose ordinairement que ces deux années précédentes ont été consacrées à la production de deux cultures céréales consécutives et épuisantes, telles que celles du froment ou du seigle, puis de l'avoine ou de l'orge.

C'est de toutes la plus fréquente presque par-tout, et elle devient souvent inévitable, très-coûteuse et insuffisante avec un assolement triennal aussi défectueux, qui admet successivement deux cultures épuisantes et salissantes, de graminées annuelles qu'il eût fallu intercaler judicieusement avec des cultures améliorantes et préparatoires.

La jachère absolue, bisannuelle, annonce ordinairement trois cultures consécutives au moins, lesquelles ayant lieu après une autre jachère qui les avait précédées, laissent la terre dans un tel état d'épuisement et de malpropreté, qu'elles forcent le cultivateur, plus avide qu'instruit sur ses propres intérêts, à perdre, pendant deux années consécutives, le revenu qu'il aurait pu en obtenir avec un arrangement plus conforme aux principes de la saine agriculture. La première année, entièrement consacrée à l'*inculture*, fournit ordinairement un chétif pâturage qui ne peut être comparé , ni pour son produit ni pour ses effets, à la plus faible prairie artificielle ; et la seconde l'assujettit à des travaux pénibles et coûteux, qui ne réparent qu'imparfaitement le mal opéré par les cultures précédentes, lesquelles en anticipant sans cesse sur les produits futurs, finissent par les réduire à très-peu de chose.

Cette ruineuse et très-défectueuse routine nous paraît régner plus impérieusement encore dans plusieurs parties de nos départemens de l'ouest que dans les autres contrées de la France.

Enfin, la jachère absolue, pérenne et indéterminée, est ordinairement le triste résultat de l'ignorance, jointe à l'insatiable cupidité du colon sur les terres nouvellement défrichées. Il les réduit pour ainsi dire à un véritable *caput mortuum*, par une série prolongée de cultures épuisantes, avec lesquelles il finit par anéantir cette précieuse fécondité dont il avait d'abord trouvé le sol si heureusement pourvu, et qu'il aurait pu maintenir dans cet état prospère, s'il n'en avait abusé aussi inconsidérément. C'est la plus ordinaire dans quelques-uns de nos départemens du centre et de l'est.

Cette pratique, destructive de toute espèce de prospérité, et qu'on retrouve encore dans les parties de la France les moins instruites en économie rurale, contraint le malheureux qui l'observe pour ainsi dire religieusement, à abandonner son champ à la nature, pendant un laps de temps plus ou moins long, pour le reprendre lorsqu'elle y a rétabli insensiblement l'humus qu'il en avait fait disparaître. Il le soumet itérativement ensuite à un traitement tout aussi propre à l'en dépouiller de nouveau, et à le réduire pour long-temps à l'état le plus déplorable, sans qu'il lui soit possible de l'en retirer par aucun des moyens artificiels ordinaires qui ne sont pas en son pouvoir.

Comparons ces fâcheux résultats à ceux que peut nous présenter la jachère relative et incomplète.

VI. — *Utilité de la jachère relative et incomplète, dans quelques circonstances.*

Autant la jachère absolue et complète, annuelle ou étendue au-delà de ce terme, présente d'inconvéniens, et autant elle est généralement nuisible au cultivateur, excepté peut-être dans quelques cas forcés, accidentels, et dans quelques climats très-rigoureux ; autant la jachère relative et temporaire est ordinairement utile et quelquefois même indispensable, quoiqu'elle ne soit pas toujours d'une nécessité rigoureuse.

On peut diviser cette jachère, qui n'est pour ainsi dire que passagère et momentanée, en jachère d'été et en jachère d'hiver.

La jachère d'hiver devient, assez souvent, non-seulement

utile, mais même nécessaire pour préparer la terre à de nouveaux produits, par l'application de nouveaux engrais ou
amendemens, et d'opérations aratoires rigoureusement exi-
gibles pendant cette saison, durant laquelle la végétation est
souvent interrompue. C'est sur-tout aux champs éloignés et
d'un accès difficile dans les temps pluvieux, et c'est également à ceux qui sont placés sous un âpre climat, ainsi qu'à
ceux qui sont exposés à de fréquens débordemens, ou à un
excès d'humidité résultant d'une cause quelconque, que cet
intervalle de production peut devenir nécessaire.

Dans le premier cas, on ne peut transporter convenablement et économiquement les engrais et les amendemens que
pendant les gelées qui, en resserrant la terre, rendent les
chemins praticables et commodes pour les charrois, et préviennent la résistance occasionnée par l'enfoncement des roues;
lequel, indépendamment des inconvéniens graves qui en résultent ensuite pour la culture, exerce si péniblement les
forces et use si promptement la vigueur des animaux de trait.

Dans le second cas, il est généralement imprudent de confier
au sol des semences dont l'intensité des froids ordinaires, le
ravage des eaux adventices, l'excès d'humidité naturelle,
qu'on ne peut ni faire disparaître complétement, ni même
quelquefois diminuer pendant cette saison, compromettraient
fortement le succès.

Dans ces différens cas et dans d'autres équivalens, cet intervalle étant impérieusement commandé par les circonstances,
devient de rigueur; et il est encore quelquefois indispensable
par l'impossibilité de tout faire à-la-fois, par la nécessité d'occuper utilement les hommes et les animaux pendant la saison
morte, et par l'avantage de pouvoir varier ses cultures et les
époques de ses ensemencemens, afin de faire une distribution
convenable de ses moyens, de ses ressources et de son temps.

La jachère d'été devient aussi très-utile, dans certains cas;
et dans quelque-uns même, elle est également indispensable.
Dans toutes les parties des contrées méridionales, dont la
chaleur brûlante du climat, jointe à l'aridité naturelle du sol,
ne peut être efficacement tempérée par d'utiles irrigations qui,
toutes les fois qu'elles sont praticables, convertissent même
les sols les plus ingrats en terres du plus grand produit; dans
toutes les terres, de quelque nature qu'elles soient, et sous
quelque climat qu'elles se trouvent, qu'une culture négligée
a laissé envahir par un gazon épais de plantes vivaces et nuisibles, dont les racines traçantes, articulées ou tubéreuses,
sont d'une extirpation et d'une destruction très-difficile, pour
ne pas dire impossible, et qui devient d'ailleurs lente et très-
coûteuse par les moyens ordinaires; cet intervalle de non-pro-

duit est toujours de la plus grande utilité, pour parer à ces deux inconvéniens.

Dans le premier cas, la dureté, l'aridité du sol, et la chaleur du climat sont telles, qu'en supposant la récolte faite au mois de juin, comme cela arrive fréquemment dans le midi, la sécheresse constante qui règne ordinairement à cette époque et pendant les mois suivans, s'oppose irrésistiblement à toute espèce de production annuelle ou momentanée, lorsqu'on ne peut se procurer aucun moyen artificiel de remédier à ce puissant obstacle, réellement insurmontable par tout autre moyen que les irrigations.

Les champs dépouillés alors de leurs produits, ne sont pas, le plus souvent, attaquables par les instrumens aratoires ordinaires; et quand ils le seraient, le défaut d'humidité suffisante rendrait toute espèce d'ensemencement inutile et en pure perte. Il n'y a tout au plus que quelques prairies artificielles, au moins bisannuelles, qui, semées simultanément avec les grains, en automne ou de bonne heure au printemps, puissent occuper utilement le sol à cette époque critique, lors toutefois qu'elles peuvent résister aux efforts destructeurs et prolongés d'une sécheresse excessive, ce qui n'arrive pas toujours; et dans le cas d'impossibilité d'en établir aucune, la jachère d'été devient indispensable.

Dans le second cas, l'urgente nécessité de purger complétement le champ des racines envahissantes, entrelacées en tous sens, qui sont vivaces, très-rustiques, et extraordinairement difficiles à extirper et à détruire, lorsqu'elles s'en sont exclusivement emparées, après s'y être paisiblement multipliées pendant plusieurs années, impose entièrement la loi rigoureuse de la jachère d'été.

Dans ce cas d'urgence beaucoup trop commun, c'est-à-dire lorsque le chiendent ordinaire, *triticum repens*, l'avoine à chapelets ou à racines bulbeuses, *avena præcatoria*, l'agrostide stolonifère, *agrostis stolonifera*, le céraiste des champs, *cerastium arvense*, la linaire commune, *linaria vulgaris*, la millefeuille, *achillea mille-folium*, la prêle ou queue de cheval, *equisetum arvense*, le tussilage ou pas d'âne, *tussilago farfara*, et autres plantes semblables, à racines traçantes, entrelacées, persistantes, très-vigoureuses, et d'une prompte et facile propagation, ont fait la conquête d'un champ, par l'effet de l'ignorance ou de la négligence du cultivateur, ou par quelque autre cause, soit naturelle, soit accidentelle, nous ne connaissons pas de moyen plus efficace et plus convenable, c'est-à-dire plus expéditif, plus économique et plus sûr que la jachère d'été, après l'ÉCOBUAGE et l'INCINÉRATION, sur-tout sur les terres compactes, humides et argileuses, pour remédier complétement au grave inconvénient qui compromettrait long-temps le succès des récoltes futures.

Qu'on ne suppose pas, sur-tout, que lorsque la terre se trouve réduite à ce fâcheux état, l'établissement d'une prairie artificielle puisse devenir un moyen efficace pour détruire ces plantes essentiellement nuisibles. Ce résultat ne peut réellement avoir lieu ; et quoique quelques agronomes aient avancé légèrement que ces prairies étouffaient par leur ombrage les végétaux affamans et très-parasites que nous venons d'indiquer, nous pouvons et nous devons assurer qu'il n'en est rien, puisque notre expérience, jointe à un grand nombre d'observations particulières, nous a constamment convaincus du contraire.

Nous ne nions pas que ces prairies n'étouffent réellement un grand nombre de plantes annuelles, nuisibles aux récoltes et moins vigoureuses, et qu'elles n'annullent aussi quelquefois les germes disséminés de plusieurs autres, quoiqu'il soit encore certain que beaucoup d'entre elles jouissent de la fâcheuse propriété de conserver long-temps leur faculté germinative, et de reparaître au grand étonnement et au grand détriment du cultivateur, après un laps de temps quelquefois très-considérable : mais ce qu'il y a de bien certain, et ce sur quoi nous ne saurions trop insister, c'est que quiconque ensemence en prairie un terrain infesté de plantes vivaces, de la nature de celles que nous avons indiquées, ou de toutes autres analogues par leur vitalité et leur rusticité, ainsi que par leur prompte et affligeante propagation, laquelle s'opère par le double moyen de leurs nombreuses racines et de leurs semences, s'expose infailliblement à n'avoir que de chétives prairies affamées par ces produits naturels du sol, qui les surmontent et se propagent d'autant plus que la terre sur laquelle ils se sont établis reste plus long-temps soustraite aux opérations aratoires. Bien long-temps encore après le défrichement des prairies, ces dangereux ennemis disputent aux récoltes annuelles le droit d'occuper le champ que leur donne leur antériorité de possession autant que leur étonnante vitalité, jusqu'à ce qu'une jachère d'été, en les exposant à plusieurs reprises à l'ardeur meurtrière des feux de la canicule, secondés par des opérations aratoires multipliées, opère leur éradication complète et leur entière destruction.

Sans doute les sarclages et les houages, multipliés en temps convenable, pourraient en détruire une grande partie, surtout en admettant à cet effet les cultures en rayons qui facilitent beaucoup ces opérations ; cependant, outre qu'il est très-difficile que nos instrumens ordinaires pour cet objet puissent atteindre et extirper complétement ces longues et nombreuses racines, dont la plus faible articulation suffit pour donner l'existence à de nouveaux individus qui s'accroissent et se multiplient rapidement; les opérations manuelles que ce moyen exige deviennent toujours très-dispendieuses, lentes et insuffisantes, dans le cas difficile dont il est ici question; et la célérité et l'économie, qui doivent accompagner toutes les opérations agricoles, sont rigoureusement prescrites dans cette circonstance.

Ainsi, dans les deux cas que nous venons d'exposer, et dans tout autre semblable, on doit généralement avoir recours à la jachère d'été; d'une part, pour ne pas s'exposer à des avances en pure perte, et, de l'autre, afin d'éviter des dépenses insuffisantes et les prévenir par la suite.

Mais de ce qu'il existe, comme nous venons de le démontrer, des cas dans lesquels la jachère d'hiver ou d'été peut devenir nécessaire, relativement à divers objets; de ce qu'elle devient quelquefois forcée pour opérer des défoncemens, des défrichemens, des desséchemens et des amendemens quelconques; il ne faut pas en conclure, comme on le fait assez souvent, que pour remplir ces objets elle doive toujours être absolue et annuelle, et avoir des retours réguliers et périodiques.

En supposant la terre mise en état de culture convenable, et soumise à des cours de moissons raisonnés et réguliers, la jachère d'hiver n'exclut pas rigoureusement les productions pendant le reste de l'année, et celle d'été n'interdit pas davantage les cultures après cette époque.

Si la nécessité de choisir un temps convenable pour le charroi des engrais, des amendemens, et pour quelques opérations aratoires indispensables; si l'âpreté du climat, la crainte des débordemens, l'excès d'humidité, les précautions à prendre pour la faire disparaître, et quelques autres causes peuvent déterminer à suspendre un ensemencement que sans ces motifs on aurait pu faire avant l'hiver; rien ne doit empêcher qu'il n'ait lieu au printemps, dès que ces causes légitimes de retard n'existent plus.

Si l'aridité du sol, jointe à l'ardeur du climat et à l'impossibilité d'établir de bienfaisantes irrigations; si l'envahissement du champ par de nombreuses plantes vivaces et rustiques, à racines traçantes, articulées ou tubéreuses, qui sont toujours très-difficiles à détruire, nécessitent également une suspension d'ensemencement dès que les fortes chaleurs se font sentir; rien ne doit empêcher non plus qu'on ne profite des premières pluies de l'automne pour faire cesser cette interruption de végétation; et il existe un grand nombre de moyens variés d'y parvenir, selon la nature et l'état de la terre, et selon l'assolement que les convenances locales doivent déterminer à y suivre.

Si , dans le premier cas , après toutes les opérations préalables à l'ensemencement, on désire, comme on le doit, entretenir nette et meuble la terre qu'on a fertilisée pendant l'hiver ; l'admission des plantes fourrageuses annuelles, lorsque celle des prairies artificielles n'est pas applicable aux circonstances locales ou momentanées, le fauchage en vert, la consommation sur place, l'introduction des plantes destinées à être converties en engrais végétal, et sur-tout les cultures en rayons, qui rendent le nettoiement et l'ameublissement si faciles, si expéditifs et si peu coûteux, tiendront meubles et nettes les terres compactes et argileuses, et les prépareront beaucoup plus avantageusement pour la récolte suivante, toutes les fois qu'elles seront praticables, que ne le ferait la jachère absolue, toujours dispendieuse et improductive. Quant aux terres meubles et siliceuses, la végétation qui les couvrira, qui les ombragera, leur sera bien plus utile que les labours d'été, qui ne servent quelquefois qu'à accélérer l'évaporation ou l'infiltration de la faible quantité de terre végétale dont elles peuvent être pourvues, et qui les détériorent souvent au lieu de les améliorer, lorsqu'elles sont privées de végétaux utiles.

Si , dans le second cas , on a été contraint par les circonstances à laisser la terre nue, exposée aux ardeurs dévorantes de la canicule ; dès que l'état plus favorable de l'atmosphère donne le signal des travaux et de l'ensemencement, on ne doit point les différer. Ordinairement, plus la végétation a été ralentie ou suspendue pendant l'été, plus elle est active en automne et au printemps, et même assez souvent en hiver, qui cesse d'être une saison morte et rigoureuse pour les climats méridionaux.

Enfin, s'il se trouve quelques cas extraordinaires qui forcent rigoureusement le cultivateur à joindre la jachère d'été à celle d'hiver, ces cas ne peuvent être que rares, passagers et temporaires ; ils ne détruisent et n'affaiblissent pas même les principes généraux qui établissent que la terre doit rester nue le moins long-temps possible ; et ils ne sont au plus que de faibles exceptions qui ne doivent jamais autoriser à établir des retours fréquens et périodiques de non-valeur de la terre, puisque, avec un traitement convenable, elle peut fournir constamment à la subsistance de l'homme et de ses animaux domestiques.

VII. — *Examen des principales objections contre la suppression de la jachère absolue et complète.*

Mais, disent les routiniers, partisans de la jachère complète et de rigueur, si on la supprime, où nourrir les troupeaux ? Cette objection, qui est peut-être la plus commune, est peut-être aussi la plus absurde de toutes.

Vous voulez nourrir vos troupeaux !.... Au lieu de vous en rapporter exclusivement pour cet objet à la nature, qui fait souvent croître sur vos jachères un petit nombre d'espèces de végétaux, dont la plus faible partie peut servir d'alimens à vos bestiaux, épuisés à les chercher après des trajets longs et pénibles, et fréquemment au milieu des intempéries de toutes les saisons, tandis que le plus grand nombre leur est ou inutile ou nuisible, ainsi qu'à la terre qu'ils occupent en vain et qu'ils souillent quelquefois pour long-temps ; préparez un choix judicieux des plantes qui sont les plus analogues à leurs besoins, ainsi qu'à la nature et à l'état de vos champs ; semez-les successivement à des époques différentes ; et soit que vous les fauchiez en vert, pour les faire consommer à l'étable, lorsque vous le croirez convenable, soit que vous les fassiez consommer sur le champ même, lorsque les circonstances le permettront ; vous vous procurerez en tout temps et à peu de frais une abondante et suffisante provision de nourriture verte qui, au lieu d'infester vos terres et de fatiguer vos bestiaux, comme le fait l'herbe de vos jachères, réunira encore le triple avantage, tout en les nourrissant beaucoup mieux, d'ameublir, de nettoyer et de fertiliser tout-à-la-fois, par ses débris, le sol qui sera consacré à sa véritable destination.

Mais, disent-ils encore, en supprimant ces jachères, que nos pères ont si religieusement respectées, le temps pourra nous manquer pour faire tous les travaux préparatoires aux semailles d'automne, tandis que nos animaux de labour auront été sans occupation entre la fin des semailles de mars et la moisson, intervalle que nous employons si commodément à cultiver nos terres délaissées.

Sans doute, ces inconvéniens graves, dont nous connaissons bien les fâcheux résultats, pourront arriver avec un assolement vicieux, qui, en plaçant tous les ensemencemens à deux époques de courte durée, forcées et régulières, admet tous les travaux urgens à des périodes fixes et immuables, sans avoir aucun égard à une juste distribution de ces travaux, qu'on ne peut réellement établir d'une manière facile et exempte d'inconvéniens, qu'avec une variété convenable de récoltes alternatives, d'inégale durée de végétation, et de consommation différente et successive. Mais si, comme cela doit toujours exister en bonne culture, on a eu la prudence d'intercaler ses ensemencemens, de manière que la consommation sur le champ, ou l'enfouissement, lorsqu'il est nécessaire, ou la récolte, enfin, se suivent à des époques suffisamment rapprochées ; les hommes et les animaux domestiques auront toujours assez d'occupation, et aucune opération ne se trouvera ni suspendue, ni retardée, ni précipitée, ni forcée, et encore moins faite à contre-temps et à contre-sens.

Après avoir prouvé la futilité des deux principaux argumens qu'on allègue souvent en faveur de la jachère absolue, il nous reste à examiner un point de fait assez important. Il consiste à savoir si réellement les deux récoltes que l'on obtient dans la routine triennale, après une année de jachère, n'équivalent pas, pour le produit net, tous frais compensés, aux trois qu'on aurait pu obtenir, en remplaçant cette année de non-produit par une récolte résultant d'un ensemencement; ou bien si, dans les assolemens dans lesquels une jachère complète est constamment alternée avec une seule récolte, cette récolte n'indemnise pas suffisamment de la perte d'une année; ou, enfin, si, dans tous les cas possibles, un moindre nombre de récoltes, supposées individuellement meilleures, ne compense pas amplement un plus grand nombre, supposées moins bonnes, obtenues de la même manière et dans le même espace de temps donné.

Quelque éloignés que nous soyons, d'après une longue expérience, de vouloir supposer qu'avec de bons assolemens on doive admettre, d'une manière générale, que, dans des circonstances égales d'ailleurs, un moindre nombre de récoltes, dans un temps limité, puisse procurer des résultats aussi avantageux qu'un plus grand nombre, dans le même espace de temps; cependant, comme ces résultats peuvent bien avoir lieu quelquefois avec des assolemens vicieux, nous pourrions encore les supposer probables dans quelques cas, sans que cette circonstance fût un motif suffisant pour autoriser la jachère rigoureuse, telle que nous l'entendons ici.

En admettant d'après cette supposition, si l'on veut, ce qui est loin d'être prouvé, qu'en exigeant de la terre des productions chaque année, par la suppression de la jachère, sans employer toutefois le meilleur assolement possible, on ne doive pas obtenir en général des résultats définitifs plus avantageux qu'en la conservant; en admettant encore qu'en n'exigeant, par exemple, dans un espace de neuf années, sur un hectare de terre, que trois récoltes de froment ou de seigle, puis trois autres d'avoine ou d'orge, suivies immédiatement de trois années de jachère, conformément à la routine triennale qui prescrit cet ordre : 1º. froment; 2º. avoine, et 3º. jachère, on puisse obtenir, en dernière analyse, autant de produit réel et de bénéfice net qu'en faisant dans des circonstances parfaitement semblables, des récoltes consécutives non interrompues, ou de fourrages annuels, ou de pâtures, ou de prairies artificielles, ou de racines, ou enfin de toutes autres productions, diversement intercalées avec un nombre plus ou moins considérable de récoltes de froment et d'avoine, ou de seigle et d'orge, de manière à procurer neuf récoltes variées, au moins, et même plus; en admettant tout cela, il existerait toujours une circonstance bien importante, qui militerait fortement en faveur du remplacement d'une année entière de non-produit par un ensemencement qui doit procurer un produit quelconque.

C'est l'incertitude dans laquelle le cultivateur se trouve nécessairement de savoir si ces récoltes, préparées si chèrement par le sacrifice d'une année entière et par des travaux pénibles et dispendieux, ne deviendront pas la proie d'un de ces nombreux et si redoutables fléaux, qui portent souvent tout-à-coup la désolation dans les campagnes, au moment même où le propriétaire d'un bien si peu assuré s'attend à recueillir le fruit de ses longues et coûteuses avances. En un instant, la grêle, les averses, les débordemens, les ouragans, les sécheresses, et d'autres intempéries trop souvent éprouvées, jointes aux ravages non moins connus et non moins fréquens des animaux destructeurs des récoltes, peuvent anéantir son espoir; et lorsque après une année de jachère, pendant laquelle il n'eût peut-être éprouvé aucun de ces inconvéniens, sa récolte se trouve détruite, le malheureux qui perd, par un seul accident irréparable, le revenu de deux années consécutives, se trouve souvent réduit à la plus affreuse misère, manquant des moyens indispensables à sa subsistance et à celle de ses bestiaux.

C'est sur-tout dans les cantons de nos départemens méridionaux, et dans quelques autres localités, où la jachère est quelquefois alternée avec une seule récolte, et où la majeure partie de ces fléaux se fait souvent sentir, que les résultats en sont affreux.

A ce puissant motif de suppression de la jachère absolue, ajoutons-en un autre assez important encore. C'est l'avantage, trop peu calculé sans doute, qui résulte pour le cultivateur, de la prompte rentrée de ses avances, et la différence immense qui existe pour lui d'avoir au moins quelques produits chaque année, au lieu de les accumuler forcément avec ceux de l'année ou des années suivantes, sur lesquels il ne peut même compter que d'une manière bien précaire.

Cependant, si de puissans motifs nous paraissent se réunir pour commander généralement la suppression de la jachère absolue, il ne faut pas croire qu'en la supprimant on puisse exiger constamment de toutes les terres des productions abondantes, et encore moins des récoltes complètes très-épuisantes.

Cette fausse supposition est une des principales causes qui, en occasionnant des non-succès, s'est souvent opposée et s'opposera toujours à la suppression efficace et durable de ce prétendu repos de la terre.

Sans doute, si après avoir obtenu une récolte abondante et très-épuisante de froment, par exemple, on en exige immédiatement une seconde de même nature, en seigle, avoine, ou orge, ou en tout autre produit équivalent par ses résultats pour la terre, et qu'ensuite on veuille encore obtenir une troisième récolte complète, fût-elle d'une plante naturellement peu épuisante, telle que la plupart de nos légumineuses annuelles, au lieu de se borner, dans l'année de jachère, à un simple pâturage artificiel, à une récolte verte fauchée de bonne heure, ou à quelque produit semblable, qui exige peu de la terre, et laisse le temps de la préparer convenablement pour la récolte suivante ; elle se sentira nécessairement plus ou moins de l'influence défavorable que les récoltes précédentes auront exercée sur la terre. Le froment qu'on désirera obtenir à la quatrième année, perdra de quantité et de qualité, parce qu'aucune de ces récoltes n'aura pu, même avec l'engrais ordinaire, réparer complétement les soustractions fortes et répétées qu'elles auront nécessairement occasionnées, et parce que la fécondité de la terre a une mesure qu'il ne faut pas outre-passer, mais que l'art du cultivateur doit tendre constamment à maintenir dans un juste équilibre, par une rotation sagement combinée de cultures exigeantes et restituantes, comme celles que nous indiquerons plus loin.

Mais si, au lieu d'exiger avidement, sans intermédiaire, une série de produits qui épuisent et souillent ordinairement beaucoup la terre, par la manière dont ils sont obtenus, on les eût prudemment alternés avec d'autres cultures améliorantes et réparatrices, comme celles que nous avons désignées en développant nos principes d'assolement ; telles que les cultures en rayons, sur-tout, qui exigent de nombreux et rigoureux sarclages, houages, binages, buttages, etc. ; l'enfouissement des plantes cultivées comme engrais végétal, et de plusieurs autres que les circonstances doivent indiquer, et qui produisent le même effet ; alors on eût conservé constamment la terre nette et féconde. Ce n'est jamais que par l'abus qu'on fait du bon état dans lequel elle se trouve, ainsi que de sa faculté de produire, qu'on la réduit à la triste position qui ne lui permet plus de donner que des produits faibles, mélangés de plantes nuisibles. Enfin, ce n'est qu'après en avoir trop exigé d'abord qu'on se trouve placé dans la dure nécessité de l'abandonner ensuite, ou dans l'impossibilité d'en obtenir des produits abondans, réellement utiles et profitables.

En admettant qu'il y ait quelques cas, pour les terres nettes et très-fertiles sur-tout, où le cultivateur puisse et doive même quelquefois faire suivre consécutivement deux récoltes épuisantes de graminées annuelles, ou de toute autre plante équivalente ; il doit au moins accompagner le second ensemencement d'une prairie artificielle, laquelle, en prévenant le mal qui pourrait en résulter pour la suite, remplace avantageusement la jachère par une culture améliorante, ordinairement très-productive, en exigeant peu de frais ; tandis que la jachère, qui prépare souvent moins bien la terre pour les récoltes suivantes, coûte beaucoup et ne produit rien, d'où résulte une différence de la plus haute importance pour le cultivateur.

Une des principales causes qui paraissent autoriser la jachère absolue, c'est, sans contredit, la multiplication établie sur les champs qu'on croit devoir y soumettre, des plantes de toute espèce, nuisibles aux récoltes, et qu'on a laissées s'y propager.

Sans doute, avant de supprimer la jachère, il faut d'abord supprimer ces myriades de plantes nuisibles dont la terre recèle dans son sein ou les semences, ou les racines vivaces et rustiques : sans cela, le but sera toujours manqué ; la suppression qu'on désire opérer ne sera jamais efficace ; et elle produira souvent un effet diamétralement opposé à celui qu'on en attendra. Mais faut-il toujours que la jachère soit absolue, c'est-à-dire annuelle et complète, pour arriver à ce but? Nous ne le pensons pas, et nous croyons qu'on peut encore généralement tirer un parti avantageux de la terre, même dans cette position critique, que tout bon cultivateur peut d'ailleurs ordinairement éviter.

Ce qui prouve, d'une manière irrésistible, que la terre, réduite par l'incurie du cultivateur à ce fâcheux état, possède encore assez de substance alimentaire pour fournir à des produits abondans ; c'est, comme nous avons déjà eu occasion de l'observer, cette végétation de plantes croissant naturellement, spontanément et souvent très-vigoureusement, qui démontre qu'elle a bien plus besoin d'être *nettoyée* que *reposée.* Eh bien! puisque la nature elle-même décide négativement la question de son épuisement, par ces productions aussi multipliées et quelquefois aussi abondantes qu'elles sont nuisibles ; au lieu de la tourmenter par des opérations aratoires, coûteuses, improductives, et ordinairement même commencées trop tard pour opérer complétement l'effet qu'on en espère, pourquoi ne pas chercher à remplir tout-à-la-fois le double objet de la nettoyer et d'en tirer quelque production utile? Au lieu de ne l'ouvrir par un premier labour qu'après la terminaison des semailles de mars, ce qui se pratique très-

souvent, et ce qui la laisse pendant six mois au moins, depuis
la dernière récolte, dans un abandon réel, qui assurément ne
contribue en aucune manière à son nettoiement ni à son amélioration, et qui produit généralement l'effet contraire ; pourquoi ne pas arranger son assolement de manière qu'on puisse
avoir le temps de lui donner, immédiatement après cette récolte, un labour léger, avec un instrument convenable, tel
que le *scarificateur*, ou le *binot*, ou la simple *ratissoire* à cheval, ou un araire, ou tout au moins un fort hersage équivalent, avec une herse à dents de fer, qui, en déterminant la
germination des semences, naturellement disséminées alors
sur le sol, et auxquelles on peut encore en ajouter d'autres
bien choisies, remplisse également ce double but du nettoiement et du produit, en annullant des germes nuisibles d'une
part, et de l'autre en fournissant, dans l'arrière-saison, ou au
printemps, un pâturage très-utile, dont la consommation peut
être suivie immédiatement d'un nouveau labour, avec les
mêmes objets en vue?

Si la terre se trouve infestée de racines vivaces que les chaleurs seules peuvent détruire, sur-tout sur les terres humides,
on sera toujours à même d'opérer très-efficacement leur destruction, en réitérant, au milieu de l'été, les labours et les
hersages indispensables ; et l'on n'aura pas au moins, en nettoyant complétement la terre, perdu un année entière en non-
produit et en frais qu'aucun revenu n'a pu compenser.

Nous ne saurions trop le répéter, le nettoiement d'un champ
est généralement plus essentiel encore que son engraissement :
il est aussi beaucoup plus difficile à effectuer ; il exige plus de
temps et plus de dépenses ; et il exerce sur les récoltes une
influence beaucoup plus directe et plus importante pour le
cultivateur. En vain il l'engraissera, il l'amendera et le pré-
parera par tous les moyens qui sont en son pouvoir ; s'il néglige celui-là, qui est le premier de tous, et sans lequel tous
les autres produisent toujours des effets incomplets, son objet
ne peut être rempli. Les semences qu'il confiera à la terre seront
toujours étouffées, ou affamées au moins, par celles qu'elle re-
célait antérieurement dans son sein, et qui, à raison de cette
antériorité, et à cause d'un plus grand rapport de convenance
qui existe entre elles et le sol dont elles étaient les productions naturelles et spontanées, avant sa mise en culture, tendent sans cesse à recouvrer leurs droits, et se trouvent généralement dans des chances beaucoup plus favorables à leur
développement et à leur multiplication, que celles qui ne peuvent être considérées que comme étrangères et adoptives.

Pour être réellement propriétaire de son champ, le cultivateur doit donc toujours s'attacher rigoureusement à en chasser les

anciens possesseurs, c'est-à-dire les végétaux que la nature y avait disséminés; et s'il veut en faire la conquête sur elle, d'une manière durable et avantageuse, il doit éviter scrupuleusement tout ce qui pourrait amener le retour de ces redoutables ennemis. Il doit déployer toutes les ressources de son art pour arriver à ce but, sans annuller les produits; car ce n'est que par ce moyen qu'il pourra se soustraire efficacement à l'improductive et ruineuse jachère.

Maintenant, si l'on suppose que la terre ait absolument besoin qu'on rétablisse les déperditions de substance que lui ont occasionnées les soustractions réitérées faites par les récoltes précédentes, et qu'on n'ait à sa disposition aucun des engrais ordinaires qu'il faudrait lui restituer pour rétablir cet équilibre qui devrait toujours exister; nous ne voyons pas encore, dans cette fâcheuse circonstance, la nécessité de l'abandonner à elle-même, pendant un laps de temps plus ou moins long, pour réparer cet épuisement. L'homme peut faire ici beaucoup plus promptement ce que la nature opère lentement sous ses yeux, en profitant des leçons utiles qu'elle lui donne. Quel est en effet le moyen qu'elle emploie pour rendre propre à la culture un terrain que l'insatiable avidité de l'homme, jointe à son ignorance, est parvenue à stériliser? N'en doutons pas, c'est de le couvrir insensiblement de végétaux dont les débris annuels et successifs forment ce terreau qui est la base essentielle de toute végétation. Eh bien, confiez à cette terre épuisée des semences d'une valeur peu élevée, qui, dans leur premier âge, soutirant de l'atmosphère une grande partie de leur nourriture, en exigeront d'autant moins de la terre. Lorsqu'ils la couvriront d'une épaisse verdure, au lieu de vous laisser séduire par l'appât trompeur d'un léger bénéfice apparent et temporaire, sachez respecter ce produit; consacrez-le à la restauration de votre champ, qui vous le rendra avec usure; et réitérez cette opération aussi souvent que les circonstances le permettront dans la même année : quoiqu'elle se passe pour vous sans bénéfice apparent, vous recueillerez au centuple, par la suite, les avances que vous lui aurez faites; et ce cas rigoureux est peut-être le seul où il soit permis de ne rien exiger de la terre que pour elle-même. Mais tout cultivateur réellement instruit sur ses véritables intérêts, tout père de famille qui vise bien moins aux produits momentanés et présens qu'à assurer à perpétuité ceux de l'avenir, ne réduit jamais sa terre à cette situation extrême, qui caractérise toujours le mercenaire avide et l'ignorant routinier.

Enfin, si la nature compacte et argileuse du sol exige indispensablement des labours et d'autres opérations aratoires, répétées dans la saison la plus chaude de l'année, pour l'ameublir complétement, pour la purger des plantes nuisibles, et la préparer ainsi à recevoir les ensemencemens d'automne ; les cultures en rayons, soigneusement exécutées, et établies avec les plantes les plus appropriées à cette ingrate nature de sol, qui est réellement la plus difficile de toutes à traiter convenablement, et qui exige des exceptions aux règles, dans quelques circonstances particulières, heureusement fort rares, peuvent, dans un grand nombre de cas, procurer à la terre toutes les opérations propres à la nettoyer, à l'ameublir et à la fertiliser tout-à-la-fois, sans être obligé de recourir au fâcheux expédient de sa nudité complète pour produire le même effet.

Mais, dans le cas même où l'on ne croirait pas pouvoir atteindre aussi efficacement le but qu'on a en vue, par le moyen productif que nous indiquons, et qu'un grand nombre de cultivateurs ont mis en pratique avec un plein succès sur plusieurs points, dans ces circonstances difficiles ; nous ne pouvons encore y voir en général, l'absolue nécessité d'une jachère complète de rigueur ; puisque les opérations dont il s'agit n'étant réellement indispensables que dans la saison la plus chaude de l'année, ainsi que nous l'avons déjà observé, rien n'empêche que l'on n'obtienne assez souvent un produit quelconque de la terre avant cette époque. Ce produit peut être du fourrage vert de vesce d'hiver ou de toute autre plante, et au moins un paturage formé avec des plantes choisies, semées immédiatement après la dernière récolte, lorsqu'on n'a pas pu ou qu'on n'a pas cru devoir les confier au sol plus tôt, c'est-à-dire en profitant pour cela de la culture qui doit précéder l'année de jachère ; ou enfin un engrais végétal, comme nous venons de l'indiquer, produit par d'autres plantes également appropriées aux circonstances, et semées à la même époque, dans la vue de réparer, par le moyen le plus expéditif, le plus simple et le plus économique, les déperditions du sol, en les y enfouissant en fleurs, avant la saison consacrée aux labours d'été indispensables pour bien ameublir et nettoyer cette nature ingrate de terre argileuse et compacte.

Ainsi, dans tous les cas, sauf quelques exceptions qui ne peuvent détruire le principe, elle ne peut exiger rigoureusement, comme on le voit, qu'une jachère incomplète et accidentelle, à certaines époques irrégulières et temporaires, et non un abandon absolu avec des retours périodiques réguliers, qu'il convient de bannir pour cet objet de tout plan de culture raisonnée.

Cela est si vrai, que dans le *Code d'agriculture* de sir John Sinclair, où il a cru devoir exposer successivement les motifs les plus puissans pour et contre la suppression de la jachère, dans les différens cas qui peuvent se présenter ; après avoir reconnu que pour celles des terres de l'Écosse sur-tout, qui, sous un des climats les plus ingrats, ont encore l'inconvénient d'être d'une nature argileuse très-compacte, laquelle les rend excessivement humides et froides, la jachère d'été, qu'un autre agriculteur distingué, Robert Brown, regarde comme indispensable tous les huit ans, dans ces circonstances extraordinairement défavorables, peut être utile ; cet agronome s'est empressé de consigner dans le *supplément* qu'il a joint à son ouvrage, comme un correctif de cet aveu, un mémoire fort instructif d'un des agriculteurs les plus éclairés de la Grande-Bretagne, dans lequel il prouve, par des calculs incontestables, la supériorité de la vesce d'hiver sur la jachère d'été, *même sur les terres fortes*, dans les districts méridionaux de l'Angleterre (1).

CONCLUSION.

De tout ce qui précède, nous nous croyons autorisés à tirer cette conclusion : S'il est démontré que le besoin de procurer aux bestiaux une suffisante nourriture en tout temps, et que la difficulté de suffire en temps convenable aux opérations aratoires nécessaires à la préparation de la terre, comme aussi la nécessité d'ameublir et de nettoyer les sols compactes et argileux, sont de vains prétextes pour autoriser *la jachère absolue de rigueur,* puisqu'il existe des moyens plus simples, plus naturels, plus courts, plus avantageux et moins dispendieux de pourvoir à ces divers besoins ou de les prévenir ; s'il est également démontré que la dissémination naturelle des semences étrangères au but du cultivateur sur son champ, et son envahissement par les racines vivaces traçantes, d'une extirpation et d'une destruction difficile, sont, avec l'épuisement de la fécondité du sol, opérés par des récoltes successives très-exigeantes, lesquelles occasionnent de fortes soustractions de la substance alimentaire, les causes premières et principales qui peuvent amener à cette jachère ; il est évident qu'en prévenant ces inconvéniens, comme on doit toujours le faire, par une culture soignée et raisonnée, ou, enfin, en les réparant promptement par toutes les opérations aratoires et par les engrais suffisans, on peut la rendre complétement inutile, dans le sens qu'on attache ordinairement à ce mot. Toutes les fois donc qu'un champ est net et fécond, on ne doit le laisser sans produire, que le temps rigoureusement nécessaire pour le pré-

---

(1) Voyez *The Code of Agriculture*, etc., appendix n°. VI, — *Calculations to prove the superiority, of cultivating winter tares, instead of summer fallow, even on strong lands, in the southern districts of England.* By John Middleton, Esq.

parer, par les meilleurs moyens, à donner de nouveaux produits, et pour en assurer le succès; puisque le prétendu repos
de la terre est une chose absurde, complétement inutile, et
très-souvent nuisible.

SECONDE PARTIE.

I. *Exemples très-remarquables, qui démontrent la possibilité
de supprimer la jachère, avec de grands avantages, dans
les circonstances les plus défavorables.*

Nous devons confirmer à présent, par une série de faits
authentiques et incontestables, les vérités que nous avons cherché à démontrer par les détails qui précèdent, avant d'indiquer
les moyens les meilleurs, selon nous, pour passer avec succès
de nos assolemens les plus vicieux aux rotations les mieux raisonnées, établies d'après la pratique la plus éclairée, et basées
par conséquent sur une expérience réfléchie, propre à entraîner
à la conviction les cultivateurs qui peuvent encore être incrédules sur ce point.

Nous avons déjà rapporté, au mot ASSOLEMENT, dans la
*Notice historique sur l'origine et les progrès des plans de cul-
ture les plus recommandables,* ainsi que dans les développemens de nos principes à cet égard, un grand nombre d'exemples
frappans, qui nous ont été fournis par nos agriculteurs les
plus instruits, comme aussi par notre propre pratique, et qui
mettent entièrement hors de doute la facilité avec laquelle on
peut obtenir des terres arables, dans la plupart des cas ordinaires, avec les précautions convenables, une série non interrompue de productions utiles. Nous nous bornerons à les
indiquer ici, en invitant à les consulter et en rappelant que
nous en réunirons nécessairement beaucoup d'autres, à l'article SUCCESSION DE CULTURE, dont il conviendra également
de prendre connaissance. Nous allons ajouter aux raisonnemens dans lesquels nous sommes déjà entrés, pour prouver
l'inutilité et les inconvéniens de la *jachère absolue,* dans le
plus grand nombre de cas, plusieurs faits nouveaux bien remarquables, suffisans pour convaincre toutes les personnes qui
sont de bonne foi, de la possibilité et des avantages de sa suppression, même sur les terres les plus ingrates.

Nous ferons d'abord observer que les partisans les plus obs-
tinés de cette *jachère de rigueur,* prétendent que l'exemple des
cantons de la Flandre, de l'Artois, de l'Alsace, du Perche,
du Dauphiné, de la Bresse, et des autres contrées de la France
et de l'étranger, où elle a été abolie depuis long-temps sans
retour, et avec le succès le plus encourageant, ne prouve rien
pour d'autres pays, à cause de l'excellence du sol de ces con-

trées. Il nous sera très-facile de démontrer que cette objection, prise dans un sens général, est dénuée de fondement, comme on va le voir.

« La culture de la Campine, *contrée naturellement sableuse, stérile et ingrate*, offre, ainsi que l'observe avec raison M. le comte Depère, dans son excellent *Manuel d'Agriculture pratique*, la preuve de fait que les jachères peuvent être supprimées dans les plus mauvais sols, avec de bons assolemens. »

« La plaine du pays de Waës, *qui était autrefois un sable blanc stérile*, comme l'affirme aussi sir John Sinclair, dans l'intéressante *Relation* qu'il nous a donnée *sur l'Agriculture flamande*, a été convertie en une terre très-fertile par des assolemens raisonnés, au moyen desquels on obtient, dans l'espace de sept années que dure la rotation généralement adoptée, neuf récoltes au moins de plantes fourrageuses, céréales et industrielles, judicieusement alternées et rigoureusement sarclées. »

M. Vanderfosse nous dit expressément, dans la *Description d'une ferme, située dans les environs de Bruges*, sur laquelle il a supprimé la jachère avec de très-grands avantages, « *le sol sur lequel j'ai opéré était naturellement sablonneux, maigre, aride, et en creusant au-delà de cinquante centimètres, on y trouve constamment du sable pur, et dans quelques endroits cette espèce de croûte dure, composée de sable et de fer, qui s'oppose à l'extension des racines pivotantes.* »

M. Mondez, dans ses *Notes sur l'abolition des jachères*, publiées après une heureuse *pratique de quarante-six années*, dans la plaine de Fleurus, nous informe qu'il a opéré également ment « *sur une terre médiocre, sur laquelle on l'avait fortement blâmé de vouloir supprimer la jachère, que tous ses voisins regardaient comme indispensable.* »

M. le baron Dewal nous apprend encore, dans un *Mémoire sur la culture et l'abolition des jachères dans les mauvaises parties de la province de Namur*, que la terre sur laquelle son fermier et lui sont parvenus à remplacer le prétendu repos par d'utiles productions, au moyen d'un plan de culture bien calculé, que nous avons fait connaître dans le rapport imprimé par ordre de la Société royale et centrale d'Agriculture, « *était d'une nature ingrate, sur laquelle la routine triennale admettait consécutivement l'épeautre, l'avoine et la jachère, dont tous les baux imposaient la loi aux fermiers.* »

Il est évident, d'après ce petit nombre de faits, auxquels il serait facile d'en ajouter beaucoup d'autres de la même force, que si l'on voit d'excellens assolemens, sur les meilleures terres de la Flandre, ainsi qu'ailleurs, ils ne sont pas seulement applicables à des sols privilégiés, comme on l'a prétendu à tort, puisque nous les trouvons introduits avec succès *sur les terrains les plus ingrats.*

Mais s'il pouvait encore rester le moindre doute à cet égard, il serait complétement détruit par l'assertion positive de l'abbé Man, consignée dans l'*Introduction à l'Agriculture belge,* par Schwerz, et que nous devons rapporter ici. On se trompe, dit cet économe rural, après avoir administré long-temps, d'une manière exemplaire, des domaines considérables dans le royaume des Pays-Bas, *on se trompe lorsqu'on croit que le sol des provinces de la Belgique les mieux cultivées est naturellement fertile : il est certain, au contraire, que ce sol n'a pu devenir fécond que par une longue suite d'opérations plus ou moins coûteuses et difficiles.*

Ce qui est bien remarquable, c'est que l'habile agronome Schwerz ajoute, d'après son expérience éclairée : *En conséquence, tous les cultivateurs, dans tous les pays, peuvent obtenir des récoltes aussi riches qu'on les obtient dans la Belgique, s'ils y emploient autant de travail et de capitaux.* Puis il fait cette réflexion judicieuse, qui doit encore trouver ici sa place : *Hélas ! on ne peut pas ce qu'on ne veut pas ; et il y a bien des terres qui conservent la réputation de stériles, quoiqu'elles ne le soient pas.*

«On a donc le plus grand tort, ainsi que l'observe également M. Pictet, par les notes qu'il a ajoutées, dans le XIVe. volume de la *Bibliothèque britannique,* au mémoire qui nous a fourni ces précieux renseignemens, de répondre à des raisonnemens fondés sur des faits qui ne peuvent être contestés, en attribuant les miracles de prospérité qu'on voit si fréquemment en Flandre, à un sol excessivement fertile, puisqu'il ne le devient réellement que par le plus bel ensemble des procédés agricoles, et par l'activité la plus industrieuse dont aucun peuple ait jamais offert l'exemple.»

Nous nous sommes aussi assurés, avec MM. Depère, Delgorgue, Jacquemont, et plusieurs autres observateurs exacts, que si quelques-unes des parties de l'Artois, les plus remarquables par de bons assolemens, offrent un sol fertile, il en est d'autres qui présentent, sur des terres médiocres, des exemples frappans des heureux effets de la réunion d'un judicieux emploi des capitaux à l'industrie la plus éclairée; et nous pouvons en dire autant de l'Alsace, puisque nos propres observations et celles de Schwerz nous y autorisent encore. Nous en citerons ici les preuves les plus convaincantes.

On peut diviser l'Alsace, sous le rapport de ses assolemens, en deux parties, dont celle qui est située au-dessus de Strasbourg et qui tire vers le Nord suit une rotation biennale ou quatriennale ; tandis que celle qui est vers le midi et vers l'ouest suit une rotation triennale, également sans jachère, mais bien moins perfectionnée.

« *Le sol fort sablonneux et peu fertile* qu'on rencontre, dit Schwerz (dans la relation qu'il nous a donnée de ses curieuses observations sur cette intéressante contrée), dans les environs de Haguenau et Bisshwyler, sol si différent de celui qui se trouve dans la partie méridionale de la basse Alsace, pourrait faire soupçonner que la *mauvaise qualité du sol*, jointe nécessairement à une disette de fourrage, ait fait recourir les cultivateurs au premier assolement, et certes nulle part il ne se trouve plus à sa place que là. »

« C'est assez près de Strasbourg, dit-il plus loin, en prenant la direction vers le Nord, que ce célèbre assolement, qui de nos jours est devenu si renommé par les écrits d'Arthur Young, de Thaër, de Fellemberg, et d'autres grands hommes, a lieu. Ce n'est pas un petit honneur pour l'Alsace de pouvoir exhiber des modèles en grand du plus parfait des assolemens, et de les avoir créés sans avoir eu de maître. Si l'utilité de ce système avait encore besoin d'un appui, nous enverrions les incrédules dans les cantons de Brumath, de Hausbergen, de Hochfelden, de Sultz, de Candel, etc., où il est introduit depuis un temps immémorial, et exercé généralement avec le succès le plus heureux. On y donne à ce système le nom d'*assolement de deux campagnes*, dont l'une porte des céréales, et l'autre des récoltes-jachères, et ainsi alternativement. »

Ajoutons que l'on trouve sur le territoire de Hoerdt, situé au nord de Strasbourg, et *composé d'un sable rouge très-mauvais*, comme le reconnaît encore Schwerz, ce curieux assolement sans jachère : 1°. pommes de terre, 2°. seigle, 3°. maïs, 4°. blé d'été, 5°. pommes de terre, 6°. seigle et navets, 7°. pois, 8°. blé d'été.

« C'est également dans les terres *généralement peu fertiles du Perche*, ainsi que l'atteste M. Laurent, dans son *Mémoire sur la suppression des jachères, par la culture alterne*, que les prairies artificielles ont procuré des produits constans; et cet avantage, ajoute-t-il avec raison, les attend par-tout où elles seront sagement établies et convenablement intercalées avec d'autres cultures. »

M. Menuret de Chambaud, l'un des premiers agronomes qui se soient occupés parmi nous de la suppression de la jachère, et qui, après *plus de vingt années de la pratique la plus heureuse*, a obtenu la palme qui était bien due à ses importans travaux, a introduit avec succès ses assolemens raisonnés, comme il nous l'apprend lui-même dans son mémoire couronné, « *sur des terres maigres de la plus mauvaise qualité.* « Il est parvenu, comme il nous le dit encore, à les transformer en fonds très-productifs, par la succession variée et judicieuse des cultures, sur un domaine situé dans une plaine aride du Dauphiné, sous un soleil brûlant, où *une argile rouge, mêlée de sable*, formait le fond du sol, et n'admettait dans la majeure partie que le seigle et l'épeautre, qui donnaient des épis minces, courts et rares, et où les mauvaises herbes, naissant de l'oisiveté, comme les vices dont la société est infestée, croissaient et se multipliaient sur les terres de ses colons, dans l'année de jachère qu'il a remplacée si utilement. »

M. **Le Gris-Lassale**, dans l'excellente notice qu'il nous a donnée sur la culture du domaine de Tustal, situé dans l'entre-deux mers, près de Bordeaux, atteste contre l'usage et l'opinion qui jusqu'à présent ont prévalu, « qu'il est certain que » le climat du département de la Gironde ne s'oppose point à » la *disparition totale des jachères*, et que le cultivateur intel-» ligent et attentif à saisir les momens favorables, soit pour pré-» parer, soit pour ensemencer ses champs, *pourra toujours les* » *maintenir dans un état de production permanente*. On voudra » bien croire, ajoute-t-il, que ceci n'est point une assertion fon-» dée sur un principe purement théorique : nous parlons d'a-» près notre propre expérience. » En effet, cet excellent agri-culteur a complétement donné la preuve de son assertion, en obtenant constamment des produits avantageux et très-multi-pliés sur son domaine, composé d'environ 250 hectares de bois, vignes, terres labourables et prairies, « *sur un sol d'une* *qualité assez médiocre, susceptible néanmoins de donner pres-* *que tous les genres de produits, pour peu que l'art ajoute à la* *nature ; sur lequel cependant la culture des routiniers est lan-* *guissante, parce que le cultivateur, en général malaisé, ne* *fait rien pour améliorer son sort, et se traîne languissamment* *dans les sentiers de la routine que lui ont tracée ses devan-* *ciers.* »

Dans le département d'Indre-et-Loire, M. Aubry-Patas n'a pas hésité non plus à « *garantir aux cultivateurs, d'après sa propre* *expérience et l'assentiment des agronomes les plus distingués,* *que, même en diminuant leurs frais de culture, et en augmen-* *tant considérablement leurs produits, ils pouvaient supprimer* *la jachère, non-seulement sur les terres de bonne qualité, mais* *aussi sur les terres sablonneuses dites varennes, sur les terres* *argileuses, et même sur les landes et les bruyères,* » en adop-tant les rotations raisonnées qu'il leur a indiquées dans un rapport sur les divers systèmes d'assolemens qui conviennent à ce département. Ce rapport a été adopté par la Société d'a-griculture, imprimé et distribué par ses ordres.

En rapportant ici les propres expressions d'un des agriculteurs les plus instruits du département de l'Ain, lesquelles sont consignées dans les excellentes *Remarques agronomiques sur un voyage en Suisse*, insérées l'année dernière dans le Journal d'agriculture de ce département, nous dirons que «l'exemple de la Bresse, qui renferme *beaucoup de sols médiocres, encore plus de mauvais*, et où cette révolution dans la culture (l'adoption des produits continuels) a eu lieu, prouve que le système de culture productive qui supprime la jachère, n'exige pas absolument un sol fertile. »

M. de Gasquet, correspondant du Conseil d'agriculture, membre de la Chambre des députés, vient de nous remettre des renseignemens fort intéressans, que nous publierons plus loin, sur un assolement sans jachère, qui a été pour lui, dit-il, une *source de prospérité*; qu'il a introduit *depuis quinze ans, avec un plein succès, sur des terres sablonneuses* du département du Var; et au moyen duquel il est parvenu à élever considérablement le produit en grain, qui n'était auparavant que de quatre pour un; en réservant cependant, pour ses expériences comparatives, *les terres les plus maigres et les plus éloignées, sur lesquelles, de mémoire d'homme, on n'avait vu porter des engrais.*

Sur le sol *généralement granitique* du département de la Haute-Vienne, où le cours des récoltes est l'assolement triennal avec quelques exceptions tout aussi vicieuses; où la valeur vénale des prés naturels est au moins double, quelquefois même quadruple de celle des terres arables; où l'on trouve dans tous les domaines des pâturages mal soignés en général; et où la culture par métayer, qui paraît s'opposer à toute espèce d'amélioration, comme nous le verrons, ne permet pas que le colon entreprenne une dépense extraordinaire dont il n'est pas assuré de récolter le fruit; nous voyons un cultivateur intelligent, qui a inséré un aperçu instructif de l'agriculture de ce département dans le premier volume de la *Bibliothèque universelle*, nous déclarer qu'*il est évident que si l'on y introduisait un bon assolement, dans lequel les raves et le trèfle entrassent pour moitié, on pourrait considérablement augmenter les bestiaux et par suite les engrais.* Il nous apprend ensuite que quoique la statistique du département porte le produit des terres à quatre et demi seulement pour un de semence, *ses blés lui ont produit constamment de douze à quatorze, en suivant depuis huit ans cet assolement :* 1°. *raves, ou pommes de terre ;* 2°. *sarrasin et trèfle dessous ;* 3°. *trèfle ;* 4°. *blé.*

Dans le département des Basses-Alpes, nous voyons aussi MM. Bermond de Vaulx frères, substituer avec le plus brillant succès, près de Sisteron, au cours de culture généralement pratiqué dans ce département, dans lequel la jachère et le froment se succèdent constamment, où l'on pourvoit à l'entretien des animaux de labour par une prairie stable, *toujours insuffisante*, et par les pailles, et où de tristes ressources *empêchent les moutons de mourir de faim* dans les hivers rigoureux, un assolement quadriennal on ne peut mieux calculé, *sur une ferme couverte de pierres, hérissée de rochers, et dans un état de dégradation déplorable*.

Ces habiles agriculteurs ont obtenu ce beau résultat, d'après leur rapport certifié par les autorités locales. « En intercalant judicieusement avec les céréales ordinaires les pommes de terre, les carottes, le maïs, le trèfle, et généralement toutes les plantes fourrageuses recommandées par leurs auteurs favoris, et en essayant d'abord prudemment sur l'un des quatre domaines dont la réunion forme aujourd'hui leur ferme, *les plans que leurs amis effrayés s'obstinaient à traiter de ruineux.* »

Nous voyons encore, près de Briançon, M. Faure, l'un de nos agriculteurs les plus éclairés, correspondant du Conseil d'agriculture et de la Société royale et centrale, obtenir les mêmes succès de l'emploi raisonné des mêmes moyens, dans le département des Hautes-Alpes, *aussi remarquable par l'ingratitude du climat que par celle du sol.*

Nous devons rappeler aussi l'exemple non moins encourageant, consigné dans le développement de nos principes d'assolement, et qui nous a été fourni par M. de Jumilhac, du département de la Dordogne, dans une situation *également remarquable par l'ingratitude du sol et du climat.*

Nous avons eu l'avantage de visiter, cette année, l'exploitation exemplaire de M. Bertier de Roville, dans le département de la Meurthe, laquelle nous paraît très-propre à former un véritable institut agricole. Nous y avons vu, *sur des terres argileuses naturellement ingrates*, une rotation biennale de fèves et de céréales, établie depuis long-temps avec le succès le plus complet, et imitée avec le même succès, dans des circonstances semblables, par un cultivateur distingué des environs de Lunéville : mais ce que nous avons remarqué avec plus de plaisir encore, sur ce grand et bel établissement rural, c'est un assolement quadriennal qui admet consécutivement la pomme de terre, l'orge, le trèfle ou la lupuline, et le seigle, *sur un sol désigné sous le nom très-caractéristique de grève, entièrement formé de cailloux roulés, déposés sur les rives de la Moselle, et qui était inculte*, avant que M. Bertier, auquel cette contrée est redevable d'un grand nombre d'améliorations importantes, conçut l'heureuse idée de le soumettre à cet assolement raisonné.

Nous avons également visité, peu de temps après, avec plusieurs agriculteurs très-distingués, MM. Marant de Bulgneville, le comte de Gourcy, le lieutenant colonel Courant, et le comte de la Mire, l'exploitation non moins exemplaire de M. Chaillet, près de Neufchâtel en Suisse; et nous avons constaté que sur un sol *excessivement pierreux et très-ingrat*, il obtenait constamment, depuis long-temps, au moyen d'une rotation sagement combinée et judicieusement variée d'après les circonstances locales qui doivent toujours être prises en grande considération, les produits les plus abondans en sainfoin, qu'il regarde avec raison comme la base la plus solide de toutes ses cultures, en froment lammas, qu'il préfère à tout autre, en pommes de terre, en orge, en trèfle, en carotte et en avoine élevée, *avena elatior*, dont il obtient plusieurs coupes, et qu'il a introduite avec beaucoup de succès sur son domaine. Il recueille ces divers produits consécutivement, en entretenant sa terre aussi nette que féconde, au milieu des terres épuisées et malpropres de ses voisins, qui observent encore la jachère.

Ajoutons à ces exemples concluans, qui sont bien loin d'être les seuls de cette nature que fournisse notre économie rurale, comme on le verra ailleurs, et qui répondent victorieusement à l'opinion très-erronée que la suppression de la jachère n'est applicable qu'aux terrains de première qualité, celui que nous fournit également M. Turck, l'un de nos élèves les plus instruits, et l'un des membres les plus zélés de la Société centrale d'agriculture de Nancy.

Nous nous sommes assurés dernièrement qu'il est difficile d'imaginer un sol plus complétement stérile et une position plus défavorable que celle de son exploitation, située sur un plateau très-élevé, dans la commune de Sainte-Geneviève, près Nancy; et cependant, à l'aide du zèle le plus louable, soutenu et éclairé par la connaissance réfléchie des meilleurs procédés de culture et d'assolement, ce digne émule de M. Mathieu de Dombasle, qu'il a l'avantage d'avoir pour voisin, a introduit judicieusement un plan raisonné d'administration, qui lui donne les résultats les plus satisfaisans sur la totalité de ses terres peu profondes, arides, couvertes d'une énorme quantité de pierres, et sans être obligé de recourir comme ses voisins à la misérable ressource de la jachère.

Ainsi donc, si dans les contrées les plus remarquables par la bonté des assolemens, on les trouve quelquefois établis sur des terres fertiles, il est incontestable qu'ils n'y sont pas exclusivement propres, comme l'ont prétendu quelques partisans de la jachère absolue, puisque dans un très-grand nombre de cas on les a introduits avec un plein succès sur les plus ingrates; ainsi, tous les faits négatifs qu'on chercherait en vain à opposer à ces exemples, et qui sont d'ailleurs souvent dus à des causes accidentelles et étrangères qu'on méconnaît ou qu'on ne veut pas voir, ne peuvent jamais détruire des faits aussi positifs et aussi avérés.

Nous renvoyons d'ailleurs, afin de ne pas surcharger cet essai de nouvelles preuves confirmatives des premières, à l'article Succession de culture, et spécialement aux mots Seigle, Épeautre, Sainfoin, Lupuline, Trèfle, Navette, Cameline, Sarrasin, Pomme de terre, Betterave, Vesce et Fève, toutes plantes au moyen desquelles un grand nombre d'agriculteurs, aussi zélés qu'instruits, sont parvenus, sur divers points, à surmonter les difficultés que leur présentait l'ingratitude du sol et du climat pour parvenir au but que nous avons en vue.

II. *Réfutation des principaux argumens allégués en faveur de la jachère.*

Voyons maintenant si malgré toutes ces preuves de la possibilité d'arriver, même dans les circonstances les plus difficiles, au résultat que nous désirons, la jachère complète ne serait pas d'une utilité réelle pour l'amélioration du sol.

Sans parler encore ici du prétendu *repos de la terre*, dont nous avons assez démontré l'absurdité, nous reconnaîtrons qu'un assez grand nombre des partisans de cette jachère admettent que par l'exposition seule des molécules terreuses aux influences atmosphériques, elles se pénétrent de nouveaux principes utiles à la végétation, et que par conséquent plus on laboure la terre, plus ces principes y abondent.

Écoutons à cet égard la réponse de Davy :

« La jachère, ou la méthode d'exposer le sol à l'air, et de le soumettre à des opérations entièrement mécaniques, est une opération vicieuse considérée comme partie d'un système général d'économie rurale. Quelques agronomes ont supposé que l'atmosphère fournit à la terre des principes qui la fécondent; que ceux-ci épuisés par la succession des récoltes, réparent leurs pertes et s'augmentent pendant que le sol se repose et qu'il éprouve l'action de l'air : mais cette supposition n'est pas exacte; les élémens dont il se compose ne peuvent se combiner avec plus d'oxygène qu'ils n'en renferment déjà; aucun d'eux ne s'unit à l'azote, et ceux qui ont de l'affinité pour l'acide carbonique sont toujours complétement saturés dans les terrains soumis à cette opération.

» Il est vraisemblable que les idées vagues qu'on s'était formées autrefois sur l'usage du nitre et des sels nitreux dans la végétation, sont une des principales considérations qui ont maintenu la pratique des jachères d'été.

» Les mauvaises herbes enfouies dans le sol se décomposent peu-à-peu et fournissent une certaine quantité de matières solubles; mais on peut douter qu'un fond contienne autant d'humus lorsque le temps de la jachère expire, qu'au moment où il a reçu le premier coup de charrue. Il s'est formé sans interruption de l'acide carbonique par la réaction des principes végétaux et de l'oxygène de l'air, et la plus grande partie s'en dissipe en pure perte.

» Le soleil, qui darde sur la surface nue du sol, tend à en dégager toutes les substances gazeuses et fluides volatiles. La chaleur rend la fermentation plus active; et c'est à l'époque où il n'y a point de végétaux pour les absorber, que les principes de la nutrition sont plutôt élaborés.

» Quand la terre n'est pas employée à produire de la nourriture pour les animaux, elle devrait l'être à préparer des engrais pour les plantes. C'est ce qui s'effectue au moyen des récoltes vertes qui absorbent le carbone et l'acide carbonique de l'atmosphère. Les jachères d'été entraînent toujours une perte de temps qui pourrait être employé à la culture des végétaux.

» D'ailleurs, cette jachère n'est pas aussi profitable à la terre que celle d'hiver, où la force expansive de la glace, la fonte graduelle des neiges, et les alternatives de sécheresse et d'humidité tendent à pulvériser le sol et à mélanger ensemble les diverses parties dont il se compose.

» Dans la culture en lignes, substituée à cette jachère, la terre est constamment propre. Les plantes, disposées par rangées, n'opposent aucun obstacle à l'extirpation des mauvaises herbes. La récolte verte elle-même, ou les déjections des bestiaux qui s'en nourrissent, fournissent les engrais, et les végétaux à larges feuilles alternent avec ceux qui portent des graines. »

Conformément à ses principes, nous voyons Davy, dans sa *Théorie des jachères*, déclarer « *qu'elles ne sont jamais une source nouvelle de richesses pour le sol; qu'elles servent uniquement à produire une accumulation de matières décomposables, qu'on peut se procurer par des moyens aussi sûrs et moins dispendieux; et qu'il est difficile d'imaginer un seul cas où un sol cultivé puisse rester en jachère pendant une année entière avec quelque avantage pour le cultivateur, si ce n'est pour la destruction des mauvaises herbes.* »

Écoutons encore sur ce sujet un de nos chimistes les plus distingués, M. Drapier.

Après nous avoir déclaré dans son *Mémoire sur les jachères*, inséré dans le premier volume des *Annales générales des sciences physiques*, que des expériences exactes et récentes lui ont prouvé que la terre proprement dite ne sert que de support aux végétaux ; il ajoute cette réflexion judicieuse : « Le repos périodique contre lequel s'élève impérieusement une population croissante, est adopté pour réparer, *suivant une fausse croyance*, la perte des sels et des sucs nécessaires à la végétation. »

Ne pourrions-nous pas nous croire fondés à affirmer, d'après ces assertions positives, ainsi que d'après l'état très-prononcé de fertilisation, procuré à la terre par l'existence des prairies, pendant laquelle elle n'est soumise à aucune sorte de remuement, qu'il est au moins douteux que les labours de la jachère exercent sur le sol aucune autre influence que celle de l'action mécanique reconnue par tous les agriculteurs ? Mais en accordant encore, malgré cela, aux opérations aratoires une véritable action chimique utile, nous serons, au moins, très-fondés à dire que les différens remuemens de la terre, auxquels on verra par la suite que nous la soumettons nécessairement pour la culture qui remplace cette jachère, équivalent pleinement à ces labours, dont le principal, sinon l'unique effet salutaire, est d'ameublir et de nettoyer le sol, qui ne peut être dans tous les cas pourvu d'une nouvelle portion d'humus que par la destruction des plantes nuisibles, et qui est bien loin d'ailleurs d'être toujours ameubli et nettoyé par ce moyen, comme cela serait à désirer, et comme il est certain qu'on peut y parvenir très-efficacement par l'emploi convenable des moyens simples et faciles que nous conseillerons de lui substituer.

On est donc forcé de reconnaître qu'il est possible d'obtenir, dans le plus grand nombre de cas, le principal objet qu'on a en vue, sans être obligé de se priver entièrement de récolte ; sans fatiguer inutilement la terre, les hommes et les bestiaux par des labours nombreux et dispendieux ; et nous rappellerons ici, à ce sujet, à ceux qui font consister toute l'agriculture dans le labourage, l'observation faite par plusieurs excellens observateurs agricoles, que *la France est trop labourée*.

Malgré ce labourage excessif, la terre n'en est souvent ni plus ameublie ni plus nettoyée, et nous en citerons une preuve incontestable. Nous venons de visiter, pour la troisième fois, les départemens de la Haute-Marne, de la Moselle, de la Meurthe, des Vosges et de la Haute-Saone ; et nous avons encore vu, sur un très-grand nombre de points, la terre dans laquelle l'argile domine souvent, labourée trois fois tout au moins, dans l'année de jachère, sans que la herse ni le rouleau fussent employés pour l'ameublir entre chaque labour ; de sorte que les mottes, quelquefois énormes et très-dures, qui se forment au premier labour, existent encore dans toute leur intégrité au dernier labour qui précède la semaille ; et le défaut d'ameublissement du sol s'oppose à ce que les germes des plantes nuisibles puissent se développer et être détruits ensuite. Aussi, les blés qui croissent sur les terres si mal préparées, et ordinairement aussi mal fumées, sont-ils généralement infestés de chardons, de rougeoles ou mélampyres, de coquelicots, de centaurées, de scabieuses, de caucalides, d'agrostides, et d'autres plantes très-nuisibles; et les avoines, généralement très-chétives, sont également infestées de mélilot et de moutarde sauvage, qui y abondent souvent plus que l'avoine elle-même. Nous avons vu à la vérité, au milieu de ce triste tableau, des champs assez beaux de trèfle, de pommes de terre et de pois, qui s'étendent chaque année au préjudice des jachères; mais qui sont malheureusement encore introduits dans un ordre vicieux, lequel s'oppose à ce qu'ils produisent tous les bons effets qu'on pourrait en retirer. Espérons néanmoins que les efforts réunis de MM. Roger, Durand, Mathieu de Dombasle, Turck, Bertier de Roville, Maraut de Bulgneville et d'autres agriculteurs fort instruits, feront bientôt disparaître par-tout, par leur encourageant exemple, ce fâcheux état de choses.

Nous avouerons cependant que le défoncement du sol, par divers moyens plus ou moins économiques, quelquefois même à une assez grande profondeur, peut souvent lui devenir fort utile pour faciliter le développement des racines, pour conserver une humidité très-favorable aux terres arides, et pour priver de leur excès d'eau celles qui sont trop humides. Nous trouvons cette pratique, à laquelle nous avons eu plusieurs fois recours nous-mêmes, adoptée avec succès, en Flandre, dans le pays de Waës; en Suisse, par MM de Fellemberg, Crud et Pictet; en Allemagne, par Thaër; en Angleterre, par le célèbre Ducket; en France, par M. le comte Louis de Villeneuve; et par plusieurs autres agriculteurs distingués. Mais ce renouvellement bien raisonné de la surface ne peut exiger la jachère partielle ou complète que dans un très-petit nombre de cas; et cette légère exception, ainsi que l'application d'autres amendemens majeurs et extraordinaires, ne peut affaiblir et encore moins détruire la règle générale dont il est ici question. L'emploi de la bêche, ou de tout autre instrument équivalent, est même employé dans un assez grand nombre de localités comme un bon moyen, dont nous ne parlerons plus ici, parce qu'il est pratiqué en général sur de trop faibles espaces, pour supprimer le jachère en renouvelant et en ameublissant fortement la surface du sol.

Il faut convenir, par conséquent, avec les premiers agronomes de l'Europe, que « la jachère morte, si l'on en excepte quelques cas très-rares, doit être absolument rejetée, sur-tout dans les pays peuplés » (1); « que dans l'état présent de nos connaissances, on doit pouvoir se passer presque par-tout de cette triste ressource, due en majeure partie à l'ancienne ignorance des cultivateurs » (2); « que cette routine s'est conservée dans les temps obscurs de trouble où l'agriculture tout entière était entre les mains de paysans plongés dans la stupidité et l'esclavage, sous l'inspection de la plus basse classe des gens libres, où les institutions que l'usage avait consacrées dominaient avec une puissance irrésistible sur les arts et les sciences, et où le plus léger doute élevé sur leur conformité avec les règles de la raison était envisagé comme une hérésie » (3); « que c'est en vain qu'on chercherait de grands profits dans l'*assolement triennal* qui admet cette jachère, parce que l'année où loin de produire, le terrain coûte au contraire des frais de culture réitérés, absorbe la majeure partie des bénéfices qu'on obtiendrait des deux autres; que c'est avec raison que, dans les contrées où l'on ne connaît pas d'autre système de culture, les champs n'ont qu'un prix tout-à-fait bas, et qu'on envisage une grande proportion de terres arables, sur-tout si elles sont soumises au droit de parcours, comme une source de ruine pour l'économie rurale, et à la longue aussi pour le cultivateur; que le misérable fumier qu'on retire, dans les exploitations soumises à cet assolement, du bétail nourri avec de la paille presque sans mélange, ne forme guère que du quart au tiers des sucs qu'une récolte passable doit absorber; que cet assolement expose constamment ceux qui le suivent aux horreurs de la famine, puisqu'une grêle leur enlève en un moment tous ou presque tous leurs moyens d'existence, et que, sous les circonstances même les plus favorables, il ne remplit en aucune manière les vues qui paraissent lui avoir donné naissance; savoir, de procurer la plus grande quantité possible de produits farineux; qu'enfin un système de culture dans lequel tous les produits sont à-la-fois exposés à un même fléau, est une combinaison monstrueuse en économie politique, proscrite par la raison et par l'humanité (4). »

Ajoutons encore avec M. Crud « qu'il n'y a rien de mieux démontré aujourd'hui que la convenance de faire alterner les produits de différens genres, afin de ne laisser jamais la terre

---

(1) De Fellemberg.
(2) Pictet.
(3) Thaër.
(4) Crud.

dans l'inaction , et d'obtenir ainsi une beaucoup plus grande quantité de denrées ; qu'on peut considérer le système de culture, qualifié de *culture des grains*, comme n'existant plus que dans des localités où l'esprit d'observation et la vraie science agricole n'ont pas encore pénétré, puisque , à l'aide d'assolemens bien calculés , ont obtient, de cette même étendue de terrain qui était autrefois exclusivement consacrée aux céréales et de celle qui était non moins exclusivement en pré, une quantité de produits pour la nourriture de l'homme et l'entretien du bétail tout autre que celle qu'on en retirait sous le *système de culture des grains.* »

C'est parce que les Sociétés d'agriculture, qui se sont heureusement multipliées dans nos départemens, ont été bien pénétrées de ces importantes vérités, que la plupart d'entre elles se sont occupées avec succès de la diminution des jachères sur le territoire qui les environnait; et nous devons ajouter ici à toutes celles de ces sociétés que nous avons déjà signalées dans notre *Notice sur les assolemens raisonnés*, celle de l'arrondissement de Dunkerque qui , après avoir déclaré que « par la suppression des jachères on a augmenté d'un tiers les produits annuels de la terre, » vient de proposer des prix aux cultivateurs qui rendront le plus de terres à la culture par cette suppression ; celle du département des Deux-Sèvres, dont le savant et zélé secrétaire , M. Jozeau, vient aussi de publier, dans le premier cahier des *Annales d'agriculture* de ce département, une *Notice sur les divers modes d'assolement en usage dans le département des Deux-Sèvres , et sur les progrès que l'agriculture y a faits depuis quelques années, et les améliorations qu'il lui reste encore à recevoir sous ce rapport.* Cette utile production renferme des principes excellens, des faits instructifs, de sages conseils pour supprimer avantageusement la jachère ; et l'on y trouve aussi plusieurs exemples remarquables d'améliorations déjà opérées en ce genre. Nous devons encore citer la Société d'agriculture de Besançon, qui , sur une ferme modèle, confiée au zèle et aux connaissances de M. Bruant , a cru devoir présenter aux agriculteurs l'exemple d'un assolement raisonné ; ainsi que celle de Boulogne-sur-mer, qui vient d'ajouter aux récompenses qu'elle avait déjà promises aux cultivateurs qui perfectionneraient leurs plans de culture, de nouveaux prix *pour le meilleur mémoire sur l'assolement et la rotation des récoltes dans les diverses communes d'un canton du département.*

Cependant , malgré toute l'évidence de ces vérités , on n'en a pas moins reproché à la culture alterne perfectionnée de compromettre la production annuelle des subsistances de première nécessité, sans pouvoir toutefois en apporter la moindre preuve positive; mais les heureux résultats obtenus par-tout où l'étendue des jachères a diminué d'une manière très-sensible depuis cinquante ans et plus, et où le produit des grains s'est accru dans la même proportion avec la population, car la masse des subsistances est toujours la mesure certaine du nombre et de l'instruction des hommes, répondent victorieusement à ce reproche. En effet tout l'art d'assurer ces subsistances consiste, comme nous le verrons plus loin, à mettre les prairies, les plantes sarclées et le nombre des bestiaux en rapport parfait avec l'étendue des terres à cultiver et le besoin d'engrais nécessaires pour le faire avantageusement, au lieu de s'exposer inévitablement à manquer d'engrais en manquant de prairies artificielles, de cultures sarclées, et par conséquent de bestiaux.

Les cultivateurs qui connaissent bien cet art, que beaucoup d'entre eux ignorent encore complétement, s'accordent à confirmer l'aveu que vient d'exprimer de la manière la plus positive M. Guédon de Lesmont, agriculteur distingué de la Seine-Inférieure, lequel vient à l'appui des faits nombreux que nous avons rapportés en développant nos principes d'assolement. « Quoique la quantité de terrain que je charge en blé et en avoine tous les ans, dit-il, soit moins considérable qu'elle ne l'était avant le genre de culture au moyen duquel j'ai supprimé la jachère, il n'en est pas moins vrai qu'après avoir compulsé les registres de mon père, j'ai acquis la certitude que mes récoltes en blé et en avoine surpassent de plus d'un tiers celles obtenues par l'ancienne méthode. » *Compte rendu des travaux de la Société d'agriculture de la Seine - Inférieure en 1821, p. 19.*

On a rappelé aussi, en parlant de cette culture perfectionnée, une idée devenue banale, qui est plus captieuse que solide, et l'on a dit, *le mieux est l'ennemi du bien* ; comme si le mot *bien* pouvait encore être appliqué à une pratique quelconque, dès qu'un *mieux* certain est trouvé et doit lui être substitué, et comme si cette fausse maxime ne s'opposait pas directement à toute espèce d'amélioration.

On a également parlé, à cet égard, du *danger des systèmes :* mais c'est l'expression favorite des gens à préjugés et des esclaves de l'habitude, et ce danger ne peut exister ici que dans leur imagination. L'expérience bien raisonnée est le grand juge sur cette matière; et la pratique la plus ancienne n'est respectable que lorsqu'elle est éclairée et confirmée par la théorie. Qui peut d'ailleurs jamais assurer qu'il a atteint le plus haut degré de perfection dans son art? N'y a-t-il pas, comme on l'a dit avec raison, dans le perfectionnement possible des procédés agricoles, des ressources que nous sommes bien loin d'avoir épuisées, et dont probablement nous ne connaissons pas toute l'étendue? L'agriculture n'est-elle pas aussi une science de faits et de découvertes qu'il faut solliciter sans cesse par de nouveaux efforts; et les principaux obstacles qui s'opposent à ses progrès n'ont-ils pas leurs racines les plus profondes dans les faux calculs de l'intérêt, dans la force tyrannique de l'habitude, parce que les erreurs invétérées exercent le plus puissant empire sur les hommes qui ne peuvent ou ne veulent pas les soumettre au raisonnement ?

Néanmoins, en vain quelques personnes voudraient encore retenir notre économie rurale dans les langes de l'enfance et dans un isolement complet des sciences exactes, auxquelles elle appartient comme toutes les autres professions utiles. Leurs efforts pourront bien, à la vérité, retarder ses progrès sur quelques points; mais ils ne parviendront jamais à les arrêter entièrement sur aucun : la force des choses s'y opposera toujours de la manière la plus forte; et tôt ou tard la vérité doit faire disparaître, sur l'important objet que nous dissertons, les erreurs même les plus séduisantes.

Après ces réflexions, que la nature de notre sujet a amenées naturellement, passons à des considérations d'un autre intérêt.

III. *Exposé des puissans motifs qui existent maintenant pour chercher à se soustraire à la jachère.*

De nouveaux motifs bien puissans se réunissent encore à tous ceux que nous avons déjà exposés, pour chercher à extirper, parmi nous, le malheureux plan de culture que nous combattons, et dont l'établissement, comme celui de la plupart des vieilles coutumes devenues impraticables aujourd'hui, a eu des motifs plausibles dans l'origine.

Maintenant que, par l'effet nécessaire de plusieurs causes puissantes, la valeur intrinsèque du sol est considérablement augmentée presque par-tout, et que le prix de la main d'œuvre, ainsi que celui de la plupart des objets de consommation, l'est aussi et doit l'être dans la même proportion; il est devenu indispensable de s'efforcer de se procurer, par de meilleurs moyens que ceux qui existaient avant ce nouvel état de choses, la plus forte masse de nouveaux produits avantageux, et de le faire le plus promptement, le plus sûrement et le plus économiquement possible, afin de pouvoir maintenir le rapport nécessaire entre la recette et la dépense : on ne peut y parvenir, sans nul doute, que par la culture perfectionnée.

D'un autre côté, l'accroissement énorme des impôts de diverses natures exige encore que le cultivateur accroisse également ses revenus, pour pouvoir acquitter ses nouvelles dettes; et, comme l'observe avec raison M. le comte de Germiny, « pour satisfaire aux divers tributs que chacun à l'envi s'empresse d'en exiger, l'agriculture a besoin de toutes ses ressources, toutes lui sont nécessaires. »

En troisième lieu, la population s'accroissant prodigieusement aussi, depuis près d'un demi-siècle, c'est-à-dire depuis l'origine des améliorations agricoles les plus importantes ; le travail et les productions territoriales doivent s'accroître encore dans la même proportion, si l'on veut éviter et prévenir efficacement les disettes, les émigrations, et tous les maux de cette nature, que le défaut de l'équilibre qui doit toujours exister entre la consommation et la reproduction, entraînerait inévitablement après lui : l'augmentation des besoins nécessite donc de nouveau celle des ressources. Déjà un écrivain célèbre en économie politique établit que la multiplication de l'espèce humaine surpassant de beaucoup en Europe la quantité de subsistances qu'on peut raisonnablement espérer du territoire qui la nourrit avec les procédés actuels, il doit en résulter bientôt les plus grands malheurs; et cette fàcheuse circonstance, si elle était rigoureusement démontrée, pour certaines années, au moins, exigerait impérieusement que ces procédés fussent avantageusement modifiés le plus tôt possible.

Après l'exposé de ces nouvelles considérations, sur lesquelles il est inutile de nous étendre davantage, passons à l'examen des principales causes qui ont retardé jusqu'à présent et qui retarderont encore, pendant quelque temps, les progrès de la réforme que nous sollicitons ; et examinons quels seraient les meilleurs moyens de parer à ces graves inconvéniens.

IV. *Examen des principaux obstacles qui peuvent encore s'opposer à la suppression de la jachère.*

Malgré la solidité des raisonnemens qui militent si puissamment en faveur de la suppression de la jachère, et malgré les faits nombreux, authentiques et irrécusables, qui les appuient de la manière la plus péremptoire, nous devons avouer qu'un trop grand nombre de causes s'opposent encore aujourd'hui, parmi nous, à ce que cette suppression devienne partout aussi prompte et aussi assurée que cela serait à désirer dans l'intérêt bien entendu de l'agriculture ; et nous devons signaler ici les principales, en indiquant les meilleurs moyens à y opposer, afin de hâter la destruction ou l'affaiblissement au moins de ces causes, autant que les circonstances pourront le permettre.

Celles qui nous paraissent être les plus influentes et les plus générales presque par-tout, sont le défaut d'instruction et d'aisance d'un grand nombre de cultivateurs ; la force de l'habitude d'anciens usages, spécialement de la vaine pâture; la grande division des propriétés; la privation d'un Code rural; la teneur même des baux, ainsi que leur courte durée; la culture par métayers; et sur-tout les erreurs graves que commettent beaucoup d'agriculteurs, soit par un calcul d'intérêt mal entendu, soit par l'ignorance dans laquelle ils sont des vrais principes, lorsqu'ils cherchent à se soustraire à la routine dont ils reconnaissent les inconvéniens, et à passer brusquement, sans les précautions convenables, d'un assolement vicieux à une rotation plus productive et par cela même plus séduisante.

Nous allons examiner successivement ces divers obstacles à l'importante amélioration qui nous occupe, et voir quels moyens on pourrait leur opposer avec quelque espoir de succès.

PREMIER OBSTACLE. — *Défaut d'instruction.*

Le défaut d'instruction générale dans les campagnes, sur les objets qui en intéressent le plus les habitans, quoique bien moindre, il faut en convenir, qu'avant notre dernière révolution, n'est que trop réel et trop étendu encore.

Il tient à un grand nombre de causes plus ou moins puissantes, dont la destruction ou l'affaiblissement ne peut être que l'effet du temps, mais qu'il est possible de hâter cependant, d'abord par un plan bien réfléchi d'éducation primaire, dans lequel on ferait entrer un abrégé clair et concis des meilleurs principes d'économie rurale, et ensuite par de bons exemples d'administration agricole, donnés soit par le gouvernement lui-même dans des instituts ruraux, ou fermes expérimentales appropriées aux localités, soit par des propriétaires dont le zèle égalerait l'instruction et l'aisance, moyen le plus efficace de tous à nos yeux, et dont l'influence ne pourrait manquer d'avoir les plus heureux résultats, ainsi qu'une masse imposante de faits l'a déjà suffisamment démontré en France et chez l'étranger.

En attendant cette heureuse révolution, appelée depuis long-temps par les vœux de tous les amis de l'agriculture, nous regretterons, avec l'un de nos premiers agronomes, que « dans le pays de l'Europe le plus favorisé par la nature du sol et du climat, comme par le génie actif et industrieux de ses habitans, et où l'on n'aurait en quelque sorte qu'à vouloir pour faire sortir de la terre d'incalculables richesses, il n'existe aucune réunion puissante de moyens généraux dirigés vers ce but, et que le misérable système des jachères, digne d'un siècle de barbarie, dévoue encore à l'inutilité sur un grand nombre de points, le tiers et même quelquefois la moitié des terres, en faisant languir la culture du reste. »

Nous ne pouvons nous dispenser de rappeler ici, à cet égard, l'indication des moyens généraux et l'expression des vœux que nous avons cru devoir consigner dans la préface de notre *Excursion agronomique en Auvergne*, pages 15 et suivantes, dont l'accomplissement aurait incontestablement, selon nous, l'influence la plus heureuse et la plus prompte sur la prospérité de notre économie rurale. L'expérience a déjà prouvé, dans plusieurs contrées, que par-tout où l'on voudra recourir à ces grands moyens, on obtiendra promptement les résultats les plus satisfaisans sous tous les rapports.

Nous dirons aussi que l'agriculture aurait incontestablement dû être le premier, et qu'elle a été malheureusement le dernier de tous les arts qu'on se soit occupé de perfectionner presque par-tout, parce qu'elle a été entièrement abandonnée, pendant des siècles, comme un vil métier, à la classe la moins éclairée et la moins aisée de toutes les nations. Bernard Palissy publiait de son temps cette triste vérité, qui est encore applicable aujourd'hui à un très-grand nombre de localités : *On laisse les pauvres ignares pour le cultivement de la terre, d'où vient qu'elle est souvent adultérée ;* et ce fâcheux abandon a existé bien long-temps après lui. Ce n'est que depuis un trop petit nombre d'années que les savans et les capitalistes s'en sont occupés sérieusement, en considérant l'économie rurale comme une science du premier ordre, en essayant de la perfectionner et de la tirer du vague dans lequel elle était plongée, par l'application d'idées plus étendues et de conceptions plus profondes que celles du vulgaire, dont elle a cessé d'être regardée comme la propriété exclusive.

Aussi voyons-nous l'agriculture, considérée également comme science, faire maintenant de rapides progrès chaque jour ; et elle doit nécessairement se perfectionner par-tout, en raison directe des progrès de la civilisation et des lumières, quoi qu'en puissent dire les incorrigibles routiniers et leurs ignorans défenseurs. Mais les esprits étroits et ceux qui ne sont que praticiens ou plutôt *usagers*, ne pardonnent pas à ceux qu'ils ne regardent que comme de simples théoriciens, de vouloir leur donner des leçons ou même des conseils ; et ils se rejettent sur la longue pratique de cette routine qu'ils décorent du nom d'expérience, pour refuser de se rendre à l'évidence, ou pour blâmer ce qu'ils ne comprennent souvent pas.

C'est ainsi que l'ignorance, l'amour-propre et l'entêtement repoussent les innovations qu'ils ne veulent ou ne savent pas apprécier. L'homme, d'ailleurs, abandonne difficilement les habitudes et les opinions avec lesquelles il s'est familiarisé et pour ainsi dire identifié dès son enfance, qu'il a regardées comme incontestables et immuables. Il n'est pas du tout surprenant que la suppression des jachères éprouve encore aujourd'hui de la résistance et de l'opiniâtreté sur plusieurs points, de la part des ennemis de toute espèce d'amélioration, puisque ce sort a été réservé aux découvertes les plus utiles du siècle, comme l'inoculation, la vaccine, l'enseignement mutuel, et plusieurs autres inventions qui honorent l'espèce humaine, malgré leurs nombreux détracteurs.

Ne désespérons pas cependant de voir cet obstacle disparaître insensiblement, car il s'est déjà considérablement affaibli. Espérons, au contraire, que l'expérience rectifiant de plus en plus la théorie, comme celle-ci perfectionne la pratique, ces seules bases solides de toute science exacte s'entr'aideront constamment, après avoir été si long-temps isolées; espérons qu'en regardant enfin l'agriculture proprement dite, bien moins comme un seul art que comme l'assemblage de plusieurs arts qui exigent du raisonnement et de l'étude, on ne la réduira plus à la simple exécution des pratiques anciennes, qui pouvaient être bonnes autrefois, mais qui doivent être convenablement modifiées aujourd'hui pour se trouver au niveau de nos connaissances actuelles et de nos nouveaux besoins. Comme l'observe judicieusement M. Mathieu de Dombasle, « de toutes les institutions de l'homme, il n'en est presque aucune qu'on puisse appeler bonne ou mauvaise en elle-même et d'une manière absolue : elles ne puisent ces caractères que dans leurs rapports avec les circonstances des temps et des lieux. Il faut donc que chacune d'elles cède la place à d'autres, lorsqu'il arrive que les circonstances qui lui ont donné naissance ont cessé d'exister, et sont elles-mêmes remplacées par de nouvelles combinaisons qui peuvent donner à une disposition excellente pour un temps et un pays donné, tous les caractères de l'institution la plus funeste, dans d'autres temps et d'autres circonstances. »

Modifions donc, puisque les circonstances l'exigent, les assolemens qui prescrivent rigoureusement la jachère, en la laissant *pratiquer* encore, si nous ne pouvons l'empêcher, par ceux à qui l'instruction manque pour bien apprécier tous les avantages de la culture alterne perfectionnée; mais faisons-le prudemment et graduellement, comme nous en verrons tout-à-l'heure la nécessité; et ne nous en rapportons pas exclusivement, pour l'exécution de cette réforme essentielle, à des régisseurs, directeurs, ou maîtres-valets, qui ne peuvent avoir le même intérêt que nous, ni les mêmes moyens de l'introduire efficacement. Visitons auparavant, s'il se peut, les contrées qui nous fournissent les meilleurs exemples à cet égard; explorons les exploitations rurales des agriculteurs les plus renommés par leurs succès en ce genre; apportons sur-tout à l'entreprise, une fois commencée avec les connaissances suffisantes, tout le zèle et toute la constance sans lesquels les meilleures entreprises ne peuvent jamais complétement réussir ; et n'oublions pas que plusieurs tentatives de cette espèce n'ont manqué de succès que parce que les propriétaires n'y ont pas apporté toute l'activité, l'assiduité et la persévérance nécessaires en pareil cas ; qu'ils se sont permis des négligences très-préjudiciables ; et qu'ils ont pensé qu'il suffisait de s'en occuper légèrement et de temps en temps, quelquefois même à une assez grande distance de leurs propriétés, pour obtenir tous les succès qu'ils désiraient.

DEUXIÈME OBSTACLE. — *Défaut d'aisance.*

Le défaut d'aisance, qui est presque toujours une conséquence inévitable du premier obstacle à toute espèce d'amélioration, que nous venons d'examiner, puisqu'il résulte très-souvent du défaut d'instruction, pourra encore disparaître ou s'affaiblir, au moins, avec cette première cause, dans un grand nombre de cas ; car il est de notoriété publique qu'en Flandre, en Alsace, en Artois, comme en Hollande, en Suisse, en Écosse, dans le Palatinat, en Saxe, en Toscane, et en Lombardie, la population, moins ignorante dans les campagnes que dans la plupart des autres contrées de l'Europe, y est tout-à-la-fois plus aisée, plus nombreuse, plus industrieuse et *plus morale*, circonstances qui méritent la plus sérieuse attention de la part de tous les gouvernemens, et qui parlent hautement en faveur du plan d'instruction générale que nous avons indiqué, sur lequel nous ne pouvons nous dispenser d'insister ici.

L'économie rurale des propriétaires aisés et instruits doit différer, pour la forme et le fond, de celle des malheureux esclaves de l'habitude, sans aisance et sans instruction, comme l'industrie perfectionnée du manufacturier riche et habile, diffère de celle du simple ouvrier livré à ses faibles moyens pécuniaires et intellectuels ; mais elle demande, avant tout, à être appuyée sur les ressources nécessaires, pour ne pas rester stationnaire et pour faire des progrès rapides et complets.

On a dit avec raison que les améliorations en agriculture remontaient au temps de l'emploi raisonné des capitaux par les propriétaires ruraux riches et instruits. C'est une des choses qui manquent encore le plus à nos campagnes que cet emploi raisonné des capitaux, qui a été si utile à nos voisins pour le perfectionnement de leurs procédés agricoles. Aucune amélioration rurale de quelque importance n'est possible sans les moyens pécuniaires suffisans ; et, comme l'exprime très-sensément un vieil adage qu'on ne saurait trop répandre parmi nous, *pauvre agriculteur, pauvre agriculture.* En effet, les perfectionnemens les plus importans de l'économie rurale, sont des moyens nouveaux d'obtenir des produits nets plus considérables ; mais ils ne peuvent se réaliser ces produits, dans le plus grand nombre de cas, qu'en consacrant à l'exploitation une plus forte masse de fonds que celle qu'on y destine ordinairement ; et au lieu de placer leurs bénéfices ou leurs épargnes, comme ils le font souvent, dans l'acquisition de nouveaux fonds de terre, les cultivateurs aisés auraient bien plus d'avantages à les employer à l'amélioration des anciens fonds par des rectifications convenables dans les procédés de culture. Il serait également de leur intérêt de ne pas confondre, comme ils le font encore très-fréquemment, la parcimonie avec l'économie ; car autant la dernière est utile dans toutes les entreprises rurales, autant une agriculture parcimonieuse devient préjudiciable à ceux qui s'y livrent, en s'opposant directement au développement complet de toutes les ressources qui assurent les grands succès.

En général, le défaut de moyens pécuniaires est un puissant obstacle à la suppression des jachères, parce que cette suppression exige plus de bestiaux pour avoir plus d'engrais ; mais elle fournit promptement aussi toutes les ressources pour les bien nourrir, dès qu'on a pu se les procurer avec les moyens suffisans pour leur entretien ; et lorsqu'on ne le peut pas, il vaut mieux différer la réforme ; car il est certain qu'en se livrant à cette entreprise, sans l'aisance comme sans l'instruction nécessaires, on peut déprécier une méthode excellente en elle-même, qu'on ne doit jamais adopter qu'avec toutes les ressources indispensables pour assurer son succès.

Convenons, néanmoins, qu'avec une activité, une économie bien soutenues, aidées de l'intelligence et des connaissances convenables, on peut diminuer beaucoup cet obstacle, lorsqu'on ne parvient pas à le faire disparaître entièrement, comme plusieurs exemples frappans en ont fourni la preuve.

TROISIÈME OBSTACLE. — *Force de l'habitude.*

La force de l'habitude à l'égard d'anciens usages, devient une autre cause très-puissante, qui, en retardant les progrès des lumières, s'opposera long-temps encore à l'extinction de la jachère.

Nous signalerons ici particulièrement à ce sujet l'antique coutume de la *vaine pâture*, devenue excessivement abusive aujourd'hui, et qui a pris naissance de la routine même que nous soumettons à l'épreuve du raisonnement et de l'expérience, ainsi que vient de le faire voir, de la manière la plus lumineuse, M. Mathieu de Dombasle, dans le rapport vraiment national, aussi instructif que savant, qu'il a fait à la Société centrale d'agriculture de Nancy, et qu'on lit avec le plus grand intérêt dans le premier volume du *Recueil agronomique* publié par cette Société.

Nous ne saurions trop inviter nos agriculteurs à consulter ce précieux travail, lequel a les plus étroites liaisons avec l'objet qui nous occupe, et s'appuie sur les meilleurs principes et sur les raisonnemens les plus solides. L'auteur, après avoir fait ressortir tous les avantages de la culture alterne perfectionnée, démontre complétement, ainsi qu'il le dit en résumé :

1°. Que l'augmentation de population dans la plupart des états de l'Europe, les progrès du luxe et de l'industrie exigent nécessairement de l'agriculture des produits plus abondans et plus variés, et par conséquent la forcent d'adopter des procédés différens de ceux qui ont été suivis dans les temps anciens ;

2°. Que la découverte d'un grand nombre de plantes nouvelles qu'on a adaptées à la culture rurale, exige également des combinaisons de culture différentes de celles qui avaient été créées pour la culture de deux ou trois espèces de plantes seulement, et qui y sont exclusivement propres ;

3°. Que le droit de vaine pâture forme la chaîne la plus puissante qui retienne le cultivateur dans l'ornière de l'assolement triennal et des jachères, et par conséquent le plus grand obstacle à toute amélioration dans le système de culture, soit des terres arables, soit des prés ;

4°. Qu'aujourd'hui non-seulement la vaine pâture est inutile pour l'entretien des bestiaux, mais qu'en la supprimant, on pourrait en entretenir un plus grand nombre et en tirer un plus grand profit, et une bien grande quantité d'engrais ;

5°. Que ces assertions sont justifiées par l'exemple des cantons où la vaine pâture est supprimée déjà depuis long-temps ;

6°. Que l'usage de la vaine pâture exerce sur la moralité des habitans des campagnes l'influence la plus funeste ;

7°. Enfin, que sa suppression serait aussi avantageuse à la classe ouvrière et peu aisée des campagnes, qu'aux propriétaires et aux cultivateurs.

« D'après toutes ces considérations, ajoute-t-il, on ne doit pas être surpris de l'unanimité avec laquelle les agronomes les plus éclairés de toutes les nations civilisées, regardent la suppression de la vaine pâture, par-tout où elle existe encore, comme le besoin le plus pressant de l'agriculture. »

Nous ne pouvons que réunir ici nos vœux à ceux de M. de Dombasle, pour que ce puissant obstacle à toute espèce d'amélioration rurale disparaisse bientôt entièrement du territoire français, et permette par-tout l'adoption des pratiques raisonnées que nous recommandons.

QUATRIÈME OBSTACLE. — *Morcellement des propriétés.*

Après la vaine pâture, et avec ce reste barbare de nos anciennes coutumes féodales, la grande division des propriétés, et leur enclavement dans les pièces qui en sont limitrophes, outre qu'ils s'opposent fortement à une culture aisée et économique, ainsi qu'au nettoiement et au desséchement, qu'ils occasionnent ordinairement une perte de temps, de force, et de semence, beaucoup plus considérable qu'on ne l'imagine généralement, et qu'ils nuisent considérablement à la surveillance et à la distribution convenable des travaux, sont également des obstacles majeurs à l'abolition de la jachère.

Essaie-t-on d'introduire, lorsqu'on est exposé à ces inconvéniens, un assolement raisonné qui s'écarte tant soit peu des usages locaux religieusement observés par la majeure partie des habitans de la contrée qui y est asservie? Nulle récolte ne peut être en sûreté au milieu des jachères et des chaumes qui entourent les champs soumis à un meilleur traitement; elle est inévitablement ravagée, malgré les moyens trop faibles, le plus souvent encore mal exécutés de la police rurale actuelle; et l'on se trouve forcé de retourner à l'ancienne routine, pour éviter les dégâts, les usurpations, les procès, les gênes, les difficultés, les rixes et les délits de toute espèce.

Rappelons ici sur ce point, les vérités trop peu senties, en général, publiées par M. Delpierre jeune, propriétaire rural du département des Vosges, dans son *Mémoire sur les moyens d'amener graduellement et sans secousse la suppression de la vaine pâture et des jachères par les prairies artificielles et les plantations.*

« La lenteur des progrès de l'agriculture, dit cet ancien législateur, n'a pas toujours pour cause les préjugés ou l'ignorance du cultivateur; elle tient, en plusieurs contrées, à la distribution du sol même sur lequel il trace ses sillons, ou à des pratiques générales à l'empire desquelles il ne peut individuellement se soustraire : par exemple, le morcellement des propriétés rurales, l'usage des parcours et des jachères enchaîneront à jamais dans une foule de départemens, le génie des imitations heureuses ou des innovations utiles. En vain, dans un territoire où les possessions sont divisées à l'infini, où les productions céréales sont sans cesse en proie aux ravages de la compascuité, où les terres les plus fertiles sont périodiquement condamnées à un repos qu'elles ne demandent pas, un agriculteur éclairé voudrait naturaliser les méthodes simples économiques et fécondes, recommandées par l'expérience des nationaux et des étrangers : elles ne sont applicables qu'à un ordre de choses qui n'existe pas autour de lui; le plan qui permettrait les réformes dont il sent la nécessité, qui admettrait les essais dont il a calculé les avantages, est encore dans les ombres du néant. Il faut donc que sa bonne volonté expire devant l'obstacle physique que la localité lui oppose, qu'il suive malgré lui le sentier étroit qu'ont tracé ses aïeux, que ses procédés soient esclaves quand sa pensée est libre, et qu'avec des lumières et des moyens de fortune, il montre la langueur de la pauvreté et copie les allures de la multitude. »

Il n'y a, selon nous, de remède provisoire à ce mal qu'en pratiquant, comme nous avons engagé depuis long-temps la plupart de nos voisins à le faire avec nous, des *échanges temporaires, pour l'exploitation seulement*, qui se sont maintenus avec de grands avantages réciproques, et qui peuvent s'opérer, même entre fermiers, sans la moindre difficulté, en prenant toutes les précautions convenables pour établir les compensations convenables, relativement à la quantité, à la qualité, à l'état et à la situation des terres, en attendant que la législation permette à tous les propriétaires ruraux de faire des échanges permanens, sans être astreints aux droits énormes du fisc, qui s'y opposent dans le plus grand nombre de cas (1).

CINQUIÈME OBSTACLE. — *Privation d'un code rural.*

La privation d'un code rural est un nouveau fléau qui désole nos campagnes, et qui pèse de la manière la plus fâcheuse sur tous les cultivateurs, mais sur-tout sur la classe aisée et instruite qui cherche à se soustraire à la routine et à surmonter les préjugés.

Depuis trop long-temps, ce code tant de fois promis, et pour lequel une grande masse de matériaux précieux a été préparée, est attendu avec la plus vive et la plus juste impatience; et nous sommes encore réduits, malgré les nombreuses réclamations adressées de toutes parts à ce sujet, à espérer que notre attente ne sera pas plus long-temps vaine, et que le gouvernement sentira enfin que le moment est arrivé de nous faire jouir de cet important bienfait.

Il contribuera de la manière la plus directe, à la diminution des jachères, en écartant la plupart des difficultés qui s'y opposent, en appelant au milieu de nos champs de nouveaux propriétaires aisés et instruits, qui seront assurés alors d'y

---

(1) On consultera avec beaucoup de fruit, sur les inconvéniens du morcellement des propriétés rurales, et sur les meilleurs remèdes à y apporter, l'excellent travail de M. le comte François de Neufchâteau, intitulé *Voyages agronomiques*, etc., ainsi que les renseignemens précieux consignés dans le deuxième volume des *Mémoires de la Société d'Agriculture du département de la Seine.*

trouver la paix et le repos qu'on n'y rencontre pas toujours maintenant, malgré l'opinion généralement adoptée à cet égard, et en faisant jouir également les anciens habitans, de ces avantages sans lesquels la culture est souvent un objet fécond de désagrémens, au lieu de devenir, comme elle devrait toujours l'être, une source intarissable de bonheur et de prospérité.

SIXIÈME OBSTACLE. — *Teneur et brièveté des baux.*

La teneur même de la plupart des baux, ainsi que leur courte durée, se trouve fréquemment en opposition directe avec les améliorations agricoles qui doivent résulter des perfectionnemens apportés dans les anciens assolemens, puisqu'elle prescrit l'observation rigoureuse des *soles et des saisons*, établies de temps immémorial dans la contrée, et qu'elle proscrit toute espèce d'interversion de cet ordre, comme aussi l'admission des cultures nouvelles, par les clauses comminatoires qui interdisent aux fermiers la faculté de dessoler et de dessaisonner les terres amodiées, d'introduire d'autres plantes que celles qui sont en usage, et de renouveler les prairies, même les plus anciennes.

Ces dispositions banales, qui remontent à la plus haute antiquité, et qui ont leur origine dans l'état primordial et très-restreint de la culture et des connaissances rurales, état auquel elles étaient sans doute bien appropriées alors, doivent nécessairement subir aujourd'hui toutes les modifications que l'extension des cultures anciennes, l'introduction des nouvelles cultures, le perfectionnement de tous les arts, et les progrès des lumières exigent impérieusement sur un très-grand nombre de points.

Nous sommes bien loin de vouloir contester ici l'utilité et la nécessité même de ces précautions, avec une rotation qui exclut, comme le fait l'assolement triennal ordinaire, l'admission des prairies artificielles et les cultures rigoureusement sarclées et préparatoires, de plantes semées en rayons, avant ou après les céréales. Sans doute on ne pourrait les supprimer sans inconvénient, ces précautions, en conservant ce mode exclusif très-borné; mais toute personne de bonne foi conviendra avec nous qu'elles deviennent complétement inutiles, et inadmissibles même avec l'adoption des nouveaux moyens de l'agriculture moderne perfectionnée.

Cette grande vérité commence à être si bien sentie par plusieurs propriétaires ruraux, que, sur diverses parties du territoire français où la culture a reçu de grands perfectionnemens vers la fin du siècle dernier, comme dans la Beauce et dans la Brie, par exemple, on a supprimé, dans un grand nombre

de baux, avec beaucoup d'avantages, les clauses qui interdisent la faculté de dessoler et de dessaisonner les terres labourables et de rien changer à l'état actuel des prairies, en y substituant celles qui prescrivent l'intercalation des prairies artificielles et d'autres cultures améliorantes avec celle des céréales.

Cette heureuse réformation nous rappelle l'exemple donné
il y a long-temps à ses voisins par M. Rosnay de Villers, dans
le département de la Seine-Inférieure, où il a contraint tous
ses fermiers à adopter l'assolement quadriennal sans jachère,
qu'il observait lui-même sur ses réserves; et celui non moins
recommandable de notre zélé confrère Chassiron, dans le département de la Charente-Inférieure, où, désirant introduire
aussi une innovation utile aux départemens de l'ouest, il est
parvenu à engager les colons partiaires de son domaine de
l'Angle, près la Rochelle, à semer à leurs frais sur la sole des
jachères, des prairies artificielles et d'autres plantes améliorantes; ce qui a mérité à ces cultivateurs des récompenses
honorables, en même temps qu'ils ont recueilli le fruit de leur
louable condescendance.

Nous dirons, à cette occasion, qu'au moyen de clauses bien
réfléchies, insérées dans les baux, il serait facile de déterminer
l'introduction dans les assolemens les plus vicieux, de procédés qui changeraient en peu d'années la face de la contrée
qui y serait soumise; et tous les propriétaires ruraux, jaloux
de concourir à la prospérité des campagnes, en contribuant
ainsi à accroître et à assurer leurs revenus, ne sauraient trop
diriger leur attention vers ce grand moyen d'amélioration
agricole.

Mais il ne suffit pas de perfectionner la teneur des baux, il
faut encore que leur durée soit telle qu'elle puisse permettre
la grande amélioration que nous sollicitons; et le terme de
trois, six, et même neuf années est généralement trop court
pour pouvoir se livrer à de grandes réformes avec tout le succès
possible. Celui de douze ans, au moins, facilite l'introduction
de la rotation quadriennale; et il est, avec les précautions
convenables, dans l'intérêt du propriétaire comme dans celui
du fermier. Aussi, cette durée et une plus longue encore ont-
elles commencé à s'introduire dans plusieurs localités, avec
de très-grands avantages réciproques, et nous ne saurions
trop recommander cette heureuse innovation.

SEPTIÈME OBSTACLE. — *Culture par métayer.*

La misérable culture par métayers, à moitié fruits, qui s'é-
tend encore sur une grande partie du territoire français, sur-
tout au centre, au midi et à l'ouest, comme en Italie et en
Suisse, et dans laquelle le colon partiaire, espèce de régis-

seur, totalement indifférent aux conseils de la science et aux découvertes de l'art, ou usufruitier temporaire, très-borné dans tous ses moyens, et manquant entièrement des capitaux sans lesquels aucune amélioration n'est possible, ne peut s'occuper que des besoins urgens du moment, sans penser à l'avenir, est encore un obstacle très-direct au perfectionnement des assolemens par la suppression de la jachère.

Cependant cet antique et désastreux système est très-susceptible de s'améliorer, et il l'a déjà été sur plusieurs points, ainsi que nous venons de le voir pour les baux à ferme, particulièrement en Piémont et en Toscane, par des conditions plus conformes au véritable intérêt des propriétaires que celles qui existent presque par-tout de temps immémorial. Les principales de ces conditions consistent dans l'obligation de la part du colon, d'admettre dans un ordre raisonné, au moyen d'une jouissance suffisante pour en profiter, les prairies artificielles et les plantes sarclées, qui permettraient alors d'engraisser et de nettoyer la terre bien mieux qu'elle ne l'est ordinairement, en augmentant le nombre des bestiaux, ainsi qu'en rendant les sarclages rigoureux indispensables, comme nous le verrons plus loin.

Ce système perfectionné nous paraît inférieur, néanmoins, à celui de la *culture à économie*, qu'on trouve heureusement établi sur plusieurs points de nos départemens méridionaux, qui a lieu par le moyen de journaliers ou de maîtres-valets intéressés, et qui donne les résultats les plus satisfaisans aux propriétaires instruits et aisés, libres alors d'adopter le plan de culture le mieux calculé, et d'y apporter toutes les modifications nécessitées par les circonstances. Mais il exige, comme tout autre mode d'exploitation rurale, plus d'instruction et d'attention que n'y en apportent un grand nombre de nos nouveaux Triptolèmes, lorsqu'ils veulent réformer les pratiques rurales vicieuses; car, comme le remarque judicieusement M. Crud, la plupart des entreprises agricoles demandent une persévérance et une assiduité dont peu de personnes sont capables, et c'est sur-tout le cas de celles qui, ne se bornant pas à une culture déjà établie, tendent au perfectionnement, lorsque fatiguées de la vie du monde, ou cherchant un moyen honorable d'augmenter leur revenu, elles se livrent à ces entreprises après avoir lu avec un certain zèle, mais aussi avec légèreté, des ouvrages sur l'agriculture.

HUITIÈME OBSTACLE. — *Erreurs des cultivateurs.*

Les erreurs commises par un grand nombre d'agriculteurs, dans les essais qu'ils ont faits et qu'ils font encore tous les jours infructueusement sur une assez grande étendue de notre ter-

ritoire, pour passer d'un assolement ancien à une meilleure
rotation, sont sans contredit, comme nous avons déjà eu occasion de le dire, les causes qui se sont le plus opposées par-
tout à l'abolition de la jachère, parce qu'elles ont trompé les
réformateurs eux-mêmes et qu'elles ont servi ensuite de prétexte pour persister dans l'ornière de la routine, et aussi
parce que les efforts maladroits, comme les assertions exagé-
rées, nuisent toujours essentiellement à l'adoption des meilleures pratiques agricoles : ces erreurs exigent donc de notre
part des développemens assez étendus.

Il nous a été facile de reconnaître, ainsi qu'à toutes les personnes versées dans la théorie et la pratique des meilleurs assolemens, que trop souvent le cultivateur peu éclairé nuit à
son intérêt futur le plus cher par la poursuite déraisonnée de
son intérêt présent, parce que des assolemens indiscrets frappent la terre de stérilité pour long-temps. Nous avons également
ment reconnu que l'ignorance des vrais principes et sur-tout le
désir mal conçu d'anticiper sur les produits qu'on peut raisonnablement espérer d'un nouvel ordre et d'une nouvelle
méthode dans les cultures, comme aussi le défaut des précautions indispensables pour y arriver efficacement, et l'abus du
bon état auquel on parvient à amener la terre par l'introduction des prairies artificielles, étaient les causes réelles du peu
de succès qui signale trop souvent les entreprises de ce genre.
Essayons de rendre ceci sensible par quelques exemples bien
remarquables, avant de tracer la marche qu'il convient de
suivre, dans les cas les plus ordinaires, pour assurer la réussite.

Un de nos agriculteurs les plus zélés pour la propagation
des bonnes méthodes de culture et pour la diminution des jachères, a tenté, depuis quelques années, d'essayer comparativement l'assolement triennal usité dans le canton du département de l'Eure qu'il habite, avec ce qu'il appelle *l'assolement alterne*, par le compte qui a été publié du résultat de ses
essais, dans les *Annales de l'Agriculture française* du mois de
novembre 1820.

Nous n'indiquerons pas ici les nombreuses erreurs émises
dans ce compte, fort incomplet d'ailleurs, et dont la plupart
ont été relevées, avec autant de modération que de sagacité,
par un de nos praticiens les plus éclairés, dans les mêmes
Annales pour le mois de février 1821, ainsi que par un autre
cultivateur, non moins instruit, du département de l'Eure, témoin des essais, qui a soumis à la Société royale et centrale
ses observations à cet égard, qu'elle a trouvées très-fondées;
mais nous ne pouvons nous dispenser d'observer :

1°. Que l'assolement quadriennal sans jachère, qu'il a pris
pour terme de comparaison avec le système triennal qui ad-

met la jachère, n'est pas, comme il l'a supposé à tort, la véritable *rotation raisonnée*, suivie dans tous ses procédés, telle qu'elle est prescrite et recommandée par nos meilleurs agronomes, ainsi qu'il sera facile de s'en convaincre par les détails dans lesquels nous entrerons incessamment à cet égard;

2°. Que toutes les précautions indispensables pour passer progressivement avec succès de l'ancien assolement au nouveau, et notamment les cultures en rayons, rigoureusement sarclées, par lesquelles il convient de commencer avant d'établir une prairie artificielle, n'ont pas été employées;

3°. Que les conclusions que l'auteur prétend tirer de ses essais contre plusieurs cultures réellement améliorantes lorsqu'elles sont aussi bien exécutées que convenablement placées, ainsi que contre les avances, les bestiaux et les engrais nécessaires pour réussir, ne sont pas fondées comme il le présume, et prouvent seulement qu'il n'est pas encore suffisamment initié dans tous les procédés et dans toutes les ressources de la *rotation perfectionnée*, essayée incomplétement par lui avec le système des jachères, qu'il est d'ailleurs bien loin d'approuver : elles démontrent en outre qu'avec les meilleures intentions on peut tendre cependant à faire rétrograder la science, sans le vouloir, par une interprétation et une application vicieuses des meilleures méthodes.

Nous dirons à cet égard, avec M. Pictet, que pour ne tirer d'un fait ou de la réunion de plusieurs faits que les conclusions légitimes, il faut avoir sur l'art qui nous occupe un vaste assortiment de connaissances positives; car il n'y a point d'art, peut-être, dans lequel il soit plus facile de se croire instruit et où l'on apprenne plus tard à douter. Il n'y en a point non plus dans lequel il soit plus facile d'expliquer tolérablement les phénomènes; de tirer des conséquences spécieuses; de généraliser les théories, et de raisonner avec une apparence de justesse. De là vient qu'on a tant écrit sur l'agriculture, et qu'il n'y a presque aucun axiome de cette science qui n'ait son contr'axiome dans un autre livre.

Nous remarquerons encore, avec ce savant agriculteur, que tant qu'on ne considère les avantages et les inconvéniens de la culture d'une plante que d'une manière isolée, c'est-à-dire indépendante des années qui précèdent ou qui suivent, on ne saurait en avoir qu'une idée partielle ou fausse. Les diverses productions ne peuvent être appréciées que par leur rapport avec celles qui les ont préparées ou qui leur succéderont.

A ce fait qui prouve évidemment que pour prononcer en connaissance de cause sur un objet de cette importance, il faut nécessairement se livrer à des essais comparatifs autrement variés et concluans que ceux auxquels l'agriculteur du département de l'Eure s'est attaché , ajoutons l'exemple non moins remarquable que nous fournit l'un des hommes qui se sont le plus appliqués à démontrer, par leur pratique comme par leurs écrits, les grands avantages de l'assolement quadriennal le plus parfait.

Le célèbre Thaër, dont l'ouvrage classique démontre de la manière la plus forte les vices capitaux de la *jachère absolue*, soumise alternativement par lui à la puissance irrésistible du raisonnement, de l'expérience et du calcul ; en avouant qu'il a commis lui-même une des fautes graves que commettent si souvent les cultivateurs, en voulant perfectionner leurs assolemens par une introduction mal combinée du trèfle, et contre lesquelles nous désirons les prémunir, par les moyens que nous indiquerons plus loin, s'exprime ainsi avec une franchise et une bonne foi dignes de la plus sérieuse attention.

« Moi-même, dit-il, (en traitant *de la succession des récoltes*,) je n'ai été dirigé vers le système de culture alterne perfectionnée, ni par la réflexion ni par la lecture des ouvrages anglais, mais seulement par le hasard et par la nécessité. Comme en Allemagne on m'a honoré du nom de père de ce système, on me permettra de raconter ici les circonstances qui m'y ont conduit. J'étais un ardent *sectateur* du trèfle et de la nourrriture à l'étable, selon les principes de Schubart, et je voulus en conséquence introduire cette plante à la troisième année de mon assolement, à la place de la jachère ; mais elle n'y réussit point : le champ fut au contraire infecté de mauvaises herbes ; les grains d'automne que j'y semai sur un seul labour, manquèrent complétement, quoique cependant j'eusse fumé pour la seconde fois en rompant le trèfle. »

Thaër nous donne ensuite quelques détails qui démontrent l'utilité des cultures rigoureusement sarclées, notamment de la pomme de terre et des raves, pour bien préparer le sol à la réussite des céréales et du trèfle ; puis il nous apprend qu'après ces cultures, il sema de l'orge au printemps suivant, et du trèfle avec cette orge. « Ce grain, ajoute-t-il, eut un succès extraordinaire ; on fut étonné de le voir tel sur un champ qui n'en rapportait que rarement et du médiocre. L'année suivante, pour la première fois, j'y eus un beau trèfle, tandis qu'un autre champ où le trèfle avait été semé sur une seconde récolte de grain, et quoiqu'il eût été fumé pendant l'hiver, ne rapporta presque que de l'oseille. Après une misérable coupe, ce dernier champ fut labouré trois fois pour être semé en seigle ; le premier, au contraire, ne fut labouré qu'une fois après la seconde coupe, et le seigle fut décidément plus beau sur celui-ci que sur l'autre : cette épreuve détermina pout l'avenir mon assolement. »

Nous devons avouer aussi que nous avons également commis, en débutant dans la carrière agricole, plusieurs fautes dans l'ordre de nos cultures, qui nous ont plus éclairés que tout autre moyen sur la véritable marche à suivre pour obtenir constamment des produits avantageux, aux moindres frais possible; et nous désirons ardemment pouvoir éviter aux commençans ces erreurs qui sont inévitables, dès qu'on s'écarte de la bonne route, même avec la meilleure volonté et le zèle le plus prononcé pour reculer les bornes de la science rurale.

Après l'exposé de ces faits, suffisans sans doute pour prouver ce que nous avons avancé, nous dirons que le petit nombre d'écrivains qui s'efforcent encore parmi nous de défendre l'ancien système des jachères, auquel nous voyons cependant presque par-tout les cultivateurs zélés, aisés et instruits chercher à se soustraire par divers moyens plus ou moins bien réfléchis, conviennent pour la plupart qu'il est possible d'apporter, dans un assez grand nombre de cas, des modifications plus ou moins étendues à ce système. Mais c'est, à notre avis, faute d'être bien d'accord sur les bases générales d'après lesquelles ces modifications doivent avoir lieu pour être réellement et complétement efficaces, que ces auteurs se trouvent partagés d'opinion avec tous les agronomes du premier mérite, soit en France, soit au dehors, sur l'utilité, la possibilité et la nécessité d'une réforme générale à cet égard.

Ainsi, c'est, selon nous, faute de partir du-même point et de bien s'entendre, comme cela arrive fréquemment, qu'on n'est pas d'accord sur ce sujet, et qu'on obtient souvent des résultats si différens dans les essais que l'on tente dans la vue de s'éclairer sur la réforme qui nous occupe. Essayons donc d'indiquer les principales règles à suivre pour passer avantageusement des assolemens anciens les plus ordinaires, à ceux qui nous paraissent les mieux raisonnés.

V. — *Indication des meilleurs moyens pour supprimer graduellement la jachère avec avantage.*

§ *a.* Arrêtons-nous d'abord à l'assolement triennal qui admet la jachère complète après deux récoltes consécutives de céréales, parce qu'il est le plus généralement répandu presque par-tout, et parce qu'il est aussi le plus vicieux dans ses bases. Essayons de lui substituer graduellement l'assolement quadriennal, qui admet alternativement deux récoltes de céréales aussi, mais judicieusement intercalées entre deux récoltes améliorantes et préparatoires, et qui nous paraît être également le plus propre à nous servir ici de modèle, parce qu'il peut encore être admis dans le plus grand nombre de cas, et parce qu'il a donné constamment les résultats les plus avan-

tageux à tous ceux qui l'ont introduit sur leurs exploitations
rurales, avec les précautions nécessaires pour en assurer le
succès.

L'assolement défectueux que nous voulons remplacer par un
autre qui soit tout-à-la-fois moins dispendieux et plus productif, a le très-grave inconvénient, on ne peut se dispenser
d'en convenir, de ne fournir aucune espèce de fourrage, ni de
nourriture verte quelconque pour alimenter les bestiaux, si ce
n'est l'herbe très-mélangée, peu abondante ordinairement, et
quelquefois même nuisible, qu'on laisse croître spontanément
pendant quelques mois sur la jachère. Cela est si vrai que cet
assolement ne peut se soutenir nulle part qu'à l'aide de prairies
naturelles abondantes, et de pâturages tels qu'en fournissent
les friches, les terres *vaines et vagues*, dont la dénomination
indique si énergiquement le déplorable état actuel de nullité
pour la culture à laquelle la plupart seraient cependant très-
propres avec un meilleur mode, et dont on assure qu'il existe
encore aujourd'hui en France environ seize millions d'arpens.

Ces faibles ressources et d'autres de ce genre sont le plus
souvent insuffisantes pour bien nourrir les bestiaux indispensables à l'amendement des terres ; et c'est une triste vérité à
laquelle ses partisans ne font pas assez d'attention ; car pour
qu'un assolement soit bien combiné, il faut que les terres arables fournissent tous les moyens de se procurer l'engrais nécessaire à leur entretien, sans le secours des prés naturels ou
d'autres moyens étrangers, comme le fait incontestablement
la rotation quadriennale que nous examinerons incessamment.
L'assolement triennal ordinaire est bien loin, assurément, de
donner ce résultat nécessaire à toute bonne culture ; et rien
n'est si rare, comme le remarque avec sa sagacité ordinaire
M. Crud, que de voir les cultivateurs qui le suivent rigoureusement calculer qu'elle est et doit être la véritable proportion
entre l'étendue de leur terre et les engrais, le fourrage et le
bétail de leur exploitation rustique.

Ce vicieux mode de rotation triennale ne peut donc produire, en général, qu'une trop faible quantité d'engrais pour
réparer les déperditions considérables occasionnées par les deux
récoltes consécutives de céréales, qui non-seulement ont épuisé
le sol, mais qui l'ont encore souillé de plantes nuisibles. Ces
deux circonstances, tant qu'elles existent, rendent nécessaire,
nous en convenons, la jachère morte, qui est cependant généralement insuffisante pour réparer complétement le mal,
d'abord parce qu'on n'a pas assez d'engrais pour la fumer entièrement, et ensuite parce qu'elle suffit rarement encore pour
détruire toutes les plantes dont on cherche à se débarrasser.

Dans ce fâcheux état de choses, que personne ne contestera

sans doute, que convient-il de faire pour arriver par le moyen le plus assuré à l'abolition de cette jachère ?

Faudra-t-il, comme un grand nombre d'agriculteurs plus avides qu'instruits sur leurs véritables intérêts, le font fréquemment, semer sur cette jachère, plus ou moins pourvue d'engrais, quelque plante fourrageuse annuelle, tels que des pois, des fèves, des vesces, des gesses, ou toute autre plante équivalente, afin de la récolter en vert et souvent même en grain, et faire ainsi ce qu'on appelle dans plusieurs endroits des *refroissis*, pour passer de là à la culture de la céréale qui doit suivre immédiatement l'année de jachère ?

Ce moyen, il faut le dire hautement, bien qu'il puisse être dans plusieurs cas, comme nous l'avons déjà observé, préférable à la jachère complète, et donner en définitif des résultats moins mauvais, sur-tout sur les terres fertiles naturellement, est loin d'être le meilleur, quoiqu'il soit peut-être le plus généralement adopté.

Il est possible, sans doute, que dans quelques circonstances favorables, ces récoltes dérobées au système des jachères deviennent avantageuses, parce qu'elles fournissent une provision supplémentaire bien précieuse pour la nourriture des bestiaux, et parce qu'elles doivent épuiser peu le sol et le nettoyer d'ailleurs, si elles sont fauchées de bonne heure en vert, à l'époque de la floraison et avant qu'aucune plante nuisible n'ait pu grainer ; ou mieux encore si elles sont consommées sur place par les bestiaux, auxquels elles fournissent un pâturage fort utile ; et si elles laissent également le champ libre assez tôt pour pouvoir le préparer convenablement, à la semaille prochaine, par les labours.

Mais en général, cependant, il ne faut pas se le dissimuler, ces récoltes additionnelles, de quelque nature qu'elles soient et de quelque manière qu'elles aient été faites, ont dû enlever au sol, en mauvais état comme on l'a vu, par une conséquence nécessaire du vicieux mode de culture auquel il a été soumis depuis long-temps, et qui exige les plus grandes précautions pour être rendu net et productif, une quantité quelconque de substance fertilisante ; et si, comme cela arrive trop fréquemment, on veut obtenir des plantes ainsi semées, des produits en grains, une récolte complète enfin, qui aura d'ailleurs occupé la terre trop long-tems pour qu'elle ait pu recevoir ensuite toutes les cultures dont la récolte qui suit a besoin pour réussir ; il n'est pas du tout étonnant, dans ce cas, que la céréale qui doit venir immédiatement après, donne des résultats moins avantageux qu'après une jachère complète bien exécutée.

Que sera-ce, si ces *refroissis* ont été d'une nature plus épuisante encore, c'est-à-dire, si l'on a admis le colza, la navette, le pavot, le maïs, le chanvre, le lin, et d'autres plantes aussi avides d'engrais, dont la culture, souvent peu soignée, aura non-seulement épuisé fortement le sol, mais l'aura aussi couvert de plus en plus des plantes nuisibles qui sont incontestablement par-tout le plus grand obstacle à la suppression de la jachère, et par la destruction desquelles il est toujours indispensable de commencer, si l'on veut obtenir des succès réels et constans?

Voilà cependant, nous ne saurions trop le faire remarquer, le moyen défectueux qu'emploient la plupart des cultivateurs pour se soustraire à cette jachère, et d'après le peu de succès ordinaire duquel les antagonistes du véritable système de culture perfectionnée prononcent leurs jugemens définitifs contre ce système, aussi mal exécuté qu'il est mal conçu par les routiniers.

Faudra-t-il donc, pour éviter ce premier inconvénient, sacrifier à l'amélioration de la terre le produit de l'ensemencement extraordinaire dont il est ici question, en l'enfouissant comme engrais végétal, à l'époque de la floraison de la plupart des plantes qui le composent, ou immédiatement après?

Cet excellent moyen, par lequel il conviendrait peut-être de commencer toute rotation nouvelle, afin d'en bien assurer le succès, et auquel il faudrait peut-être aussi revenir de temps en temps, à l'imitation de plusieurs agriculteurs instruits et bons calculateurs, pour accroître de plus en plus l'état progressif d'amélioration vers lequel tout propriétaire rural éclairé doit tendre constamment par tous les procédés possibles, ne fixera pas en ce moment notre attention, malgré tout son mérite, sur-tout pour les terres arides et pour celles qui sont peu fertiles naturellement.

Cette jachère raisonnée, plus productive qu'elle ne le paraît d'abord, à laquelle nous nous empressons d'avouer que nous avons eu plus d'une fois recours avec de grands avantages, pour suppléer à la disette d'engrais, dans le passage d'un ancien assolement à un plan mieux calculé, et dont nous avons déjà eu d'ailleurs occasion de faire sentir tout le mérite, serait, nous le sentons, peu goûté par la majorité des cultivateurs, parce que s'ils aiment à récolter, souvent même sans semer, à plus forte raison voudraient-ils obtenir quelque récolte des semences qu'ils auraient confiées à la terre. Ils préféreraient même, pour la plupart, la *jachère absolue*, bien qu'elle ne lui soit pas réellement préférable.

Ainsi, quoique ce moyen ait beaucoup plus de mérite que ne lui en accordent la plupart des agriculteurs; quoiqu'il donne réellement plus de bénéfice en définitif qu'on ne l'imagine au premier aperçu; et qu'il devienne souvent même indispensable, pour les terres couvertes de germes nuisibles et très-épuisées sur-tout, avant de pouvoir les soumettre avantageusement à une rotation régulière bien calculée; enfin, quoiqu'il n'exclue pas toujours rigoureusement un produit quelconque pour la nourriture des bestiaux, dans l'année où l'on croit devoir l'employer; ce n'est pas celui auquel nous nous arrêterons ici, afin de ménager les préjugés à cet égard.

Faudra-t-il enfin confier au sol, lors du dernier ensemencement de l'assolement triennal, qui se fait ordinairement en avoine, une semence additionnelle de plantes bisannuelles ou trisannuelles, telles que la luzerne lupuline et le trèfle des prés, destinés à former une prairie artificielle dans l'année de jachère, pour détruire ensuite cette prairie, à la fin de la même année, et ensemencer immédiatement la terre en blé?

Quoique ce moyen, dont nous avons déjà vu le résultat ordinaire, dans l'exemple frappant que nous en a fourni Thaër, soit, comme le premier que nous avons examiné, un des plus usités presque par-tout où l'on a essayé de se soustraire à la jachère, nous ne pensons pas encore qu'il soit le meilleur à adopter généralement, ni l'un des plus convenables, bien qu'il vaille souvent mieux que l'improduction complète du sol, comme nous l'avons déjà fait remarquer; et nous allons essayer d'en faire ressortir les inconvéniens.

N'oublions pas que la terre, dans l'état de dégradation où nous la prenons, doit être nécessairement épuisée et souillée par les deux récoltes successives de céréales, qui n'ont pu ni prévenir son épuisement, ni la purger des plantes nuisibles qu'elles ont multipliées, au contraire; et ce sont là, sans contredit, les deux grandes causes du maintien de la jachère, par-tout où l'on suit une aussi pernicieuse routine, comme nous l'avons déjà démontré.

Cette terre se trouve, par conséquent, dans un état bien peu favorable au succès de la prairie artificielle. Or, s'il est vrai, et l'on ne peut en douter, qu'un trèfle net et vigoureux assure généralement une récolte abondante en blé, ainsi que le fait également la luzerne lupuline sur d'autres terres, dans le même cas; comme il est évident qu'en établissant la prairie avec des chances de succès aussi peu favorables, on ne peut être certain qu'elle sera nette et vigoureuse, le blé qui doit lui succéder doit nécessairement aussi se ressentir plus ou moins de ce manque de préparation convenable.

Ainsi, le défaut de succès qui a signalé plus d'une fois l'essai de ce moyen, ne prouve pas plus que l'emploi du premier contre la possibilité d'arriver à la suppression de la jachère, avec des avantages incontestables; mais il démontre clairement le vice de la méthode employée pour y parvenir.

Voilà cependant, et nous ne pouvons trop insister sur ce point, voilà les faits principaux dont sont partis la plupart des partisans de la jachère *de rigueur*, soit pour la maintenir sur leurs exploitations rurales, soit pour essayer d'en démontrer aux autres l'indispensable nécessité ; et il est facile de se convaincre, par la nature de leurs objections, non-seulement qu'ils accusent le nouveau système des torts imputables uniquement à l'ancien, ou à des fautes graves commises dans le passage de l'un à l'autre, mais aussi qu'ils n'ont aucune idée pratique de l'efficacité des cultures en rayons suffisamment espacés et rigoureusement sarclés, pour atteindre le but. Cependant, aucun assolement n'est réellement bon, s'il ne ramène d'abord la terre et s'il ne la maintient constamment ensuite dans un état progressif de netteté, d'ameublissement et de fertilisation, tout en donnant constamment aussi les produits nets les plus élevés; résultats qu'on obtient généralement au moyen de ces cultures préparatoires, et qu'on ne peut jamais obtenir complétement avec une rotation vicieuse, même en ne laissant en aucun temps la terre inactive.

Reconnaissons donc, comme on le voit, que la suppression de la jachère et l'art des assolemens raisonnés ne sont pas toujours une seule et même chose, comme on le suppose ordinairement, et avouons qu'il y a beaucoup de terres où la jachère n'existe pas, sans que l'assolement en soit réellement bon.

Ces vérités nous portent à déclarer que dans les efforts que font depuis quelque temps presque par-tout un grand nombre de nos cultivateurs, pour se soustraire à la jachère complète, dont ils commencent à bien sentir l'inutilité dans la plupart des cas, plusieurs d'entre eux, qui ne sont que de simples fermiers, s'engageant dans une fausse route, faute de bien connaître les vrais principes à cet égard, et se permettant de dessoler et de dessaisonner leurs terres, malgré les clauses comminatoires de leurs baux, sans adopter une rotation convenable pour le faire avec avantage pour le sol et pour eux-mêmes, détériorent souvent ce sol au lieu de l'améliorer, et excitent par là les plaintes trop fondées des propriétaires, qui réclament alors la stricte exécution des baux avec des indemnités pour y avoir manqué.

Nous devons d'autant plus annoncer ici ces fâcheux résultats d'une conduite irréfléchie de la part des cultivateurs peu instruits, que déjà plusieurs fois les tribunaux se sont adressés à nous pour avoir notre avis à cet égard, et qu'en ce moment même le tribunal civil de Melun le réclame pour un pareil dessolement et dessaisonnement, dont le propriétaire ne se plaint que parce que son fermier, plus avide qu'éclairé sur ses véritables intérêts, a négligé de prendre les précautions néces-

saires pour passer avantageusement de son assolement ancien
avec jachère à un nouvel ordre de culture qui la supprime.
Cette circonstance rend plus urgente encore la propagation des
bons principes sur ce point.

Voyons maintenant, si par l'adoption de moyens mieux
raisonnés et mieux calculés que ceux que nous venons d'exposer, il n'est pas possible de la supprimer efficacement et graduellement cette jachère absolue, dans le plus grand nombre
de cas.

Reconnaissons d'abord que quel que soit le moyen adopté
pour passer de l'assolement triennal qui nous occupe et dont
nous avons fait sentir les principaux inconvéniens, à celui que
nous avons en vue, dont nous avons exposé les avantages les
plus précieux, il est très-difficile que la transition puisse s'é-
tendre en commençant sur la totalité de l'exploitation, à cause
de la faible quantité d'engrais que l'ancienne routine laisse
nécessairement à la disposition du cultivateur, à moins qu'il
ne puisse s'en procurer d'ailleurs, ce qu'il ne doit jamais négliger toutes les fois qu'il peut le faire aisément, et que cela
devient nécessaire (1).

Remarquons aussi que c'est encore une des fautes capitales
dans lesquelles tombent la plupart des propriétaires ruraux
qui cherchent à améliorer le système de culture que nous combattons, que de vouloir le supprimer totalement d'une manière
brusque et exclusive, quelquefois même sans avoir les capitaux, l'énergie et les connaissances nécessaires pour cette entreprise. Le défaut de succès qui en résulte également, fournit
toujours de nouveaux argumens contre cette suppression,
parce qu'on en oublie ou méconnaît la véritable cause, et
qu'on ne s'attache qu'à l'effet produit par cette conduite irréfléchie.

Disons ensuite que, comme il est indispensable que la terre
soit bien pourvue d'engrais, à la première année de la nouvelle rotation, parce que cet engrais doit influer sur les trois
années suivantes, après l'avoir fait sur celle-ci ; et comme il
est toujours utile encore d'introduire progressivement les innovations en tout genre, parce qu'en agriculture ainsi qu'en

---

(1) Nous ne saurions trop recommander, à cet égard, la lecture d'une
excellente production de M. Mathieu de Dombasle, intitulée *De la valeur du fumier dans divers assolemens ;* et qu'il a consignée dans le
huitième numéro du *Recueil agronomique*, publié par la Société centrale
d'agriculture de Nancy. On y trouvera de grandes vérités, qui mettent
en évidence toute la supériorité des rotations raisonnées sur l'antique
routine, en prouvant que l'agriculteur éclairé peut acheter les engrais
beaucoup plus cher pour ses cultures améliorantes, que ne peut jamais
le faire le partisan de la jachère.

toute autre chose, on doit tendre à la perfection par une marche lente et mesurée, afin de prévenir les inconvéniens qui résultent presque toujours d'un bouleversement total des anciennes méthodes, et afin de pouvoir mieux saisir et étudier les avantages du nouveau plan, comparativement avec celui auquel on désire le substituer ; il faut avancer dans la nouvelle route avec autant de modération que de discernement.

Il convient donc d'essayer d'abord ce plan sur l'étendue de terre seulement que la quantité d'engrais disponibles ou qu'on pourra se procurer, permettra de bien engraisser ; car nous ne saurions trop le répéter aux agriculteurs, avec M. Crud, il n'en coûte pas davantage de cultiver le sol pour une récolte de dix et même de quinze pour un de semence, que pour celle qui ne rend que trois pour un. La proportion d'engrais qu'il a reçue en temps utile détermine souvent seule cette différence dans la quantité des produits, sans que, pour l'ordinaire, la valeur de la partie des sucs absorbés par l'augmentation de ces produits, approche de la valeur qu'a cette augmentation de récolte.

L'étendue de terre que nous avons ici en vue, dans l'état fâcheux de malpropreté et d'épuisement où elle ne peut manquer de se trouver immédiatement après les deux récoltes consécutives de grains qui précèdent l'année de jachère qu'elles nécessitent, a au moins autant besoin d'être purgée des germes et des racines nuisibles qui la couvrent, que pourvue abondamment de nouveaux moyens de fécondité. Voici la marche que nous conseillons de suivre, d'après notre pratique et celle des agronomes les plus éclairés, pour obtenir d'une manière certaine ces deux grands résultats, en faisant observer, avant tout, que la nécessité et l'avantage de tenir les terres arables dégagées de toute plante étrangère, n'ont jamais été suffisamment appréciés dans l'ancien système, et que cette netteté est de rigueur dans le nouveau.

En supposant la terre suffisamment égouttée, épierrée et aplanie, comme elle doit toujours l'être en bonne culture ; en supposant également des planches bombées de dix à douze raies au moins, substituées aux billons étroits, comme cela doit être encore sur les champs argileux qui péchent par excès d'humidité ; il ne faut pas perdre de temps, aussitôt après la récolte du dernier grain de l'ancienne routine, qui est ordinairement l'avoine, comme nous l'avons vu, pour donner à la terre, dès que la constitution atmosphérique le permet, un labour suivi de hersages profonds et en tous sens, afin de ramener à la surface la majeure partie des racines des plantes traçantes et vivaces, telles que le chiendent, qui est la plus commune presque par-tout, ou l'agrostide stolonifère, qui est aussi fort commune, sur-tout sur les terres argileuses et humides, et les transporter soigneusement toutes hors du champ ou les brûler; comme aussi afin de déterminer la prompte germination d'une grande partie des germes nuisibles qui couvrent également le sol.

Ce labour peut souvent être pratiqué très-avantageusement, comme nous avons déjà eu occasion de le faire observer, avec l'*extirpateur*, ou avec le simple *binot* usité en Flandre, en Artois et en Picardie, et qui a quelquefois plusieurs socs, ce qui rend l'opération beaucoup plus expéditive.

Après avoir obtenu ce premier résultat, d'une très-haute importance, qui peut quelquefois exiger des labours et des hersages itératifs, même une jachère d'été soigneusement suivie, lorsqu'on a laissé envahir le champ par une couche épaisse de racines articulées très-pernicieuses, ce que nous regardons cependant ici comme un cas d'exception à part; on laisse en cet état la terre, qu'on peut aussi dans quelques cas couvrir avantageusement, immédiatement après le labour, de graines de plantes propres à être enfouies comme engrais végétal; on laisse ainsi la terre, disons-nous, jusqu'au moment où l'on juge convenable de lui confier la première semence pour récolter.

C'est ordinairement à la fin de l'hiver, ou au commencement du printemps : alors, après l'avoir suffisamment couverte d'engrais, on procède au nouveau labour et à l'ensemencement de la plante dont la culture soignée servira de préparation fort utile à celle de la céréale et de la prairie artificielle qui doivent la suivre immédiatement.

A l'égard de cette plante, qui doit varier suivant les localités et les convenances, lesquelles peuvent en admettre un assez grand nombre, telles que la pomme de terre, la rave, le navet, le rutabaga, le chou, la betterave, le maïs, le haricot, le pois, la fève, la lentille, la carotte, le panais, et autres de cette nature, qui peuvent toutes se cultiver très-avantageusement en rayons convenablement écartés, comme nous en avons acquis la certitude, nous prendrons ici pour exemple la pomme de terre ou la féverole, parce que l'une ou l'autre peut convenir à la majeure partie des sols et des climats, pour lesquels elles présentent de très-grands avantages que la nouvelle méthode contribuera puissamment à faire apprécier de plus en plus.

Il est indispensable de semer derrière la charrue, à mesure que le labour se fait, celle de ces plantes qui obtiendra la préférence, en la plaçant en lignes ou rayons, suffisamment espacés pour que les instrumens dont nous allons parler puissent, sans endommager les plantes cultivées, ameublir et nettoyer complétement la terre, c'est-à-dire en laissant .ans semence, entre chaque sillon ensemencé régulièrement, deux autres sillons au plus, qui sont suffisans pour pouvoir bien pratiquer ces utiles opérations.

Dès que l'ensemencement est terminé et que le temps le permet, la terre doit être hersée et roulée, afin d'en bien ameublir et aplanir la surface; et, sur les terres compactes et humides, le rouleau à pointes, que nous avons souvent employé avantageusement, peut être d'une grande utilité pour diviser les mottes les plus fortes et les plus dures.

Aussitôt que les plantes cultivées sont assez sorties de terre pour marquer complétement par-tout le rayon, et qu'on s'aperçoit d'ailleurs que le champ commence à se couvrir en même temps de plantes nuisibles; un léger hersage ordinaire, pratiqué en long et en travers par un beau temps, suffit ordinairement pour détruire la majeure partie de celles de ces plantes qui sont annuelles et nouvellement germées, sans endommager sensiblement les plantes cultivées, parce qu'elles sont généralement d'une constitution plus forte, et sur-tout plus profondément enracinées.

Ce hersage peut et doit même quelquefois être pratiqué avant la levée des plantes cultivées, dès qu'on voit la terre couverte de plantes parasites, et que la constitution atmosphérique est assez sèche pour les faire périr après avoir été soulevées par la herse.

Quelque temps après, lorsqu'on s'aperçoit que de nouveaux germes nuisibles se sont développés dans le champ, et que les plantes cultivées sont plus élevées; il convient de faire passer, entre les intervalles de chaque rayon, la petite herse triangulaire dont on trouvera la description et le dessin, ainsi que ceux de la houe à cheval ou *charrue-cultivateur*, à la fin de l'article SUCCESSION DE CULTURE.

L'emploi de ce précieux instrument, aussi aisé à diriger qu'il est expéditif, et auquel on doit avoir recours pour cette culture, toutes les fois que les circonstances l'exigent, tient constamment la terre des intervalles nette, meuble et fraîche tout-à-la-fois, ce qui contribue singulièrement à la prospérité des plantes cultivées en lignes.

Enfin, lorsque ces plantes sont assez élevées pour pouvoir être buttées, on opère très-rapidement et très-aisément encore le buttage par l'emploi de la houe à cheval, à oreilles susceptibles de se rapprocher et de s'écarter assez, au moyen d'une charnière, pour que cette opération, qu'on peut répéter quand le cas l'exige, puisse se faire complétement de la manière qu'on le désire. Outre l'ameublissement du sol, qu'elle procure aussi toutes les fois qu'elle est pratiquée par un temps con.·enable, qu'il faut toujours saisir pour bien opérer, elle a encore le très-grand avantage de détruire la majeure partie des plantes nuisibles qui se trouvent dans l'alignement des plantes cultivées et à leur pied, en les couvrant de terre ; et il est facile d'enlever à la main le très-petit nombre de celles qui peuvent résister à cet excellent travail.

C'est par l'emploi de ces procédés fort simples, qui n'exigent qu'un seul cheval, dans les cas les plus ordinaires, et avec lesquels on est bientôt familiarisé, que la plupart des plantes cultivées peuvent devenir réellement améliorantes, d'épuisantes qu'elles sont lorsqu'on les abandonne à une culture négligée; et nous dirons ici que c'est à ces moyens excellens qu'on est redevable de l'heureuse révolution qui s'est introduite dans la culture et les assolemens, partout où l'on y a eu recours avec discernement. Aussi, la plupart de nos sociétés d'agriculture se sont-elles empressées de les recommander fortement par tous les moyens possibles, et nous signalerons plus particulièrement sous ce rapport la Société centrale du département de l'Ain, qui s'est efforcée d'en faire bien sentir tous les avantages, et celle du département de la Meurthe qui en promettant, cette année, un *prix relatif à la culture des plantes sarclées*, a publié et inséré dans le premier numéro de son excellent *Recueil agronomique*, un programme qu'on ne saurait trop méditer, lequel expose clairement tout le mérite de la culture alterne perfectionnée.

On lit aussi avec plaisir dans une excellente notice insérée dans le *Journal d'agriculture du département de l'Ain*, pour cette année, pag. 243 : « Presque par-tout, dans le pays de Gex, de belles luzernes, des trèfles vigoureux et des *champs de récoltes sarclées*, modifient l'antique assolement triennal qui naguère couvrait tout le pays. La pomme de terre sur-tout est partout cultivée comme le plus abondant et le plus sûr supplément des céréales pour la nourriture des hommes et pour celle des bestiaux. Dans plusieurs localités, des champs de betteraves, de rutabaga, de maïs, annoncent encore plus de progrès dans les améliorations. *La charrue-cultivateur*, là où l'on a introduit en grand les *récoltes sarclées*, vient au secours de la culture à la main, et épargne la main d'œuvre. » Nous ajouterons que nous avons eu la satisfaction d'admirer ces beaux résultats, cette année même, au mois d'août, en visitant cet intéressant arrondissement.

Remarquons ici que les fréquens remuemens de la terre, au moyen de nos instrumens, et sur-tout son parfait ameublissement, en exposant successivement toutes ses molécules aux influences atmosphériques, en même temps qu'elle est utilement garnie de végétaux, l'améliorent considérablement, non-seulement parce qu'elle jouit alors d'une grande force d'attraction sur toutes les substances fertilisantes qui flottent dans l'air, mais aussi parce qu'elle attire encore et conserve puissamment, même dans les plus grandes sécheresses, comme nous avons eu fréquemment occasion de nous en assurer et de le faire observer à d'autres, une humidité dont la terre compacte est entièrement privée. Elle devient tellement favorable à la végétation, que des plantes naturellement avides d'eau peuvent se cultiver avec succès sur des sols peu humides naturellement, au moyen de cet ameublissement, qui réunit encore l'avantage non moins précieux d'un complet nettoiement, sans lequel, nous le répétons, il ne peut y avoir nulle part de culture réellement bonne ; et nous sommes tellement convaincus de l'utilité de ces deux effets, dont tous les avantages ne sont malheureusement pas encore assez connus par-tout, que l'on pourrait, selon nous, réduire rigoureusement le résultat nécessaire de toute l'agriculture bien entendue à ces quatre seules expressions, *ameublissement, nettoiement, engraissement et amendement.*

Peut-être, cependant, les éternels partisans de la routine, les ennemis jurés de toute espèce d'amélioration agricole, qui voudraient qu'au milieu des progrès rapides que font tous les arts industriels, l'économie rurale restât encore stationnaire, et que pour elle seule, la science ne vînt pas éclairer et diriger l'art, ainsi que cela a eu lieu tant que l'agriculture a été regardée comme un *métier servile*, réservé exclusivement à la classe la plus nombreuse, la plus laborieuse, mais aussi la moins éclairée de la société ; peut-être, disons-nous, ces zélés défenseurs des pratiques qui n'ont d'autre mérite que leur ancienneté, et qui doivent changer, comme toutes les autres, avec nos mœurs, nos coutumes et nos besoins, se récrieront-ils contre l'introduction dans nos cultures, de deux instrumens nouveaux à la vérité pour la plupart des cultivateurs, quoiqu'ils soient déjà devenus usuels depuis long-temps pour les plus éclairés d'entre eux.

Sans doute, il faut bien se garder de donner, comme quelques personnes l'ont fait malheureusement, dans aucune sorte d'excès à cet égard, en cherchant à introduire dans les exploitations rurales, dont les opérations requièrent avant tout la simplicité et la célérité, des instrumens aussi nombreux que compliqués, et dont le mérite n'est ni assez bien reconnu ni l'emploi assez facile.

Sans doute, aussi, il ne faut jamais perdre de vue cette grande vérité, qu'il est souvent bien plus difficile de faire adopter dans les campagnes de nouveaux instrumens que de les inventer. Mais cela ne peut s'appliquer en aucune ma-

nière au cas présent ; les instrumens que nous ne saurions trop
recommander, parce que sans eux il faut renoncer, dans le
plus grand nombre de cas, aux perfectionnemens les plus importans de l'agriculture, sont de la plus grande simplicité, et
ils ont en outre le mérite d'être très-solides, peu coûteux, et
d'épargner les frais de la main d'œuvre souvent ruineux.

Ils ne sont pas, au reste, nouveaux réellement ces instrumens, car ce ne sont au vrai que des modifications ingé-
nieuses de la herse et de l'araire ordinaires, qui peuvent même
dans quelques cas les remplacer. Ainsi on ne peut se dispenser
de les admettre, lorsqu'on désire perfectionner ses assolemens
par les meilleurs procédés, comme l'ont déjà fait, avec le succès le plus encourageant, un grand nombre d'agriculteurs
instruits ; et nous observerons à cet égard avec Thaër, à ceux
qui ne se les sont point procurés, et qui les désapprouvent
sans les connaître, parce qu'ils n'ont pas vu leurs voisins s'en
servir, que de ce qu'une chose reconnue pour bonne n'est point
encore assez répandue, ce n'est point une raison de s'opposer
à ce qu'elle se répande en effet.

Nous ajouterons que le manque de bras étant une des objections bannales qu'on élève le plus souvent contre la culture
perfectionnée que nous désirons propager, ces instrumens sont
d'excellens moyens de parer à cet inconvénient, en suppléant
très-efficacement à la disette d'ouvriers, et en procurant d'ailleurs une économie de main d'œuvre très-considérable pour
les opérations les plus urgentes, qui ameublissent la terre et
la purgent des plantes et même des animaux les plus nuisibles
aux récoltes ; on doit donc y avoir recours toutes les fois que
des causes puissantes ne s'y opposent pas réellement, et ne
contraignent pas le cultivateur à avoir recours aux opérations
manuelles.

Nous dirons encore que dans le cas peu probable d'une répugnance invincible à leur introduction, comme aussi à celle
des plantes qui exigent d'être cultivées en lignes, et soigneusement sarclées et houées pour prospérer, on pourrait rigoureusement les remplacer, dans la première année dont nous
nous occupons, par l'admission de la vesce ou de la gesse
d'hiver ou de printemps, semée à la volée et fauchée de bonne
heure, sur des terres bien engraissées et bien préparées d'ailleurs, qui ne seraient pas infestées de germes et de racines nuisibles, comme nous l'avons fait plusieurs fois, ainsi que
d'autres cultivateurs, avec succès, sur des terres en bon état
de culture et de nettoiement ; mais ce moyen supplétif, nous
devons le dire, ne prépare pas, en général, aussi bien la terre
que le précédent, pour les récoltes qui vont suivre, et convient moins, par conséquent, en commençant.

Après cette déclaration formelle, continuons l'indication de la série raisonnée de notre nouvelle rotation.

Aussitôt après la récolte préparatoire des plantes cultivées en lignes régulièrement espacées, et convenablement houées et buttées, qui laissent la terre nette et meuble, tout en fournissant des produits abondans bien précieux pour nourrir les hommes et les bestiaux, et pour augmenter considérablement la masse des engrais, on peut rigoureusement encore l'ensemencer en blé d'hiver, sur un seul labour ou sur deux, tout au plus, dans les cas les plus difficiles, lorsque cette récolte est faite assez tôt pour pouvoir pratiquer l'ensemencement en temps convenable; et l'on peut aussi semer sur le blé, soit avant, soit pendant, soit après l'hiver, la prairie artificielle qu'il convient de choisir d'après la nature de la terre et les circonstances locales. Mais, dans le plus grand nombre de cas néanmoins, il conviendra, sur-tout en commençant cette nouvelle rotation, d'attendre après l'hiver pour faire ces deux semis; et si la terre ne se trouvait pas encore assez nette et meuble, ce qui n'arrive que trop souvent dans le cas fâcheux que nous avons choisi pour exemple, il deviendrait fort avantageux, dans ce cas, de la labourer légèrement, le plus tôt possible après la récolte, afin de déterminer la germination et d'opérer l'extirpation des nouvelles plantes nuisibles qui pourraient encore y exister.

Alors on semerait, vers la fin de l'hiver, sur un bon labour, soit du froment ou du seigle de mars, soit de l'orge ou de l'avoine printannière, selon la nature du sol et les besoins, soit même du sarrasin, comme nous l'avons vu faire par le cultivateur de la Haute-Vienne que nous avons déjà cité, ou tout autre grain également convenable; et, de suite, on établirait la prairie en trèfle des prés, ou en luzerne lupuline, et même avec un mélange de l'un et de l'autre, ainsi que nous l'avons fait avec succès sur des terres ingrates, fortement améliorées, d'après les mêmes convenances locales qu'il faut toujours consulter.

Il est impossible, après tant de précautions si bien calculées pour fertiliser, ameublir et nettoyer la terre, que, dans les circonstances ordinaires, cette seconde récolte ne soit pas remarquable par sa beauté, sa netteté, son produit considérable en grains, et que la prairie si bien préparée, qui doit former le produit de la troisième année, ne soit pas également nette et vigoureuse. Souvent même, après l'enlèvement de la récolte céréale, on obtiendra de cette prairie, à l'automne, une première coupe assez productive, ou au moins un pâturage avantageux, dont il faudra bien se garder d'abuser cependant, car cela pourrait devenir nuisible aux produits futurs; et il convient de l'améliorer encore alors, ou au plus tard à la fin de l'hiver, avec du plâtre ou des cendres sulfureuses, toutes les fois qu'on peut se procurer aisément ces précieux amendemens, beaucoup trop négligés, dont les effets sont si merveilleux.

L'année suivante, on fait ordinairement plusieurs récoltes abondantes de la prairie ; mais il convient, en général, de les réduire à deux seulement ; et, aussitôt que les circonstances le permettent et l'exigent, on enfouit en automne, par un seul labour profond, en profitant de la fraîcheur de la terre et en saisissant bien le moment favorable, les débris et même la dernière pousse de cette prairie : on sème ensuite le blé d'hiver ou le seigle, qui finit la rotation, pour la recommencer, l'année d'après, par une nouvelle culture préparatoire des plantes qui exigent des engrais et des sarclages rigoureux pour prospérer et bien préparer la terre à d'autres cultures.

Il est encore extrêmement probable que le blé semé ainsi sur une terre améliorée par l'enchaînement raisonné de toutes les cultures qui l'auront précédé, donnera les produits les plus avantageux, toutes les fois que les circonstances atmosphériques, qui sont les seules causes du peu de succès qu'on peut éprouver quelquefois, et qu'on est ordinairement très-disposé à attribuer aux vices présumés des nouvelles méthodes, ne s'y opposeront pas fortement ; car une expérience aussi ancienne que variée sur plusieurs points, et dans un grand nombre de circonstances différentes, justifie pleinement cette grande probabilité.

On pourra même, dans plusieurs cas, se procurer, à la dernière année de la rotation, une seconde récolte *dérobée*, en raves, en navets, en sarrasin, en millet, en pois, en vesce, en gesse pour fourrage, ou en tout autre produit équivalent qui n'exigera qu'un simple labour, lequel contribuera encore à l'ameublissement et au parfait nettoiement de la terre, qu'on pourrait aussi fertiliser par l'enfouissement de ces plantes considérées comme engrais végétaux, si on le jugeait convenable.

Observons ici que dans le cas où l'on voudrait ou devrait, par des circonstances particulières, profiter du pâturage sur la prairie pendant toute la saison de l'automne et même plus tard, on pourrait encore rigoureusement différer plus ou moins long-temps l'ensemencement du blé, pourvu toutefois qu'on n'attendît pas pour détruire cette prairie, comme nous l'avons vu faire plusieurs fois, qu'elle se trouvât en partie dégarnie de plantes utiles remplacées par des plantes nuisibles. Mais en ne nous arrêtant ici qu'aux cas les plus ordinaires et qui sont généralement les plus convenables, afin de ne pas compliquer les procédés, et parce qu'un bon cultivateur doit toujours savoir d'ailleurs le modifier suivant les circonstances, lorsqu'il se trouve placé sur la bonne route; il est facile de voir qu'en suivant bien l'indication simple et précise que nous venons de tracer, on peut, dans le plus grand nombre de cas, sans avoir recours à l'improductive et coûteuse jachère, sans diminuer en rien le produit ordinaire en grains, en l'augmentant au contraire, ce qui est fort important, et en augmentant beaucoup aussi le produit en viande et en laitage, ce qui ne l'est pas moins, obtenir une série de récoltes abondantes, fort avantageuses pour la nourriture de l'homme et pour celle de ses bestiaux, indépendamment d'une nouvelle provision d'engrais riches et abondans.

Cela s'obtient en ayant recours à ces mêmes engrais tous les quatre ans seulement, pour chacune des soles ou divisions, tandis qu'il en faut tous les trois ans dans l'assolement triennal, et en maintenant cependant la terre dans un état progressif d'amélioration tel qu'on peut encore, en suivant constamment ce cours, en variant à propos les cultures et les procédés, accroître d'année en année les produits, qui sont bien supérieurs sous tous les rapports à ceux que fournit à grands frais, et sans aucun des mêmes avantages si précieux, l'assolement ordinaire, qu'on sera en état de comparer exactement avec le nouveau, par l'essai graduel que nous conseillons d'entreprendre.

On diminuera également, par le même moyen, les frais de culture, qui deviendront encore bien moindres en définitif à mesure qu'on avancera dans l'exécution de ce plan raisonné, que ceux qu'entraîne ordinairement l'observation rigoureuse de l'antique routine.

Il sera même possible et très-convenable, dès que l'amélioration de la terre se sera accrue avec les ressources qu'on aura pour l'engraisser largement, d'introduire dans la rotation, avec de grands bénéfices, à la place des plantes alimentaires pour les bestiaux dont l'entretien donnerait un produit net peu considérable, quelques-unes des plantes d'art qui exigent pour réussir des engrais riches et abondans, et qui n'en laissent ordinairement que fort peu sur les exploitations qui les produisent, telles que le lin, le chanvre, le colza, le pavot, la navette, la cameline et autres de cette nature; mais il convient en général de ne pas les admettre en culture préparatoire, qu'on ne se soit procuré, par la nouvelle rotation ou autrement, une masse assez abondante d'engrais disponibles, parce que, avant d'être parvenu à ce grand résultat, qu'on doit avoir constamment en vue, et auquel conduit toujours une culture bien raisonnée et prudemment ménagée d'abord, les bénéfices apparens que l'admission

de ces plantes présenterait, seraient effectivement plus il-
lusoires que réels.

Il sera encore très-facile, avec ce nouveau plan de culture,
d'employer les engrais, pour ainsi dire, à mesure qu'ils se
font, en les distribuant alternativement et successivement aux
diverses parties de l'exploitation avec sagacité, tandis que
dans l'assolement triennal avec jachère, on est dans l'usage
de les conserver d'une année à l'autre, ce qui occasionne une
très-grande perte, qu'on n'apprécie pas assez. Enfin ce plan
est également très-propre à réduire le nombre des animaux
de labour, en même temps qu'il peut favoriser l'accroissement de la population et la multiplication des animaux
qu'on voudrait engraisser.

Nous ne devons pas quitter cet assolement quadriennal que
nous avons cru devoir choisir pour modèle parce qu'il nous
paraît être généralement le plus convenable pour obtenir,
par la culture de nos plantes les plus usuelles et les plus nécessaires, le produit net le plus élevé, le plus avantageux,
et dont il est très-facile d'ailleurs de prolonger la durée ou
de modifier les produits d'après les convenances locales et
économiques, en s'appuyant toujours sur les mêmes bases,
et en variant seulement les données, sur-tout lorsqu'on
s'aperçoit que le retour trop rapproché de quelque plante en
diminue la vigueur; nous ne devons pas le quitter, disons-
nous, sans faire observer qu'il fournit incontestablement plus
de nourriture pour l'homme, qu'on ne peut jamais en obtenir
par la rotation triennale avec jachère, ainsi que de bien plus
grandes ressources pour la nourriture des bestiaux et pour la
fertilisation de la terre, comme il est aisé de s'en convaincre
par le calcul comparatif le plus simple, appliqué à une étendue de douze années, tel que celui que nous avons inséré
dans les développemens de notre neuvième et dernier *principe d'assolement*; et comme on peut également s'en assurer
en consultant le calcul non moins concluant que M. Pictet
a inséré dans son *Traité des assolemens*; celui qu'Arthur
Young a consigné dans son *Voyage en France*; et celui auquel s'est également livré M. Crud dans son *Économie de
l'agriculture*.

Nous ferons aussi remarquer que c'est celui qui donne
depuis long-temps parmi nous les résultats les plus avantageux en Flandre et en Alsace, où il paraît avoir pris naissance, comme aussi en Artois, dont l'état florissant de l'a-
griculture date de l'époque où les grains ont cessé d'y être cultivés exclusivement, et dans quelques autres endroits que
nous avons déjà eu occasion de faire connaître; qu'il a changé
en Angleterre la face du comté de Norfolk, où il est introduit

depuis long-temps, ainsi que celle de plusieurs autres comtés qui n'ont pas hésité à l'adopter; qu'il est la base du système suivi par M. Coke, que ses concitoyens appellent le *prince des cultivateurs*, et au moyen duquel il a augmenté d'une manière prodigieuse le revenu de sa vaste propriété d'Holkham; qu'il a enrichi tous les cultivateurs industrieux du Palatinat qui l'ont admis; qu'il est fortement recommandé en Allemagne par les écrits et la pratique de Schwerz, de Thaër, et d'un grand nombre d'autres agriculteurs très-distingués, comme il l'est en Suisse par les excellens agronomes de Fellemberg, Pictet, Deloys, Diesbach, Courant, et par plusieurs autres dont nous avons eu l'avantage de visiter dernièrement les exploitations rurales exemplaires, ainsi qu'en Italie par le savant cultivateur Crud, avec ses dignes collaborateurs Veronesi et Zanetti, et sur divers points de la France par nos agriculteurs les plus éclairés, dont nous avons signalé à l'estime publique les principaux qui se sont empressés de l'admettre sur leurs domaines.

Nous devons y ajouter ici M. Menecier d'Oycourt, du département de la Somme, propriétaire rural dont l'instruction égale le zèle, et qui l'a introduit aussi avec un grand succès sur des terres calcaro-siliceuses peu fertiles, sur lesquelles il obtient, 1°. des rutabagas et des raves énormes, dites *turneps*, semées en lignes sur des ados, sous lesquels le fumier se trouve également placé en lignes, ce qui donne une grande vigueur à la végétation; 2°. de l'avoine précoce avec du trèfle; 3°. du trèfle, et 4°. du froment de première qualité. Il entretient encore un nombreux troupeau de mérinos au moyen du trèfle rampant, avec lequel il forme des pâturages excellens sur ses terres les plus médiocres.

Nous ne devons pas passer non plus sous silence M. Bellat de Walsch, près Sarrebourg, autre agriculteur d'un grand mérite, qui l'a également adopté sur des terres argileuses, fort humides et très-difficiles à traiter, sur lesquelles il lui donne quelquefois une durée quinquennale.

Nous devons également indiquer ceux de Messieurs les correspondans du conseil d'agriculture, dont nous n'avons pas encore eu occasion de parler, lesquels, d'après les renseignemens fort instructifs qui nous ont été communiqués au ministère de l'intérieur, avec un empressement et une obligeance qui méritent toute notre reconnaissance, l'ont introduit avec un égal succès sur leurs propriétés.

Ce sont, MM. le lieutenant-général comte Dulauloy, à Villeneuve près Soissons, sur des terres argileuses, sableuses et graveleuses; — de Bons de Farges, près Gex, sur un sol calcaire et argileux; — de Croutelle, à Parfondeval, arrondis-

sement de Neufchâtel, sur un terrain de nature très - variée ;
— Buchère de Lépinois, à Chenoise, près Provins, sur un sol
à base argileuse ; — Beyfer, à Ribeauvillers, près Colmar, sur
des terres fort argileuses ; — le baron Dutaya, à l'Hermitage,
près Saint-Brieux, qui donne quelquefois à sa rotation une
durée quinquennale, en prolongeant l'existence du trèfle, sur
un sol graveleux, schisteux, granitique, ayant très-peu d'humus ; — le comte Heudelet, à Bierre-lès-Semur, dans la Côte-
d'Or, sur un terrain généralement argileux ; — le comte de
Bassignac, à Mauriac, sur un sol léger, en général, et un peu
graveleux ; — Beslay, à la terre de Vaucouleurs, près Dinan,
sur un sable argileux, assis sur un fond de granit ; — Brune,
à Souvans, dans le Jura, sur une argile compacte, et sur un
terrain sablonneux et léger ; — Berthereau de la Giraudière,
à Villeny, près Romorantin, sur un sol souvent sableux, quelquefois glaiseux ; — de Beaujeu, à Viantrais, canton de Reg-
malard, près Mortagne, sur un terrain maigre et sans profondeur ; — Mogniat de l'Écluse, à Saint-Jean d'Ardières, près
Villefranche, sur un sol varié, quartzeux ou glaiseux ; — le
lieutenant général comte Musnier, à Bonneuil, canton de
Charenton, près Paris, sur des terres de qualités très - opposées, depuis le sable presque pur jusqu'à l'argile ; — le marquis de Guercheville, près Blois, sur des terres franches,
calcaires, argileuses, et crétacées ; — Cadet de Vaux, fils, à
Saint-Germain-lès-Bois, près de Sancerre, sur des *varennes*
alumineuses et sableuses ; — Auguste de Courson, à la Ca-
pelle, près Boulogne-sur-Mér, sur un sol généralement argileux ; — Barbut, près Mende, département de la Lozère, sur
un sol de nature variée ; — Dubretail, à la Palisse, département de l'Allier, sur des terres également de nature très - variée ; — notre ami Maraut de Bulgnéville, près Neufchâteau,
sur un sol argileux, assis sur une base pierreuse, souvent à
peu de profondeur ; — et Petit, l'un de nos élèves, à Buire-
Courcelles, près Péronne, sur une terre franche, crayeuse.

Nous croyons devoir ajouter encore à ces précieux renseignemens l'indication d'un plan de culture, qu'il peut être fort
avantageux d'adopter, dans un grand nombre de cas, pour
passer graduellement, avec toutes les précautions convenables,
de l'assolement triennal avec jachère, à la rotation quadriennale sans jachère, dont nous venons de nous occuper, et que
notre savant confrère et ami M. Vilmorin se propose de mettre
à exécution, cette année même, sur la propriété qu'il a entrepris de faire valoir à Nogent-sur-Vernisson, sur des terres
graveleuses, à base argileuse, soumises de temps immémorial
à la routine triennale, fort épuisées par conséquent, et infestées d'ailleurs de plantes nuisibles aux récoltes.

En laissant de côté toutes les terres qui ne peuvent entrer pour le moment dans le nouveau plan, parce qu'elles ont un autre emploi que celui dont il va être question; et en se bornant à l'appliquer à 100 hectares (qu'on peut remplacer par toute autre étendue); chaque sole de l'ancien assolement étant de 33 hectares un tiers en blé, de 33 hectares un tiers en avoine, et de 33 hectares un tiers en jachère, on y substituera quatre soles, dans la rotation raisonnée; et l'on procédera de cette manière pour les former.

Immédiatement après la récolte du blé et de l'avoine de l'année où l'on aura formé le projet de rectifier l'ancienne méthode, on commencera à substituer *idéalement* quatre divisions de 25 hectares aux trois ci-dessus de 33 hectares chacune. Elles seront désignées par les lettres **A, B, C, D,** et arrangées ainsi : la sole **A** sera formée de 25 hectares, pris, par portions égales de 8 hectares un tiers, sur les trois soles anciennes; la sole **B**, de 25 autres hectares, sera prise sur le reste du chaume de blé; la sole **C**, de même étendue, sur le reste du chaume d'avoine; et la sole **D**, de 25 hectares encore, sur le reste des terres qui sont encore en labour de jachère, pour le blé prochain, et qui en seront bientôt ensemencées.

En revenant maintenant à l'ancienne sole d'avoine, qui va former la nouvelle jachère, et dont 25 hectares formeront ensuite la sole **C**, nous dirons qu'il ne faut pas perdre de temps, aussitôt après la récolte dont nous avons parlé, pour lui donner un labour léger et pour l'ensemencer en plantes destinées à être enfouies après l'hiver comme engrais végétal, à l'époque de la floraison, telles que le seigle, le colza et la navette d'hiver, ou les variétés de vesce, de gesse, de pois et de fève, qui résistent aussi à l'hiver. Aussitôt après cet enfouissement, qui pourra avoir lieu en avril ou en mai, au plus tard, on semera de nouveau d'autres plantes moins rustiques, destinées également à former de l'humus par leur enfouissement en fleurs, en juin ou en juillet, telles que le sarrasin commun, et mieux encore celui de Tartarie, comme étant moins délicat et plus vigoureux, le millet, l'alpiste, le panis, la rave, le navet, le lupin, ou les variétés printanières des plantes précédentes. Immédiatement après ce second enfouissement, on procédera à un troisième ensemencement de plantes de même nature, dont le produit sera encore enfoui de la même manière, par un quatrième labour, en septembre ou en octobre; et quinze jours ou trois semaines après, on pourra semer sur 25 hectares seulement, comme nous le verrons ci-après, le blé après ce dernier labour, qui suffira amplement, s'il est donné en temps convenable, et si toutes les plantes ont été bien enfouies, et la terre bien hersée et roulée à chaque ensemencement, comme cela est très-facile en prenant toutes les précautions nécessaires.

On prendra donc sur cette ancienne sole de jachère, qui aura été fertilisée et ameublie, par trois enfouissemens successifs d'engrais végétaux bien peu coûteux, les 25 hectares qui devront être ensemencés en blé, pour former dorénavant la sole C, sur laquelle nous reviendrons plus loin.

Observons ici qu'il pourrait devenir avantageux de choisir pour semence le gros blé, dit Poulard, *triticum turgidum*, L., à cause de l'abondance et de la fermeté de sa paille, qui le rendront très-propre à augmenter la masse des engrais futurs, et dont on aura d'autant plus besoin, que l'ancienne sole de blé d'hiver sera d'abord réduite de près d'un tiers.

Les 8 hectares et un tiers, qu'on aura réservés sur les 33 et un tiers de cette jachère utilisée comme on vient de le voir, étant ajoutés à deux quantités pareilles, qu'on prendra encore sur les deux autres soles, à la fin de la même année, formeront la sole A, comme nous l'avons également vu précédemment.

Cette nouvelle sole sera destinée à recevoir, au printemps suivant, toutes les cultures de racines, de tubercules et d'autres récoltes vertes préparatoires. Elle sera également consacrée à l'emploi, qui devra être aussi abondant que possible, de tous les engrais disponibles, ainsi que de ceux qu'il pourrait devenir nécessaire d'acheter s'il en manquait, et qu'il faudrait choisir à l'état pulvérulent, comme la poudrette, l'urate, la suie, les cendres, la colombine, la poudre d'os, les rognures de corne et de peau, les résidus des plantes oléifères et autres substances semblables, très-énergiques sous un petit volume, et, en outre, aisément transportables en tout temps et en tous lieux.

Il convient cependant de remarquer que les 8 hectares et un tiers, détachés de l'ancienne sole de jachère, ayant déjà été traités comme le reste de cette sole, qui est destiné au blé, c'est-à-dire, ayant été améliorés par quatre labours et par trois enfouissemens successifs de plantes en fleurs, pourront rigoureusement se passer de fumier, ou d'autres engrais animaux, et qu'ils pourront d'ailleurs recevoir encore un quatrième enfouissement de plantes hivernales, semées de nouveau avant l'hiver et enterrées après.

Il ne restera donc à fumer, sur les 25 hectares de cette nouvelle sole, que 16 hectares et 2 tiers; et l'on aura, pour y parvenir, tous les engrais qui auront été faits depuis l'automne de la première année de l'entreprise, jusqu'au printemps de la troisième année, puisque la nouvelle sole de blé après jachère n'en aura absorbé aucun, ayant été entièrement

fertilisée avec des engrais végétaux. Remarquons encore que
ces 16 arpens et 2 tiers devront aussi être labourés légèrement,
immédiatement après les dernières récoltes de l'ancienne méthode, et qu'une partie, sinon le tout, pourrait même être
ensemencée alors, sans délai, en plantes hivernales propres à
être converties en engrais au printemps, ce qui contribuerait
également à leur amélioration.

Cette sole A., amplement fumée et labourée, comme nous
venons de l'indiquer, sera couverte, après l'hiver, partie en
plantes à racines charnues ou à tubercules, telles que celles
que nous avons déjà eu occasion de désigner; partie en d'autres
plantes, que nous avons encore signalées, qui devront aussi
être cultivées en lignes, et soigneusement sarclées et buttées,
par les procédés expéditifs que nous avons déjà fait connaître;
et partie en plantes fourrageuses annuelles, semées à la volée,
qui seront fauchées en vert, de bonne heure, ou consommées
sur le champ même par les bestiaux, ou enfouies en fleurs, si
cela devient nécessaire, à la première ou à la seconde pousse.
On pourra y semer également du sarrasin sur les portions que
l'on n'aurait pas pu fumer amplement avant la fin de juin ou
le commencement de juillet; et l'on pourrait encore enfouir le
produit de cette plante en fleurs, si l'on ne jugeait pas convenable d'en récolter la graine, dans le cas très-peu probable
du défaut d'engrais suffisant.

Nous devons prévenir les agriculteurs qui se proposeront
d'essayer ce nouveau plan, que dans la répartition à faire sur
les 25 hectares de cette sole, des diverses cultures préparatoires que nous venons d'indiquer, on devra avoir égard à
l'état où se trouvaient précédemment les fractions dont elle aura
aura été composée.

Ainsi, les plantes à racines charnues, ou à tubercules, et
toutes les autres qui seront cultivées en lignes, seront placées
de préférence sur les 8 hectares et un tiers provenant des
chaumes d'avoine, parce que cette fraction doit être, en général, sauf les exceptions locales, plus souillée de plantes nuisibles et plus appauvrie par les deux cultures successives des
céréales de l'ancien assolement, que le reste de la sole, et
qu'elle aura, par conséquent, plus besoin des engrais abondans, et sur-tout des sarclages et des binages répétés qu'exigeront ces plantes; au contraire, la fraction qui aura été en
jachère, pendant toute l'année précédente, et qui aura été
déjà améliorée par les labours et les enfouissemens successifs
de plantes qu'elle aura reçus, si elle ne l'a pas même été, en
outre, par l'application d'engrais animaux, pourra admettre
sans inconvénient les plantes fourrageuses semées à la volée;
et l'on réservera encore, pour la fraction qui aura été prise

sur les chaumes de blé, celles de ces plantes annuelles qu'on se proposera de faucher les premières en vert, parce qu'elles épuiseront moins la terre, qui demande aussi à être plus ménagée ici que dans la fraction qui précède.

Dans les trois années qui suivront immédiatement cette première culture de plantes préparatoires, la sole dont nous nous occupons sera successivement couverte, sans qu'il y ait besoin d'engrais, si elle a été bien préparée d'abord, ainsi que nous l'avons prescrit, de céréales de printemps, soit de blé de mars, soit d'orge, soit d'avoine, avec du trèfle ou de la lupuline, qu'on récoltera à la troisième année de la rotation, pour semer du blé d'hiver à la quatrième et dernière année.

La sole de blé de l'ancien assolement, dont 25 hectares seulement formeront par la suite la sole B, étant destinée à porter encore, en totalité, de l'avoine, la première année de la réforme, avant d'être appliquée, l'année suivante, comme la précédente, après sa réduction, aux cultures de jachère utilisée, pourrait aussi être améliorée par un labour léger et par un semis de plantes hivernales à enfouir, pratiqués sans délai après la moisson du blé, et suivis, au mois de mars suivant, d'un second labour d'enfouissement.

Par cet excellent moyen, trop peu usité, qu'on ne doit jamais négliger toutes les fois que les circonstances le permettent, l'avoine semée ainsi sur deux labours et sur un engrais végétal, sera sans doute plus abondante qu'elle ne l'est ordinairement sur un seul labour sans engrais ; et en préférant aussi pour la semence, comme nous l'avons déjà conseillé pour le blé, l'avoine unilatérale blanche, ou l'avoine de Georgie, plus vigoureuse encore, ou toute autre à chaume ferme et élevé comme l'est celui de ces avoines, on se procurerait également de nouvelles ressources, bien propres à augmenter la masse des engrais dont on aura besoin par la suite.

Cette sole passera successivement, comme la première, immédiatement après cette dernière récolte de l'ancien assolement, et après sa réduction à 25 hectares, aux labours et enfouissemens successifs de plantes d'engrais, pendant la jachère ; aux cultures préparatoires, amplement fumées et sarclées ; à l'établissement de la prairie artificielle, pendant la culture d'une céréale de printemps ; à l'existence de cette même prairie ; puis à la culture du blé.

La sole C, déjà réduite comme nous l'avons vu, à 25 hectares en blé, par l'effet de la nouvelle rotation, devra encore produire aussi, avec toutes les précautions essentielles indiquées pour la précédente, de l'avoine, l'année suivante, ainsi que cela avait lieu dans l'ancien assolement, dont toutes les dispositions cesseront entièrement ensuite d'exister pour elle ;

et l'on y admettra alors consécutivement, après la jachère
amendée comme nous l'avons prescrit, par l'enfouissement des
plantes en fleurs, les cultures sarclées, les céréales de printemps, la prairie artificielle, et le blé, comme cela aura déjà
eu lieu pour les soles ci-dessus.

Enfin, la sole D, formée sur le chaume du dernier blé de
l'ancienne routine, lequel aura été semé encore après une jachère complète, devra également subir, à son tour, une dernière récolte consécutive d'avoine, après sa réduction à 25
hectares, et avec toutes les précautions indiquées antérieurement; puis la jachère modifiée comme nous l'avons dit;
après laquelle cette vieille méthode disparaîtra totalement du
sol, et y sera remplacée utilement par le complément de la
nouvelle rotation. Cette sole sera soumise alors à l'enchaînement régulier de toutes les opérations de la série quadriennale, prescrites ci-dessus pour les trois soles précédentes.

Ainsi, en appliquant alternativement à chaque nouvelle
sole tous les procédés utiles, employés pour préparer convenablement la sole A à l'établissement de la prairie artificielle;
en conservant d'abord les anciens produits; et en ne réduisant
qu'insensiblement l'étendue du terrain qui leur est consacré;
en l'améliorant encore de manière à en assurer la réussite,
en même temps qu'on s'en procure de nouveaux qui sont bien
précieux; on arrivera graduellement, en peu d'années, avec
des avantages incontestables qu'il est facile de reconnaître,
à la substitution de la rotation quadriennale raisonnée à la
place de l'assolement triennal routinier.

L'exécution complète de ce nouveau plan de culture pourra
exiger d'abord, dans un assez grand nombre de cas, l'établissement d'un nouvel attelage, pour suffire aux labours extraordinaires, dont la dépense sera amplement compensée par l'accroissement des produits; et il exigera en outre l'achat de
la semence des plantes destinées à être enfouies comme engrais.
Mais il convient de rappeler que les premiers et les plus nombreux de ces labours, qui doivent être peu profonds, peuvent être aisément et promptement exécutés à l'aide de l'*extirpateur*, ou du *binot* flamand, ou de tout autre instrument
aratoire équivalent, à plusieurs socs, dont nous avons déjà
eu occasion de recommander l'emploi. Quant à la semence
des plantes d'engrais, l'achat de la plupart d'entre elles,
comme celles du colza, de la navette, du sarrasin, de la rave,
du navet, du seigle, du panis, de l'alpiste et du millet, qui
sont généralement les plus convenables pour cet objet, doit
être nécessairement peu coûteux, ainsi qu'il est aisé de s'en
convaincre; et il est impossible, assurément, de se procurer
avec moins de dépense, une masse d'engrais semblable à celle

qu'elles doivent fournir en les employant comme nous l'avons prescrit.

On peut, au reste, modifier encore ce plan, en réduisant d'abord la jachère à la moitié ou aux deux tiers, plus ou moins, suivant les convenances et les ressources, et en observant d'ailleurs les mêmes principes pour parvenir graduellement à la supprimer en totalité.

Remarquons à présent que par l'introduction de l'assolement quadriennal raisonné, que nous ne saurions trop recommander, qui a été adopté aussi avec le plus grand succès par les habitans de la commune de Saurans dans le Jura, lesquels ont triplé leur revenu, et au moyen duquel nous avons vu également un propriétaire rural instruit du département de la Haute-Loire élever le produit de ses grains, de quatre et demi pour un, jusqu'à douze et même quatorze, il devient encore très-facile et très-convenable d'admettre la nourriture en vert des bestiaux à l'étable, qui donne des résultats si avantageux, lorsqu'elle est bien établie, et graduellement d'abord, comme cela est également nécessaire, sans exclure rigoureusement l'usage d'un bon pâturage, en temps opportun, ainsi que l'exercice convenable pour la santé des jeunes animaux sur-tout.

Par l'emploi de ce moyen additionnel, usité sur plusieurs points, avec de grands bénéfices, en Flandre, en Artois, en Alsace, en Suisse, en Lombardie, ainsi qu'en Angleterre et en Allemagne, il devient facile non-seulement d'entretenir avec le produit ainsi consommé de la même étendue de terre, un bien plus grand nombre de bestiaux qu'avec la misérable ressource des pâturages en commun et la nourriture sèche, ou avec le foin des prairies, mais aussi de se procurer une masse d'engrais beaucoup plus considérable et de bien meilleure qualité; vérités incontestables dont on ne saurait trop se pénétrer, puisque l'adoption de ce moyen est réellement, comme l'ont reconnu les meilleurs agronomes, *la condition nécessaire d'une agriculture parfaite.*

Ajoutons à ces grands avantages, qui exercent nécessairement la plus heureuse influence sur toute l'économie de l'exploitation, que les prairies artificielles, soigneusement établies par les procédés que nous avons recommandés, fournissent de même généralement plus de moyens de subsistance pour la nourriture des bestiaux, que ne le font les prairies naturelles ordinaires, sur-tout lorsque les premières sont consommées en vert à l'étable, comme nous venons de le conseiller; autre vérité qui n'a pas encore été assez appréciée par la masse des cultivateurs et des propriétaires ruraux, et sur laquelle nous aurons occasion de revenir en traitant spécialement de cet objet.

Disons encore qu'il devient également facile, par l'adoption de ce nouveau plan de culture, de faire entrer graduellement dans les quatre soles indiquées, toutes les friches et terres vaines et vagues qui sont susceptibles d'être cultivées ; puisqu'on peut se dispenser alors de les conserver à l'état d'abandon, comme cela devient indispensable avec l'assolement triennal. On peut aussi, sans le moindre inconvénient, et avec des avantages très-marqués, renouveler, sinon supprimer les prairies naturelles usées, qui sont bien loin d'avoir la même valeur, après l'adoption de ce plan, qu'elles avaient avant son admission ; et il est très-facile de pourvoir au parcours des bêtes à laine sur une portion de l'une ou l'autre des deux soles réservées à la nourriture des bestiaux, en y établissant des pâturages artificiels temporaires aux époques convenables, comme nous l'avons fait pour nos troupeaux avec la luzerne lupuline, le seigle et l'orge, consommés sur place en vert, ainsi qu'avec d'autres plantes également recommandables pour cet objet, telles que la vesse, la gesse, etc.

Tel doit être, d'après toutes les probabilités indiquées par l'expérience raisonnée des agriculteurs les plus éclairés des diverses parties de l'Europe, le succès encourageant de l'entreprise que nous conseillons d'essayer. Si l'on reconnaît, comme on ne peut raisonnablement en douter, la supériorité bien réelle de la nouvelle méthode sur l'ancienne, d'après des essais établis d'abord sur une étendue de terrain peu considérable, mais bien conçus, bien arrêtés, bien exécutés, et dont les produits comparatifs auront été, aussi, bien constatés par les registres ruraux qu'aucun agriculteur instruit ne peut se dispenser de tenir exactement pour sa comptabilité et sa satisfaction personnelle, on ne tardera pas à l'étendre successivement et très-commodément sur la totalité de l'exploitation, et l'on n'aura pas été exposé aux nombreux inconvéniens qui proviennent presque toujours d'un passage brusque, général et irréfléchi, d'un système de culture à un autre, lequel a pour résultat ordinaire et très-fâcheux de discréditer pour long-temps, auprès des cultivateurs de la contrée, les bonnes pratiques que l'on a légèrement embrassées et négligemment suivies, sans avoir assez étudié les moyens les plus sûrs pour les faire réussir.

Nous devons faire observer maintenant que sans avoir besoin de s'astreindre rigoureusement à cette seule rotation quadriennale, qui nous paraît cependant admissible dans le plus grand nombre de cas, lorsqu'elle est introduite *progressivement avec soin*, pour remplacer l'assolement triennal, ainsi que nous avons conseillé de le faire et comme nous devons le répéter ; on peut aussi, en prenant toutes les précautions indiquées qui sont nécessaires pour bien préparer la terre à recevoir une prairie artificielle, admettre successivement la luzerne commune sur les sols les plus fertiles et le sainfoin sur les plus arides.

On établirait alors, à l'égard de ces plantes et de toute autre plante équivalente, des assolemens à plus long terme, mais reposant toujours sur les mêmes bases, c'est-à-dire en intercalant constamment les plantes améliorantes et épuisantes, et en variant le plus possible les productions, de manière à entretenir continuellement la terre nette, meuble et féconde, points toujours essentiels, qu'on ne doit pas perdre de vue, sans jamais abuser de l'état d'amélioration auquel le séjour prolongé des prairies artificielles aura nécessairement dû l'amener.

Nous ne pouvons nous dispenser de remarquer à ce sujet, que s'il est vrai, comme nous nous plaisons à l'avouer, qu'un grand nombre de nos cultivateurs ont déjà introduit les prairies artificielles sur leurs exploitations, il n'est pas moins vrai que la plupart d'entre eux négligent d'abord les précautions que nous avons fortement recommandées pour bien les établir, et qu'ils abusent ensuite, lorsqu'ils les détruisent, de la fécondité qu'elles ont donnée au sol, tandis qu'il est de la plus haute importance de la ménager : c'est ce qui annulle nécessairement la meilleure partie des bons effets qu'ils en obtiendraient avec une conduite plus réfléchie, et nous insistons sur ce point.

Afin de donner une idée des assolemens à long terme qu'on peut encore introduire graduellement, en admettant la luzerne, le sainfoin, ou toute autre plante améliorante, nous rappellerons celui que nous avons pratiqué nous-mêmes en y introduisant la première de ces plantes, et que nous avons fait connaître en détail, en 1809, dans les développemens de notre cinquième principe d'assolement ; celui de M. Pictet, qu'il a étendu à une durée de douze années, en substituant également avec avantage la luzerne au trèfle, et qu'il a décrit dans un supplément à son Traité des assolemens ; celui d'une durée de vingt années, que M. Dailly, maître de la poste aux chevaux de Paris, correspondant de la Société royale et centrale d'agriculture, et l'un de nos agriculteurs les plus zélés et les plus intelligens, a introduit sur sa belle exploitation rurale de Trappes, près Versailles, et qu'il a eu la bonté de nous communiquer.

Il y admet, 1°. la pomme de terre, 2°. l'avoine et la luzerne, 3°., 4°., 5°., 6°. et 7°. la luzerne ; 8°. l'avoine, 9°. la pomme de terre, 10°. le blé de mars, 11°. le colza repiqué, 12°. le blé d'hiver, 13°. la vesce d'hiver, puis le colza pour plant, dans la même année, 14°. l'avoine, 15°. le pavot, 16°. le blé d'hiver, 17°. la pomme de terre, 18°. le blé de mars, 19°. le colza repiqué, et 20°. le blé d'hiver.

Dans cet espace de temps, la terre reçoit quatre fois du fumier, pour les pommes de terre et le pavot; elle est parquée une fois pour la vesce d'hiver et le colza à transplanter; et la poudrette est employée en outre à chaque culture de colza transplanté.

M. Lacroix, correspondant du Conseil d'agriculture, a eu aussi la bonté de nous faire connaître tous les détails d'un autre assolement de vingt années, établi de temps immémorial, avec un succès constant, sur le territoire de Prades, dans une contrée des Pyrénées-Orientales qui jouit du bienfait des irrigations. On y alterne le froment ou le seigle avec le lupin, le trèfle incarnat, le chanvre, le maïs, le haricot et le millet. Nous ne croyons pas devoir entrer ici dans les détails de cette rotation très-remarquable, parce qu'ils viennent d'être insérés dans la seconde série du XVII volume des *Annales de l'Agriculture française*, où l'on pourra les consulter avec un grand intérêt.

M. de Gasquet, dont nous avons déjà eu occasion de faire connaître les heureux essais, nous a également informés qu'il admettait sur ses terres ingrates du département du Var, 1°. les pommes de terre largement fumées, 2°. les fèves semées en rayons et rigoureusement sarclées, dans lesquelles il sème du sainfoin après le dernier binage, 3°., 4°. et 5°. du sainfoin, et 6°. du froment.

Nous ajouterons à ces renseignemens l'exposé qui nous a encore été communiqué par M. le comte de Gourcy, du plan d'assolement de six années, adopté par M. Durand, agriculteur du premier mérite, président de la société d'agriculture du département de la Moselle, et qu'il a introduit sur son domaine de Tichémont, près Jarny, afin d'éloigner le retour du trèfle.

Il admet, sur la première sole fortement fumée, la pomme de terre et le rutabaga, en lignes suffisamment espacées pour recevoir toutes les cultures convenables avec les instrumens à cheval; il sème sur la seconde le trèfle avec le blé de mars, l'orge nue hexastique et l'avoine patate; il récolte sur la troisième le trèfle planté au printemps; et il obtient sur la quatrième, du froment d'hiver, auquel succède, dans la cinquième, la fève semée en ligne, et le colza repiqué de même, après une demi-fumure; puis, dans la sixième et dernière sole, il récolte encore du froment d'hiver, remplacé immédiatement dans la même année par le sarrasin récolté ou enfoui, et quelquefois aussi par des carottes semées au printemps dans le froment. Par ce moyen, sa terre est toujours nette, meuble et très-productive à peu de frais.

Nous avons aussi connaissance d'une assez bonne rotation de neuf années, pratiquée avec beaucoup de succès à Ancy le-Franc, département de l'Yonne, par M. Huillier, maître de la poste aux chevaux, ancien fermier, qui l'a adaptée à la durée d'un bail de neuf années, et qui l'a communiquée à la Société royale et centrale d'agriculture.

Elle consiste dans la succession régulière 1°. de l'orge de mai ; 2°. du trèfle plâtré, ou du sainfoin, selon la nature du sol ; 3°. du froment ; 4°. de la pomme de terre ; 5°. de l'orge de mai ; 6°. du sainfoin, qui n'est jamais conservé qu'une seule année, ce qui est très-remarquable ; 7°. du froment ; 8°. de la vesce, ou de toute autre plante légumineuse qui laisse la terre libre assez tôt pour la bien préparer à une troisième production du froment, par lequel M. Huillier termine sa rotation à la dernière année de son bail.

Quoique cette rotation nous paraisse encore susceptible de quelques perfectionnemens que nous aurons occasion d'indiquer ailleurs, elle est cependant déjà une assez bonne introduction à de plus grandes améliorations ; et nous avons cru devoir la citer, parce que les céréales y reviennent aussi fréquemment que dans l'assolement triennal avec jachère, qu'elle remplace très-avantageusement.

Nous devons également consigner ici un projet d'assolement de dix ans, dont l'exécution est commencée depuis plusieurs années à l'abbaye de Melleray, et qui a été communiqué aussi à la Société d'agriculture de Paris.

On y admet successivement 1°. les légumes, tels que les navet, chou, rutabaga, betterave, pomme de terre, avec une ample fumure, une culture en lignes, et des sarclages rigoureux ; 2°. l'orge, ou l'avoine, avec le trèfle ; 3°. le trèfle ; 4°. *idem*, s'il résiste assez bien à l'hiver, ce qui doit arriver rarement ; 5°. le froment ; 6°. les racines, traitées comme il est dit ci-dessus ; 7°. le seigle ; 8°. le sarrasin, ou les pois, ou les haricots, ou les fèves en lignes, rigoureusement sarclées, si l'on a de l'engrais ; 9°. le froment ; 10°. la vesce d'hiver ou de mars, mélangée de seigle ou d'avoine, ou bien des navets récoltés en pleine fleur, ou encore le seigle fauché en vert pour en nourrir les bestiaux à l'étable ; et toutes ces dernières plantes sont semées à diverses époques, de manière à leur fournir constamment une suffisante provision de nourriture fraîche. Cette rotation avantageuse pourrait encore admettre quelques modifications.

Nous préviendrons, au reste, les agriculteurs zélés pour l'établissement des rotations de culture raisonnées, qu'ils consulteront avec avantage les plans d'un grand et d'un petit assolement, composés de huit soles, adoptés par M. le vicomte Morel de Vindé, pair de France, sur son exploitation à la Celle-Saint-Cloud, près Versailles, et dont il a donné tous les détails dans sa *Notice sommaire sur les assolemens*.

Ils ne liront pas avec moins d'intérêt le chapitre intitulé : *Assolemens des différentes qualités de terre*, inséré par M. le comte Louis de Villeneuve, dans son *Essai d'un manuel d'agriculture*, parce qu'il y fait connaître, par des tableaux comparatifs fort instructifs, les importantes améliorations qu'il a introduites, après une pratique de dix-neuf ans, dans l'antique système de culture, suivi de temps immémorial aux environs de Castres, améliorations d'après lesquelles il assure, de la manière la plus positive, en s'appuyant sur des calculs irrécusables, que « *le propriétaire retirera de l'assolement nouveau le double de revenu qu'il aurait eu avec celui en usage.* »

Nous devons encore indiquer ici ceux de MM. les correspondans du conseil d'agriculture, que nous avons reconnus, d'après l'obligeante communication dont nous avons déjà eu occasion de parler, avoir avantageusement substitué à l'ancienne routine, sur leurs domaines, des assolemens raisonnés dont le terme se prolonge plus ou moins au-delà de quatre années, en supprimant entièrement la jachère.

Ce sont les agriculteurs dont les noms suivent :

M. Taillefer, de Villers-le-Tilleul, près Mézières, département des Ardennes, qui a adopté une rotation quinquennale, en alternant le froment, ou le seigle, ou l'orge d'hiver avec les plantes fourrageuses, ou légumineuses ou oléagineuses ; puis l'orge ou l'avoine de mars avec le trèfle, dont il fait deux coupes seulement la première année, et dont il forme ensuite un pâturage qu'il conserve la seconde année, jusqu'au moment où il dispose la terre pour le retour du froment.

M. de Lorgeril, de la Motte-Beauvoir, près Saint-Malo. *Sur un sol argileux, humide, difficile à travailler, et d'une dureté désespérante dans les grandes chaleurs*, d'après ses propres expresions, il a adopté plusieurs assolemens de cinq et de six ans, dont le meilleur, selon lui, est 1°. sarrasin fumé, qu'il regarde comme *une excellente jachère* ; 2°. froment ; 3°. pomme de terre fumée ; 4°. orge et trèfle ; 5°. trèfle ; 6°. froment.

M. Sivard de Beaulieu, de Valognes, département de la Manche. Sur un sol également argileux, il intercale le froment et l'orge avec le sarrasin et le trèfle qu'il conserve deux ans, de manière à former une rotation quinquennale.

M. Amans de Rodat, d'Olemps près Rodez. Quoique son sol soit si varié qu'il ne peut le soumettre à un assolement constant et uniforme, il substitue à la jachère une rotation quadriennale, ou quinquennale ainsi formée, 1°. pomme de terre bien fumée ; 2°. trémois et trèfle ; 3°. trèfle ; 4°. maïs quarantain après une nouvelle récolte de trèfle ; 5°. froment. Cette rotation, dit-il, a totalement changé le sol, au point de lui donner un aspect doux et onctueux. Nous ajouterons qu'il prodigue les engrais aux récoltes intercalaires.

M. **Descombes des Morelles**, d'Escurolles, près Gannat, département de l'Allier. Il a adopté un assolement quinquennal, en intercalant les céréales avec la pomme de terre et le trèfle, dont il prolonge la durée.

M. **Lecoq**, de Laas, près Pithiviers, département du Loiret. Il suit une rotation sexennale sur des terres argilo-siliceuses. Depuis treize ans, dit-il, les jachères ont disparu de ma culture : parmi les assolemens que j'ai établis, voici un des plus avantageux : 1°. fève en rayons, fumée et sarclée ; 2°. blé ; 3°. pomme de terre, ou bettevare, fumées et sarclées ; 4°. blé de mars, ou avoine-patate, et trèfle ; 5°. trèfle ; 6°. blé.

M. **Aubert de Trégomain**, de Fougères, département d'Ille-et-Vilaine. Il suit également une rotation sexennale, en intercalant le froment d'hiver et de mars avec la pomme de terre, le sarrasin et le trèfle dont il prolonge la durée, sur des terres pierreuses, assises sur un fond de tuf.

M. **Daudin**, de Vic, département du Cantal. Il suit encore un assolement sexennal, sans jachère, par des moyens équivalens, sur un terrain très-varié, léger ou argileux.

M. **Berguam**, de Remiremont, département des Vosges. Il a aussi adopté un assolement sexennal, sur un sol varié.

M. **Duplessis d'Argentré**, de Vitré, département d'Ille-et-Vilaine. Il a également introduit sur son domaine, composé de terres silico, argilo, calcaires, outre un assolement quadriennal, une rotation de six années, en cultivant la luzerne, le sainfoin et les graminées vivaces avec les céréales, sur ses terres les plus éloignées.

M. **Bobée de Chenailles**, près d'Orléans, département du Loiret. Sur un soc sableux, graveleux et caillouteux, il a adopté le grand assolement de M. Morel de Vindé.

M. **Duran de Saint-Gaudens**, département de la Haute-Garonne. Il a aussi introduit une rotation de huit années sur un sol très-varié, généralement peu profond, en intercalant successivement les céréales avec le trèfle incarnat, la vesce, le trèfle des prés, le haricot et la pomme de terre ; et en leur substituant quelquefois le sarrasin et le lupin, soit pour les récolter, soit pour les enfouir.

MM. **Bermont de Vaux**, frères, des environs de Sisteron, que nous avons déjà eu occasion de citer, et qui ont une expérience de plus de vingt ans. Ils suivent aussi une rotation de huit années, en alternant le froment ou l'orge, suivis ordinairement d'une récolte dérobée, dans la même année, soit de sarrasin, soit de maïs fourrage, soit de chou ou de pois, consommés en novembre et décembre par des brebis portières,

avec la vesce, le pois, la pomme de terre, le trèfle, la carotte, le haricot, le chanvre, la fève, le maïs en grain, et la
betterave, semés et houés avec le plus grand soin.

M. de Neyrac, de Saint-Afrique, département de l'Aveyron.
Il a admis sur un sol varié un assolement novennal ainsi réglé : 1°. fève fumée et sarclée; 2°. blé; 3°. fève ou vesce, non
fumée, pour fourrage; 4°. blé; 5°. pomme de terre fumée et
sarclée, ou maïs-fourrage; 6°. orge et trèfle; 7°. trèfle; 8°. haricot ou betterave, fumés et sarclés; 9°. blé. Sur les terres les
plus mauvaises, il substitue aux plantes améliorantes ci-dessus
l'ers et la lentille, ainsi que le lupin et le sarrasin qu'il enterre
quelquefois en fleurs, avant la culture du froment.

M. le comte de Grisony, de Roses, près Condom, département du Gers. Il suit une rotation décennale, sur un terrain
calcaire, crayeux, légèrement marneux, en alternant le froment d'automne, celui de printemps et l'avoine, avec la fève,
le maïs, la pomme de terre, le haricot et le chanvre, fumés
et sarclés, ou avec la vesce d'hiver gypsée, et avec un mélange
de luzerne et de trèfle.

MM. Fuzier, frères, de Saint-Oudart, canton de Virieu,
près la Tour-du-Pin, département de l'Isère. Ils ont adapté
plusieurs rotations de durée différente, à un sol varié, caillouteux, ou compacte et argileux; dont une de onze années, après
un défoncement suivi d'orge et de luzerne qui dure sept ans,
et qui est remplacée par des céréales; et une autre plus courte,
dans laquelle le chanvre fumé précède le froment et le trèfle,
auquel succède encore le froment, ou le seigle et des raves
dans la même année.

M. Louis Aurran, d'Yères, département du Var. Il a introduit
sur son exploitation dont le sol soumis à l'irrigation est formé
de terre de dépôt, un assolement duodennal, en alternant le
blé, le trèfle et le haricot avec la luzerne, qui dure six années.

M. le marquis de la Boëssiere, de Malleville, près Ploërmel,
département du Morbihan. Il suit, sur une terre légère, une
rotation quatuordécennale, en alternant judicieusement les
prairies artificielles vivaces, et d'autres plantes améliorantes
avec les céréales.

M. de Raineville, d'Allouville, près d'Amiens, département de la Somme. Il adopte des cours de culture de durée
plus ou moins prolongée, sur des terres argileuses ou calcaires,
après des défoncemens qui exigent quelquefois une jachère
d'été. Ordinairement, après des pâturages artificiels, ou des
fourrages verts, formés de seigle, d'orge, de froment et de
vesce, de gesse, de lentilles et de pois, il cultive le froment
d'automne et de printemps, et il l'alterne avec le navet consommé sur le champ même, avec de la pomme de terre, ou

Tome VIII.   29

la fève, ou la betterave, ou avec le sainfoin et d'autres prairies artificielles.

M. Andrieux, de Septainville, arrondissement de Corbeil, département de Seine-et-Oise. L'ordre et la durée de ses assolemens varient sur un terrain argilo-sableux, et il observe *qu'il n'y a rien à désirer sur le territoire de sa commune pour la suppression de la jachère.*

M. Dergère de Mondémant, près d'Epernay, département de la Marne. Il intercale avec les grains les prairies artificielles et les autres plantes améliorantes, dans des rotations variées plus ou moins prolongées.

M. Carbonnet, des Marais, commune de Merfy, près Reims, dans le même département. Il a substitué depuis long-temps, par des assolemens de diverses durées, et *d'après nos principes*, comme il s'empresse de l'avouer, l'alternat raisonné des plantes améliorantes et épuisantes, à la jachère absolue, avec laquelle il a soigneusement comparé d'abord tous les produits.

M. Le Vasseur de Courcy, près Fécamp, département de la Manche. Il s'est sur-tout attaché d'abord à la formation des prairies et des pâturages pour la nourriture de ses nombreux troupeaux ; et il les alterne dans des rotations plus ou moins prolongées, avec les céréales, la carotte, la fève, la pomme de terre, le pois et la lentille, sur un sol pierreux peu profond, sur lequel il a fait réussir l'avoine élevée ou fromental, *avena elatior.* L.

M. Dudessert, du Jura. Il a supprimé la jachère, sur un terrain léger, en y cultivant alternativement, à des intervalles différens, les céréales avec les pâturages, la pomme de terre, le lin, la vesce, la lentille et le trèfle.

M. Lelong, de Soulaires, près Chartres, département de Loir-et-Cher. Il a également supprimé la jachère, sur un terrain très-varié, en la remplaçant par les prairies artificielles et les plantes légumineuses, telles que la luzerne commune, la lupuline, le trèfle, le sainfoin, le mélilot de Sibérie, la pimprenelle, la chicorée sauvage, la vesce, la gesse, la fève et le pois, qu'il admet concurremment avec les céréales, à des intervalles variés.

M. Dounous, de Saverdun, près Pamiers, département de l'Ariège. Sur un terrain limoneux et sableux, quelquefois argileux, consacré aux expériences de la Société centrale d'agriculture du département de l'Ariège, il a remplacé encore la jachère, dans des rotations plus ou moins longues, par l'introduction des plantes fourrageuses, oléagineuses et textiles, alternées avec les céréales et les prairies artificielles.

M. Vavasseur de Breteuil, près Clermont, département de

l'Oise. *Je supprime toujours la jachère*, dit-il, *par des récoltes intercalaires*, telles que celles des plantes fourrageuses, notamment de la lupuline, ou des plantes oléagineuses, de la navette sur-tout, et des prairies artificielles vivaces.

M. Duclos, de Saint-Denis-lès-Ponts, près Châteaudun, département d'Eure-et-Loire. Il intercale également les céréales avec les prairies artificielles, qui durent plus ou moins long-temps sur un sol sablonneux et graveleux.

M. Coste-Frégeorgues, des environs de Montpellier, département de l'Hérault. Il alterne aussi le blé fin et les grains de mars, sur un terrain de qualité moyenne, en général, avec la vesce d'hiver ou de printemps, fumée et coupée en vert, la fève coupée et enterrée en fleurs, ou bien récoltée, la pomme de terre, et diverses graines de peu de valeur, semées pour pâture d'hiver ; et aussi avec la luzerne, le trèfle et le sainfoin dont la durée varie. Ces diverses rotations ont lieu *sous un ciel d'airain, où le plus souvent la chaleur et la sécheresse sont extrêmes.* Ce sont ses propres expressions.

Notre intime ami, M. Rigaud de l'Ile, dans les environs de Crest, département de la Drôme. Il remplace la jachère sur un sable d'alluvion, naturellement peu fertile, par la vesce d'été et d'hiver, la pomme de terre, le maïs, le sarrasin, la fève, le haricot, la rave, la courge et le chanvre, qui précèdent le froment à divers intervalles. Il admet aussi le sainfoin sur les terres les plus maigres ; la luzerne sur un défonçage à un pied et demi ; et le trèfle, qu'il amende avec le plâtre. Cet amendement rend propre à la culture du froment ses terres à seigle.

Il est bon d'observer, avant de passer à un autre objet, que dans la transition d'un ancien assolement à un nouveau, au lieu de commencer la rotation raisonnée, quelle que soit sa durée, par l'année dans laquelle la jachère aurait eu lieu dans l'assolement triennal ancien, on peut le commencer, dans plusieurs cas, avec plus d'avantages encore, par l'année même qui est ordinairement consacrée à l'avoine, c'est-à-dire immédiatement après la récolte du froment, ou du seigle, en substituant à la culture de cette avoine une des cultures en rayons que nous avons indiquées ; la terre se trouverait alors en meilleur état pour la recevoir.

Nous devons rappeler aussi, que dans d'autres cas, et surtout lorsqu'on a de nombreux troupeaux de bêtes à laine à nourrir, on peut également adopter avec avantage, sur une partie de l'exploitation, comme nous l'avons fait plusieurs fois avec succès sur la nôtre, un assolement biennal, tel que celui appelé *de deux campagnes*, en Alsace, dont nous avons parlé, et celui de M. Bertier de Roville, que nous avons aussi indiqué.

29 *

Il devient alors très-facile de procurer en tout temps d'abondans pâturages aux bêtes à laine, en intercalant judicieusement la culture des plantes les plus propres à former ces pâturages, et que nous avons déjà désignées, avec celle des céréales destinées à la nourriture de l'homme.

Le trèfle rampant, appelé vulgairement trèfle blanc, *trifolium repens*. L., est aussi d'une grande ressource pour cet objet, dans les assolemens à long terme, comme nous l'avons déjà vu, ainsi que le sainfoin, la pimprenelle, et diverses autres plantes qui ont le mérite de former d'excellens pâturages sur des terres peu fertiles.

Dans tous les cas, nous devons prévenir les agriculteurs qu'il ne faut jamais hésiter à faire consommer sur le champ même par les bestiaux, ou à enfouir comme engrais végétal, toutes les récoltes, quelles qu'elles soient, qui se trouvant très-clair semées, et considérablement affaiblies par une cause quelconque, auraient facilité le développement d'un grand nombre de plantes nuisibles qu'on ne pourrait détruire. Sans cette précaution, on s'exposerait à prolonger l'existence du grave inconvénient qu'il faut avant tout faire disparaître le plus tôt possible, si l'on ne veut pas compromettre le succès des récoltes futures.

Nous citerons encore ici en exemples, ceux de messieurs les correspondans du Conseil d'agriculture, qui, avec des prairies ou des pâturages plus ou moins abondans sur le reste de leurs exploitations rurales, remplacent ordinairement l'assolement biennal ou triennal avec jachère, par des rotations biennales ou triennales sans jachère. Ce sont :

M. Degland, dans les environs de Rennes, département d'Ille-et-Vilaine. Il alterne le froment avec le sarrasin, sur des terres fortes et glaiseuses.

M. Félix Guimbertaud, de Montfort, du même département. Il alterne aussi, sur un sol varié, le froment avec le sarrasin, qu'il remplace quelquefois par des pâturages qui durent plusieurs années.

M. Daudurein, de Licharre, arrondissement de Mauléon, département des Basses-Pyrénées. Il intercale le froment avec le maïs, ou le haricot, ou le lin, sur des terres silico-argileuses, caillouteuses en général.

M. François Durand, des environs de Perpignan, département des Pyrénées-Orientales. Il admet successivement sur un sol arrosable, argileux et graveleux, le froment, puis, comme pâturage annuel intercalé avec cette céréale, le seigle, l'orge, la vesce et le trèfle incarnat mélangé avec le lupin et la vesce.

M. le marquis de Tanlay, près Tonnerre, département de

l'Yonne. Il alterne, sur un sol varié, le froment avec le chanvre, ou avec les plantes légumineuses et potagères.

M. Basquiat Mugrier, de Meillant, arrondissement de Saint-Sever, département des Landes. Il intercale le froment ou le maïs avec le trèfle ou le lin, sur une propriété généralement humide.

M. de Bernardy, de Fontbonne, près d'Aubenas, département de l'Ardèche. Il alterne le froment, ou le seigle, ou l'orge, ou l'avoine, avec la pomme de terre, ou le pois, ou la vesce, et il évite, comme il le dit, *d'avoir deux pailles de suite.*

M. de Raigniac, l'un de nos élèves les plus distingués, de Foulayronne, près d'Agen, département de Lot-et-Garonne. Il alterne aussi, fréquemment, le froment avec des fourrages temporaires, du maïs, des fèves, des pois, des haricots, des pommes de terre, sur des terres argileuses; indépendamment du sainfoin qu'il cultive à part, et des carottes qu'il emploie avec succès à la nourriture des bestiaux, principalement pour l'engraissement des porcs.

M. le baron de Malaret, des environs de Toulouse, département de la Haute-Garonne. Il a encore remplacé l'assolement biennal avec jachère, par une rotation triennale sans jachère.

§ *b.* Après avoir prescrit les règles qu'il nous paraît convenable de suivre pour passer insensiblement, pour ainsi dire, et très-avantageusement de l'assolement vicieux le plus général presque par-tout, à la rotation la plus propre à le remplacer sans s'exposer aux mécomptes qui accompagnent trop souvent les innovations indiscrètes et mal combinées, il convient de nous arrêter à l'examen d'un autre moyen, encore très-ancien, d'aménager les terres cultivables, et qu'on désigne fréquemment sous la dénomination *d'assolement alterne avec pâturage.* Nous devons voir aussi de quels perfectionnemens graduels il serait également susceptible, dans le plus grand nombre de cas, pour fournir des résultats plus favorables à la terre et au cultivateur, que ceux qu'on en retire ordinairement.

Cet assolement imparfait, qu'on rencontre fréquemment dans les pays de petite culture, et au centre de la France, ainsi qu'au midi, dans quelques cantons fréquemment ravagés par la grêle, sur-tout dans des contrées faiblement peuplées, et qui exige peu de capitaux, de soins et de main d'œuvre, consiste, comme nous l'avons fait remarquer au commencement de cet article, dans l'entier abandon du sol, qu'on a appelé, aussi, fort improprement *repos,* pendant un laps de temps plus ou moins considérable, après plusieurs récoltes consécutives très-épuisantes.

Le champ qui se trouve ainsi réduit à *l'inculture,* faute

d'engrais, se couvre naturellement, sur les terres fraîches, particulièrement dans les climats brumeux et humides, qui favorisent le développement des graminées et des légumineuses croissant spontanément, et auxquels ce mode est plus applicable qu'à tout autre, d'un pâturage plus ou moins abondant, mais le plus souvent médiocre pour la qualité et la quantité; car nous y avons vu souvent dominer des plantes très-nuisibles, au milieu d'un grand nombre d'autres plantes au moins inutiles, qui permettaient à peine à celles qui étaient bonnes de végéter.

Ce genre d'administration rurale, d'une grande simplicité, qui tient de près au régime pastoral, et qui pouvait convenir à l'origine des sociétés, à une population rare, peu industrieuse, peu éclairée, et ayant, aussi, fort peu de besoins, principalement lorsqu'elle avait essentiellement en vue l'entretien et l'engraissement des bestiaux, par le seul secours de la nature et sans l'emploi d'aucun soin particulier, est moins dispendieux sans doute et plus productif, en général, que l'assolement triennal dont nous nous sommes occupés, quoiqu'il admette quelquefois même, comme celui-ci, la jachère proprement dite; mais il n'en a pas moins le très-grave inconvénient d'épuiser et de souiller en outre la terre, à des époques périodiques régulières, après avoir confié à la nature seule le soin de réparer incomplétement les torts d'une culture plus exigeante que bien combinée; et il nous paraît susceptible, comme le précédent, d'être aisément amélioré.

Il suffit, pour y parvenir, de choisir, toujours comparativement, une portion peu considérable d'abord, des terres qui y sont soumises, la plus rapprochée du manoir et la plus susceptible d'admettre l'essai de la réforme; de lui consacrer tout l'engrais disponible, ou celui qu'on peut se procurer d'ailleurs, après la première récolte des céréales qui succèdent ordinairement au pâturage dès qu'il est rompu; de traiter cette portion avec toutes les précautions que nous avons indiquées pour la première année de la précédente rotation; et sur-tout de s'efforcer de nettoyer et d'ameublir préalablement le plus possible la terre ordinairement aussi dure qu'infestée de mauvaises herbes; d'y établir ensuite une ou plusieurs cultures en rayons, suffisamment espacées et traitées de même que celle que nous avons déjà prescrite, afin de nettoyer et ameublir encore de plus en plus la terre.

On fera suivre immédiatement cette culture de l'établissement d'une prairie, ou d'un simple pâturage, si l'on veut, semé au printemps avec une céréale bien adaptée à l'état et à la nature du sol, et formé d'un choix des graminées vivaces le plus appropriées à ces circonstances, mélangées en diverses proportions, comme par moitié, par tiers, ou par quart, avec de la luzerne lupuline, du trèfle rampant, du trèfle des prés, de la pimprenelle, du lotier corniculé, et d'autres légumineuses reconnues pour former la base des meilleures prairies ou pâturages naturels.

Il deviendra très-facile ensuite d'étendre successivement cette rotation, qu'on peut prolonger ou abréger plus ou moins, suivant les besoins, sur la totalité de l'exploitation, à mesure qu'on en aura recueilli et bien constaté les avantages, qui ne pourront manquer de se développer chaque année de plus en plus, et qui démontreront complétement sa supériorité sur l'ancienne, en fournissant non-seulement d'abondantes récoltes de grains, mais aussi d'amples moyens d'entretenir les bestiaux à l'étable.

A défaut de graminées vivaces bien choisies, dont il est souvent facile, avec un peu de soins, de se procurer la graine sur sa propre exploitation, ou dans les environs, on pourrait se borner d'abord à l'ensemencement de la lupuline, du trèfle rampant et de la pimprenelle, mélangées, si l'on veut, avec le trèfle des champs, et l'ivraie vivace, qui fourniraient sans nul doute une provision de nourriture verte bien plus abondante et de meilleure qualité que l'herbe qui croît spontanément et ordinairement sans le secours d'aucun engrais, laquelle est toujours mêlée plus ou moins avec des plantes inutiles et même nuisibles, qui s'y trouvent souvent dans des proportions considérables. Il serait possible aussi de soumettre avec avantage ce nouveau produit au fauchage, dans un assez grand nombre de localités.

Dans le cas où l'on répugnerait encore à adopter d'abord les cultures en rayons que nous regardons cependant toujours comme le meilleur moyen d'améliorer promptement la terre et d'assurer le succès de la prairie ou du pâturage; et où l'on ne croirait pas non plus devoir les remplacer par la culture de la vesce dont nous avons aussi parlé, et qui vient ensuite dans l'ordre respectif de mérite pour produire ces deux effets; on pourrait se borner rigoureusement à semer les graminées et les légumineuses vivaces ci-dessus indiquées, avec le dernier grain de l'ancienne rotation.

Quoique ce moyen ne soit pas assurément le plus efficace pour arriver au but désiré, on en obtiendrait au moins, dans tous les cas, un pâturage bien préférable à celui qui se forme naturellement, et même dans plusieurs cas, sur-tout si l'on fumait, un produit susceptible d'être fauché. Ce serait déjà une importante amélioration de cet assolement, laquelle conduirait insensiblement à un plan mieux raisonné, en procurant plus de fourrage et par conséquent plus d'engrais pour fertiliser la masse de l'exploitation, et en donnant ensuite les moyens d'entretenir avantageusement les bestiaux à l'étable, ce que nous regardons toujours comme le complément d'une bonne agriculture.

Le moyen bien simple dont nous conseillons ici de faire un essai comparatif avec l'ancienne routine pacagère, moyen recommandé depuis long-temps en Italie et en Suisse par la pratique et les écrits de Tarello et de Bertrand, a été mis en usage, comme on l'a vu, par plusieurs de nos agriculteurs les plus éclairés, qui en ont recueilli de grands avantages. Nous nous bornerons à en citer ici un nouvel exemple remarquable, qui confirme pleinement nos observations.

M. Cavoleau, en traitant de la culture du bocage dans sa savante *Description du département de la Vendée*, après avoir observé judicieusement que dans cette contrée où l'assolement alterne avec pâturage est usité : «De bonnes méthodes de culture et un bon assolement, en multipliant les moyens de subsistance pour les bestiaux, quadrupleraient le nombre de ceux-ci, augmenteraient dans la même proportion la quantité des engrais et les moyens de fertiliser la terre; que ces résultats sont amenés par le temps, lorsqu'on les cherche de bonne foi et avec une volonté constante; et que les propriétaires de la Vendée peuvent faire ce qui s'est fait dans l'Alsace, dans la Flandre, dans la Belgique, sur un sol *qui ne vaut pas mieux que le leur;*» ajoute : «Ce que je viens de dire des landes, doit s'appliquer à plus forte raison aux jachères permanentes; mais en attendant la grande révolution que mes vœux appellent dans notre grossier système de culture, il y aurait sans doute des moyens d'améliorer le mauvais régime de nos pâtis. Lorsque l'on veut en former un, on abandonne la terre à elle-même. Elle ne commence à se couvrir d'herbe qu'à la troisième année, et ce sont le plus souvent des espèces très - peu utiles, qui sont souvent étouffées par le genêt ou l'ajonc, dont la végétation a devancé la leur. L'ignorance et la paresse peuvent seules maintenir une méthode aussi vicieuse. Ne serait-il pas préférable de semer sur les terres que l'on traite avec tant d'indifférence, des graines de quelques bons fourrages, de quelques graminées vivaces, qui donneraient plus promptement des produits plus abondans et de meilleure qualité?»

Il cite ensuite l'exemple de M. Armand de Béjarry, qui, dans le canton de Sainte-Hermine, commence par semer du trèfle sur le champ qu'il veut convertir en pâtis. Ce trèfle lui donne deux bonnes récoltes; il périt insensiblement et il est remplacé par de bons herbages. «Cet agriculteur est sur la bonne voie, dit M. Cavoleau, et quoique la méthode qu'il a adoptée soit encore très-imparfaite, il est à désirer qu'elle soit généralement adoptée, en attendant que l'on puisse arriver à la suppression générale de toute espèce de jachères. »

§ *c.* Il ne nous reste plus qu'à fixer un instant notre attention sur l'assolement également très-répandu dans diverses parties de la France, qui condamne la terre à une jachère absolue, tous les deux ans, et à examiner comment il est encore possible de remédier progressivement à cet abus révoltant.

La rotation très-vicieuse dont il est ici question, qu'on appelle quelquefois *culture alternée avec jachère*, réduit à la moitié, chaque année, l'étendue des terres qui donnent quelque produit.

M. Gasparin a fait ressortir tous ses inconvéniens pour les environs d'Orange, où elle existe sur des *terres assez fertiles ;* il les a démontrés par un excellent mémoire inséré dans la *Bibliothèque universelle*, dans lequel il assure positivement, et prouve par le calcul, d'après sa propre expérience, que « *les blés recueillis par la méthode de jachère alterne, coûtent plus qu'ils ne se payent ; que leur culture est onéreuse au propriétaire, et a besoin d'un assolement bien combiné.* » M. le comte de Lapâture reconnaît aussi ses vices capitaux sur les *riches fonds* du département de l'Eure ; et plusieurs autres agriculteurs distingués l'ont encore fortement blâmée.

Cette rotation a été réformée avec le succès le plus prononcé par M. Faure, cultivateur très-distingué des Hautes-Alpes ; ainsi que par M. de Gasquet dans le département du Var ; comme aussi par M. Gasparin dans celui de Vaucluse ; par M. de Villeneuve dans celui de la Haute-Garonne ; et par MM. Bertin de Vaulx, frères, dans celui des Basses-Alpes ; dans des circonstances très-difficiles, en général, ainsi qu'on l'a vu, sous le double rapport du climat et du sol, et sur des exploitations rurales qui servent aujourd'hui de modèles aux cultivateurs des environs. Elle l'a été également, comme nous venons de le voir, par MM. Dégland et Guimbertaud, dans le département d'Ille-et-Vilaine ; Dandurrein, dans celui des Basses-Pyrénées ; François Durand, dans les Pyrénées-Orientales ; de Tanlay, dans le département de l'Yonne ; Basquiat-Mugrier, dans les Landes ; de Bernardy, dans le département de l'Ardèche ; de Raigniac, dans le département de Lot-et-Garonne ; et de Malaret, dans celui de la Haute-Garonne.

La misérable routine dont il s'agit est donc tout aussi susceptible que les précédentes d'être transformée graduellement, et sans de grandes difficultés, en un assolement quadriennal, ou de plus longue durée ; en prenant toujours les mêmes précautions déjà indiquées, c'est-à-dire en alternant la culture du froment qu'on a particulièrement en vue ici, avec une culture de plantes améliorantes, telles que celles que nous avons particulièrement recommandé d'adopter, qui reçoivent tout l'engrais disponible et qui sont semées en lignes convenablement espacées, houées, sarclées; et en l'intercalant encore avec une prairie artificielle, dont le principal produit doit se borner à l'une des deux années intercalaires.

On peut ainsi obtenir constamment, de deux années l'une, du froment d'automne ou de mars, sur les terres fertiles, en ne fumant qu'une seule fois tous les quatre ans, et en maintenant le sol dans un état progressif de netteté, d'ameublissement et de fertilisation. On peut également obtenir sur des sols moins féconds d'autres céréales moins épuisantes, alternées avec des plantes améliorantes.

En supposant même qu'on eût quelque motif fondé pour ne pas admettre dans son ensemble cette rotation, qui nous paraît être la meilleure en général, et qui est susceptible de toutes les modifications que les circonstances peuvent exiger (car nous ne saurions trop répéter que l'ensemble d'un plan raisonné d'assolement doit servir de base aux opérations de l'agriculteur sans jamais l'enchaîner, et qu'il doit savoir s'en écarter avec jugement); on ne pourrait raisonnablement se refuser, au moins, au lieu de vouloir arracher au sol un produit intercalaire épuisant, comme cela se fait quelquefois aux dépens de la culture du froment, à semer dans l'année de jachère, et même à la fin de celle qui la précède, sur le chaume retourné par un labour, immédiatement après la récolte, quelque plante destinée soit à fournir un pâturage précoce, soit plutôt à être enfouie comme engrais végétal. Ce dernier mode, renouvelé depuis peu avec le seigle, par M. Giobert de Turin et aussi par quelques agriculteurs français, offre de très-grands avantages, sur-tout sur les terres arides et dans les climats chauds.

Ce serait un moyen certain et économique de suppléer, en purgeant tout-à-la-fois le sol de plantes nuisibles, à la disette d'engrais qui ne peut manquer de se faire sentir fortement avec une rotation aussi défectueuse, laquelle fournit trop peu pour les hommes, en ne produisant aucun fourrage pour les bestiaux; laquelle ne peut se soutenir nulle part qu'avec d'abondantes ressources étrangères, telles que des prairies naturelles et des friches destinées au pâturage; et qu'on ne rencontre encore que trop souvent parmi nous, malgré tous ses défauts, et malgré les heureux efforts de plusieurs agriculteurs instruits, pour la faire disparaître entièrement du territoire français qu'elle déshonore encore, comme les deux précédentes.

VI. Résumé.

Après tous les détails dans lesquels nous n'avons pu nous dispenser d'entrer à l'égard des principaux modes anciens d'assoler parmi nous les terres cultivables ; et auxquels on peut réduire tous ceux qui ont été introduits, à une époque fort éloignée, sur notre territoire ; après l'indication des divers moyens les plus propres à les remplacer avantageusement presque partout ; nous nous croyons bien fondés à affirmer :

1°. Qu'il est facile de substituer progressivement à ces usages, sans désordre et sans perte, des rotations raisonnées très-avantageuses, au moyen desquelles on peut supprimer l'improductive jachère, *dans le plus grand nombre de cas*, en maintenant la terre dans un état progressif d'amélioration, au lieu de la laisser se détériorer continuellement par ces antiques systèmes de culture, qui pouvaient être utiles lors de leur introduction dans des contrées peu avancées en civilisation, en population et en industrie agricole, mais qui doivent maintenant céder la place aux méthodes perfectionnées, devenues le résultat inévitable des progrès des lumières, et de l'accroissement de la population et des besoins ;

2°. Que si ces vieilles pratiques de nos ancêtres ont résisté, sur plusieurs points, aux efforts partiels qui ont été tentés par divers agriculteurs pour les abolir, il est évident qu'on ne peut attribuer le défaut de succès des entreprises, qu'aux seules causes que nous avons développées, et sur-tout au manque de précautions indispensables pour faire réussir les essais ;

3°. Que si nous sommes encore condamnés à voir exister d'aussi ruineuses routines sur les terres des cultivateurs peu aisés et peu instruits, peut-être même dans quelques autres cas non moins fâcheux, que nous avons exposés avec franchise; cela tient seulement à des circonstances particulières, dont tout ami de la France doit espérer de voir bientôt disparaître jusqu'aux moindres traces. Ces circonstances, entièrement étrangères à la culture proprement dite, ne peuvent militer nullement en faveur du grand obstacle à toute espèce d'amélioration agricole, qui a dû fixer spécialement notre attention, et dont nous désirons avoir suffisamment démontré les pernicieux effets.

Nous terminerons nos considérations générales et particulières sur cet important objet, en observant que nous devons d'autant plus espérer de voir l'affligeante étendue des terres abandonnées à un prétendu *repos*, diminuer de plus en plus, chaque année parmi nous, que le Gouvernement a reconnu et déclaré solennellement, d'après l'avis unanime du Conseil d'agriculture, dès l'origine de sa formation, que *l'abolition des jachères est un grand principe d'amélioration*, et qu'il a signalé à l'estime particulière de Sa Majesté les correspondans du Conseil, *parce que la plupart d'entre eux les ont bannies de leur exploitation.*

Voyez les mots ASSOLEMENT et SUCCESSION DE CULTURE, qui forment le complément de cet article. Nous avons exposé, sous le premier, les principes qui doivent diriger maintenant l'économe rural éclairé dans l'ordre de ses cultures, pour qu'elles lui deviennent le plus avantageuses qu'il est possible; et nous lui avons indiqué, avant tout, la marche progressive des améliorations les plus remarquables qui se sont introduites successivement en ce genre chez les anciens peuples cultivateurs les plus renommés, et récemment sur les diverses parties de l'Europe les mieux cultivées. Nous avons rassemblé ensuite en un seul cadre, sous le second, toutes les plantes annuelles, bisannuelles, ou vivaces, qui sont cultivées en grand sur le vaste territoire de la France, dans des climats très-variés, ou qui sont susceptibles d'être admises en différens cantons, avec des avantages plus ou moins prononcés : et nous les avons examinées alternativement sous l'important rapport des assolemens, en les classant méthodiquement, d'après leur nature particulière et leurs différens usages économiques; en indiquant les qualités du sol qui leur conviennent généralement le mieux; en faisant observer les précautions particulières et essentielles ainsi que tous les procédés de culture que chacune d'elles exige pour prospérer ; en prescrivant sur-tout l'ordre de rotation dans lequel il est utile de les introduire et de les faire revenir sur le même champ à des retours périodiques; et en faisant connaître enfin tous les résultats avantageux qui doivent nécessairement résulter de cet ordre de culture raisonnée. Nous ajouterons que nous n'avons jamais omis, dans ces deux articles, de placer l'exemple à côté du précepte, en appuyant constamment nos assertions sur les faits les plus authentiques et les plus concluans, lesquels nous ont été fournis le plus souvent ou par notre propre pratique, ou par nos cultivateurs les plus instruits, dont le nombre augmente heureusement de jour en jour de manière à nous faire espérer que bientôt notre économie rurale aura atteint tout le degré de perfectionnement désirable. Nous devons espérer aussi que les vrais principes d'assolement, ainsi que toutes les méthodes de culture perfectionnées à l'aide d'instrumens convenables, étant bien connus et mis sagement en pratique, se propageront bientôt rapidement sur la totalité du territoire français. (YVART.)

JACHÈRE BATARDE. On donne ce nom, dans quelques lieux, à une jachère sur laquelle on fait une culture de peu de durée, comme des raves, de la navette, des pois, etc. (B.)

JACHÈRE MORTE. On appelle ainsi, dans les pays où les jachères sont supprimées, celles que quelques circonstances obligent de faire. (B.)

JACHÈRE TARDIVE. On donne ce nom, dans le comté de Norfolk en Angleterre, à une demi-jachère, si je puis employer cette expression; c'est-à-dire qu'après la récolte d'automne on sème des turneps ou autres grains propres à faire une pâture d'hiver et de printemps, pâture qu'on détruit en mai ou juin pour donner trois labours, répandre le fumier et semer du blé ou autre céréale en octobre. Cette pratique est très-recommandable. (B.)

JACINTHE, HYACINTHE, *Hyacinthus orientalis*, Lin., plante de l'hexandrie monogynie, et de la famille des liliacées.

L'oignon de la jacinthe est composé de plusieurs tuniques adhérentes à la base, et qui embrassent le tiers, la moitié, et au plus les deux tiers de la circonférence, suivant qu'elles s'éloignent plus ou moins du centre : elles sont séparées par des pellicules d'une couleur rougeâtre. Ces tuniques sont plus ou moins nombreuses, suivant l'âge de l'oignon, qui est conséquemment allongé les premières années, mais qui grossit en raison de l'augmentation des tuniques. Les racines qui sont des filets blancs, charnus, plus ou moins gros, suivant la force de l'oignon, d'inégale longueur, se terminant en pointe, forment une couronne à la base de l'oignon, et laissent dans son centre un cercle vide qu'on appelle l'œil de la racine. Cette base est bulbeuse, et sa substance, qui paraît la même que celle des tuniques, se modifie par degrés dans ces tuniques, pour acquérir la qualité subéreuse des fanes. Les feuilles sont larges, droites, un peu striées, d'un vert luisant plus ou moins foncé; elles ne sont que le prolongement des tuniques, qui augmentent chaque année en raison du nombre des feuilles.

Le nom de jacinthe orientale paraît indiquer le lieu d'où on a tiré cette plante. Cependant les Hollandais, qui sont parvenus par une culture suivie à doubler et tripler le volume de ses fleurs, à les rendre doubles et à varier leurs couleurs, prétendent qu'elle est indigène dans leur climat, où elle réussit mieux que dans le reste de l'Europe, soit que le terrain lui convienne mieux, soit que leur culture soit à un point de perfection que les autres peuples n'ont pu atteindre jusqu'à ce jour, soit par ces deux raisons réunies. Il est difficile d'affirmer quelle est sa couleur primitive. Les uns prétendent qu'elle était bleue, les autres rouge. Je serais volontiers de cette dernière opinion, parce que les auteurs grecs et latins qui ont parlé de cette plante lui supposent cette couleur, en la faisant naître du sang d'un des héros du siége de Troie, ou de celui de l'amant d'Apollon et de Zéphire. Cependant comme les jacinthes rouges sont en général moins vigoureuses que les bleues, ce motif pourrait faire pencher en faveur de cette dernière couleur. Quoi qu'il en soit, la culture a été si favorable à cette plante sous le rapport des couleurs comme sous celui du volume, qu'elle seule a l'avantage de les réunir toutes, et que lorsqu'on a une belle collection de cette fleur, on jouit à-la-fois de nuances qui varient du blanc au noir.

Des variétés de la jacinthe orientale, et en quoi consiste leur beauté. On sera peut-être surpris de tous les détails dans lesquels on entre ici pour une simple fleur d'agrément. Mais si on réfléchit qu'il est peu d'amateurs fleuristes qui ne cultivent la jacinthe; que sa belle forme, ses riches couleurs, ses nombreuses variétés, et l'avantage qu'elle a de paraître dans les premiers jours du printemps, la font et feront toujours rechercher; enfin, que les Français n'ont pas réussi jusqu'à ce jour dans sa culture, et que les Hollandais ont fait sortir de la France des sommes considérables pour la vente de ces oignons, on sentira facilement la nécessité de faire connaître tous les moyens qui peuvent être mis en usage pour la conserver et la multiplier en France.

Les amateurs divisent les jacinthes en trois ou quatre classes: les simples, qu'on ne distingue de leur état naturel que par le volume de leurs fleurons et la variété de leurs couleurs; les semi-doubles, qui ont quelques pétales de plus, mais conservent encore les signes de la fécondation; les doubles, dont les pétales sont recouvertes par un nombre égal d'autres pétales; c'est-à-dire que la corolle étant divisée jusqu'à la moitié de sa hauteur en six segmens, les doubles paraissent avoir douze pétales; enfin les pleines ou quadruples qui sont garnies d'un aussi grand nombre de pétales surnuméraires que la fleur peut en contenir. Chacune de ces divisions est subdivisée par un nombre considérable d'espèces jardinières, que leurs formes et leurs couleurs distinguent des autres.

Les Hollandais, qui sont nos maîtres en ce genre, et particulièrement les jardiniers de Harlem, ont divisé leurs jacinthes en deux classes, les simples et les doubles; chaque classe est subdivisée en rouges, couleur de rose ou de chair, pures blanches, blanches à milieu jaune, blanches mêlées de rouge ou feu, blanches mêlées de violet ou pourpre, blanches mêlées de rose ou de chair, jaunes mêlées de rouge, de rose ou de pourpre, bleues d'agathe ou gris de lin, couleur porcelaine, bleues pourpre, pourpres noirâtre. Leurs jacinthes doubles ou simples sont toutes placées dans ces subdivisions, et ont toutes des noms qui servent souvent autant à les reconnaître que les nuances légères qui les distinguent quand la forme est la même; car elle varie un peu et pour la force de la tige plus ou moins épaisse, plus ou moins longue, et pour le port de la plante, dont les fleurs se soutiennent plus ou moins, suivant la grosseur et la longueur du pédicule, et pour la forme de la corolle, qui est tantôt longue, tantôt courte, plus ou moins ventrue, et dont les divisions se recoquillent souvent; enfin par le nombre des fleurs et leur rapprochement. Au surplus, comme les catologues des Hollandais font monter le nombre de leurs variétés à près de deux mille, il n'y a qu'un œil fort exercé qui puisse saisir toutes ces nuances.

Il paraît qu'on est convenu depuis long-temps en Hollande des caractères qui relevaient le mérite d'une jacinthe, et que les Français ont adopté sous ce rapport l'opinion des Hollandais, puisqu'ils les ont copiés mot à mot sur cet article.

On veut, pour que l'oignon soit parfait, qu'il soit bien fait, c'est-à-dire ni trop large ni trop long, proportion gardée. J'observerai ici, sur ces dimensions, que les amateurs qui achètent des plantes d'un grand prix doivent donner toute leur attention à la forme de l'oignon. En effet, j'ai déjà observé que l'oignon était composé de tuniques qui n'étaient que la prolongation des feuilles. Il en résulte que l'augmentation des tuniques est proportionnée au nombre de feuilles qu'a reçues la plante; aussi un oignon est d'autant plus vieux qu'il a plus de tuniques. Mais comme les feuilles partent du centre, il faut que la base de l'oignon s'élargisse tous les ans, et que la couronne des racines prenne de l'accroissement; et comme l'oignon ne dure qu'un certain nombre d'années, on doit avoir attention de ne choisir que ceux dont la couronne est petite, autrement on est exposé à les perdre en peu de temps. Les auteurs recommandent également de choisir des oignons passablement gros; mais la grosseur doit être indifférente quand ils sont jeunes. Ils sont nécessairement proportionnés à la vigueur de la plante; et les bleues étant plus vigoureuses que les rouges, leurs oignons sont nécessairement plus gros. Comme je cultive cette plante depuis vingt-cinq ans, je puis assurer les amateurs qu'après avoir examiné et tâté un oignon, qui doit être ferme pour être sain, ils n'ont qu'à considérer sa base, et qu'en suivant mon principe ils ne se tromperont pas sur son âge, et conséquemment sur sa bonté.

On veut également que l'oignon soit lisse et non écailleux.

Cette qualité est comme la grosseur, c'est-à-dire qu'elle dépend des espèces, les jacinthes blanches mêlées de rouge et quelques autres ayant presque toujours la peau défectueuse.

On désire également que les jacinthes ne poussent pas trop tôt leurs fanes; mais comme la tige sort de terre en même temps que les fanes ou feuilles, il en résulte que c'est vouloir retarder sa jouissance, et faire à une plante un reproche d'un mérite réel. Il est vrai que les gelées de février ou de mars pourraient endommager la pousse; mais si les Hollandais avaient l'attention d'indiquer les espèces primes dans leurs catalogues, on pourrait les planter à Paris, et on en serait quitte pour les couvrir quand on craindrait des gelées. On prolongerait ainsi des jouissances en faisant une planche prime et une tardive.

Il faut que les tiges soient fortes et puissent se soutenir sans appui, ce qui n'est point commun; qu'elles aient de douze à vingt fleurs, suivant leur grosseur; il est quelques espèces qui en fournissent jusqu'à trente. Celles qui n'en ont pas plus de sept à huit ne sont pas estimées; c'est le reproche que l'on fait à celle appelée *globe terrestre*, que l'on ne conserve qu'à raison du volume et de la belle couleur de ses fleurs. Le *vainqueur* est dans le même cas.

Les tiges doivent en outre être droites, bien proportionnées, ni trop hautes, ni trop basses, également garnies de fleurs à une distance égale, et telle que leur masse ne forme qu'un bouquet en pyramide. Les feuilles doivent être d'un vert qui tranche avec les nuances de la fleur, et inclinées à quarante-cinq degrés. Les fleurs doivent être larges, courtes, bien nourries et bien garnies de pétales dans les doubles; il faut qu'elles se détachent de la tige et se soutiennent dans une direction horizontale, pour qu'on en voie le cœur sans être obligé de les relever. Les pédicules doivent être forts et d'inégale grandeur pour que les fleurs forment la pyramide. Les couleurs doivent être nettes, vives et trancher sur le fond. Quand une jacinthe réunit toutes ces qualités, elle est parfaite; mais il en est fort peu dans ce genre, et il serait à désirer qu'au lieu de s'attacher à la quantité des variétés on n'eût égard qu'à la qualité. Un amateur qui réduirait ses planches à cent espèces choisies, présenterait à coup sûr un plus beau coup d'œil que celui qui en réunirait mille (1).

---

(1) Au rapport de M. Antoine, les cultivateurs hollandais coupent les tiges de leurs belles jacinthes dès qu'elles se montrent, afin que la sève qui devait servir au développement de leurs fleurs se porte sur leurs racines et augmente leur volume : c'est par cet artifice, joint à la bonne terre, qu'ils produisent des oignons, qui donnent, mais une fois seulement, des fleurs si nombreuses et si grosses. (*Note de M. Bosc.*)

Plusieurs jacinthes ont le défaut d'avoir les fanes d'un vert jaune pâle, d'autres ne fournissent pas assez de sève à la tige pour faire réussir les dernières fleurs qui avortent. Ces plantes seraient depuis long-temps rejetées, si le désir de multiplier les variétés ne les avait fait conserver.

Végétation des jacinthes. La végétation des jacinthes offre des singularités surprenantes, dont la connaissance peut être utile pour parvenir à une bonne culture. La lecture de l'ouvrage de M. Saint-Simon m'avait déterminé à faire une suite d'expériences pour vérifier les siennes et en tirer quelques conclusions favorables à ses principes, ou qui m'en eussent démontré la fausseté. Les malheurs que j'ai éprouvés sous le régime révolutionnaire, et les travaux multipliés dont j'ai été chargé jusqu'à l'an 9, enfin mon déplacement, ne m'ont pas permis de les continuer jusqu'à ce jour : je me contenterai donc ici de faire l'analyse de celles de M. de Saint-Simon, et d'en présenter les résultats. Les physiologistes seront à même de décider en cas d'erreur, d'où elle provient, et de la rectifier.

J'ai dit plus haut que les tuniques qui formaient l'oignon de jacinthe n'étaient que la prolongation des feuilles ou fanes. Il en résulte nécessairement que le nombre de ces tuniques augmentant tous les ans, l'oignon de semence est plus long que gros, et sa couronne fort petite, mais que l'augmentation annuelle de ses tuniques le fait grossir et élargir sa base. Il n'y a nulle raison pour arrêter l'élargissement de la base ; mais les tuniques se desséchant au bout de quelques années, un oignon peut en perdre, et en perd effectivement ; en raison du nombre qu'il gagne : ce n'est alors qu'un remplacement, et l'oignon ne grossit pas ; il n'y aurait dans cet état de choses d'autres motifs de destruction de l'oignon, puisque les tuniques se renouvelleraient après avoir subsisté quelques années comme les racines le font tous les ans, que les maladies de l'oignon ou ses ennemis, si sa base pouvait également se renouveler. Mais comme elle reste la même, à l'élargissement près, elle occasionne la mort de l'oignon ou plutôt sa division en un grand nombre de caïeux.

La durée de l'oignon varie beaucoup ; elle dépend de la formation plus ou moins grande des tuniques par année. Ainsi, en examinant le nombre de feuilles que chaque espèce de jacinthe fournit par an, car elles n'en fournissent pas toutes également, les unes n'en ont que trois, d'autres en ont jusqu'à huit, on pourrait calculer à-peu-près la durée de l'oignon, je dis à-peu-près, parce qu'il est des espèces dont toutes les feuilles ne se développent pas ; elles s'élèvent seulement du fond jusqu'à la hauteur de l'oignon, s'y arrêtent et forment des tuniques. Ainsi, pour pouvoir affirmer quelle doit être la durée des oignons d'une variété de jacinthe, il faut calculer le nombre des tuniques produit chaque année, et on ne peut le faire qu'en sacrifiant un oignon par l'opération suivante :

On détache les tuniques les unes après les autres, on trouve de temps en temps des filets et on compte les tuniques qui se trouvent entre chaque filet. Plus il y en a, moins l'oignon dure.

Cette expérience est fondée sur la végétation de la plante. En effet, si on dépouille un oignon qui a fleuri trois fois après sa sortie de terre, on trouvera les trois tiges dans l'oignon : celle de la dernière fleur est au centre et n'est pas encore desséchée; celle de l'année précédente est séparée de la première par quelques tuniques; enfin la troisième tige l'est également de la seconde par plusieurs tuniques, mais elle est de l'autre côté de l'oignon. Ces deux tiges sont desséchées, aplaties et de couleur cramoisi. On voit à côté de la première tige la pousse de l'année suivante composée d'un certain nombre de feuilles, dont les unes sortiront de terre, et les autres ne feront que des tuniques. La tige est au milieu et finit par prendre insensiblement le centre de l'oignon, dont elle écarte la tige de la dernière fleur, qui est séparée de la nouvelle par les tuniques qui se forment en même temps que cette tige. Or, plus ces tuniques sont nombreuses entre chaque tige, plus la base de l'oignon s'élargit chaque année, et moins il dure.

La végétation des plantes simples étant toujours plus vigoureuse que celle des doubles, elles poussent un plus grand nombre de tuniques, et l'oignon dure moins. On voit par là non-seulement qu'il est facile de s'assurer de la durée d'un oignon, mais qu'on déterminerait aisément le nombre de ses fleuraisons, si l'oignon, ayant pris toutes ses dimensions, les anciennes tuniques ne se desséchaient pas et ne se détachaient pas de l'oignon, ainsi que les filets quand ils sont parvenus à la surface. Cette différence entre l'augmentation des tuniques des oignons de jacinthes simples et doubles et de ceux de chaque variété, est assez considérable pour qu'un oignon ne fleurisse que trois ou quatre fois pendant que la durée d'un autre sera de douze ou treize ans; mais il est peu de variétés qui fleurissent aussi long-temps. Au surplus, les oignons qui vivent peu dédommagent les amateurs par une plus grande quantité de caïeux.

Tout le monde connaît les racines des plantes comme leur destination; l'on sait encore qu'un grand nombre d'entre elles, indépendamment de leurs propriétés d'attirer la sève et de l'élaborer, contiennent des germes qui donnent naissance à de jeunes plantes connues sous le nom de drageons, et que des racines dont la tige était enterrée, sont devenues des tiges

et des branches. Ces phénomènes de la nature ne nous sur-
prennent plus ; et lorsque nous voyons des truffes, des algues
et d'autres plantes végéter sans racines, l'habitude de les
voir nous rend familiers à cette variété inépuisable de la nature
dans ses productions et leur végétation. Mais un phénomène
d'un genre nouveau est celui que présentent les racines de la
jacinthe ; je dis nouveau, parce qu'on ne l'a remarqué ou cru
remarquer que dans les racines de cette plante. Ces racines,
si les expériences de M. Saint-Simon sont concluantes, ne sont
que des excrétoires, dans lesquels la partie de la sève inutile
à la plante se dépose, comme la partie la plus grossière du
chyle se réunit dans une partie du fœtus jusqu'à sa sortie du
corps de la mère.

Ces racines sont, comme je l'ai déjà observé, des filets plus
ou moins nombreux, d'inégale longueur, et blancs. On n'a
point observé de pores dans aucune de leurs parties. Elles
n'ont point de chevelus qui puissent attirer et absorber l'eau
séveuse ; enfin elles ne paraissent être pourvues d'aucun des
moyens dont se servent les autres racines pour fournir de la
nourriture au corps des plantes, ou en produire de nouvelles.
Cette faculté paraît destinée au centre ou à la base de l'oignon
qui est entre les racines qui l'environnent, et qu'on appelle
l'œil de la racine. C'est cette partie qui a la faculté d'attirer
et d'absorber l'eau séveuse, non que les racines ne soient utiles
qu'à recevoir la partie grossière de la sève ; car le mouvement
ascendant et descendant de cette dernière doit se faire jusqu'à
l'extrémité des racines, où elle s'élabore comme dans le reste
de la plante.

Cette opinion, extraordinaire au premier abord, acquiert de
la force quand on suit avec attention la végétation de la jacinthe. On doit d'abord remarquer que cette végétation n'est
jamais interrompue, même pendant les trois mois qu'on la
tient hors de terre, quoiqu'elle se soit alors dépouillée de ses
racines ; car il est à observer que les racines sèchent et se détachent lorsqu'elles sont inutiles à la plante. Si on coupe un
oignon à sa sortie de terre, on apercevra, comme je l'ai déjà
dit, auprès de la tige les pointes des feuilles et l'extrémité de
la fleur pour l'année suivante ; mais cette pousse excède rarement une ligne ; au moment de mettre l'oignon en terre, elle
s'est accrue au point de le traverser en entier, et d'être visible
au niveau des tuniques, et souvent même de le surpasser en
hauteur. Si on le coupe à cette époque, on trouve au milieu
des feuilles la tige, qu'elles recouvrent seulement de leurs extrémités, qui se reploient assez sur elle pour la garantir. Cette
tige est déjà garnie de tous ses boutons de fleurs.

L'oignon paraît avoir accumulé, pendant qu'il était en terre, la nourriture nécessaire pour le développement de sa fleur et de ses feuilles ; et si on le met dans l'impossibilité de pousser des racines, il n'en fleurit pas moins, comme lorsqu'on le pose sur un vase rempli d'eau, la tête dans l'eau et la base en l'air. La tige descend ainsi que les feuilles, et, ce qu'il y a de singulier, elle descend verticalement, contre la marche ordinaire des plantes et des semences, dont la pousse tend, en formant un demi-cercle, à reprendre sa situation naturelle quand on l'a plantée en sens contraire.

La petite variété bleue, qui fleurit au mois de janvier, pousse ses feuilles et fleurit sur les tablettes, sans racines, comme les scilles et les colchiques ; mais ces dernières plantes ne poussent que leurs tiges et point de feuilles.

Les racines paraissent, dans ces deux cas, inutiles à la végétation de la plante, qui ne peut se procurer de nourriture que par l'air ambiant que l'œil de la racine absorbe, et par ses feuilles, quand elles sont poussées. Il est vrai que la végétation n'est pas aussi forte qu'elle le serait dans l'état naturel, et que l'oignon, après avoir donné sa fleur, ne pourrait pas fournir assez de nourriture pour amener ses graines à maturité ; sans doute qu'une partie de la sève nouvelle qu'il absorbe en terre pendant la pousse de sa tige et de ses feuilles, achève de compléter ce qui manquait à l'oignon quand on l'a planté. Mais le développement est suffisant pour constater que les racines n'étaient pas nécessaires à sa végétation, et que si la plante a attiré quelques parties nutritives, elle ne l'a fait, dans le principe, que par l'œil de la racine et ensuite par les feuilles.

D'autres expériences tendent à confirmer que les racines ne sont que des excrétoires. Lorsque des oignons sont placés nouvellement sur des vases pleins d'eau, qu'il n'y a que l'extrémité des petites racines qui y touchent, la pousse des racines est fort légère ; mais si on y plonge l'œil de la racine, la végétation double. M. de Saint-Simon prétend que plus l'oignon a de sève et plus il pousse de racines. Je n'ai pas vérifié ce fait ; ce qui est cependant facile en comparant deux oignons bien choisis de la même variété, dont l'un serait mis en terre et l'autre sur une carafe.

Mais l'expérience suivante paraît décisive. Si on place un oignon sur un vase rempli de terre préparée, dont l'extrémité soit assez étroite pour que les racines le débordent, la végétation aura lieu et les racines alors croîtront dans l'air et environneront le vase. Il est constant que dans cette expérience l'œil de la racine aura seul attiré la sève et en assez grande abondance pour donner lieu à la pousse des racines nécessaires au dépôt du superflu de la sève.

Quand le tissu des racines est percé par la piqûre d'un insecte ou une autre cause, la sève ne s'introduit pas par cette ouverture; mais celle contenue dans la racine s'écoule, et l'oignon en souffre.

C'est toujours par l'extrémité que les racines se gâtent, parce que la circulation y est quelquefois gênée et même interceptée; mais il arrive fréquemment que quoique les racines d'une jacinthe soient non-seulement gâtées, mais même réduites en une matière grasse et visqueuse qui corrompt l'eau au point qu'on n'en peut souffrir l'odeur, l'oignon n'en végète pas moins et donne souvent sa fleur aussi belle qu'à l'ordinaire. Nul doute cependant que des arbres et plantes herbacées, dont les racines seraient réduites en cet état, cesseraient de végéter et périraient en peu de jours. Si la jacinthe se conserve encore après cet accident et continue à pousser fortement, c'est que la marche de la végétation y est différente que dans ces plantes. Aussi ces racines ne durent-elles que le temps nécessaire aux fonctions auxquelles elles sont destinées, et périssent-elles aussitôt qu'elles sont inutiles, quoique la végétation continue.

Tout arbre ou plante herbacée dont on coupe les racines en partie lorsqu'on les plante, en pousse de nouvelles qui doivent attirer le suc séveux et le fournir à la plante; mais si on coupe tout ou partie des racines de la jacinthe, il n'en poussera pas de nouvelles, et comme la sève avait besoin d'y être élaborée et qu'elle ne le peut plus et ne fait que se perdre, l'oignon périt ordinairement.

Toutes ces expériences tendent à confirmer que les racines ne sont que des vaisseaux excrétoires : en voici d'autres qui prouvent que l'œil de la racine attire et absorbe réellement la sève.

Si avant de planter un oignon on en coupe la couronne, il végétera et fleurira, quoiqu'il n'ait pas poussé de racines. Il est vrai que n'ayant pas eu de vaisseaux excrétoires, et la sève ne s'y étant point élaborée et déchargée des parties grossières, l'oignon, quoique bien nourri à la sortie de terre, pourrira sur les tablettes.

M. Saint-Simon a fait une autre expérience qui paraît décisive. Il a mis des oignons dans des carafes dont les eaux étaient teintes par des infusions de carmin, de gomme gutte, d'indigo, de bleu de Prusse, de cochenille, de garance, d'encre de la Chine et de vert-de-gris; il a rempli d'autres carafes d'esprit de vin et d'huile. Si les racines absorbaient la sève, elles prendraient une légère teinte de la couleur mêlée avec l'eau; si elles n'étaient que des excrétoires, ce serait la partie de l'oignon absorbant la sève qui s'imprégnerait de la couleur, et les racines conserveraient la leur. Or voici le résultat de ces expériences. L'œil de la racine a pris une teinte, quoique faible, de la couleur mêlée avec l'eau, et les racines n'ont point changé. Les couleurs n'ont point influé sur la végétation ni sur la couleur des fleurs, n'ayant pénétré qu'en petite quantité dans l'œil de la racine ; mais la teinture de vert-de-gris a fait périr l'oignon : quant à l'huile, l'oignon s'en est chargé au point qu'il paraissait confit à l'huile ; mais tandis qu'il en était abreuvé, les racines plongées dedans n'en étaient point imbibées comme le reste de l'oignon.

Les oignons ont également absorbé l'esprit de vin ; mais les racines, bien loin de l'attirer, se sont crispées en peu de temps, ont cessé de pousser, et les oignons ont péri comme ceux chargés d'huile.

Si ces expériences ne paraissent pas décisives aux yeux des naturalistes, ils y trouveront de grands motifs de suspendre leur jugement jusqu'à ce que d'autres faits les aient mis à même d'affirmer la théorie ci-dessus. La marche de la végétation des racines leur paraîtra encore une raison de plus en faveur de l'opinion de M. Saint-Simon.

Les racines sont d'autant plus multipliées, que l'oignon est plus vigoureux, et elles poussent en raison de la quantité de sève que la plante absorbe ; mais après avoir acquis une longueur déterminée, elles cessent de prendre de l'accroissement dans tous les sens ; et lorsque la fleur est épanouie, il semble que leurs fonctions aient cessé. Les feuilles acquièrent alors de l'accroissement et semblent prendre la place des racines ; et pendant que la graine se forme et mûrit, les racines se dessèchent, quoiqu'elles paraissent alors aussi nécessaires à l'oignon, qui, malgré le desséchement de ses racines, continue à végéter. Il semble donc qu'elles ne servent qu'à élaborer la sève, et de dépôt pour les parties grossières que la plante rejette, et il n'est pas suprenant que la plante végète pendant six ou sept mois sans que les racines lui fournissent de nourriture, puisqu'il est certain qu'elle le fait pendant cinq ou six mois sans leur secours.

En vain objecte-t-on que l'oignon qui porte une belle fleur, quoique avec peu de racines, est par sa nature plus aride qu'un autre ; mais cette particularité, qui est une qualité constante dans plusieurs variétés, tend seulement à prouver qu'elles n'attirent pas autant de suc séveux, et conséquemment qu'elles n'ont pas besoin d'autant de racines pour l'élaborer et y déposer les parties inutiles à la plante. Si les racines étaient les pompes aspirantes de la sève, il en résulterait qu'étant en petit nombre, les fleurs devraient être plus petites et les tiges plus grêles. Cependant plusieurs variétés dont les tiges sont fortes et le volume des fleurs considérable, ont peu de racines ; la seule différence qui a lieu n'est que dans les fanes et les tuniques, qui n'augmentent qu'en raison de l'abondance de sève et de racines, d'où l'on peut conclure que moins une variété a de racines et plus les oignons se conservent et donnent de fleurs. Ainsi la nature opère dans ces oignons en sens contraire de sa marche ordinaire pour les arbres et autres plantes qui, dans les mêmes espèces, vivent d'autant plus qu'ils ont des racines plus multipliées et plus vigoureuses, et qui ne manquent pas d'en pousser de nouvelles pour réparer leurs pertes, si on leur en coupe, tant elles sont nécessaires à leur végétation.

Quant à la végétation des feuilles ou fanes et de la tige, elle me paraît peu s'écarter de la marche ordinaire; elles attirent l'air ambiant et les molécules homogènes à leur nature qui sont répandues : aussi l'air est-il indispensable à ces plantes; et la différence qui existe entre les jacinthes qui sont plantées dans les jardins à l'air libre, où elles y végètent suivant le cours de la nature, et celles renfermées dans les chambres, provient autant de la différence qui règne dans cet air libre chargé de parties hétérogènes qui ne sont pas les mêmes dans l'air renfermé de nos chambres et de nos serres, que par l'action de la chaleur qu'on y concentre et qui ne fait que précipiter la végétation.

M. Saint-Simon paraît partager cette opinion : l'ombre des arbres, dit-il, et la différence des parties volatiles de toute espèce répandues dans l'air empêchent la perfection du travail de la nature et gâtent celui de l'art. On ne peut jamais corriger la nature du plein air, qui, sous un arbre, n'est pas le même à beaucoup près que sous un ciel à découvert. Les rosées, les brouillards et les pluies fournissent aux jacinthes, comme aux autres plantes, une nourriture abondante, et épargnent aux cultivateurs les arrosemens, qui sont moins propres à faire entrer de l'eau dans la plante, quoiqu'il soit bien établi que toute plante la pompe et la garde, qu'à faire fermenter dans la terre les molécules qui doivent s'y introduire. Les serres chaudes et les couches vitrées se passent d'arrosemens par cette raison, ou en exigent fort peu. La chaleur intérieure étant mise en action par celle du feu ou du soleil qui frappe les vitres, entretient une vapeur qui ne se dissipe qu'aux heures de la grande chaleur. Je ne parle pas ici de la marche de la jacinthe dans la production des caïeux, j'en ferai mention en faisant connaître les moyens de la multiplier.

Culture de la jacinthe. J'ai dit à l'article ANÉMONE qu'il fallait jouir des plaisirs que la nature nous offre et non en être esclave. Ce principe, établi à l'occasion des soins que certains amateurs exigent pour obtenir une belle planche d'anémones, trouverait avec plus de raison son application ici. Si on en croit certains auteurs, le fleuriste qui a une belle planche de jacinthes a de l'occupation pour l'année entière, tant ils exigent de petits détails pour leur culture. Ils ne voient pas qu'ils dégoûtent plus de la culture de cette fleur par tous ces préceptes multipliés, qu'ils n'y encouragent par l'éloge pompeux qu'ils en font.

Heureusement on peut avoir de fort belles jacinthes sans être tenu d'y employer autant de momens, qui sont souvent précieux pour remplir ses devoirs dans la société; mais la culture de cette fleur exige, en France, qu'on fasse beaucoup d'expériences, parce qu'on n'est pas encore parvenu à trouver une composition de terre qui lui convienne tellement qu'elle n'y dégénère pas. C'est à cette composition que les amateurs doivent s'appliquer : malheureusement je ne puis leur fournir pour cette plante des données certaines comme pour l'anémone.

Je cultive la jacinthe depuis trente-cinq ans, et j'ai fait le voyage de Hollande pour connaître la manière d'opérer des jardiniers de ce pays : mes recherches ont eu quelques succès, mais ne m'ont pas donné le secret de la nature pour la culture de cette fleur dans tous les climats.

Je vais détailler ici la méthode des Hollandais, et j'indiquerai les changemens que la température et la différence de terre peuvent exiger, sans oser cependant affirmer qu'en suivant ma méthode on réussisse toujours parfaitement.

Le sol de la Hollande, dans les environs de Harlem, n'est, en général, que du sable de mer amendé par les engrais et la culture; il est encore si meuble, qu'on n'a besoin que de la main pour en arracher les oignons lorsque les feuilles sont desséchées. Ce sable apporté par l'Océan forme une couche d'environ 6 à 8 pouces, qui s'étend sur une grande partie de la Hollande. Cette couche est le produit d'une de ces révolutions partielles auxquelles notre globe est sujet; elle a été l'effet d'un tremblement de terre ou d'un débordement des eaux de la mer, ou de ces deux causes réunies qui, à l'époque où la Hollande était couverte d'arbres, les a tous renversés dans un jour, de l'ouest à l'est, et les a recouverts successivement ou de suite d'une certaine quantité de sable. Ces arbres ont formé cette couche qu'on nomme *derry*, et qui est impénétrable à l'eau. Dans quelques endroits, on trouve encore dans la couche des troncs de 10 à 12 pieds qui sont sains et peuvent être employés pour la charpente ; mais, en général, ils ont subi une décomposition telle, qu'ils ne forment plus qu'une masse en partie pétrifiée, laquelle interrompt la communication des eaux supérieures et inférieures, et empêche les eaux de la mer, plus élevées que les terres dans plusieurs cantons, mais arrêtées par des digues, de pénétrer à travers le sable

pour les inonder, car la couche inférieure au *derry* n'est que
du sable.

Le derry étant infertile, et le sol ne pouvant produire qu'à
raison de l'épaisseur de la couche de sable qui le couvre, on le
détruit dans tous les lieux où les eaux de la mer sont plus
basses que le niveau des terres; mais dans les cantons où la
hauteur des terres est inférieure à celle de la mer, il est défendu, sous peine de la vie, d'y toucher. Comme cette couche
est inégalement recouverte, et que les racines n'y peuvent pénétrer. La première couche de sable, sans cesse abreuvée des
eaux pluviales, a perdu ses sels, et maintenant les eaux qui
coulent sur le derry sont douces.

Avant de cultiver la jacinthe à Harlem, on a l'attention de
détruire le derry et de mêler une partie du sable qui est sous
cette couche avec celui qui la couvre. J'ignore si les Hollandais ont examiné ce sable avec assez de soin pour connaître
les parties hétérogènes qu'il contient, et si l'esprit mercantile
qui règne dans cette contrée, a empêché d'en donner l'analyse:
cette connaissance nous serait essentielle pour la composition
de nos terres; mais on peut conclure de l'état des choses avant
la révolution qui a détruit les forêts de la Hollande, que ce
sable était chargé d'humus antérieurement à cette époque, que
les eaux de l'Océan y ont déposé une certaine quantité de sel et
des dépouilles de poissons, en enlevant une partie de cet humus. Comme on n'a que des données incertaines sur cet article,
il serait à désirer que des Français examinassent avec soin ce
sable au moment de son extraction : ce seul examen bien fait
pourrait nous fournir des résultats tels, que le problème de la
possibilité de la culture de la jacinthe en France se résoudrait
facilement. J'ai supposé jusqu'à ce jour qu'un des avantages
de ce sable était de contenir des parties de sel dont la couche
supérieure était privée par les eaux pluviales, qui ne doivent
pas en fournir autant qu'elles en enlèvent; aussi les Hollandais
n'emploient-ils ce sable qu'en le mélangeant avec celui de la
couche inférieure, et pour les planches de parade ils n'emploient que le dernier (1).

En vain dirons-nous aux amateurs : Les Hollandais font tel
mélange de sable, de fumier de vache et de tan : si leur sable
et leur fumier diffèrent des nôtres, il est certain que les combinaisons produites par la fermentation qui s'établira dans nos
mélanges pourront différer essentiellement de celles des Hollandais, et produire des résultats contraires à notre attente.

---

(1) Les sables des bords de la mer de Hollande sont, comme tous
ceux qui se trouvent le long de la vallée du Rhin, le produit de la décomposition des rochers granitiques des Alpes; seulement comme il est plus
éloigné de son origine, il est plus fin. La mer ne fait que le prendre et
le rendre par l'action du flux et du reflux.   (*Note de M. Bosc.*)

Le fumier de vache des Hollandais diffère peut-être autant du nôtre que leur sable. Comme leurs vaches sont couchées sur un plancher sans litière, et qu'on ne leur donne que des fourrages secs pendant l'hiver, qui est le moment où l'on peut ramasser leur fumier, puisque, dans les autres saisons, elles sont constamment dans les prairies, ce fumier, qui n'est que de la bouse sans mélange de paille, peut produire des effets différens du nôtre.

Voici la marche suivie par les Hollandais pour la composition de leurs terres ainsi que pour la culture, tirée de leurs auteurs favoris, van Zompel et Voorlem, et copiée par tous les auteurs français, de manière que la plupart n'ont fait que changer quelques expressions.

En général, il faut éloigner tout ce qui a quelque rapport avec du fumier frais; les terres crétacées et argileuses sont absolument contraires aux jacinthes. Van Zompel dit avoir vu cultiver avec succès la jacinthe aux environs d'Amsterdam, dans des terrains qu'il qualifie de sulfureux. Il regarde la terre sablonneuse comme la plus convenable, pourvu qu'on ait soin d'en ôter le sable rouge, le jaune, le blanc et le maigre. Le meilleur sable est le blanc lorsqu'il est un peu gluant, gras, et qu'il ne se convertit pas en poussière jaune à mesure qu'il sèche ; la terre sablonneuse qu'il recommande est grise ou de couleur fauve noirâtre.

Comme le sable des environs de Harlem, dont on se sert pour cette culture, est tel que le désire van Zompel, et que cependant il n'est point généralement mêlé d'argile ; enfin que ce sable n'est qu'un dépôt formé par la mer, et que le sable de mer n'est jamais de couleur fauve noirâtre ; que celui des côtes de Hollande est communément blanc, il me paraît constant qu'il ne doit cette nouvelle couleur qu'aux matières qui y sont mêlées, et qui le rendent si propre à la culture de la jacinthe. Or, cette culture ayant fait sortir de France depuis un siècle quatre-vingt ou cent millions, on doit juger combien il serait intéressant que nos chimistes les plus éclairés fissent l'analyse de ces matières. La France sort à peine d'une convulsion violente où les esprits étaient exaspérés ; la culture est un des moyens les plus sûrs pour rétablir le calme et adoucir les mœurs. *Emollit mores, nec sinit esse feros :* c'est un principe connu des anciens, et que l'expérience n'a fait que confirmer. Il est donc de l'intérêt du gouvernement de favoriser l'agriculture, et de porter l'attention des citoyens vers ce but intéressant; mais plus ce goût gagnera, sur-tout dans les villes, plus celui des belles fleurs augmentera; plus on fera de demandes d'oignons de jacinthes en Hollande, et plus on exportera de numéraire. Il est donc facile d'apprécier le service que rendrait à la patrie celui qui nous donnerait les moyens de cultiver la jacinthe avec succès, et de nous passer de nos voisins pour cet article.

Les matières combinées avec le sable de Hollande une fois connues, il importerait peu que le sable fût blanc ou maigre; on en changerait la couleur comme la maigreur au moyen d'un mélange sagement combiné.

Quant aux amendemens, les curures récentes des fossés ou des puits ne peuvent que nuire à l'ameublissement de la terre. Le fumier de cheval, de brebis, de porc, capable de hâter le progrès des plantes, occasionne des chancres pernicieux aux oignons. La poudrette, de quelque nature qu'elle soit, et toutes les préparations recherchées ne sont point ici de mise. Le seul fumier de vache suffit pour mettre cette sorte de terre en état de fournir de belles jacinthes. On peut y substituer les feuilles d'arbres bien consommées, à l'exception de celles de chêne et de châtaignier, de hêtre et de platane, ou le tan réduit en terreau à force d'avoir servi à d'autres usages dans les jardins.

Il y a des gens qui élèvent leurs jacinthes sans terre dans un mélange de moitié de fumier de vache et moitié feuilles et tan bien consommés. On travaille ce mélange pendant deux ans, et la réussite est aussi certaine que dans les sables gris, pourvu que le tan ait été tiré des fosses deux ans avant de le mêler avec du fumier; en sorte qu'il soit déjà à demi consommé. Le monceau de ce mélange, ainsi que de tout autre, doit être placé au grand soleil.

Le mélange ordinaire en Hollande est de deux parties de sable gris ou fauve noirâtre, trois parties de fumier de vache et une partie de feuilles ou tan consommés. On préfère pour ce mélange le fumier frais à celui d'un an, parce qu'il se consomme plus vite et se marie mieux. On fait le morceau le plus mince que l'on peut, relativement à la place, afin que le soleil ait plus de facilité à le pénétrer.

Pour former ce monceau, on ramasse des feuilles, dont on fait un tas considérable, afin qu'à mesure qu'elles se réduisent en fumier, le soleil n'en fasse pas évaporer tous les sels et toutes les huiles. Il ne faut pas pour cette raison que les tas soient dans un endroit trop exposé au soleil ni dans une place humide où l'eau croupisse. Si le tas est au soleil, il est bon de le recouvrir d'un peu de terreau ou de paille.

Ceux qui préfèrent le tan aux feuilles en font un tas qu'ils humectent pour l'échauffer et le réduire promptement en terreau.

On fait de même un tas de fumier de vache qu'on laisse fermenter en masse.

Enfin, l'on fait un tas de sable; mais il faut observer qu'on ne veut pas de celui qui se trouve au-dessus du derry et dont l'eau qui s'écoule est douce. Si l'on ne peut pas rompre le derry, on va en chercher assez loin du côté des dunes. Ces matières, ayant resté quelque temps en tas pour *mûrir* et perdre une partie de leur humidité, sont réunies en un seul monceau par le procédé suivant :

On fait une première couche de sable, une de fumier de vache, et une troisième de feuilles ou de tan, et on recommence ces couches jusqu'à ce que la masse ait 6 à 7 pieds de hauteur; la dernière couche est de fumier de vache, sur laquelle on jette un peu de sable pour empêcher qu'elle ne durcisse au soleil.

Pendant les six premiers mois, on ne remue ce mélange qu'autant qu'il faut pour ôter les mauvaises herbes encore jeunes; après quoi, on le retourne de six en six semaines. Sa préparation ne dure pour l'ordinaire qu'un an. On peut travailler le tout pendant une seconde année pour le perfectionner; mais un plus long temps l'affaiblirait.

Lorsqu'on tire les oignons qu'on a mis dans la terre ainsi composée, on défait cette espèce de couche pour l'exposer au soleil et la remuer; elle est ensuite en état de servir aux tulipes, renoncules, anémones, oreilles-d'ours, de sorte qu'elle ne sert qu'un an pour les jacinthes. On n'en fait pas usage pour les œillets, parce que l'expérience a prouvé que la jacinthe communique à cette terre une qualité qui leur est contraire.

Telle est la méthode des Hollandais, et l'expérience a justifié depuis long-temps la bonté de leur pratique pour les jacinthes. Leurs tulipes réussissent aussi parfaitement dans cette préparation; mais j'ai vu leurs anémones et leurs renoncules n'y prendre que la moitié de leur diamètre. L'anémone se plaît dans les terres fortes, et la renoncule la veut aussi plus compacte, quoiqu'une terre aussi forte que pour l'anémone ne lui convienne pas : il n'est donc pas étonnant que cette préparation ne puisse pas convenir à ces fleurs.

Outre ces dispositions, qui ont plutôt lieu pour les planches de parade que pour la pleine terre, les Hollandais suivent la méthode suivante pour leurs pépinières de cette plante.

Ils défoncent leur terrain à une profondeur telle, qu'ils puissent mêler un pied du sable au-dessous du derry avec celui de la superficie. Ils y ajoutent 6 à 7 pouces de fumier de vache et de tan; ils labourent ensuite en divisant le fumier autant qu'il est possible. Ils prétendent, dit Saint-Simon, que le sable corrige l'effet du fumier de vache; ils attendent une année pour y planter les jacinthes, en alternant tous les ans avec d'autres fleurs, de manière à ne planter des jacinthes que les première, troisième et cinquième années. La terre, ainsi préparée, peut servir six ans sans nouvel engrais. Ce n'est qu'après la troisième plantation de jacinthes qu'on dispose de nouveau le terrain comme on l'a déjà dit, c'est-à-dire en y mêlant de nouveau du sable du fond, et en y ajoutant de l'engrais.

On voit par cet exposé la préparation qui convient à la Hollande, c'est-à-dire à un climat humide rapproché du nord, et dont les terres, baignées des eaux de la mer, sont fréquemment humectées de pluie et chargées de sel marin. Il est douteux que les mêmes dispositions puissent convenir à des climats plus secs, plus chauds, et où les pluies moins abondantes sont chargées d'autres principes sans quelques modifications. Mais, indépendamment de cette différence de température et des vapeurs répandues dans l'atmosphère, notre sable n'a pas les mêmes qualités que celui des Hollandais, et notre fumier de vache diffère du leur. La différence est telle aux environs de Londres, qu'on a été obligé de renoncer à cet engrais pour la jacinthe. Voici les modifications que je propose pour parvenir aux mêmes résultats que les Hollandais.

Employez, au lieu de leur sable, celui que nous appelons improprement terre de bruyère, et ne changez rien à la quantité des parties qu'ils mettent de sable, de fumier et de tan, ou terreau de feuilles; mais ajoutez à chaque couche un peu de sel, que vous répandrez légèrement dessus. Si le climat est chaud et les pluies rares, ajoutez à votre mélange autant de parties de terre douce, telle que celle de taupinière ou potagère, que de terre de bruyère; vous augmenterez la quantité de la terre en raison de la chaleur et de la sécheresse, afin de la rendre plus compacte et d'y conserver l'humidité, parce que les arrosemens nuisent aux jacinthes, et qu'on doit employer tous les moyens pour les prévenir. Faites ramasser et piler des coquilles d'huîtres, dont vous couvrirez vos planches. Les pluies, en leur enlevant les sucs qu'elles contiennent, les entraîneront avec elles et en nourriront les plantes. Les limaces ne pouvant se promener sur ces coquilles pilées, dont les parties anguleuses les déchirent, ne les attaqueront pas. Mais lorsque les jacinthes seront prêtes à fleurir, vous couvrirez ces coquilles par un peu de terreau, pour que sa couleur foncée fasse ressortir davantage le vert des feuilles et les nuances des fleurs, et que les rayons solaires, réfléchis par ces coquilles, ne brûlent pas les fleurs, et ne nuisent pas à l'oignon en mettant une différence considérable entre la chaleur d'une partie de la plante et celle de l'autre.

Au défaut de terre de bruyère, on emploiera du sable tel qu'on pourra s'en procurer; mais s'il était gras et mêlé de quelques autres matières, lorsqu'on en aura fait un tas, il faudra, au défaut de pluie, lui donner de fréquens arrosemens pour les en séparer. Mais on pourra alors ajouter une partie de plus de terreau de feuilles pour remplacer celui qui est mêlé avec la terre de bruyère par la décomposition de cette plante, et qui lui donne cette teinte brune qu'il n'avait pas dans le principe.

On suivra la même marche que les Hollandais pour le mélange ; mais dans les climats secs, il faudra arroser le monceau de temps en temps pour y établir la fermentation nécessaire à la combinaison de tous les principes du mélange.

Rozier indique une composition bien simple de trois parties de terre neuve ou de taupinière, deux parties de débris de couche bien terreautées, et une partie de sable de rivière.

D'autres n'exigent qu'une terre de potager ordinaire d'un demi-pied de profondeur. Mais si l'une de ces méthodes avait pu convenir à la culture des jacinthes, il y a long-temps qu'on serait parvenu à la cultiver en France.

J'ai dit de remplacer le sable de Hollande par du sable tel que le pays le fournit, en le purgeant des matières hétérogènes qui y sont mêlées, même du sable de rivière bien pur ; cependant la terre de bruyère est préférable à ce sable. Les amateurs de l'intérieur des terres, n'ayant pas toujours le choix, sont souvent forcés d'employer ce qu'ils ont sous la main ; mais ceux qui habitent les environs de la mer y trouveront une ressource pour cette culture, préférable même à la terre de bruyère : c'est le sable de mer. En effet, nous pouvons supposer que le sable des Hollandais n'était autre chose que du sable de mer combiné avec du sel marin et de l'humus. Si je recommande de mêler du sel dans le monceau de terre préparée, ce n'est que pour remplacer celui de ce sable et des eaux pluviales : le sable de mer doit donc en partie produire cet effet, comme j'en ai eu l'expérience pendant cinq ans que je l'ai employé avec succès. Si on peut s'en procurer, on en mettra la même quantité que les Hollandais ; mais comme il ne contiendra pas d'humus, on mettra dans le mélange une partie de terreau ou de tan de plus qu'eux, et on n'y ajoutera pas de sel.

Quand cette préparation est en état de servir, on en porte 8 à 10 pouces sur la planche ou la couche où l'on veut mettre ses jacinthes ; on l'égalise bien sans la fouler et on pose les oignons dessus, sans les enfoncer, à 6 pouces de distance. Pour régler cette distance, il suffit de tracer la planche de 6 pouces en 6 pouces dans les deux sens, et de mettre les oignons dans les points d'intersection.

Les Hollandais, mélangeant dans leurs planches les jacinthes simples et doubles, ne s'occupent pas de diviser les doubles en primes et tardives, parce que la fleuraison des simples devance celle des doubles de quinze jours ou trois semaines, et qu'elles sont dans tout leur éclat jusqu'au moment où les doubles attirent l'attention. Comme ils ne cherchent qu'à donner de l'éclat à leurs planches, ils y mettent indistinctement leurs plus belles fleurs, primes ou tardives; mais si la fleuraison de tous les oignons n'avait pas lieu à-la-fois, le coup d'œil y perdrait beaucoup. Pour prévenir cet inconvénient, ils enfoncent davantage les primes et relèvent les tardives, au moyen d'une poignée de terre qu'ils mettent dessous.

En général, quand on craint l'humidité, on incline un peu l'oignon la tête au nord et le fond au soleil.

Les oignons placés, on les couvre avec 3, 4 à 5 pouces au plus de la même préparation, et on donne le coup de râteau. Cette méthode pour le placement des oignons est préférable à celle de les planter en les enfonçant avec la main, ou de faire un trou avec le plantoir. La terre se tasse uniformément, et les eaux ne peuvent pas plus séjourner autour de l'oignon que dans les autres parties de la planche. L'oignon ne peut donc souffrir du tassement, au lieu que le plantoir et la main, resserrant la terre autour de l'oignon, font des trous qui y conservent plus long-temps l'humidité que les autres parties de la planche, et cette humidité peut nuire à l'oignon.

Les Hollandais élèvent leurs planches de parade d'un pied au-dessus du niveau du sol pour prévenir l'humidité. Le même motif les détermine à défoncer dans certains cantons à 3 et 4 pieds pour l'écoulement des eaux. Cette marche, qui peut convenir dans les terres humides, aurait des dangers dans les terrains secs. La jacinthe souffre beaucoup de l'humidité, une trop grande sécheresse ne lui serait pas moins nuisible : on doit donc élever ou abaisser ses planches en raison de l'humidité plus ou moins grande du climat et du terrain.

Leurs planches sont toujours au plein midi. Cette disposition est relative au climat, comme la précédente, et doit être modifiée à raison de la chaleur. Dans les parties méridionales de la France, je pense que l'exposition du levant est plus convenable. L'oignon de jacinthe une fois planté en Hollande ne demande plus d'autres soins que la destruction des mauvaises herbes jusqu'aux froids. S'ils sont vifs, il faut couvrir les planches avec de la litière, de la fougère, des feuilles ou des paillassons; mais on doit attendre que la gelée ait assez d'intensité pour parvenir jusqu'à l'oignon. Les fleuristes de Harlem pensent que la gelée ne peut nuire à l'oignon quand elle ne va pas jusqu'à sa couronne; mais si elle parvient jusque-là et atteint les racines, l'oignon est perdu.

Si les gelées sont tardives et que la tige commence à sortir au moment de la gelée, on doit placer les couvertures avec beaucoup de précaution, parce que la tige est fort tendre, ainsi que les pédicules des fleurs; ils se brisent facilement. On donne de l'air quand la saison le permet, mais également avec beaucoup de précaution pour les ménager.

Il est dangereux de les découvrir quand le temps est froid, sur-tout si la couverture était assez épaisse pour que la chaleur ait suffi pour la continuité de la pousse de la tige et des feuilles. Cette chaleur, dilatant les pores, cause une évaporation intérieure, qui, ne pouvant pas s'exhaler en l'air, retombe sur les fleurs et les couvre d'une petite rosée qui se gèle aussitôt que l'air froid saisit la plante. Il ne faut souvent que quelques minutes pour geler l'épi. Telle est ordinairement la cause des fleurs desséchées et brûlées qu'on voit quelquefois au sommet des tiges.

Lorsque les jacinthes n'ont plus rien à craindre du froid, on les découvre, et si les limaces sont multipliées, on leur donne la chasse : c'est, à cette époque, le seul ennemi à craindre, à moins que le défaut de nourriture ne force les mulots et même les rats à s'en nourrir; ce qui est rare, parce qu'ils ne recherchent pas cet oignon, et qu'ils me paraissent préférer les racines d'un grand nombre de plantes, sur-tout les oignons de tulipes. Mais comme ils les attaquent quelquefois, il est bon de visiter de temps à autre ses planches, sur-tout celles de parade, qu'on environne dans les froids de litière, dont la chaleur attire ces animaux.

Saint-Simon assure avoir vu des rats enlever des oignons en assez grand nombre pour en faire des magasins de plus d'un cent dans les trous où ils se retiraient. Cet exemple prouve que l'inspection des planches est utile de temps à autre.

Quand la tige de la jacinthe commence à s'élever, elle est assez forte pour se soutenir; mais au moment où les fleurs ont acquis tout leur volume et commencent à s'épanouir, la tige qui continue à croître diminue de diamètre à sa base, et pour peu que le vent soit fort, le poids des fleurs la renverse et la rompt même quelquefois. Pour prévenir ce danger, les Hollandais ont des baguettes de fer, auxquelles ils les attachent avec de la soie verte, en laissant les fils assez lâches pour que la tige puisse s'élever sans que les fleurs s'y arrêtent, ce qui ferait rompre le pédicule. Des baguettes de bois produiraient le même effet. On place sa baguette de manière à ne point offenser l'oignon.

Les amateurs riches couvrent leurs planches avec des toiles pour prolonger leurs jouissances. Ils les placent depuis 10 heures du matin jusqu'à 3 et 4 heures de l'après-midi, et lorsqu'il pleut; comme ils connaissent la hauteur à laquelle chaque variété peut parvenir, ils les disposent en amphithéâtre, en plaçant les plus petites au premier rang et les plus hautes au dernier. Ils voient par ce moyen toutes leurs fleurs à-la-fois; et comme ils ont l'attention de varier les couleurs pour établir des contrastes, leurs planches ont un éclat qu'on ne se lasse pas d'admirer.

Les soins que les Hollandais donnent à leurs planches d'ordre, et le choix des oignons qu'ils y placent sont tels, qu'il s'y trouve rarement des lacunes. Si cependant un ou plusieurs oignons périssent ou avortent, ils ne manquent jamais de les remplacer. Pour cet effet, ils ont des pots étroits, mais longs de 8 à 10 pouces, qu'ils remplissent de la terre préparée; ils y placent un oignon et les enterrent ensuite. Ces pots se mettent facilement dans les endroits où il manque des oignons sans nuire aux racines des plantes voisines.

Tels sont les moyens qu'emploient les Hollandais pour former ces belles planches de jacinthes qui attirent à Harlem une foule de curieux pendant la fleuraison. Si ces planches n'ont pas autant d'éclat que celles de tulipes, elles en dédommagent bien par leur parfum.

Quand la fleur est passée, certains fleuristes coupent les tiges en biais; d'autres se contentent de les égrener en passant les tiges entre deux doigts; d'autres coupent les fanes par le milieu. Je crois toutes ces opérations plus nuisibles qu'utiles, parce qu'elles dérangent le cours naturel de la sève, principalement la coupe des feuilles, qui remplissent alors les fonctions des racines qui se dessèchent. Cependant si l'expérience a justifié la bonté de ces méthodes, il n'y a rien à objecter; mais comme mon expérience et celle de plusieurs amateurs éclairés tendent à rejeter toutes ces opérations au moins comme superflues, je pense qu'elles ne peuvent être propres qu'à quelques localités et aux jacinthes simples dont on ne veut pas fatiguer l'oignon en laissant mûrir sa graine. D'ailleurs, dans les climats pluvieux, la pluie peut s'introduire par la tige lorsqu'elle est à moitié coupée, et nuire à l'oignon; aussi les amateurs qui la coupent ont-ils l'attention de recouvrir la plaie avec de la cire, opération longue et ennuyeuse.

Lorsque les fanes sont jaunes, il est temps de lever les oignons. Quelques amateurs arrachent leurs plantes partiellement, c'est-à-dire qu'ils lèvent en premier les primes, qui sont les premières en état d'être retirées, et attendent pour les tardives le moment de leur maturité; mais outre l'embarras que donne cette méthode, on est exposé à se tromper pour les espèces; et comme les oignons des variétés primes ne souffrent pas pour rester quelques jours de plus en terre, on attend généralement que les tardives soient prêtes, et on lève le tout à-la-fois.

On lève les oignons avec beaucoup d'attention, de crainte de les blesser. A mesure qu'on les tire de terre, on coupe les feuilles, ou on les détache avec la main par un mouvement de droite et de gauche. Si les racines ne tombent pas d'elles-mêmes, on les laisse, ainsi que la terre qui y tient fortement; on n'en ôte pas non plus les caïeux. Ainsi, si l'oignon est sain, tout se réduit à couper les feuilles qui, n'étant pas entièrement desséchées, pourraient pourrir si le temps devenait humide et gâter l'oignon. Muller prétend aussi que si la sève redescendait librement des fanes dans l'oignon par une circulation naturelle, elle gâterait et pourrirait l'oignon. Je ne puis partager son opinion, parce que jusqu'à ce que la feuille soit gâtée, je ne vois aucun motif pour que la circulation nuise à la plante.

Si les oignons sont en ordre dans la planche, il faut avoir des casiers étiquetés, dans lesquels on place les oignons à mesure qu'on les lève. S'ils sont en mélange, on les met dans un panier; mais, dans les deux cas, s'il fait chaud, il est nécessaire, pendant qu'on les arrache, de couvrir le casier ou le panier dans lequel on les place : autrement les rayons du soleil, en frappant sur une partie de l'oignon, y produiraient une fermentation qui pourrait le faire pourrir. A mesure qu'on remplit son casier ou son panier, on le porte dans un lieu sec et bien aéré, dans lequel on établit un courant d'air quand le temps est beau et le vent frais, mais qu'on ferme bien si l'air est humide. On place les casiers sur des planches ou des tables préparées à cet effet, et on vide les paniers, dont on étend les oignons sur ces planches ou tables. Cette opération se fait par un beau temps.

D'autres fleuristes font précéder la levée de leurs oignons par l'opération suivante : ils les tirent de terre, coupent la fane, si elle ne se détache pas par un mouvement de main; et après l'avoir détachée ou coupée contre l'oignon, et avoir rempli les trois quarts du trou, ils l'y remettent aussitôt sur le côté, la pointe dirigée vers le nord, presqu'à fleur de terre; ils le couvrent ensuite de toutes parts, en forme de taupinière, de l'épaisseur d'un pouce. Cette épaisseur de terre est proportionnée à la chaleur du climat : dans les pays plus méridionaux que la Hollande il faudrait l'augmenter.

Si le temps est sec, il faut visiter la terre tous les jours, examiner si elle n'est pas descendue et si l'oignon n'est pas découvert, parce que si l'oignon recevait directement les premiers jours les rayons du soleil, la fermentation qu'il occa-

sionnerait ferait périr l'oignon. M. Rozier ajoute que le moment
où le soleil est dans sa force est le seul où les oignons aient besoin d'être couverts; ils ne le seraient pas, dit-il, le reste du
jour sans produire une moisissure très-difficile à détruire, et
qui altère toujours la fraîcheur et la beauté de l'oignon. Si
cette opinion était fondée, elle rendrait cette méthode presque
impraticable, puisqu'il faudrait tous les jours couvrir et découvrir les oignons, ce qui est à-peu-près impossible à ceux
qui en ont des milliers; mais l'usage constamment établi
prouve le contraire. On peut même se dispenser de recouvrir
les oignons dont la terre s'est écartée, en ayant le soin de
couvrir la planche comme à l'époque des fleurs, depuis dix
heures du matin jusqu'à trois heures du soir, avec des toiles.

On tire ces oignons au bout de trois semaines ou un mois :
ils ont alors la peau unie, saine, brillante, rouge et presque
aussi dure que celle de la tulipe. On les nettoie de suite et on
les place dans la serre comme les autres; ils y restent une
quinzaine. On peut ensuite les empaqueter et les transporter
où l'on veut sans aucun danger; ils se conservent sains pendant six mois : c'est le grand avantage de cette méthode sur
l'autre; mais elle a un inconvénient majeur dont j'ai fait une
fois la triste expérience. Si après les avoir anisi placés, il survient des pluies fréquentes et chaudes, la fermentation de la
terre met en mouvement la sève de l'oignon, qui s'échauffe et
pourrit. Rozier conseille alors de mettre les oignons sur une
petite élévation d'où l'eau s'écoule promptement; mais, malgré cette attention, je perdis les trois quarts de mes oignons
dans une année pluvieuse.

Aussi les Hollandais ne tiennent-ils à cette méthode que par
la facilité qu'elle leur donne de faire des envois dans des lieux
fort éloignés; ce qui serait impraticable si l'oignon n'avait pas
été ainsi mûri, c'est-à-dire si ses sucs ne s'étaient pas perfectionnés par l'action du soleil et des rosées ou pluies légères sur
la terre qui les touche de toutes parts.

Van Zompel pense qu'il faut attendre à exécuter cette opération, que le plus grand nombre des jacinthes aient la fane
jaune, et ne point imiter la précipitation de ceux qui lèvent
les oignons dès que les pointes de leurs fanes annoncent que
la croissance va se ralentir. Ce cultivateur avertit qu'en empêchant l'oignon de croître davantage, on a presque toujours le
chagrin de voir qu'il ne devient ensuite ni mûr ni ferme, et
qu'il s'y forme un moisi vert qui, pénétrant l'intérieur et jusqu'à la couronne des racines, le fait gâter, malgré tous les
soins de cette méthode laborieuse et assujettissante.

Ces oignons ainsi perfectionnés, si on a dessein de les garder, se déposent dans des caisses remplies de sable bien des-

séché, et on les met par couches alternatives avec de ce sable. On peut les conserver ainsi dans un lieu bien sec pour les planter dans les mois d'avril, de mai ou de juin, afin qu'ils donnent des fleurs en juillet et en août; on ne saurait cependant conserver ces oignons au-delà de l'année.

Si on veut les transporter au loin, on les enveloppe chacun à part dans un papier doux et bien sec. Les Hollandais mettent ensuite chaque oignon dans un sac étiqueté, ou même plusieurs, suivant la demande; et pour empêcher le mouvement dans la boite et le frottement, ils placent ces sacs sur une couche de balle d'avoine ou de son de sarrasin; ils font alternativement des couches d'oignons et de ces matières; ils rejettent la mousse, qui pourrait contracter de l'humidité, quelque sèche qu'elle soit, par l'évaporation des parties de la sève de l'oignon. L'humidité de la mousse déterminerait ensuite la pousse des racines; mais ce danger n'existerait qu'autant que les oignons ne seraient pas enveloppés de papier.

Les oignons ainsi préparés n'en végètent pas moins; la tige et les fanes continuent à s'élever; et s'ils restent long-temps en route, la pousse sort quelquefois de l'oignon de 5 à 6 lignes; mais il ne souffre pas, et il n'en résulte aucun inconvénient quand il est planté.

On voit par ce qui précède, que cette méthode n'est avantageuse que pour ceux qui font le commerce des jacinthes, et qui en font des envois à de grandes distances, ou qui veulent conserver des oignons jusqu'au mois d'avril ou de mai, pour avoir des fleurs tardives.

Quant à ceux qui ont suivi la première méthode, ils visitent leurs oignons de temps en temps, pour s'assurer s'il ne s'en trouve pas d'attaqués du chancre ou autres maladies, et pour les soigner. Enfin l'époque de les planter arrive, et c'est alors le moment de les nettoyer : on en détache la terre et celles des racines qui n'ont pas tombé d'elles-mêmes; on sépare également les caïeux qui se sont croûtés dans la serre, et que l'on plante à part.

Cette méthode de cultiver les jacinthes n'est pas la seule que les amateurs emploient : le désir de jouir de sa fleur de très-bonne heure en a déterminé plusieurs à en mettre dans des pots, qu'on place dans les appartemens garantis des gelées, ou dans des serres, baches ou simples châssis. La chaleur concentrée dans ces lieux précipite la végétation, et on jouit de cette fleur dès le mois de janvier; mais si on ne peut les exposer de temps à autre à l'air libre, elles se ressentent de l'étiolement ou défaut de couleurs et de proportions qui a lieu dans les plantes élevées dans les bâtimens constamment fermés. Je me suis quelquefois amusé à creuser un navet ou une betterave du

côté de la racine, après avoir coupé les feuilles jusqu'au collet ;
je les remplissais d'eau et je plaçais dessus un oignon de jacinthe,
qui y fleurissait très-bien, et qui était caché par les feuilles
de ces plantes qui, par leur position renversée, étaient obligées
de remonter le long de la racine creusée, qu'elles recouvraient,
ainsi que l'oignon de jacinthe. D'autres les mettent sur des carafes pleines d'eau, dans lesquelles on jette quelques grains de
sel (1).

Des amateurs ayant observé que les fleurs et la fane pous-
saient dans l'eau comme dans l'air, ont imaginé des vases ou
boîtes allongées, avec deux trous, l'un dans la partie supérieure, et l'autre dans l'inférieure : ils les remplissent de terre
et y placent deux oignons, dont la pousse est placée vers ces
trous de manière que l'un pousse sa tige à l'ordinaire, mais
l'autre est renversée. On pose ce vase ou cette boîte sur un
autre vase rempli d'eau, dans laquelle la tige et les fanes de
l'oignon renversé entrent et s'étendent. On a l'attention de
choisir des oignons dont les fleurs sont de couleurs différentes.

Enfin des amateurs ont imaginé des vases fort grands en
faïence ou porcelaine, percés d'un grand nombre de trous de
tous les côtés : ils les remplissent de terre, mettent une jacinthe à chaque trou, et suspendent ces vases comme un lustre.
Cette réunion de fleurs, au nombre de cent et plus, qui sortent par ces trous avec leurs fanes dans tous les sens, font un
effet aussi beau qu'extraordinaire : il est difficile de former un
bouquet plus singulier et plus éclatant ; malheureusement il
est difficile de conserver les oignons consacrés à ce genre de
culture. Après la fleur, on les met en terre, mais on en perd
une grande partie : les autres reprennent un peu de vigueur ;
on les relève en même temps que les autres, mais l'année suivante ils se fondent en caïeux.

Toutes les variétés ne sont pas propres à être cultivées de
cette manière ; il n'y en a qu'un certain nombre, qu'il est nécessaire de faire connaître, pour que les amateurs ne sacrifient
pas des oignons à pure perte.

En voici la liste :

JACINTHES DOUBLES.

Bleu foncé, pourpre, porcelaine, etc.

Activité.	Aspasie.
A la mode.	Baillif d'Amotelland.
Aristide.	Beau noir.

---

(1) Mayer a trouvé qu'en mettant un peu de charbon dans les carafes
où l'on élève des jacinthes, on pouvait se dispenser d'en changer l'eau ;
mais qu'il fallait se garder d'en trop mettre, parce que cela causait une
diminution dans l'odeur des fleurs.   (*Note de M. Bosc.*)

Beau gris de lin.
Bleu foncé.
Bucentaure.
Cœruleus imperialis.
Comtesse de Salisbury.
Demus.
Dominante.
Duc d'Anjou.
Duc de Normandie.
Duc Louis de Brunswick.
Flora perfecta.
Globe terrestre.
Gekroonde incomparable.
Gitzwaarn.
Grand gris de lin.
Grand sultan.
Habin brillant.
Incomparable azur.
Keiser tiberius.
Krouvan indien.
La bien aimée.

L'amitié.
Mignonne de Drifoult.
Mon bijou.
Negro superbe.
Nigritienne.
Nithocrus.
Olden Barneveld.
Orondatus.
Overwirmaar.
Ovide.
Page d'honneur.
Parménion.
Passe-tout.
Perle brillante.
Perle pyramide.
Porcelain scepter.
Prins Hendrik van Pruissen.
Royal sandaart.
Ténèbres palpables.
Velours noir.

Jaunes.

Duc de Berri doré.

Ophir.

Blanches et blanches panachées.

Bailluwine.
Baron van der Capel.
Belle blanche incarnat.
Blanche fleur.
Canidius violaceus.
Comtesse de Degenfeld.
Clytemnestre.
Cœur aimable.
Dageraad.
Duc de Berri.
Duc de Bourgogne.
Don gratuit.
Dulcinea.
Gekroud juwel van Harlem.
Grand monarque de France.
Grootvorn.

Gul de Vryheid.
Hermine.
Illustre beauté.
Keiser Léopold.
Krouvogel.
L'amusante.
Mignonne de Delft.
Minerve.
Passe virgo.
Paris de Montmartel.
Prins van Wallis.
Raad van Staaten.
Réviseur général.
Secunda virgo.
Starre Kron.
Virgo.

Rouges et couleur de rose.

Aimable Dorothée.
Aimable Rosette.
Boerhaave.

Bouquet aimable.
Brinds Kleed.
Délices du printemps.

Diadème de Flore.
Drusilla.
Duchesse de Parme.
Flos sanguineus.
Hugo grotius.
Illustre pyramidale.
Il pastor fido.
La beauté suprème.
La délicatesse.
La pucelle amoureuse.
Marquise de Bonac.
Orion.
Pilius cardinalis.
Princesse Louise.
Rex Rubrorum.
Rose agréable.
Rose d'églantier.
Rose de Hollande.
Rose illustre.
Rose mignonne.
Rose surprenante.
Rouge charmant.
Roxane.
Rubro Cesar.
Soleil brillant.
Superbe royal.

Moyens de multiplication de la jacinthe. Quoique cet article soit déjà fort étendu, j'ai passé un grand nombre de détails dont les Hollandais font mention pour les soins à donner à leurs fleurs. Je n'ai pas parlé de leurs parasols pour conserver les couleurs de chaque plante, et d'une foule d'autres pratiques minutieuses, qui prouvent plus leur patience qu'un bon emploi du temps, et qui ne sont point nécessaires à la conservation de l'oignon.

J'ai dit que l'oignon ne se conservait que quelques années; il faut donc s'occuper de son remplacement. La nature fournit à l'amateur deux moyens de multiplication : le premier est de semer; le second, de cultiver les caïeux que l'oignon fournit. On obtient par les semences des espèces nouvelles; on multiplie les anciennes par les caïeux, qui ne dégénèrent pas en Hollande, et fournissent des fleurs semblables à l'oignon principal.

L'amateur français qui veut semer, ne doit point tirer de graine de Hollande, où l'on ne vend que celles des espèces communes, et encore moins en récolter sur les mauvaises variétés simples, cultivées en France sous le nom de *passe-tout*. Avant d'avoir assez perfectionné ces plantes pour en obtenir des espèces choisies et comparables à celles des Hollandais, il faudrait un grand nombre d'années; il n'a d'autre parti à prendre que de faire venir une belle collection de jacinthes simples, mises en ordre par noms et par espèces en Hollande ; et il doit demander, dans le premier assortiment, deux oignons de chaque espèce. Il sera en premier lieu dédommagé de sa dépense par la jouissance que ses fleurs lui procureront. Ces fleurs simples, aussi larges que les doubles, beaucoup plus nombreuses, ont les couleurs plus vives et leur parfum plus fort ; mais, destinées par la nature à fournir de la semence, elles s'empressent de remplir ce but et durent beaucoup moins que les doubles; cependant leur éclat est tel, que des amateurs seraient embarrassés pour choisir entre elles et les doubles, si l'avantage qu'elles ont d'être plus primes ne les engageait à les réunir toutes. Par ce moyen, ils prolongent leurs jouissances.

Le second avantage résultant de cette acquisition est d'avoir des plantes qui, perfectionnées, donnent l'espoir d'obtenir de belles fleurs de leurs semences.

On sera peut-être étonné que je donne la préférence aux jacinthes simples sur les semi-doubles pour récolter les graines, puisque d'après les principes émis à l'article FLEURS DOUBLES, j'avance que les graines des semi-doubles sont plus propres à fournir des doubles que celles des simples; et il est certain qu'on gagnerait sous ce rapport à faire venir un assortiment de semi-doubles. Mais, d'après les principes émis au même article, les semi-doubles, plus modifiées que les simples, sont aussi moins fortes et moins vigoureuses. Leurs semences se ressentent de cette faiblesse, et si elles donnent plus de fleurs doubles, elles sont plus petites. Les variétés des jacinthes doubles sont déjà si nombreuses, qu'on ne peut désirer de nouvelles espèces qu'autant qu'elles sont très-belles, et on ne peut en espérer dans ce genre que des semences de ces belles simples qu'on ne trouve qu'en Hollande.

La culture des jacinthes simples est la même que celle des doubles. Les fleurs étant moins lourdes, les tiges n'ont pas besoin d'appui pendant la fleuraison; mais lorsque la graine se forme, il faut les soutenir, parce qu'elles auraient de la peine à se conserver droites, et que le vent les inclinerait jusqu'à terre ou les romprait. Les graines sont sujettes à pourrir si on ne soutient pas la tige, qui ne peut se relever seule.

On reconnaît que les graines sont mûres quand les capsules prennent une teinte jaune et commencent à s'ouvrir.

Si on a été bien servi en Hollande, on a eu, dans le premier assortiment, des plantes à fortes tiges, à fleurs larges et bien nuancées, réunissant toutes les principales couleurs du blanc au pourpre noirâtre. Si cependant, dans le nombre, il s'en trouvait quelques-unes à feuilles étroites et très-recoquillées, il faudrait en rejeter la semence et même en couper la fleur, parce que ses poussières, en voltigeant, pourraient féconder des plantes voisines. Toutes ces nuances si variées, existant dans la même planche, peuvent produire beaucoup d'espèces qui réunissent les couleurs de deux ou trois autres variétés: c'est ainsi qu'on s'est procuré des jacinthes blanches à cœur jaune, comme héroïne, flavo superbe; à cœur bleu, comme la chérie et sphera mundi; des jaunes mêlées de cramoisi, comme ophir, etc.

On sème la jacinthe à la fin d'octobre ou au commencement de novembre, dans la même terre préparée pour les forts oignons ; mais on peut en diminuer l'épaisseur. Quand on a disposé sa planche, on sème un peu clair ; on couvre la semence d'un demi-pouce ; on la garantit pendant l'hiver par quelque couverture, et plus tôt que les oignons, parce que les jeunes pousses sont plus sensibles au froid. Saint-Simon, que je me plais à citer, parce que, quoique son ouvrage soit ancien, c'est le plus soigné de tous, suit la jacinthe depuis le moment de la semence jusqu'à ce que les jeunes plantes fournissent leurs fleurs, avec une exactitude telle qu'on ne peut que le copier.

Lorsqu'on met la graine en terre au mois d'octobre, elle se renfle, et le germe se faisant jour à travers le péricarpe, commence à se développer. La radicule s'étend la première, comme dans les autres plantes, et la fane ou feuille pousse ensuite. La première année, cette plante ne reçoit de nourriture que de son cotylédon ou lobe, jusqu'à ce que l'oignon soit formé : alors il en tire de la terre par son fond, et de l'air par sa fane. La racine consiste dans un seul filet, semblable à ceux des autres oignons, mais plus petit. Il arrive assez souvent qu'il est fort allongé, et rempli de petits nœuds : c'est un défaut qui commence dès-lors à déranger l'ordre de l'oignon, et à le rendre chétif et de peu de valeur, et il en périt même beaucoup, par la seule raison de ce vice organique. Pour que l'oignon soit bien conformé, la racine ne doit être nouée qu'à l'endroit d'où elle part de la semence. L'oignon n'est alors composé que d'une seule tunique, qui est fermée exactement de tous les côtés. Ces oignons sont fort petits ; et comme ils n'ont épuisé que faiblement la terre, on les y laisse deux ans et quelquefois trois ; mais on les recouvre chaque année avec du tan consommé. La seconde année, ils ont quatre tuniques, mais encore exactement fermées : il faut que ces tuniques se dessèchent avant que l'oignon fleurisse. La troisième année, les oignons augmentent de plusieurs tuniques semblables à celles des gros oignons ; on les lève alors, et on les traite comme les oignons formés. Tout le soin à leur donner la première année, est d'arracher les mauvaises herbes, de faire la chasse à leurs ennemis, et de les couvrir l'hiver. Si on les laisse trois ans en place, on donne un binage la troisième année. On ne les arrose pas pendant la chaleur, parce qu'ils se reposent alors ; mais dans les pays plus chauds que la Hollande, il serait peut-être bon de les couvrir pendant les mois de juillet, août et quelquefois septembre. Lorsque les tuniques fermées se sont desséchées, les oignons fleurissent, les primes la quatrième année et quelquefois la troisième, les tardifs la cinquième ou sixième. Mais ce n'est qu'après trois fleuraisons qu'on peut juger de la beauté de la fleur, parce que ce n'est qu'à cette époque que l'oignon a pris toutes ses dimensions : il peut avoir alors vingt tuniques. Ce n'est aussi qu'après avoir fleuri qu'il commence à donner des caïeux.

Les jacinthes simples, comme les doubles, ont besoin de trois fleuraisons pour acquérir toute leur beauté. Si on continue à leur donner les mêmes soins et la même nourriture, elles ne dégénèrent pas : les doubles restent doubles avec les mêmes nuances ; mais en France, où la nourriture ne leur convient pas, elles ne portent généralement qu'une belle fleur, deux au plus, et elles dégénèrent ensuite. Par dégénération, je n'entends pas que les doubles deviennent simples, mais petites, et n'ayant qu'un petit nombre de fleurs.

Comme les Hollandais ne sèment maintenant que la graine des simples, et qu'elle fournit peu de fleurs doubles, parmi lesquelles il n'y en a qu'un petit nombre digne de fixer l'attention, parce que les *conquêtes* qu'ils ont déjà faites sont si nombreuses, qu'il se trouve dans les semis beaucoup de fleurs semblables, ou au moins très-rapprochées de celles qu'on a déjà, ces semis deviennent très-dispendieux, à raison du nombre de fleurs qu'on rejette. Il faut donc quelquefois s'en dédommager sur deux ou trois plantes capitales, que tous les grands cultivateurs de Harlem venaient apprécier avant la révolution ; ils faisaient plus : après lui avoir donné un nom et en avoir fixé le prix, ils s'entendaient avec le propriétaire, et lui payaient la somme à laquelle l'oignon était évalué. Ce dernier, remboursé de ses frais, conservait néanmoins l'oignon et ses caïeux jusqu'à ce qu'ils fussent multipliés au point de pouvoir les partager entre les acquéreurs et lui. Par ce moyen, chaque fleuriste, assuré de son remboursement dans quelques années, ne craignait pas de faire des avances dans un pays où l'argent n'était qu'à trois ou quatre pour cent d'intérêt par an.

On ne peut jouir en France d'aucun de ces avantages : l'argent y est à un fort intérêt, et les fleuristes ne peuvent guère s'entendre. Il n'y a donc que le gouvernement qui pourrait, par quelque prime, encourager les cultivateurs à rechercher les moyens propres à naturaliser cette plante en France, à faire faire des expériences dans ses jardins, et à acquérir quelques-unes des belles plantes que les fleuristes obtiendraient dans leurs semis. Ces moyens, qui ne seraient pas très-onéreux, ne manqueraient pas de produire leurs effets, et le Français industrieux, jouissant d'une température que le Hollandais lui envie, aurait bientôt rivalisé avec lui pour la culture de la jacinthe ; mais, je le répète, ce n'est que le gouvernement qui

peut déterminer les recherches du cultivateur. Les expériences
en ce genre sont dispendieuses, et il n'y a que l'appât du gain
qui puisse les faire entreprendre.

Quand on a trouvé de belles jacinthes dans les semis, on ne
peut les conserver telles que par les caïeux ; car les simples,
dont les poussières fécondantes sont toujours mêlées, en donnent rarement qui leur ressemblent parfaitement, et les doubles ne donnent pas de graine. Les caïeux y suppléent : ce sont
de petits oignons qui se forment autour de la partie supérieure
de la couronne, et quelquefois entre les tuniques. Il arrive,
quoique fort rarement, qu'il s'en forme dans une tunique, et
à la partie de la tige qui est au niveau de la terre, quand les
plantes sont très-vigoureuses.

Cette marche de la nature pour sa reproduction par caïeux,
mérite autant de fixer l'attention du naturaliste que celle qu'elle
suit pour sa végétation. La base de l'oignon y remplace les
racines des autres plantes pour la nourriture de la plante ; elle
remplace également les branches et les racines des autres
plantes qui viennent de boutures et de drageons pour la multiplication.

Sa substance, qui est la même que celle des tuniques, mais
plus compacte, est un composé d'un grand nombre de points
blancs et épais, qui s'allongent pour prendre une forme plus
ovale, à mesure qu'ils s'éloignent du centre. Le principal de
ces points blancs et le mieux marqué pour la taille, la couleur
ou la densité, se remarque toujours dans le centre de l'oignon,
à l'endroit où doit sortir la tige qui va donner sa fleur. Saint-
Simon, que je suis ici, pense que les autres points sont, comme
lui, les oignoncules, qui renferment un germe qui n'a besoin
que d'avoir de l'air pour se développer. Quand plusieurs de ces
points se développent à-la-fois vers le centre de l'oignon, il en
sort plusieurs tiges. C'est ce qui arrive quelquefois aux jacinthes
doubles d'une forte végétation, et très-fréquemment aux jacinthes simples, qui ont jusqu'à cinq à six tiges, et qui semblent
vouloir dédommager le fleuriste de leur courte durée, par la
prodigieuse quantité de leurs fleurs.

Ordinairement, dans les fleurs doubles sur-tout, ces oignoncules ne se développent que lorsqu'ils sont chassés du centre à
la circonférence, par la pousse successive des tuniques : comme
ils trouvent dans cette partie moins d'obstacles à leur développement, ils percent plus facilement, poussent des fanes et
quelquefois des fleurs, mais fort petites, et au nombre de deux
ou trois, quatre à cinq au plus. S'ils ont pris un certain accroissement, ils tiennent encore au moment où l'on tire l'oignon de terre ; mais ils s'en détachent lorsqu'on le plante :
s'ils sont très-petits, on ne les sépare ordinairement qu'avec

effort : alors on les laisse. Quand ils sont gros, mais couverts de plusieurs des tuniques de l'oignon, on les laisse également jusqu'à l'année suivante, pour ne pas blesser l'oignon : c'est lorsque l'oignon est vieux qu'il fournit le plus de caïeux. L'année qui précède sa destruction ou division, il en est souvent environné, et l'année suivante il est quelquefois remplacé par un grand nombre de ces petits oignons, qui lui donnent une nouvelle existence : on les cultive comme les oignons.

Cette marche de la nature nous donne les moyens de forcer l'oignon à donner des caïeux, ou de s'opposer à sa multiplication : il ne s'agit que de diminuer plus ou moins la pression. En la diminuant, on facilite à ces oignons leur développement; en l'augmentant, au contraire, on arrête leur pousse, et toute la sève se porte au centre : or, pour y parvenir, il ne faut qu'enfoncer plus ou moins l'oignon en terre; et cette opération est d'autant moins gênante, que ce sont les fleurs primes qui multiplient beaucoup, et les tardives qui le font peu. Comme on est dans l'usage de planter les primes plus avant, et de relever les tardives pour les faire fleurir à-la-fois, il en résulte que cette opération peut servir à ces deux fins.

Le désir de multiplier une fleur si recherchée a fait employer des moyens d'obtenir un plus grand nombre de caïeux que l'oignon n'en fournissait naturellement; le hasard en a facilité la découverte : on s'est aperçu que toutes les fois qu'on blessait un oignon, il sortait des caïeux de la blessure. Des oignons ayant été coupés en terre de manière à séparer les tuniques du fond de l'oignon, on a vu que ces tuniques, restées en terre, avaient produit à l'extrémité des parties incisées un grand nombre de caïeux : c'est ce qui devait arriver nécessairement. L'oignon étant, au moment de sa sortie de terre, plein de la sève qui doit le nourrir l'année suivante, sa végétation n'est point arrêtée pendant les premiers mois, même dans celles de ses tuniques qui en sont séparées : il en résulte que les plaies faites à l'oignon, formant des vides qui facilitent le développement des germes qui environnent ces plaies, il s'y forme des caïeux. Il en est de même des tuniques, quoique séparées de l'oignon : comme elles ont la quantité de sève nécessaire à leur végétation pendant plusieurs mois, cette sève, qui devait se porter au centre pour la nourriture de la fleur et des fanes, étant arrêtée dans la partie inférieure des tuniques qui s'est cicatrisée, est suffisante pour nourrir les germes répandus dans cette partie, et forcer leur développement.

Voici comme on s'y est pris après s'être assuré qu'au moyen des précautions suivantes les plaies faites à l'oignon se cicatrisaient facilement. Au moment de lever les oignons, on a tiré de terre ceux sur lesquels on voulait opérer; on a coupé le fond en croix de manière que le point d'intersection de la coupe ne fût pas au centre pour ne pas blesser la nouvelle tige : on s'est conséquemment écarté du grand diamètre de l'oignon. Cette opération faite, on a placé l'oignon, avec beaucoup de précaution, premièrement en terre, dont l'humidité a fait souvent moisir les plaies, ce qui a déterminé à employer du sable bien sec, placé dans des boîtes qu'on pouvait rentrer en cas de pluie. Les oignons ont été mis sur une couche de sable dans ces boîtes et recouverts d'un demi-pouce du même sable. Les oignons ayant été en cet état exposés au soleil pendant quelques jours, de manière toutefois à ce qu'ils ne soient pas trop échauffés, on les a rapportés dans la serre, et on a mis la boîte vis-à-vis d'une fenêtre, où elle a resté quatre semaines environ. On les en a retirés ensuite, on les a séchés et on les a plantés comme à l'ordinaire.

Quand on les retire de la boîte, les caïeux sont déjà formés, et se détachent l'année suivante de l'oignon, qui donne sa fleur comme à l'ordinaire et se rétablit promptement.

Cette méthode de multiplier les caïeux n'est pas la plus productive ; la suivante peut en fournir un nombre plus considérable, mais qui seront plus petits et fleuriront plus tard. C'est aux amateurs à choisir d'après leur désir de jouir promptement, ou bien d'augmenter considérablement le nombre de leurs oignons.

Quand on a tiré l'oignon qu'on veut multiplier, on y enfonce un canif, qu'on y fait entrer en biais, au-dessus, mais fort près de la couronne. Au moyen du biais, la pointe du canif doit s'élever et s'écarter du fond, à mesure qu'on l'enfonce, de manière à ce que la pointe étant rendue au centre, on puisse en tournant le canif autour de l'oignon jusqu'à ce qu'on soit arrivé au point d'où on était parti, le séparer en deux parties, dont le fond est la forme d'un cône dont la base est fort large à proportion de sa hauteur, et la partie supérieure, c'est-à-dire les tuniques qu'on en a séparées, représentent la même figure, mais concave, au lieu de convexe.

On traite ensuite ces deux parties comme le premier oignon ; mais le fond de l'oignon, privé de la majeure portion de ses tuniques, n'ayant au plus que la nourriture nécessaire pour donner sa fleur, ne produit point de caïeux ; il se rétablit par la formation des nouvelles tuniques. La partie inférieure des tuniques détachées de l'oignon se couvre au contraire d'un grand nombre de caïeux.

Cette connaissance acquise de la marche de la végétation des oignons de jacinthe fournit les moyens de tirer parti des oignons à moitié pourris : il ne s'agit que d'en détacher la partie gâtée et de traiter l'autre portion comme les oignons destinés à produire des caïeux, et on obtiendra des résultats aussi heureux avec ces portions d'oignons, qu'il eût fallu jeter, qu'avec les oignons sains.

S'il pousse un caïeu contre la tige, on coupe cette tige un doigt dessus, et un doigt dessous le caïeu, lorsqu'on lève l'oignon. Ce caïeu réussit comme les autres à former un oignon.

Au moyen de ces méthodes, on n'a plus à craindre, quand on a des espèces qui ne fournissent pas naturellement de caïeux ou qui en produisent très-peu, de ne pas les multiplier à volonté, et une belle espèce une fois trouvée ne peut plus se perdre.

Comme il existe des amateurs timides qui n'osent pas faire les opérations suivantes, dans la crainte de perdre leurs oignons, et qui désirent cependant les multiplier, je leur conseille de faire aux tuniques extérieures de légères incisions de 5 à 6 lignes de longueur dans la partie qui avoisine la couronne, ou d'y donner un coup d'ongle qui y fasse une légère blessure : il en sortira des caïeux. Ces amateurs, en visitant souvent leurs oignons, seront à même de voir si les blessures se cicatrisent ou si elles se moisissent. Dans ce dernier cas, ils s'empresseront d'arracher la tunique malade et ils conserveront l'oignon, en le traitant comme ceux disposés à caïeux.

Maladie des jacinthes. Les oignons sont sujets à plusieurs maladies qu'on peut attribuer à une nourriture inconvenante, aux eaux qui séjournent aux pieds des racines, aux variations subites de l'atmosphère, et peut-être aux insectes qui les attaquent, quoique plusieurs auteurs pensent que ces insectes ne se mettent dans les oignons que lorsqu'ils pourrissent. Cependant il est un syrphe qui dépose ses œufs dans les oignons les plus sains ; et s'il ne les fait pas périr, il les empêche au moins de porter fleur l'année suivante, et leur fait pousser un grand nombre de caïeux. *Voyez* au mot SYRPHE.

M. Voarlem a décrit ces maladies dans son *Traité des jacinthes*, et tous les auteurs qui ont écrit après lui n'ont fait que le copier. L'abbé Rozier a suivi cet exemple, et toutes mes remarques sur les jacinthes ne m'ayant rien appris de nouveau, je ne puis rien faire de mieux que de le suivre dans cette partie, en y ajoutant quelques observations.

Ces plantes sont sujettes à une espèce de chancre caractérisé par un cercle ou demi-cercle brun ou de couleur de feuille morte, qui s'étend depuis la surface dans tout l'intérieur de l'oignon et répond à la couronne des racines : c'est une corruption des sucs de l'oignon. Quand le mal n'a pas fait de grands progrès, il n'occupe qu'une partie de l'oignon, et on s'en aperçoit rarement tandis que la plante est en terre, en sorte qu'on est surpris de trouver ce vice en levant telle jacinthe qui aura bien fait dans la même année ; mais dès que ce cercle est entièrement formé, la maladie est mortelle : l'oignon ne profite plus, et l'état de la fane au printemps indique qu'il est près de périr. Lorsque ce vice attaque d'abord la couronne, il gagne tout l'intérieur sans qu'on s'en aperçoive, et il se déclare au dehors quand il n'y a plus de remède. Si au contraire il commence par la pointe, on en arrête le progrès en coupant en dessous jusqu'à ce qu'on ne découvre plus aucune marque de la contagion. On ne doit point craindre de tailler les oignons : le fer ne leur est pas nuisible, et l'oignon réduit même à moitié se répare ensuite, et si on l'expose au soleil derrière un verre après l'opération, la partie se sèche et se cicatrise promptement.

Cette opération d'exposer au soleil derrière un verre peut être bonne en Hollande ; mais, dans les pays méridionaux, où ses rayons sont plus ardens, je pense qu'il vaut mieux suivre pour ces oignons la même marche que pour ceux disposés en caïeux.

Ce mal étant contagieux, il faut jeter tous les oignons qui en sont infectés sans espérance de guérison : tout ce qui en proviendrait aurait le même vice, et les oignons voisins sur les tablettes et dans les planches ne tarderaient pas à être attaqués de la même maladie. La terre où ont été ces oignons, ainsi que ceux attaqués de la seconde maladie dont je vais parler, peut la communiquer l'année suivante aux oignons qu'on y plante. C'est un des motifs qui obligent à les lever tous les ans et à ne les placer dans la même terre que de deux années l'une. Ceux qui les laissent deux ou trois années de suite sans les lever, tant pour s'éviter de l'embarras que pour avoir plus et de plus beaux caïeux, sont exposés à des pertes considérables quand ces deux maladies attaquent leurs oignons.

Il faut donc visiter chaque oignon avant de le planter et enlever avec un canif tous les endroits suspects. Si le dessous est blanc, on n'a rien à craindre. Les autres préservatifs sont, 1°. de ne pas planter des oignons auprès de ceux qui ont été attaqués de ce mal ; 2°. de ne point se servir de terre qui ait nourri des jacinthes plusieurs fois de suite et coup sur coup ; 3°. de ne pas mettre ces plantes dans les lieux où les eaux séjournent pendant l'hiver ; 4°. de n'y employer aucun fumier de cheval, de brebis ou de cochon, à moins qu'il ne soit absolument consommé.

La seconde maladie, presque toujours mortelle, est un gluant infect, qui, corrompant d'abord l'extérieur de l'oignon, en pénètre ensuite toute la substance. Quand le mal est à ce point la plante périt nécessairement. L'oignon contracte cette viscocité dans la terre, et sur-tout quand il n'est pas à une certaine profondeur et que la terre est trop humide; il en est bien susceptible quand on l'a fait aoûter en terre, ainsi qu'on l'a indiqué ci-dessus, après l'avoir levé. On prétend que c'est un insecte qui est la cause du mal, et que pour y remédier on doit mettre ces oignons à tremper dans l'eau distillée du tabac ou dans une forte décoction de tanaisie. On les y laisse environ une heure et on les met ensuite à sécher dans un lieu aéré, mais à l'ombre.

Lorsqu'on voit au printemps la pousse nouvelle sortie de terre s'affaiblir et se sécher, on peut conjecturer que les racines ont été endommagées, soit par la gelée, soit par quelque autre accident; on y remédie en levant l'oignon pour nettoyer les racines et en retrancher les endroits malades, puis couper toute la pousse; après quoi, on remet l'oignon en terre, de sorte qu'il ne soit couvert que légèrement: il s'y sèche et peut dès l'année suivante donner des caïeux qui réussiront bien.

On ne doit pas regarder comme une maladie de cette plante l'avortement de sa fleur prête à se former; cet accident est presque toujours l'effet de la pression que souffre la plante dans la terre gelée, et il attaque moins les oignons plantés à la fin de novembre que ceux que l'on a mis plus tôt en terre.

Malgré cet inconvénient, je pense qu'il vaut mieux planter en octobre qu'en novembre, au moins en France. Comme les gelées n'y sont pas aussi fortes qu'en Hollande, et qu'il est facile d'en prévenir le danger, cet inconvénient est peu à craindre; mais j'ai remarqué que lorsqu'on tardait trop à les planter, il en pourrissait plus dans le mois d'octobre que dans le reste de l'année, sur-tout si ce mois était humide. Il faut donc, pour prévenir cette perte, les planter au commencement d'octobre, au moins dans l'ouest de la France.

A la surface de l'oignon qui est hors de terre, il se trouve quelquefois des peaux malsaines qui le rongent pendant tout le temps qu'il reste à l'air : avant que les peaux gâtent les racines il faut les couper; si on néglige de le faire, elles y portent la mort. Quand la cause du mal est ôtée, la plaie se sèche promptement, et on peut être tranquille pour l'avenir; seulement l'oignon est diminué de grosseur, mais il redevient vigoureux dans la terre.

On doit être également soigneux d'ôter un moisi vert qui se forme à la surface de l'oignon, et qui ordinairement devient dangereux quand l'oignon n'a pas été aoûté, puis gardé bien sèchement.

Si ces divers accidens détruisent beaucoup d'oignons dans certaines années, les Hollandais en sont bien dédommagés par la multiplication de leurs caïeux. Quant aux Français, jusqu'à présent ils n'ont joui que deux années des oignons tirés de Hollande, et les caïeux n'ont rien fait (1). Si j'en ai possédé pendant cinq années de suite, je l'ai dû au sable de mer, et depuis que j'en suis privé et que mes autres travaux m'ont empêché de suivre cette culture comme je l'aurais désiré, je n'ai pas été plus heureux que les autres fleuristes. Cependant l'emploi du sel m'a été utile; mais pressé de jouir, je n'ai pu que le répandre sur la terre, après la plantation, sans disposer de mélange. (Fér.)

Un acare blanc à pattes et trompe fauve vit aux dépens des oignons de cette plante et en fait périr un grand nombre : il continue ses ravages dans la maison après qu'ils sont levés. Mettre tremper ces oignons dans de la mauvaise eau-de-vie ou dans du mauvais vinaigre pendant un quart d'heure, suffit pour le faire périr.

Outre cette espèce de jacinthe, les botanistes en connaissent encore quinze autres, parmi lesquelles il en est trois qu'il est bon de mentionner ici, parce qu'elles sont communes et peuvent également servir à l'ornement des jardins, quoiqu'à un degré bien inférieur ; ce sont,

La JACINTHE DES BOIS, *Hyacinthus non scriptus*, Lin., dont les feuilles sont linéaires, en partie étalées sur la terre; la tige haute de 8 à 10 pouces; les fleurs bleues, très-profondément divisées. On la trouve dans les prés et dans les bois humides quelquefois en si grande abondance, qu'elle en couvre le sol. Elle fleurit dès les premiers jours du printemps et est légèrement odorante. Comme elle réussit parfaitement à l'ombre, on doit la multiplier autant que possible dans les massifs des jardins paysagers, qu'elle ornera beaucoup, sur-tout si on la mêle avec la FICAIRE et l'ANÉMONE DES BOIS qui fleurissent en même temps qu'elle, et dont les couleurs contrastent avec la sienne. On la multiplie de graines qu'on ramasse dans les bois et qu'on répand sur un léger binage. *Voyez* ces mots.

Le ROUX, de Versailles, a découvert que son bulbe contenait dix-huit pour cent de gomme analogue à celle dite arabique et qu'on pouvait employer positivement aux mêmes usages.

____

(1) *Voyez* ma note du commencement de cet article, à laquelle j'ajouterai : Si les caïeux des jacinthes de Hollande ne prospèrent pas en France, c'est qu'ils ont été affaiblis par la culture contre nature qui a été donnée aux oignons dont ils proviennent. On peut, du moins je le suppose, leur appliquer la théorie des inconvéniens d'une végétation trop vigoureuse, relativement à la formation des graines. *Voyez* FEUILLE et FRUIT. (*Note de M. Bosc.*)

On l'obtient en l'écrasant, en le lavant dans l'eau. Cette découverte peut devenir d'une grande utilité pour les arts.

La JACINTHE MUSQUÉE a les feuilles étalées sur la terre, assez longues, concaves; les fleurs d'un brun rougeâtre, presque globuleuses, disposées en épi très-serré à l'extrémité d'une tige de 4 à 5 pouces de haut. On la trouve dans les parties méridionales de l'Europe, et on la cultive dans les jardins à raison de la bonne odeur de ses fleurs : on la multiplie de ses caïeux.

La JACINTHE BOTRIDE ressemble beaucoup à la précédente, et a été souvent confondue avec elle. Les fleurs sont d'un bleu cendré et presque inodores. Elle croît dans les parties méridionales de la France et même aux environs de Paris dans les champs et les jardins. Je l'ai vue si abondante dans quelques endroits, qu'elle nuisait à la culture.

La JACINTHE A TOUPET, *Hyacinthus comosus*, Lin., a les feuilles étalées sur la terre, très-longues et peu larges; les fleurs disposées en épi sur des hampes d'un pied de haut. Les plus basses de ces fleurs sont cylindriques et brunes; les plus élevées sont bleues, linéaires et stériles. Elle croît dans les champs, sur-tout dans ceux des parties méridionales de la France, quelquefois en si grande abondance, qu'elle nuit considérablement aux récoltes. Il n'est point facile de la détruire, parce que ses oignons sont toujours au-dessous de la portée de la charrue et qu'elle se multiplie de graine avec la plus grande facilité. Le moyen le plus certain est un assolement à long retour, c'est-à-dire la substitution aux jachères des prairies artificielles, qui l'étouffent, et des cultures qui exigent des binages, tels que le maïs, les pommes de terre, les haricots, etc., qui l'empêchent de porter graine et occasionnent la pourriture des oignons : on l'appelle vulgairement le *lilas de terre*.

La JACINTHE PANICULÉE, *Hyacinthus monstrosus*, Lin., n'est qu'une variété de cette dernière, dont toutes les fleurs sont avortées. Elle est fort agréable à la vue et se cultive dans les parterres pour ornement. Il lui faut une terre légère et chaude. Elle fleurit comme la précédente en mai et en juin. On la multiplie par ses caïeux dont elle donne abondamment. Il y a quelquefois de ses épis qui ont près d'un pied de long; mais ils ont le grave inconvénient de ne pouvoir se soutenir droits par eux-mêmes. Il leur faut des tuteurs, ce qui diminue l'élégance de leur port et nuit par conséquent à leur beauté. (B.)

JACOBÉE. Plante du genre SENEÇON. *Voyez* ce mot.

JALAP. Racine d'une plante du genre des LISERONS, qu'on emploie souvent pour purger les animaux domestiques, à la dose, en poudre, depuis demi-once jusqu'à une once.

Cette plante a été, pour la première fois, apportée par moi de la Caroline dans les serres du Muséum. Je ne doute pas qu'on ne puisse la cultiver dans les parties méridionales de la France, et j'invite les amis de leur pays à saisir les occasions qui peuvent se présenter de l'entreprendre. (B.)

JALLE. Couche de cailloux agglomérés, qui se trouve sous la terre végétale dans quelques parties des landes de Bordeaux, de la Sarthe et autres. Ce n'est qu'au moyen de grandes dépenses, c'est-à-dire après avoir brisé cette couche qu'on peut rendre ces landes propres à la culture des arbres. (B.)

JALLOIS. Ancienne mesure de terrain. *Voyez* MESURE.

JALONS. Perches ou longs bâtons pointus et droits qu'on fiche en terre dans une direction perpendiculaire à l'horizon, et au haut desquels on place un point de mire pour prendre des alignemens, pour niveler un terrain et prolonger des lignes d'une grande étendue, et aussi pour marquer, soit les places mêmes où l'on veut planter des arbres, soit les distances que l'on veut laisser entre eux. On se sert de jalons pour planter des avenues et pour faire toutes espèces de plantations qui doivent avoir une forme régulière et être circonscrites de lignes droites. *Voyez* au mot PLANTATION. (D.)

JALOUSIE. Nom jardinier de l'AMARANTHE TRICOLOR.

JAMBON. On se plaint, et avec raison, de la qualité médiocre des jambons de pays : cela tient à plusieurs causes; à l'âge de l'animal, à la manière dont il a été nourri, enfin à la préparation qu'on leur fait subir. Il est aisé de concevoir que la chair d'un vieux porc, d'une truie surannée, soumis l'un et l'autre à un mauvais engrais, ne peut être ni tendre ni savoureuse : il n'en est pas ainsi d'un cochon auquel on administre des racines charnues et succulentes, qui a été engraissé avec des recoupes, de la farine d'orge, etc. Supposons un pareil cochon, et indiquons la manière d'en préparer les jambons pour les avoir excellens. *Voyez* COCHON.

Prenez d'un bon cochon cuisse et épaule; frottez-la fortement, du côté de la couenne et du côté de la chair, avec du sel marin séché et pulvérisé; mettez dans un sac cette épaule; creusez dans le terrain sec d'une cave ou d'un cellier un trou profond de 2 pieds; placez-y le jambon, ayant soin de mettre de la paille en dessous; recomblez la fosse; au bout d'une semaine retirez-en le jambon. Après avoir ôté le sel demi fondu dont il est humecté, frottez-le de nouveau sel sec et fin, remettez-le en terre dans un sac pendant environ un mois. Tous les sept jours on fait la même opération; après quoi on le déterre, et durant un jour entier on le soumet à la presse, ayant attention de ne pas trop le presser, ce qui lui ferait perdre son suc. Au sortir de la presse on le lave, on le fait bien sécher

32 *

enveloppé de foin ; et pour qu'il prenne un peu le goût de la fumée, on le suspend quelques jours dans une cheminée.

Beaucoup de personnes sont dans l'habitude de garder leurs jambons suspendus au plafond sans être enveloppés, ils sont alors exposés aux insectes. La méthode infaillible pour les conserver en bon état, c'est de les mettre dans un sac d'un tissu bien serré, pour l'enfermer dans un lieu frais, sec et privé de lumière.

Le procédé pour fumer les jambons est applicable au lard et au bœuf : après que ces différentes pièces ont séjourné dans du sel pendant huit jours, on les en retire et on les laisse égoutter et sécher ; après quoi les ayant cousus dans des sacs, on les suspend dans la cheminée pour les faire fumer avec du bois de chêne ou des copeaux. Lorsqu'elles ont été exposées de cette manière dans la cheminée trois mois de suite, il les en faut ôter, car sans cela elles sèchent trop. C'est le même procédé pour fumer le lard, si ce n'est qu'on le laisse suspendu plus long-temps, c'est-à-dire depuis le mois de novembre jusqu'au mois de mars ou d'avril. La chair fumée doit être mise dans du sel pendant huit jours et enfumée trois ou quatre mois.

Lorsqu'on fume la viande, il faut prendre garde de ne pas pendre trop bas le bœuf, les jambons et le lard, et de prendre de temps en temps des poignées de copeaux de chêne qu'on met dans le foyer, qu'on allume et qu'on éteint ensuite avec de l'eau ; ce qui fume très-bien.

Quand on retire le bœuf, les jambons et le lard de la cheminée, on les met ensuite dans du papier gris et on les suspend dans un endroit sec ; mais lorsqu'on ne les a pas cousus dans des sacs, il faut, après les avoir retirés de la cheminée les bien frotter avec l'eau chaude, puis les faire sécher au soleil.

Cuisson du jambon. On enveloppe le jambon d'une toile claire, et on le met dans une marmite de capacité requise et garnie de son couvercle ; on fait en sorte que la marmite soit suffisamment remplie d'eau, pour que le jambon trempe à l'aise ; on y ajoute aussitôt des carottes, du thym, du laurier, un bouquet de persil, dans lequel se trouve trois à quatre clous de girofle, deux gousses d'ail et quelques oignons.

Une attention essentielle pendant le temps que dure cette cuisson, c'est d'avoir soin que le feu ne soit pas vif, et que la liqueur frémisse seulement et ne bouille jamais.

Quand elle approche de la cuisson, on essaie si un tuyau de paille entre et pénètre au fond du jambon : c'est le signe auquel on reconnaît qu'il est cuit ; alors on ajoute un demi-setier environ d'eau-de-vie, et la marmite demeure encore un quart d'heure sur le feu ; le jambon qu'on retire ensuite se désosse facilement et peut être mis sur le plat. On lui laisse la peau pour qu'il se conserve frais autant qu'il dure.

La décoction ou le bouillon qui reste peut servir à cuire une tête de veau, qui devient très-délicate sans aucune autre addition. Enfin si on fait cuire dans le liquide restant une poitrine de mouton, et dans le temps des légumes une purée de pois ou de fèves de marais, on est assuré d'avoir un excellent potage au pain ou au riz. (PAR.)

JAMBOSIER, *Eugenia*. L. Nom donné à des arbres et arbrisseaux exotiques, indigènes des grandes Indes, et qui dans la famille des MYRTES forment un genre nombreux en espèces, dont quelques-unes produisent des fruits très-bons à manger. Les jambosiers ont les feuilles entières et opposées, et les fleurs disposées sur des pédoncules axillaires ou terminaux; tantôt il n'y a qu'une fleur, tantôt il y en a plusieurs sur un pédoncule. Elles sont composées d'un calice découpé en quatre parties, d'une corolle à quatre pétales, d'un grand nombre d'étamines, et d'un germe fait en forme de poire et surmonté d'un long style. Le fruit est demi couronné, ovoïde ou rond, renfermant dans une seule loge un ou plusieurs noyaux entourés d'une pulpe plus ou moins charnue. Les espèces dont les fruits se mangent, et que par cette raison on cultive avec quelque soin dans les deux Indes, sont celles qui suivent :

Le JAMBOSIER DE MALACA, *Eugenia malaccensis*, L., ainsi appelé, parce que c'est dans la presqu'île de ce nom que croissent les meilleurs fruits de cette espèce ; ils ont à-peu-près la forme et la grosseur d'une poire, et ils contiennent une pulpe blanche, succulente et charnue, qui a le parfum de la rose. Cet arbre s'élève communément à la hauteur d'un beau prunier; il se couvre de feuilles ovales, lancéolées, très-entières, longues quelquefois d'un pied, et il porte des fleurs d'un rouge vif, qui sont réunies au nombre de cinq ou sept sur des pédoncules latéraux.

Le JAMBOSIER POMMIER-ROSE, *Eugenia jambos*, L., nommé aussi le *jamrosade*. C'est un arbre de la troisième grandeur, qui a un port élégant et un très-beau feuillage. Il a été apporté des Indes sur le continent et dans les îles de l'Amérique. Je l'ai cultivé pendant plusieurs années à St.-Domingue. Il est presque toujours chargé de fleurs ou de fruits. Ses fleurs, d'un blanc pâle, naissent à l'extrémité des rameaux, réunies plusieurs ensemble sur un même pédoncule, en grappes courtes et lâches. Ses fruits, d'un blanc jaunâtre, sont presque ronds, moins gros et moins estimés que ceux du jambosier de Malaca. Ils ont l'odeur de la rose, et portent par cette raison le nom de *pommes roses*. Avec leur suc on fait une limonade très-rafraîchissante : leur chair est sèche et cassante quand elle est crue; on ne la mange ordinairement qu'en compote; elle est alors douce, savoureuse et très-agréable au goût. Ce jambosier croît naturellement à la côte de Malabar; et les habitans de cette contrée ont une grande vénération pour cet arbre, parce qu'ils prétendent que leur dieu Wistnou est né sous son ombrage.

Le Jambosier caryophylloide, *Eugenia caryophyllifolia*, Lam., vulgairement le *jambolongue*, ou *jamlongue* : grand arbre à rameaux lisses; à feuilles lancéolées, terminées en pointe aiguë, et à fleurs presque sessiles. On le cultive à l'Ile-de-France.

Le Jambosier des Moluques, *Eugenia jambolana*, Lam., très-commun dans les îles de ce nom, ainsi que dans celle de Java et aux Philippines. Il est aussi élevé que le jambosier de Malaca; a des feuilles ovales, presque obtuses, des fleurs disposées en panicules serrés aux parties latérales des branches, et des fruits gros comme nos olives, et d'une couleur rouge, pourpre ou même noirâtre. On mange ces fruits crus avec du sel et du poisson, ou on les confit dans la saumure; le peuple seul s'en nourrit.

Le Jambosier de Micheli, *Eugenia Micheli*, Lam., vulgairement le *roussailler*, arbre élevé de 12 à 15 pieds, dont les feuilles sont ovales, aiguës et luisantes, les fleurs blanches et petites, les fruits rouges, globuleux et à côtes arrondies. Ces fruits n'ont qu'un seul noyau qu'entoure une pulpe presque molle, légèrement acerbe et rafraîchissante. On trouve cet arbre à la Chine, où on le cultive pour l'élégance de son port et pour ses fruits.

Le Jambosier goyavier batard de la Martinique, *Eugenia pseudopsidium*, Lin., arbre de la troisième grandeur, qui croît dans les bois montagneux, et qui a à-peu-près le port d'un jeune poirier. Ses fleurs, qui sont blanches, naissent aux côtés et à l'extrémité des branches, et elles sont remplacées par de petits fruits sphériques et rouges, pleins d'une pulpe molle et douce ayant la même couleur.

Les jambosiers se multiplient communément par leurs noyaux. Ils aiment une terre substantielle et un peu légère; celle qui est propre à la canne à sucre leur convient également. J'ai élevé plusieurs pommiers-roses dans un sol de cette nature, et ils ont toujours très-bien réussi. Leur croissance est assez rapide. Quand ils sont en âge de fructifier, ils sont quelquefois tellement chargés de fruits que leurs rameaux les plus extérieurs, naturellement flexibles, se recourbent en dehors et demandent un appui. On peut aussi multiplier les jambosiers, soit en transplantant les jeunes individus qui croissent à leurs pieds, soit de boutures coupées dans la saison conve-

nable. Dans ce dernier cas, il faut arroser avec soin les boutures jusqu'à ce qu'elles aient pris racine, et tenir le terrain où
on les a plantées entièrement net de mauvaises herbes. Cette
voie de multiplication n'a pas toujours le succès désiré. Celle
qui se fait par les semences est plus sûre, et donne d'ailleurs
des individus plus robustes.

En France, on ne peut élever ces arbres qu'en serre chaude,
d'où ils doivent rarement sortir. Il faut les traiter avec les
mêmes soins donnés à la plupart des plantes qui croissent sous
la zone torride. Le jardin du Muséum possède quelques jambosiers, qui non-seulement fleurissent, mais dont les fruits
arrivent quelquefois à une maturité complète. (D)

JANEGUE. *Voyez* Génisse.

JANET. Nom des anes à Malte, où ils sont d'une grande
beauté et d'un haut prix. (B.)

JANVIER. Ce mois, qui ouvre l'hiver et l'année, est ordinairement ou très-froid ou très-pluvieux. Dans les parties septentrionales de la France, la neige couvre presque toujours
la terre pendant sa durée. Heureux les cultivateurs qui savent
quelque métier, car souvent alors ils ne peuvent utilement
employer leur temps ! C'est le moment de réparer les instrumens agricoles, d'aiguiser les échalas, de travailler les chanvres
et les lins, de faire les huiles de toute espèce.

Lorsque le temps le permet, on continue les labours des
terres légères ; on creuse ou répare les fossés, on plante ou
raccommode les haies, on coupe les saules, les buissons, les
bois, etc.

Faites dans ce mois les chariages de matériaux pour la bâ-
tisse, les transports de terre, de bois, les défoncemens, etc., si
le temps le permet.

Il en est de même dans la petite culture. Le jardinier qui
n'a pas de serre ou de couches, peut se reposer souvent ; mais
lorsque la gelée ou la neige ne s'opposent pas à ses travaux,
il continue la taille de ses arbres, les labours de ses plates-
bandes, le semis contre les murs exposés au midi des laitues
hâtives, des fournitures de salades, les pois michaux, etc. C'est
encore alors qu'il enlève les lichens et les mousses qui dépa-
rent ses arbres, qu'il détruit les nids de la chenille commune
qui existent sur leurs branches.

Dès ce mois il faut nourrir plus abondamment les volailles
pour les déterminer à pondre et à couver de bonne heure. (B.)

JAQUIER, *Artocarpus.* Genre de plantes de la monoécie
monandrie et de la famille des urticées, dans lequel se placent
six arbres, tous portant des fruits susceptibles d'être employés à la nourriture de l'homme dans les pays intertropi-

caux et dont un est principalement célèbre sous les noms de *fruit à pain*, de *rima*.

Cette espèce, que les botanistes appellent le JAQUIER A FEUILLES DÉCOUPÉES, croît naturellement dans les Moluques, et dans les îles de la mer du Sud. Rumphius l'a décrite et figurée ainsi que plusieurs de ses variétés, il y a près de deux cents ans, mais c'est Cook, au retour de son premier voyage autour du monde, qui véritablement l'a fait connaître en Europe par les grands éloges qu'il a donnés au fruit de sa variété sans pepins, lequel servait de nourriture à son équipage pendant ses relâches à Otaïti et îles voisines.

Il se mange comme le pain, dont il a la couleur et le goût.

Aujourd'hui, grâces à notre gouvernement, il se trouve cultivé à l'Ile-de-France, à Cayenne, à la Guadeloupe et à la Martinique, même à la Jamaïque, par suite de la prise d'un vaisseau français.

J'ai vu à Paris des fruits nés à Cayenne, et ils ne m'ont pas paru inférieurs en grosseur, celle de la tête d'un enfant, à ceux mentionnés par Rumphius et par Cook. Si leur saveur n'a pas paru aussi digne de louange que celle de ceux vantés que par ce dernier, c'est que les personnes qui les ont goûtés, n'étaient pas réduites depuis deux ans et plus à des nourritures salées. Au reste, ils prennent, comme toutes les fécules (ils en offrent autant que la pomme de terre), tous les goûts qu'on veut leur communiquer par l'art des assaisonnemens.

Les jaquiers à feuilles découpées qui n'ont pas perdu la faculté de se reproduire par graines, en donnent abondamment qui sont de la grosseur et du goût des châtaignes, et qu'on mange de la même manière, c'est-à-dire cuites sous la cendre ou dans l'eau; on les dit excellentes. L'acquisition du fruit à pain n'est pas aussi avantageuse pour nos colonies qu'elle l'a paru d'abord, attendu qu'ils sont sept à huit ans à donner leurs premiers fruits, et qu'ils n'en donnent pas chaque année en proportion de l'espace qu'ils occupent, quand on compare leurs produits à ceux des POMMES DE TERRE, des PATATES, des COLOCASES, des IGNAMES et du MANIOC (*voyez* ces mots), dont les productions sont quelquefois énormes.

Les amandes du JAQUIER DES INDES, vulgairement appelé *jak*, *jalque*, ou *jaquira*, sont plus grosses que celles du précédent et également fort estimées. On en fait une consommation immense dans les îles de la Sonde, des Célèbes, des Philippines et autres groupes. Elles se gardent comme les précédentes. Son bois est supérieur à celui du fruit à pain et s'emploie généralement dans la construction des maisons et des navires.

Il découle de l'écorce de tous les jaquiers un suc laiteux qui, en se desséchant, devient d'abord une glu propre à calfater les vaisseaux et à prendre les petits oiseaux, ensuite une résine élastique fort rapprochée du CAOUTCHOUC et susceptible des mêmes usages.

Les couches intérieures de cette même écorce sont filamenteuses et s'utilisent fréquemment pour faire des vêtemens.

Enfin les jaquiers sont d'une importance majeure pour tous les pays où ils croissent naturellement; mais on ne peut espérer de les cultiver dans aucune des parties de l'Europe, la chaleur qu'ils exigent pour croître avec succès, étant celle des climats intertropicaux.

Les jaquiers qui fournissent des graines se multiplient très-facilement par le semis de ces graines, et tous, principalement la variété de l'arbre à pain, qui n'en donne pas, par boutures, par rejetons qui poussent de leur pied, et plus certainement par racines, qu'on lève, qu'on coupe en tronçons d'un pied de long et qu'on met en terre en laissant un peu sortir leur gros bout. *Voyez* MULTIPLICATION DES ARBRES. (B.)

JARRE. Poils courts et raides qui naissent sur tous les animaux domestiques et qui ne peuvent servir au tissage des étoffes.

C'est sur le mouton que le jarre se fait le plus remarquer, parce qu'il y est le plus nuisible, les individus jarreux ayant moins de LAINE que les autres, et les opérations au moyen desquelles on le sépare de la laine, étant longues et coûteuses.

Le jarre est un excellent ENGRAIS. Il ne faut donc pas le jeter comme on fait presque par-tout. (B.)

JARA. Synonyme de JAROSSE. *Voyez* GESSE. (B.)

JARDIN. Enceinte destinée à la culture de certaines espèces de plantes utiles ou agréables, de certains arbres propres à donner du fruit ou de l'ombrage, qui est principalement l'objet de ce qu'on appelle la petite agriculture.

Pour traiter convenablement de tout ce que ce mot indique, il faudrait des volumes.

On distingue six espèces de jardins, qui chacune exigent une culture particulière et des connaissances différentes. Ce sont,

1°. *Le jardin potager ou légumier*, qui se subdivise en jardin rustique, en jardin soigné, en jardin maraîcher;

2°. *Le jardin à fruit*, auquel on peut joindre le VERGER. *Voyez* ce mot.

3°. *Le jardin à fleurs*;

4°. *Le jardin de botanique*;

5°. *Le jardin français*, ou jardin orné;

6°. *Le jardin paysager*, autrement *jardin anglais*, ou *jardin chinois*.

En proposant ces divisions, j'ai seulement voulu dire que

chacune exige une culture particulière; car elles ne sont rien moins que rigoureuses, le jardin potager, par exemple, étant presque toujours en même temps jardin fruitier et jardin à fleurs.

Un jardin où on ne cultive des arbres que pour les planter autre part ou les vendre, s'appelle une Pépinière. *Voyez* ce mot.

Tout jardin doit être entouré par des murs, des haies ou des fossés, pour qu'il soit à l'abri de la rapacité des voleurs et de la dent des bestiaux; mais il en est quelques-uns pour qui les murs sont d'une nécessité absolue, ainsi qu'on le verra plus bas.

Les *jardins potagers* sont les plus communs et certainement les plus utiles; c'est en conséquence ceux qu'on doit soigner davantage, et dont on doit chercher à perfectionner la culture avec le plus d'empressement.

Ces sortes de jardins, lorsqu'ils ne sont pas en plaine, doivent être, autant que possible, au bas d'un coteau exposé au levant. Ceux qui sont placés au nord sont désavantageux sous tous les rapports. Il faut, lorsqu'on en établit, faire attention aux vents dominans, aux moyens naturels d'arrosement, etc.; il n'est donné qu'à bien peu de personnes de jouir à cet égard de toute la liberté nécessaire, car des circonstances étrangères au jardin même décident presque toujours de sa position.

L'eau, si on peut employer ce terme trivial, est l'âme d'un *jardin potager*. Sans eau, on ne peut avoir de beaux, ni de bons, ni de nombreux légumes. Il faut donc s'en procurer à tout prix, soit de source, soit de puits, soit de pluie; les localités seules décident ordinairement; mais la dernière est préférable. (*Voyez* au mot Eau.) Les eaux de source et de puits doivent toujours être exposées à l'air dans des bassins plus larges que profonds, au moins vingt-quatre heures avant leur emploi, afin qu'elles puissent y prendre la température de l'atmosphère, et déposer une partie de la sélénite ou de la pierre calcaire qu'elles tiennent fréquemment en dissolution; ces substances étant essentiellement nuisibles aux plantes, autour des feuilles et des racines desquelles elles se fixent. Un propriétaire éclairé dispose, lorsqu'il le peut, la prise de ses eaux de manière à ce qu'il puisse les conduire, par des tuyaux souterrains, dans les différentes parties de son jardin, afin qu'on les répande plus facilement et plus économiquement par-tout où il en est besoin, soit avec des arrosoirs, soit avec des pompes, soit enfin avec des tuyaux de cuir. Cette dernière méthode est certainement la meilleure sous tous les rapports; mais aussi c'est celle à laquelle les localités se prêtent le plus rarement.

Il est utile, dans quelques cas, de mettre des fumiers ou

des matières végétales et animales dans les eaux destinées à l'arrosement ; mais ce doit être rarement et en petite quantité à-la-fois, Théodore Saussure ayant prouvé que l'excès faisait mourir les plantes. *Voyez* aux mots ENGRAIS et ARROSEMENT.

Lorsqu'on n'est point gêné par des propriétés voisines , on donne ordinairement à son jardin la forme rectangulaire, comme la plus naturelle et la plus agréable à la vue ; on le subdivise, selon son étendue, en un plus ou moins grand nombre de parties , par des allées destinées au passage et aux transports : ces parties portent généralement le nom de *carrés* ou *carreaux*, quoiqu'elles n'aient pas toujours rigoureusement la forme que ce mot indique.

La grandeur des carrés des jardins potagers n'est pas aussi indifférente qu'on le pense communément ; l'expérience a prouvé que 10 à 12 toises sur toutes les faces étaient la mesure la plus convenable.

La terre des allées est rejetée sur les carrés , qui se subdivisent eux-mêmes, après leur labourage , en longs parallélogrammes qu'on appelle *planches,* et qui ne doivent avoir qu'une largeur de 4 à 5 pieds au plus, afin que l'on puisse atteindre , des deux côtés , leur milieu avec la main ; ces allées sont ensuite remplies avec de petits cailloux ou des plâtras recouverts de gros sable, pour qu'on puisse les fréquenter en tout temps sans craindre la boue : on gratte leur surface trois ou quatre fois par an pour détruire les plantes qui tenteraient d'y végéter.

Ordinairement on garnit les bordures des carrés avec des plantes propres à retenir le terrain , telles que l'oseille, la ciboulette, le persil, le cerfeuil, la pimprenelle, le fraisier, etc.; quelquefois aussi on emploie le gazon, le buis , la sauge , la sariette, etc. ; rarement on l'encaisse avec des pierres, parce que cela est trop coûteux et n'a d'autre utilité qu'une plus grande propreté. Ordinairement ces bords sont accompagnés d'une plate-bande qui leur est parallèle, et où l'on plante des arbres nains, ou des arbres en éventail, ou des arbres en buissons. *Voyez* au mot ARBRE.

La terre d'un *jardin potager* doit être profonde et très-meuble ; aussi lorsqu'elle n'a pas ces deux qualités , faut-il les lui donner, quoi qu'il en coûte : on y parviendra en la remuant au moins à 3 pieds de profondeur , en y transportant des terres sablonneuses ou de la marne , en y répandant annuellement une grande quantité de fumier non consommé , et tous les débris de végétaux qu'on aura à sa disposition.

En général, les légumes qui croissent dans un terrain trop fumé acquièrent un volume qui dispose en leur faveur , mais ils perdent d'autant plus en qualité; c'est pourquoi ceux que l'on mange en Hollande et aux environs des grandes villes paraissent si insipides, et souvent même si désagréables aux personnes qui sont accoutumées à faire usage de ceux venus dans leurs jardins.

Cependant, on l'a dit depuis long-temps, et le fait est vrai, sans l'abondance des fumiers, il n'est point de *jardin légumier*, parce que les plantes qu'on y cultive, et dont l'amélioration est due à la main de l'homme, ne tardent pas à dégénérer, à revenir à un état voisin du sauvage lorsqu'on ne continue pas à leur fournir cette surabondance de sucs qui les a modifiées d'abord, et dont elles épuisent la terre plus rapidement que celles qui sont dans l'état naturel : il faut donc mettre du fumier tous les ans, et même quelquefois plusieurs fois dans l'année, mais juste que ce qui est nécessaire. Le fumier de cheval est, en général, meilleur; cependant, dans les terres très-sèches et très-légères, le fumier de vache doit être préféré, parce qu'il les divise moins, ou mieux, leur donne la consistance qui leur manque et retient l'humidité.

C'est pendant l'hiver, ou au commencement du printemps, que l'on donne ordinairement les grands labours aux *jardins potagers*; mais un jardinier entendu n'en doit pas laisser en jachère une seule partie, pour peu qu'il soit assuré du débit de ses productions. Il faut qu'il imite les cultivateurs de légumes des faubourgs de Paris, qu'on appelle MARAICHERS (*voyez* ce mot); c'est-à-dire qu'il laboure et plante un carré ou même une planche de son jardin, aussitôt qu'elle est vide. Par cette méthode, il entretient la terre toujours meuble, ne perd point d'espace et gagne beaucoup de temps.

L'époque des semis, dans les *jardins légumiers*, ne peut être fixée, puisqu'elle varie suivant le climat, les abris, l'état de l'atmosphère, le but du propriétaire et la nature des plantes. En général, elle dure pendant presque toute l'année, c'est-à-dire le temps des gelées seul excepté; mais c'est au printemps que cette opération se fait le plus généralement et avec le plus de succès.

La manière de semer se modifie selon les lieux et l'espèce des plantes; elle n'est pas cependant indifférente, car des plantes qui étalent leurs feuilles doivent être moins rapprochées que celles qui ne les étalent point : il en est de même de celles dont les racines doivent être arrachées les unes après les autres; il en est encore de même de celles qui s'élèvent à une grande hauteur, et ont besoin de beaucoup de soleil ou d'air pour acquérir toute leur perfection.

On trouvera aux articles particuliers de chaque plante les notions qu'on pourra désirer sur ces différens objets : ainsi on se dispense de les mentionner ici.

Il est un accessoire des jardins légumiers dont on peut se

passer à la rigueur dans les parties méridionales de l'Europe, mais qui est indispensable dans celles du nord toutes les fois qu'on veut cultiver des légumes d'une certaine délicatesse ; ce sont les couches : on en distingue, dans ce cas, de deux sortes, les vieilles et les nouvelles. Les premières se font avec les restes de celles de l'année précédente, et sont destinées à recevoir la semence des plantes qui demandent peu de chaleur et un bon terrain ; les secondes sont construites avec du fumier de cheval pur, ou de cheval et de vache mêlés ensemble dans des proportions variables. Ces dernières donnent une chaleur moins forte, mais plus durable : on les emploie pour semer toutes les plantes dont on veut avancer la végétation, et qui, la plupart, doivent être ensuite transplantées à demeure en pleine terre. Ces couches sont couvertes au moins d'un demi-pied de terreau ; leur longueur est indéterminée, mais leur largeur est au plus de 5 pieds pour la facilité des sarclages, serfouissages, etc. : leur hauteur est généralement de 3 pieds, dont 1 ou 2 seulement hors de terre.

On place toujours les couches dans la partie du jardin la plus exposée au soleil du matin ou du midi, et sur-tout la plus à l'abri des vents froids ; on les couvre pendant la nuit avec des toiles ou des paillassons : certaines espèces de plantes plus délicates et qui demandent plus de chaleur, restent constamment sous des cloches de verre. *Voyez* Couche et Abri.

Les châssis sont des couches placées dans des encaissemens de pierre ou de bois, et couvertes d'un vitrage à larges carreaux ; c'est une couche renforcée, qui se conduit positivement de même que les couches ordinaires, si ce n'est qu'il faut lui donner de l'air tous les matins, lorsqu'on ne craint pas la gelée, en levant son vitrage en partie ou en totalité. *Voyez* Chässis.

Les couches, comme les châssis, se réchauffent en les entourant de nouveau fumier de cheval dans toute sa force.

Les plantes levées, soit sur terre, soit sur couche, doivent être sarclées avec soin, arrosées fréquemment, et serfouies le plus souvent possible : ces trois opérations influent singulièrement sur leur accroissement et sur leur beauté ; aussi n'y a-t-il que les jardiniers paresseux qui les négligent. *Voyez* Sarclage et Serfouissage.

L'époque de la journée où il convient d'arroser n'est pas indifférente ; le matin au lever du soleil, et le soir à son coucher, sont les instans les plus avantageux. Lorsqu'on le fait pendant la chaleur du jour, on est exposé à perdre considérablement de jeunes plantes, qui sont saisies par le froid, ou dont les feuilles sont brûlées par les rayons du soleil ; la force et le nombre des arrosemens dépendent de la nature du terrain, de l'espèce de la plante et de l'époque de sa croissance. En effet, on sent qu'un terrain sablonneux, qui laisse facilement imbiber ou évaporer l'eau qu'on lui donne, en demande davantage que celui qui est argileux et compacte; qu'une jeune plante dont les racines sont à fleur de terre souffre plus de la chaleur que celle dont la même partie va chercher l'humidité à plusieurs pouces de profondeur; que celle qui est succulente a plus besoin d'eau que celle dont la contexture est sèche et aride. Les pieds qu'on a transplantés en ont également plus besoin que les autres, attendu que leurs racines ne sont plus disposées de manière à pouvoir remplir leurs fonctions, et qu'il leur faut ordinairement plusieurs jours pour reprendre la position et la direction qui leur conviennent; d'ailleurs, ces arrosemens tassent la terre autour d'elles, et la mettent en contact avec la totalité de leurs suçoirs. *Voyez* RACINE et ARROSEMENT.

Outre ces objets, un jardinier vigilant doit veiller sur les TAUPES, les COURTILIÈRES, les larves de HANNETONS, les CHENILLES et autres insectes, les LIMACES et autres vers, qui tous, séparément ou ensemble, causent beaucoup de dommage aux jardins. *Voyez* tous ces mots.

C'est dans la classe des jardins légumiers qu'il faut placer ceux que les habitans de Mexico établissent sur le lac qui entoure cette ville, et qui flottent continuellement.

Ces jardins qu'on appelle *chinampas* sont établis sur un radeau plus ou moins large, plus ou moins long, formé avec des branches d'arbres à bois léger, principalement avec des saules. On place sur ce radeau un épais lit de joncs ou de roseaux, et par-dessus un lit de terre, de 1 à 2 pieds de hauteur, retirée du fond du lac. Là, on cultive toutes sortes de légumes et de fleurs; tout y prospère à souhait sans arrosemens et avec peu de binages; ordinairement il y a au milieu un petit arbre et une cabane. Ils sont fixés au fond du lac par le moyen de pieux qui les traversent; des bateaux les prennent à la remorque lorsqu'on veut les changer de place. On ne dit pas combien ces radeaux subsistent d'années, ni comment on transporte sur le nouveau la terre de l'ancien.

A la Chine, où il y a beaucoup de ces sortes de jardins sur les rivières, ils sont établis sur des bambous, qui se conservent un très-grand nombre d'années dans l'eau sans pourrir, et qu'on peut charger d'une plus grande épaisseur de terre sans inconvénient; aussi y cultive-t-on beaucoup de sortes d'arbres fruitiers.

Le *jardin fruitier* est celui qu'on consacre le plus particulièrement à la culture des arbres à fruits; il diffère du verger, également destiné à cet objet, parce que les arbres de ce dernier, une fois plantés et greffés, sont abandonnés à eux-mêmes, tandis que ceux du premier sont annuellement palissadés, taillés, ébourgeonnés, etc., et que leur pied est labouré, déchaussé, fumé, etc. *Voyez* au mot VERGER.

C'est à La Quintinie qu'on doit la connaissance des principes qui guident aujourd'hui dans la direction des jardins fruitiers, et c'est aux habitans de Montreuil qu'on doit celle de ceux qui méritent la préférence dans la taille des arbres. *Voyez* aux mots ARBRE, TAILLE, PALISSAGE, ESPALIER, BUISSON, etc.

L'enceinte d'un jardin fruitier peut être et est généralement semblable à celle d'un jardin légumier; mais comme il est plus important, sur-tout dans les pays du Nord, d'y former des abris, pour pouvoir y établir un grand nombre d'espaliers, on doit la fermer avec des murs, et en modifier la forme : celle qui a été proposée par Dumont Courset, dans son excellent ouvrage intitulé *Le botaniste cultivateur*, est un trapèze, dont le plus grand des côtés parallèles, où est l'entrée, est au midi, et dont les côtés divergens sont les plus longs. Il résulte de cette construction que les espaliers placés le long des murs de ces deux derniers côtés ont, les uns le matin, et les autres le soir, le soleil perpendiculaire, et que tous les deux l'ont peu obliquement au milieu de la journée; tandis que, dans la forme ordinaire, les expositions latérales n'ont de soleil que la moitié de la journée.

Dans beaucoup de jardins, on construit des murs intérieurs parallèles à ceux exposés au midi, uniquement pour multiplier les moyens de placer les espaliers.

Les matériaux dont on construit les murs des jardins fruitiers ne sont point indifférens. Les pierres noires sont préférables aux blanches, en ce qu'elles absorbent et conservent mieux le chaleur du soleil. Le plâtre vaut mieux que la chaux, parce qu'il reçoit plus facilement le poli et les clous; mais on n'est pas toujours le maître de choisir. Les murs en pisé, qu'on peut construire par-tout, seraient les meilleurs, s'il était facile de les entretenir en bon état à travers les branches des arbres qui leur sont adossés.

Tantôt ces murs s'arrêtent aux allées longitudinales, en quelque nombre qu'elles soient; tantôt ils vont d'un côté à l'autre, et ils offrent des portes vis-à-vis des allées. Dans les jardins où ils sont de cette dernière manière, on a souvent un trop grand degré de chaleur, qui grille les jeunes bourgeons, fait tomber les fruits, etc. Il ne faut donc pas en construire dans les sols trop bas et dans les expositions trop chaudes. Ils donnent d'ailleurs moyen d'avoir des primeurs non-seulement en fruit, mais encore en légumes. Ces divisions ne doivent pas avoir moins de douze toises de large, ni plus de vingt pour remplir complétement leur objet. C'est à Montreuil qu'il faut aller pour apprécier tous leurs avantages.

La hauteur de murs des jardins varie de 8 à 10 pieds; rarement en ont-ils moins ou plus. Il est bon qu'ils soient recouverts de tuiles ou de larges dalles de pierre qui forment une saillie propre à empêcher la pluie de les dégrader.

C'est contre ces murs que l'on place tous les arbres appelés en espaliers, c'est-à-dire ceux qui sont les plus délicats, ou dont on veut avoir les plus beaux fruits. Le choix des espèces de ces arbres n'est pas indifférent, car de lui dépend ordinairement le succès de la plantation; mais il est impossible de donner des règles à cet égard, ce choix dépendant de la latitude du lieu, de son exposition, de la nature du sol. Il faut donc se contenter de dire ici que la meilleure exposition doit être destinée aux abricotiers, aux pêchers et aux poiriers les plus précieux. On trouvera à l'article de chaque espèce d'arbre les notions qu'on peut désirer à cet égard, et aux mots PLANTATION, ESPALIER, BUISSON celles qu'il est nécessaire d'avoir pour les planter, les tailler dans leur jeunesse, et en général les conduire pendant toute leur vie.

L'intérieur d'un jardin fruitier se divise comme celui d'un jardin potager, excepté que le long des murs et sur le bord des carrés, il y a toujours une plate-bande qui leur est parallèle, et qui est plantée d'arbres; savoir, celle qui est le long des murs de contr'espaliers, et celle qui est autour des carrés, d'éventails, de buissons, de quenouilles, etc. Tantôt, et c'est le plus ordinairement, l'intérieur des carrés est cultivé en légumes, et alors le jardin devient potager et fruitier en même temps; tantôt il est planté d'arbres de différentes formes et grandeurs. Quelquefois il est transformé en demi-verger, c'est-à-dire qu'on y sème de l'herbe, excepté au pied de chaque arbre, où on conserve un espace de 3 à 4 pieds carrés en état continuel de culture.

Dans un jardin de peu de largeur, de 6 à 8 toises par exemple, il est beaucoup plus avantageux de faire deux allées de 3 pieds chacune, longeant les murs, qu'une de 6 pieds dans le milieu, parce que les espaliers y gagnent plus d'air et que la promenade est plus variée. Dans ceux qui sont plus grands, on place ordinairement l'allée principale en face de la maison ou de l'entrée, pour la facilité du service et de la surveillance. Il est aussi blâmable à mes yeux d'irrégulariser cette sorte de jardin que de compasser ceux d'agrément, parce que l'utilité est leur principal mérite, et qu'ils tirent des avantages importans de la régularité qu'on leur donne.

Les jardins fruitiers ont moins besoin d'eau que les jardins potagers: en conséquence, il est possible de les établir avec succès dans un plus grand nombre d'endroits. On peut sur-tout profiter des coteaux exposés au levant, et dont la pente est rapide, parce qu'on y établit facilement des terrasses, que les fruits y sont toujours plus savoureux et plus colorés que dans les plaines, et qu'ils sont moins sujets aux accidens atmosphériques.

Ces espèces de jardins se contentent de peu de labours; cependant il leur en faut au moins un à la bêche, et cinq à six binages ou sarclages à la houe par an; mais lorsqu'on en forme un, il est nécessaire de défoncer le terrain bien plus profondément que pour un jardin potager; les racines des arbres, surtout lorsqu'on leur conserve le pivot, comme la raison le commande, s'enfoncent et s'étendent bien plus que celles des légumes; aussi un remuement de terre de 2 à 3 pieds de hauteur et même plus n'est-il jamais de trop à cette époque : c'est alors aussi qu'il est bon de fumer à fond le terrain, car les engrais annuels doivent être ménagés, comme influant trop en mal sur la saveur des fruits. Un propriétaire entendu préférera même de renouveler la terre au pied de ses arbres, par des enlèvemens faits dans les bois, dans les friches, sur les grandes routes, dans sa cour, etc. Il évitera sur-tout d'y mettre des fumiers trop consommés et fétides. Le meilleur engrais pour les arbres est sans contredit celui qui résulte des cornes, des ongles ou des poils des animaux; le seul sabot d'un cheval, par exemple, enterré sous le pied d'un jeune arbre qu'on plante, suffit pour lui servir d'engrais pendant dix à douze ans, parce que sa décomposition est progressive, et qu'elle se ralentit pendant l'hiver, à l'époque où l'arbre n'a pas besoin qu'elle agisse.

Quelques espèces d'arbres demandent à être déchaussées à la fin de l'hiver pour fournir des fruits hâtifs et abondans, d'autres au contraire demandent à être butés. Tous doivent être débarrassés des lichens qui croissent sur leur écorce, des chenilles qui mangent leurs feuilles, etc.

Quant aux travaux successifs qu'exige chaque espèce d'arbre, on renvoie à leur article particulier, et aux mots indicatifs de ces travaux.

Les jardins à fleurs peuvent être placés à toutes expositions; cependant il est bon qu'ils soient abrités des vents les plus dangereux, c'est-à-dire de ceux du nord. Les eaux y sont nécessaires; mais leur abondance peut être moindre que dans les jardins potagers, attendu qu'on ne les emploie guère que dans les très-grandes sécheresses, ou lorsqu'on sème et qu'on transplante les objets qu'on y cultive plus spécialement. Généralement ces jardins sont les plus petits de tous, et c'est principalement dans les villes ou dans leurs environs qu'ils se trouvent. Dans les campagnes, on ne les sépare pas des jardins potagers ou fruitiers, c'est-à-dire qu'on plante dans les bordures des carrés ou carreaux les fleurs qui plaisent le plus au propriétaire, ou qu'on consacre, sous le nom de parterre, à les recevoir exclusivement, la partie du terrain qui est la plus voisine de la maison. J'observe même qu'aujourd'hui cette sorte de jardin, qui était un objet du luxe de nos pères, tombe de mode ; car il est rare qu'on en construise de nouveaux dans les lieux où les progrès des lumières et du goût se font le plus sentir : dans ces lieux, les gens riches donnent la préférence aux jardins paysagers, dits *anglais*.

La forme de l'enceinte des jardins à fleurs est soumise aux mêmes considérations que celle des jardins légumiers et fruitiers ; mais les distributions y varient plus fréquemment, c'est-à-dire y sont presque toujours subordonnées au goût ou au caprice. Cependant on plante ordinairement les fleurs dans des plates-bandes, tantôt parallèles, tantôt imitant des compartimens de toutes espèces.

Les jardins à fleurs en terrasse ont quelques avantages qui ne doivent pas être négligés.

Quelle que soit au reste la disposition des plates-bandes de ces sortes de jardins, elles n'ont jamais plus de 4 à 5 pieds de large, sont bordées des deux côtés, soit de dalles de pierre, soit de planches de chêne peintes à l'huile, soit de buis, soit de plantes vivaces à fleurs durables, comme le STATICE VULGAIRE, l'ŒILLET PLUMEUX, etc. (*voyez ces mots*); et la terre qu'elles contiennent doit être composée et former un ados d'âne saillant au moins de 6 pouces dans son milieu. *Voyez* BAHU.

La composition de la terre dans les jardins des fleuristes est une des opérations qui influent le plus sur la conservation et la beauté des objets qu'on y cultive spécialement. Les plantes à oignons, telles que les JACINTHES, les TULIPES, etc., à tubercules, comme les RENONCULES, les ANÉMONES, etc., demandent une terre très-légère, fortement amendée par des débris de végétaux, mais privée de fumier; elles pourriraient dans une terre forte et humide, tandis que les PRIMEVÈRES, les ŒILLETS, etc., pousseraient beaucoup en racines dans une pareille terre, et très-peu en fleurs; et en conséquence il leur faut une terre substantielle et souvent fumée. *Voyez* ces différens mots.

Pour remplir ces objets, on consacre dans un coin du jardin un lieu destiné au mélange des terres. On les prépare deux ans avant de les employer, et pendant cet intervalle on les remue, on les combine au moins quatre fois, c'est-à-dire à chaque automne et à chaque printemps.

Il serait difficile de donner ici des règles pour guider un

amateur dans cette opération, car elle doit varier dans chaque localité, d'après la nature de la terre du jardin, et la possibilité de s'en procurer d'autre facilement et sans trop de dépense. On trouvera quelques données à cet égard aux articles des plantes que les fleuristes cultivent le plus habituellement. Il suffira de dire qu'en général il faut rendre plus légères les terres fortes, et plus fortes les terres légères. L'expérience est dans ce cas préférable à tous les raisonnemens.

Un jardin à fleur doit avoir des couches et des châssis pour semer quelques espèces de plantes qui fleuriraient trop tard sans cette précaution, et un local destiné à conserver à l'abri de l'humidité et de la gelée les oignons ou les bulbes des plantes qu'on ne laisse pas en terre pendant toute l'année. Il doit de plus avoir quelques instrumens aratoires de plus que les autres jardins, tels que des CRIBLES en fil de fer, ou en bois, et des CLAIES pour passer les terres, des POTS de différentes grandeurs pour y placer certaines fleurs qui produisent plus d'effet sur les GRADINS, ou celles qui demandent à être rentrées dans l'ORANGERIE pendant l'hiver. *Voyez* ces mots.

Les gradins dont il vient d'être parlé sont des espèces d'escaliers en bois, que l'on démonte ordinairement pendant l'hiver, et qu'on place contre les murs de la maison, ou vis-à-vis et à peu de distance, et où l'on ne met les pots qu'à l'époque où les plantes qu'elles contiennent sont en fleur, de sorte que leur aspect change presque tous les quinze jours. Souvent on couvre les plantes de ces gradins, pendant la plus grande chaleur du jour, d'une espèce de tente ou de rideau mobile, qui intercepte les rayons du soleil et prolonge la conservation de leurs fleurs. On couvre aussi de la même manière les plates-bandes où sont plantées les tulipes, les jacinthes, les renoncules, les anémones et autres plantes qu'on cultive rarement dans des pots. On ôte ou on plie tous les soirs ces toiles, qui doivent être suffisamment éloignées des fleurs pour que l'air puisse librement circuler autour d'elles.

Plus qu'aucun autre, le jardin à fleurs a besoin d'être entretenu dans la plus grande propreté. Il ne faut pas qu'on voie une pierre ou une mauvaise herbe dans les plantes-bandes; les allées doivent être ratissées au moins tous les huit jours; les buis taillés plusieurs fois dans l'année; enfin tout doit y être peigné, comme on le dit vulgairement, aussi complétement que possible.

On trouvera les indications sur le temps de semer, de planter et de soigner les fleurs, aux différens articles qui les concernent : j'y renvoie le lecteur.

Le *jardin de botanique* proprement dit, ou l'*école de botanique*, est un espace consacré à la culture des plantes, uniquement sous le point de vue de leur étude comme objet d'histoire naturelle : en conséquence, c'est presque toujours un établissement public situé dans ou très-près d'une grande ville; mais on appelle souvent de ce nom les *jardins* où des particuliers cultivent des plantes indigènes ou exotiques par amour pour la science ou par goût pour la variété, et alors ils peuvent être placés dans le sol et l'exposition la plus favorable.

Ces deux sortes de *jardins* sont assez différens pour mériter chacun un article particulier; les uns et les autres ont besoin d'être pourvus d'eaux abondantes, le dernier sur-tout.

Les distributions intérieures d'un *jardin de botanique* proprement dit doivent toutes être subordonnées à trois de ses parties; savoir, l'Ecole, les Couches simples ou à châssis, et les Serres. *Voyez* ces mots.

On appelle *école* le lieu où les plantes sont rangées à côté les unes des autres, et où les élèves vont, le livre à la main, les étudier, les comparer les unes aux autres, et prendre à leur égard toutes les notions qui peuvent être acquises par le simple regard, ou au plus la dissection de leurs fleurs et de leurs fruits. Ce lieu étant destiné à recevoir des plantes de tous les climats, de tous les sols et de toutes les expositions, ne peut être approprié aux besoins de chacune d'elles; mais il faut qu'il soit, autant que possible, dans une situation intermédiaire qui permette l'application de quelques moyens particuliers de conservation souvent contradictoires, dans des distances très-rapprochées.

En conséquence, l'école doit toujours être placée au levant ou au midi, formée d'une suite de plates-bandes parallèles d'au moins 2 et d'au plus 4 pieds de large, lesquelles auront leurs bords garnis de dalles de pierre, de buis ou de toute autre chose propre à empêcher l'éboulement des terres. Ces plates-bandes seront en dos d'âne, défoncées au moins de 3 à 4 pieds, et formées d'une terre composée, moyenne entre les terres appelées *légères* et les terres appelées *fortes*, c'est-à-dire une terre analogue à celle dont il a été fait mention à l'article des *jardins à fleurs*, mais un peu plus substantielle. Les sentiers qui les séparent auront une largeur proportionnée à l'espace dont on peut disposer, mais toujours suffisante pour que deux personnes au moins puissent s'y tenir de front.

C'est dans ces plates-bandes que l'on place les plantes dans l'ordre qui est indiqué par le système ou la méthode adoptée par le professeur. Ainsi, si on suit le système de Linnæus, la première plate-bande renfermera les plantes de la monandrie, et la dernière celles de la cryptogamie; si on suit la méthode de Jussieu, la première planche contiendra les plantes dont la fructification est imparfaitement connue ou les champignons, et la dernière celles qui ont plusieurs cotylédons, telles que les CONNIFÈRES. (*Voyez* ce mot et le mot PLANTE.) La distance à mettre entre ces plantes est proportionnée à leur nombre et à l'espace dont on peut disposer; mais il doit toujours être suffisant pour qu'elles ne se gênent pas réciproquement, non-seulement par leurs tiges, mais encore par leur racines. Tantôt on met ces plantes dans le milieu des plates-bandes, tantôt on les met sur les deux bords.

Les plantes d'une école de botanique peuvent être divisées en cinq groupes; savoir, 1°. les plantes vivaces qui ne craignent point la gelée, et qui, une fois mises en place, s'y conservent un laps de temps indéterminé sans qu'on s'en occupe particulièrement; 2°. les plantes annuelles qui doivent être semées tous les printemps en place, et dont il faut avoir soin de recueillir la graine dans sa maturité; 3°. les plantes des campagnes environnantes qui se refusent à la culture, et qu'on est obligé d'y apporter toutes les années; 4°. les plantes exotiques vivaces ou frutescentes qu'on est obligé de rentrer pendant l'hiver dans la serre ou l'orangerie, et qui sont en conséquence dans des pots ou dans des caisses; 5°. enfin les plantes annuelles qui ont besoin, pour lever, de la chaleur du châssis ou de la couche, et qu'on a également semées dans des pots.

Parmi ces espèces de plantes, il en est d'aquatiques, pour lesquelles on est obligé de faire faire de grands pots, qu'on enterre dans la plate-bande, et où on entretient toujours une certaine quantité d'eau; d'autres qui demandent une chaleur forte et continuelle, qu'on recouvre de cloches ou de cages de verre; d'autres qui craignent au contraire si fort les rayons du soleil, qu'il est nécessaire, pour les conserver, de les placer derrière des abris demi-circulaires en bois ou en fer. (*Voyez* PARASOL.) Le jardinier, sur l'indication du professeur, doit donc faire attention à ces différentes circonstances, et se conduire en conséquence.

Dans la plupart des écoles de botanique, on met devant chaque plante le nom spécifique et quelquefois le nom vulgaire qu'elle porte, et par suite le nom du genre à la tête du genre, et celle de la classe ou de la famille à la tête de la classe ou de la famille. Ces noms sont écrits sur des étiquettes d'émail à tige de bois ou de fer peints à l'huile. Les uns et les autres de ces moyens sont sujets à des inconvéniens, et il serait à désirer qu'on en trouvât d'autres.

Les travaux de jardinage proprement dit que demande une école consistent en un ou deux labourages par an, et un serfouissage tous les mois d'été; à empêcher les plantes vivaces de s'étendre au-delà des limites qui leur sont fixées; et les arbres de trop s'élever ou trop se garnir de branches , mais ceux relatifs à l'ordre à entretenir et à la conservation des plantes sont de tous les momens : aussi un jardinier en chef qui a le goût de son état visite-t-il son école presque tous les jours , pour voir s'il y a des plantes qui souffrent ou du chaud ou du froid, ou de la sécheresse , pour récolter les graines qui mûrissent , pour sauver du pillage les plantes rares qui pourraient tenter les désirs cupides des étudians , etc. , etc. Au printemps , il met en place les pots qui ont passé l'hiver dans la serre ou l'orangerie , plus tard ceux qui renferment les plantes qui ont levé sur couche. A la fin de l'été, il dépote et rempote toutes ses plantes pour renouveler leur terre , pour séparer les pieds ou les œilletons ou les rejetons , ou faire des marcottes. Au commencement de l'hiver, il rentre tous ces objets ; et lorsque les gelées commencent à se faire sentir, il couvre avec des pots renversés ou du fumier non consommé les plantes restées en pleine terre, et qui peuvent craindre leur action. Il entoure aussi de paille les arbustes qui se trouvent dans le même cas. Les plantes ainsi empaillées doivent être découvertes avec précaution au printemps, car alors la plus petite gelée suffit pour leur causer de grands dommages.

Comme le fumier ou la paille peuvent quelquefois nuire aux plantes ou aux arbustes , soit en les privant d'air, soit en les entretenant toujours humides, soit enfin en déformant leurs branches , il est bon de faire précéder les opérations ci-dessus de la plantation de trois ou quatre bâtons, qui convergent au-delà du sommet de la plante , et autour desquels on place longitudinalement la paille, qu'on affermit de distance en distance avec des liens d'osier.

C'est dans le lieu le plus abrité du jardin, à l'exposition du levant et du midi, que se placent les couches, les châssis et les serres, qui presque toujours s'accompagnent.

Les premières se construisent comme celles du jardin potager, mais s'accouplent ordinairement, c'est-à-dire qu'on en met deux parallèles l'une contre l'autre, de manière qu'il n'y ait qu'un ou 2 pieds d'intervalle. Cet espace est destiné à être rempli de fumier neuf pour les réchauffer lorsqu'elles commencent à se refroidir, et à servir de sentier pour le travail. Ces couches se font presque toujours avec du fumier de cheval pur et sortant de l'écurie, ou du tan ; car ici on ne craint point que la grande chaleur, qui se développe d'abord, nuise aux graines, attendu qu'on les sème rarement sur la couche même, mais dans des pots remplis de terre préparée, qui se rangent les uns contre les autres. Ces pots sont pourvus d'un numéro, inscrit sur une lame de plomb ou sur un morceau de bois aplati, lequel numéro correspond à son pareil, porté sur le catalogue

que tient le jardinier des noms ou des indications de pays.
On arrose presque tous les jours ces pots, le soir ou le matin,
mais légèrement, et on les couvre de paillassons lorsqu'on a
quelques raisons de craindre la gelée. A mesure que les plantes
qu'elles contiennent entrent en fleurs, on les ôte pour les placer
à leur rang dans l'école.

A la fin de l'été, on enlève tous les pots dont la graine n'a
pas levé, et on les met dans un lieu à l'abri de la gelée, pour
être de nouveau placés sur la couche au printemps suivant;
car il y a des espèces de plantes qui ne lèvent que la seconde et
même la troisième année.

Les châssis sont des couches encadrées dans de la maçonnerie ou dans des madriers peints à l'huile et recouverts de
panneaux de vitrages en recouvrement, dont le bois est également peint. Le côté postérieur du cadre est plus élevé que
l'antérieur, et les côtés sont taillés de manière à faire présenter
à ces panneaux, lorsqu'ils sont fermés, une obliquité d'environ vingt-cinq degrés, plus ou moins, selon la latitude du
lieu.

C'est sous ces châssis qu'on sème les plantes intertropicales,
que la chaleur simple de la couche ne suffirait pas pour faire
lever ou pousser avec assez de rapidité, qu'on met sur-tout
celles des arbres et arbustes, presque toujours plus difficiles à
faire germer que les autres; on y place aussi souvent des plantes
exotiques déjà grandes, soit pour les rétablir lorsqu'elles sont
malades, soit pour favoriser leur floraison et la maturité de
leurs graines.

On peut, au lieu de châssis de verre, se contenter de châssis
de papier huilé, et même de grandes caisses de bois; mais
alors il ne faut placer ces châssis que la nuit, ou dans les gelées, sur les plantes.

Il est indispensable de donner de l'air au châssis pendant le
milieu du jour, toutes les fois que l'état de l'atmosphère le
permet, et même de l'ouvrir entièrement lorsque la chaleur
est trop considérable, que le temps est disposé à l'orage, sauf
à le garantir de l'action directe des rayons du soleil ou d'une
forte pluie, en étendant dessus des toiles très-claires ou des
claies en osier.

Les couches à châssis n'étant pas exposées aux influences
de l'air, perdent fort peu par l'évaporation, et doivent être par
conséquent arrosées avec modération et de loin en loin. Il est
difficile de donner des règles à cet égard; mais un jardinier
intelligent les remplace facilement par le simple coup d'œil.

Les plantes sont au reste, dans les châssis, disposées comme
sur les couches, et se conduisent à-peu-près de même.

Les serres sont destinées à conserver, pendant l'hiver, les

plantes qu'il y aurait impossibilité de laisser en pleine terre, quoique couvertes, à raison de leur disposition à geler ou de l'époque de leur végétation. On distingue trois principales sortes de serres, les ORANGERIES, les SERRES TEMPÉRÉES et les SERRES CHAUDES. *Voyez* ces mots.

L'orangerie est une chambre plus longue que large, percée du côté du levant ou du midi d'un grand nombre de larges fenêtres à doubles châssis, dans laquelle on retire, pendant l'hiver, toutes les plantes des parties méridionales de l'Europe ou des autres parties du monde qui craignent la gelée; mais qni se conservent à un degré de chaleur à peine supérieur au zéro du thermomètre de Réaumur.

On n'a, pendant long-temps, employé l'orangerie que pour retirer, comme son nom l'indique, les orangers, à la culture desquels les gens riches se bornaient autrefois; mais aujourd'hui on la garnit généralement d'une grande quantité de végétaux. Une bonne orangerie ne doit pas craindre, lorsqu'elle est fermée, les gelées ordinaires : dans les gelées extraordinaires, on l'en défend par quelques réchauds de braise ou de petits poêles que l'on place dans les endroits les plus exposés. On y dispose les plantes, qui sont toujours en pots ou en caisse, de manière que les plus hautes soient sur le derrière, et les plus basses sur le devant. Sa conduite consiste à ouvrir les fenêtres pendant le milieu du jour, toutes les fois que l'état de l'atmosphère le permet; à enlever de temps en temps les feuilles mortes et toutes les ordures qui se déposent sur les caisses et sur le sol; à arroser, lorsque cela devient absolument nécessaire, mais toujours avec modération, car l'excès de l'humidité est le plus grand fléau des orangeries, et détruit souvent plus de plantes qu'une forte gelée.

Des couches à châssis que l'on couvre de paillassons pendant la nuit servent fréquemment d'orangerie dans les écoles de botanique, et ont souvent plus d'avantages; mais on ne peut y mettre que des plantes peu élevées.

L'objet des serres tempérées est de mettre à l'abri de la gelée les plantes qui fleurissent pendant l'hiver et qui ont par conséquent besoin de plus de lumière qu'il n'y en a dans les orangeries, ainsi que celles qui craignent beaucoup l'humidité. Leur construction diffère peu de celle des serres chaudes; mais elles ont généralement de moindres dimensions.

Les serres chaudes sont destinées aux plantes intertropicales, qui ont toujours besoin d'un haut degré de chaleur, et à celles des terres australes, qui fleurissent chez nous à l'époque des frimas. On y entretient constamment une chaleur supérieure à celle de dix degrés du thermomètre de Réaumur, par le moyen de poêles, où on allume du feu au moins pendant la nuit. *Voyez* SERRE.

Les serres chaudes demandent à être arrosées souvent, sur-tout pendant l'été, alternativement avec le goulot sur la terre, et avec la pomme sur les feuilles. L'eau qu'on emploie doit toujours être à la température de la serre, et en conséquence contenue dans un réservoir intérieur placé à un de ses angles. Quant au reste, leur direction est la même que celle des châssis et des orangeries, seulement il faut y mettre encore plus de soin. Il est impossible de prescrire des règles générales pour l'entrée, la sortie, le placement des plantes, pour la conduite du feu, l'ouverture des vitrages, etc., etc.; toutes circonstances qui varient d'un lieu à un autre, et souvent plusieurs fois le même jour dans le même endroit. C'est de l'expérience du jardinier et de son exactitude à remplir ses devoirs qu'on doit le plus espérer dans ce cas : celui qui ne craint point sa peine doit, sur-tout l'hiver, visiter plusieurs fois, le jour et la nuit, les serres qui lui sont confiées; regarder aux thermomètres, toujours suspendus à différentes places, quelle est la température de l'air; tirer le bâton qui est placé dans le tan, pour, à l'aide de la sensation que son extrémité inférieure fait éprouver à la main, juger de celle où se trouvent les pots; examiner si le fourneau est approvisionné de bois, le réservoir d'eau, etc.

Il n'y a pas de doute que si l'on voulait faire la dépense de mettre un double vitrage aux serres de cette sorte, on obtiendrait un degré de chaleur plus égal et plus durable avec beaucoup moins de feu. La grande serre du jardin du Muséum d'histoire naturelle de Paris, qui est devenue meilleure depuis qu'on en a construit une plus petite sur sa longueur antérieure, le prouve évidemment.

Il serait très-avantageux pour beaucoup de plantes et encore mieux pour beaucoup d'arbres, d'être plantés en pleine terre dans la serre; mais l'augmentation de dépense qui en serait la suite s'y oppose généralement. Je ne connais que le jardin impérial de Schœnburn, près Vienne, où l'on cultive ainsi un grand nombre d'articles.

Il est encore une espèce de serre chaude plus économique que la précédente, mais qu'on ne peut employer que pour les plantes d'une petite hauteur; c'est celle qu'on appelle *serre d'ananas*, du nom du fruit qu'on y cultive le plus habituellement. Elle diffère de la précédente principalement par son peu d'élévation et la grande obliquité du vitrage qui la ferme en dessus. Ce n'est réellement qu'un grand châssis, devant ou derrière la couche duquel on a creusé un chemin très-étroit. On y descend au moyen d'un escalier, près lequel est placé

le foyer, muni d'un tuyau de chaleur circulant, semblable
à celui précédemment décrit. Cette sorte de serre, qui n'a souvent dans sa plus grande élévation, c'est-à-dire sur son derrière, que 5 à 6 pieds de haut, conserve beaucoup mieux
la chaleur que les autres; en conséquence elle a besoin de
bien moins de feu; mais elle est exposée aussi à des inconvéniens plus graves et plus difficiles à prévenir. Ce n'est que par
une surveillance de tous les instans qu'on peut espérer d'y
conserver des plantes de différentes natures, sans crainte de
les voir périr en un instant par un coup de soleil, un développement d'humidité surabondante, etc. Le meilleur usage
qu'on en puisse faire dans les écoles de botanique, c'est d'y
semer les graines de la zone torride, qui y trouvent la température chaude et humide qui leur convient. Les pots y sont
au reste disposés dans la tannée comme dans la grande serre.
Voyez BACHE.

Les *jardins* où des amateurs instruits cultivent des plantes
étrangères doivent être pourvus de couches, de châssis et de
serres semblables en tout point à celles qui viennent d'être
mentionnées; mais comme le propriétaire n'a pas pour but
d'enseigner la botanique, au lieu de ranger ses plantes à côté
les unes des autres dans l'ordre de leurs rapports scientifiques,
il les place dans celui que la nature du terrain et de l'exposition
qu'elles préfèrent lui indique. En conséquence, il n'y a point
d'école; mais son enceinte est disposée de manière qu'on y
trouve des terrains secs et montueux exposés aux vents, des
vallons gras et humides, des bois sombres, des champs et des
prairies, des rochers à toutes les expositions, des eaux dor-
mantes et courantes; c'est un véritable *jardin* dit *anglais*,
semblable à ceux dont on parlera plus bas. C'est dans ces divers lieux qu'il disperse à demeure ses plantes indigènes et
même ses plantes exotiques, toutes les fois qu'elles peuvent
supporter la température de l'hiver; c'est encore là qu'il fait
successivement placer, après l'hiver, celles de ces dernières
qui n'ont pas besoin de rester tout l'été dans la serre. Ainsi ces
plantes, se trouvant dans des circonstances presque semblables
à celles où la nature les a destinées à végéter, ne souffrent point
de leur transplantation. Elles poussent avec force; elles se
conservent et même se multiplient comme dans leur pays natal.
Là, on ne trouve point le POPULAGE sur une colline, ni l'A-
NÉMONE PULSATILE au milieu d'un marais; mais la PARISETTE
se voit à côté du TRILLION, parce qu'ils demandent tous deux
une terre forte et ombragée; là, enfin, les plantes aréneuses
ne sont pas dans un sol humide, et les aquatiques sur le sommet d'un monticule de sable, etc. Un grand nombre de plantes,
même indigènes, telles que les ORCHIDES, telles que les

Mousses, qui se refusent à la culture dans les JARDINS ordinaires, peuvent y être introduites avec succès. Mais cette manière de cultiver les plantes suppose et beaucoup de connaissances et beaucoup de fortune de la part du propriétaire. Elle n'est nulle part en activité en France. C'est en Angleterre, dans les superbes jardins de Kew, appartenant au roi, qu'il faut aller jouir des avantages immenses qu'elle présente. On croit, m'a-t-il été rapporté, en parcourant ces jardins, être dans un pays de féerie, tant la variété et la vigueur des plantes qui s'y voient frappent l'imagination.

Les amis de la belle nature et de la botanique doivent donc faire des vœux pour que quelque jardin du même genre s'établisse autour de Paris, où le climat est doux et où les sites favorables sont très-multipliés.

Les *jardins* dits *français* sont ceux que faisaient construire nos pères. Ils sont remarquables par la sévère symétrie et le luxe d'apparat qui y règne. Tout y est soumis à l'art. Ils présentent toujours des lignes droites, des allées à perte de vue, des quinconces, des étoiles régulières, des bosquets peignés, des arbres taillés au ciseau, etc., etc. On les compare à une vieille coquette qui doit son faux éclat aux frais immenses d'une toilette raffinée. En effet le premier coup d'œil de ces jardins frappe, mais le second est plus tranquille, et au troisième l'art paraît et le prestige s'évanouit. Aussi s'y ennuie-t-on bientôt, et leurs propriétaires mêmes leur préfèrent la promenade des champs, où ils trouvent la simplicité et la variété de la nature, et par conséquent des beautés toujours nouvelles.

Ces sortes de jardins doivent en conséquence être réservés pour les promenades des habitans des villes. C'est là qu'on peut jouir de leur somptuosité sans se dégoûter de leur monotonie, parce qu'on n'y va que pour voir ou être vu, et que tout y favorise ce double but. Les *jardins des Tuileries* de Paris, pour ceux dont les bornes sont très-circonscrites, et de Versailles, pour ceux qui ont une très-grande étendue, peuvent être cités comme modèles en ce genre. Il n'est personne qui n'ait été frappé de la grandeur et de la majesté qu'ils présentent lorsqu'on y entre pour la première fois, et de la science qui a présidé à leur plantation lorsqu'on les étudie en détail.

Le Blond, élève de Le Nôtre, a publié sur la formation des *jardins français* des préceptes ou des règles générales, qu'il suffira sans doute de rapporter ici par extrait, pour les faire suffisamment connaître. Ceux qui désireront de plus grands détails les trouveront dans son livre.

L'étendue du jardin doit être proportionnée à la grandeur

de la maison. Il faut toujours y descendre par un perron de
trois marches au moins, d'où l'on découvre la totalité ou au
moins la majeure partie de son ordonnance. Un parterre est
la première chose qui doit se présenter à la vue. Il occupera
les places les plus voisines du bâtiment, soit en face, soit sur
les côtés, tant parce qu'il met le bâtiment à découvert, que
par rapport à sa richesse et à sa beauté, qui sont sans cesse sous
les yeux et qu'on découvre de toutes les fenêtres. On doit accompagner les côtés d'un parterre de parties qui le fassent
valoir, comme de bosquets, de palissades, à moins qu'il n'y
ait une belle vue à conserver, dans lequel cas on les remplacera par des boulingrins ou des pièces plates.

Les bosquets sont le capital des jardins, et on ne peut jamais en trop planter.

On choisit, pour accompagner les parterres, des bosquets
découverts à compartimens, quinconces, salles vertes, avec
des boulingrins, des treillages et des fontaines dans le milieu.
Ces accessoires sont d'autant plus précieux près du bâtiment,
que l'on trouve tout-à-coup de l'ombre sans l'aller chercher
loin, ainsi que la fraîcheur, si précieuse en été.

Il serait bon aussi de planter quelques petits bosquets
d'arbres verts; ils feront plaisir pendant l'hiver, et leur verdure contrastera très-bien avec les arbres dépouillés de leurs
feuilles.

On décore la tête d'un parterre avec des bassins ou pièces
d'eau, et au-delà avec une palissade en forme circulaire percée en pate d'oie, qui conduit dans de grandes allées. On
remplit l'espace, depuis le bassin jusqu'à la palissade, avec des
pièces de broderie ou de gazon ornées de caisses ou de pots de
fleurs.

Dans les jardins en terrasse, soit de profil ou en face d'un
bâtiment d'où on a une belle vue, il faut, pour continuer cette
belle vue, pratiquer plusieurs pièces de parterre tout de suite,
en broderie ou en compartimens, ou par des pièces coupées,
qu'on séparera d'espace en espace par des allées de traverse,
en observant que les parterres de broderie soient toujours
près du bâtiment, comme étant les plus riches.

On fera la principale allée en face du bâtiment, et une autre
grande de traverse, d'équerre à son alignement, bien entendu
qu'elles seront doubles et très-larges. Au bout de ces allées,
on percera les murs par des grilles afin de prolonger la vue,
et on tâchera de faire coïncider plusieurs allées secondaires à
ces mêmes grilles.

S'il y avait quelque endroit qui fût bas et marécageux, et
qu'on ne voulût pas faire la dépense de le remplir, on y pratiquera des boulingrins ou des pièces d'eau; on pourra même

y planter des bosquets, en se contentant d'en mettre les allées de niveau avec celles qui y conduisent par des relèvemens
de terre.

Après avoir disposé les maîtresses-allées, ainsi que les principaux alignemens, et avoir placé les parterres et les pièces
qui accompagnent ses côtés et sa tête, suivant ce que demande
le terrain, on pratiquera dans le haut et le reste du jardin
plusieurs différens dessins, comme bois de haute futaie, quinconces, cloîtres, galeries, salles vertes, cabinets, labyrinthe,
boulingrins, amphithéâtres, ornés de fontaines, de canaux,
statues, etc. Toutes ces pièces distinguent fort un jardin et
ne contribuent pas peu à le rendre magnifique.

On doit observer, en traçant et en distribuant les différentes parties d'un jardin, de les opposer toujours l'une à
l'autre : par exemple un bois contre un parterre ou un boulingrin, et ne pas mettre tous les parterres d'un côté et tous les
bois d'un autre, comme aussi un boulingrin contre un bassin ;
ce qui ferait vide contre vide. Il faut de la variété non-seulement dans le dessin général, mais encore dans chaque pièce
séparée. Si deux bosquets, par exemple, sont à côté l'un de
l'autre, quoique leur forme extérieure et leur grandeur soient
égales, il ne faut pas pour cela répéter le même dessin dans
tous les deux. La variété doit s'étendre jusque dans les parties
séparées : par exemple, si un bassin est circulaire, l'allée du
tour doit être carrée ou octogone. Il en est de même des boulingrins et des pièces de gazon qui sont au milieu des bosquets.

On ne doit répéter les mêmes pièces que dans les lieux découverts, comme les parterres, où l'œil, en les comparant ensemble, peut juger de leur conformité.

En fait de dessin, évitez les matières mesquines. Il vaut
mieux n'avoir que deux ou trois pièces un peu grandes, qu'une
douzaine de petites.

Avant de planter un jardin il faut considérer ce qu'il deviendra quand les arbres seront grossis et les palissades élevées.
Un plan qui a paru quelquefois beau, et dans les proportions
requises lorsque le jardin était nouvellement planté, devient
quelquefois petit et ridicule par la suite.

Après toutes ces règles générales, il faut distinguer les différentes sortes de jardins. Elles se réduisent à trois, le *jardin de
niveau parfait*, le *jardin en pente douce*, et le *jardin dont le
terrain est entrecoupé de terrasses, de glacis, de talus, de
rampes*, etc.

Les *jardins de niveau parfait* sont les plus beaux, soit à
cause de la commodité de la promenade dans les longues allées
et enfilades où il n'y a ni à monter ni à descendre, soit à raison de l'économie de l'entretien.

Les *jardins en pente douce* ne sont pas si agréables ni si commodes, en ce qu'on y fatigue beaucoup, et que les pluies y forment des ravins et occasionnent des réparations continuelles.

Les *jardins en terrasse* ont leur mérite et leur beauté particulière, en ce que de leur point le plus élevé on découvre tout leur ensemble ; que les pièces des autres terrasses forment autant de différens jardins qui se succèdent, et enfin que les eaux semblent se multiplier en tombant d'une terrasse sur une autre ; mais ils sont d'un entretien très-dispendieux.

Les travaux de culture, dans ces sortes de jardins, n'exigent pas beaucoup de talens dans celui qui les dirige, mais ils demandent beaucoup de bras. Les allées nombreuses et très-larges qui les divisent doivent être recouvertes de sable tous les deux ou trois ans, et grattées cinq à six fois dans un été pour empêcher l'herbe de croître. Tous les arbres de ces allées doivent être taillées au moins deux fois avec le croissant ou les ciseaux, pour conserver à leurs branches la forme et l'alignement qu'on leur a primitivement imposés. Il en est de même des arbres des bords des bosquets et de ceux de leurs allées, auxquels on ne permet pas qu'une branche dépasse une autre. Les buis qui entourent les parterres, et tous les arbustes à fleurs qui les ornent, y sont encore plus sévèrement tondus ; car dans ces sortes jardins l'art se plaît à dénaturer la nature, à la contrarier perpétuellement. On a vu des ifs sur-tout, arbres qui autrefois y étaient en grande faveur, et qui supportent facilement la tonte, prendre sous le ciseau les formes les plus compliquées et les plus ridicules, représenter des maisons, des hommes, des animaux, etc. Quant aux gazons, il faut également qu'ils soient coupés plusieurs fois dans le cours d'un été, mais d'ailleurs on s'inquiète peu de leur beauté et de leur fraîcheur.

Les espèces d'arbres que l'on plante dans les *jardins français* se réduisent à un très-petit nombre, presqu'au MARRONNIER D'INDE pour les grandes allées, au TILLEUL pour les petites, et à la CHARMILLE pour le bord des bosquets et les palissades. On ne permet aux autres arbres de nos forêts de croître que dans les massifs. Quant aux plantes à fleurs des parterres, elles ne sont guère plus variées. Ordinairement le milieu de chaque plate-bande (plate-bande qui est formée comme celle du *jardin à fleurs*) contient quelques arbustes taillés en boules ou d'autres formes, entre lesquels sont des touffes de grandes plantes vivaces ; des deux côtés, sont des plantes vivaces plus petites, entre lesquelles on en place d'annuelles qu'on renouvelle une ou deux fois dans l'année. Les mêmes espèces se répètent par-tout avec la plus constante régularité.

Les eaux, quelque abondantes qu'elles soient, ne fournissent jamais que des pièces d'une petite étendue, d'une forme toujours régulière, ordinairement pourvues, lorsque la localité le permet, d'un jet d'eau dans leur milieu, ou bien ce sont des fontaines sortant d'une maçonnerie très-coûteuse, et décorées par des sculptures, des rocailles, des coquillages, etc. ; car il n'y a qu'un petit nombre de ces jardins où la richesse des propriétaires ait permis d'entreprendre ces grandes cascades et ces jets d'eau compliqués qu'on admire à Saint-Cloud, et qui ont réellement quelque chose d'imposant par leur effet et par l'idée que l'imagination se forme des dépenses que leur établissement a dû occasionner.

Les *jardins français* sont ordinairement remplis de statues et de vases régulièrement alignés avec les arbres ou placés dans les parterres, et toujours symétriquement, soit pour le lieu, soit pour le sujet. Ces statues représentent presque par-tout des objets de mythologie ou des allégories, et par conséquent n'ont aucune action sur le cœur, et ne se regardent pas lorsque, comme cela arrive trop souvent, elles n'ont aucun mérite du côté de l'art. Il en est de même des vases avec leurs bas-reliefs et leurs nombreux ornemens. Il n'y a que les étrangers qui y jettent un coup d'œil.

Mais il est temps de quittter ces jardins où l'art surmonte la nature, pour entrer dans les *jardins paysagers*, mal à propos nommés *jardins anglais*, jardins où il ne se présente nulle part, et où, comme dans la campagne, on trouve de vertes prairies, de silencieux bocages, ici de tranquilles, là de murmurantes eaux ; jardins où tous les âges de la vie, excepté celui de l'ambition, se promènent avec plaisir, parce que le cœur s'y trouve disposé aux douces affections, et l'esprit à la méditation.

C'est aux Chinois qu'on doit la première idée de ces sortes de jardins, qui ont été d'abord imités en Angleterre, d'où la mode en est passée en France et dans le reste de l'Europe. Leur essence consiste à imiter la nature dans toutes ses irrégularités, et à rapprocher les scènes qu'elle présente dans un espace plus ou moins circonscrit. Ainsi une étendue de quelques lieues carrées, prise dans un pays montagneux, arrosé et boisé, ne porte pas le nom de *jardin anglais*, parce que cette étendue est trop considérable pour qu'on puisse la parcourir dans le cours d'une promenade ; mais qu'on en réduise toutes les parties, qu'on les imite fidèlement dans une enceinte de quelques arpens, c'est un véritable *jardin paysager*.

La perfection de ces jardins consiste dans la beauté et la diversité des sites. Pour cela, ils doivent rassembler les objets les plus remarquables de la nature, et les combiner de manière qu'ils paraissent avec plus d'éclat, et que leur ensemble forme un tout agréable et frappant ; cependant il ne faut pas qu'on s'aperçoive des efforts que l'art a faits pour arriver à ce but. On doit faire en sorte que tout paraisse à sa place, et que cependant tout excite la surprise. Les lignes droites si estimées dans les jardins français y sont proscrites. On ne voit jamais que ce qu'il faut pour compléter une sensation ; mais on dispose l'ordonnance de manière que cette sensation soit suivie d'une sensation opposée. Ainsi, en quittant un riant gazon émaillé de fleurs, on trouve, derrière le bosquet qui le borne, un rocher stérile qui menace de sa chute ; ainsi, lorsqu'on a traversé l'obscure caverne qu'il renferme, on arrive sur le bord d'un lac dont les eaux pures et tranquilles réfléchissent les rayons du soleil, et peignent à rebours les îles verdoyantes qu'elles entourent ; ainsi, au milieu d'un bois sombre, on monte insensiblement sur un tertre au sommet duquel est un petit temple à l'amitié, d'où la vue s'étend indéfiniment d'un côté sur une riche campagne, et de l'autre sur de fertiles coteaux ; enfin, en descendant de l'autre côté du même tertre, on rencontre un assemblage de rochers, d'où tombe une bruyante cascade dont les eaux, après avoir serpenté encore quelque temps sous les arbres, à travers des pierres couvertes de mousse, vont se rendre dans une vaste prairie animée par des vaches mugissantes, et y continuent lentement leur cours.

Un autre artifice qu'il ne faut pas négliger, c'est de cacher une partie de la composition par le moyen d'arbres, de collines, de bâtimens ou de rochers. Il faut exciter continuellement la curiosité du promeneur, lui ménager une surprise, ou laisser à son imagination de quoi s'exercer sans cesse.

Dans les bosquets, il faut varier les formes, même les couleurs des arbres, et les mettre en opposition les unes avec les autres sans cependant contrarier la nature. On disposera les arbres ou les plantes de manière qu'il y en ait toujours quelques-uns en fleurs sur les premiers rangs.

Ces sortes de jardins, loin de repousser les statues, en retirent un grand intérêt ; mais il faut qu'elles y soient peu nombreuses, et que le sujet soit, ou concordant avec le lieu, ou donne matière aux douces rêveries, ou ait un rapport direct avec le propriétaire. Par exemple, une Diane, demi-nue, endormie sur le bord d'une fontaine, sous des arbres élevés, produira un bon effet ; un Amour silencieux, placé dans un réduit, au milieu d'un bocage, y joue un rôle convenable ; des bustes d'amis, rangés dans un petit temple, y sont vus avec plaisir, même par les indifférens. Les monumens qui rappellent de tristes souvenirs s'y mettent aussi avec avantage. On aime à penser à un père, à une épouse, à un fils, devant

l'urne qu'on a élevée à leur mémoire dans un local qui dispose
à la mélancolie, ou sur le modeste monument qui recouvre
leurs restes. Les inscriptions, soit en vers, soit en prose, lorsqu'elles sont bien choisies, qu'elles parlent au sentiment plutôt qu'à l'esprit, n'y sont pas inutiles; mais il faut les ménager, sans quoi on manque son but.

Je regarde comme blâmable le possesseur d'un jardin paysager qui a plus d'un arpent d'étendue et qui n'y place pas un
rucher, attendu qu'il en tirera agrément et profit. Il y a tant
de moyens de placer les abeilles sans qu'elles puissent inquié-
ter les promeneuses, que les motifs d'exclusion qu'on peut tirer
de leurs piqûres sont de nulle valeur. *Voyez* ABEILLE.

On voit, d'après cet exposé, qu'il est absolument impossible de donner des règles pour construire un *jardin paysager*, applicables à tous les cas. C'est au propriétaire qui a du
goût, ou à l'architecte en qui il a confiance, à en dessiner l'ordonnance d'après la localité et la dépense qu'on veut faire. Il
est des lieux où, avec fort peu de travail, on peut former des
jardins de toute beauté, et d'autres où on emploierait des
sommes énormes pour ne rien faire de bon. C'est être fou, par
exemple, que de se ruiner pour entasser en plaine montagnes sur montagnes, roches sur roches, bâtimens sur bâtimens dans une enceinte de quelques arpens; c'est être ridicule
que de multiplier les ponts sur un ruisseau qu'on peut enjam-
ber sans peine; de creuser des rivières et des lacs lorsqu'on
ne peut disposer que de l'eau d'un puits. Une pelouse irrégulière, entourée de quelques bouquets d'arbres où serpentent
des sentiers, sera toujours plus agréable dans un petit jardin
situé en plaine, que tous ces colifichets que l'on multiplie à
grands frais dans les maisons de campagne voisines des grandes
villes.

La description sommaire d'un *jardin anglais* dans le bon
genre fera mieux connaître ce qu'ils doivent tous être que le
détail des règles qu'on doit suivre dans leur formation. En
conséquence je choisirai celui des environs de Paris qui remplit le mieux son but, c'est-à-dire celui d'Ermenonville, construit par Girardin, et célèbre sur-tout depuis que les restes de
J.-J. Rousseau y furent déposés.

Le village d'Ermenonville est situé dans une vallée étroite
qui s'étend du nord au midi, et dont les hauteurs sont bor-
nées à l'est par une plaine argileuse fertile, à l'ouest par des
sables arides, rocailleux, et par une forêt. Une petite rivière
coule dans cette vallée.

Le château, bâti il y a deux siècles, est placé au milieu de
la vallée, et la grande rue du village passe devant sa face méridionale. La vue dont on jouit de ce château embrasse la plus

grande partie des jardins, et se prolonge même bien au-delà du côté du nord. Il faudrait de longs détails pour en donner une imparfaite idée. J'en ai joui plusieurs fois, et je puis assurer que les éloges qu'on lui a donnés en France et dans l'étranger ne sont point exagérés.

On sort du château, du côté du midi, par une barrière qui tient à un pavillon qui sera célèbre à jamais : c'est celui qu'habitait J.-J. Rousseau. C'est là qu'il a terminé sa carrière, et qu'on montre encore sa chambre, ainsi que les meubles et autres effets qui étaient à son usage. On traverse la grande rue, au-delà de laquelle on voit de grands peupliers qui ombragent la fontaine publique du village. En entrant dans la partie du parc qui est du côté du midi, par une barrière, car là il n'y a de mur nulle part, on suit un sentier qui longe la rivière et qui conduit à une grotte tapissée de plantes rampantes, au fond de laquelle est une cascade, dont l'eau jaillissante brille d'autant plus que le lieu est très-obscur. Un escalier ménagé entre les rochers de la voûte indique la sortie, et mène sur le bord d'un grand lac, qui paraît n'avoir d'autres bornes que celles de la vallée et des bois qui l'entourent. On distingue à son extrémité une île plantée de peupliers. Ce lac ajoute un grand intérêt à l'agrément du magnifique paysage qui l'entoure, et son effet est d'autant plus frappant qu'il était absolument inattendu.

Les eaux qui sortent du lac pour alimenter la cascade forment un courant qu'on traverse à l'aide de grosses pierres. Le reste de la chaussée, couvert d'une pelouse fine, offre une très-agréable promenade, qui se perd sous une voûte de tilleuls, au fond de laquelle sont deux colonnes qui soutiennent un péristyle et indiquent l'entrée d'un temple.

Sur la droite, un petit sentier, pratiqué à travers les rochers, ramène au pied de la cascade, s'enfonce ensuite parmi des arbres touffus, suit le cours de la rivière, et conduit à un site disposé dans le genre italien. Arrivé au haut d'un rustique escalier, on peut enfiler une allée régulière, ou entrer dans le bâtiment à deux colonnes. Le rez-de-chaussée de ce bâtiment est une brasserie, et le dessus une grande salle, à laquelle tient un pont de bois qu'on traverse pour gagner la forêt. Là, le chemin se soutient quelque temps à mi-côte sur un terrain âpre et difficile, puis il descend tout-à-coup dans un enfoncement dont les bords sont couronnés de bois et de rochers; il continue ensuite entre les arbres et mène à un abri sous un rocher, d'où il se rapproche de la rivière dans un lieu où, resserrée entre des rochers, elle ne forme plus qu'un ruisseau rapide, dont les petites cascades donnent un charme de plus à la fraîcheur de cet asile.

Là, entre les arbres qui ombragent le cours de la rivière, on aperçoit un autel de formé ronde, que J.-J. Rousseau a dédié lui-même à la Rêverie dans un de ses momens de bonheur méditatif.

Le sentier se continue entre la rivière et le coteau, et conduit à un endroit où la vallée s'élargit un peu, et où, sur une éminence escarpée, on a construit, au milieu du bois, un ermitage, dont la situation solitaire est agréable, mais dont on est bientôt décidé à descendre lorsqu'on a vu à travers les arbres, de l'autre côté de la rivière, qu'on passe sur un pont de bois, l'île des Peupliers et le simple monument qui couvrait les restes de J.-J. Rousseau, avant qu'on les eût transportés au Panthéon.

Quelles sont douces les émotions que fait naître en ce beau lieu le souvenir de l'homme célèbre qui y repose! Combien de jeunes femmes ont versé de douces larmes sur le *banc des mères de famille*, qui est presque en face, et d'où on jouit le mieux de l'ensemble du tableau! Je ne puis en ce moment même, après des années passées dans le tourbillon de la révolution, me rappeler, sans sentir s'humecter mes paupières, les trop courts instans que j'y ai passés; mais il n'est point de *jardins anglais* dans le monde où on puisse trouver un semblable accessoire. Quel écrivain comparer à l'auteur de l'*Emile*, de la *Nouvelle Héloïse* et du *Contrat social?* Quel est celui qui ait su remuer aussi puissamment le cœur et parler aussi éloquemment à la raison, qui ait eu enfin autant d'influence sur son siècle?

L'île des Peupliers est presque ovale et suffisamment étendue; sa distance du bord n'est pas considérable. Le style du tombeau est entièrement dans le genre antique, et ses quatre faces sont ornées de bas-reliefs en concordance avec l'homme dont ils rappellent allégoriquement les plus importans bienfaits.

Il faut cependant s'arracher de ce lieu, en exprimant ses regrets ou en gardant un morne silence, et continuer son chemin vers la pointe du lac, où on voit le modeste monument d'un peintre mort au château d'Ermenonville. On arrive bientôt à la petite rivière qui fournit de l'eau à toute la vallée, et le long de laquelle passe un chemin public.

Après avoir traversé le premier pont, qu'on rencontre sur la droite, on entre dans un bois d'aunes, où se trouvent un grand nombre de petits ruisseaux et une pièce d'eau, des bords de laquelle la vue s'étend sur une belle prairie. Sur le devant est une cabane de roseaux appuyée contre un vieux chêne. On circule ensuite dans la forêt qu'on avait quittée; on passe au pied d'un chêne qui porte un trophée champêtre; on s'arrête à plusieurs endroits dont l'ombrage et la vue invitent à se reposer sur des bancs de pierre ou de gazon, et on arrive à un temple rustique couvert de chaume, et soutenu par des troncs d'arbres encore pourvus de leur écorce. Plus loin est un vieux et superbe chêne isolé qu'on a consacré à un cultivateur homme de bien, ensuite un petit obélisque dédié aux poëtes qui ont chanté le mieux le bonheur des champs, c'est-à-dire à Gessner, Thompson, Virgile et Théocrite.

Le chemin s'enfonce encore plus dans la forêt, et mène à un endroit où une fouille a fait trouver un caveau rempli d'ossemens d'hommes morts dans un bataille donnée en ce lieu du temps des guerres de religion, ce qu'une inscription rappelle.

En général, il y a beaucoup et même beaucoup trop d'inscriptions dans ces jardins; on en trouve à chaque pas. Cette profusion fatigue. Encore si elles étaient toutes comme celles qui est sur le chemin aux approches du château !

> Ici l'aimable nature,
> Dans sa douce simplicité,
> Est la touchante peinture
> D'une tranquille liberté.

Ou celle qui est sur le banc *des mères de famille*, vis-à-vis de l'île des Peupliers, et qui a trait à J.-J. Rousseau :

> De la mère à l'enfant il rendit les tendresses ;
> De l'enfant à la mère il rendit les caresses ;
> De l'homme à sa naissance il fut le bienfaiteur,
> Et le rendit plus libre afin qu'il fût meilleur.

Mais la plupart tendent trop à indiquer des prétentions à l'esprit, ou ont un rapport trop forcé avec l'objet qu'elles veulent indiquer. Beaucoup sont en grec, en latin, en anglais ou en italien, ce qui les rend inutiles pour la plupart des promeneurs.

On descend ensuite à l'ermitage déjà cité, dont l'extérieur est accompagné d'un jardin enclos, et l'intérieur meublé selon la convenance. De là on remonte par un petit vallon sur un sommet où est situé le temple de la Philosophie. Cette fabrique, qu'on découvre de presque par-tout et qui de loin fait toujours un très-bel effet, domine sur tout le pays. C'est une rotonde soutenue par six colonnes d'ordre toscan. Elle est dédiée à Montaigne, et chacune de ces colonnes porte une épithète caractéristique et le nom d'un des soutiens de la philosophie moderne; savoir, de Newton, Descartes, Voltaire, Penn, Montesquieu et J.-J. Rousseau.

On aperçoit autour des morceaux d'entablement, des chapiteaux, des colonnes, et autres objets censés destinés à continuer ou à augmenter ce temple, lorsque d'autres génies privilégiés viendront encore éclairer le monde.

On s'éloigne de ce monument, dont l'idée est grande et même sublime, et on descend, à travers le bois, dans une place circulaire voisine du château, et attenant au grand chemin, où est un gros hêtre entouré d'un échafaud. C'est sur cette place que dansent les habitans aux jours de fêtes. On y a construit un grand hangar en planches où ils se retirent lorsqu'il pleut.

Arrivé là, on a fini de parcourir toute la partie méridionale du jardin d'Ermenonville.

Pour entrer dans la partie septentrionale, on s'enfonce dans une futaie, où le premier objet qui frappe les regards est un autel carré sous un chêne antique. Une inscription apprend que ce lieu est destiné à rappeler la religion de nos pères, non pas de nos pères des derniers siècles, mais de nos pères les Gaulois, avant qu'ils fussent asservis par les Romains. Plus loin, est une baraque construite avec des souches, et sur la porte de laquelle on lit : *Le charbonnier est maître chez lui.*

Le désert où on entre ensuite est un terrain sablonneux et inculte fort étendu, d'où l'on voit à gauche des coteaux parsemés de rochers plantés de pins, de bruyères, de genêts, etc. A droite, une grande étendue d'eau différente du lac où est l'île des Peupliers, et devant, une perspective sans bornes, où une abbaye éloignée figurait avantageusement.

Cette partie d'Ermenonville est, par la nature du sol, en contraste perpétuel avec ce qu'on a vu ci-devant et ce qu'on verra ensuite ; de sorte que les sensations qu'elle fait naître sont fort différentes. On traverse un petit bois de pins, et on monte sur une hauteur, où est pratiquée une grotte cintrée, soutenue par un pilier. Après avoir fait encore beaucoup de chemin dans un terrain rocailleux et très-pittoresque, on arrive à une vallée sablonneuse, de là, à travers des rochers de grès, au sommet de la montagne. Sur ce sommet, s'élève une maison couverte de chaume, et bâtie de gros morceaux de rochers. Elle est dédiée à J.-J. Rousseau. Là, on jouit d'une vue extrêmement étendue, mais d'un tout autre genre que celle du temple de la Philosophie.

En descendant cette montagne, on est conduit sur le bord du lac déjà indiqué plus haut, et on y trouve un banc ombragé par des aunes, des rochers dont les eaux baignent le pied, dont le sommet est couvert de sapins, et les interstices parsemés de rosiers et autres arbustes. Ce lieu porte le nom de *Monument des anciennes amours.* Il fait allusion aux rochers de Meillerie, et à la promenade que Julie, après son mariage, y fit avec Saint-Preux. De nombreuses inscriptions mettent sur la voie. *Voyez* la Nouvelle Héloïse.

De là, on peut continuer la promenade sur le bord de

l'eau, ou la reprendre sur les hauteurs. Dans le premier de ces deux cas, on arrive à un endroit où la rivière sort du lac, ou traverse une chaussée qui le sépare d'une autre pièce d'eau plus petite, et où est une baraque qu'on appelle la *Maison du pêcheur*. On jouit en cette maison de deux vues bien différentes : l'une au midi, sur le lac et les jardins ; l'autre au nord, sur la campagne et l'abbaye.

En quittant la maison du pêcheur, on entre bientôt dans un bois planté sur une côte ; et à la suite d'un assez long chemin, après avoir passé près le *Banc des genevriers* ; après avoir traversé le *Bois des rossignols* et une route publique ; après avoir joui des nombreux points de vue qu'on y rencontre, on rentre dans le parc, à l'endroit où le trop-plein de la rivière vient former une cascade sous un petit pont : non loin de là est une fabrique cachée sous des peupliers. Ce n'est qu'un regard ; mais elle est ornée d'une urne et d'une porte, et a été appelée le *Tombeau de Laure*.

Après avoir traversé une grande étendue de prairies, on arrive à un joli bois d'aunes, qu'on appelle le *Bocage*. L'entrée en est annoncée par un bâtiment dédié aux Muses. On s'arrête ensuite avec ravissement à l'entrée d'une grotte sur un banc de mousse, vis-à-vis le bassin d'une eau claire et limpide, du fond duquel sortent sept sources. Rien de plus frais que ce réduit ; on s'en arrache avec peine pour continuer de marcher le long du ruisseau, afin d'arriver à un petit monument dans le genre antique, construit sous un saule pleureur, et sur lequel est écrit : *Ici règne l'amour*. Le même sentier conduit en tournoyant sur le bord du lac, où un bateau, de l'espèce appelée *Va et vient*, parce qu'on le conduit soi-même au moyen d'une double corde, vous amène dans une île peu éloignée, au pied d'une tour accompagnée d'une petite maison.

Cette tour a, dit-on, été construite par Gabrielle d'Estrées, qui a habité à Ermenonville. De nombreuses inscriptions y rappellent ses amours : on voit à la porte, en nature, et disposées en trophée, les armes de Dominique de Vic, à la même époque seigneur de cette terre. On y jouit d'un grand nombre de beaux points de vue ; mais je m'y suis déplu, probablement à cause des idées immorales que j'avais été forcé d'y prendre, et qui contrastaient trop avec celles qu'avaient amenées les scènes antérieures : du reste, c'est une jolie fabrique.

En quittant l'île de Gabrielle, on traverse une prairie, et un sentier qui, tournant autour des potagers, ramène au château au point d'où on était parti.

Tels sont les principaux objets qui frappent dans les jardins d'Ermenonville ; mais il en est une infinité d'autres qu'on ne peut décrire, et qui cependant se sentent vivement. Il faut les voir pour les apprécier. Ce n'est pas qu'on ne puisse leur faire quelques reproches ; mais ceux qui s'occupent de les critiquer lorsqu'ils s'y promènent, ne sont point propres à jouir des beautés qu'ils présentent. C'est pour les ames sensibles, les vrais amans de la nature qu'ils sont faits. *Voyez* la planche.

Il est, dit-on, en Angleterre, des jardins plus beaux que celui d'Ermenonville. On cite particulièrement le *jardin de Stowe*, qui a quatre cents arpens, et qui par conséquent est beaucoup plus grand.

J'ai vu dans les Vosges, deux jardins paysagistes très-remarquables par leur position romantique : tous deux remplacent des châteaux féodaux dont les restes y ont été utilisés. L'un, peu étendu, domine Neufchâteau, et appartient à M. Rouillères ; l'autre, très-vaste, domine Épinal, et appartient à M. Doublat.

Je regrette de n'avoir pas pu faire la description de ce dernier pour enrichir cet article, car c'est un modèle à citer pour le grandiose et le goût. L'agréable et l'utile s'y trouvent réunis ; les eaux n'y manquent pas et y seront bientôt surabondantes. Une belle collection d'arbres et de plantes étrangères l'enrichit déjà et s'augmentera. Les combinaisons des arbres avec les rochers, avec les fabriques anciennes et modernes, avec les points de vue, avec les eaux, et réciproquement, y sont variées au dernier point. Que de sensations on éprouve en s'y promenant, en s'y reposant !

Puisse M. Doublat, et son aimable épouse, jouir longtemps de cette création, qui ne peut manquer d'honorer la France aux yeux des étrangers !

La plantation mécanique des jardins paysagers demande des connaissances assez étendues en histoire naturelle, sur-tout depuis qu'on y a introduit un grand nombre d'espèces d'arbres étrangers. Il faut savoir quel sol et quelle exposition conviennent à tel arbre, pour ne pas être exposé à le voir périr, et par conséquent à faire des dépenses superflues. Il faut ne pas ignorer quelle est la hauteur à laquelle il parvient ordinairement, pour fixer la place où il doit être. Il faut pouvoir apprécier l'effet que produira la disposition de ses branches, la couleur de ses feuilles et de ses fleurs, relativement aux arbres voisins, et même à l'intention locale. Il faut enfin faire attention à un grand nombre de considérations de diverses sortes, qu'il serait trop long de détailler, et que même on sent le plus souvent sans pouvoir les rendre. Il est donné à peu de personnes d'en savoir diriger en même temps la composition et la plantation.

En général, plus on introduit d'espèces d'arbres ou de plantes dans un jardin paysager, et plus on le rend agréable.

Le plus séduisant de tous est certainement le *jardin de Kew*, dont j'ai déjà parlé, et il doit sa supériorité principalement à la grande variété qu'on y observe sous ce rapport. Le jardin de *Trianon*, qui lui était si inférieur de toutes manières, a pu cependant en donner une légère idée à ceux qui l'ont vu dans toute sa beauté.

Après les bosquets, ce sont les gazons qui doivent être les plus soignés. C'est de leur fraîcheur que les jardins paysagers tirent le plus d'agrément. Ils seront en conséquence formés d'une seule espèce de graminée. Il faut les tenir bien garnis, et en conséquence les tondre souvent pour les faire tasser davantage, et les arroser toutes les fois que l'absence des pluies le rend nécessaire. La plante qu'on emploie communément, quoique ses larges feuilles la rendent inférieure à plusieurs autres, est l'IVRAIE VIVACE, le *ray-grass* des Anglais. Aussi doit-on, dans les terrains secs sur-tout, lui préférer les différentes espèces de CANCHES. *Voyez* ce mot et le mot GAZON.

On ne parlera pas des eaux, qu'on peuplera de poissons, et des bosquets, dans lesquels on ne tourmentera pas les oiseaux, ni des fabriques de pierres ou de bois, parce que cela mènerait beaucoup trop loin. C'est, je le répète, au propriétaire à tirer parti avec le plus d'avantage et avec le moins de dépense possible de son local. Il remplira ces deux buts lorsqu'il ne s'écartera pas de la nature, et qu'il consultera le bon goût.

Les jardins paysagers une fois plantés ne demandent, comme les jardins français, qu'un jardinier ordinaire en chef, et des hommes à la journée dans les temps des grands travaux. Leur entretien consiste principalement à tenir propres, par plusieurs grattages annuels, les allées et les sentiers, à tondre les gazons avant que les herbes qui les composent fleurissent, à couper les branches mortes des arbres et des buissons, et celles qui gênent les passages ou nuisent à l'effet de l'ensemble; enfin à réparer tout ce qui se dégrade. (B.)

JARDINAGE. C'est, dans quelques lieux, l'art de cultiver les jardins; dans d'autres, ce sont les légumes qu'on cultive dans les jardins. (B.)

JARDINER. C'est tantôt travailler au jardin pour s'amuser, et tantôt couper des arbres ou des plantes çà et là. Les bois de pins et de sapins se coupent en jardinant, parce que ces arbres ne se reproduisent que de semences et demandent de l'ombre dans les premières années de leur vie. *Voyez* BOIS. (B.)

JARDINER UN BOIS. C'est en couper çà et là les arbres qu'on y a choisis, lorsqu'ils ont acquis la grosseur qu'on leur désire. C'est de cette manière qu'on exploite ordinairement les bois résineux. *Voyez* FORÊT, EXPLOITATION DES BOIS, PIN, SAPIN et MÉLÈZE. (DE PER.)

JARDINIER. Homme qui cultive et soigne les plantes d'un jardin.

Cette définition suffisait au temps passé, mais elle est trop générale aujourd'hui.

On doit distinguer le jardinier maraîcher, ou celui qui ne s'occupe que de la culture des légumes ; le jardinier tailleur d'arbres fruitiers ; le jardinier pépiniériste ; le jardinier décorateur, ou qui est spécialement chargé de l'entretien des bosquets, des boulingrins, de la tonte des palissades, et enfin le jardinier fleuriste. Rien de si commun que les jardiniers en tous les genres, cependant rien de si rare qu'un bon jardinier. En effet, où peut-il avoir appris son métier ? Chez son père ? Chez son maître ? Mais si l'un et l'autre n'ont pour guide que la routine, l'élève ne saura rien de plus ; s'il a de l'imagination, s'il sait observer, combien d'années ne s'écouleront pas avant qu'il ait acquis une pratique sûre ! En attendant, vos arbres seront mutilés, votre potager ruiné et vos bosquets détruits. Un garçon se marie, le voilà aussitôt jardinier de profession, il cherche à se placer et croit savoir son métier. Un artiste s'instruit en voyageant, le jardinier est sédentaire et s'écarte peu du lieu qui l'a vu naître : ce sont donc toujours les mêmes exemples, les mêmes routines qu'il a sous les yeux. Si, à l'imitation des artisans, il veut voyager et parcourir les différentes provinces de France, il n'est guère plus avancé à son retour qu'à son départ, parce que les bons exemples lui manquent, parce qu'il ne trouve pour instituteurs que des hommes pauvres, qui cherchent moins la perfection de leur état qu'à vivre de leur travail. Les environs de Paris pour les légumes, Montreuil et les villages voisins pour des arbres fruitiers, sont les seules écoles à fréquenter. Quant aux parterres, bosquets et autres genres factices, on en voit par-tout ; c'est la partie où les jardiniers réussissent le moins mal, parce que tout y est soumis à la règle et au cordeau.

Un jardinier, quel que soit son genre, doit être fort, adroit, intelligent, actif, ami de la propreté, de l'ordre et de l'arrangement, aimer son jardin comme on aime sa maîtresse, admirer ses productions, se complaire dans son travail, être toujours à la tête des ouvriers, le premier au jardin et le dernier au logis, faire faire chaque soir la revue des outils, pour voir si ceux dont on s'est servi dans la journée sont rangés à leur place, si rien ne traîne et si tout est dans l'ordre. Heureux celui qui possède un homme pareil ! On ne saurait trop le payer, puisqu'il est l'ame d'un jardin quelconque. Ce n'est pas assez qu'il soit instruit, qu'il soit vigilant, il doit encore être fidèle et nullement ivrogne.

En général les jardiniers font un commerce clandestin très-préjudiciable aux intérêts du maître, c'est celui des graines, des primeurs, etc. Communément on laisse les plus belles plantes monter en graines; un ou deux pieds suffiraient pour l'entretien d'un jardin, ils en laissent dix et vingt sous le spécieux prétexte que, si les uns manquent, les autres réussissent. C'est de cette manière que sont pourvues les boutiques des marchands de graines des environs. Combien de fois les propriétaires ne sont-ils pas forcés de racheter leurs graines chez les receleurs!

L'objet des primeurs est d'une grande conséquence. Si le propriétaire aime à jouir, leur soustraction le prive du seul plaisir qu'il se promet de son jardin ; si au contraire il veut se dédommager de ses dépenses et avoir un bénéfice sur le produit des ventes de ses légumes, le jardinier infidèle lui enlève la partie la plus claire ; enfin, la perte est réelle si ce jardinier, chargé des ventes, trompe son maître. Il faut mettre à l'épreuve la fidélité de celui que vous chargez de ce soin. Sous prétexte que la saison presse, que les travaux sont arriérés, il demande des journaliers, compte souvent plus de journées qu'il n'en a été fait, ou retient pour lui une partie du salaire de ceux qu'il occupe : le propriétaire, qui reste à la ville une partie de l'année, est à coup sûr trompé. Quant à celui qui vit à la campagne, s'il l'est, c'est sa faute ; car c'est par lui que doivent être donnés les ordres, c'est par lui que les paiemens doivent être faits. (R.)

Depuis que Rozier a écrit cet article, les moyens d'instruction se sont multipliés pour les jardiniers. L'institution d'un cours de pratique que fait mon confrère Thouin au jardin du Muséum a eu lieu, et offre des résultats très-marqués. Une nouvelle classe de culture, celle des arbres et arbustes étrangers, s'est étendue, et a influé sur les autres, 1°. parce qu'elle exige des connaissances plus nombreuses et plus positives ; 2°. parce qu'elle est mieux payée. Beaucoup de jardiniers de cette dernière classe se distinguent aujourd'hui, et influent nécessairement sur les autres, qui commencent par être leurs élèves. Payez bien vos jardiniers, dirai-je aux propriétaires ; traitez-les avec la distinction qu'ils méritent, et vous releverez leur état, et vous aurez des sujets instruits et honnêtes. Ce n'est pas quand un homme n'a juste que ce qu'il faut pour ne pas mourir de faim, qu'il peut donner une bonne éducation à ses enfans, et ne pas résister à la tentation d'améliorer son sort par des infidélités que divers motifs rendent peu graves à ses yeux. (B.)

JARDON, JARDE. Médecine vétérinaire. C'est une tumeur à la partie latérale externe et inférieure du jarret, qui a son siége dans les os du jarret à cet endroit, et souvent dans la partie supérieure de celui du canon ; les ligamens articulaires qui lient ces os sont presque toujours simultanément affectés.

Dans le commencement, il n'y a pas de tumeur; seulement l'animal ressent de la douleur et boite. Si, malgré cela, on continue à le faire travailler, la boiterie augmente, un gonflement paraît, et la jarde se forme; cet accident est le plus souvent dû à une grande fatigue, à un tiraillement qui aura fait souffrir les ligamens qui unissent les os dans cet endroit : la maladie est donc inflammatoire dans le commencement. Si on s'en aperçoit à cette époque, il faut la traiter par le repos d'abord, ensuite par les résolutifs astringens, tels que l'eau froide, salée, vinaigrée, aluminée; plus tard, quand la boiterie persiste, et quand l'animal ne manifeste plus de douleur au toucher, on applique le feu sur la partie. *Voyez* Jarret. (Huz.)

JARET. Variété de prune sur laquelle on greffe quelquefois les pêchers. Le fruit provenant de cette greffe est bon, mais peu abondant. *Voyez* Pêcher. (B.)

JARODE. Synonyme de jarosse. (B.)

JAROSSE, JAROUSSE ou GAROSSE, Nom de la gesse dans quelques parties du midi de la France. (B.)

JAROUFLE. Nom de la vesce a une seule fleur aux environs de Clermont-Ferrand. *Voyez* aussi Jarosse. (B.)

JARRAN. C'est la gesse cultivée dans le département de l'Aisne. (B.)

JARRET. Vétérinaire. Dans les animaux domestiques, le jarret est cette articulation située entre la jambe et le pied, qui a pour base des os qu'on appelle tarsiens, et dont le principal, appelé *astragale* ou poulie, permet de grands mouvemens de flexion en avant, sur l'extrémité inférieure du tibia; dans les parties composantes de cette articulation, sont comprises encore l'extrémité inférieure du tibia et l'extrémité supérieure de l'os du canon, ou les extrémités supérieures de ces os dans les animaux où le pied en contient plusieurs.

Dans le cheval, cette partie exige l'attention la plus sérieuse : en effet, quelque légers qu'en soient les défauts, ils sont toujours très-nuisibles. Le mouvement progressif n'étant opéré que par les flexions des articulations, par la liberté et la force avec lesquelles elles exécutent leur mouvement; le corps ne pouvant être porté sur-tout en avant qu'autant que les parties de l'arrière-train chassent vigoureusement celles de devant, toute imperfection qui tendra à diminuer le jeu et surtout la force d'une articulation aussi considérable que celle du jarret, ne peut être que très-préjudiciable et doit être connue.

On distingue au jarret quatre faces : la face antérieure ou le pli ; la face postérieure, terminée supérieurement en une pointe qu'on appelle la pointe du jarret; et deux faces latérales, l'une externe, l'autre interne.

Belle et mauvaise conformation. Le jarret doit être bien proportionné avec le reste du corps; cependant, s'il est large, c'est-à-dire si, vu de côté par une des faces externe ou interne, il présente une surface plus étendue que celle que le volume du corps ne semblerait comporter, ce n'est pas un défaut si l'articulation est bien conformée, c'est même une beauté. La largeur lui donne plus de force : or, comme la force est ce que nous cherchons dans une articulation, toutes les conformations qui nous l'indiquent doivent être regardées par nous comme des beautés; par la même raison, des jarrets petits ou étroits sont de vilains jarrets.

Le jarret doit être *sec*, c'est-à-dire que toutes les saillies osseuses et ligamenteuses doivent être dessinées sous la peau de manière à ce qu'on les reconnaisse facilement : on dit alors que les jarrets *sont bien évidés*. C'est un mauvais signe quand ils sont ronds, quand les éminences ont disparu; cela indique un commencement de souffrance dans cette partie, et par conséquent une détérioration. Tous les chevaux n'ont cependant pas les jarrets aussi secs les uns que les autres : ainsi les chevaux de race commune, en général, ceux d'un tempérament lymphatique, n'ont pas les jarrets aussi évidés que ceux de noble race et d'un tempérament nerveux : c'est une considération qu'il ne faut pas oublier.

Belle et mauvaise direction. Vus par derrière, les jarrets doivent être perpendiculaires à l'axe de la jambe et du canon, de manière qu'une ligne perpendiculaire tirée de la pointe du calcanéum devrait diviser supérieurement la jambe, et inférieurement le jarret et le canon, par la moitié; si, au contraire, cette ligne laisse le canon en dehors, le jarret a une mauvaise conformation, et en général moins de force : quand c'est ainsi, on dit que le cheval est *crochu*. Quelquefois il arrive que, par une direction des rayons supérieurs du membre, les jarrets sont rapprochés, et la face postérieure tournée un peu en dedans; il ne faut pas confondre cet accident avec le précédent, parce qu'il est bien moins désavantageux. On le désigne en disant que *l'animal est clos du derrière*; il est facile à distinguer. Dans celui-ci, le canon a toujours une direction perpendiculaire, il est d'aplomb avec le membre; dans l'autre, le canon est incliné hors de l'aplomb. Beaucoup de chevaux clos du derrière sont très-bons; rarement un cheval crochu est solide.

Dans le repos, les jarrets sont quelquefois bien placés, tandis que, dans l'exercice, vous les voyez se dévier en dehors, ou éprouver une espèce de tremblement; on dit alors que ce sont des *jarrets mous* ou *vacillans*. Ce défaut indique un commencement de souffrance dans la partie, une détérioration ; c'est donc un mauvais signe.

Le pli du jarret ou sa face antérieure forme un angle ouvert. Cet angle est-il trop fermé ? on dit que le cheval a le *jarret coudé*. L'angle est-il trop ouvert ? on dit que le *jarret est droit*. Ce sont deux défauts, mais bien différens.

Le premier ne nuit à la bonté de l'animal que quand il est poussé très-loin, quand les canons, au lieu d'être dans une position perpendiculaire, sont inclinés en avant, et par suite quand les pieds sont portés trop en avant sous le centre du corps, on dit alors que le *cheval est sous lui*. Cette conformation lui ôte de sa force, fait qu'il forge en marchant, le rend moins solide ; mais quand c'est la jambe qui est trop horizontale, quand les canons sont perpendiculaires, bien d'aplomb, ce défaut est peu de chose ; l'animal au contraire chasse le devant avec plus de force, il détale souvent mieux, n'en est pas moins solide : c'est quelquefois plutôt une qualité pour un cheval de selle.

Les *jarrets droits* sont toujours mauvais ; le cheval de selle a les réactions moins souples, plus désagréables. Dans la marche, les abouts articulaires sont plus froissés, et les jarrets se ruinent beaucoup plus tôt.

Maladies. Si les défauts du jarret sont importans à connaître, quelques maladies ne le sont pas moins : elles sont nombreuses. Celles qui n'attaquent que la peau en ne nuisant pas à l'articulation proprement dite sont peu dangereuses, ce sont les Solandres et les Rapes. *Voyez* ces mots.

Le Capelet (*voyez* ce mot), quand il n'affecte que la peau, est peu important ; mais quand c'est la pointe de l'os calcanéum elle-même qui est malade, le glissement du tendon du muscle perforant est gêné, il y a douleur et quelquefois boiterie.

La Varice, le Vessigon (*voyez* ces mots), indiquent toujours des jarrets fatigués, forcés, déjà souffrans.

Mais de toutes les maladies du jarret, celles qui attaquent les os et les ligamens articulaires sont les plus dangereuses, à cause de leurs suites ; la motion fatigue l'articulation, augmente le mal ; les mouvemens deviennent gênés, douloureux ; enfin des boiteries graves et souvent interminables en sont la suite. Ces maladies ont différens noms suivant leur siége : ce sont la Jarde, la Courbe, l'Éparvin. *Voyez* ces mots.

Il est souvent difficile de les connaître dans leur commencement : une légère boiterie qu'on ne sait à quelle partie assigner est le seul symptôme, et on ne les reconnaît souvent que quand elles forment une espèce de tumeur. Ce sont la fatigue, des tiraillemens et des distensions qui les produisent. Elles sont donc dans le commencement toujours inflammatoires, et leur traitement doit consister dans le repos et dans les topiques résolutifs astringens. Des saignées locales seront le meilleur moyen quand les vétérinaires auront trouvé la manière d'en pratiquer avec avantage. Les émolliens ne doivent être employés que très-rarement sur le jarret; ils excitent la suppuration, et cette terminaison de l'inflammation dans cette partie a toujours les suites les plus graves. Le pus fuse entre les ligamens, les aponévroses, les tendons; produit des caries, des exfoliations toujours longues, souvent impossibles à guérir, et enfin oblige au sacrifice de l'animal.

Quand la tumeur est passée à l'état chronique et que l'animal en boite toujours, il ne reste plus d'autres moyens que l'emploi du feu. Ce moyen produit une nouvelle inflammation: le repos forcé qu'elle exige, le changement de nourriture et de régime (le régime du vert, auquel on soumet ordinairement les animaux dans ce cas) opèrent quelquefois une résolution, ou au moins un changement avantageux dans la maladie, qui permet de se servir encore de l'animal. On juge facilement qu'il existe une courbe, un éparvin ou une jarde en comparant les deux jarrets. Aussitôt qu'il y en a un plus gros que l'autre sur un point, on est sûr de l'existence de la maladie.

On appelle *jarret cerclé* le jarret qui a perdu sur toutes ses parties la forme qu'il doit avoir. Cet état doit faire rejeter tout animal qui en est atteint, parce qu'il le rend bientôt incapable de services actifs : il en est de même des *jarrets enchymosés*, qui ont perdu tout leur mouvement de flexion.

Pour terminer, il faut signaler une erreur : plusieurs personnes disent *la jarde est bien faite*, le cheval a *l'éparvin bien fait*. C'est une mauvaise expression qui ne peut signifier autre chose qu'il n'y a ni jarde ni éparvin. Ces noms sont ceux des maladies et non ceux de la place qu'elles occupent. On ne peut pas dire que tel animal a une maladie bien faite, pour signifier que cette maladie n'existe pas. (Huz.)

JARRI NÉGRIER. Nom du CHÊNE - TOZA dans le Périgord. (B.)

JARRISSADES. Les clairières des bois s'appellent ainsi dans l'Angoumois. C'est dans les jarrissades qu'on trouve les TRUFFES. *Voyez* CLAIRIÈRES. (B.)

JAS. C'est une BERGERIE dans le département du Var.

JASMIN, *Jasminum.* Genre de plantes de la diandrie monogynie et de la famille des jasminées, qui renferme plus de vingt espèces d'arbrisseaux ou d'arbustes, les uns grimpans et les autres droits, presque tous remarquables par l'odeur suave de leurs fleurs, et dont plusieurs se cultivent en pleine terre dans le climat de Paris.

Le Jasmin commun ou jasmin blanc, *Jasminium officinale*, Lin., a des tiges sarmenteuses à rameaux verts et striés; des feuilles pétiolées, opposées, ailées avec impaire, c'est-à-dire à sept folioles ovales, aiguës, la terminale très-longue; des fleurs blanches, disposées en ombelle sessile à l'extrémité des rameaux. On le croit originaire des Indes, et on le cultive depuis long-temps dans nos jardins, où il s'élève à 10 ou 12 pieds, et fleurit au milieu de l'été. Toutes terres lui sont bonnes; mais il réussit mieux dans celles qui sont légères et en même temps fraîches et chaudes. Il aime le midi, cependant il croît fort bien au nord. Les fortes gelées l'affectent dans le climat de Paris; mais si elles font mourir ses rameaux et ses tiges, très-rarement elles agissent sur ses racines, et la perte se répare en moins de deux ans, car ses pousses sur recepage sont extrêmement vigoureuses, c'est-à-dire quelquefois de plus de 6 pieds.

L'élégance des feuilles de cet arbrisseau, la disposition agréable et l'excellente odeur de ses fleurs, le rendent très-propre à embellir les jardins, où on en forme des berceaux, des guirlandes, des touffes qui ont un arbre pour centre, et sur-tout on le palissade contre les murs qu'on désire cacher à la vue. Le goût des jardins paysagers l'a fait un peu tomber de mode, parce qu'il ne s'y place pas aussi avantageusement que dans ceux que préféraient nos pères; et c'est dommage, car la plupart des arbustes qu'on lui a substitués ne le valent pas. Je voudrais donc l'y employer pour garnir le bas des rochers, les murs des fabriques, les supports des ponts, le pied des arbres isolés, le faire ramper sur les arbres et arbustes qui poussent lentement et qui fleurissent au printemps, etc. Il est très-possible, selon moi, d'en tirer un grand parti sous ces divers rapports.

On dispose quelquefois le jasmin en boule sur une tige unique de 2 ou 3 pieds de haut, et on l'assujettit à une taille rigoureuse; mais je n'ai jamais vu des pieds ainsi disposés donner des fleurs abondantes et vivre long-temps : c'est pourquoi je n'approuve pas cette méthode. C'est pour les jasmins en pots et destinés à être placés sur des fenêtres, ou dans des appartemens qu'elle est principalement usitée.

La culture du jasmin commun ne consiste qu'en un ou deux binages par an, un palissage en hiver, et l'enlèvement des branches mortes. On ne l'a multiplié que de marcottes et de rejetons depuis qu'il est en Europe; aussi a-t-il perdu la faculté de produire des graines, comme tant d'autres plantes que l'homme cultive très-anciennement. Ces marcottes prennent racine la même année, lorsqu'on les a faites en hiver, et peuvent se lever, soit pour être mises en pépinière, soit pour être plantées à demeure dès l'automne suivant. Les rejetons sont également presque toujours assez forts pour être directement mis en place. On le multiplie aussi de boutures, mais ce moyen est peu employé.

Quoique le jasmin commun, ainsi que je l'ai dit plus haut, croisse et fleurisse fort bien dans le climat de Paris ; cependant il vient incomparablement plus grand et fournit une quantité de fleurs bien plus considérable dans les climats plus chauds, dans les parties méridionales de l'Europe, par exemple, où l'odeur de ses fleurs est exaltée au point de fatiguer la tête et d'agir sur les nerfs, tandis qu'à Paris il ne produit que rarement ces effets. Est-ce un bien ? est-ce un mal ? Je ne le déciderai pas, puisque c'est une sensation qui doit juger, et que les sensations varient non-seulement dans tous les hommes, mais encore dans chaque homme, selon les circonstances physiques et morales dans lesquelles il se trouve. J'en ai joui dans les deux cas et j'en ai été toujours agréablement affecté ; car c'est réellement, comme tout le monde le sait, une des odeurs les plus suaves qui existent.

On ne peut obtenir l'odeur des fleurs du jasmin par la distillation, parce que son arome se décompose dans l'opératoin ; mais on la fixe dans des corps gras, tels que le saindoux, en stratifiant ses fleurs dans des vaisseaux fermés avec des planches enduites de cette substance. Long-temps on a employé les fleurs du jasmin commun pour cet objet ; mais depuis on s'est aperçu qu'une autre espèce, le JASMIN A GRANDES FLEURS, fournissait plus d'arome, et en conséquence on a multiplié ce dernier dans les lieux de fabrique de parfumerie. Aujourd'hui donc il est en culture réglée, en pleine terre, autour des villes de Grasse, Vence, Antibes, Nice et sur toute la rivière de Gênes ; ainsi je vais entrer dans quelques détails sur sa culture.

Ce jasmin, qu'on appelle aussi *jasmin d'Espagne* ou *de Catalogne*, quoiqu'il soit également originaire des Indes, est un arbrisseau de 2 ou 3 pieds de haut, garni de beaucoup de rameaux faibles ; mais qui ne grimpent pas. Ses feuilles sont à sept folioles, dont les trois supérieures sont souvent soudées par leur base. Ses fleurs sont réunies en petit nombre à l'extrémité des rameaux ; elles diffèrent de celles du précédent par leur grandeur de plus du double, et par leur couleur qui est rougeâtre à l'extérieur.

On greffe généralement, dit Rozier, le jasmin à grandes fleurs, dans les parties méridionales de la France, sur le jasmin commun, soit pour la culture en grand du pays, soit pour envoyer dans le nord (ce qui donne à supposer qu'il ne reprend pas de marcottes; mais cela est difficile à croire, puisque toutes les autres espèces se multiplient par ce moyen). Quoi qu'il en soit, ces greffes se font en écusson à œil dormant.

La culture de ce jasmin en pleine terre consiste 1°. en un labour d'hiver sur une copieuse couche de fumier; 2°. dans le retranchement, tous les deux ans au moins, de la totalité des branches; 3°. dans la récolte des fleurs. Lorsque les gelées s'annoncent comme devant être rigoureuses, on établit au-dessus des pieds de jasmin un treillage de roseaux qu'on couvre de paille. Le retranchement des branches a pour but d'en faire pousser un plus grand nombre, et par là d'avoir plus de fleurs. Ces fleurs se succèdent depuis le printemps jusqu'à l'hiver, et se vendent chaque jour aux parfumeurs, qui doivent les employer avant qu'elles soient fanées.

Dans le nord de la France cet arbuste demande l'orangerie; on l'y taille chaque année, mais moins court que sur les bords de la Méditerranée. Naturellement il n'y fleurit que pendant l'automne; mais comme il est fort recherché dans Paris, à raison de l'excellente odeur de ses fleurs et de la petitesse de sa taille, pour mettre sur les cheminées, les commodes, les jardinières des appartemens, etc., on le rentre sous châssis à couche avant les gelées, et on l'entretient ainsi en végétation pendant tout l'hiver, afin qu'il continue de fournir des fleurs. Il ne paraît pas souffrir l'année suivante, lorsqu'on le conduit avec prudence, de la violence qu'on lui a faite; ce qui prouve que dans son pays natal il est perpétuellement en fleur.

La plus grande partie des pieds de ce jasmin qui se trouvent dans les jardins de Paris ont été apportés tout greffés de Gênes. Comme ces pieds souffrent nécessairement d'un aussi long voyage, il faut les examiner avec soin lorsqu'on les achète, afin de ne prendre que ceux dont la greffe est bien vivante et les planter sous un châssis à couche d'un degré de chaleur assez fort, afin de ranimer leur végétation. Leur culture dans ces premiers momens est assez scabreuse.

Puisque j'ai parlé d'un jasmin d'orangerie, il faut que j'en mentionne encore d'autres qui y sont aussi fréquemment cultivés et qui le méritent également.

Le JASMIN DES AÇORES est un arbrisseau qui doit s'élever à 15 à 20 pieds et venir assez gros dans son pays natal, si on en juge par les vieux pieds qui se voient dans l'orangerie de Versailles. Ses feuilles sont opposées, pétiolées, ternées, à folioles cordiformes, pointues, lisses et luisantes, d'un vert foncé; ses fleurs sont blanches, très-odorantes, nombreuses et disposées en cimes paniculées. Il fleurit au milieu de l'automne et reste vert toute l'année. Ses longs rameaux pendans, lorsqu'on ne les soutient pas, s'opposent à ce qu'il fasse un bon effet dans les pots où l'on est obligé de le tenir ; mais s'il était possible de le palissader, ce serait un des plus agréables des arbustes cultivés en France. Il demande une taille annuelle assez rigoureuse et une terre substantielle. Dans les parties méridionales de l'Europe, il passe l'hiver en pleine terre lorsqu'il est dans une position abritée. J'en ai vu de superbes pieds dans les jardins d'Italie ; mais on n'en savait pas tirer parti. On le multiplie par la greffe sur le jasmin commun ; par marcottes qu'on fait au printemps, et par boutures : ces deux derniers moyens sont très-rapides, ainsi que j'en ai l'expérience. Les boutures doivent se placer dans des terrines, sur couche et sous châssis, à la fin du printemps.

Le Jasmin jonquille, *Jasminium odoratissimum*, Lin., a la tige droite, rameuse ; les feuilles alternes, pétiolées, simples ou ternées, ou ailées ; les folioles ovales, fermes, lisses, d'un beau vert ; les fleurs jaunes, d'une odeur suave, et disposées en bouquets à l'extrémité des rameaux. Il est originaire de l'Inde, conserve ses feuilles et fleurit toute l'année ; il demande l'orangerie et une terre substantielle. Sa taille doit être très-ménagée, parce qu'il fleurit sur les vieux rameaux comme sur les jeunes, chose qui n'a pas lieu dans les espèces dont il vient d'être question. On doit, pour l'agrément du coup d'œil, tendre à le mettre sur un brin et à le tenir en boule. On le multiplie de rejetons, de marcottes et de boutures, positivement comme le précédent.

Le Jasmin a feuilles de cytise, *Jasminium fruticans*, Lin., a les tiges droites, anguleuses, rameuses, faibles ; les feuilles alternes, pétiolées, glabres, les inférieures ternées, les supérieures simples ; les fleurs jaunes, inodores et réunies en petit nombre à l'extrémité des rameaux. Il est originaire des parties méridionales de l'Europe, où on le trouve dans les haies parmi les rochers. C'est un arbuste toujours vert, qui fleurit pendant tout l'été, et le seul de son genre qui donne abondamment des graines en Europe : ces graines sont oblongues et noires dans leur maturité. Les hivers les plus rigoureux ne lui font aucun tort dans le climat de Paris ; aussi l'y cultive-t-on beaucoup dans les jardins paysagers, qu'il orne par sa perpétuelle verdure et par ses fleurs et ses fruits. Toute exposition lui est bonne ; mais il vient mieux au midi : toute terre lui convient, mais celle qui est sèche et légère, plus que les autres. On le place au dernier rang des massifs, sous les grands arbres, contre les fabriques, les murs, etc. Il ne s'élève pas à plus de 4 à 5 pieds, mais forme des touffes d'une très-grande étendue par la disposition qu'ont ses racines à drageonner. Cette disposition est même en lui un inconvénient ; car elle oblige à des retranchemens annuels qui déforment les touffes. On le multiplie de semences, de marcottes, de boutures et de drageons. On pense bien, d'après ce que je viens de dire, que cette dernière voie est la seule ordinairement employée.

J'ignore si les moutons mangent les rameaux de cet arbuste ; mais s'ils l'aiment il serait utile de le multiplier en grand dans les sols arides et pierreux qui ne donnent aucun produit, car il leur fournirait une abondante subsistance.

Le JASMIN NAIN a les rameaux anguleux ; les feuilles alternes, tantôt ternées, tantôt ailées ; les fleurs jaunes et les fruits rouges. Il croît naturellement en Italie, s'élève à peine à un pied, et fleurit en automne. On le cultive en pleine terre comme le précédent, dans quelques jardins ; mais il lui est inférieur à tous égards. (B.)

JASMIN DE VIRGINIE. C'est la BIGNONE RADICANTE.

JASMINÉE. On a donné ce nom à la BIGNONE TOUJOURS VERTE, formant aujourd'hui le genre *gelsemium*.

JASMINÉES. Famille de plantes à laquelle le genre JASMIN sert de type, dans laquelle se rangent en outre les genres CHIONANTHE, OLIVIER, FILARIA, TROENE et MOGORI. (B.)

JASMINOÏDE. *Voyez* LYCIET.

JASPE. Sorte de pierre siliceuse qui appartient à la formation du GRANIT. *Voyez* ce mot et ceux MONTAGNE, SILICE.

La contexture des jaspes est serrée ; leur cassure opaque, conchoïde ; leur couleur le plus souvent rouge ou verte, mais rarement uniforme, c'est-à-dire tachée, rubanée, etc. Ils sont susceptibles de recevoir un beau poli, à raison de leur excessive dureté ; aussi les emploie-t-on à faire des vases, des tables, des chambranles de cheminées, etc., que la difficulté de leur travail rend fort chers.

Je ne parle de cette pierre que parce qu'elle compose quelquefois des roches entières ; car elle n'a pas plus d'influence sur l'agriculture que le granit, le quartz, le grès, etc. Elle se décompose très-lentement à l'air, et, dans ce cas, elle forme des argiles peu différentes du KAOLIN. *Voyez* ce mot. (B.)

JASSE. Nom des lieux où se réunissent les troupeaux dans les pâturages des montagnes de l'Ariége, pour se reposer pendant la grande chaleur du jour et ruminer à l'aise. (B.)

JAU. C'est le coq dans le département des Deux-Sèvres.

JAUBE. Dans les landes de Bordeaux, on donne ce nom à l'AJONC.

JAUGE. C'est le nom que l'on donne à un instrument composé d'une ou de plusieurs baguettes, et avec lequel on mesure la capacité des tonneaux ou la quantité de liquides qu'ils contiennent. *Jauger*, c'est opérer avec cet instrument.

A ne considérer la chose que sous le rapport de la théorie,

il ne saurait être difficile de déterminer d'une manière suffisamment exacte la *contenance* d'une pièce quelconque. Cette question revient à la mesure des corps irréguliers, qu'on effectue en les décomposant en parties qui puissent s'assimiler à des corps de formes régulières, et dont la capacité s'obtienne par les procédés de la géométrie élémentaire. Nous ne saurions entrer ici dans le détail de ces opérations, dont on trouvera quelques principes au mot MESURE.

Mais tous ces moyens, quelque ingénieux qu'il soient, ont un grand inconvénient dans la pratique, c'est la longueur des calculs qu'ils entraînent, longueur incompatible avec le but principal du jaugeage. C'est le plus souvent pour faire acquitter aux portes des villes les droits imposés sur les boissons que l'on jauge les pièces qui les contiennent; il faut donc que cette opération puisse être effectuée promptement, avec peu de calcul, et à la portée de ceux qui n'ont en arithmétique que les connaissances les plus ordinaires; et à cet égard rien n'est mieux imaginé que les jauges ordinaires, à l'aide desquelles, en opérant comme pour mesurer les dimensions linéaires de la pièce, on trouve sur l'instrument même des nombres peu considérables qui, par une simple multiplication, donnent la capacité de la pièce. Le résultat a quelquefois besoin de correction pour convenir à des tonneaux de forme particulière; mais c'est plutôt par l'expérience que par la théorie qu'on est parvenu à ces corrections, qui remplissent assez bien le but proposé, et évitent d'en venir au *dépotement*, c'est-à-dire à transvaser le liquide contenu dans la pièce pour le mesurer immédiatement. (L. C.)

JAUGE. Ce mot a trois acceptions dans l'art du pépiniériste, qui toutes rentrent cependant dans la même.

On met en jauge les graines qu'on ne veut pas semer avant l'hiver, et qui cependant perdent leur faculté germinative lorsqu'elles restent long-temps exposées à l'air, comme les amandes, les noix, les châtaignes, les glands. *Voyez* GRAINE.

Pour cela on les dispose par lits alternatifs avec de la terre ou du sable, et on les recouvre d'une épaisseur de terre suffisante pour que le froid ni le chaud ne puissent pas facilement les atteindre, pour que les oiseaux ou les rats ne soient pas tentés de s'en nourrir. Mieux encore on les met dans des caisses ou dans des pots, en les plaçant en couches alternatives, comme il vient d'être dit, et on place ces caisses ou ces pots dans un cellier, une cave ou un autre lieu abrité.

Lorsque l'intention a été de laisser germer les graines ainsi disposées, on appelle cette opération mettre au GERMOIR. *Voyez* ce mot.

Dans les jardins et les pépinières, on plante en jauge, ou on met en RIGOLE, car ces deux expressions sont synonymes, du plant trop petit pour être mis de suite en place, ou pour être espacé à la distance ordinaire, ou lorsqu'on manque de place pour employer tout le plant qu'on possède, ou lorqu'on n'a pas assez de temps pour planter convenablement ce plant.

Pour planter en jauge ou mettre en rigole du petit plant, on fait une tranchée large d'un fer de bêche, profonde de 6 pouces, et on dispose le plant sur un de ses côtés, à 2 ou 3 pouces de distance, plus ou moins, selon sa grosseur. Lorsque toute la longueur de la tranchée est ainsi disposée, on la remplit avec la terre qu'on en a tirée, et on en fait une autre parallèle, à un pied ou un pied et demi plus loin. Le plant qui croît rapidement s'écarte davantage.

Pour expédier plus vite la besogne, quand on a plusieurs rangées à planter ainsi, on remplit la première de la terre tirée de la seconde, et ainsi de suite; quatre hommes peuvent mettre en terre douze à quinze milliers de plants en un jour, et quelquefois plus lorsqu'ils ont cœur à l'ouvrage.

La pratique de planter en jauge est très employée dans les grandes pépinières, et a des avantages très-importans. *Voyez* au mot PÉPINIÈRE.

On met en jauge, pour que leurs racines ne se dessèchent pas, des arbres qu'on vient d'arracher et qu'on ne veut pas planter sur-le-champ.

Pour cela, on fait un trou suffisamment grand, ou mieux plusieurs tranchées rapprochées et parallèles; on y range les racines de ces arbres près-à-près, et on les recouvre de la terre qu'on en a tirée. Le plus souvent on dispose ces arbres dans une position oblique.

Une sorte de jauge trop peu employée malgré les avantages réels qu'elle présente, c'est celle qu'on exécute en formant de petites bottes avec le plant et en les enterrant, en les disposant horizontalement, à 2 ou 3 pieds de profondeur, dans un lieu sec et où l'eau des pluies ne puisse pas s'arrêter. Elle s'applique principalement aux cas où l'on veut, pour un motif quelconque, retarder la pousse du plant. L'accident qui arrive le plus fréquemment dans ce cas, c'est l'échauffemment de l'écorce, et par suite la mort d'abord de la partie supérieure et ensuite de la totalité du plant. J'ai vu du plant d'orme, qui entre de très-bonne heure en végétation et qu'on met en conséquence souvent ainsi en jauge, y rester quinze jours sans y souffrir.

On donne aussi ce nom à la distance que ceux qui labourent à la bêche ou à la pioche laissent entre la terre déjà remuée et celle qui va l'être.

Plus la jauge est large et profonde, et plus le labour est bon.

Il n'y a que dans les seconds labours qu'on peut se dispenser d'en faire. *Voyez* LABOUR. (B.)

JAUNISSE, *Ictère*. MÉDECINE VÉTÉRINAIRE. Quand un cheval, un chien, un bœuf présentent leurs membranes muqueuses apparentes, telles que la conjonctive et les membranes muqueuses de la bouche et des narines, colorées en jaune, on dit qu'ils ont la jaunisse, et par suite on a fait de la jaunisse une maladie ; mais comme une foule de symptômes différens et contradictoires sont venus accompagner cette maladie, on a été obligé de faire plusieurs espèces de jaunisse, d'indiquer plusieurs espèces de traitement, et l'on ne s'est plus entendu. C'est ainsi qu'on a fait trois espèces de jaunisse : la jaunisse avec chaleur, la jaunisse froide, la jaunisse par les vers. Quand la médecine vétérinaire a été plus avancée, on n'en a plus fait qu'une maladie, qui avait plusieurs périodes, et dont le traitement devait varier selon ces périodes.

Enfin la physiologie, mieux connue et éclairée par les ouvertures de cadavres, est venue jeter un plus grand jour dans l'histoire de ce phénomène, et l'on a reconnu que la jaunisse ou la teinte jaune des membranes muqueuses et de la peau n'était que le symptôme de lésions de divers viscères contenus dans la cavité abdominale. Ainsi, maintenant on sait que l'ictère accompagne presque toujours l'inflammation du foie, qu'il accompagne une irritation du pancréas et souvent l'inflammation de la membrane muqueuse de l'estomac et de la portion gastrique de l'intestin grêle, enfin que ce n'est qu'un symptôme.

Quand la jaunisse existe, il faut donc chercher à deviner quelle est la maladie dont elle est le symptôme, chercher à quel degré cette maladie est parvenue, pour y appliquer ensuite le traitement que le raisonnement, aidé de l'expérience, indique comme le plus approprié.

Dans l'homme, il paraît qu'on a reconnu une jaunisse qui a son siége dans le tissu muqueux réticulaire de la peau, et qui est le résultat d'une irritation de ce tissu ; la couleur jaune est le produit d'une sécrétion maladive du tissu lui-même : l'on ne connaît pas encore une pareille affection dans nos animaux domestiques. *Voyez* MÉDECINE VÉTÉRINAIRE et HÉPATITE. (Huz. fils.)

JAUNISSE. Maladie des plantes qui s'annonce par la diminution de l'intensité du vert de leurs feuilles, qui se caractérise par la nuance jaune et ensuite brune qu'elles prennent, et qui se termine ou par leur chute seulement, ou par leur dessèchement, suivi de la mort de la plante.

Toutes les circonstances qui précèdent, accompagnent et suivent la jaunisse des plantes, prouvent qu'elle est uniquement due à une diminution dans leurs moyens de nutrition.

Un arbre planté dans un terrain aride, à moins qu'on ne l'arrose régulièrement, est toujours jaune, parce qu'il n'y trouve pas la quantité de sève nécessaire à son entretien. Souvent même il y périt lentement ou subitement lorsque la sécheresse se prolonge.

Un arbre planté dans un terrain marécageux jaunit, parce que la plupart de ses racines pourrissent; il périt quand toutes ses racines sont mortes. On peut facilement s'assurer de ce fait.

Un arbre dont l'écorce des racines est rongée par la larve du Hanneton ou brûlée par l'acide des Fourmis (*voyez* ces mots), jaunit, parce que cette écorce, ayant perdu ses vaisseaux absorbans, ne peut plus assimiler les sucs qui doivent entrer dans la composition de la sève. Il périt lorsque la presque totalité de cette écorce, sur-tout celle des chevelus, est désorganisée.

Un arbre dont on a étronçonné, mutilé les racines avant de le planter, est sujet à jaunir, parce qu'il n'a pas assez de suçoirs pour se procurer la quantité de sève qui lui est nécessaire. Par la même raison, un arbre greffé sur un sujet d'une nature plus faible que la sienne jaunit également.

Un arbre exposé à toute l'ardeur du soleil du midi jaunit, parce que l'évaporation de sa sève est plus considérable que son absorption.

Un arbre qui a un grand ulcère ou quelque autre maladie interne, ou celui dont des insectes ont désorganisé le liber, ou rongé la moelle, etc., jaunit, parce qu'il a perdu de la force qui était nécessaire pour soutirer la même quantité de sève.

Un arbre qui a porté une surabondance de fruits d'hiver, qui n'a pas pu par conséquent emmagasiner dans ses racines, pendant l'automne, une provision de sève pour le printemps suivant, pousse souvent, comme je crois m'en être assuré, des feuilles jaunes à cette dernière époque, et ce encore par la même raison, c'est-à-dire par suite de son affaiblissement.

Un arbre qui, par la diminution de la chaleur solaire, aux approches de l'hiver, perd de cette même force, jaunit: tous les ans, on observe ce phénomène sur la plupart des arbres et des plantes. Souvent une petite gelée le produit du soir au matin.

Enfin, un arbre qui est près de mourir de vieillesse jaunit par la même cause.

On peut considérer comme une jaunisse l'Étiolement des plantes qu'on prive de la lumière; mais cette maladie a cependant quelques caractères qui lui sont exclusivement propres. *Voyez* ce mot.

Tous les arbres n'ont pas la disposition à jaunir au même degré. Le poirier peut être cité, parmi les arbres fruitiers, comme celui qui y est le plus exposé; aussi dans combien de jardins

offre-t-il un vert foncé, sur-tout lorsqu'il est greffé sur coi-
guassier ? L'acacia présente le même phénomène parmi les
arbres d'agrément. Il est rare que le vert de deux pieds placés
à côté l'un de l'autre ait la même nuance. On pourrait avec
cette seule espèce faire des plantations qui offriraient toutes
les teintes entre le vert brillant, le jaune et le brun clair.

Les arbres sont généralement plus sujets à la jaunisse que
les plantes herbacées.

Souvent un arbre vit une longue suite d'années sans cesser
une seule de ces années d'avoir des feuilles jaunes; mais cet
arbre ne parvient jamais à la grosseur, ne porte pas autant
de fruits que celui, planté la même année et dans le même
terrain, qui n'aura pas éprouvé cette maladie.

On peut, dans un grand nombre de cas, faire disparaître la
jaunisse des arbres, non sur les feuilles qui l'ont montrée,
mais sur celles qui vont se développer ou qui se développeront
l'année suivante.

Des arrosemens abondans et continus rendent la santé à
un arbre devenu jaune, parce qu'il est planté dans un sol
aride. On peut aussi arriver au même but en coupant pendant
l'hiver une partie de ses branches, c'est-à-dire en proportion-
nant celles qu'il doit nourrir l'année suivante à ce que ses
racines peuvent fournir de sève. Ces moyens ne sont que temporaires. Le seul durable, c'est de remplacer la terre qui entoure ses racines avec de la terre franche de bonne qualité,
ou de fumer fortement.

En donnant, par le moyen de profondes tranchées, de l'é-
coulement aux eaux des marais qui pourrissent les racines
d'un arbre, on fait disparaître sa jaunisse, pourvu toutefois
que le mal ne soit pas encore trop invétéré.

De même, en tuant les larves de hannetons ou les fourmis
qui font jaunir un arbre, on lui rend la verdure, s'il n'y a
que peu de racines dont l'écorce soit altérée.

Une excellente terre et des arrosemens ménagés assurent
la reprise et la vigueur de l'arbre dont les racines ont été trop
mutilées.

L'abri d'un paillasson, d'une planche, etc., suffit souvent
pour faire reverdir un arbre brûlé par le soleil.

C'est au jardinier intelligent à juger, par l'observation,
des causes de la jaunisse des arbres et des plantes qu'il est appelé à soigner. Je ne puis ici indiquer ni tous les cas ni toutes
les circonstances.

Lorsque l'aspect du terrain n'annonce pas une cause de
jaunisse, et que cependant les arbres d'un jardin sont jaunes,
on peut accuser de négligence celui qui les soigne, puisque
des engrais et des amendemens placés à propos peuvent tou-

jours remédier au mal. Un seul labour donné dans un instant favorable, avant la sève d'automne, a suffi pour guérir de la jaunisse une allée de poiriers. (B.)

JAUNISSE. Maladie des vers à soie, qui ne diffère de la GRASSERIE que par l'époque où elle se développe. C'est vers la fin du cinquième âge, lorsque les vers sont prêts à filer, que la jaunisse se développe. On la reconnaît à l'enflure de l'animal et à la couleur jaune qu'il prend. M. Nysten l'attribue à l'infiltration du liquide nutritif et de la matière de la soie. Il n'y a pas de remède connu pour arrêter ses ravages. *Voyez* au mot VER A SOIE. (B.)

JAUNISSE. Un des noms de la POURRITURE DES MOUTONS. (B.)

JAVART. MÉDECINE VÉTÉRINAIRE. C'est une inflammation phlegmoneuse du tissu cellulaire sous-aponévrotique des extrémités ; il se termine toujours par suppuration, mais présente cela de particulier, que la suppuration entraîne avec elle un bourbillon ou une petite portion de tissu cellulaire tombée en gangrène. De la propreté et quelques cataplasmes émolliens suffisent pour guérir ce javart.

Quelquefois il se forme plus profondément autour des gaînes des tendons, et devient alors plus douloureux, plus long à guérir, mais n'entraîne des conséquences fâcheuses que quand il est entièrement négligé ; il prend alors le nom de *javart tendineux.* Tant qu'il y a inflammation, l'on doit persister dans l'usage des émolliens et des maturatifs; quand la suppuration est établie, on en vient à une petite opération, qui consiste à frayer un libre cours à la matière par le moyen d'une ou de plusieurs incisions, dirigées selon les circonstances qui se présentent; quand l'on craint que la suppuration n'attaque la gaîne des tendons, on la prévient en fendant le javart avec le bistouri, avant même que la suppuration soit établie. Les pansemens subséquens consistent à faire des injections d'eau tiède alcoolisée, à déterger les plaies et à les tenir propres et à l'abri des irritans extérieurs

Ces javarts se montrent aussi dans le bœuf, mais ils sont en général plus douloureux, plus longs à guérir; du reste, le traitement est entièrement le même.

Cette maladie a quelque analogie avec le clou ou furoncle de l'homme; il en vient presque toujours plusieurs à la suite les uns des autres, et quelquefois à plusieurs extrémités à-la-fois; mais ils ne se montrent que sur les parties inférieures des membres, font souvent boiter les animaux très-fortement, empêchent de s'en servir pendant le temps de l'inflammation, et se guérissent assez facilement. Nous ne sommes pas sûrs qu'ils soient, comme le clou, une suite d'un embarras gastrique.

Ces phlegmons se montrent au biseau de la couronne et reçoivent alors le nom de *javarts encornés*. Ils se rencontrent aussi accompagnés de la carie du cartilage de l'os du pied, et prennent le nom de *javarts cartilagineux*. Le javart encorné se change souvent en javart cartilagineux : ils sont tous deux reconnaissables à des fistules au biseau de la couronne ; le javart cartilagineux se distingue par la nature de la matière qui découle, qui est chargée des débris du cartilage, et qui a l'odeur de la carie de cette partie.

Le javart encorné se guérit quelquefois de lui-même presque sans soin, quand il est peu profond, et quand le pus trouve un libre écoulement au dehors : dans ce cas, une pointe de feu, pour ouvrir la fistule et pour produire une inflammation de bonne nature, forme une eschare, qui tombe par la suppuration, et qui est bientôt suivie de la cicatrisation. Le plus souvent, le javart encorné n'est pas si simple ; la matière, au lieu de sortir, fuse sous la corne dans le tissu réticulaire, détache la corne, et complique la maladie. Pour obtenir la guérison, il faut enlever alors toutes les parties de la corne détachée, mettre bien à découvert tout le fond de la plaie, et en faire une plaie simple proprement dite : on applique alors un fer convenable et des pansemens peu fréquens ; mais bien entendus, avec des étoupes sèches, ou mieux recouvertes de cérat, amènent petit à petit la régénération de la corne et la cicatrisation de la plaie.

La guérison du javart cartilagineux est toujours beaucoup plus difficile et plus longue ; elle nécessite l'enlèvement total du cartilage attaqué de carie : quand on n'enlève que la portion cariée, les parties que l'on laisse se carient à leur tour, et nécessitent bientôt une nouvelle opération. Il faut enlever d'abord tout le quartier du sabot ; ensuite l'on sépare et l'on soulève la peau qui recouvre le cartilage, en prenant bien garde de l'endommager, et l'on enlève avec la feuille de sauge le cartilage en plusieurs morceaux. Si l'os lui-même est carié, il faut enlever la partie cariée, soit avec la feuille de sauge, soit avec une gouge ; enfin il faut autant que possible extirper toutes les parties que la suppuration a désorganisées, et faire une plaie simple, en ménageant la peau et même les lambeaux, quand les fistules antérieures ou l'instrument en ont malheureusement produit quelques-uns. Dans l'opération, il faut prendre garde d'ouvrir la capsule synoviale articulaire, sur laquelle est presque située la partie antérieure du cartilage. On y parvient facilement en tenant le pied dans son extension complète sur la jambe.

Quand l'opération est terminée, l'on repose la peau sur les parties mises à nu; l'on recouvre le quartier, dont on a enlevé la corne, d'étoupes imprégnées de cérat; l'on enveloppe tout le pied d'étoupes, graduellement posées, de manière à former une compression égale par-tout; on place la bande, on laisse relever l'animal.

Pour faire mieux tenir cet appareil, on a ferré le pied avant l'opération avec un fer dont la branche est tronquée du côté à opérer; la branche opposée et celle tronquée servent à faire tenir la bande, et par conséquent l'appareil.

Avant de pratiquer l'opération, quand le cheval est abattu, il faut avoir le soin de placer une forte ligature dans le paturon, pour arrêter l'hémorrhagie, qui sans cette précaution rend beaucoup plus difficile et plus longue l'opération, et qui empêche presque toujours de bien poser l'appareil. On l'ôte avant de laisser relever le cheval.

La levée de l'appareil ne doit se faire que cinq ou six jours après l'opération; rien ne presse de la faire. Si seulement on croyait s'apercevoir que la ligature fût trop serrée, on peut la desserrer; cet accident arrive quelquefois au moment du gonflement inflammatoire. Les pansemens suivans seront plus ou moins fréquens, selon que la matière sera plus abondante ou plus rare; il faut avoir soin, en les faisant, d'amincir la corne dans les endroits où elle pousse trop vite, et où elle peut causer des pincemens et des compressions toujours préjudiciables à la guérison.

Pour éviter la difformité qui accompagne toujours la croissance de la nouvelle corne après cette grande opération, quelques vétérinaires ont songé à pratiquer l'opération d'une autre manière, lorsque le pus n'avait pas encore fusé sous la corne : au lieu d'enlever le quartier de corne, ils se contentent de faire une large incision cruciale à la peau qui recouvre le cartilage carié, de manière cependant que les fistules et l'incision ne puissent produire aucune perte du tégument. On détache les lambeaux de peau des parties sous-jacentes; on renverse les supérieurs sur le paturon, les inférieurs sur le sabot, et alors on enlève le cartilage en ménageant avec grand soin le bourlet de la couronne. On rabat ensuite les lambeaux sur la plaie; on recouvre le tout d'un large plumasseau enduit de cérat, et l'on donne les mêmes soins qu'après l'autre opération.

Celle-ci est peut-être un peu plus difficile pour l'opérateur, parce qu'il ne peut pas enlever aussi aisément tout le cartilage de l'os du pied, mais elle laisse la corne dans toute son intégrité, fait moins souffrir l'animal, le met en état de tra-

vailler plus tôt et exige moins d'appareil. J'engage donc les
vétérinaires à la tenter. (Huz. fils.)

JAVELLE. Lorsqu'on scie les céréales avec la faucille, on
met successivement chaque poignée à côté de la précédente,
de manière à former de petits tas de 2, 3 et 4 pieds de large,
selon les pays. Ces tas s'appellent des *javelles*.

Deux, trois, quatre javelles, réunies par le moyen d'un
lien, forment une BOTTE. *Voyez* ce mot.

Par suite, on a dit *javeler* pour mettre en *javelles* et pour
laisser les *javelles* sur le terrain.

Le javelage, sous cette dernière considération, est une
opération toujours utile et souvent indispensable, à raison de
la nécessité de laisser les graines et les pailles achever de mûrir,
ou au moins achever de se dessécher, et du manque de bras
pour botteler tout de suite; mais on l'exagère quelquefois :
d'où il résulte perte de grain ou altération de sa couleur,
altération de la couleur et de la saveur de la paille, même
moisissure et pourriture.

Par une suite d'idées d'une absurdité telle qu'on ne peut
pas s'en rendre raison, il a été établi en principe que les avoines
devaient rester en javelles jusqu'à ce qu'elles soient devenues
noires. Il est beaucoup de marchés où on ne vendrait pas celle à
laquelle on n'aurait pas fait subir cette altération. Il résulte
annuellement, de cette pratique, une perte immense pour les
cultivateurs : ils le savent; n'importe, *c'est l'usage, l'avoine
javelée est meilleure pour nos chevaux*, voilà leur réponse.
Ceux d'entre eux qui veulent expliquer la cause de cet usage,
ajoutent que l'avoine *grossit par l'opération du javelage*,
comme si une imbibition momentanée d'eau pouvait avoir
quelque valeur.

Cependant le javelage, donnant lieu quelquefois à un
commencement de germination, rend les grains d'avoine plus
tendres et plus sucrés; ce qui s'oppose, au reste, à sa bonne
conservation. *Voyez* GERMINATION.

Il arrive très-fréquemment que ce n'est pas seulement, comme
à l'ordinaire, le dixième, le sixième seulement de la récolte des
avoines qui se perd, mais la moitié, les trois quarts, la totalité
même : j'en ai vu des exemples nombreux. En effet, un vent
violent, une grêle de quelque force, une pluie d'orage, peuvent en quelques minutes séparer plus ou moins de grains des
épis. Une continuité de pluies pendant quinze jours peut faire
germer ce grain et pourrir entièrement les pailles. Je dis donc
qu'il faut couper l'avoine plus tard qu'on ne le fait communément, afin que le grain mûrisse et noircisse naturellement,
et qu'il faut ne la laisser étendue sur la terre que le temps
strictement nécessaire pour achever sa maturité ou permettre

les autres opérations de la moisson. En la coupant le matin avant la dissipation de la rosée et en prenant les précautions convenables pour la botteler, la charger, la transporter et la décharger, on est certain d'en perdre beaucoup moins que dans la méthode exagérée du javelage qu'on suit actuellement, et d'avoir des grains réellement plus gros, plus susceptibles d'être conservés, plus nourrisans pour les chevaux, et des pailles susceptibles d'être mangées avec plaisir par tous les bestiaux.

Ajoutez à ces inconvéniens celui de faire périr, lorsque l'avoine sert de protectrice, le trèfle, la luzerne, le sainfoin et autres plantes semées avec elle, en les privant de lumière, et celui encore plus grave d'empêcher de donner sur-le-champ à la terre, lorsqu'elle est seule, les labours propres à recevoir un nouvel ensemencement. Ceux qui connaissent tous les avantages des semis faits de bonne heure; ceux qui apprécient l'importance de ne pas perdre de terrain, ne fût-ce que pendant un jour, peuvent apprécier la valeur de ce dernier inconvénient.

On donne aussi le nom de javelle, dans l'Orléanais, aux fagots de SARMENS. *Voyez* VIGNE. (B.)

JEANETTE. On donne ce nom, dans quelques endroits, au NARCISSS DES POÈTES. (B.)

JENORROIDI. Vin qu'on fabrique à Zante, et qu'on regarde comme supérieur au muscat de Syracuse. (B.)

JET. C'est la pousse d'une plante qui s'élève rapidement et droit. On dit que les jets de cet arbre sont beaux !

Ce mot n'est plus guère employé. On lui a substitué le mot BOURGEON. (B.)

JETONS. On donne ce nom aux essaims dans une partie de la France. *Voyez* au mot ABEILLE.

JETONAC. Nom des MULES d'un an dans le département de la Charente-Inférieure. (B.)

JEUNE. Faire jeûner un arbre. Expression nouvelle, introduite dans la pratique du jardinage par Schabol. Voici comme il s'explique : « C'est une invention nouvelle pour empêcher qu'un arbre ne s'emporte tout d'un côté, tandis qu'à l'autre côté il ne profite point et dépérit. On y remédie en ôtant toute la nourriture et la bonne terre au côté trop en embonpoint, mettant à la place de la terre maigre ou du sable de ravine, pendant qu'on fume et engraisse le côté maigre ; de plus, on courbe un peu fortement toutes les branches du côté trop gras et on laisse en liberté le côté maigre. Voilà ce qu'on appelle faire jeûner un arbre : c'est ainsi que sans tourmenter ceux qui ne se mettent pas à fruits, sans en couper les racines, et les mutiler en cent façons, suivant l'usage, on parvient à leur faire porter du fruit. » (R.)

JEUSSIR. C'est dans les Vosges la même chose que JAVELER.

JITE. Pousse du bois, c'est-à-dire synonyme de JET.

JOALLE. On donne ce nom, ainsi que l'annonce M. de Père, à des terrains partagés en planches de 2, 3 ou 4 toises de large, bordés des deux côtés de deux ou trois rangs de vigne. Cette forme de plantation donne autant en vin que si tout était en vigne, et on a en bénéfice la récolte du blé. Tel est l'effet de la VIGNE aérée et convenablement traitée. (B.)

JOGUE. Nom de l'AJONC dans le Médoc.

JOLI BOIS. Nom vulgaire de la LAURÉOLE GENTILLE. (B.)

JONC, *Juncus.* Genre de plantes de l'hexandrie monogynie et de la famille des joncoïdes, qui renferme une soixantaine d'espèces, dont plusieurs sont si fréquemment employées dans les travaux de l'agriculture, qu'il n'est pas permis à un cultivateur de se refuser à les connaître botaniquement.

La plupart des espèces qui composent ce genre croissent dans les marais, sur le bord des eaux; les autres se trouvent dans les bois secs, sur les pelouses sablonneuses. Il en est quelques-unes qui n'ont point de feuilles. Les plus importantes ou les plus communes sont :

Le JONC GLOMÉRULÉ. Il n'a point de feuilles ; ses tiges sont cylindriques, hautes d'un pied et plus ; ses fleurs sont disposées en tête latérale, ordinairement sessile et placée presque au sommet de la tige. Il croît très-abondamment sur le bord des eaux, dans les marais, les prairies humides, et y forme des touffes fort denses, qui restent vertes pendant toute l'année. Les bestiaux ne le recherchent pas, et il est trop cassant pour être employé aux usages des autres joncs, de sorte qu'il n'est propre qu'à faire de la litière et à augmenter la masse des fumiers.

En croisant deux épingles dans sa tige, au-dessous de la tête des fleurs, et en les tirant ensemble du côté opposé, on fait sortir une moelle blanche, légère, cylindre, souvent aussi longue que la tige et qui est propre, lorsqu'elle est sèche, à servir de mèche aux lampes, sur-tout à celles qu'on appelle veilleuses. Sous ce rapport, elle peut être de quelque utilité.

Le JONC ÉPARS n'a point de feuilles. Ses tiges sont striées, hautes d'un peu plus d'un pied, et ses fleurs disposées en panicule latérale au-dessous du sommet. Il croît avec abondance dans toute l'Europe sur le bord des eaux, dans les prairies humides, etc., forme des touffes extrêmement denses, et fleurit au commencement de l'été. C'est celui qu'on entend particulièrement en agriculture par le mot *jonc*, parce que c'est et le plus commun et le plus employé. Il sert à faire des paniers,

des cordes, des nattes, à lier les branches des arbres, les légumes, etc. Il remplace, dans un grand nombre de cas et
très-économiquement, la ficelle, la paille, les écorces d'arbres et autres liens. Il faut pour l'employer, ou qu'il soit frais
cueilli, ou qu'il soit bien imbibé d'eau. Les jardiniers en font
un si grand usage, que ceux des villes sont souvent dans le cas
d'en planter.

Comme les bestiaux ne le recherchent pas et qu'il trace au
point de s'emparer bientôt des terrains qui lui conviennent,
il ne faut point lui permettre de se multiplier dans les prairies. Ainsi, lorsqu'il n'y en a encore que peu de pieds, on les
arrachera à la pioche, et lorsqu'il y en aura beaucoup, comme
cela n'est malheureusement que trop commun, on labourera et
on écobuera ces prairies ; c'est-à-dire qu'on en brûlera la surface
sur le sol même. Ce cas est un de ceux où cette dernière opération est réellement utile. (*Voyez* au mot ECOBUER.) Dans quelques cantons de marais, privés de bois, on arrache ses touffes
en été pour alimenter le feu pendant l'hiver, et elles sont
passablement propres à cet usage par le nombre de leurs racines et de leurs tiges. J'ai vu de ces touffes qui avaient au
moins deux pieds de diamètre.

Cette plante, dans l'ordre de la nature, remplit la fonction
bien importante d'exhausser le sol des lieux inondés, soit en
fournissant par sa décomposition annuelle une grande quantité
d'humus, soit en retenant entre ses tiges les terres des alluvions, soit en empêchant les eaux de creuser le terrain par
l'entrelacement de ses racines. On doit la planter dans tous
les lieux sujets aux inondations, sur les bords des rivières et
des ruisseaux, pour empêcher qu'ils ne soient rongés par les eaux.
Dans tous ces cas, sa coupe fournira une bonne litière et par
suite un fumier abondant, fumier dont la décomposion sera
plus lente que celle de celui formé de paille, et qui par conséquent conviendra mieux pour les terrains argileux.

Ces observations s'appliquent aussi, mais d'une manière
moins générale, aux autres espèces de joncs croissantes dans
les marais.

Le JONC BULBEUX a des feuilles alternes, linéaires, aplaties,
les fleurs disposées en panicules terminales, et les capsules plus
longues que le calice. Il croît naturellement dans les marais
et les près humides. Sa racine est épaisse et oblique. Je crois
avoir lu quelque part que cette racine est dans le cas d'être
employée à la nourriture des cochons, mais je ne me suis pas
aperçu qu'elle fût fort recherchée par eux. Tous les bestiaux
mangent ses tiges.

Le JONC ARTICULÉ a des feuilles alternes, légèrement aplaties, paraissant articulées intérieurement lorsqu'on les com-

prime entre les doigts , et des fleurs disposées en panicule rameuse et terminale. Il est très-commun sur le bord des eaux, dans les prairies marécageuses. Tous les bestiaux mangent ses feuilles. Il altère considérablement la qualité du foin des prairies basses ou trop arrosées.

Le Jonc des crapauds est annuel , a les tiges dichotomes, les feuilles linéaires courtes; les fleurs ordinairement solitaires et sessiles. Il croît souvent en immense quantité sur le bord des rivières sujettes aux débordemens , autour des étangs, dans les bois humides , et s'élève à 5 ou 6 pouces. Tous les bestiaux le mangent.

Le Jonc velu , qui a les feuilles planes, velues ; les fleurs en corymbe terminal , et les capsules plus longues que le calice. Il croît dans les bois et s'élève à 5 ou 6 pouces.

Le Jonc des champs , qui a les feuilles planes, velues ; les fleurs en corymbe terminal , et les capsules plus courtes que le calice. Il croît dans les pâturages secs et s'élève à 2 ou 3 pouces.

Ces deux espèces, qui se rapprochent infiniment , et qui aujourd'hui servent de type au genre luzule , sont vivaces , fleurissent au premier printemps et sont quelquefois excessivement abondantes. Les bestiaux , et sur-tout les chevaux, les recherchent. La seconde est principalement précieuse sous le rapport du pâturage, parce qu'elle pousse sous la neige même et qu'elle peut être mangée à une époque où il n'y a pas encore d'autres herbes nouvelles. Plus tard , c'est-à-dire quand elles sont devenues dures , et qu'il y a d'autres plantes en végétation , les mêmes animaux les dédaignent. Je ne crois pas en conséquence qu'il soit avantageux d'en former des prairies artificielles ; cependant je dois avouer qu'on a des données bien insuffisantes sur elles, et en général sur tous les joncs. (B.)

JONC ÉPINEUX, *Voyez* au mot Ajonc.

JONC FLEURI. C'est le butome.

JONC MARIN. C'est encore l'ajonc.

JONCACÉES *ou* JONCOIDES. Famille de plantes dont le type est le genre jonc, et qui en outre rassemble les autres genres commeline , éphémère , narthèce , varaicole , chique et jonciole. *Voyez* ces mots. (B.)

JONCIER. Un des noms du genét d'Espagne. (B.)

JONQUILLE. Espèce de narcisse. (B.)

JOTE. Nom de la poirée aux environs de Tours. (B.)

JOUANNETTE. Nom vulgaire des racines de l'œnanthe pimpinelloïde aux environs d'Angers.

JOUBARBE, *Sempervivum*. Genre de plantes de la dodécandrie décagynie et de la famille des succulentes , qui renferme une quinzaine d'espèces , parmi lesquelles il en est une qui est connue de tout le monde, et qu'il faut par conséquent mentionner ici.

Cette espèce est la GRANDE JOUBARBE, OU JOUBARBE DES TOITS. Sa racine est petite, fibreuse; ses feuilles radicales, oblongues, charnues, convexes en dehors, ciliées sur leurs bords, et disposées en rosettes, souvent de 2 à 3 pouces de diamètre; les caulinaires alternes, plus étroites et moins épaisses. Sa tige est droite, rougeâtre, velue, très-rameuse; ses fleurs rougeâtres, d'un pouce de diamètre, et disposées d'abord solitairement, et ensuite en petits groupes sur les rameaux et à leur extrémité.

Cette plante est vivace et croît sur les rochers, les vieux murs, les toits de chaume, etc.; elle fleurit à la fin de l'été. Ses tiges, qui ont fleuri meurent après que les graines se sont dispersées; mais il se développe toujours auparavant, au collet de leur racine, plusieurs nouvelles rosettes de feuilles qui donnent ensuite naissance à d'autres tiges. Son suc a une odeur nauséabonde et une saveur âcre; il passe pour rafraîchissant, anodin et astringent. On l'ordonne principalement dans les fièvres intermittentes; extérieurement, on l'emploie pour apaiser les douleurs de la goutte, des hémorrhoïdes et des cors.

Soit qu'elle soit en fleur, soit qu'elle n'y soit pas, la joubarbe est une plante remarquable; en effet ses fleurs sont grandes et d'une couleur agréable. Ses rosettes de feuilles, qui restent vertes toute l'année, et que la gelée n'attaque pas, frappent les yeux de ceux qui les voient pour la première fois; aussi la place-t-on souvent dans les jardins paysagers, où elle produit de très-bons effets sur les rochers et les fabriques. Une singularité qu'elle partage avec quelques autres plantes, mais qui est plus sensible en elle, c'est qu'elle fleurit d'autant mieux, qu'elle est dans un sol plus aride et plus sec. Ses rosettes se multiplient sans fin quand elle est dans une bonne terre, et absorbent sans doute toute la force d'assimilation qui aurait dû être employée à la production des tiges; il faut donc ne lui donner que très-peu et de la très-mauvaise terre, et toujours la placer dans des lieux fort aérés et exposés au soleil. L'usage auquel on l'emploie généralement a un but d'utilité réel et non de simple agrément, comme on le croit communément : en effet, elle empêche la terre qu'on met sur le faîte des toits de chaume, sur le sommet des murs de clôture, d'être entraînée par les eaux des pluies, tant par ses feuilles que par ses racines; car ses touffes sont ordinairement fort grandes, et chaque rosette de feuilles prend, la seconde année de sa naissance, une racine particulière.

Il y a une autre espèce de joubarbe plus petite que celle-ci, dont les rosettes des feuilles sont couvertes de poils blancs, allant d'une feuille à l'autre, et ressemblant à une toile d'araignée; elle croît sur les rochers des hautes montagnes. (B.)

JOUBARBE PETITE. C'est l'ORPIN BLANC.

JOUBARBE DES VIGNES. C'est l'ORPIN TÉLÈPHE.

JOUE. Nom des BOUTURES de vigne dans les environs d'Orléans, lorsqu'elles sont coupées sur le jeune bois. *Voyez* CROCETTE. (B.)

JOUG. Pièce de bois au moyen de laquelle on attelle les BŒUFS. *Voyez* ce mot.

Elle varie de forme selon les cantons.

Ceux qui ont vécu dans des pays où on emploie les bœufs à la charrue et aux charrois, savent avec combien peu d'attention on choisit les jougs, et avec combien peu de soin on les conserve.

Lorsqu'on a des bœufs d'inégale force, on place deux ou trois crochets au joug, et on fixe plus près ou plus loin la boucle de la chaîne qui le fixe à l'age, de sorte que, lorsqu'on donne au bœuf le plus fort le levier le plus court, on égalise leurs forces.

En Savoie, on attelle les bœufs en même temps par la tête et par le poitrail, de sorte que la tête fatigue moins.

Dans une partie de l'Allemagne, les bœufs ne sont pas accouplés par le joug, quoique attelés par les cornes, ce qui les fatigue beaucoup moins : on appelle *stimblart* l'appareil par lequel on les attache aux traits, appareil qui diffère peu d'un demi-joug de France. Il serait bien à désirer que cette méthode fût par-tout adoptée pour le bonheur des bœufs, si gênés et si fatigués sous un seul joug, et pour l'accélération des labours et des charrois; car il est impossible de se refuser à croire que leur gêne et leur fatigue nuisent à la rapidité de leur tirage. Quand on a pu, comme moi, comparer le travail des bœufs attelés par la poitrine, au moyen d'un collier, avec celui de ceux assujettis au joug, on est déterminé à repousser ce dernier, qui a cependant l'avantage, dans le labour, de rapprocher de terre la ligne du tirage, et de faciliter par conséquent la marche de la charrue. (B.)

JOURNAL. Ancienne mesure de superficie, qui représente le travail d'une charrue pendant un jour, mais qui n'en varie pas moins selon les cantons. *Voyez* MESURE.

JUCHOIR A POULES. Endroit où les poules passent la nuit; c'est un assemblage de traverses qui se tiennent ensemble, mais assez éloignées pour que les poules d'un rang ne touchent pas celles d'un rang voisin : il doit être dans un lieu sec, exposé au midi. Il diffère du POULAILLER (*voyez* ce mot), en ce qu'il n'est pas fermé : on en voit souvent dans le Midi, mais rarement dans le Nord.

Le juchoir pour les dindes pendant l'été est ordinairement une vieille roue de charrette, implantée sur un pied-droit au milieu de la basse-cour. (B.)

JUILLET. Dans ce mois, le soleil, arrivé au terme de sa course, commence déjà à descendre ; mais il n'en dispense pas moins ses feux : aussi est-ce la sécheresse que les cultivateurs doivent le plus redouter pendant sa durée. Des irrigations sont alors nécessaires aux prés dont on veut obtenir une seconde récolte, et des arrosemens aux jardins auxquels on veut faire produire tout ce dont ils sont susceptibles.

Les fermiers font couvrir leurs vaches pendant ce mois, tondre leurs agneaux ; vendent leurs moutons, leurs poulains, leurs veaux ; coupent leurs seigles, leurs orges, leurs blés et leurs avoines ; sèment encore des raves, du maïs, pour fourrage.

Les vignerons donnent la troisième façon aux vignes.

Les jardiniers continuent de semer des raves, des radis, des épinards, des laitues, des oignons, des choux hâtifs pour l'arrière-saison, etc. ; ils replantent la laitue, la chicorée, le céleri, etc. ; ils sarclent et binent au besoin les oignons de fleurs qui ont été arrachés le mois précédent, ou au commencement de celui-ci, et qui sont replantés au milieu ou vers la fin. On rempote les auricules, les œillets, etc.

On butte, pendant ce mois, la plupart des plantes qui ont besoin de l'être.

Les pieds de chanvre mâle s'arrachent et se mettent de suite au routoir.

C'est alors que dans les pays mal cultivés on transporte le fumier sur les jachères.

C'est pendant ce mois qu'on fait la plus grande partie des greffes dites à œil dormant.

L'ébourgeonnement et le palissage des arbres fruitiers se continuent encore pendant ce mois : on retranche à ces mêmes arbres les fruits mal-venans ou surabondans.

On ne doit pas négliger la recherche des limaçons et des escargots ; il faut faire une guerre à outrance aux lérots, mulots, taupes, etc.

La première coupe se fait dans les prairies basses, et la seconde dans les prairies hautes.

On commence à récolter les pommes de terre hâtives et le miel des ruches.

Les fruits d'été commencent à devenir communs dans le courant de ce mois ; il faut penser à les cueillir et à en tirer le meilleur parti possible.

36*

Ce mois est celui des orages, qui causent souvent de si grandes pertes aux cultivateurs. (B.)

JUIN. Nom du sixième mois de l'année. C'est le dernier du printemps, celui pendant lequel le laboureur donne la seconde façon à ses jachères, fauche ses prés, arrache ses lins; veille sur ses blés, qui commencent à pencher leur tête; sème ses navettes d'hiver, ses raves.

Au commencement de ce mois, les vignerons attachent la vigne aux échalas, l'ébourgeonnent et lui donnent le premier binage d'été.

Dans les jardins, on peut encore semer à l'ombre, en arrosant souvent, des épinards, des raves, des radis, des chicorées, et tous les pois et les haricots de la dernière saison : alors encore on repique les poireaux, la ciboule, le cardon, le céleri, l'escarole, les fleurs annuelles d'automne : on commence à récolter les graines.

Les arrosemens sont toujours indispensables dans ce mois, pour les semis et les repiquages, et souvent même pour tout le jardin, parce que le soleil a beaucoup de force, et que les pluies ne sont pas aussi communes que dans les mois précédens. Les sarclages et les binages se continuent.

Pendant ce mois, on marcotte plusieurs arbustes d'agrément et quelques fleurs qui, comme l'œillet, en sont susceptibles. On fait des boutures des plantes vivaces à fleurs, telles que phlox, campanule, etc.

Beaucoup de pépiniéristes repiquent, dès la fin de ce mois, les plants d'arbres verts de l'année.

L'ébourgeonnement et le palissage des arbres fruitiers en espalier ont ordinairement lieu dans le courant de ce mois; mais il est le plus souvent mieux de les commencer avec le mois suivant. Il en est de même de l'ébourgeonnement des arbres greffés, et de ceux qui ont été rabattus dans les pépinières.

Les cerises et autres fruits rouges sont déjà communs au milieu de ce mois.

Alors on commence à couper les orges d'hiver, quelquefois même les seigles, sur le chaume desquels on sème ou de la spergule, ou du trèfle appelé farouche, ou des raves, ou des vesces, ou du maïs pour fourrage, ou du sarrasin pour enterrer, au moyen d'un seul labour, et même d'un seul hersage avec la herse à dents de fer.

On fauche la première repousse des luzernes.

C'est le moment de nettoyer les granges pour recevoir les récoltes.

Dans beaucoup de lieux, les moutons se tondent pendant le cours de ce mois.

Les travaux de la houblonnière sont alors très-actifs. (B.)

JUJUBIER, *Ziziphus.* Petit arbre naturel aux parties méridionales de l'Europe, qui donne un fruit propre à la nourriture de l'homme, et d'un usage assez fréquent en médecine. Il s'élève de 15 à 20 pieds, est tortueux, a des branches pliantes, garnies à leur point de réunion de deux épines très-dures, presque égales et divergentes; des feuilles alternes, pétiolées, ovales, oblongues, dentées, trinerves, luisantes et d'un vert clair; des fleurs petites, jaunâtres, réunies plusieurs ensemble, et presque sessiles dans les aisselles des feuilles; des fruits ovales, d'un rouge orangé, et de la longueur d'un pouce.

Cet arbre, avec plusieurs autres arbres étrangers à l'Europe, faisait partie des NERPRUNS dans les ouvrages de Linnæus; mais il en a été séparé pour faire un genre particulier.

On appelle jujube le fruit du jujubier. Sa pulpe est nourrissante et agréable, quoique un peu fade : on le sert habituellement sur les tables, pendant l'hiver, dans son pays natal. Il passe en médecine pour adoucissant, expectorant, légèrement diurétique, et s'emploie fréquemment, à raison de ces qualités, dans toutes les affections de la poitrine et des reins. Pour pouvoir l'envoyer au loin, on le dessèche au soleil sur des claies. Il se conserve ainsi, comme les pruneaux, d'une année sur l'autre; mais au-delà de ce terme, il perd ses bonnes qualités.

La végétation du jujubier est lente, mais sa durée est longue. On le plante dans les vergers, les haies, parmi les autres arbres fruitiers, et on ne lui donne aucune culture particulière. Sa multiplication se fait par le semis de ses fruits, effectué aussitôt après leur récolte; mais comme ces fruits ne lèvent ordinairement qu'à la seconde année, et que le plant exige des soins pendant cinq à six ans, on préfère généralement employer la voie des rejetons, qui sont toujours nombreux autour des vieux pieds.

J'ai vu souvent des jujubiers en buisson dans les haies d'Espagne, de France et d'Italie; mais je n'ai jamais vu de haies qui en fussent uniquement formées : cependant c'est un des arbres qui paraissent les plus propres pour ce genre de clôture dans les pays chauds. Il a de puissans moyens de défense dans ses épines, des rameaux difficiles à casser et souples au point de pouvoir être entrelacés comme on le désire; de plus, il vit long-temps, comme je l'ai déjà observé.

Dans le climat de Paris, le jujubier végète mal, ne supporte pas les hivers rigoureux, et son fruit n'y mûrit jamais; aussi ne l'y cultive-t-on que dans les écoles de botanique. Il n'a aucun agrément : ainsi les amateurs de jardins ne doivent pas le regretter.

C'est du fruit d'une espèce du même genre, du *rhamnus lotus* de Lin., dont se nourrissaient ces peuples d'Afrique que l'antiquité a appelés *lotophages*. Desfontaines a observé de nouveau ce fait, et l'a consigné dans un mémoire inséré dans le Journal de physique, 1788. (B.)

JULIBRISSIN. Nom spécifique d'un ACACIA. (B.)

JULIENNE, *Hisperis*. Genre de plantes de la tétradynamie siliqueuse, et de la famille des crucifères, qui renferme une douzaine d'espèces, dont une est l'objet d'une culture de quelque étendue dans les jardins, à raison de l'agréable odeur de ses fleurs.

Les botanistes ne sont pas d'accord sur le nombre des espèces appartenant à ce genre, qui se rapproche infiniment de celui des GIROFLÉES et des VELARS (*voyez* ces mots). J'ai adopté l'opinion de Linnæus.

La JULIENNE DES JARDINS, *Hesperis matronalis*, Lin., a les racines bisannuelles, les tiges cylindriques, hispides, hautes d'un à 2 pieds ; les feuilles alternes, légèrement pédonculées, ovales, lancéolées, dentées, un peu hispides ; les fleurs rougeâtres, disposées en épi terminal. Elle est naturelle aux montagnes de l'est de l'Europe, et se cultive de temps immémorial dans les jardins, où elle offre un grand nombre de variétés de couleur, de grandeur et de forme, dont les principales sont, simples, semi-doubles, doubles, rougeâtres, violettes, enfin d'un blanc éclatant.

Il y a deux variétés doubles et blanches de cette plante : l'une, haute, à fleurs écartées, et l'autre, basse, à fleurs rapprochées : cette dernière est préférable à la première sous tous les rapports ; je l'ai vue à fleurs vertes en tout ou en partie.

On peut mettre les juliennes dans toutes sortes de terres ; mais les doubles sur-tout, pour donner de beaux épis, ont besoin de la plus substantielle.

Les simples se multiplient par le semis de leurs graines, en automne ou au printemps, à l'exposition du levant. Lorsqu'on veut obtenir des fleurs doubles, il faut faire ces semis sur couche et employer la graine des semi-doubles la plus vieille et la plus grêle possible. Quelques pieds fleurissent l'année suivante et meurent ; le plus grand nombre seulement la seconde année : ces derniers se repiquent à l'automne. C'est principalement pour l'odeur qu'elles répandent le soir, et pour l'opposition des nuances de leurs couleurs qu'on les recherche dans les grands parterres

Quant aux doubles, elles se multiplient par boutures et par déchirement de vieux pieds. Pour entendre comment une plante bisannuelle peut être multipliée par ce dernier moyen, il faut savoir que plusieurs, et celle-ci est du nombre, poussent tous les ans, du collet de leurs racines, des bourgeons qui ne fleurissent pas, et qui jettent de nouvelles racines ; de sorte que la racine principale meurt bien lorsque la tige qui a porté des fleurs est desséchée ; mais le pied se conserve par le moyen de ses bourgeons. Les pieds très-doubles et en bon terrain ne perdent pas même cette principale racine.

Les boutures de juliennes doubles se font, pendant une partie de l'été, en pleine terre et au nord : elles manquent rarement lorsqu'elles sont convenablement arrosées. On les repique dans le cours de l'hiver suivant, et elles donnent des fleurs l'année d'après. Ceux qui font ces boutures sur couche et sous châssis ne gagnent rien, en définitif, qu'une plus grande peine.

Il y a environ un demi-siècle que la julienne double était fort à la mode ; aujourd'hui on ne la voit plus dans les jardins à prétentions : certainement elle ne mérite pas le dédain qu'on en fait, et elle peut rivaliser avec succès auprès de maintes autres plantes qu'on lui préfère, uniquement parce qu'elles sont moins anciennement connues.

Comme toutes les plantes de sa famille, les graines de celle-ci contiennent de l'huile en assez grande abondance. M. Delys en a tiré une pinte de sept pintes de graines, ce qui est très-avantageux ; aussi a-t-on beaucoup préconisé la culture de la julienne sous ce rapport, dans ces derniers temps ; mais si, dans un bon terrain, la julienne donne assez de graine pour faire croire que sa culture est avantageuse comme plante oléagineuse, il n'en est plus de même en plein champ ; aussi ne l'a-t-on fait nulle part entrer dans l'ordre des assolemens.

L'huile de julienne est âcre et amère, donne beaucoup de fumée en brûlant, se fige à-peu-près à la même température que l'huile d'olive.

Il est beaucoup de plantes de la famille des crucifères, dont on ne tire aucun parti, et qui, d'après l'inspection, semblent devoir donner plus de graines et exiger une culture moins dispendieuse que celle de la julienne, puisqu'elles sont vivaces.

La Julienne de Mahon, *Cheirantus maritimus*, Lin., plus connue sous le nom de *giroflée de Mahon*, a été apportée de cette île par Antoine Richard. Elle a la tige annuelle, diffuse ; les feuilles elliptiques, obtuses et rudes au toucher. C'est une petite plante, mais fort remarquable par le nombre et l'éclat de ses fleurs, qui varient dans toutes les nuances du violet. On la voit très-fréquemment dans les jardins : elle les orne dès les premiers jours du printemps, et presque toute l'année lorsqu'on le veut. On la sème très-serrée en bordure, en petites masses ou mêlée avec d'autres plantes de même grandeur, comme le thlaspi, la vipérine glabre, etc. Pour produire beaucoup d'effet, il faut que ses pieds soient très-rapprochés et peu élevés. Tout terrain lui est bon, je puis même dire que les plus mauvais sont les meilleurs pour elle, parce qu'elle y fleurit plus tôt, s'y colore davantage et acquiert moins de hauteur. Je ne puis trop conseiller de la multiplier. Il est des jardins paysagers où elle se ressème seule. (B.)

JULIENNE, variété de Fève.

JUMART. Mulet supposé du taureau et de la jument, ou du cheval et de la vache. Les anciens et quelques modernes ont soutenu la possibilité de l'existence de ces mulets; Buffon, Huzard et autres, fondés sur l'énorme différence qui existe entre l'organisation de ces deux espèces d'animaux, l'ont niée; je le nie avec eux. Tous les jumarts qu'on prétend avoir vus sont des bardeaux à tête difforme. *Voyez* aux mots Cheval, Vache et Mulet. (B.)

JUMENT. Femelle du Cheval. *Voyez* ce mot.

JUSQUIAME, *Hyosciamus*. Plante bisannuelle, à racine pivotante, épaisse, ridée; à tige grosse, cylindrique, velue, souvent rameuse, haute d'un à 2 pieds; à feuilles alternes, sessiles, très-rapprochées, sinuées, velues, visqueuses et longues de 8 à 10 pouces; à fleurs presque noires dans leur centre, jaune veiné de pourpre dans la plus grande partie de leur surface, d'un pouce de diamètre, unilatérales, sessiles et réunies plusieurs ensemble, dans les aisselles des feuilles supérieures; qu'on trouve très-fréquemment dans toute l'Europe, autour des villages, parmi les décombres, sur les berges des fossés, etc. Son aspect désagréable, son odeur fétide annoncent qu'elle est malfaisante. En effet, c'est un narcotique dangereux, et tous les bestiaux la repoussent. Elle fleurit à la fin de l'été. Valmont de Bomare rapporte que des personnes qui s'étaient endormies, pendant les fortes chaleurs de l'été, dans un endroit abondant en jusquiame, furent à leur réveil attaquées de maux de tête, d'étourdissemens, de vomissemens et de saignemens de nez. Sa saveur est âcre et nauséabonde. Son extrait pris à forte dose cause des anxiétés, des maux de cœur, une espèce d'ivresse, un sommeil inquiet, des vomissemens, des convulsions et la mort. Les vapeurs de ses semences brûlées sont assoupissantes et anodynes. Des charlatans les emploient quelquefois en fumigation pour faire passer le mal de dent; mais ce remède est très-dangereux.

Malgré les qualités délétères de cette plante, ou mieux, à cause de ces qualités mêmes, Stork l'a employée dans sa médecine, et a obtenu des succès dans les tremblemens convulsifs et autres maladies nerveuses. D'autres médecins en ont fait usage contre les maux de nerfs, contre la folie, etc. On devrait par-tout l'utiliser pour augmenter la masse des engrais, non en l'employant comme litière, ce qui serait fort dangereux pour les bestiaux, mais en la portant directement sur le fumier. Je suis conduit à cette observation par l'immense quantité qu'on en trouve dans quelques endroits, et par la nécessité de la diminuer, pour faciliter aux bonnes herbes les moyens de pousser. (B.)

K.

KALI. *Voyez* Soude.

KALMIE, *Kalmia*. Genre de plantes de la décandrie monogynie et de la famille des rhodoracées, qui renferme quatre à cinq arbustes à feuilles alternes, coriaces, toujours vertes, et à fleurs disposées en corymbes axillaires ou terminaux, qu'on cultive presque tous en pleine terre dans les jardins de Paris, qu'ils ornent par l'élégance de leur port et le bel aspect de leurs fleurs.

La Kalmie a larges feuilles s'élève à 3 ou 4 pieds, et forme souvent girandole. Ses feuilles sont lancéolées, très-entières, luisantes et d'un vert clair; ses fleurs sont très - nombreuses, disposées en têtes terminales, d'un beau rouge, larges de 5 à 6 lignes, et se développent au milieu de l'été. Elle est originaire de l'Amérique septentrionale; son bois est dur, sa racine est jaune. C'est réellement, dans nos jardins, un très-joli arbuste; mais dans son pays natal! je manque d'expression pour peindre l'impression que m'ont faite les premiers pieds couverts de fleurs que j'ai vus en Caroline. Ici, ses têtes sont de quinze à vingt fleurs au plus; là, ils sont plus de cent; ici, leur corolle est un peu pâle; là, elle lance du feu. Peut-être, comme l'observe Dumont Courset dans son estimable ouvrage intitulé le *Botaniste cultivateur,* a - t - on tort de les mettre toujours à l'ombre; je puis assurer qu'ils prospèrent au plus ardent soleil.

La Kalmie a feuilles étroites s'élève autant que la précédente. Ses rameaux sont plus grêles; ses feuilles sont opposée trois par trois, ovales, lancéolées, glabres, très-entières, d'un vert terne; ses fleurs, d'un rouge vif, assez petites, sont disposées en corymbes latéraux qui, par leur rapprochement, semblent former des verticilles. Elle croît aussi dans l'Amérique, fleurit au même temps, mais est moins belle.

La Kalmie glauque s'élève au plus à un pied; ses feuilles sont opposées, oblongues, glabres, roulées en dehors, glauques des deux côtés; ses fleurs sont rouges, petites et en corymbes terminaux. Elle a été apportée de la Nouvelle - Hollande, et est encore fort rare dans nos jardins.

Tous ces arbustes demandent impérieusement la terre de bruyère; car leurs racines sont si délicates qu'elles ne peuvent s'introduire dans celle qui est plus consistante. Ils ne craignent pas les plus fortes gelées : toute exposition leur est bonne; mais, ainsi que je l'ai dit plus haut, la méridionale serait pré-

férable, si, par des arrosemens fréquens, on remédiait au desséchement qui, dans l'été, frappe la terre de bruyère plus
qu'aucune autre, lorsqu'elle est exposée au soleil.

On multiplie les kalmies de graines qu'on tire de leur pays
natal ; car elles en produisent rarement de bonnes en Europe.
On les multiplie aussi de marcottes, et quelquefois de rejetons.

La graine se sème au printemps dans des terrines sur couche
sourde. Il ne faut point du tout la recouvrir de terre, mais
la tenir constamment fraîche par le moyen de quelque brin de
mousse ; le plant levé continue à rester deux ans dans le même
vase, après quoi il peut être repiqué, soit en pot isolé, soit en
pleine terre, mais toujours dans une terre de bruyère amendée
par du terreau de feuilles.

Les marcottes se font au printemps, et restent quelquefois
deux ans et plus avant de s'enraciner ; il faut savoir patienter.
Ordinairement on consacre quelques pieds à cette sorte de reproduction, qui gâte la forme de ceux qu'on destine à porter
fleur et à faire décoration. Lorsqu'elles ont suffisamment de
racines, on les sèvre avant l'hiver ; c'est-à-dire qu'on les sépare de leurs mères en les coupant, et on ne les arrache qu'au
printemps pour les mettre directement en place. Si elles sont
trop faibles on attend une année de plus. En général les kalmies sont dures à la reprise, sur-tout quand elles sont un peu
fortes, et il faut agir en conséquence, c'est-à-dire les ligaturer,
leur faire une incision annulaire, etc.

La première espèce ne donne point ou donne très-rarement
des rejetons ; les deux autres en fournissent assez fréquemment. On ne doit pas négliger de favoriser cette disposition.

Étant très-recherchées et d'une multiplication lente, les
kalmies sont encore rares. La première espèce, incontestablement la plus belle, est toujours fort chère dans le commerce.
Elles présentent toutes quelques variétés, que je n'ai pas indiquées, parce qu'elles sont peu saillantes, et tiennent peut-être
uniquement à l'exposition ou à la nature du sol. (B.)

KAOLIN. Sorte d'argile pulvérulente, provenant de la décomposition des cristaux de FELDSPATHS, qui constituent certains GRANITS, laquelle sert à la fabrication de la porcelaine.

Comme le kaolin est rare dans la nature et qu'il est peu
dans le cas d'être pris en considération par les agriculteurs,
je dois me borner à le leur indiquer. Tout le kaolin employé
en France à la fabrication de la porcelaine, est fourni par les
environs de Limoges ; mais il s'en trouve de moins blanc dans
plusieurs autres parties du royaume.

J'en ai vu immensément en Espagne aux environs de la
Corogne, dans le royaume de Léon, etc., avec lequel on confec-
tionnait des poteries grossières servant aux plus pauvres cul-

tivateurs et dont la durée, même lorsqu'on les employait sur le feu, était remarquable. (B)

KEIRON. Cubes de terre avec lesquels on construit les maisons des cultivateurs dans le Bas-Médoc.

KERMÈS. Genre d'insectes qui ne diffère des cochenilles que par les femelles des espèces qui les composent, lesquelles perdent leurs anneaux aussitôt qu'elles se sont fixées. Ses caractères étant peu saillans, j'ai réuni ces espèces avec les Co-chenilles. *Voyez* ce mot. (B.)

KETMIE, *Hibiscus.* Genre de plantes de la monadelphie polyandrie et de la famille des malvacées, qui renferme plus de soixante espèces, dont une est cultivée dans nos jardins d'agrément, et deux autres servent de nourriture dans les pays intertropicaux. Il est, en conséquence, dans le cas d'être mentionnée ici.

La Ketmie gombo, *Hibiscus esculentus,* Lin., est une plante annuelle de 5 à 6 pieds de haut, dont la tige est épaisse, peu rameuse, velue; les feuilles alternes, pétiolées, cordiformes, à cinq lobes obtus et dentés; les fleurs jaunâtres, grandes, portées sur des pédoncules axillaires plus courts que les pétioles; les fruits coniques et de 3 à 4 pouces de long. Elle est originaire de l'Inde et se cultive actuellement dans tous les pays chauds pour sa capsule, qu'on mange avant sa maturité.

La culture de cette plante, culture que j'ai observée en Caroline, où elle est fort en usage, est extrèmement simple, puisqu'elle ne consiste qu'à semer ses graines, au milieu du printemps, dans une plate-bande de jardin, à éclaircir le plant qui en provient, de manière que les pieds soient écartés de 15 à 18 pouces, et à donner deux binages dans le cours de l'été. J'ai cru remarquer que les pieds transplantés ne venaient pas aussi beaux que ceux semés en place; cependant on fait cette opération lorsqu'il s'agit de regarnir les parties vides d'un semis. Les fleurs commencent à se montrer au commencement de l'été et se succèdent sans interruption pendant toute cette saison et la plus grande partie de l'automne. On laisse croître les capsules jusqu'à ce qu'elles soient parvenues presqu'à leur grosseur naturelle, et on les cueille en les contournant. Jeunes, elles sont sans saveur, vieilles, elles sont trop dures. Coupées par tranches et mises à bouillir dans un potage, dans la sauce d'un ragoût ou même simplement dans l'eau aromatisée, elles les rendent épais, visqueux et leur donnent, dit-on, un goût délicat. J'emploie l'expression dit-on, quoique j'en aie fréquemment mangé, parce que je n'ai jamais pu trouver bons les mets dans lesquels elles entraient, et que cependant tout le monde les louait à outrance. On les regarde comme rafraîchissantes et adoucissantes à un haut degré, et je n'ai pas de peine à le croire. Les habitans de nos colonies, les femmes sur-tout, en sont très-friands et s'invitent à manger un *gombo* : c'est le nom des capsules et principalement du mets constitué en les faisant simplement bouillir dans l'eau et en y mettant des aromates et du piment. On distingue le grand et le petit gombo, mais je ne connais que le premier.

La KETMIE ACIDE, *Hibiscus sabdarifa*, Lin., est une plante annuelle de 4 à 5 pieds de haut, dont la tige est glabre ; les feuilles alternes, pétiolées, entières ou à trois lobes obtus et inégalement dentés ; les fleurs grandes, solitaires, axillaires, presque sessiles, à calice extérieur de douze dents. Elle est originaire d'Afrique, mais se cultive actuellement dans tous les pays chauds à raison de ses feuilles et de ses calices, dont le goût est acide, et qu'on mange habituellement en guise d'oseille. On l'appelle vulgairement *oseille de Guinée*. Elle varie en rouge et en blanc pour la couleur de sa tige et de ses feuilles, et en jaune et en rouge pour celle de ses fruits. Les mets dans lesquels elle entre sont, à mon goût, beaucoup meilleurs que ceux au gombo, et l'acidité douce qu'elle leur donne les rend fort sains. On fait aussi avec ses calices secs des confitures qui sont rafraîchissantes et ont un goût et une couleur très-agréables. On en apporte quelquefois en France.

La culture de la ketmie acide ne m'a pas paru différer de celle du gombo; mais elle est bien moins étendue en Caroline.

La KETMIE DES JARDINS, *Hibiscus syriacus*, Lin, est un arbrisseau de 8 à 10 pieds de haut, dont les rameaux sont gris et très-nombreux ; les feuilles alternes, pétiolées, cunéiformes, trilobées et dentées ; les fleurs grandes, solitaires, et presque sessiles dans les aisselles des feuilles. Elle est originaire des parties orientales de l'Europe et de l'Asie, et se cultive de temps immémorial dans les jardins, sous les noms d'*althea* et de *mauve en arbre*. Il est difficile de dire quelle est la couleur naturelle de ses fleurs tant elles varient. On en voit de rouges, d'un pourpre violet, à pétales blancs avec la base rouge, de complétement blanches, de panachées dans toutes les nuances; il en est de doubles avec les mêmes variations. Elles commencent à se développer, dans le climat de Paris, vers les premiers jours d'août, ne durent chacune que quelques heures, c'est-à-dire depuis dix heures du matin jusqu'à quatre de l'après-midi ; mais elles se succèdent sans interruption jusqu'aux gelées. C'est dans les parties méridionales de l'Europe qu'il faut aller pour jouir de tout l'éclat de ces fleurs ; car dans les septentrionales elles sont et moins nombreuses, et moins grandes, et moins ouvertes, et moins colorées. D'ailleurs dans ces dernières, leurs branches sont sujettes à geler pendant l'hiver, et comme ces branches ne se reproduisent pas très-rapidement on est quelquefois plusieurs années sans en voir.

Cependant malgré cet inconvénient, on cultive fréquemment la ketmie en arbre dans le climat de Paris, et on la fait figurer en buisson dans les plates-bandes des parterres, en palissade contre les murs des terrasses exposées au midi, en touffes dans les parties les plus exposées au soleil des jardins paysagers, etc. Toute terre, pourvu qu'elle ne soit pas trop humide, lui convient, mais elle se plaît incomparablement mieux dans celle qui est légère et chaude. On la multiplie de graines (qui, à Paris, mûrissent seulement dans les automnes secs et chauds), de marcottes, de rejetons et de boutures.

Ses graines, dans les pays froids, se sèment au printemps dans des terrines sur couche et sous châssis. Elles lèvent la même année ; mais on laisse ordinairement dans la même terrine, pendant deux ans, le plant qu'elles ont produit, en le rentrant l'hiver dans l'orangerie et le plaçant l'été dans l'exposition la plus chaude possible. Au printemps de la troisième année, on le repique en pépinière à un pied de distance, dans une terre douce et bien préparée, et on lui donne deux ou trois binages par an. Il est prudent de le couvrir l'hiver suivant avec de la paille ; mais ensuite on peut s'en dispenser au risque, comme je l'ai déjà dit, de voir ses branches geler, si l'hiver est très-rigoureux.

Les marcottes se font pendant l'hiver et reprennent assez généralement la même année si l'été est chaud. On les relève après l'hiver pour les mettre définitivement en place si elles sont assez fortes, ou en pépinière pour y rester un ou deux ans.

On fait les boutures à la fin du printemps dans des terrines sur couche et sous châssis. Elles demandent beaucoup de chaleur et d'humidité pendant les premiers jours ; mais dès qu'elles sont reprises, on doit les leur ménager. Ces boutures se repiquent en pleine terre la seconde année.

Les variétés doubles de la ketmie en arbre, sur-tout la variété blanche, sont beaucoup plus délicates que les autres, et ne peuvent guère, malgré les abris et les couvertures, être conservées en pleine terre dans le climat de Paris. Il faut donc les tenir en pots pour pouvoir les rentrer dans l'orangerie pendant l'hiver. Il en est de même de la variété à feuilles panachées. Cependant lorsqu'elles sont greffées sur le type de l'espèce, elles se conservent assez bien. *Voyez* GREFFE.

J'ai vu en Italie des haies faites uniquement avec cet arbrisseau. Elles étaient très-agréables à la vue, très-denses, et par conséquent très-propres à arrêter les bestiaux ; mais l'homme, on le pense bien, pouvait aisément les franchir.

Il y a encore les KETMIES DES MARAIS et MOSCHEUTOS, originaires de la Caroline, qui sont susceptibles de passer les hivers en pleine terre dans les jardins de Paris. Elles sont vivaces; leurs tiges sont nombreuses; leurs feuilles alternes, entières et aiguës; leurs fleurs axillaires, grandes et blanches. Elles peuvent orner le bord des eaux, le pied des rochers des jardins paysagers. On les multiplie de graines venant d'Amérique et par éclat des racines. J'ignore pourquoi elles sont aussi peu communes.

Quant à la KETMIE A TROIS FEUILLES, *Hibiscus trionum*, qui est originaire d'Italie, quoiqu'elle ait les fleurs d'un beau jaune et assez grandes, on la cultive peu, parce qu'elle est annuelle, que ses fleurs durent, épanouies, à peine pendant deux heures, et que chaque pied n'en fournit qu'un petit nombre.

Presque toutes les ketmies ont des fleurs d'une grandeur remarquable, et plusieurs les ont très-vivement colorées, mais dans aucune elles ne durent plus d'un jour. Parmi celles d'orangerie et de serre chaude qu'on cultive à Paris, il faut principalement distinguer la KETMIE ROSE DE LA CHINE, qui a les fleurs d'un rouge éclatant, variant à fleurs doubles et à fleurs blanches; la KETMIE MUSQUÉE, dont les fleurs sont jaune de soufre et les semences odorantes; et la KETMIE ÉCARLATE à fleurs d'un rouge jaunâtre et d'un demi-pied de large. (B.)

KIOSQUE. Mot emprunté du turc, qui désigne un petit pavillon isolé et ouvert de tous côtés, où l'on va prendre le frais et jouir de quelque vue agréable. Les kiosques des riches de Constantinople sont peints, dorés, pavés de carreaux de porcelaine, et ont vue, pour la plupart, sur le canal de la mer Noire, ou sur la Propontide. On a établi ce genre de décoration pour nos jardins appelés anglais, mais on a supprimé avec raison ces dorures, qui annoncent plus l'opulence que le bon goût. (R.)

KIRCHWASSER. Liqueur alcoolique retirée du fruit du cerisier sauvage ou MERISIER, et fort recherchée des amateurs. *Voyez* CERISIER, où sa fabrication a été indiquée.

Aujourd'hui on fait beaucoup plus de kirchwasser avec des cerises cultivées qu'avec des merises, aussi est-il plus commun qu'autrefois. Huit muids de moût de ces cerises donnent, par une distillation bien conduite, un muid d'esprit à 20 degrés, tandis qu'il en faut le double de moût de merise; mais aussi cette liqueur est moins bonne qu'autrefois, sur-tout lorsque l'on casse les noyaux.

Je fais cette dernière observation, parce que je crois en être assuré par des dégustations répétées chez des fabricans, que le kirchwasser pour lequel on avait employé le plus de noyaux concassés était le plus âcre; ce qui sans doute doit être attribué à l'huile essentielle du bois du noyau et de la pellicule de l'amande. *Voyez* HUILE. (B.)

KISTE. **Médecine vétérinaire.** On rencontre quelquefois sur le corps des animaux des tumeurs qui ne présentent aucune trace inflammatoire, sensibles au toucher cependant parfois, et sur lesquelles les topiques n'ont pas assez d'action pour pouvoir amener la suppuration ou la résolution. Le tact y dévoile cependant un fluide ou une matière étrangère, auxquels une rupture accidentelle donne souvent issue. Alors on voit un sac tapissé d'une espèce de membrane contre nature, lisse, et qui ressemble assez soit aux membranes séreuses, soit aux membranes muqueuses : cet accident pathologique a reçu le nom de kiste. Il se rencontre aussi, à l'ouverture des cadavres, dans les cavités splanchniques, et même jusque dans le parenchyme des viscères.

Les fluides ou les matières qui remplissent ces poches sont de diverses natures : tantôt c'est une simple sérosité, tantôt c'est une substance huileuse, graisseuse, tantôt une matière semblable à du miel, tantôt une substance noire assez semblable au cambouis des roues de voitures. Dans l'homme, la différence de ces substances a fait donner à ces kistes différens noms, tels que ceux de *athérôme*, *stéatôme*, *mélicéris* ; en vétérinaire, l'histoire de ces affections n'est pas encore assez complète.

Deux traitemens ont été appliqués avec succès à ce genre d'affection : celui que l'on a employé le premier a été, après l'ouverture du kiste, de susciter sur sa membrane interne une inflammation assez forte pour déterminer la suppuration de cette membrane; la cicatrisation se forme ensuite comme dans un abcès ordinaire. Mais ce traitement n'a pas réussi toujours, par la difficulté qu'on a éprouvée à faire suppurer la membrane du kiste, ou par la difficulté d'employer avec justesse des irritans énergiques, tels que le feu et les caustiques, à l'entour d'organes importans. On a eu recours alors au fer : l'on a disséqué la membrane du kiste de toutes les parties sur lesquelles elle était fixée et on l'a enlevée ainsi en entier; l'on a pansé ensuite la plaie, comme une **Plaie simple** (*voyez* ce mot). Cette opération est sans contredit le meilleur moyen curatif, et l'on ne doit tenter l'autre que quand l'on désespère de pouvoir la pratiquer. (Huz fils.)

KOELREUTERE, *Kœlreuteria*. Arbre de moyenne grandeur, originaire de la Chine, qu'on cultive dans nos jardins, en pleine terre, depuis quelques années, et qui, par sa forme pittoresque, est très-propre à les orner.

Sa tige est droite, couverte d'une écorce grise et gercée ; ses rameaux sont peu nombreux, striés et parsemés de points glanduleux ; ses feuilles sont alternes, pétiolées, ailées avec impaire, très-grandes, à folioles opposées, sessiles, coriaces, ovales, inégalement dentées, plus vertes en dessus, au nombre de dix-sept, les supérieures plus grandes et pinnées; ses fleurs sont penchées, jaunâtres, presque inodores, disposées sur une vaste panicule terminale, et accompagnées de bractées caduques; ses fruits sont vésiculeux, triangulaires, et de plus d'un pouce de diamètre.

Cet arbre a été placé par quelques botanistes parmi les SAVONNIERS; mais l'Heritier et autres en font un genre particulier dans l'octandrie monogynie et dans la famille des savonniers.

Le KOELREUTÈRE PANICULÉ entre en sève de très-bonne heure au printemps, et est alors sujet à être frappé par les gelées tardives. Ses feuilles sont d'abord d'un rose tendre, et ne prennent que fort lentement la couleur verte. Il fleurit vers le milieu de l'été. La plupart de ses fruits avortent ordinairement. Une terre substantielle et fraîche est celle qui lui convient le mieux Il se place à quelque distance des massifs dans les jardins paysagers, en opposition avec des arbres à feuilles entières. On le multiplie de graines, de rejetons, de marcottes et de boutures.

Les graines se sèment au printemps dans des terrines, sur couche et sous châssis; elles lèvent ordinairement en peu de temps. Le plant est laissé dans les mêmes terrines pendant deux ans, et ensuite se repique dans des pots séparés, où il reste pendant encore deux ans. Pendant ce temps il est nécessaire de le rentrer l'hiver dans l'orangerie; car il est très-sensible à la gelée jusqu'à ce que son bois soit consolidé. A quatre ans, on peut sans inconvénient le mettre en pleine terre.

Les rejetons se lèvent en hiver pour être mis en pépinière. On peut en favoriser la multiplication en blessant les racines. Il est probable que ces racines coupées donneraient, en les plaçant dans des terrines sur couche et sous châssis, naissance à de nouveaux pieds; mais je n'en ai pas l'expérience.

Lorsqu'on veut faire des marcottes, il faut s'y prendre avant l'hiver, soit qu'on les couche en terre, soit qu'on les insinue dans un pot en l'air. Elles reprennent assez facilement.

Quant aux boutures, elles se pratiquent en février dans des terrines sur couches et sous châssis; elles s'enracinent au bout d'un mois, et on peut les repiquer l'hiver suivant.

Cet arbre, qui commence à devenir commun, varie dans la grandeur et la forme de ses feuilles, selon la position où il se trouve. (B).

KOETSCH-WASSER, *Voyez* PRUNIER.

FIN DU TOME HUITIÈME

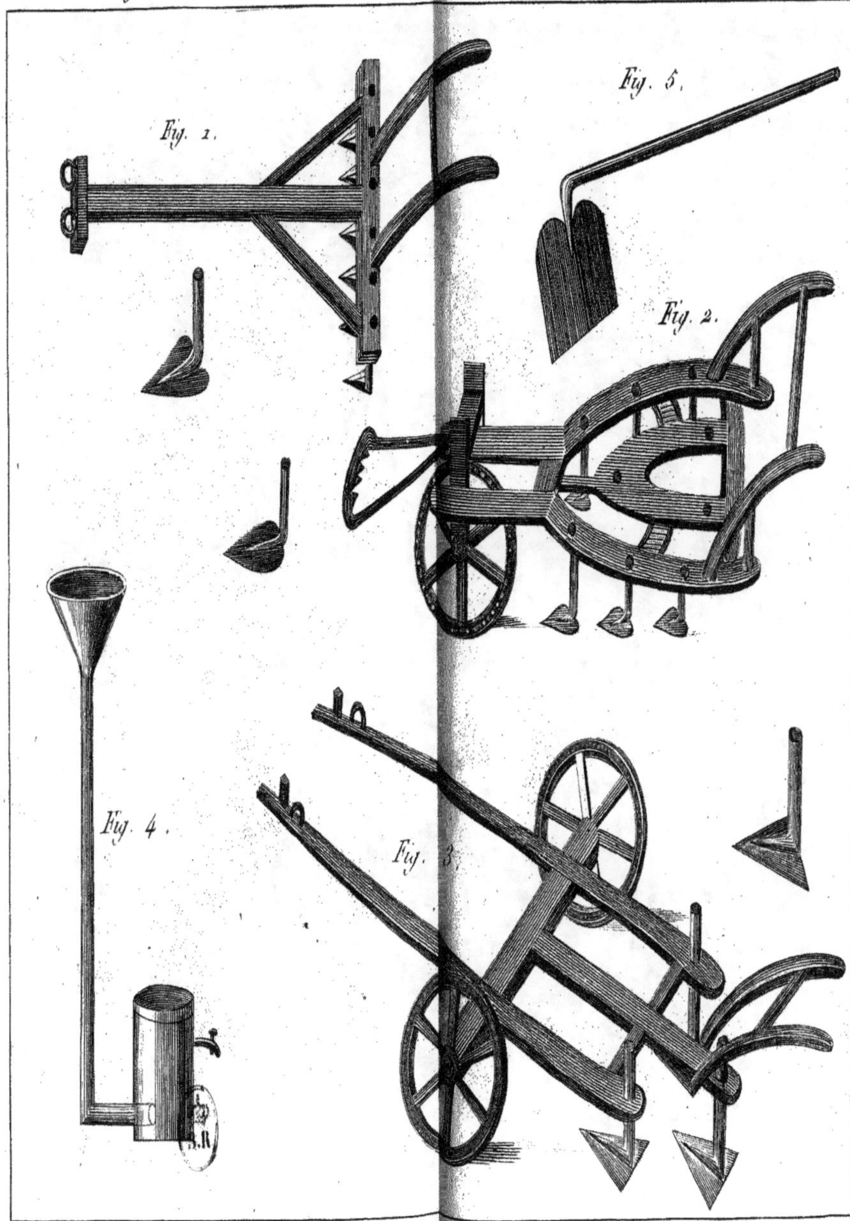

Desve del. et dirext.

Filtre à Charbon.   Meuas